Springer-Lehrbuch

Herbert Lippert

# Anatomie am Lebenden

## Ein Übungsprogramm für Medizinstudenten

Mit 219 Abbildungen, 19 Tabellen und 180 Protokollschemata

Springer-Verlag Berlin Heidelberg New York
London Paris Tokyo Hong Kong

Professor Dr. med. Dr. phil. Herbert Lippert
Abteilung für Funktionelle und Angewandte Anatomie
der Medizinischen Hochschule Hannover
Postfach 61 01 80, D-3000 Hannover 61

ISBN 3-540-50713-2 Springer-Verlag Berlin Heidelberg New York
ISBN 0-387-50713-2 Springer-Verlag New York Berlin Heidelberg

CiP-Titelaufnahme der Deutschen Bibliothek.
*Lippert, Herbert:*
Anatomie am Lebenden : ein Übungsprogramm für
Medizinstudenten / Herbert Lippert. – Berlin ; Heidelberg ;
New York ; London ; Paris ; Tokyo ; Hong Kong : Springer, 1989
(Springer-Lehrbuch)
ISBN 3-540-50713-2 (Berlin ...)
ISBN 0-387-50713-2 (New York ...)



Satz: Verfasser
Druck- und Bindearbeiten: C. H. Beck'sche Buchdruckerei, Nördlingen
2173145-543210 – Gedruckt auf säurefreiem Papier

# Vorwort

Zum Reizwort "Anatomie" assoziieren nicht nur Laien sogleich "Leichen". Das Zergliedern der Leiche ist der klassische Zugang zum Verständnis des Körperbaus. Der Arzt kann aber dem Patienten nur nützen, wenn er die an der Leiche erworbenen Kenntnisse auf den lebenden Menschen überträgt. In der Ausbildung des Arztes klafft bislang eine Lücke: In der Vorklinik präpariert er die Leiche, in der Klinik untersucht er den Kranken. Die natürliche Zwischenstufe müßte das Studium des gesunden lebenden Menschen sein.

Man klagt so häufig über die Inhumanität der modernen Schulmedizin. Erziehen wir den Studenten nicht schon in der Vorklinik zum sorglosen Umgang mit dem Patienten, wenn wir ihn nur an der gefühllosen Leiche ausbilden? Er sollte immer wieder am eigenen Körper erfahren, wie schmerzlich eine uneinfühlsame Untersuchung ist.

Übungen zur Anatomie am Lebenden sollen nicht klinische Untersuchungskurse ersetzen. Sie können jedoch eine wichtige Vorstufe für diese bilden. Der zu erarbeitende Stoff muß notwendigerweise in der Vorklinik angesiedelt sein. Er sollte aber Ausblicke in die Klinik bieten. Die Anatomie am Lebenden wird dann für viele Studenten ein Lichtblick in einem oft zu wenig am späteren Beruf orientierten vorklinischen Studium.

In 13 Jahren Schulzeit vor Beginn des Studiums hat sich der Student daran gewöhnt, sich mit Gegenständen zu befassen, die ihn selbst nicht unmittelbar berühren. Er weiß in der Antike besser Bescheid als in der Gegenwart. Er kann die Lichtgeschwindigkeit berechnen, aber kaum die Zellzahl seines eigenen Körpers schätzen. Mit dieser Mentalität lernt er häufig in der Anatomie Muskelursprünge und -ansätze, weil diese eben abgefragt werden. Im Testat an der Leiche sieht er häufig nicht auf das Präparat, sondern zur Decke. Er liest lieber in seinem Gedächtnis, als zu beobachten, was vor ihm liegt. Dieses Übungsprogramm will ihm helfen, Anatomie als etwas zu erleben, das nicht nur im Buch steht, sondern das man auch selbst hat. Vom Sportwissenschaftler erwartet man, daß er selbst einen Sport betreibt. Vom Psychoanalytiker wird eine "Lehranalyse" gefordert. Auch bei der Anatomie geht ein tieferes Verständnis nur über die Erfahrung des eigenen Körpers.

Das in diesem Buch dargestellte Untersuchungsprogramm ist nicht "am grünen Tisch" erdacht, sondern Ergebnis langjähriger Erfahrungen. 1962 hatte ich als frischgebackener Privatdozent an der Universität München erstmals Übungen zur Oberflächenanatomie angekündigt. Damals hatte ich noch einige männliche Studenten angestellt, die von den anderen Oberkörper, Arme und Beine betasten ließen. In den verflossenen nahezu drei Jahrzehnten ist die Einstellung zum unbekleideten Körper viel vorurteilsfreier geworden. Ein Kurs, in welchem die Studenten sich gegenseitig untersuchen und sich dabei nach eigener Wahl zu gleichgeschlechtlichen oder gemischten Gruppen zusammenschließen, ist für die jüngere Generation bereits selbstverständlich.

In den letzten zehn Jahren konnte ich zusammen mit Reinhard Pabst an der Medizinischen Hochschule Hannover die "Übungen zur Anatomie am Lebenden" immer weiter ausbauen. Der Kurs erstreckt sich jetzt über zwei Semester und ist in 25 Übungsabschnitte gegliedert. Für jede Übung wird etwa eine Doppelstunde benötigt, wobei der Zeitaufwand naturgemäß je nach der Dauer der Einführung und der Intensität der Betreuung zwischen ein und drei Stunden schwankt. Die einzelnen Tagesprogramme sind möglichst abwechslungsreich gestaltet, so daß der Student alle wichtigen Methoden an jedem Tag übt (also nicht einen Tag nur Gelenkbewegungen messen, einen Tag Arterienpulse tasten, einen Tag Reflexe prüfen usw.).

Für den Lehrer ist es eine große Genugtuung zu verfolgen, wie seine Schüler von Kurs zu

Kurs in den Methoden immer sicherer werden. Über die Untersuchungstechnik hinaus erlernt der Student dabei mehr oder weniger spielend auch den Lehrstoff. Lernziele werden so "operationalisiert". Besonderer Wert wird auf exakte Protokollierung gelegt, um den angehenden Arzt frühzeitig an seine Aufzeichnungspflicht zu gewöhnen.

In Vorschlägen zur Reform des Medizinstudiums wird immer wieder gefordert, die scharfen Grenzen zwischen vorklinischem und klinischem Studium zu lockern und einen Kurs der klinischen Propädeutik in die Vorklinik einzuführen. An der Medizinischen Hochschule Hannover versuchen wir zu zeigen, daß bei genügender Initiative der vorklinischen Lehrer ein derartiger Kurs schon bei der jetzigen Gesetzeslage durchzuführen ist. Auch ohne Gesetzeszwang ist das Interesse bei den Studenten an den (freiwilligen!) Übungen so groß, daß wir sie in 4 parallelen Kursen in jedem Semester abhalten.

Das vorliegende Buch ging aus Skripten hervor, die ich im Kurs verteilte. Gegenüber den Skripten wurde das Hintergrundwissen ausführlicher dargestellt. Übungen, die im Kurs aus Zeitgründen nicht regelmäßig oder nur stichprobenhaft ausgeführt werden können, sind vollständig beschrieben worden. Zusätzlich aufgenommen wurden die Abschnitte über die Geschlechtsorgane, die in der ärztlichen Ausbildung nicht fehlen dürfen, aber zur Zeit kaum in einem allgemeinen Kurs behandelt werden können. In Hannover überläßt man es der Eigeninitiative der Studenten, sich zu einem "gynäkologisch-urologischen Untersuchungskurs" zusammenzuschließen und dann die Unterweisung von einem Gynäkologen und einem Urologen zu erbitten.

Die einzelnen Kapitel dieses Übungsprogramms sind weitgehend unabhängig voneinander. Reichliche Querverweise sichern den Zusammenhang. Man kann also eine beliebige Reihenfolge wählen. Ein günstiger Beginn ist auch das Kapitel 8 (Arm). In jedem Fall aber sollte man vorweg die ersten beiden Abschnitte (1.1 und 1.2) des ersten Kapitels lesen. Das Programm ist nach dem Dezimalsystem gegliedert. Die Nummern der einzelnen Übungen sind als Kurzschreibweise zu verstehen: Ü253 steht für Übung 2.5.3.

Dank schulde ich vor allem Herrn Prof. Dr. Reinhard Pabst, meinem ehemaligen Schüler und jetzigen gleichberechtigten Kollegen, dessen Initiative das regelmäßige Abhalten der "Übungen zur Anatomie am Lebenden" in Hannover wesentlich bestimmte. In vielen Gesprächen wurden die Kurserfahrungen ausgetauscht. Er bestärkte mich, wenn ich wegen auswärtiger Anfeindungen manchmal mutlos war. Von den jüngeren Mitarbeitern, die sich um die Übungen verdient gemacht haben, seien Frau Dr. Sabine Delventhal und Herr Dr. Jürgen Westermann erwähnt. Frau cand. med. Désirée Herbold las das Manuskript und gab wertvolle Hinweise. Viele Anregungen verdanke ich Frau Prof. Dr. Petra Köpf-Maier, die mir wiederholt über ihre Kurse am Lebenden an den Universitäten Ulm und West-Berlin (FU) berichtete. Herr Prof. Dr. H.-J. Clemens förderte das Projekt über Jahre hinweg und ermöglichte das Erscheinen des Buches im Springer-Verlag. Frau Gabriele Meier widmete sich mit großer Sorgfalt dem Copyediting. Herr Joachim W. Schmidt beriet mich im Layout.

Der Text des Buches wurde mit Hilfe des Textprogramms Microsoft Word auf einem IBM AT geschrieben und auf einem HP Laserjet II ausgedruckt. Frau Cornelia Chmura, Frau Hanna Grages, Frau Gabriele Hoppmann, Frau Bärbel Piepenburg und Frau Christa Lichtenberg gaben Teile des Manuskripts in den Computer ein oder halfen bei Fotoarbeiten. Frau Antje Luhmann koordinierte die Arbeiten am Computer und am Drucker, brachte wertvolle Anregungen für die Textverarbeitung und erstellte die Mehrzahl der Zeichnungen.

Zuletzt möchte ich eines Mannes gedenken, dem ich meinen Dank nicht mehr persönlich ausdrücken kann, weil er schon über zwei Jahrzehnte tot ist, meinem Lehrer Titus Ritter von Lanz. In meinen Assistentenjahren bei ihm forderte er häufig meinen Widerspruch heraus. Aus dem größeren zeitlichen Abstand erkenne ich, daß seine Leitidee der "praktischen Anatomie" meine Sichtweise der Anatomie entscheidend bestimmte.

Eine didaktische Idee kann nur im Zwiegespräch von Schülern und Lehrern weiterentwickelt werden. Deshalb richte ich die herzliche Bitte an alle Benutzer dieses Buches: Schreiben Sie bitte, was Ihnen nicht gefällt oder was man besser machen könnte. Ich werde für jede Zuschrift dankbar sein und die Anregung bei einer evtl. Neuauflage berücksichtigen!

Hannover, im Januar 1989

Herbert Lippert

# Inhalt

# 1 Einführung

## 1.1 Aufgaben und Organisation von Übungen zur Anatomie am Lebenden

### Ü111 Was ist "Anatomie am Lebenden"?

Das Wort Anatomie leitet sich vom griechischen anatémnein = aufschneiden ab. Es bedeutet ursprünglich die Zergliederung einer Leiche. Aus der Antike sind Leichenöffnungen aus wissenschaftlichem Interesse überliefert. Dann kam man ein Jahrtausend wieder ohne Studium der Leiche aus. Mit dem Beginn der Neuzeit wurden an den medizinischen Fakultäten regelmäßig "Anatomien" veranstaltet. Für die Mehrzahl der Zuschauer - es waren keineswegs nur Ärzte und Medizinstudenten - hatte dabei sicher der Reiz des Gruseligen gegenüber dem Erkenntnisstreben den Vorrang. Die damals übliche Bezeichnung eines anatomischen Hörsaals als "Theatrum anatomicum" erscheint rückblickend durchaus doppelsinnig.

Hatte man sich ursprünglich mit Demonstrationen an der Leiche begnügt, so wurde es im 19. Jahrhundert allgemeine Überzeugung, ein angehender Arzt müsse eigenhändig eine Leiche möglichst bis in die feinsten Einzelheiten zerlegt haben, bevor er dem Lebenden helfen könne. Die ursprünglich getrennten Begriffe "Zergliederung der Leiche" und "Lehre vom Bau des menschlichen Körpers" wurden nun im Begriff "Anatomie" gleichgesetzt.

In der zweiten Hälfte des 20. Jahrhunderts befindet sich die Anatomie als "Zergliederungskunst" in einem ständigen Rückzugsgefecht. Ursprünglich war sie "via regia" zum Verständnis des menschlichen Körpers. Jetzt machen ihr Biochemie, Physiologie und Psychologie als am Lebenden orientierte Wissenschaften den Vorrang streitig. Wollen die Anatomen nicht Vertreter einer "toten" Wissenschaft werden, müssen auch sie sich von der Leiche auf den lebenden Menschen umorientieren.

Noch zu keiner Zeit konnte man soviel anatomische Informationen vom lebenden Menschen gewinnen wie heute. Die letzten 150 Jahre brachten eine vorher auch in den kühnsten Phantasien nicht erwartete Entwicklung von Methoden zum Studium des Körperbaus des lebenden Menschen. Als Marksteine seien genannt:

- Chirurgie: Die moderne Anästhesie (Äthernarkose 1846) ermöglicht es, Operationen nahezu beliebig in Zeit und Raum auszudehnen. Es gibt praktisch keine Tabus mehr. Jedes Organ steht dem chirurgischen Eingriff offen.
- Endoskopie: Als Helmholtz 1850 den Augenspiegel erfand, ahnte er wohl nicht, daß wir heute mit Hilfe biegsamer Glasfiberoptiken nahezu alle Hohlräume des Körpers direkt besichtigen können. Der mehrere Meter lange Verdauungskanal ist ebenso zugänglich wie die Gelenkräume der größeren Gelenke.
- Radiologie: Die Entdeckung der Röntgenstrahlen (1895) ließ zunächst alle Einzelheiten des Skeletts, bald aber mit Hilfe von Kontrastmethoden auch alle Blutgefäße und viele innere Organe im Bild sichtbar werden. Bisher letzter Höhepunkt ist die Computertomographie (CT), mit der man die Struktur nahezu beliebiger Scheiben aus dem Körper vom Computer errechnen und auf den Bildschirm projizieren lassen kann.
- Magnetresonanztomographie (Kernspinresonanztomographie, MRT, NMR): Schnittbilder ähnlich der Computertomographie kann man auch mit Hilfe riesiger Magneten erzeugen und dabei die Strahlenbelastung des Patienten vermeiden. Die noch immensen Kosten der Geräte (mehrere Millionen Deutsche Mark) stehen einer breiteren Einführung des Verfahrens im Wege.
- Biopsie: Interessiert der Feinbau der inneren Organe, so sticht man eine dicke Hohlnadel durch die Leibeswand und saugt Gewebeteile zur mikroskopischen Untersuchung an (Sternalpunktion 1922, inzwischen "Blindpunktionen" für die meisten parenchymatösen Organe). Oder man schneidet mit dem Operationsendoskop verdächtige Gewebebezirke ab.
- Sonographie: Im letzten Jahrzehnt wurde die Ultraschalldiagnostik vor allem für die inneren Organe bedeutend. Ohne Strahlenbelastung können wir z.B. die Bewegung der Herz-

klappen beobachten oder die Größe der Frucht in der Gebärmutter messen.

Über die genannten Methoden hinaus gibt es zahlreiche weitere, die unmittelbar (Thermographie, Szintigraphie usw.) oder mittelbar (EKG, EEG usw.) anatomische Ausblicke eröffnen. Sicherlich werden heute mehr anatomische Erkenntnisse am lebenden Menschen als an der Leiche gewonnen. Grund genug, auch den anatomischen Unterricht verstärkt am lebenden Menschen zu orientieren.

Die Faszination des Arztes durch die technischen Errungenschaften ist so groß, daß die einfachen Untersuchungsmethoden mit dem "unbewaffneten" Auge, der Hand und dem Ohr in Vergessenheit zu geraten drohen. Doch nach wie vor bilden die dem Menschen angeborenen Möglichkeiten zu sehen, zu tasten und zu hören die Grundlage jeglicher ärztlichen Diagnostik. Die vielen technischen Geräte einer "modernen" Arztpraxis verfeinern die Aussage, verursachen aber meist hohe Kosten und gefährden nicht selten den Patienten (z.B. Strahlenbelastung). Sie sollten daher gezielt nur nach den einfachen diagnostischen Verfahren eingesetzt werden. Die klassischen Untersuchungsmethoden sind

1. **Inspektion**: das sorgfältige Besichtigen des entkleideten Patienten,
2. **Palpation**: das Abtasten des Körpers zum Beurteilen der nicht sichtbaren Organe,
3. **Perkussion**: das Abklopfen des Rumpfes, um aus dem Klopfschall Schlüsse auf die inneren Organe zu ziehen (Auenbrugger 1761),
4. **Auskultation**: das Abhören der im Innern des Körpers spontan entstehenden Geräusche (Stethoskop: Laennec 1819),
5. **Funktionsprüfung**: z.B. Messen der Gelenkbeweglichkeit, Auslösen von Reflexen, Beurteilen der Kraft einzelner Muskeln, Bestimmen der Leistungsfähigkeit der Lungen und des Herzens usw.

Diese fünf "klassischen" Untersuchungsmethoden sind die Grundlage des Kursprogramms dieses Buches. Zweifellos wäre es sehr reizvoll, auch die gefahrlose Ultraschalluntersuchung einzubeziehen. Dies scheitert vorerst aus zwei Gründen:

- Kaum ein anatomisches Institut verfügt über entsprechende Ultraschallgeräte. Die Kosten für Anschaffung und Wartung der Geräte überschreiten bei weitem die Haushaltsmittel vorklinischer Institute.
- Soll Ultraschalldiagnostik mehr sein als eine Spielerei, so erfordert sie eine sehr zeitaufwendige Einarbeitung. Hierfür dürften weder die vorklinischen Studenten noch ihre Ausbilder die nötige Zeit aufbringen können.

Anatomie am Lebenden im weitesten Sinne ist die Erforschung des Körperbaus des lebenden Menschen mit allen hierzu geeigneten Methoden. In "Übungen zur Anatomie am Lebenden" müssen wir uns beschränken. Wir können sie am bequemsten definieren als "Untersuchungskurs am Gesunden mit einfachen Methoden".

## Ü112 Abgrenzung gegen Physiologie und Klinik

Die Grenzen zwischen funktioneller Anatomie und Physiologie sind fließend. Wollte man alle Funktionsanalysen der Physiologie vorbehalten, so wäre funktionelle Anatomie nicht möglich. Anatomie und Physiologie haben sich erst in der Mitte des 19. Jahrhunderts mit dem Einrichten gesonderter Lehrstühle für die beiden Fächer getrennt. Die spezielle "Physiologie" des Bewegungsapparats (die Erklärung der Funktion der einzelnen Gelenke und Muskeln) blieb dabei traditionsgemäß immer bei der Anatomie. In einem "Untersuchungskurs" am Gesunden lassen sich die traditionellen Grenzen nicht immer einhalten. Im folgenden Untersuchungsprogramm sind auch Übungen enthalten, die üblicherweise im physiologischen Kurs durchgeführt werden. Trotzdem ist der Akzent verschieden. Bei der Blutdruckmessung interessiert den Physiologen in erster Linie der Kreislaufaspekt, den Anatomen die Topographie der Arterie. Physiologischer Kurs und Übungen zur Anatomie am Lebenden machen sich nicht gegenseitig überflüssig, sondern vermitteln verschiedene, einander ergänzende Einsichten.

Die Approbationsordnung für Ärzte sieht für den ersten klinischen Studienabschnitt einen klinischen Untersuchungskurs vor. In ihm wird die Technik gelehrt, die zur Untersuchung des Patienten nötig ist. Die gegenseitige Untersuchung der Studenten ist dabei, wenn überhaupt, nur eine kurze Zwischenphase. Meist werden die Studenten auf die Patienten "losgelassen", bevor sie noch die Untersuchungstechnik aus gegenseitigen Übungen genügend beherrschen. Der Kranke wird dann zum Übungsobjekt, um die Grundlagen der Technik zu trainieren. Dies bedeutet eine erhebliche und zudem unnötige Belastung des Kranken. Der Student sollte erst dann den Kranken untersuchen dürfen, wenn er die Technik schon beherrscht und die Untersuchung zum Erkennen des Pathologischen und nicht zum Erlernen des Handwerklichen vornehmen kann. Der klinische Untersuchungskurs könnte sehr viel effizienter werden, wenn der Student bereits in der Vorklinik die Technik in gegenseitigem Üben erlernte. Übungen zur Anatomie am Lebenden sollen den klinischen Untersuchungskurs keinesfalls ersetzen, sondern lediglich bessere Voraussetzungen für ihn schaffen.

### Ü113 Oberflächenanatomie

Von älteren Anatomen wird häufig "Anatomie am Lebenden" mit "Oberflächenanatomie" oder "plastischer Anatomie" gleichgesetzt. Diese Auslegung des Begriffs ist zu eng. Oberflächenanatomie befaßt sich mit der Formung der Körperoberfläche durch die darunterliegenden Organe. Anatomie am Lebenden hingegen zielt auf ein Verständnis des ganzen Körpers ab. Die Oberflächenanatomie ist hierbei nur ein Teilaspekt.

Historisch gesehen ist die Oberflächenanatomie die Mutter der modernen Anatomie. In der Mitte des 15. Jahrhunderts war die Medizin noch fest in den Lehren Galens verankert, und die Anatomie wurde nach dem Lehrbuch des Raimondo dei Liuzzi ("Mundinus") von 1316 gelehrt. Die bildenden Künstler der italienischen Renaissance waren damit nicht zufrieden. Sie wollten den menschlichen Körper in ihren Werken nicht abstrahierend-symbolisierend, sondern möglichst realistisch wiedergeben. Der große Baumeister der Frührenaissance Leon Battista Alberti (1402-1472) forderte die Maler auf, den menschlichen Körper zu konstruieren. Zuerst müsse man die Knochen zeichnen, denn sie seien formfest und bedingten die Proportionen. Als nächstes befestige man die Muskeln und Sehnen an den Knochen. Dann überziehe man die Knochen und Muskeln mit Haut. Den nackten Körper könne man dann in Kleider hüllen. Voraussetzung für diesen Konstruktionsweg war das Zergliedern der Leiche.

Im 15. Jahrhundert lag die Hauptaktivität bei Sektionen nicht bei Medizinern, sondern bei bildenden Künstlern. Der Bildhauer Lorenzo Ghiberti (1378-1455) schreibt im zweiten Buch seiner Commentarii, daß ein Bildhauer Sektionen beobachtet haben muß, damit er wisse, wie er Knochen, Muskeln, Sehnen und Bänder zu einer Statue zusammenfügen müsse. Der 1460 entstandene Kupferstich "Die Schlacht der nackten Männer" von Antonio Pollaiuolo zeigt das Muskelspiel von zehn Schwert-, Axt- und Bogenkämpfern in naturalistischer Weise und ist damit die erste wissenschaftliche Abbildung einer "Oberflächenanatomie".

Größter der Künstleranatomen war Leonardo da Vinci. In den Jahren 1485 bis 1515 führte er zahlreiche Sektionen aus und hielt Einzelheiten in Zeichnungen fest. Rund 200 Blatt davon sind erhalten geblieben. Sie befinden sich heute in Schloß Windsor. Leonardo ist über die Oberflächenanatomie weit hinausgegangen, da er sich auch mit den inneren Organen beschäftigte. Nach den vielen Notizen neben den Zeichnungen kann man annehmen, daß Leonardo ein Werk über Anatomie verfassen wollte. Daß es bei der Vielseitigkeit seiner Interessen nicht vollendet wurde, kann eigentlich nicht erstaunen.

### Ü114 Rollenverteilung

Einen Teil der Übungen kann man allein ausführen, z.B. das Tasten der Pulse aller großen Arterien. Bei der Mehrzahl der Übungen müssen ein "Untersucher" ("Arzt") und ein "Untersuchter" ("Patient", "Proband") zusammenwirken. Bei einigen Übungen ist ein "Helfer" ("Arzthelferin") nötig, z.B. um den Untersuchten abzustützen. Der "Helfer" erleichtert aber auch sonst die Arbeit, wenn er z.B. das Protokoll führt, die abgelesenen Meßwerte überprüft usw.

Die ideale Arbeitsgruppe besteht mithin aus drei Personen: **Untersucher, Untersuchter, Helfer**: Diese drei werden aber nur dann "ideal" zusammenarbeiten, wenn sie sich ihrer

Rollen bewußt sind und die Rollen regelmäßig tauschen. Keinesfalls sollten die Rollen fest verteilt sein. Es besteht sonst die Gefahr, daß sich die Rollen verselbständigen:

- Der Untersucher nimmt allmählich Chefarztallüren an, erlebt sich selbst als unfehlbar und wird deshalb ungenau in der Arbeit.
- Der Untersuchte sinkt immer weiter in Passivität, läßt alles über sich ergehen und denkt nicht mehr mit. Er wird dann nur noch wenig lernen.
- Der Helfer beginnt sich zunehmend zu langweilen, ist nicht mehr bei der Sache, füllt das Protokoll falsch aus und lernt ebenfalls wenig.

Der optimale Wissensgewinn ist zu erzielen, wenn jede Übung dreimal durchlaufen wird, wobei jedes Mitglied der Dreiergruppe je einmal Untersucher, Untersuchter und Helfer ist. Dabei sollte im ersten Durchgang der Teilnehmer, der sich auf die Übung fachlich am besten vorbereitet hat, den Untersucher spielen, derjenige mit der geringsten Vorbereitung den Untersuchten. Die Teilnehmer sollten dabei ihre Rollen entsprechend den Verhältnissen in der ärztlichen Praxis einüben:

- Der **Untersucher** sollte immer daran denken, daß der spätere Patient im allgemeinen weder die ärztliche Wissenschaftssprache versteht noch den Gang der Untersuchung im einzelnen kennt. Der Arzt sollte daher rechtzeitig lernen, sich für den Laien verständlich auszudrücken.
- Der **Untersuchte** sollte zwar vorher die Übungsanweisung gelesen haben, sollte dann aber die Übung nicht automatisch ausführen, sondern den Anweisungen des Untersuchers folgen. Er sollte sich in die Rolle des Patienten versetzen, der im allgemeinen auch nicht weiß, wie er sich zu verhalten hat. Da dies einen höheren Zeitaufwand bedeutet, wird man bei knapper Zeit auf das strenge Rollenspiel verzichten und "wissend" kooperieren. Man sollte jedoch im Hinblick auf das Training des Untersuchers nicht ständig darauf verzichten. Die Rolle des Untersuchten ist bisweilen eine Übung in der Demut: Verfolgt der Untersuchte die Arbeit des Untersuchers mit zu großer Aufmerksamkeit, so stört er diese manchmal. Dreht der Untersuchte, z.B. beim Markieren der Dornfortsätze, immer wieder den Kopf zur Seite, um die Arbeit am Rücken zu verfolgen, so verschieben sich dabei die Haut und die Markierungskreuze. Oft muß der Untersuchte eine unbequeme Stellung längere Zeit einhalten, bis alle Messungen getätigt sind. Dies kommt dem Verständnis des späteren Patienten zugute.
- Der **Helfer** sollte nicht passiv abwarten, bis er "Aufträge" vom Untersucher erhält. Er sollte aktiv die Arbeit verfolgen und helfend eingreifen, wenn dies nötig erscheint. Er sollte als Außenstehender erkennen, wenn Untersucher oder Untersuchter ihre Rolle schlecht spielen. Er sollte Fehler und Ungenauigkeiten bei der Untersuchung aufzeigen, aber auf eine Art, daß er die anderen dabei nicht kränkt. Die Kunst des guten Assistenten besteht darin, mit seinem Chef auch über dessen Fehler sprechen zu können. Der schlechte Assistent schweigt dem Chef gegenüber, versucht ihn aber dafür bei anderen lächerlich zu machen.

### Ü115 Übungen am Lebenden als Gegengewicht zu Übungen an der Leiche

In Übungen zur Anatomie am Lebenden erlernt der Student humane ärztliche Verhaltensweisen. Er erfährt in der Rolle des Untersuchten "am eigenen Leibe", wie schmerzlich (körperlich wie seelisch) rücksichtsloses Verhalten des Untersuchers sein kann. Er müßte nach einigen Übungen verstanden haben, daß

- die Untersuchung jeweils durch das Gespräch mit dem Patienten vorzubereiten ist, um eine Vertrauensbasis zu schaffen. Vermutlich würde es ihn selbst stören, wenn in den Übungen ein ihm nicht näher bekannter Kommilitone ohne ein Wort zu sagen an ihm herumzutasten begänne.
- in diesem Vorgespräch auf möglicherweise schmerzhafte Untersuchungen besonders einzugehen ist.
- der Untersucher während der ganzen Untersuchung seine volle Aufmerksamkeit dem Untersuchten zu widmen hat. Vermutlich hat es den "Patienten" gestört, wenn sein "Arzt" sich während der Untersuchung mit anderen Kommilitonen unterhielt oder gar wegging und ihn mangelhaft bekleidet stehen ließ. Geradezu angsterregend kann es sein, wenn der Untersucher mit Geräten über dem Gesicht des liegenden Untersuchten hantiert und dabei den Eindruck erweckt, nicht ganz bei der Sache zu sein.
- der Untersucher saubere Hände und keine Bier- oder Knoblauch-"Fahne" haben sollte.

- Arzt und Patient Partner sein und sich entsprechend verhalten sollten.

Das Einüben humaner ärztlicher Verhaltensweisen ist in der Vorklinik besonders wichtig, weil die Übungen an der Leiche eher dehumanisierend wirken. Bei der Arbeit an der Leiche gewöhnt sich der Student nur zu leicht daran, daß dieser "Patient" keine Gefühle und Wünsche äußert und deshalb wie eine Sache zu behandeln ist. Man muß nicht erst sein Einverständnis gewinnen, sondern darf einfach darauflosschneiden. Man kann sich bei der Arbeit mit den Kollegen über das letzte Fußballspiel unterhalten. Man kann ohne Grund weggehen und ihn liegen lassen. Schmutzige Hände stören ihn nicht. Man kann insgesamt sorglos sein. Schlimmstenfalls muß man das Testat wiederholen.

Zweifellos benötigt der Arzt für besonnenes Handeln eine sachliche Einstellung gegenüber dem Untersuchungs- und Behandlungs-"Objekt" Patient. Die Arbeit an der Leiche ist hierfür eine wichtige Schule. Der Patient darf aber niemals "Nur-Objekt" werden. Er muß immer auch Partner bleiben. Bei alleiniger Ausbildung an der Leiche gerät in der Vorklinik die Partnerschaft zu leicht in Vergessenheit, und der Student tritt dann in der Klinik an den Patienten mit der gleichen Einstellung heran wie an die Leiche.

### Ü116 Schamgefühl und zweckmäßige Bekleidung

Die ideale Bekleidung des Patienten bei der ärztlichen Untersuchung ist gar keine Bekleidung. Nur bei völliger Nacktheit kann ein umfassender Eindruck vom Körper des Patienten gewonnen werden. In der Praxis ist dieses Ideal kaum zu verwirklichen. Die beiden wichtigsten Hemmnisse sind

- das mitteleuropäische Klima,
- das Schamgefühl des Patienten.

Die Temperaturen in Innenräumen lassen eine längere Unbekleidetheit nicht zu. Aber selbst wenn man die Räumc auf Körpertemperatur aufheizen würde, wäre damit das Schamgefühl des Patienten noch nicht überwunden. Die Spielbreite der Einstellungen zum Schamgefühl in unserer Gesellschaft ist groß. Die einen halten es für eine der Grundlagen der abendländischen Kultur, die anderen sehen darin eine der Hauptursachen für die verspätete Diagnose vieler Krankheiten. Medizinstudenten sind zwar im allgemeinen recht liberal, wenn es um das Unbekleidetsein des anderen geht, haben selbst aber die gleichen Probleme wie der Durchschnittsbürger, wenn sie ihre Kleider ablegen sollen. Dies ist für die Übungen am Lebenden einerseits ein Hemmnis, andererseits aber auch eine Chance, beim Studenten aus dem eigenen Erleben heraus Verständnis für die Schamprobleme des Patienten zu wecken.

Der Umgang mit dem Schamgefühl des Patienten erfordert vom Arzt viel Takt. Eine vertrauensvolle Partnerschaft ist weder mit frivolen Reden noch mit einem herrischen "stellen Sie sich nicht so an!" zu gewinnen. Am ehesten überwindet man das Schamgefühl, wenn man stufenweise vorgeht. Man untersucht zunächst Regionen, die ohne Entkleidung zugänglich sind, z.B. Gesicht und Hände. Dann bittet man den Patienten, die als nächste zu untersuchende Region freizumachen, während man selbst inzwischen die Befunde im Krankenblatt notiert. Völlig abwegig wäre es, den Patienten als erstes aufzufordern, sich völlig zu entkleiden, und dann erst mit dem nackten Patienten das Gespräch über die Vorgeschichte seiner Erkrankung zu beginnen.

In Übungen zur Anatomie am Lebenden verfahre man ähnlich. Schon wegen der Gefahr der Erkältung sollte sich von jeder Arbeitsgruppe jeweils nur der Untersuchte entkleiden und auch dieser nur so weit, als es für die Untersuchung nötig ist. Wenn es die Vorkenntnisse zulassen, wähle man für die ersten Kurstage Regionen, die nur wenig vom Schamgefühl geschützt sind, z.B. den Arm. Haben sich die Kursteilnehmer erst einmal von der sachlichen Atmosphäre der Übungen überzeugt, so lassen sich auch stärker vom Schamgefühl geschützte Körperbereiche, wie Brust- und Bauchwand, im Kurs erarbeiten.

Grundsätzlich gilt die Empfehlung, für den Kurs "Badekleidung" mitzubringen. Den weiblichen Teilnehmern sind zweiteilige Badeanzüge (Bikini) zu empfehlen, da einteilige zu viel von Rücken, Brust- und Bauchwand verdecken. Zur Badekleidung gehört auch eine

Gummihaube, mit der man zweckmäßigerweise das Haupthaar bedeckt, wenn man im Bereich des Schädeldachs Gefäßverläufe usw. aufmalen will. Eine Haube ist auch praktisch, wenn lange Haare die Untersuchung behindern.

Manche Studentinnen wollen, ihren Badegewohnheiten entsprechend, das Bikinioberteil bei Übungen an der Wirbelsäule und der Brustwand ablegen. Die langjährigen Erfahrungen mit Übungen am Lebenden in Hannover zeigen, daß dies die anderen Kursteilnehmer nicht stört und auch kein Druck auf Teilnehmerinnen ausgeübt wird, die das Oberteil anbehalten wollen.

Als ich 1984 im Deutschen Ärzteblatt über die Übungen zur Anatomie am Lebenden berichtete, wurde in ablehnenden Zuschriften die Sorge ausgedrückt, daß "hinter dem Vorhang Eros lauere". Zur Sozialisation des Arztes gehört es, die eigene Sexualität auf eine Stufe der Reife zu bringen, daß sie die ärztlichen Aufgaben nicht beeinträchtigt. Wenn man besorgt ist, daß Übungen zur Anatomie am Lebenden zur sexuellen Spielerei werden könnten, wie viel mehr müßte man es dann bei einem Untersuchungskurs am Kranken sein. Der Student kann sich gegen eine Verletzung seines Schamgefühls durch seine Kollegen wehren. Aber kann dies auch der Patient in gleichem Maße? Das Erleben der Probleme der Schamhaftigkeit in der Situation des Selbstuntersuchtwerdens kann dem angehenden Arzt sicher nur helfen.

## Ü117 Instrumentarium

Das vorliegende Kursprogramm ist vom Ehrgeiz getragen, mit möglichst wenig Hilfsmitteln möglichst viel Verständnis für funktionelle Anatomie zu wecken. Für die meisten Übungen braucht man im Grunde nur Auge, Hand und Ohr sowie etwas Basiswissen der Anatomie. Will man sich in Unkosten stürzen, so sind zu empfehlen:

- **Schminkstifte** in verschiedenen Farben dienen zum Bemalen der Haut: Sie werden als Schauspielerbedarf in verschiedenen Stärken in Parfümerien angeboten. Man wähle möglichst dünne Stifte. Ein Satz von zwölf Farben kostet etwa 5 DM. Weniger zweckmäßig sind sog. Fettstifte. Sie sind schwer anzuspitzen, und die Zeichnung auf der Haut ist nur durch intensives Waschen mit Seife wieder zu entfernen. Auch kann man mit dem Holz die Haut anritzen. Ungeeignet sind Filzschreiber mit organischen Lösungsmitteln, z.B. Aceton. Die Farbe dringt in die oberflächlichen Hautschichten ein und ist nicht auszuwaschen.
- **Abschminke** erleichtert das Entfernen der Schminkezeichnung. Der Preis beträgt je nach Größe der Dose 2-5 DM. Zur Not geht auch eine beliebige Hautcreme (sie ist jedoch nicht billiger).
- Ein **Bandmaß** ermöglicht Längen- und Umfangmessungen. Es sollte mindestens 1-2 m lang sein. Preis in Kaufhäusern etwa 1-2 DM.
- Ein **Lot** benötigt man nur zum Beurteilen der Seitneigung und seitlicher Verkrümmungen der Wirbelsäule. Ein Maurerlot kostet etwa 2 DM. Man kann sich jedoch leicht ein Lot mit Hilfe eines Bindfadens und eines daran gebundenen Metallstücks (größerer Schlüssel, Vorhängeschloß usw.) basteln.
- Mit einem **Winkelmesser** bestimmt man die Bewegungsspielräume der Gelenke. Die in der ärztlichen Praxis üblicherweise verwendeten Winkelmesser mit beweglichen Schenkeln aus durchsichtigem Kunststoff sind im Fachhandel unverständlich teuer (20-30 DM). Man kann sich jedoch leicht einen Winkel mit zwei beweglichen Schenkeln selbst basteln und den alten Winkelmesser aus der Schulzeit als Skala benützen.
- Zwei schmale **Latten** aus Holz oder Kunststoff von etwa 80-100 cm Länge erleichtern das Anpeilen von Extremitätenachsen usw. bei der Bewegungsprüfung der Gelenke.
- Eine **Wasserwaage** hilft jenen, deren "Augenmaß" zur Beurteilung der Horizontalen wenig geübt ist (Winkelmessungen bei Gelenkbewegungen, gleicher Höhenstand der Darmbeinkämme und der Schultern usw.). Preis in Werkzeugläden 5-10 DM.
- Mit einer **Lupe** erkennt man Feinheiten der Haut, am Auge usw.
- Ein **Reflexhammer** erleichtert das Auslösen der Muskeleigenreflexe. Viele Reflexe lassen sich jedoch auch durch einen Schlag mit der ulnaren Handkante oder mit der Fingerkuppe prüfen. Ein Reflexhammer kostet je nach Zusatzausrüstung zur Sensibilitätsprüfung (Nadel und Pinsel aus dem Schaft ausschraubbar) 20-40 DM.
- Mit dem **Stethoskop** erspart man sich Ver-

renkungen beim Abhören der Brust- und Bauchorgane. Es ist hierfür aber nicht unbedingt nötig. Hingegen kommt man beim Blutdruckmessen mit konventionellen Geräten kaum ohne Stethoskop aus. Da man im klinischen Studium sowieso ein Stethoskop benötigt, sollte man die Anschaffung dieses "Statussymbols" für die Anatomie am Lebenden ernsthaft erwägen. Stethoskope werden im Fachhandel zu sehr unterschiedlichen Preisen (20-300 DM) angeboten. Ein Preisvergleich lohnt sich. Vielerorts bieten die Studentenfachschaften über Sammelbestellungen gute Stethoskope preisgünstig an (etwa 60 DM).

- Ein **Blutdruckmesser** gehört schon zur Luxusausstattung. Er wird im Übungsprogramm nur selten benötigt. Die billigsten Geräte kosten etwa 80 DM.
- Der **Beckenzirkel** ist eigentlich viel zu teuer (etwa 150 DM). Mit etwas Phantasie kann man viele einschlägige Messungen, wenn auch nicht so bequem, mit Hilfe eines langen Lineals und zwei Dreiecken (aus dem Geometrieunterricht des Gymnasiums) vornehmen. Man legt die beiden Dreiecke mit einer Kathete dem Lineal an und benutzt das gegenüberliegende Eck als Tastpunkt.
- Eine **Stimmgabel** wird nur in wenigen Übungen benötigt. Man muß sie kaum eigens für den Kurs anschaffen, weil sie vermutlich einige Kursteilnehmer mitbringen können (Studenten, die ein Musikinstrument spielen, das sie selbst stimmen müssen).

In einigen Übungen werden darüber hinaus noch folgende Instrumente verwendet: Kehlkopfspiegel, Augenspiegel, Ohrtrichter, elektrisches Laryngo-, Ophthalmo- und Otoskop, Phantom und Tuben für Intubation usw. Die Anschaffungskosten für diese Instrumente liegen in der Regel über dem Etat eines Studenten. Können diese Instrumente nicht vom Kursveranstalter bereitgestellt oder von Studenten aus der elterlichen Praxis ausgeliehen werden, so sollte man auf die entsprechenden Übungen verzichten. Kehlkopf-, Augen- und Ohrenspiegelung werden sowieso noch in klinischen Kursen geübt.

Bei etwaigen "Investitionen" berücksichtige man als Student, daß man als späterer Arzt einen Blutdruckmesser auf der Krankenstation vorfindet, hingegen Reflexhammer und Stethoskop in der Regel selbst mitbringen muß.

## Ü118 Exaktes Messen in Übungen am Lebenden

In diesem Buch werden in den einzelnen Übungen soweit wie nur möglich Messungen vorgeschlagen. Es geht darin beträchtlich über die meisten Anleitungen zu ärztlichen Untersuchungen und erst recht über Gewohnheiten in der ärztlichen Praxis hinaus. Bevor man dieses Bemühen um Quantifizierung als lächerlich abtut, sollte man folgende didaktische Aspekte bedenken:

- **Messen fördert die Sorgfalt**: Die Mehrzahl der Menschen hat einen ausgeprägten Hang zur Bequemlichkeit. Medizinstudenten sind davon nicht ausgenommen. Die langjährige Erfahrung mit Übungen am Lebenden hat den Verfasser gelehrt, daß um so sorgfältiger gearbeitet wird, je differenzierter die Anforderungen des Protokolls sind. Faßt man Aufgaben sehr allgemein, z.B. "elfte und zwölfte Rippe tasten", so begnügen sich die meisten Kursteilnehmer mit dem Feststellen der ungefähren Lage. Fordert man sie hingegen auf, die Länge dieser Rippen zu messen, so bemühen sie sich, das freie Ende genau festzulegen und auch den Verlauf zu tasten. Auf dem Umweg über das Messen wird damit das Tastvermögen geschult. Kommen bei den Längenmessungen größere Rechts-links-Unterschiede zutage, so werden die meisten Untersucher noch einmal nachtasten, um die Richtigkeit der Messung zu prüfen. Sie werden dabei evtl. Tastfehler entdecken.
- **Messen ist bei biochemischen und physiologischen Untersuchungen selbstverständlich, warum nicht bei anatomischen?** Bei Laborbefunden erwarten wir möglichst genaue quantitative Angaben. Kein Arzt wäre mit einem Laborbefund wie "Blutzucker etwas erhöht" zufrieden. Er ist gewohnt, den Wert exakt in mmol/l oder mg/dl angegeben zu finden. Die Aussage "etwas erhöht" erschiene ihm zu subjektiv. Hingegen begnügen sich viele Ärzte mit der Formel: "Beweglichkeit des Handgelenks etwas eingeschränkt", obwohl man diese mit ähnlicher Exaktheit wie den Blutzucker in Grad angeben könnte. Auch hier dürfte die Bequemlichkeit ausschlaggebend sein: Die Laborwerte bestimmt das Personal, die Bewegungsumfänge der Gelenke hingegen muß der Arzt selbst messen. Wenn es die eigene Zeit kostet, ist man großzügiger.

▪ **Erst nach Kochbuch, dann nach Augenmaß**: In einem Kochkurs werden die Zutaten gewogen, die erfahrene Hausfrau schätzt sie ab. Man sollte zunächst exakte Messungen erlernen. Stellt sich später in der Praxis heraus, daß man vieles aufgrund von Erfahrung hinreichend genau abschätzen kann, so darf man auf Messungen verzichten. Aber man sollte nicht von vornherein über den Daumen peilen, sondern Erfahrungen über exaktes Vorgehen sammeln. Dann kann die spätere Vereinfachung zumindest auf genaueren Erfahrungswerten aufbauen. Außerdem ist man bei Bedarf in der Lage, auch genaue Werte zu bestimmen.

▪ **Aber nicht pseudogenau**! Exaktes Messen bedeutet nicht, daß man versuchen sollte, auf Bruchteile von Millimetern und Winkelgraden an der Skala abzulesen. Es geht vielmehr darum, die Voraussetzungen für Quantifizierung möglichst eindeutig zu machen. Der mögliche Fehler beim Bestimmen des Bewegungsumfangs eines Gelenks liegt kaum in der etwaigen Ungenauigkeit des verwendeten Winkelmessers, sondern in der Schwierigkeit, die Achsen der bewegten Knochen auf der Körperoberfläche zur Messung darzustellen. Einen Fehler in der Größenordnung von mindestens 5° wird man dabei in Kauf nehmen müssen. Deshalb ist es sinnlos, im Protokoll etwa 116,5° zu notieren. Es genügen Sprünge von 5°, also 115° oder 120°. Also nicht den Winkelmesser irgendwie auflegen, dann aber minutiös ablesen, sondern umgekehrt: Möglicht sorgfältig die Achsen einstellen, dann eher großzügig in 5°-Intervallen protokollieren.

▪ **Kontrollmessungen**: In der klinischen Chemie ist es ein bewährtes Verfahren zur Qualitätskontrolle von Bestimmungen, Proben des gleichen Untersuchungsgutes an verschiedene Labors zu versenden und die Ergebnisse zu vergleichen. Ebenso muß man von Zeit zu Zeit im eigenen Labor das gleiche Untersuchungsgut mehrfach analysieren. Man kann danach die Fehlerbreite der Bestimmungsmethode beurteilen. Ähnlich sollte man in Übungen am Lebenden vorgehen. Die gleiche Messung sollte von mehreren Untersuchern unabhängig voneinander am gleichen Probanden vorgenommen werden. Wichtig ist dabei, daß die Meßergebnisse der anderen nicht bekannt sind. Will man die eigene Fehlerbreite durch mehrfaches Messen bestimmen, so hat dies eigentlich nur Zweck, wenn man zwischendurch die vorhergehenden Meßergebnisse vergessen hat.

### Ü119 Organisation der Übungen an einem anatomischen Institut

Bei der Planung von Übungen am Lebenden bedenke man folgendes:

▪ Drei Studenten bilden die ideale Kleingruppe: ein Proband ("Patient"), ein Untersucher ("Arzt"), ein Helfer ("Sprechstundenhilfe" für Protokoll und Hilfeleistung bei manchen Untersuchungen). Während der Übung sollten die Rollen wechseln, so daß jeder Student jede Übung in allen drei Rollen mitgemacht hat.

▪ Ein Übungsleiter kann kaum mehr als 10 bis 15 Kleingruppen betreuen. Man sollte daher die Teilnehmerzahl auf 40 bis 50 Studenten beschränken.

▪ Schminkestifte werden bei sorgloser Behandlung rasch zerbrochen und unansehnlich. Schminke und Abschminke sollte daher jeder Student selbst mitbringen. Hierfür sprechen auch hygienische Gründe.

▪ Bandmaß, Lot, Winkelmesser, Reflexhammer und Stethoskop sollten für jede Kleingruppe einmal vorhanden sein. Wählt man das billigste Stethoskop (das für den Kurs ausreicht), so kommt man (je nach Mengenrabatt) auf etwa 50 bis 100 DM pro Kleingruppe. Da derartige Geräte von pharmazeutischen Firmen bisweilen auch als Werbegeschenke gratis abgegeben werden, kann man unter Umständen die Kosten senken.

▪ Blutdruckmesser, Beckenzirkel und Wasserwaage werden nur gelegentlich benötigt. Sie müssen nicht für jede Kleingruppe vorhanden sein. Ein Gerät genügt für etwa drei Kleingruppen. Bei 10 bis 15 Kleingruppen muß man dann noch einmal 1000 DM veranschlagen. Auf die Beckenzirkel kann man auch gut verzichten.

▪ Als Kursraum kann jeder Seminarraum, notfalls sogar ein kleiner Hörsaal dienen. Die in den Seminarräumen üblicherweise vorhandenen Tische kann man zu Untersuchungsliegen umfunktionieren, wenn man zur Polsterung Schaumgummibahnen auflegt. Am einfachsten nimmt man hierfür nicht zu dünne Auflagen für Campingliegen (etwa 30 DM pro Stück). In Hannover haben wir etwas dickere Schaumgummibahnen in Klarsichtfolien eingeschweißt (Nachteil: sie rutschen leicht auf einem glatten Tisch). Auf die Polsterauflagen rollt man für jeden Studenten eine Papierbahn von den üblichen Papierrollen für Untersuchungsliegen ab (Bezug von der Klinikapotheke).

▪ Die einmaligen Ausstattungskosten der Übungen betragen mithin 2000 bis 3000 DM. Bei entsprechender Begrenzung des Programms kann man auch mit weniger auskommen.

▪ Den Studenten legt man nahe, Badekleidung mitzubringen, aber sich nicht weiter auszuziehen, als es der jeweilige Übungsabschnitt erfordert. Dann reichen normal beheizte Unterrichtsräume aus. Bei Damen sind zweiteilige Badeanzüge ("Bikini") vorzuziehen, da einteilige Badeanzüge zu große Bereiche der Rumpfwand verhüllen.

▪ Waschräume können wohl nirgends problematisch sein, da alle Anatomien über reichlich Waschräume bei den Präpariersälen verfügen.

## 1.2 Allgemeines über Untersuchungsmethoden

### Ü121 Inspektion und Palpation

Die "einfachen" Untersuchungsmethoden bedürfen im Grunde der mehrjährigen Übung, bis man sie beherrscht. Der angehende Arzt muß "sehen" und "tasten" lernen. Dies klingt banal, aber schon Goethe meinte (Xenien aus dem Nachlaß):

"Was ist das Schwerste von allem,
was Dir das Leichteste dünket:
mit den Augen zu sehen,
was vor den Augen Dir liegt."

In unserer Zivilisation ist es üblich, Kindern beizubringen, andere nicht anzustarren oder deren Körper zu genau anzusehen, weil dies das Schamgefühl verletze. Der angehende Arzt muß wieder lernen, den Körper des Patienten unbefangen zu betrachten. Das Beobachten des Muskelspiels durch die Haut ist dabei eine wertvolle Übung. Das Oberflächenrelief ändert sich bei Bewegungen laufend. Dabei wechseln Licht und Schatten in feinen Nuancierungen. Ist erst dafür der Blick geschult, wird der Arzt auch schon leichte Schwellungen in Weichteilen erkennen können. Bei der Inspektion sollte man immer beide Seiten vergleichen. Asymmetrien können zufällig sein, aber auch auf Erkrankungen hinweisen.

Den anderen berühren zu dürfen, ist in unserer Zivilisation ein Vorrecht des eng Vertrauten. Aber auch da sind es meist mehr symbolische Gesten und kein sorgfältiges Abtasten mit der Absicht, Vorstellungen über Strukturen zu gewinnen. Der angehende Arzt hat daher meist große Schwierigkeiten, den Körper zu "begreifen". Aus Sorge, dem anderen Schmerzen zu bereiten, wird meist zu zaghaft zugegriffen. Dies soll keineswegs eine Aufforderung zu Brutalität sein. Man muß den Druck dosieren lernen.

Eine gute Basisübung ist es, alle zugänglichen Teile des Skeletts zu tasten. Die Erfahrungen des Kurses zeigen, daß dies nicht so einfach ist, wie es zunächst scheint. Günstig ist es, die Finger 2 bis 4 mit den Tastballen der Endglieder aufzusetzen und in leicht kreisenden Bewegungen sanft in die Tiefe zu drücken. Es sollte überflüssig sein, darauf hinzuweisen, daß man die Fingernägel der tastenden Hand kurz halten muß und daß schmutzige Hände beim Betasteten leicht Ekel erregen. Die Hände des Untersuchers sollten nicht kalt sein (evtl. vor dem Untersuchen in warmem Wasser waschen oder etwas aneinander reiben). Der Daumen ist viel plumper als Zeige- und Mittelfinger und daher weniger zum kritischen Tasten geeignet.

Eine Stufe schwieriger ist das Palpieren von Weichteilen. Man studiere systematisch das Anspannen von Muskeln bei Bewegungen. Man wird dann schmerzhafte Muskelverspannungen beim Patienten besser bewerten können. Keine Gelegenheit sollte man verstreichen lassen, Arterienpulse zu tasten. Dabei muß man sich vergewissern, daß man nicht nur den Puls in den eigenen Fingerarterien registriert. Im Zweifelsfall sollte man die eigene Pulsfrequenz mit der des Untersuchten vergleichen. Deshalb ist im Übungsprogramm immer wieder das Zählen der Pulsfrequenz gefordert (und nicht etwa weil ich meinte, daß die A. radialis eine andere Pulsfrequenz als die A. ulnaris habe). Das Tasten von Lymphknoten (Ü125) ist durch keine noch so aufwendige technische Methode zu ersetzen. Der Tastbefund entscheidet bei Krebskranken häufig über die einzuschlagende Behandlung und damit nicht selten über Leben und Tod.

Bei den inneren Organen kommt man zum Teil mit dem bloßen Besichtigen und Betasten nicht weiter. Hier können Perkussion und Auskultation weiterhelfen. Die Methoden werden in den Abschnitten Ü126 und Ü127 näher erläutert.

Eine Kombination von Besichtigen und Zugreifen wird bei der Untersuchung von Gelenken angewandt. Da hierfür die Grundlagen im anatomischen Unterricht oft unzureichend erarbeitet werden, sei hierzu etwas weiter ausgeholt:

## Ü122 Untersuchung von Gelenken

**a) Hauptachsen und Hauptbewegungen:**

- einachsige Gelenke: Scharniergelenk, Radgelenk,
- zweiachsige Gelenke: Eigelenk, Sattelgelenk, Drehwinkelgelenk,
- dreiachsiges Gelenk: Kugelgelenk.

Wenn von zwei oder drei Achsen die Rede ist, so sind wie bei den Achsen des Körpers Hauptachsen gemeint. An sich kann man durch zwei- und dreiachsige Gelenke beliebig viele Achsen legen, man greift jedoch nur zwei oder drei aufeinander senkrecht stehende Achsen als Hauptachsen heraus. Um jede Achse sind Bewegungen in zwei entgegengesetzte Richtungen möglich. Beispiele:

- Beugen - Strecken (Flexion - Extension),
- Abspreizen - Anziehen (Abduktion - Adduktion),
- Innenkreiseln - Außenkreiseln (Innenrotation - Außenrotation),
- Einwärtsdrehen - Auswärtsdrehen (Pronation - Supination),
- Vorwärtsbewegen - Rückwärtsbewegen (Anteversion - Retroversion),
- Vorneigen - Rückneigen (Inklination - Reklination),
- Gegenüberstellen - Zurückstellen (Opposition - Reposition).

Bei manchen Gelenken sind die Bewegungsrichtungen mit spezielleren Bezeichnungen versehen, z.B. beim proximalen Handgelenk. Es hat als Eigelenk zwei Hauptachsen, die man als Beuge-Streck-Achse und Abspreiz-Anzieh-Achse definieren könnte. Beugung ist aber zur Seite der Handfläche und zur Seite des Handrückens, Abspreizen zur Seite des Daumens und zur Seite des Kleinfingers möglich. Die Hauptbewegungsrichtungen werden daher genauer bezeichnet als

- Palmarflexion - Dorsalextension (Dorsalflexion),
- Ulnarabduktion - Radialabduktion.

Darüber hinaus kann man die Hand kreisen lassen, wenn man den Unterarm festhält. Diese "Zirkumduktion" ("Kreisen") ist keine neue Bewegung. Man führt lediglich die Hand aus der Palmarflexion nacheinander in die Radialabduktion, Dorsalextension, Ulnarabduktion über und gelangt schließlich zur Palmarflexion zurück. Es bleibt also bei den beiden Hauptachsen. Eine neue Hauptachse wird erst genutzt, wenn man den Unterarm freigibt und nun die Speiche um die Elle dreht und damit die Hand kreiselt (man unterscheide "kreisen" und "kreiseln"!): Pronation und Supination.

**b) Bedeutung der Bänder:** Für die Führung der Bewegungen sind vor allem die Bänder zuständig. Bei Scharniergelenken finden wir regelmäßig auf jeder Seite ein Kollateralband. Diese beiden Bänder lassen nur die Scharnierbewegung zu, geben aber zugleich dem Gelenk Stabilität.

Größtmögliche Beweglichkeit ist nicht im Sinne des Organismus. Je vielfältiger die Bewegungsrichtungen und je größer der Bewegungsumfang desto schwieriger wird die Sicherung des Gelenks. Es drohen Verrenkungen bei Traumen. Die Muskeln müssen um so stärker arbeiten, je weniger eine Gelenkstellung durch Bänder gesichert ist. Der Organismus greift daher die biologisch relevanten Bewegungen heraus und begrenzt den Bewegungsumfang auf ein sinnvolles Maß. Diese Begrenzung erfolgt in der Regel durch Bänder. Gelegentlich kann jedoch auch nicht weiterbewegt werden, weil Weichteile die Bewegung hemmen. Der muskelstarke Mann kann im Ellbogengelenk nicht so weit beugen wie eine muskelschwächere Frau, weil seine Muskeln die Beugung früher behindern.

Bei den einzelnen Gelenken ist jeweils zu bedenken, welches Band welche Bewegung hemmt. Dies erleichtert das Verstehen der Mechanismen von Verletzungen, die zum Zerreißen von Bändern führen. Die Kreuzbänder des Knies verhindern das Überstrecken. Wird bei einem Sturz das Kniegelenk gewaltsam überstreckt, so müssen die Kreuzbänder reißen.

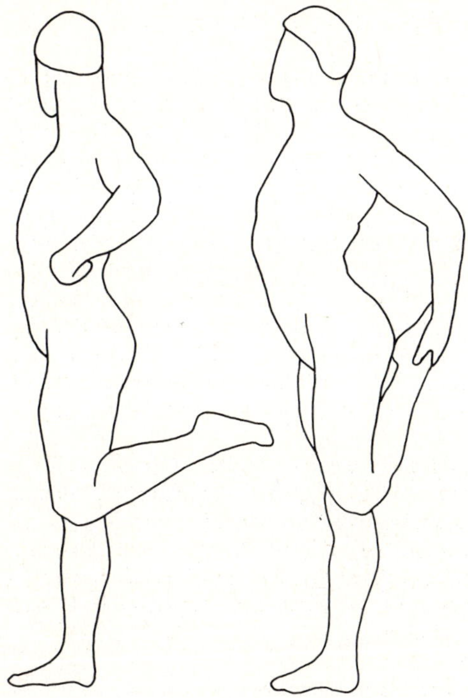

*Abb. 122a. Aktive und passive Beweglichkeit*

**c) Aktive und passive Beweglichkeit**: Der Bewegungsspielraum eines Gelenks kann von den zugehörigen Muskeln häufig nicht voll genutzt werden. So kann man z.B. im Kniegelenk mit den Muskeln des Ober- und Unterschenkels bis etwa 110° beugen (aktive Beweglichkeit, Abb. 122a). Nimmt man die Hand zur Hilfe, so kommen 20-40° hinzu, und man erreicht 130-150° (passive Beweglichkeit). Die Verkürzungsgröße der Muskeln des Kniegelenks reicht für die vollständige Beugung nicht aus. Bei der Untersuchung von Gelenken interessiert primär der Bewegungsspielraum des Gelenks und nicht die Leistungsfähigkeit der Muskeln. Deshalb wird Protokollen des Bewegungsumfangs von Gelenken immer die passive Beweglichkeit zugrunde gelegt.

**d) Neutralnullmethode**: Bei vielen Gelenkerkrankungen werden durch Schrumpfen der Gelenkkapsel, Bildung von Knochenauswüchsen usw. die Bewegungsumfänge eingeschränkt. An der Änderung der Bewegungsumfänge kann man das Fortschreiten oder Bessern der Erkrankung messen. Die exakte Bestimmung der Bewegungsumfänge in den Hauptbewegungsrichtungen der Gelenke ist daher eine wichtige ärztliche Untersuchungsmethode. Bewegungsumfänge werden in Grad gemessen. Damit man nicht jedesmal den Nullpunkt neu definieren muß, hat man sich in den letzten Jahren auf die Neutralnullmethode geeinigt. Als Nullstellung ist bei ihr der aufrechte Stand mit geschlossenen Füßen und angelegten Handflächen (mit Daumen nach vorn) definiert (Abb. 122b).

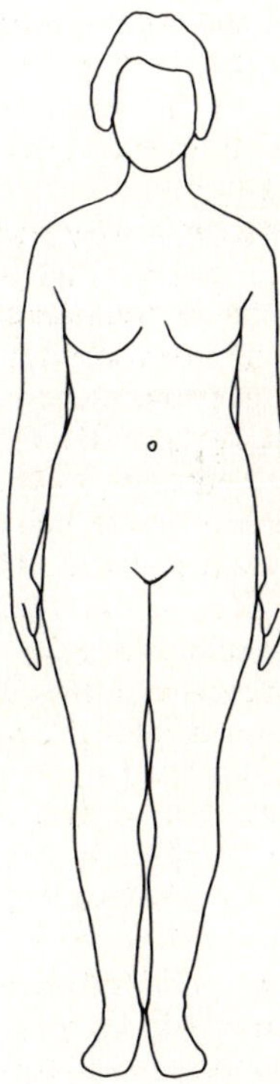

*Abb. 122b. Neutralnullstellung*

Alle Bewegungsumfänge werden von der Neutralnullstellung aus gemessen. Beim Ellbogengelenk ist die Nullstellung mithin die Streckstellung, aus welcher man auf etwa 150° beugen kann. Schwieriger ist es bei den Handgelenken. Aus der Streckstellung = 0° kann man auf etwa 80° palmarflektieren und auf 60° dorsalextendieren. Der Gesamtumfang beträgt 140°. Die Protokollierung ist standardisiert: 60° - 0° - 80°: Man schreibt immer zuerst den Umfang der vom Körper wegführenden Bewegung, dann die 0°, wenn die Nullgradstellung durchwandert wird, und schließlich das Ausmaß der zum Körper hinführenden Bewegung.

Bei einer Polyarthritis der Handgelenke kann z.B. die Dorsalextension stark eingeschränkt sein und nur noch 10° betragen bei 50° Palmarflexion. Das Protokoll lautet dann 10° - 0° - 50°. Schreitet die Krankheit noch weiter fort, so daß nur ein Bewegungsspielraum zwischen 10° und 40° Palmarflexion bleibt, so bringt man durch die Schreibung 0° - 10° - 40° zum Ausdruck, daß die Nullstellung nicht mehr erreicht wird: Die Null steht im Protokoll nicht mehr in der Mitte. Ist schließlich das Handgelenk in 30° Palmarflexion versteift, so schreibt man 0° - 30° - 30°.

In der Bundesrepublik Deutschland sind in Gutachten alle Bewegungsumfänge nach der Neutralnullmethode anzugeben. Deshalb werden in diesem Buch bei allen Gelenken die Bewegungsumfänge nach dieser Methode protokolliert.

**e) Schnelltest zur groben Beweglichkeitsprüfung der großen Gelenke**: In der täglichen Praxis hat der Arzt meist nicht so viel Zeit, alle Gelenke so ausführlich zu untersuchen, wie dies in den speziellen Abschnitten dieses Buches beschrieben ist. Zur groben Orientierung genügt es dann, den Patienten 2 Stellungen einnehmen zu lassen:

- Stellung A: Der Patient steht mit gespreizten Beinen. Die Arme sind hinter dem Rücken in der Lendengegend verschränkt. Er neigt die Wirbelsäule so weit zurück, wie dies das Gleichgewicht zuläßt (der Arzt steht vorsorglich hinter dem Patienten, um ihn notfalls aufzufangen). Der Patient dreht das Gesicht nach oben, bis der Blick zur Decke geht.
- Stellung B: Der Patient geht in die tiefe Hocke (Abb. 122c). Er verschränkt die Arme hinter dem Kopf und neigt die Wirbelsäule maximal nach vorn. Das Gesicht kommt dabei zwischen die Knie (die Obergelenkknorren der Oberschenkelbeine berühren die Jochbeine).

Kann der Patient beide Stellungen mühelos einnehmen, so ist eine eingehende Untersuchung der Wirbelsäule und der großen Gelenke entbehrlich, sofern der Patient nicht einschlägige Beschwerden angibt. Ältere Patienten haben manchmal Schwierigkeiten, in die Hocke zu gehen und vor allem daraus wieder hochzukommen. Daß der Arzt dann helfend die Hand reicht, muß wohl nicht eigens gesagt werden.

*Abb. 122c. Tiefe Hocke (Stellung B) beim Schnelltest zur groben Beweglichkeitsprüfung*

Man sollte den Schnelltest, wie auch die weiteren in diesem Buch beschriebenen Übungen selbst ausführen. Dies ist der beste Weg, mit den technischen und psychologischen Problemen der Untersuchung vertraut zu werden. Eine Motivationshilfe hierfür sollen die Protokolle sein, in denen man die Untersuchungsbefunde festhalten kann.

Protokoll 122. Schnelltest zur Gelenkbeweglichkeit

Die beiden Teststellungen können mühelos eingenommen werden

| | | | |
|---|---|---|---|
| Stellung A (Grätsche) | j | n | ? |
| Stellung B (Hocke) | j | n | ? |

## Ü123 Untersuchung von Muskeln

Das Muskelrelief ist bei dünnem Unterhautfettgewebe schon durch die Haut sichtbar. Es wird noch klarer, wenn die Muskeln arbeiten. Der Untersucher fordert den Probanden zu Bewegungen auf, an denen der jeweils interessierende Muskel beteiligt ist. Wird diese Bewegung gegen Widerstand ausgeführt, so werden die Muskeln noch deutlicher hervortreten. Manchmal hilft auch die entgegengesetzte Bewegung. Der Muskel wird dann gedehnt und wölbt die ebenfalls gespannte Haut vor. Die Erfahrung lehrt, welche Methode bei einem bestimmten Muskel am häufigsten zum Ziel führt.

Bei dickerem Unterhautfettgewebe sind die Muskeln manchmal trotz Anspannung nicht zu sehen. Hier hilft dann fast immer das Betasten. Man legt die Fingerspitzen des zweiten bis vierten Fingers zunächst auf die Hautstelle auf, unter der man den Muskel vermutet und läßt den Muskel anspannen. Dann drückt man in leicht kreisenden Bewegungen mit den Tastballen der Fingerspitzen (keinesfalls mit den Fingernägeln!) in die Tiefe, bis man den angespannten Muskel fühlt. Diese Übung sollte man häufig und bei verschiedenen Probanden wiederholen, um so allmählich ein "ärztliches" Tastempfinden auszubilden. Nur so wird es möglich, später Muskelverspannungen, unter denen viele Patienten leiden, zu erkennen und richtig zu behandeln.

Bei fettsüchtigen Probanden kann das Betasten der Muskeln ausgesprochen schwierig werden. Man sollte aber nicht vorschnell aufgeben, da schließlich der Arzt sich seine Patienten auch nicht nach dem für die Diagnose vorteilhaften Körperbau aussuchen kann. Die Hilfe eines erfahrenen Instruktors ist hierbei allerdings besonders wichtig.

Bei der Untersuchung von Muskeln geht man im einzelnen am besten folgendermaßen vor:

- **Ursprung und Ansatz der Muskeln sich klarmachen:** Dazu ist ein Skelett sehr hilfreich. Ursprünge und Ansätze sollte man nicht auswendig lernen, sondern am Skelett ansehen und visuell einprägen. Dann wird es nicht schwerfallen, diese Anschauung auf den lebenden Menschen zu übertragen!
- **Funktion des Muskels sich veranschaulichen**: Auch dies geht am einfachsten am Skelett. Muskelfunktionen aus dem Lehrbuch zu lernen, ist weitgehend sinnlos. Das Lehrbuch sollte nur zur Kontrolle dienen, daß man die Funktion richtig konstruiert und damit die Aufgabe des Muskels richtig verstanden hat. Nur so kann man sich die Muskeln sinnvoll auf Dauer einprägen.
- **Probanden den Muskel anspannen lassen**: Im Hinblick auf den späteren Umgang mit Patienten sollte man dabei die Bewegung, nicht den Muskel bezeichnen, also nicht: "Kontrahiere den Musculus serratus anterior!", sondern "Hebe den Arm so weit wie möglich nach oben!". Zur besseren Darstellung des Muskels läßt man die Bewegung gegen Widerstand ausführen, wobei der Untersucher Hilfe leistet, indem er etwa im gegebenen Beispiel den Arm nach unten zu ziehen sucht.
- **Muskel tasten und Hautfeld umranden**: Auch wenn der Muskel schon sichtbar ist, sollte man zur Übung die Ränder noch einmal nachtasten und dann mit dem Schminkstift markieren. Da sich die Haut bei großen Bewegungen stark verschiebt, "stimmen" die Markierungen nach Einnahme einer anderen Körperhaltung meist nicht mehr, was man beim "Zusammensetzen" eines Mosaikbildes des Muskelreliefs beachten sollte!

Bei Erkrankungen des Bewegungsapparats und des Nervensystems ist die Kraft einzelner Muskeln bisweilen herabgesetzt. Für das Abgrenzen des befallenen Bereichs und mithin für das Stellen der Diagnose kann das Abschätzen der Kraft einzelner Muskeln hilfreich sein. Es erleichtert auch das Beurteilen des Fortschreitens der Krankheit bzw. der Besserung als Folge der Behandlung. Exakte Kraftmessungen einzelner Muskeln sind häufig nicht möglich und auch nicht nötig. Es genügt meist eine grobe Schätzung. Hierfür sind verschiedene Bewertungsmaßstäbe entwickelt worden. Den meisten liegt ein Fünfnotenschema zugrunde, das für den Fortgeschrittenen evtl. noch weiter differenziert wird. In diesem Übungsbuch werden folgende Symbole verwendet (die Prozentwerte sind mehr symbolisch als exakt mathematisch zu verstehen):

- 0 % ("Null"): keine Muskelkontraktion (weder zu sehen noch zu tasten).
- 25 % ("schwach"): Die Kontraktion des Muskels ist zu tasten. Die Kraft reicht jedoch nicht aus, um eine Bewegung gegen die

Schwerkraft auszuführen.
▪ 50 % ("ausreichend"): Die Teststellung kann gegen die Schwerkraft eingehalten werden. Wegen dieser markanten Bewertungsmöglichkeit sind Muskelfunktionsprüfungen so weit wie möglich gegen die Schwerkraft auszuführen.
▪ 75 % ("gut"): Die Teststellung kann auch gegen mäßigen Gegendruck des Untersuchers beibehalten werden.
▪ 100 % ("normal"): Die Teststellung kann gegen starken Gegendruck des Untersuchers aufrechterhalten werden.

Man beachte, daß eine besonders hohe Kraft einzelner Muskeln infolge von sportlichem Training oder Bodybuilding nicht gesondert honoriert wird. In der Medizin interessieren nicht die Steigerungen über, sondern die Verminderungen unter das "normale" Maß der Leistung. Einige Leser werden jetzt schon geneigt sein, die Muskelprüfung als langweilig abzutun und überall einfach 100 % eintragen zu wollen. Dies wäre schade, weil
▪ man Minderleistungen nur dann angemessen bewerten kann, wenn man eine sehr konkrete Vorstellung von der normalen Leistungsfähigkeit besitzt. Diese läßt sich schlecht aus Lehrbüchern ablesen. Man muß Erfahrungen über die Variationsbreite des Normalen gewinnen. Ideale Untersuchungsobjekte hierfür sind Studenten, bei denen man alle Typen vom Bücherwurm bis zum Hochleistungssportler vertreten findet.
▪ es durchaus nicht ausgemacht ist, daß ein anscheinend gesunder junger Erwachsener tatsächlich bei allen Muskeln die 100%-Leistung erzielt. Bei gewohnheitsmäßigem Tragen unzweckmäßiger Schuhe (zu hohe Absätze), leidet die Kraft der Zehenbeuger. Andere häufig geschwächte Muskelgruppen sind die vorderen Bauchmuskeln, die Wirbelsäulenaufrichter im Brustbereich, der mittlere und untere Teil des Trapezmuskels und die Halsbeuger.
▪ Seitenunterschiede im Zusammenhang mit Rechts- und Linkshändigkeit bestehen. Beim Rechtshänder ist erwartungsgemäß die Kraft der meisten Muskeln der oberen Gliedmaße rechts größer als links. Allerdings ist dies nicht so ausgeprägt, wie man es bei flüchtiger Betrachtung annimmt. Die linke Hand muß schließlich das bisweilen schwere Werkstück halten, das mit der rechten Hand bearbeitet wird. Weniger leicht zu verstehen ist die Erfahrung, daß häufig folgende Muskelgruppen beim Rechtshänder geschwächt sind: linke seitliche Rumpfmuskeln, rechte Hüftabduktoren und -außenrotatoren, linke Zehenbeuger. Beim Linkshänder sind sinngemäß rechts und links vertauscht, doch ist die Schwächung meist nicht so ausgeprägt.

### Ü124 Untersuchung peripherer Nerven

Zentrales, peripheres und vegetatives Nervensystem sind nur Teile eines ganzheitlichen Systems. Dies mache man sich bei jeder Untersuchung von Nerven klar. Ein Schmerz im Fuß kann auf einer Erregung der Schmerzrezeptoren im Fuß, z.B. durch eine Eiterung, beruhen. Er kann aber auch durch eine Entzündung des peripheren Nervs (Neuritis), Druck auf die Nervenwurzeln im Wirbelkanal (Bandscheibenvorfall = Nucleus-pulposus-Prolaps), Erkrankung der aufsteigenden Bahnen im Rückenmark (z.B. "lanzenstichartige" Schmerzen bei Tabes dorsalis) oder im Hirnstamm und schließlich durch eine Störung des Zwischenhirns (im Thalamus) oder des Großhirns bedingt sein.

Das vegetative Nervensystem kann Schmerzen im Fuß verursachen, wenn z.B. eine Übererregung der Gefäßnerven eine Verkrampfung der Muskeln der Arterienwände auslöst, die ihrerseits zu einem Sauerstoffmangel im Gewebe führt, worauf die Schmerzrezeptoren ansprechen.

Die neurologische Untersuchung ist daher zu einem wesentlichen Teil "ortsuchend" (topologisch, gr. tópos = Ort), d.h., sie versucht den anatomischen Sitz der Erkrankung zu lokalisieren. Große Teile der nervenärztlichen Untersuchung sind aus der Kenntnis der normalen Anatomie zu verstehen.

Periphere Nerven führen, funktionell betrachtet, zwei Arten von "Kabeln":
▪ efferente: Impulse von der Zentrale zur Peripherie leitend (zu Muskeln und Drüsen),
▪ afferente: Mitteilungen von der Peripherie zur Zentrale weitergebend (von Sinnesorganen im weitesten Sinn, d.h. von Rezeptoren).

Bei der Untersuchung peripherer Nerven prüft man daher, ob efferente und afferente Erregungen vom Nerv weitergeleitet werden:

- **efferent**: Jeder motorische Nerv versorgt einen oder mehrere Muskeln. Sind diese Muskeln willkürlich beweglich, so ist die efferente Funktion des Nervs intakt. Die **Muskelfunktionsprüfung** (Ü123) ist also zugleich eine Untersuchung der zugehörigen Nerven. Störungen der Muskelfunktion (Schwäche = Parese, Lähmung = Paralyse oder Plegie) beruhen meist auf Störungen des Nervensystems. Primäre Muskelerkrankungen sind selten. Ist ein einziger Muskel gelähmt, so liegt nahe, daß der zugehörige periphere Nerv geschädigt ist. Ist hingegen eine ganze Körperseite gelähmt (Hemiplegie), so liegt der Schaden in der Regel nicht in den einzelnen peripheren Nerven, sondern im Zentralnervensystem (z.B. Schlaganfall). Die genauere Bestimmung der gelähmten oder geschwächten Muskeln kann manchmal für die Zuordnung der Erkrankung zu bestimmten Bereichen des peripheren oder zentralen Nervensystems sehr wichtig sein. Die Funktionsprüfung von Drüsen hingegen ist nur in Sonderfällen von Interesse.
- **afferent**: Die Oberflächensensibilität prüft man mit Wattebausch, Pinsel und Stecknadel. Feines Berühren erzielt man mit einem Wattebausch oder einem weichen Pinsel. Schmerzreize löst man mit der Stecknadel aus. Das kritische Unterscheidungsvermögen des Patienten erfaßt man mit wechselndem Aufsetzen der Nadelspitze und des Kopfes der Stecknadel. Der Patient soll jeweils "spitz" oder "stumpf" sagen. Die Grenzen einer Sensibilitätsstörung ermittelt man, indem man mit dem Pinsel oder der Nadel über die Haut streicht und den Patienten auffordert anzugeben, wann die Berührung stärker oder schwächer wird. Die Tiefensensibilität prüft man mit passiven Finger- und Zehenbewegungen. Der Patient soll die Bewegung beschreiben, ohne hinzusehen. Wichtig ist auch der Stimmgabelversuch zum Prüfen der Vibrationsempfindung: Die Stimmgabel wird abwechselnd schwingend und in Ruhe auf Hautstellen aufgesetzt, wo Knochen unbedeckt von Muskeln unter der Haut liegt. Der Patient soll angeben, wann und wo er Schwingungen oder Berührungen verspürt (ohne hinzusehen).

Eine kombinierte Prüfung der afferenten und der efferenten Bahnen stellt die **Reflexprüfung** dar. Reflexe sind unwillkürlich ablaufende Reaktionen auf bestimmte Reize (bezüglich der theoretischen Grundlagen sei auf die Lehrbücher der Physiologie verwiesen). In der ärztlichen Untersuchung interessieren vor allem 2 Arten von Reflexen:

- **Muskeleigenreflexe**: Wird ein Muskel ruckartig gedehnt, so reagiert er darauf mit einer Anspannung (gewissermaßen als Schutz gegen eine Zerreißung). Die afferente Bahn beginnt an den Muskelspindeln, die efferente Bahn endet an den motorischen Endplatten. Beide Bahnen liegen im gleichen peripheren Nerv. Jeder Muskel verfügt über einen Eigenreflex, aber nur wenige Muskelreflexe sind für den Arzt diagnostisch interessant und leicht zu prüfen. Populärster Muskeleigenreflex ist der Kniesehnenreflex (Patellarreflex).
- **Fremdreflexe**: Bei ihnen beginnt die afferente Bahn nicht im Muskel, sondern an außerhalb des Muskels liegenden Rezeptoren, z.B. Sinnesorganen. Im Gegensatz zu den Muskeleigenreflexen ermüden Fremdreflexe rasch, wenn man sie mehrmals hintereinander prüft. Typisches Beispiel eines Fremdreflexes sind die Bauchhautreflexe: Streicht man mit einem Holzstäbchen (oder ähnlichem) über die Bauchhaut, so spannt sich darunter die Bauchmuskulatur an.

Die Muskeleigenreflexe werden gewöhnlich mit einem Reflexhammer ausgelöst. Sein Vorteil besteht darin, daß man damit den Reiz standardisieren kann. Der Reflexhammer wird nämlich nicht gefaßt wie der Hammer, mit dem man Nägel einschlägt. Er wird vielmehr verhältnismäßig locker zwischen Daumen und Zeigefingermittelglied gehalten und soll dann mehr aufgrund des eigenen Gewichts fallen als mit der Hand aktiv geführt werden. Dann erfolgt der Schlag immer mit der gleichen Stärke, was für die Beurteilung der Lebhaftigkeit der Reflexe wichtig ist.

Bei der eingehenden neurologischen Untersuchung bewertet man die Reflexe nicht einfach mit "vorhanden" oder "nicht vorhanden", sondern gewöhnlich nach 5 Abstufungen:

- 0 Der Reflex ist nicht auszulösen.
- (+) Der Reflex ist schwach auslösbar.
- \+ Der Reflex ist normal.
- ++ Der Reflex ist lebhaft.
- +++ Der Reflex ist krankhaft gesteigert. Der Muskel spannt sich krampfartig an, oder es werden andere Muskeln mit in die Reaktion einbezogen.

Der Anfänger wird natürlich mit Recht fragen, was man unter "normal" versteht. Dies läßt sich schwer beschreiben. Nur die Übung an einer größeren Zahl von Probanden ergibt ein Bild des Durchschnittlichen. Die Reflexprüfung muß daher an möglichst vielen Personen geübt werden. Die Schreibweise der Symbole für die 5 Abstufungen ist nicht international festgelegt. In der englischen Literatur findet man häufig die Schreibweise 0, 1+, 2+, 3+, 4+. Dies kann zu Mißverständnissen führen. In den Protokollen dieses Buches ist deswegen immer die volle Skala zum Ankreuzen vorgedruckt, um Zweifel über die Schreibung der 5 Abstufungen auszuschließen.

Die Lebhaftigkeit der Reflexe wird vom Zentralnervensystem über die Vorspannung der Muskelspindeln (Gammaaktivität) gesteuert. Höhere Zentren beeinflussen auf diese Weise einen Reflexbogen, der an sich nur im peripheren Nerv und im Rückenmark abläuft. Dies hat zwei praktische Konsequenzen:

- Aus der Lebhaftigkeit der Reflexe kann man auf die Arbeitsweise höherer Neuronen schließen. Die Reflexprüfung dient also nicht nur der Untersuchung des peripheren, sondern auch des zentralen Nervensystems.
- Reflexe kann man bahnen: Muskelarbeit erhöht die Gammaaktivität und erleichtert das Auslösen des Reflexes. Dabei ist es nicht nötig, daß die am Reflex beteiligten Muskeln arbeiten. Es genügt, wenn irgendwo im Körper Skelettmuskeln eifrig tätig sind. Davon macht man Gebrauch, wenn bei einem Probanden Reflexe schlecht auszulösen sind. Man läßt ihn dann z.B. die Hände vor der Brust ineinander verhaken und kräftig ziehen (Jendrassik-Handgriff), wenn man die Beinreflexe prüft. Gleichzeitig mit dieser Reflexbahnung wird auch die Aufmerksamkeit des Probanden auf ein anderes Körpergebiet gelenkt, was ebenfalls die Reflexauslösung erleichtert (zu große Anteilnahme hemmt).

### Ü125 Lymphknoten tasten

Von den großen Lymphknotenansammlungen des Körpers sind 3 für die Tastuntersuchung gut zugänglich: Hals-, Achsel- und Leistenlymphknoten. Sie sollten bei jeder eingehenden ärztlichen Untersuchung überprüft werden. Auf diese Weise kann unter Umständen eine bösartige Erkrankung in einem Stadium erkannt werden, in welchem sie noch keine Beschwerden verursacht.

**Vorgehen**: Oberflächliche Lymphknoten tastet man am besten mit leicht kreisenden Bewegungen der Fingerballen der flach aufgelegten Hand. Gesunde Lymphknoten sind so weich wie das umliegende Fettgewebe und daher von diesem nicht zu unterscheiden. Jeder tastbare Lymphknoten ist oder war erkrankt. Für jeden von ihnen sollte man folgende Fragen prüfen und in einem Protokoll festhalten:

- Form und Größe: Da man Lymphknoten schlecht direkt messen kann, begnügt man sich in Befunden mit dem Vergleich mit mehr oder weniger geläufigen Gegenständen des Alltags: hirsekorn-, weizenkorn-, linsen-, erbsen-, bohnen-, mandel-, kirsch-, pflaumen-, kastaniengroß usw.
- Beschaffenheit: Ein entzündeter Lymphknoten ist prall-elastisch und etwas druckschmerzhaft. Nach einer abgeheilten Entzündung ist der Lymphknoten wegen vermehrter Einlagerung vom Bindegewebe (Vernarbung) derb, aber nicht hart. Ein von einer bösartigen Geschwulst befallener Lymphknoten ist entsprechend der dichten Lage der Krebszellen sehr hart.
- Verschieblichkeit: Ein zwar tastbarer, aber ausgeheilter ("alter") Lymphknoten ist in der Regel gut verschieblich. Entzündungen können auf einen Lymphknoten beschränkt sein (verschieblich) oder auf die Umgebung übergreifen (schlecht verschieblich). Bei manchen Entzündungen, z.B. Tuberkulose, können ganze Lymphknotengruppen miteinander "verbacken". Ein Lymphknoten mit einer Krebsmetastase ist zunächst verschieblich, bis die Geschwulst die Kapsel des Lymphknotens durchbrochen hat und in die Umgebung einwächst.
- genaue Lage: Um bei Kontrolluntersuchungen die einzelnen Lymphknoten den früheren Befunden eindeutig zuordnen zu können, sollte man die Lage so exakt wie möglich beschreiben. Man kann z.B. den Abstand von markanten Knochenpunkten angeben. Dabei muß man die Körperhaltung des Probanden definieren, da Weichteile schließlich gedehnt und gestaucht werden können. Am besten trägt man die Maße auch in eine kleine Skizze ein.

**Praktische Bedeutung** eines exakten Protokolls in Übungen am Lebenden: Etwa jeder dritte bis vierte Kursteilnehmer wird im Laufe seines Lebens an einem Krebs erkranken (und etwa jeder fünfte beim gegenwärtigen Stand der Medizin daran sterben). Im Hinblick auf fragliche Lymphknotenmetastasen kann dann ein Protokoll über "alte" Lymphknoten wichtige Entscheidungshilfen für die einzuschlagende Therapie geben.

## Ü126 Perkussion

Vom Wiener Arzt Leopold Auenbrugger (1722-1809) wird erzählt, daß er seinem Vater, einem Grazer Gastwirt, zusah, wie dieser Weinfässer abklopfte, um deren Füllung zu prüfen. Dies soll ihn auf die Idee gebracht haben, auch den menschlichen Körper abzuklopfen (zu perkutieren, lat. percutere = heftig schlagen), um luft- und flüssigkeitsgefüllte Abschnitte zu unterscheiden. 1761 veröffentlichte er das Ergebnis seiner systematischen Studien, "mit dem Abklopfen des Brustkorbs die Zeichen der inneren Brusterkrankungen zu erkennen". Wenn auch die väterlichen Weinfässer nicht der Ausgangspunkt der Perkussion waren - auch vor Auenbrugger hatte man schon den Bauch beklopft, um Blähungen zu ermitteln -, so ist das Jahr 1761 trotzdem die Geburtsstunde der modernen aktiven medizinischen Diagnostik.

Bei der Perkussion werden Schwingungen der Körperwand und des darunter liegenden Gewebes erzeugt, die man hören, zum Teil auch fühlen kann. Dazu legt man einen Finger (Plessimeterfinger) der Leibeswand fest an und klopft mit dem Fingerendglied eines Finger der anderen Hand (Plexorfinger) kräftig auf den Bereich dessen Endgelenks. Dabei ist folgendes zu beachten:

- Der Plessimeterfinger muß kräftig angedrückt werden, damit die Erschütterung beim Klopfen auf den Brustkorb des Probanden übertragen wird. Besonders guter Kontakt zwischen Finger und Brustwand muß verständlicherweise in dem Bereich bestehen, der mit den Plexorfinger beklopft wird.
- Der Bereich des Fingerendgelenks eignet sich am besten zum Beklopfen, weil hier der größte Teil des Fingerquerschnitts von Knochen gebildet wird und dieser den Schlag am besten weiterleitet. Den Fingernagelbereich wird man nicht wählen, weil hier der Schlag schmerzt. Der Mittelbereich des Fingermittelglieds ist schlanker als die angrenzenden Gelenkbereiche und liegt daher der Brustwand nur lose an. Der Bereich des Fingermittelgelenks kommt fast nur beim Zeigefinger in Frage, weil meist nur bei diesem ein befriedigender Kontakt mit der Körperwand des Patienten erzielt wird.
- Der Schlag wird locker aus dem Handgelenk und dem Fingergrundgelenk geführt. Der Finger wird sofort wieder zurückgezogen, etwa wie beim Stakkatoanschlag einer Taste am Klavier. Der Plexorfinger sollte möglichst kurz auf dem Plessimeterfinger verweilen, weil sonst die Schwingungen gedämpft werden. Der Unterarm muß daher ruhig bleiben. Schlägt man mit dem ganzen Arm, so erhöht man dadurch die Lautstärke nicht. Der Plexorfinger kann dann nicht schnell genug vom Plessimeterfinger gelöst werden.
- Das Fingerendglied des Plexorfingers wird etwa rechtwinklig zur Körperoberfläche des Patienten auf den Plessimeterfinger aufgeschlagen. Dabei wird man schnell merken, daß ein langer Fingernagel am Plexorfinger stört. Zumindest diesen Fingernagel muß man als Arzt kurz halten. Allerdings behindern lange Fingernägel auch an den übrigen Fingern die Palpation.
- Je kräftiger man anklopft, desto tiefer dringt die Erschütterung über die Leibeswand in den Körper des Probanden ein und desto stärker wird der Klangcharakter des Perkussionsgeräusches von tieferen Geweben beeinflußt. Will man also oberflächennahe Strukturen beurteilen, so wird man leise perkutieren. Hingegen wird man die laute Perkussion für tiefere Strukturen wählen. Strukturen, die tiefer als 5 cm zur Haut liegen, sind in der Regel mit der Perkussion nicht zu erfassen. Mit der Stärke des Anschlags wächst aber auch die Oberflächenausdehnung des schwingenden Bereichs. Damit werden Grenzen verwischt. Will man Bereiche unterschiedlicher Klangqualitäten gegeneinander möglichst scharf abgrenzen, so darf man nicht zu laut anklopfen!
- Perkutieren sieht leichter aus, als es ist. Die richtige Technik kann nur durch eifriges Üben erlernt werden. Man sollte sich daher nicht entmutigen lassen, wenn die ersten Versuche nicht gleich befriedigen!

Bevor man weiterliest, sollte man den eigenen Körper an verschiedenen Stellen beklopfen und versuchen, die Geräusche zu beschreiben, zu unterscheiden und zu ordnen. Wenn man auf dem Gebiet der Schallwahrnehmung begabt ist, wird man drei bis vier Hauptqualitäten des Klopfschalls voneinander trennen können. Anderenfalls muß man sich durch eifriges Üben im Perkutieren bestimmter Körperstellen die typischen Klangqualitäten einprägen:

- **sonorer Klopfschall** = Lungenschall: Etwa handbreit kopfwärts der Brustwarzen kann man beim Gesunden den typischen Lungenschall auslösen. Er ist *laut, tief und lang*. Im Englischen wird er meist mit "Resonanz" gekennzeichnet. Die feingekammerte Luft der Lunge schafft die Basis für starke und langanhaltende Schwingungen des Brustkorbs.
- Schenkelschall: Am Oberschenkel sind die Verhältnisse davon extrem verschieden: keine Luft, dafür viel weiche Muskeln. Der Klopfschall ist demgemäß *leise, hoch und kurz*. Der Oberschenkel oder andere Muskelregionen (Unterschenkel, Oberarm, Unterarm, Gesäß) werden in der ärztlichen Praxis natürlich nicht perkutiert. Es geht in der Übungsphase nur darum, das Extrem des **gedämpften Klopfschalls** kennenzulernen.
- Leberschall: Hat man sich in Lungen- und Schenkelschall "eingehört", so klopft man in der rechten mittleren Achsellinie etwa zwei bis drei Fingerbreit kopfwärts vom unteren Rand des Brustkorbs an. Dort liegt meist die Leber dem Brustkorb an und dämpft dessen Schwingungen. Der Klopfschall ist daher leise, hoch und kurz, aber nicht so extrem wie beim Schenkelschall. Es schwingt der Brustkorb eben immer noch etwas stärker als die Muskeln. Sollte sich der erwartete gedämpfte Klopfschall an dieser Stelle nicht erzeugen lassen, so versuche man es etwas oberhalb und unterhalb dieser Stelle. Im Zweifelsfall gehe man von der Achselgrube schrittweise nach unten. Zunächst hört man sonoren Lungenschall, dem dann über einen kurzen Übergangsbereich der gedämpfte Leberschall folgt. Den gedämpften Klopfschall hört man auch über dem unteren Bereich des Herzens, über der Milz, über den Schulterblättern usw. "Leberschall" und "Schenkelschall" sind zwei Ausprägungen des "gedämpften" Klopfschalls.
- **tympanitischer Klopfschall**: Große Luftblasen führen zu Schallphänomenen, die einen trommelähnlichen (gr. tympanon = Handtrommel) Charakter haben. Große Luftblasen findet man regelmäßig im Magen und im Dickdarm, meist auch in großen Bereichen des Dünndarms. Beim Abklopfen der Bauchwand wird man daher über flüssigkeitsgefülltem Darm den gedämpften Klopfschall, über gasgefülltem den tympanitischen Klopfschall (laut und musikalisch) hören. Meist trifft man auf tympanitischen Klopfschall, wenn man aus dem Gebiet des Leberschalls nach unten geht. Man vergleiche mit dem Lungenschall, um sich die Unterschiede einzuprägen! Tympanitischen Klopfschall erzielt man auch, wenn man die Backen leicht aufbläst und dann auf die Wangen klopft.

Die speziellen Probleme der Perkussion werden in den entsprechenden Organkapiteln (Lunge, Herz, Leber, Milz) behandelt.

Protokoll 126. Grundbegriffe der Perkussion

| 3 Schallqualitäten erkannt | | | |
|---|---|---|---|
| a) sonor | j | n | ? |
| b) gedämpft | j | n | ? |
| c) tympanitisch | j | n | ? |

## Ü127 Auskultation

Vom Pariser Arzt René Théophile Hyacinthe Laennec (1781-1826) wird die Anekdote erzählt, er sei zu schüchtern gewesen, sein Ohr an die Brust einer Frau zu legen, um deren Herzschlag zu hören. Er habe daher ein Blatt Papier zusammengerollt und diese Papierrolle zwischen Brustwand und sein Ohr gehalten. Er wurde damit zum Erfinder des Stethoskops (gr. stéthos = Brust, skopeín = betrachten). Seine medizinhistorische Bedeutung liegt jedoch weniger im Erfinden des Hilfsmittels, sondern in der systematischen Ausarbeitung der Technik des Abhörens (lat. auscultare = zuhören).

Bei den Lebensvorgängen entstehen vielerlei Geräusche im Körper, von denen vor allem vier Gruppen ärztliche Bedeutung haben:

- Atemgeräusche: in der Lunge, den Luftwegen und am Brustfell,
- Herzgeräusche: die normalen Herztöne und abnorme Herzgeräusche bei Herzklappenfehlern und Kurzschlußverbindungen,

- Darmgeräusche: infolge von Flüssigkeits- und Gasbewegungen,
- Gefäßgeräusche: z. B. bei der Blutdruckmessung.

Die speziellen Auskultationsprobleme werden in den entsprechenden Organkapiteln behandelt. Hier sei zunächst nur das Stethoskop näher beschrieben. Um ein verbreitetes Mißverständnis gleich am Anfang auszuschließen: Das Stethoskop ist nicht die Voraussetzung des Abhörens, sondern nur eine Erleichterung hierfür. Die Mehrzahl der Geräusche ist auch bei direktem Anlegen des Ohrs an die Körperwand zu hören. Für den Arzt wäre es allerdings sehr unbequem, wenn er beim Blutdruckmessen sein Ohr direkt an die Ellenbeuge des Patienten anlegen wollte. Das Stethoskop ermöglicht das Abhören von Geräuschen

- in entspannter Haltung von Untersucher und Untersuchtem,
- bei gleichzeitiger Betrachtung des abgehörten Gebiets,
- bei großer Zielgenauigkeit (weil man sieht, wo man das Stethoskop aufsetzt),
- bei Verstärkung des Geräusches durch die Membran des Stethoskops (leider werden damit auch Nebengeräusche verstärkt).

Die genannten Vorteile treffen hauptsächlich auf Schlauchstethoskope zu. Daneben ist das zunächst altmodisch wirkende Holzstethoskop noch nicht zu entbehren. Bei ihm wird der Schall zu einem wesentlichen Teil nicht durch die Luft im Hohlraum, sondern über den Holzkörper weitergeleitet. Es eignet sich besonders zum Abhören hochfrequenter und leiser Geräusche. So hört man mit den Holzstethoskop die fetalen Herztöne an der Bauchwand der Mutter besser als mit dem Schlauchstethoskop.

Der Schallaufnehmer ("Fuß", "Kopf", "Bruststück") des Schlauchstethoskops bietet meist zwei Möglichkeiten des Abhörens:

- "Membran": Ein Ansatz trägt gewöhnlich eine Metall- oder Kunststoffplatte. An die Haut des Probanden angepreßt, verstärkt sie die Schwingungen. Sie verfälscht sie aber auch, indem bestimmte Frequenzbereiche, vor allem tiefe, herausgefiltert werden. Hohe Frequenzen gehen bei der Luftleitung verloren, so daß vor allem mittlere Frequenzen übertragen werden.
- "Glocke": Beim zweiten Ansatz fehlt die Membran, und der Schalltrichter endet offen (bei manchen Geräten kann man die Membran herausschrauben). Damit fällt die Verzerrung, aber auch die Verstärkung durch die Membran weg. Je stärker man die Glocke anpreßt, desto eher kommt eine Art Membran durch die vom Schalltrichter umschlossene Haut zustande. Will man also tiefe Frequenzen besonders gut hören, darf man den Schalltrichter nicht zu fest anpressen.

Die Größe des Schallaufnehmers sollte der Größe des untersuchten Organs angemessen sein. Erwachsenenstethoskope haben oft Schallaufnehmer, deren Auflagefläche schon nahe an die Projektionsfläche des Herzens eines Neugeborenen herankommt. Dann ist kaum ein differenziertes Abhören der einzelnen Herzklappen möglich. Für das Abhören von Kleinkindern verwendet man daher kleinere Schallaufnehmer. Teure Stethoskope werden daher meist mit mindestens zwei Schallaufnehmern unterschiedlicher Größe geliefert, die man nach Bedarf rasch austauschen kann.

Störende Nebengeräusche entstehen beim Aufsetzen des Schallaufnehmers auf stark behaarter Haut. Man kann sie mindern, wenn man die Haut anfeuchtet. Notfalls muß man die Haare abrasieren. Hinderlich kann auch die vor Aufregung zitternde Hand des Untersuchers bei den ersten Abhörversuchen sein. Er wird meist rasch lernen, die Hand am Körper des Patienten so abzustützen, daß das Zittern verschwindet.

### Ü128 Apparative morphologische Untersuchungen

Die in Ü121 bis Ü126 behandelten Methoden bilden die Grundlage unseres Übungsprogramms einfacher Untersuchungsverfahren. Ihr Vorteil ist, ständig verfügbar zu sein und den Patienten nicht zu belasten. In der Klinik und z.T. auch in der Praxis wird man bei gegebenem Verdacht die Untersuchung durch apparative Methoden ergänzen. Man kann sie nach ihrer Bedeutung für die "Anatomie am Lebenden", d.h. ihrer morphologischen Aussage, in drei Gruppen gliedern:

- geringer Bezug zur Anatomie: Chemische,

bakteriologische und immunologische Laboruntersuchungen liefern höchstens mittelbar Hinweise zum Körperbau. So ist z.B. ein hoher Bilirubinspiegel im Blutserum in Kombination mit einer Entfärbung des Stuhls ein Hinweis auf einen Verschluß der Gallenwege.

- mäßiger Bezug zur Anatomie: Hierher gehören viele "physiologische" Untersuchungsmethoden, z.B. die Aufzeichnung elektrischer Ströme (EKG, EEG, EMG) und Druckabläufe (Blutdruck, Augeninnendruck, Harnblasendruck, Herzkatheter usw.) im Körper. Aus dem EKG kann man z.B. die Lage der Herzachse im Brustkorb ablesen. Die Blutdruckmessung setzt die Kenntnis der Topographie der großen Arterien voraus. Aus der Druckkurve der Speiseröhre kann man auf die Dicke der Muskelwand schließen usw.
- hoher Bezug zur Anatomie: Die sog. "bildgebenden Verfahren" (Röntgen, Ultraschall, Magnetresonanz, Szintigraphie) liefern Schnitt- oder Summationsbilder von Körperteilen. Mit Hilfe von "Spiegeluntersuchungen" (Endoskopien) kann man innere Körperoberflächen direkt besichtigen. Im Mikroskop kann man Zellen aus Körperflüssigkeiten oder Gewebeproben studieren.

In der Mitte des 20. Jahrhunderts schien die große Zeit der Anatomie endgültig vorbei zu sein. Die Biochemie erlebte einen ungeheueren Aufschwung. Die Diagnostik schien sich ganz in das Laboratorium zurückziehen zu wollen. Dementsprechend wurde der Anatomieunterricht bei der Reform des Medizinstudiums stark gekürzt. In den letzten Jahren erlebte die makroskopische Anatomie eine ungeahnte Renaissance: Computertomographie, Ultraschall, Magnetspin und eine Vielzahl von Endoskopien ermöglichen, nahezu alle Bereiche des Körpers beim Lebenden zu besichtigen. Dieser Fortschritt hat allerdings seinen Preis im doppelten Sinne:

- Die Kosten der Apparate machen die Medizin immer teurer ("Kostenexplosion im Gesundheitswesen").
- Die Risiken der Untersuchung werden deutlicher: Vor 150 Jahren konnte sich ein Patient bei der Untersuchung höchstens erkälten, wenn er zu lange unbekleidet blieb. Bei den heutigen "invasiven" Untersuchungsmethoden muß man stets die möglichen Zwischenfälle bedenken, die (wenn auch selten) bis zum Tod des Patienten reichen können.

**Die moderne Diagnostik leidet daher an einem Dilemma: Sie könnte an sich nahezu alles klären, aber es ist entweder zu teuer oder für den Patienten zu gefährlich. Damit treten die in diesem Übungsprogramm beschriebenen einfachen Untersuchungsmethoden wieder in den Vordergrund. Von ihren Ergebnissen ausgehend, wird man gezielt apparative Methoden einsetzen. Die Zeiten sind vorbei, in denen man davon träumte, den Patienten ohne Befragung in einen Apparat zu stecken und ihn mit der fertigen Diagnose und Therapieempfehlungen zurückzuerhalten. Freilich droht auch das andere Extrem, daß man gebotene invasive Untersuchungen aus Kosten- und Risikogründen unterläßt.**

## 1.3 Der Körper als Ganzes: Länge, Gewicht, Oberfläche

### Ü131 Körperlänge im Stehen messen

Die Körperlänge (auch Körpergröße oder Scheitelhöhe genannt) bestimmt man am einfachsten mit einem "Anthropometer" (gr. ánthropos = Mensch, métron = Maß). Dies ist ein etwa zwei Meter langer Metallstab mit Millimetermarkierung, an dem ein Querbalken rechtwinklig dazu gleitet. In der Arztpraxis hat man ein ähnliches Gerät meist fest an der Wand oder an einer Körperwaage montiert. Ist das Gerät frei beweglich, so muß man es für die Körperlängenmessung genau lotrecht halten. Dies gelingt am einfachsten, wenn man es an eine Wand anlehnt, am besten an den Rand eines Türrahmens usw. Der Proband zieht die Schuhe aus und stellt sich dann aufgerichtet mit dem Rücken zur Wand vor das Anthropometer. Wichtig ist dabei die Normalhaltung des Kopfes: Er soll nicht an die Wand gelehnt werden, weil dabei das Hinterhaupt gesenkt wird und der Meßpunkt vom Scheitel zur Stirn gleitet. Der Proband soll horizontal blicken. Man gibt ihm dazu am besten einen Fixierpunkt an. Die Kopfstellung ist dann richtig, wenn die Unterränder der Augenhöhlen und die Oberränder der äußeren Gehörgänge in einer Horizontalebene liegen (sog. "deutsche Horizontale"). Man senkt nun den Querbalken des Anthropometers, bis er den Scheitel (Vertex) berührt. Dabei darf kein starker Druck ausgeübt werden, da der Proband sonst nachgibt, z.B. indem er die Knie leicht beugt.

Steht kein Anthropometer zur Verfügung, so kann man sich mit Wasserwaage und Bandmaß behelfen: Der Proband steht, wie beschrieben, vor der Wand. Der Untersucher legt die Wasserwaage auf den Scheitel des Probanden, so daß sie gleichzeitig die Wand berührt, und stellt sie genau in die Horizontale ein. Eine Hilfsperson markiert dann den Unterrand der Wasserwaage an der Wand. Schließlich wird der Abstand der Marke vom Boden mit dem Bandmaß oder Zollstock gemessen.

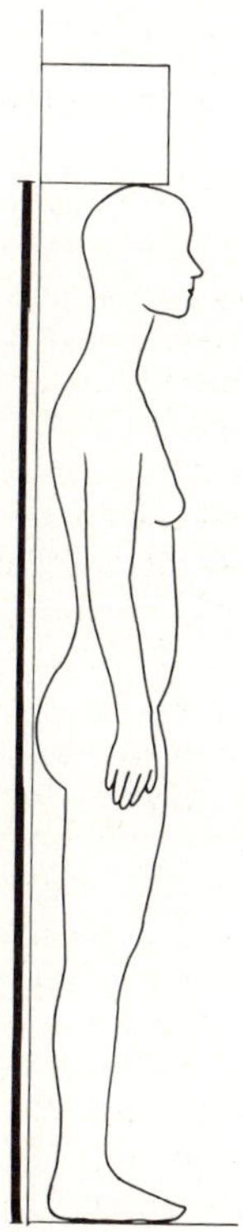

*Abb. 131. Bestimmen der Körperlänge unter Zuhilfenahme eines Buches*

Hat man keine Wasserwaage, dann kann man mit einen großen Buch auch noch recht genau anpeilen: Eine Kante des Buches wird an die Wand angelegt, die Nachbarkante an den Scheitel des Probanden (Abb. 131). Da Bücher meist genau rechtwinklig beschnitten sind, kann man damit exakt vom Scheitel auf die Wand projizieren.

Selbst bei bestem Instrumentarium werden mehrmalige Messungen des gleichen Probanden durch verschiedene Untersucher Streuungen im Bereich einiger Millimeter geben. Dies gilt besonders dann, wenn nicht unmittelbar hintereinander, sondern in Abständen von Stunden oder Tagen gemessen wird. Zu den Unterschieden der Untersucher kommen dann noch Unterschiede im Probanden, z.B. ob er ausgeruht oder ermüdet ist, hinzu. Die Schwankungen der Körperlänge hängen vor allem ab

- vom Quellungszustand der Knorpel (Zwischenwirbelscheiben und Gelenkknorpel),
- von der Höhe der Fußwölbung,
- vom Ausmaß der Krümmungen der Wirbelsäule.

Am Abend ist man deshalb meist einige Millimeter kleiner als morgens unmittelbar nach dem Aufstehen. Aber auch über das ganze Leben hinweg ändert sich die Körperlänge. Mit dem Ende des Längenwachstums wird bei der Frau um das 20., beim Mann um das 25. Lebensjahr die größte Körperlänge erreicht. Sie nimmt dann bis zum 40. Lebensjahr um etwa 1 mm, bis zum 60. Lebensjahr um 1 cm und in den folgenden Jahrzehnten um jeweils ein bis zwei Zentimeter ab.

| | |
|---|---|
| Protokoll 131. | |
| Körperlänge im Stehen (cm) | |

### Ü132 Körpermasse bestimmen und beurteilen

Die Körpermasse (Körpergewicht) bestimmt man idealerweise morgens nüchtern, unbekleidet und nach Blasen- und Mastdarmentleerung. Da in Übungen zur Anatomie am Lebenden diese Idealbedingungen kaum erfüllbar sind, wird man regelmäßig ein zu hohes Gewicht bestimmen. Ein Bikini oder eine Turnhose wiegen etwa 100 bis 200 g, eine Hose plus Bluse oder Hemd etwa 1 kg. Je nach Bekleidung und Nahrungsaufnahme wird man also 1 bis 2 kg vom ermittelten Gewicht abziehen müssen. Die Bekleidung ist nach dem Zweiten Weltkrieg durch die Einführung von Kunstfasern wesentlich leichter geworden: Vor 80 Jahren wurde noch empfohlen, beim Wiegen in Hauskleidung bei Mitteleuropäern das abgelesene Gewicht um 4-5 kg zu vermindern.

Die Wägung im Kurs kann daher nur der groben Orientierung dienen. Dies sollte jedoch nicht veranlassen, schlampig zu wiegen. So muß man sich überzeugen, daß die Skala vor Betreten der Waage auf Null steht. Andernfalls ist die Waage zuerst zu justieren. Der Proband muß die Mitte der Plattform betreten. Abgelesen wird erst, wenn der Zeiger zum Stillstand gekommen ist.

Die Körpermasse ist nur über die Körperlänge zu beurteilen. Rein theoretisch müßte die Körpermasse (M) bei gleichen Körperproportionen der dritten Potenz der Körperlänge (L) proportional sein. Die auf der Basis des "Rohrer-Index" ($M/L^3$, Ü141) oder des "ponderal index" ($\sqrt[3]{M}/L$) berechneten Tabellen haben sich bei uns jedoch nicht durchgesetzt.

| Tabelle 132a. Normalgewicht nach Broca |
|---|
| Normalgewicht (kg) = Körperlänge (cm) - 100 |

In Mitteleuropa wird das **Normalgewicht** meist nach der Formel von Broca geschätzt (Tab. 132a). Diese Faustregel ist wegen ihrer Einfachheit sehr beliebt. Aber schon wenn man die Zufälligkeit ihrer Voraussetzungen bedenkt, wird man an ihrer Richtigkeit zweifeln müssen: Sie beruht auf einem Zahlenspiel mit willkürlichen Einheiten. Sowohl das Meter als auch das Kilogramm sind keine natürlichen Einheiten, sondern lediglich durch internationale Übereinkunft definiert. In den USA, wo man immer noch in "feet" und "pounds" mißt, ist die Broca-Formel sinnlos. Sie kann auch nur in einem kleinen Bereich richtig sein, wie man an einem Grenzfall zeigen kann: Ein Mensch von 1 m Länge müßte 0 kg wiegen. Die Broca-Formel gilt im Bereich von etwa 155 bis 165 cm Körperlänge, darunter gibt sie zu niedrige, darüber zu hohe Normalgewichte an. Man hat daher vorgeschlagen, bei 170 cm Länge 5 cm, bei 180 cm 10 cm usw. zusätzlich abzuziehen: also Normalgewicht bei 170 cm Länge = 170 - 105 = 65 kg, bei 180 cm = 180 - 110 = 70 kg usw. Diese Verbesserung wird allerdings kaum angewandt, weil damit das auch für den Laien erfaßbare einfache Prinzip verloren geht.

Abgesehen von der einfacheren oder komplizierteren Rechenmethode krankt der Begriff "Normalgewicht" schon an grundlegenden Schwierigkeiten der Definition. Soll man darunter das Durchschnittsgewicht, das Gewicht mit der höchsten Lebenserwartung oder das Gewicht, bei dem man sich am wohlsten fühlt, verstehen? Die Durchschnittsgewichte sind abhängig vom Lebensalter: Zwischen dem 20. und 60. Lebensjahr steigt das Körpergewicht in Wohlstandsländern im Durchschnitt um 10 kg, danach fällt es meist wieder etwas ab. Es ist bei Männern etwa 3 kg höher als bei gleichgroßen Frauen. Die Durchschnittsgewichte sind außerdem selbst in den Wohlstandsländern höchst verschieden: So liegen die Durchschnittsgewichte in den USA etwa 8 kg über denen in England.

Tab. 132b. Idealgewichte (unbekleidet, nach Jelliffe)

| Körperlänge (cm) | Idealgewicht (kg) Frauen | Männer | Körperlänge (cm) | Idealgewicht (kg) Frauen | Männer |
|---|---|---|---|---|---|
| 151 | 51,0 | 55,0 | 169 | 62,1 | 65,9 |
| 152 | 51,5 | 55,6 | 170 | 62,8 | 66,6 |
| 153 | 52,0 | 56,1 | 171 | 63,4 | 67,3 |
| 154 | 52,5 | 56,6 | 172 | 64,1 | 68,0 |
| 155 | 53,1 | 57,2 | 173 | 64,8 | 68,7 |
| 156 | 53,7 | 57,9 | 174 | 65,5 | 69,4 |
| 157 | 54,3 | 58,6 | 175 | 66,2 | 70,1 |
| 158 | 54,9 | 59,3 | 176 | 66,9 | 70,8 |
| 159 | 55,5 | 59,9 | 177 | 67,5 | 71,6 |
| 160 | 56,2 | 60,5 | 178 | 68,2 | 72,4 |
| 161 | 56,9 | 61,1 | 179 | 68,9 | 73,3 |
| 162 | 57,6 | 61,7 | 180 | 69,6 | 74,2 |
| 163 | 58,3 | 62,3 | 181 | | 75,0 |
| 164 | 58,9 | 62,9 | 182 | | 75,8 |
| 165 | 59,5 | 63,5 | 183 | | 76,5 |
| 166 | 60,1 | 64,0 | 184 | | 77,3 |
| 167 | 60,7 | 64,6 | 185 | | 78,1 |
| 168 | 61,4 | 65,2 | 186 | | 78,9 |

Wegen der Relativität von Durchschnittsgewichten hat man ein **Idealgewicht** berechnet, bei dem nach der Statistik einer großen amerikanischen Lebensversicherungsgesellschaft (Metropolitan Life Insurance Co.) die höchste Lebenserwartung für junge Erwachsene besteht. Dieses Idealgewicht (Tab. 132b) ist meist niedriger als das nach der Broca-Formel berechnete Normalgewicht. Dieses Idealgewicht war im Zusammenhang mit der schlanken Mode Ausgangspunkt vieler "Hungerkuren" in den siebziger Jahren.

Nach neueren Längsschnitt-Untersuchungen sollte man jedoch das "Idealgewicht" nicht so eng sehen. Die Lebenserwartung scheint erst dann merklich beeinträchtigt, wenn das Gewicht um mehr als 20% über dem "Normalgewicht" (nach Broca) liegt. Die "neuen" Idealgewichte zeigt Tab. 132c.

Tab.132c. Körpergewichte mit der höchsten mittleren Lebenserwartung (nach der Statistik der Metropolitan Life Insurance Co. 1983) für 25-59jährige

| Körperlänge (cm) | Idealgewicht (kg) Frauen | Männer | Körperlänge (cm) | Idealgewicht (kg) Frauen | Männer |
|---|---|---|---|---|---|
| 146 | 48-54 | | 172 | 60-67 | 64-69 |
| 149 | 48-54 | | 174 | 62-68 | 65-70 |
| 151 | 50-56 | | 177 | 63-69 | 66-72 |
| 154 | 51-57 | | 179 | 64-71 | 68-73 |
| 156 | 52-59 | 57-62 | 182 | | 69-75 |
| 159 | 54-60 | 58-63 | 185 | | 70-77 |
| 162 | 55-61 | 59-64 | 187 | | 72-78 |
| 164 | 56-63 | 60-65 | 190 | | 73-80 |
| 167 | 58-64 | 61-66 | 192 | | 75-83 |
| 169 | 59-65 | 62-68 | | | |

Gegen das "Idealgewicht" führt man auch statistische Bedenken an: Lebensversicherungsnehmer sind keine Durchschnittsbevölkerung, sondern stammen überwiegend aus wohlhabenden Kreisen. Anders als in Entwicklungsländern fällt das durchschnittliche Körpergewicht in den hochzivilisierten Ländern mit der Höhe der sozialen Schicht.

"Normalgewicht" und "Idealgewicht" hängen nicht nur von der Körperlänge und den Ernährungsgewohnheiten innerhalb einer Zivilisation, sondern auch von Rasseneigentümlichkeiten und dem Konstitutionstyp ab. Schmalwüchsige Menschen werden bei gleicher Körperlänge naturgemäß eine geringere Körpermasse haben als Breitwüchsige. Wie wir später sehen werden (Ü151), ist der Konstitutionstyp nicht leicht zu bestimmen. Wir begnügen uns daher mit den einfachen "Normal-" und "Idealgewichten".

Protokoll 132. Körpermasse

| | |
|---|---|
| A Körpergewicht beim Wiegen (kg) | |
| B Geschätztes Gewicht der Kleidung (kg) | |
| C Geschätzte Gewichtszunahme tagsüber (kg) * | |
| D Nüchternkörpermasse unbekleidet D = A - B - C (kg) | |
| E Normalgewicht nach Broca (kg) | |
| F Abweichung der Nüchternkörpermasse vom Normalgewicht F = (100D / E) - 100 (%) | |
| G Idealgewicht (nach Tabelle) (kg) | |
| H Abweichung der Nüchternkörpermasse vom Idealgewicht H = (100D / G) - 100 (%) | |

* Eingenommene Speisen und Getränke abzüglich der Ausscheidung an Harn und Stuhl

Das Körpergewicht eines Menschen variiert, abgesehen von den schon erwähnten Schwankungen innerhalb eines Tages durch Essen und Trinken, Ausscheidung von Harn und Stuhl sowie Schwitzen, über längere Zeiträume vor allem mit dem Verhältnis von Energiezufuhr zu Energieverbrauch. Liegt der Quotient über 1, so steigt das Körpergewicht (Extrem: Fettsucht), liegt er unter 1, so fällt es (Extrem: Magersucht). Gewichtszu- und -abnahme kann man einigermaßen aus der Energiebilanz berechnen: Unverbrauchte Energie wird im Körper in Form von Fettgewebe gespeichert. Der Brennwert von Fett beträgt im Mittel 38,9 kJ/g (9,3 kcal/g). Ein Energieüberschuß von 40 000 kJ (≈ 10 000 kcal) bedingt also eine Zunahme des Körperfetts um etwa 1 kg. Das Körpergewicht steigt jedoch um etwa 1¼ kg, da Fettgewebe zusätzlich auch noch Wasser bindet.

Ein konkretes Beispiel mag dies erläutern: Ißt

man täglich eine Tafel (100 g) Schokolade (etwa 2200 kJ ≈ 520 kcal) über den Energiebedarf hinaus, so steigt das Körpergewicht innerhalb eines Monats um etwa 2 kg (30 Tage je 2200 kJ Überschuß = 66 000 kJ, dies entspricht 1,6 kg Fett, zusätzlich 0,4 kg Wasser).

Die Gewichtsabnahme folgt dem gleichen Gesetz. Bei einem mittleren Tagesumsatz von 9000 kJ (≈ 2200 kcal) bei leichter körperlicher Betätigung (z.B. Student ohne besonderes sportliches Training), kann man pro Tag etwa 230 g Fett bei völligem Nahrungsentzug ("Nulldiät") abbauen. Die maximale Gewichtsabnahme pro Woche beträgt danach etwa 2 kg (1,6 kg Fett + 0,4 kg Wasser). Auch "Wunderkuren" in Spezialsanatorien können an diesem Gesetz nicht vorbei. Allerdings kann man, um den Patienten zu beeindrucken, in der ersten Woche vermehrt Wasser entziehen (z.B. durch Steigern der Harnausscheidung). Dies gibt jedoch nur Scheinerfolge. Der "ausgetrocknete" Körper füllt nach der Wunderkur die Flüssigkeit schnell wieder auf.

Ein hohes Körpergewicht muß nicht unbedingt auf Fettsucht beruhen. Bei Schwäche des rechten Herzmuskels, Eiweißmangel, Niereninsuffizienz usw. sammelt sich vermehrt Wasser in Körpergeweben (Ödeme) und Körperhöhlen (z.B. Bauchwassersucht = Aszites) an. Das Körpergewicht sinkt dann unabhängig von der Ernährung, wenn die Grundkrankheit erfolgreich behandelt wird.

## Ü133 Körperoberfläche berechnen

Lebewesen mit konstanter Körpertemperatur müssen viel Energie aufwenden, um die meist gegenüber der Umwelt deutlich höhere Temperatur zu erhalten. Wärmeenergie geht hauptsächlich an der Körperoberfläche verloren. Viele Stoffwechselvorgänge sind daher stärker von der Körperoberfläche als von der Körpermasse abhängig. Bei einer Kugel wächst das Volumen mit der dritten, die Oberfläche mit der zweiten Potenz des Radius. Die Körperoberfläche geht der Körpermasse also nicht direkt parallel, sondern der Zweidrittelpotenz der Körpermasse. Kleinere Lebewesen haben eine relativ größere Oberfläche als größere. Deshalb haben Kinder abgesehen vom Aufbaustoffwechsel auch einen relativ höheren Betriebsstoffwechsel als Erwachsene.

Medikamente, die im Körper verstoffwechselt werden, sollten daher nach der Körperoberfläche dosiert werden. Beim Erwachsenen macht man sich meist nicht diese Mühe (obwohl eine Einheitsdosierung von "3mal täglich 1 Tablette" unabhängig von Körpermasse und Körperoberfläche zumindest eine hohe "therapeutische Breite" voraussetzt). In der wissenschaftlich fundierten kinderärztlichen Praxis werden hochwirksame Medikamente jedoch tatsächlich nach der Körperoberfläche und nicht einfach nach dem Alter dosiert.

Die Körperoberfläche (O) wird gewöhnlich aus der Körpermasse (M) und der Körperlänge (L) nach der Formel von DuBois berechnet:

- $O = 0{,}007184 \cdot M^{0{,}425} \cdot L^{0{,}725}$

wobei O in m², M in kg und L in cm einzusetzen sind. Die Berechnung ist heute mit dem wissenschaftlichen Taschenrechner einfach. In der Praxis verwendet man meist ein Nomogramm oder Tabellen. Der Formel von DuBois liegen Messungen an nur 9 Individuen zugrunde. Eine statistisch sicherere Anpassung bietet die Formel von Gehan u. George aufgrund von 401 Fällen (Tab. 133):

- $O = 0{,}0235 \cdot M^{0{,}51456} \cdot L^{0{,}42246}$
- $\ln O = -3{,}7508 + 0{,}51456 \ln M + 0{,}42246 \ln L$

Tab. 133. Körperoberfläche (m²) aus Körpergewicht (kg) und Körperlänge (cm) nach der Formel von Gehan u. George

| kg | cm 160 | 165 | 170 | 175 | 180 | 185 | 190 |
|---|---|---|---|---|---|---|---|
| 46 | 1,44 | 1,46 | 1,48 | 1,49 | 1,51 | 1,53 | 1,55 |
| 50 | 1,50 | 1,52 | 1,54 | 1,56 | 1,58 | 1,60 | 1,62 |
| 54 | 1,56 | 1,58 | 1,60 | 1,62 | 1,64 | 1,66 | 1,68 |
| 58 | 1,62 | 1,64 | 1,66 | 1,68 | 1,70 | 1,72 | 1,74 |
| 62 | 1,68 | 1,70 | 1,72 | 1,74 | 1,76 | 1,78 | 1,80 |
| 66 | 1,73 | 1,75 | 1,78 | 1,80 | 1,82 | 1,84 | 1,86 |
| 70 | 1,78 | 1,81 | 1,83 | 1,85 | 1,88 | 1,90 | 1,92 |
| 74 | 1,84 | 1,86 | 1,88 | 1,91 | 1,93 | 1,95 | 1,97 |
| 78 | 1,89 | 1,91 | 1,94 | 1,96 | 1,98 | 2,00 | 2,03 |
| 82 | 1,94 | 1,96 | 1,99 | 2,01 | 2,03 | 2,05 | 2,08 |
| 86 | 1,98 | 2,01 | 2,04 | 2,06 | 2,09 | 2,11 | 2,13 |
| 90 | 2,03 | 2,06 | 2,08 | 2,11 | 2,13 | 2,15 | 2,18 |
| 94 | 2,08 | 2,10 | 2,13 | 2,16 | 2,18 | 2,20 | 2,23 |
| 98 | 2,12 | 2,15 | 2,18 | 2,20 | 2,23 | 2,25 | 2,28 |

Die meisten Stoffwechseltabellen sind für eine "Standard-Körperoberfläche" von 1,73 $m^2$ berechnet. Man sollte daher wissen, um wieviel Prozent die eigene Körperoberfläche vom Standard abweicht.

| Protokoll 133. Körperoberfläche ($m^2$) | |
|---|---|
| A Berechnet mit Taschenrechner | |
| B Nach Tabelle | |
| C Abweichung von Standard-Körperoberfläche C = (100B / 1,73) - 100 (%) | |

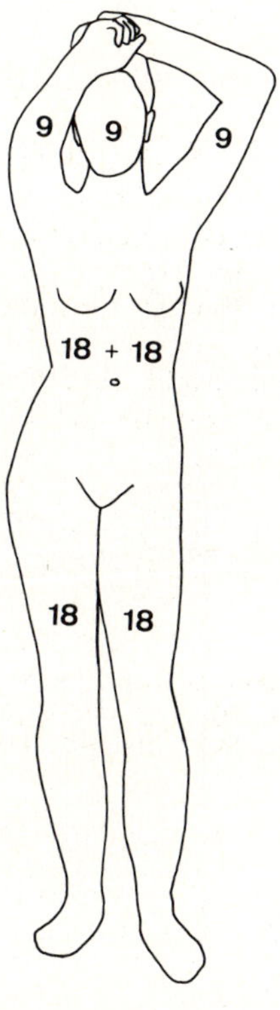


*Abb. 133. Anteile (%) der einzelnen Körperabschnitte an der Körperoberfläche nach der Neunerregel*

**Neunerregel**: Bei ausgedehnten Verbrennungen ist es wichtig abzuschätzen, wieviel Prozent der Körperoberfläche jeweils in welchem Schweregrad verbrannt sind. Eine grobe Annäherung, die aber für die Praxis meist ausreicht, gibt folgende Verteilung (Abb. 133):

- Kopf und jeder Arm: je 9 %,
- Rumpfvorder- und -rückseite und jedes Bein: je 2 x 9 % (= 18 %),
- äußere Geschlechtsorgane: 1 %.

Die Fläche kleinerer Verbrennungen schätzt man am einfachsten durch Vergleich mit der Handfläche: Sie macht etwa 1 % der Körperoberfläche (1,7 $dm^2$) aus.

## 1.4 Proportionen

### Ü141 Hauptproportionen des Körpers im Stehen ermitteln

Der menschliche Körper ist in mehrere Hauptabschnitte zu gliedern:
a) Stamm = Rumpf + Kopf + Hals,
b) Gliedmaßen (Extremitäten) = Arme und Beine.

Die Längen dieser Hauptabschnitte stehen nicht in einem festen Verhältnis zur Körperlänge. Es gibt Menschen mit relativ langen oder relativ kurzen Armen und Beinen. Der Kopf kann klein oder groß sein ("Großkopferte" = umgangssprachlich abwertend für einflußreiche Menschen). Dies bedingt die Vielfalt der menschlichen Erscheinungsformen (und verhindert die genormte Kleidung).

Die Längenverhältnisse der einzelnen Abschnitte des Körpers, die "Proportionen", haben ursprünglich vor allem die Künstler interessiert. So ist von Albrecht Dürer ein Werk erhalten: "Vier Bücher von menschlicher Proportion" (1528), in welchem er bereits drei Körperbautypen unterscheidet: den 7-Kopf-, 8-Kopf- und 10-Kopf-Typus, d.h. Menschen bei denen die Körperlänge sieben, acht oder zehn Kopfhöhen beträgt. Ihm fiel auch der relativ große Kopf des Kindes auf.

Beim Neugeborenen macht die Kopfhöhe etwa ein Viertel der Körperlänge aus (Abb. 141a). Dafür sind die Gliedmaßen relativ kurz. Im Laufe des Wachstumsalters wird der Kopf relativ kleiner, dafür wachsen die Extremitäten um so schneller. Der Rumpf behält seine relative Länge in etwa bei. Ursache des großen Kopfes des Kleinkindes ist das Gehirn, das schon mit etwa drei Jahren seine Endgröße erreicht. Der Kopfumfang wächst nach dem 10. Lebensjahr nur noch um etwa 3 cm. Lange Menschen haben zwar, absolut gesehen, größere Köpfe als kleine Menschen, doch sind ihre Köpfe, bezogen auf die Körperlänge, relativ kleiner.

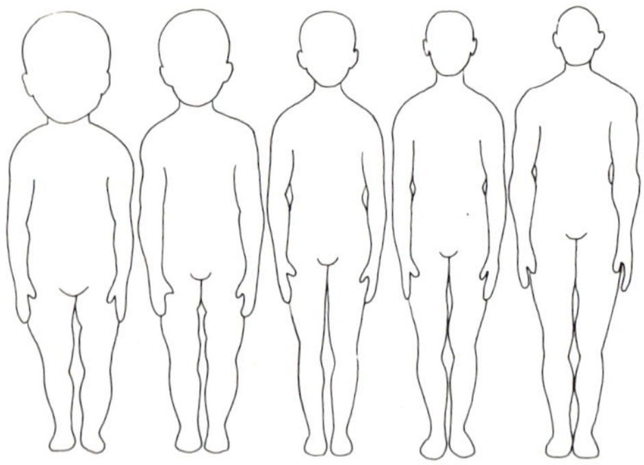

*Abb. 141a. Änderung der Körperproportionen mit dem Alter*

Zum Berechnen der Körperproportionen bestimmt man beim stehenden Probanden mit dem Anthropometer den Abstand folgender Meßpunkte vom Boden (steht kein Anthropometer zur Verfügung, so behilft man sich wieder mit der Wasserwaage oder einem großen Buch):

- "**Gnathion**": Unterrand des Unterkiefers (gr. gnáthos = Kiefer) in der Körpermittelebene: Dabei ist die Normstellung des Kopfes (in der deutschen Horizontalen) sorgfältig zu beachten. Schon kleinere Bewegungen können das Maß um einige Zentimeter verfälschen.
- "**Suprasternale**": oberes Ende des Brustbeins (Sternum) in der Körpermittelebene (= tiefster Punkt der Incisura jugularis).
- "**Symphysion**": Oberrand der Schambeinfuge (Symphysis pubica) in der Körpermittelebene: Um eine Berührung der Geschlechtsorgane durch den Untersucher zu vermeiden, tastet der Proband selbst. Er legt die rechte Hand flach auf den Bauch, drückt mit der Mittelfingerspitze die Bauchwand in der Körpermittelebene sanft ein und geht allmählich nach unten, bis er knöchernen Widerstand spürt. Dann wird der Querbalken des Anthropometers auf die Höhe des vom Probanden mit dem Finger markierten Meßpunktes geführt. Während des Meßvorgangs darf sich der Proband nicht nach vorn beugen um zuzusehen, da sonst der Meßwert zu klein ausfällt.
- "**Akromiale**": Seitenrand des Schulterecks (Acromion): Man tastet am Schlüsselbein oder an der Schulterblattgräte seitwärts, bis man den am weitesten nach lateral ausladenden Punkt findet. Der Proband darf dabei nicht den Kopf drehen um zuzusehen, da er sonst automatisch die entsprechende Schulter senkt. Der Abstand des Akromiale vom Boden wird auf beiden Seiten gemessen und verglichen. Unterschiede können rein zufällig sein (Änderung der Haltung des Probanden während des Messens), können aber auch auf eine seitliche Verkrümmung der Wirbelsäule hinweisen (Ü211).
- "**Daktylion**": Spitze des Mittelfingers (gr. dáktylos = Finger) bei gestrecktem Arm.

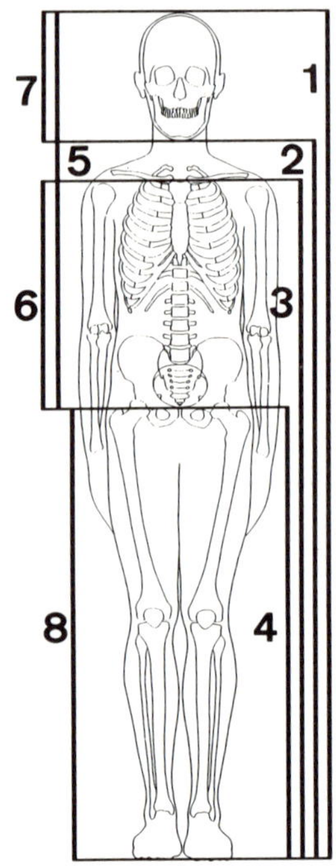


*Abb. 141b. Meßstrecken zur Bestimmung der Körperproportionen: 1 Körperlänge, 2 Kinnhöhe, 3 Sternalhöhe, 4 Symphysenhöhe, 5 Kopfhöhe, 6 Rumpflänge, 7 Stammlänge, 8 mittlere Beinlänge*

Die eben bestimmten Abstände der Meßpunkte vom Boden (Abb. 141b) nennt man auch

- Kinnhöhe = Gnathion - Boden,
- Sternalhöhle = Suprasternale - Boden,
- Symphysenhöhe = Symphysion - Boden,
- Schulterhöhe = Akromiale - Boden,
- Fingerspitzenhöhe = Daktylion - Boden.

Protokoll 141. Körperproportionen im Stehen

| | |
|---|---|
| Kinnhöhe (cm) | |
| Sternalhöhe (cm) | |
| Symphysenhöhe (cm) | |

| | R | L |
|---|---|---|
| Schulterhöhe (cm) | | |
| Fingerspitzenhöhe (cm) | | |

| * Prozent der Körperlänge | Absolut (cm) | Relativ (%) * |
|---|---|---|
| Stammlänge | | |
| Rumpflänge | | |
| Kopfhöhe | | |
| Beinlänge | | |
| Armlänge rechts | | |
| links | | |

| | |
|---|---|
| Die Körperlänge beträgt wieviel Kopfhöhen? | |

Aus diesen "Höhen" berechnet man die Längen der Hauptabschnitte des Körpers:

- Stammlänge = Körperlänge minus Symphysenhöhe,
- Rumpflänge = Sternalhöhe minus Symphysenhöhe,
- Kopfhöhe = Körperlänge minus Kinnhöhe,
- mittlere Beinlänge = Symphysenhöhe (Ü952),
- Armlänge = Schulterhöhe minus Fingerspitzenhöhe (Ü891).

Teilt man diese Maße durch die Körperlänge und multipliziert man mit 100, so erhält man die relativen Längen in Prozent. Beim Erwachsenen ist die Stammlänge etwa gleich der Beinlänge, beim Kind ist der Stamm deutlich länger als die Beine. Die hier gegebene Definition der Beinlänge als Symphysenhöhe ist nur eine von mehreren möglichen Definitionen. Sie unterscheidet nicht zwischen den beiden Beinen und dient hauptsächlich für Proportionsstudien. Kommt es auf den Vergleich der beiden Beine an, um z.B. Beinlängendifferenzen als Ursache einer seitlichen Wirbelsäulenverkrümmung (Ü214) aufzuspüren, so bestimmt man die Beinlänge besser als Abstand des höchsten Punktes des Darmbeinkammes (Crista iliaca) vom Boden ("Kristahöhe") oder als Abstand des Oberrandes des großen Rollhügels (Trochanter major) vom Boden ("Trochanterhöhe").

Die mittlere Stammlänge im Stehen beträgt bei Mitteleuropäern etwa 48-50 %, die Rumpflänge 29-31 %, die Kopfhöhe 10-15 %, die Beinlänge (als Symphysenhöhe) 50-52 %, die Armlänge 43-45 % (Tab. 141) der Körperlänge.

Tab. 141. Relative Armlänge (%)

| | Frau | Mann |
|---|---|---|
| Kurzarmig | <43,5 | <44 |
| Mittelarmig | 43,5-44,5 | 44-45 |
| Langarmig | >44,5 | >45 |

Die Körperproportionen sind bei manchen Erkrankungen (besonders der Hormondrüsen) im Wachstumsalter verschoben. Die Geschlechtshormone hemmen das Längenwachstum. Ausfall der Keimdrüsenhormone führt zum sog. eunuchoiden Riesenwuchs mit besonders langen Beinen. Gibt man Mädchen künstliche Geschlechtshormone (als "Pille"), so hört das Längenwachstum vorzeitig auf. Die Beine sind besonders kurz bei Erkrankungen der Epiphysenfugen, z.B. bei der Chondrodystrophie (dominant vererbt).

### Ü142 Längenmaße des Körpers im Liegen bestimmen

Um die Abhängigkeit von Messungen von den äußeren Bedingungen zu zeigen, wiederhole man die Längenmessungen von Ü131 und Ü141 im Liegen. Dazu rückt man die Untersuchungsliege oder ersatzweise einen entsprechend langen Tisch mit der Schmalseite an eine Wand. Der Proband legt sich mit dem Rücken so auf die Liege, daß die Fußsohlen voll die Wand berühren. Dadurch sind die Füße wie beim Stehen rechtwinklig zur Körperlängsachse orientiert. Hat man ein bewegliches Anthropometer, so mißt man sinngemäß wie im Stehen: Man hält den Stab über der Längsachse des Körpers und stützt die Basis auf die Wand. Behilft man sich mit einer Wasserwaage, so stellt man deren Schmalseite auf die Liege und kontrolliert die genaue lotrechte Einstellung. Man kann auch ein Lot benutzen. Körperlänge, Schulterhöhe und Fingerspitzenhöhe kann man so ganz gut bestimmen. Schwieriger ist es bei der Sternalhöhe und der Symphysenhöhe. Ohne Anthropometer kann man mit Lot und Zollstock Werte mehr schätzen als messen.

Protokoll 142. Körperproportionen im Liegen. Alle Maße in cm. In Spalte 2 Meßwerte im Stehen aus Ü131 und Ü141 übertragen

| | | Liegen | Stehen | L - S |
|---|---|---|---|---|
| Körperlänge | | | | |
| Kinnhöhe | | | | |
| Sternalhöhe | | | | |
| Symphysenhöhe | | | | |
| Schulterhöhe | R | | | |
| | L | | | |
| Fingerspitzenhöhe | R | | | |
| | L | | | |

Die im Liegen bestimmten Längenmaße sind in der Regel größer als die im Stehen gemessenen. Nach großen Meßreihen beträgt die Differenz bei der Körperlänge und der Sternalhöhe im Durchschnitt 1,5 cm, bei der Symphysenhöhe 2 cm, bei der Schulterhöhe und der Fingerspitzenhöhe 5,5 cm. Der Körper wird also im Liegen gestreckt. Die Schultern stehen dabei höher, weil das Gewicht der Arme nicht an ihnen zieht. An diese Differenzen ist zu denken, wenn man Längenmessungen am liegenden Patienten oder an Leichen vornimmt, z.B. für ein Gerichtsgutachten. Bei allen Messungen sollte man daher die Körperhaltung des Probanden angeben.

### Ü143 Stammlänge im Sitzen messen

Die in den beiden vorhergehenden Abschnitten berechnete "projektivische" Stammlänge legt die Grenze zwischen Körperstamm und unteren Extremitäten etwas willkürlich mit dem Oberrand der Schambeinfuge fest. Genauer genommen verläuft aber die Grenze zwischen Stamm und Bein nicht horizontal, sondern V-förmig, etwa entsprechend den Leistenfurchen. Der Stamm reicht in der Mitte weiter nach unten, die Beine ragen seitlich weiter nach oben. Noch komplizierter wird es, wenn man die Doppelstellung der Beckenknochen berücksichtigt: Die beiden Hüftbeine gehören zum Skelett der unteren Extremität. Andererseits sind sie auch ein integrierender Bestandteil der Rumpfwand.

Angesichts der Schwierigkeiten der theoretischen Abgrenzung kann man unter praktischem Aspekt den Körperstamm recht gut auch als den Bereich des Körpers definieren, der sich im Sitzen zwischen Scheitel und Sitzfläche befindet. Dieses Maß ist einfach zu messen: Der Proband sitzt aufgerichtet vor einer Wand. Man mißt dann mit dem Anthropometer oder ersatzweise mit Wasserwaage oder Buch und Zollstock oder Meßband die Scheitelhöhe und die Höhe der Sitzfläche und erhält als Differenz die Stammlänge.

Die Stammlänge im Sitzen schwankt um einige Zentimeter, je nach den Krümmungen der Wirbelsäule und der Stellung des Beckens. Man kann sich aufrichten oder sich zusammensinken lassen. Der Untersucher muß daher den Probanden auffordern, "sich möglichst groß zu machen" und diese Stellung während des Meßvorgangs beizubehalten.

Die so ermittelte Stammlänge entspricht etwa der "Scheitel-Steiß-Länge", dem wichtigsten Längenmaß in der Embryologie. In frühen Entwicklungsstadien fehlen die Extremitäten, man kann dann gar keine "Scheitel-Fersen-Länge" bestimmen. Aber auch nach Auswachsen der Extremitätenknospen ist beim Embryo und beim jungen Fetus die Scheitel-Fersen-Länge kein sinnvolles Maß, weil die Hüftgelenke stark gebeugt und kaum zu strecken sind (Arme und Beine werden in der Gebärmutter dem Rumpf eng angeschmiegt, um möglichst wenig Platz zu beanspruchen). Bei allen Längenangaben bei Embryonen und Feten ist daher hinzuzufügen, ob es sich um Scheitel-Steiß-Länge (übliche Abkürzung SSL, englisch CR = crown-rump length) oder Scheitel-Fersen-Länge (SFL, englisch CH = crown-heel length) handelt.

Protokoll 143. Stammlänge

| | cm | % |
|---|---|---|
| Im Sitzen | | |
| Im Stehen (aus Ü141) | | |

Die mittlere relative Stammlänge im Sitzen (Sitzhöhe) beträgt bei erwachsenen Mitteleuropäern etwa 51-54 % (Tab. 143), beim Neugeborenen um 68 %.

Tab.143. Relative Stammlänge (Sitzhöhe in % der Körperlänge)

| | Frau | Mann |
|---|---|---|
| Kurzstämmig | <52 | <51 |
| Mittelstämmig | 52-54 | 51-53 |
| Langstämmig | >54 | >53 |

## Ü144 Natürliche Maßstäbe ausmessen

Im Gegensatz zu den sog. exakten Naturwissenschaften (z.B. Physik und Chemie) sind in der Biologie und Medizin manche Größen nur ungefähr zu bestimmen. Tastet man z.B. die Leber durch die Bauchwand, so kann man ausmessen, wie weit der Unterrand der Leber vom Rippenbogen entfernt ist. Dies ist wichtig, um den Verlauf einer Lebererkrankung verfolgen zu können: Wird die Leber größer oder kleiner? Als Anfänger markiert man sich mit Fettstift den Rippenbogen auf der Haut und ebenso den Leberrand und bestimmt dann in der Medioklavikularlinie (parallel zur Medianen durch die Mitte des Schlüsselbeins) den Abstand der beiden Linien. Rein theoretisch könnte man auf Millimeter (oder sogar Bruchteile davon) genau messen. Dies ist aus verschiedenen Gründen unsinnig:

- Der Abstand zweier Hautmarken hängt von der Spannung der Haut ab: Wenn der Proband die Lage etwas verändert oder im Zuge von Atembewegungen die Bauchwand stärker an- oder entspannt, ändert sich das Meßergebnis um einige Millimeter.
- Hautmarken können nie millimetergenau über tieferliegenden Organen angezeichnet werden: Man kann nicht tasten, ohne die Haut dabei zu verschieben. Man kann auch nicht tasten und gleichzeitig die getastete Stelle markieren, sondern muß erst den Finger wegnehmen. Man kann außerdem einige Zentimeter in der Tiefe liegende Strukturen nicht millimetergenau beurteilen, weil immer nicht genau in der Dicke definierbare Haut- und evtl. Muskelschichten zwischen dem tastenden Finger und der Struktur verbleiben.
- Lagebeziehungen von Organen können sich im Zusammenhang mit Lebensvorgängen ändern: So hängt der Abstand des Leberrandes vom Rippenbogen sehr stark von der Atmung ab. Von tiefer Ausatmung zu tiefer Einatmung kann sich der Abstand um mehrere Zentimeter vergrößern.

Wegen der Unmöglichkeit exakter Messung im Sinne der Physik verzichtet man in ärztlichen Befunden häufig völlig auf die Angabe in metrischen Einheiten und greift auf primitivere Formulierungen, wie fingerbreit, handbreit usw. zurück, z.B. "Leber zwei Fingerbreit unter dem Rippenbogen". Da Finger unterschiedlich breit sind, können solche Angaben nur der groben Orientierung dienen. Sie reichen aber häufig aus.

In den angloamerikanischen Ländern werden solche von Körpermaßen abgeleitete Einheiten, wie inch (Zoll = Daumenbreite), foot (Fuß = Fußlänge), yard (englische Elle) heute noch verwendet. Sie wurden jedoch 1959 für England und die USA auf der Basis des metrischen Systems neu definiert: 1 inch (in) = 2,54 cm, 1 foot (ft) = 12 in = 30,48 cm, 1 yard (yd) = 3 ft = 91,44 cm. Daneben wird auch noch 1 hand = 4 in = 10,16 cm verwendet.

Vor Einführung des metrischen Systems (1875) war die "Elle" in Deutschland eine beliebte

Längeneinheit. Sie war jedoch in den einzelnen deutschen Staaten unterschiedlich lang, z.B. in Hannover 58,42 cm, in Bayern 83,3 cm. Zur Länge des Knochens Elle besteht kaum eine vernünftige Beziehung: Die durchschnittliche Länge der Elle beträgt beim Mann 26 cm, bei der Frau 24 cm. Andere von Körpermaßen abgeleitete Einheiten waren die "Spanne" (von der Spitze des Daumens zur Spitze des Mittelfingers bei gespreizten Fingern, Abb. 144a) oder die "lange Spanne" (zur Spitze des Kleinfingers), der Schritt (75 cm, 10 000 Schritte = 1 Meile), das (die) Klafter (Spannweite der Arme, es entspricht etwa dem "Faden" = englisch 1 fathom = 6 ft = 1,83 m, Abb. 144b).

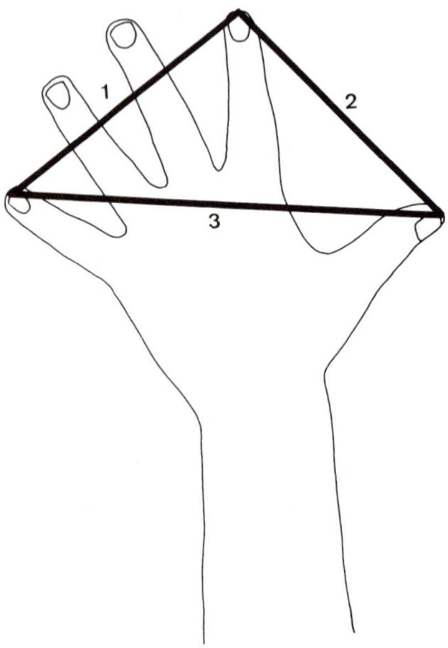


*Abb. 144a. Spannen: 1 vom Zeigefinger zum Kleinfinger, 2 vom Daumen zum Zeigefinger, 3 vom Daumen zum Kleinfinger = große Spanne*

Das folgende Meßprogramm dient

- der raschen Orientierung bei Untersuchungen, wenn man nicht mit dem Bandmaß messen will. Dazu sollte man als Mediziner die Breiten von Hand und Fingern sowie die Spannen von Daumen zum Zeigefinger und zum Kleinfinger sowie vom Zeigefinger zum kleinen Finger an der eigenen Hand kennen.
- der Allgemeinbildung beim Vergleich mit historischen Einheiten: Fuß, Elle, Schritt, Klafter.

Die Fingerbreiten mißt man am besten mit einer Schieblehre oder dem Beckenzirkel. Zur Not geht auch ein Bandmaß oder ein Lineal, dann ist jedoch auf das richtige Anvisieren (senkrecht zur Skala) zu achten. Die Fußlänge variiert je nach Belastung um 2-3 cm. Die Schuhgröße stimmt mit der Fußlänge weder in Zentimeter, noch in Zoll überein. Hier gelten geradezu vorsintflutliche Einheiten: 28 cm Länge der Innensohle (Brandsohle) entsprechen etwa 42 Pariser Stich (deutsche Schuhgröße) und 8 english size (internationale Schuhgröße). Die englische Schuhgröße beginnt bei 8 $^{7}/_{12}$ Zoll (Größe 1) und nimmt dann von Nummer zu Nummer um $^{1}/_{3}$ Zoll zu (Tab. 144).

Tab. 144. Schuhgrößen: Die Länge der Innensohle (Brandsohle) sollte 1-2 cm größer als die Länge des unbelasteten Fußes sein

| Innensohlenlänge (cm) | English size | Deutsche Größe | Innensohlenlänge (cm) | English size | Deutsche Größe |
|---|---|---|---|---|---|
| 21,8 | 1 | | 26,9 | 7 | |
| 22,2 | 1½ | | 27,3 | 7½ | |
| 22,6 | 2 | 34 | 27,7 | 8 | 42 |
| 23,1 | 2½ | | 28,2 | 8½ | |
| 23,5 | 3 | | 28,6 | 9 | |
| 23,9 | 3½ | 36 | 29,0 | 9½ | 44 |
| 24,3 | 4 | | 29,4 | 10 | |
| 24,8 | 4½ | | 29,8 | 10½ | |
| 25,2 | 5 | 38 | 30,3 | 11 | 46 |
| 25,6 | 5½ | | 30,7 | 11½ | |
| 26,0 | 6 | | 31,1 | 12 | |
| 26,5 | 6½ | 40 | 31,5 | 12½ | 48 |

Die mittlere Schrittlänge bestimmt man am genauesten beim Spazierengehen auf einer ebenen Straße mit Kilometersteinen. Man zählt die Schritte und teilt die Meßstrecke durch die Zahl der Schritte. Im Untersuchungsraum kann man entsprechend eine (möglichst lange) Strecke ausmessen und dann die Probanden diese Strecke abschreiten lassen. Da man aber bei Konzentration auf das Gehen kaum "normal" gehen kann, dient die dabei ermittelte Schrittlänge nur der groben Orientierung.

Die Elle ist bei der Frau im Durchschnitt 24 cm, beim Mann 26 cm lang. Die relative Handbreite beträgt etwa 11 % der Körperlänge, die relative Fußlänge etwa 15 %. Die Spannweite der Arme (Klafter, Abb. 144b) entspricht etwa der Körperlänge (bei der Frau im Durchschnitt 103 %, beim Mann 106 %).

Protokoll 144. Natürliche Maßstäbe (cm)

| | R | L |
|---|---|---|
| **A Fingerbreiten (auf Höhe der Grundgliedköpfe)** | | |
| Daumen | | |
| Zeigefinger | | |
| Mittelfinger | | |
| Ringfinger | | |
| Kleinfinger | | |
| **B Handbreiten** | | |
| Mit Daumen | | |
| Ohne Daumen | | |
| **C Spannen** | | |
| Zeigefinger - Kleinfinger | | |
| Daumen - Zeigefinger | | |
| Daumen - Kleinfinger | | |
| **D Ellen** | | |
| Unterarmlänge | | |
| Unterarm + Hand | | |
| **E Fuß (größte Länge)** | | |
| Belastet zweibeinig | | |
| Belastet einbeinig | | |
| Unbelastet | | |
| **F Klafter** | | |
| **G Schrittlänge (mittlere)** | | |

*Abb. 144b. Die Spannweite der Arme (Klafter) ist im Durchschnitt nur geringfügig größer als die Körperlänge*

## Ü145 Geschlechtsunterschiede in den Körperproportionen erkennen

Auch ohne wissenschaftliches Studium kann ein durchschnittlich intelligenter Erwachsener zur Silhouette eines erwachsenen Menschen das Geschlecht zuordnen. Er wird dies allerdings kaum mit Einzelheiten begründen können. Er erfaßt die Gestalt ganzheitlich und vergleicht unbewußt mit (angeborenen?) Inbildern. Auch der Arzt wird den Patienten zunächst ganzheitlich betrachten. Dabei werden ihm Abweichungen vom typischen Bild auffallen. Weibliche Körperformen beim Mann oder männliche bei der Frau können auf Störungen der Hormondrüsen hinweisen und eingehendere Diagnostik veranlassen.

Die Geschlechtsunterschiede im Körperbau (abgesehen von den Geschlechtsorganen) kann man in drei Gruppen gliedern:

a) **weitgehend konventionell**: Haartracht. In den letzten Jahrzehnten sind die traditionellen Formen, wie "man" das Haupthaar geschlechtsspezifisch zu tragen hat, ins Wanken gekommen. Bei den übrigen Körperhaaren ist der Mann hinsichtlich der Gestaltungsmöglichkeiten eindeutig bevorzugt. Er kann mit dem Rasierapparat wegnehmen, was ihm zu männlich erscheint. Die Frau müßte sich schon einer Hormonbehandlung unterziehen, um männliche Haarformen zu gewinnen (das Klimakterium bringt allerdings nicht selten eine meist höchst unerwünschte Vermännlichung der Körperbehaarung).

b) **anlagebedingt, aber beeinflußbar**: Fettverteilung und Muskelmasse. Traditionsgemäß steht in den Lehrbüchern, daß die Frau mehr Fettgewebe und der Mann mehr Muskulatur habe. In Zeiten ultraschlanker Mode und immer geringerer körperlicher Arbeit verwischen sich diese Unterschiede. Die Erfahrung der Übungen am Lebenden lehrt, daß man das Muskelspiel bei unterernährten Studentinnen wegen des dünnen Unterhautfettgewebes besser studieren kann als an kraftstrotzenden Studenten, deren Muskeln oft vom Unterhautfett verborgen werden. Trotzdem bleiben Unterschiede der Fettverteilung: Nimmt das Körpergewicht zu, so wird bei der Frau Fettgewebe bevorzugt in der Gesäßgegend vermehrt, beim Mann in der Bauchwand (im Bus mit schmalen Sitzplätzen sitzt man bequemer neben einem dicken Mann als neben einer dicken Frau). Zu den relativ gut beeinflußbaren Geschlechtsunterschieden gehören auch die Brustdrüsen. Mangelernährung in der Pubertät verhindert die typisch weibliche Form beim Mädchen (die Ablehnung der weiblichen Rolle ist eine Ursache der Anorexia nervosa mit extremer Abmagerung beim Mädchen). Einnahme weiblicher Geschlechtshormone führt zur Entfaltung der Brustdrüse in weiblicher Form beim Mann (eine meist unerwünschte Nebenwirkung der Hormonbehandlung des Krebses der Vorsteherdrüse).

c) **anlagebedingt, kaum beeinflußbar**: Körperlänge und -breite. Die Frau ist bei allen Rassen im Durchschnitt einige Zentimeter kleiner als der Mann (im Mittel 7 %). Daraus ergeben sich ein geringeres Körpergewicht und niedrigere Organgewichte. Der Körper der Frau ist aber nicht proportional kleiner als der des Mannes, sondern in den Breiten bestehen spezifische Unterschiede. Das weibliche Becken ist entsprechend seiner Aufgabe als Gebärkanal breiter und weiter als das männliche. Dies wird besonders deutlich in den inneren Beckenmaßen. So ist der Beckenausgang bei der Frau im Durchschnitt 11 cm, beim Mann jedoch nur 9 cm breit (Ü264). Der Geschlechtsunterschied drückt sich auch in den leichter bestimmbaren äußeren Beckenmaßen aus. Er wird quantitativ leicht faßbar, wenn man Schulterbreite und Beckenbreite im sog. **Rumpfbreitenindex** in Beziehung setzt (Tab. 145).

Tab. 145. Rumpfbreitenindex

$$\text{Rumpfbreitenindex (\%)} = \frac{\text{Beckenbreite (cm)}}{\text{Schulterbreite (cm)}} \cdot 100$$

Der Rumpfbreitenindex beträgt bei der erwachsenen Frau etwa 80-85 %, beim erwachsenen Mann etwa 73-79 %. Beim siebenjährigen Kind liegt er noch für beide Geschlechter bei 74 %. Dann steigt er ab dem achten Lebensjahr beim Mädchen an.

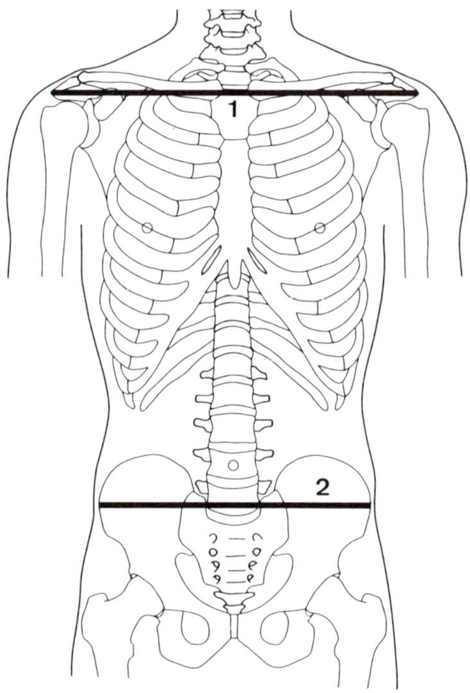


*Abb. 145a. Beispiele für geschlechtsspezifische Körpermaße: 1 Schulterbreite, 2 Beckenbreite*

Beckenbreite und Schulterbreite (Abb. 145a) mißt man am einfachsten mit dem Beckenzirkel:

- Die **Beckenbreite** (Iliokristalbreite) ist definiert als der geradlinige Abstand der beiden am weitesten nach lateral ausladenden Punkte der Darmbeinkämme (Cristae iliacae).
- Die **Schulterbreite** (Akromialbreite) ist der geradlinige Abstand der beiden am weitesten nach lateral ausladenden Punkte der Schulterecken (Acromia) bei aufgerichteter Haltung. Die Schultern dürfen hierbei nicht nach vorn genommen werden, weil der Abstand der Schulterecken dabei kleiner wird.

Beim erwachsenen Mitteleuropäer beträgt die relative Schulterbreite (Schulterbreite / Körperlänge) im Durchschnitt 21-23 % (Tab. 811), die relative Beckenbreite 16-19 % (Tab. 264). Als "schmalbeckig" gilt eine Frau mit einer relativen Beckenbreite unter 17,5 % (Mann 16,5 %), als "breitbeckig" über 18,5 % (Mann 17,5 %).

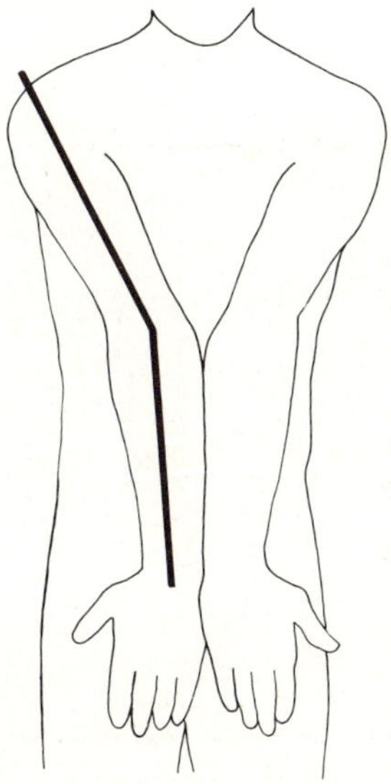

*Abb. 145b. Armwinkel*

Wegen der größeren Beckenbreite sind die beiden Hüftgelenke der Frau weiter voneinander entfernt. Die Oberschenkelknochen müssen daher stärker konvergieren, damit die Knie wieder in Kontakt sind. Der Winkel zwischen Oberschenkelbein und Schienbein ist bei der Frau daher im Durchschnitt kleiner als beim Mann. Interessanterweise ist dies auch beim Winkel zwischen Oberarmbein und Elle (**Armwinkel**, Abb. 145b) der Fall: Man stütze die gestreckten Arme stark supiniert auf einem Tisch so auf, daß die Finger die Tischkante umgreifen und sich die beiden Kleinfingerballen berühren. Bei der Frau haben dann die beiden Unterarme meist in ganzer Länge Kontakt, beim Mann klafft zum Ellbogen hin ein immer größerer Abstand. Der Armwinkel muß bei gestreckten Ellbogengelenken geprüft werden. Bei gebeugten Ellbogengelenken kann auch der Mann die Unterarme aneinanderlegen.

Den Armwinkel kann man auch prüfen, indem man die gestreckten Arme horizontal nach vorn hebt, die Handflächen nach oben dreht (supiniert) und die Kleinfingerballen aneinanderpreßt. Die beiden Handflächen müssen dabei in einer Ebene liegen.

Protokoll 145. Geschlechtsspezifische Körpermaße

| | |
|---|---|
| A Beckenbreite (cm) | |
| B Schulterbreite (cm) | |
| C Rumpfbreitenindex (%) | |
| D Armwinkel (°) | |
| E Unterarme in ganzer Länge Kontakt? | j / n / ? |

Statistiken zeigen eine nur geringe Differenz der Mittelwerte des Armwinkels bei der Frau (168°) und beim Mann (170°). Es liegt folglich mehr an der größeren Schulterbreite als am Armwinkel, daß der Mann die Unterarme bei gestreckten Ellbogengelenken nicht aneinanderlegen kann.

## 1.5 Konstitution

### Ü151 Körperbautyp bestimmen

Schüttet man alle Zellen eines menschlichen Körpers in einen Behälter, so gibt dies noch keinen Menschen. Das dazu nötige Ordnungsgefüge nennt man den **Bauplan**. Er ist die Grundlage der **Gestalt**, die wir unmittelbar erfassen. Auch ein Schwachsinniger, dem der

Begriff Bauplan unverständlich ist, erkennt einen Menschen als Menschen aufgrund seiner Gestalt. Merkmale der Gestalt sind die

- Übersummenhaftigkeit: Das Ganze ist mehr als die Summe der Teile.
- Transponierbarkeit: Unabhängig von der absoluten Größe erfassen wir die Gestalt des Menschen auf einer Briefmarke ebenso wie in einer Monumentalplastik. Darüber hinaus ist nicht einmal Identität der relativen Maße nötig. Innerhalb eines weiten Spielraums der Variabilität der einzelnen Baumerkmale bleibt die Gestalt "Mensch" sichtbar.

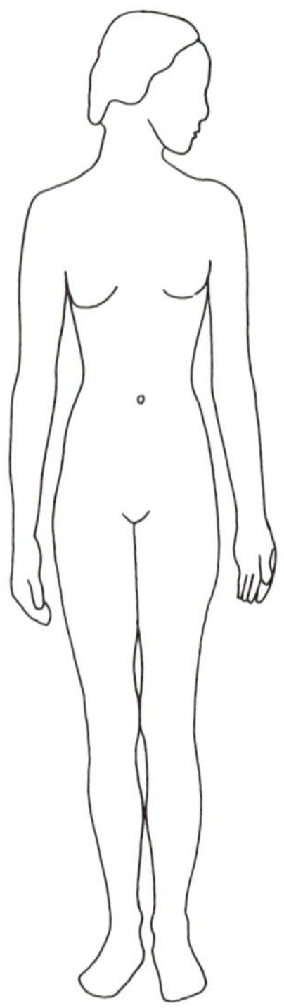

*Abb. 151a. Schmalwüchsiger Körperbautyp (Umrisse einer Plastik von Georg Kolbe)*

Die Summe der individuellen Ausprägungen aller quantifizierbaren körperlichen und seelischen Merkmale eines Menschen nennen wir seine **Konstitution**. Nach einer alten Weisheit haben Menschen von ähnlichem Körperbau auch seelische Gemeinsamkeiten. Auch ist schon lange bekannt, daß manche Krankheiten vermehrt bei Personen eines bestimmten Körperbautyps auftreten, z.B. die Tuberkulose bei Schmächtigen, die Gicht bei Korpulenten.

Nach der Entwicklung der wissenschaftlichen Statistik ging man im zwanzigsten Jahrhundert daran, alle quantifizierbaren körperlichen und seelischen Merkmale zu einander in Beziehung zu setzen. Mit Hilfe der **Korrelationsrechnung** fand man, daß die einzelnen Merkmale nicht unabhängig voneinander streuen, sondern positiv oder negativ miteinander korrelieren. Dabei errechnete man die seltsamsten Beziehungen, z.B. korreliert der Querdurchmesser des Beckenausgangs positiv mit dem Geselligkeitsbedürfnis, aber negativ mit dem Führungsanspruch. Das zunächst Überraschende wird schnell verständlich, wenn man sich an die im vorherigen Abschnitt (Ü145) erwähnten Geschlechtsunterschiede im Bau des Beckens und an das traditionelle Rollenverständnis der Geschlechter erinnert: Der Mann hat das schmälere Becken, aber traditionell den größeren Führungsanspruch.

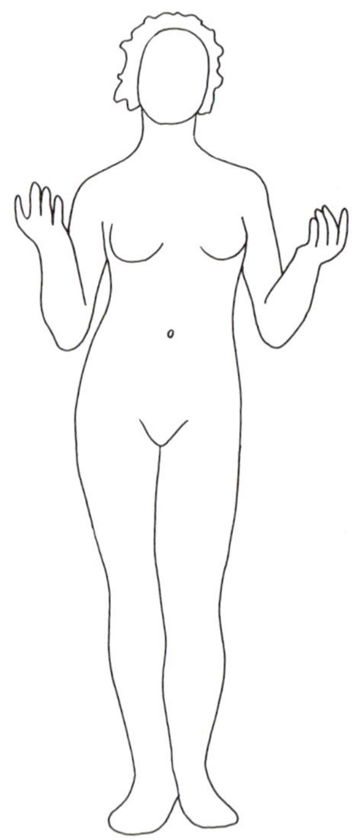

*Abb. 151b. Breitwüchsiger Körperbautyp (Umrisse eine Plastik von Aristide Maillol)*

Schon lange vor der Korrelationsstatistik versuchte man, das Individuum bestimmten Typen zuzuordnen. Auch heute noch sind dem gebildeten Laien die vier "Temperamente" geläufig, die in der Antike von Hippokrates und Galen aus dem Vorherrschen eines der vier "Körpersäfte" abgeleitet wurden:

- **Sanguiniker**: Blut (lat. sanguis = Blut),
- **Phlegmatiker**: Schleim (gr. phlégma = Brand, Hitze, Schleim),
- **Choleriker**: gelbe Galle (gr. chólos = Galle),
- **Melancholiker**: schwarze Galle (gr. mélas = schwarz, chólos = Galle).

Tab. 151a. Beispiele für verwandte Typenlehren
1 = Walker 1823, 2 = Sigaud 1908,
3 = Kretschmer 1921, 4 = Aschner 1924,
5 = Sheldon 1940

| | | | |
|---|---|---|---|
| 1 | Mentaler Typ (Minerva) | Bewegungstyp (Diana) | Ernährungstyp (Venus) |
| 2 | Type cérébral (respiratoire) | Type musculaire | Type digestif |
| 3 | Leptosom | Athletisch | Pyknisch |
| 4 | Schmaler Typ | Mittlerer Typ | Breiter Typ |
| 5 | Ektomorph | Mesomorph | Endomorph |

Im 20. Jahrhundert wurden die bipolaren Typenlehren der Psychiater **Jung** (introvertiert - extravertiert) und **Kretschmer** (schizothym - zyklothym) populär. Kretschmer ging von der Beobachtung aus, daß Schizophrenien überwiegend bei Schmalwüchsigen (Leptosomen, Abb. 151a), manisch-depressive Psychosen überwiegend bei Breitwüchsigen (Pyknikern, Abb. 151b) auftreten. Was Kretschmer im wesentlichen intuitiv erfaßt hatte, wurde in zahlreichen Meßreihen bestätigt. Weltweite Verbreitung fand die Lehre von den Körperbautypen in der Version von **Sheldon**. Er geht von den drei Keimblättern aus. Je nach Überwiegen der sich aus einem bestimmten Keimblatt entwickelnden Organe ordnet er ein Individuum zu einem "Somatotyp" zu:

- **Ektomorpher**: äußeres Keimblatt (Ektoderm): schmalwüchsig, zarte und lange Gliedmaßen, flacher Rumpf, beim Kopf überwiegt der Hirnschädel. Der Ektomorphe entspricht dem Leptosomen (Extremform: Astheniker) bei Kretschmer.
- **Endomorpher**: inneres Keimblatt (Endoderm): breitwüchsig, der Rumpf wölbt sich vor, die Gliedmaßen sind kurz und eher grazil. Der Endomorphe entspricht dem Eurysomen (Extremform: Pykniker) bei Kretschmer.
- **Mesomorpher**: mittleres Keimblatt (Mesoderm): Der Bewegungsapparat beherrscht das Bild: schwerer Knochenbau, kräftige Muskeln, breite Schultern, jedoch schmales Becken. Der Mesomorphe entspricht dem Athletiker (Abb. 151c) bei Kretschmer.

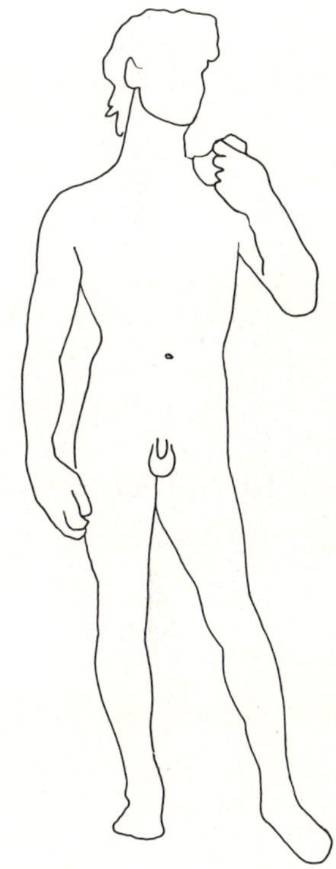

*Abb. 151c. Athletischer Körperbautyp (Umrisse einer Plastik von Michelangelo Buonarotti)*

Nur wenige Menschen verkörpern einen Bautyp in idealer Weise. Die meisten Menschen sind Mischtypen. Sheldon hat das in der feineren Differenzierung seines Systems berücksichtigt. Er definiert von jedem Somatotyp sieben Ausprägungsgrade und erhält so rein theoretisch 343 (= $7^3$) Einzeltypen, von denen allerdings ein erheblicher Teil praktisch nicht vorkommt, weil ein konkreter Mensch nicht gleichzeitig ekto-, endo- und mesomorph stark ausgeprägt sein kann. Ein derart differenziertes System bringt für die ärztliche Praxis keinen Gewinn. Hingegen kann man sich in Befunden umständliche Beschreibungen ersparen, wenn man den Körperbau z.B. als "leptosom-athletischen Mischtyp" charakterisiert.

Die folgenden Messungen sollen die intuitiv-ganzheitliche Zuordnung zu einem Körperbautyp überprüfen. Zu den Indexberechnungen können wir eine Reihe von Meßwerten aus den vorhergehenden Übungen übernehmen: Körperlänge, Körpermasse (Gewicht), Symphysenhöhe, Rumpflänge, Beckenbreite und Schulterbreite. Zusätzlich zu bestimmen sind

- **Brustumfang**: oberhalb der Brustwarzen in Ruheatmung bei herabhängenden Armen, bei stärkerer Entfaltung der Brustdrüsen oberhalb des Drüsenkörpers.
- **Hüftumfang**: größter Umfang auf Höhe der großen Rollhügel über die stärkste Vorwölbung der Gesäßregion.

Protokoll 151a. Körpermaße zur Berechnung von Konstitutionsindizes

| | |
|---|---|
| Körperlänge (cm) (aus Ü131) | |
| Körpermasse (kg) (aus Ü132) | |
| Symphysenhöhe (cm) (aus Ü141) | |
| Rumpflänge (cm) (aus Ü141) | |
| Schulterbreite (cm) (aus Ü145) | |
| Beckenbreite (cm) (aus Ü145) | |
| Brustumfang (cm) | |
| Hüftumfang (cm) | |

Aus diesen Maßen ist eine Reihe von Indizes zu berechnen, die für die Typbestimmung wichtig sind (Tab. 151b).

Man beachte in Tab. 151c die weite Überschneidung der empirisch gefundenen Meßwerte bei typischen Vertretern eines Körperbautyps. Die Zuordnung zu einem Typ ist daher nur durch Kombination mehrerer Maße möglich. Man berechne zuerst die sieben Indizes aus den eigenen Körpermaßen, dann ordne man jedem die möglichen Typen (L = leptosom, A = athletisch, P = pyknisch) zu. Nur selten werden alle Indizes für einen Typ sprechen, denn die meisten Menschen sind Mischtypen. Man kann aber erkennen, welcher Typ vorherrscht.

Tab. 151b. Indizes zur Bestimmung des Konstitutionstyps (Längenmaße in cm, Gewicht in kg)

$$\text{Rohrer-Index} = \frac{100 \cdot \text{Körpermasse}}{(\text{Körperlänge})^3}$$

Pignet-Index = Körperlänge minus Brustumfang minus Gewicht

$$\text{Kretschmer-Index} = \frac{100 \cdot \text{Schulterbreite}}{\text{Brustumfang}}$$

$$\text{Plattner-Index} = \frac{100 \cdot \text{Symphysenhöhe}}{\text{Brustumfang} \cdot \text{Rumpflänge}}$$

$$\text{Brustumfang-Symphysenhöhen-Index} = \frac{100 \cdot \text{Brustumfang}}{\text{Symphysenhöhe}}$$

$$\text{Brustumfang-Rumpflängen-Index} = \frac{100 \cdot \text{Brustumfang}}{\text{Rumpflänge}}$$

$$\text{Rumpfbreitenindex} = \frac{100 \cdot \text{Beckenbreite}}{\text{Schulterbreite}}$$

Protokoll 151b. Indizes zur Bestimmung des Konstitutionstyps

| | |
|---|---|
| Rohrer-Index | |
| Pignet-Index | |
| Kretschmer-Index | |
| Plattner-Index | |
| Brustumfang-Symphysenhöhen-Index | |
| Brustumfang-Rumpflängen-Index | |
| Rumpfbreitenindex | |

Tab. 151c. Zuordnung des Konstitutionstyps zu Indexwerten

| | Ektomorph | Mesomorph | Endomorph |
|---|---|---|---|
| Rohrer-Index | <1,29 | 1,28-1,48 | >1,46 |
| Pignet-Index | >9 | -10 bis +10 | <2 |
| Kretschmer-Index | >41 | 40-44 | <40 |
| Plattner-Index | >1,8 | 1,6-2,0 | <1,8 |
| Brustumfang-Symphysenhöhen-Index | <103 | 102-119 | >112 |
| Brustumfang-Rumpflängen-Index | <176 | >179 | >179 |
| Rumpfbreitenindex Frau | 74-86 | 64-74 | 78-88 |
| Mann | 70-83 | 64-74 | 74-84 |

## Ü152 Körperbautyp und Charaktertyp vergleichen

In der Psychologie versteht man unter Charakter in der allgemeinsten Fassung (wertfrei) die individuelle Eigenart eines Menschen. Ähnlich wie im körperlichen Bereich korrelieren auch im Seelischen einzelne Merkmale positiv oder negativ miteinander. Aber auch zwischen seelischen und körperlichen Merkmalen lassen sich Beziehungen finden. Der praktische Wert der Typenlehren ist allerdings begrenzt. Es handelt sich um statistische Ergebnisse, die zwar beim Vergleich von Gruppen Tendenzen erkennen lassen, bezüglich des einzelnen jedoch wenig Sicherheit bieten. So kann man zwar ganz allgemein sagen, schmalwüchsige Menschen sind eher in sich gekehrt (introvertiert, schizothym), breitwüchsige eher der Umwelt zugewandt (extravertiert, zyklothym). Im Einzelfall kann es ganz anders sein: So gibt es lebenslustige Schlanke und asketische Dicke. Sinn dieser Übung ist, das Kritikvermögen gegenüber Typenlehren zu schärfen. Wenn man merkt, wie schwer man sich selbst einem Typ zuordnen kann, wird man wohl auch andere mit Zurückhaltung typisieren.

Sheldon ordnet seinen drei Somatotypen folgende Charakterstrukturen zu (zitiert nach Saller):

- **Ektomorpher**: Im Seelischen sind die Ektomorphen zurückhaltend, gespannt und gehemmt wie im Körperlichen. Alle Reize werden überbeantwortet, gegen Hitze und Kälte besteht große Empfindlichkeit, es zeigt sich eine allgemeine Labilität mit schnellen Reaktionen, auch schneller Abwehr, großer Geschwindigkeit, dementsprechend auch Langlebigkeit. Die Gesundheit wird mit einer gewissen Ängstlichkeit übermäßig beobachtet, jedes körperliche und geistige Risiko möglichst gemieden. Die Schmerzempfindlichkeit ist stark. Speziell die sexuelle Reizbarkeit dieses Typus ist groß. Dabei lebt der Ektomorphe in stetem Kontakt mit seinem Unbewußten, Bewußtes und Unbewußtes wirken stetig aufeinander ein und können einander auch stören. Er muß immer erst innerlich verarbeiten, ehe er zu handeln vermag. Dazu braucht er viel Alleinsein. Andererseits besteht bei gespannter Bereitschaft auf Neues auch eine starke Neugier. Er haßt Öffentlichkeit und Auffallen und kann sehr schwer frei sprechen. Sein Innenleben ist reich, seine Intuition stark, das glücklichste Alter ist für ihn das der fortschreitenden geistigen Reife.
- **Mesomorpher**: Nach ihrem Temperament sind die Mesomorphen aktiv, energisch, angriffslustig, kraftvoll tätig und wenig ermüdend, mit großen Kraftreserven bei geringem Schlafbedürfnis und auch geringem Nahrungsbedarf. Ihr Wesen zeigt viel Plötzlichkeit. Untätigkeit ist für sie eine Hölle, ihr glücklichstes Alter ist die Jugend. Sie leben in die Welt hinaus, sind expansiv ohne Sentimentalität, direkt und ohne Skrupel im guten wie im schlechten Sinn, unempfindlich im physiologischen Sinn mit wenig Einfühlung in andere Menschen, aber bei überraschender Mobilisierung ihres Unbewußten geneigt zu plötzlichen umstürzenden Erlebnissen wie Bekehrungen, Erleuchtungen u. dgl., gutmütig und treuherzig, aber möglicherweise auch grausam, die Öffentlichkeit und Weiträumigkeit liebend, zu Gewohnheiten neigend und mit geringer Anpassungfähigkeit, unempfindlich gegen Lärm, selbst laut, mühelos konzentriert und oft humorlos.
- **Endomorpher**: Charakterlich handelt es sich um bequeme Menschen, die Behaglichkeit, Genuß und Geselligkeit lieben, mit selbstver-

ständlicher sozialer Gebundenheit, deutlicher Extraversion der Gefühle, starker Ausbildung aller animalischen Funktionen (besonders Essen, Verdauen, Schlafen) und dem Streben, mit allen Dingen "in Kontakt" und nicht in Opposition zu leben. Der Viscerotoniker fällt leicht zusammen, erholt sich aber auch schnell wieder.

Protokoll 152. Körperbau und Charakter

| | | | |
|---|---|---|---|
| A Von den drei Charakterbeschreibungen trifft am ehesten auf mich zu | Ektomorph | Mesomorph | Endomorph |
| B Dies stimmt mit dem Körperbautyp überein | j | n | ? |
| C Die Zuordnung ist unmöglich, da ich ein Mischtyp bin | j | n | ? |

## 1.6 Haut

### Ü161 Leistenhaut und Felderhaut vergleichen, Elastizität prüfen

Die Haut (Cutis) besteht aus 2 Hauptschichten:

- Oberhaut (Epidermis): mehrschichtiges verhorntes Plattenepithel, wie alle Epithelien ohne Blutgefäße.
- Lederhaut (Dermis, Corium): im wesentlichen ein Geflecht zugfester und elastischer Fasern (aus welchem durch Gerben Leder entsteht). Die Lederhaut ist durch Papillen mit der Oberhaut verzahnt. In den Papillen liegen Kapillarschlingen, aus denen die Oberhaut ernährt wird. Die Lederhaut wird vom Fettkörper der Unterhaut (Panniculus adiposus) unterpolstert.

Als Anhangsgebilde der Haut faßt man weitere mehr oder weniger selbständige Strukturen der Haut zusammen:

- Drüsen: Talg-, Schweiß-, Duft- und Milchdrüsen,
- Nervenendorgane: für die Oberflächensensibilität,
- Haare: Woll- und Terminalhaare,
- Nägel: an Fingern und Zehen.

**Übungsaufgaben**:

a) Haut des Handrückens und der Hohlhand mit Lupe vergleichend betrachten:

- An der Hohlhand und an der Fußsohle findet man die "Leistenhaut": Die Papillen der Lederhaut sind in Reihen angeordnet. Sie wölben die Oberhaut in Form feiner Leisten vor. Die Leistenhaut ist unbehaart. Sie ist straff auf der Unterlage befestigt (Matratzenkonstruktion). Daher kann man nur schwer Hautfalten abheben.
- An allen übrigen Bereichen der Körperoberfläche findet man die "Felderhaut". Die Lederhautpapillen sind nicht regelmäßig angeordnet. 3-, 4- und mehreckige Felder sind von feinen Furchen umgeben, aus denen Haare entspringen. Die Felderhaut ist grob am Rücken und zart am Augenlid, an den kleinen Schamlippen und am Hodensack. Sie läßt sich gut in Falten abheben, die je nach der Mächtigkeit des Unterhautfettpolsters dicker oder dünner sind.

Protokoll 161. Elastizität der Haut: Zeit bis abgehobene Hautfalte wieder eingeebnet (s)

| | R | L |
|---|---|---|
| Handrücken | | |
| Unterarm | | |

b) Hautfalten an verschiedenen Körperstellen abheben und die Zeitspanne messen, die nach dem Loslassen der Hautfalte bis zum völligen Einebnen verstreicht: Beim gesunden jungen Erwachsenen ist diese Zeitspanne so kurz, daß sie mit einfachen Hilfsmitteln nicht aufgezeichnet werden kann. Bleibt eine Hautfalte jedoch meßbar stehen, so kann dies 2 Gründe haben:

- Die Elastizität der elastischen Fasern der Lederhaut hat nachgelassen. Dies ist beim älteren Menschen der Fall. Die Haut wird runzlig. Manche Menschen lassen dann Streifen aus der Haut herausschneiden ("liften"), um die verbleibende Haut unter größere Spannung zu versetzen und damit eine höhere Elastizität vorzutäuschen.
- Der Flüssigkeitsgehalt der Haut ist vermindert. Die Gewebe entquellen und verlieren damit an Spannung. Beim Säugling ist dies ein Zeichen für eine dringliche Behandlung. Bei

Brechdurchfall kann beim Säugling soviel Flüssigkeit verloren gehen, daß das Leben bedroht ist. Bleiben bei ihm abgehobene Hautfalten stehen, so muß unter allen Umständen Wasser in den Körper gebracht werden, notfalls als Infusion.

### Ü162 Leistenmuster der Fingerendglieder mit Lupe identifizieren

Die Reihen der Lederhautpapillen der Leistenhaut werden bereits in der Fetalzeit angelegt und bleiben dann das ganze Leben in der gleichen Form bestehen. Schon vor mehreren Jahrhunderten wurde in China der Wert eines Handabdrucks zur Identifizierung auf Urkunden erkannt. Größeres Interesse gewann das Leistenmuster im westlichen Kulturbereich erst um die Jahrhundertwende mit der Untersuchung von Fingerabdrücken (Daktyloskopie).

An der Fingerbeere sind die Hautleisten in 4 Grundmustern angeordnet (Abb. 162):

- Bogen,
- Schleife,
- Doppelschleife,
- Wirbel.

*Abb. 162. Hautleistenmuster der Fingerbeeren: 1 Bogen, 2 Schleife, 3 Doppelschleife, 4 Wirbel*

Kennzeichnend für die Muster sind Stellen, an denen 3 Hautleisten sternförmig zusammentreffen (Triradien). Das Bogenmuster hat keine, die Schleife 1, Doppelschleife und Wirbel haben 2 Triradien. In der Kriminalistik wird dann die Zahl der Hautleisten ausgezählt. Die letzte Differenzierung erfolgt mit Hilfe der "Minutien", z.B. Inselbildungen im Verlauf einer Hautleiste. Auf diese Weise ist jedem Menschen ein unverwechselbares Leistenmuster zuzuordnen. Der Arzt soll sich zwar nicht zum Kriminologen ausbilden, doch sollte er sich das Leistenmuster einmal mit der Lupe ansehen. Ein Wegweiser sind dabei die Triradien.

Protokoll 162. Leistenmuster: Zahl der Triradien

| | R | L |
|---|---|---|
| Daumen | | |
| Zeigefinger | | |
| Mittelfinger | | |
| Ringfinger | | |
| Kleinfinger | | |

### Ü163 Finger- und Zehennägel besichtigen

Der Nagel (Unguis) ist eine Hornplatte, einem überdimensional breiten und dicken Haar vergleichbar. Die Nagelplatte (Corpus unguis) liegt auf dem Nagelbett (Hyponychium). Der Nagel wächst an seinem proximalen Ende (Matrix unguis). Die Matrix wird bei manchen Nägeln als weißliches Möndchen (Lunula) sichtbar. Der Nagelwall (Vallum unguis) bedeckt seitlich und proximal den Rand der Nagelplatte. Das Nagelhäutchen (Eponychium) schiebt sich vom proximalen Nagelwall ein Stück auf die Nagelplatte. Es ist sehr verletzlich. Der normale Nagel zeigt andeutungsweise feine Längs-, aber keine Querrillen.

Die Nägel wachsen pro Woche etwa 0,5-1,2 mm. Die Fingernägel wachsen rascher als die

Zehennägel. Die Erneuerung eines Nagels dauert etwa 6 Monate.

Besondere Beobachtungen:

- Querrillen: Zeichen von Nagelwachstumsstörungen meist im Zusammenhang mit schweren Allgemeinkrankheiten. Die Querrille wird langsam zum freien Rand vorgeschoben. Aus ihrer Lage kann man die Entstehungszeit zurückrechnen (etwa 3 mm pro Monat).
- Weiße Flecken: Sie kommen durch Lufteinlagerung zustande. Manchmal sind sie Zeichen einer Pilzerkrankung oder von Verletzungen. Oft ist die Ursache unbekannt.
- Schwarze Verfärbung: meist durch Bluterguß im Nagelbett.
- Am freien Rand aufsplitternde Nagelplatte (Onychorrhexis): bei Fehlernährung, Einwirkung von Chemikalien, Schilddrüsenunterfunktion, aber auch konstitutionell.
- Krallennagel (Onychogryposis): dicker krallenartiger Nagel, vor allem an den Zehen. Häufige Ursache: zu enge Schuhe.
- Uhrglasnagel bei Trommelschlegelfinger: Der Nagel ist nicht zylinderförmig, sondern kugelförmig gekrümmt. Dies ist häufig bei Herzfehlerpatienten, aber auch bei Schilddrüsenüberfunktion und Bronchiektasen zu beobachten.

Protokoll 163. Fingernägel: Finger 1-5 ankreuzen, sofern folgendes zutrifft:

| | | | | | | |
|---|---|---|---|---|---|---|
| Lunula sichtbar | R | 1 | 2 | 3 | 4 | 5 |
| | L | 1 | 2 | 3 | 4 | 5 |
| Eponychium eingerissen | R | 1 | 2 | 3 | 4 | 5 |
| | L | 1 | 2 | 3 | 4 | 5 |
| Querrillen | R | 1 | 2 | 3 | 4 | 5 |
| | L | 1 | 2 | 3 | 4 | 5 |
| Verfärbung | R | 1 | 2 | 3 | 4 | 5 |
| | L | 1 | 2 | 3 | 4 | 5 |
| Uhrglasnägel | R | 1 | 2 | 3 | 4 | 5 |
| | L | 1 | 2 | 3 | 4 | 5 |

## Ü164 Raumschwelle mit 2 Nadeln an verschiedenen Stellen des Arms bestimmen

Die Tastempfindung mit ihren einzelnen Qualitäten (Druck, Berührung, Vibration, Wärme, Kälte, Schmerz) ist nicht kontinuierlich, sondern punktförmig über die Haut verteilt. Sie ist jeweils an bestimmte Nervenendorgane gebunden. An manchen Hautstellen liegen diese dicht beisammen, an anderen weit getrennt. Demgemäß haben wir z.B. an den Fingerspitzen und an den Lippen eine sehr feines Tastempfinden, am Rücken hingegen ein grobes.

**Zweipunktdiskrimination**: Zwei nebeneinander gesetzte Reize können nur dann getrennt als zwei Reize wahrgenommen werden, wenn sie auf zwei unabhängige Nervenendorgane treffen. Entsprechend der unterschiedlichen Verteilung der Nervenendorgane sind die minimalen Abstände, in denen dies möglich ist (die "Raumschwelle"), verschieden. Dies kann man durch einen sehr einfachen Versuch veranschaulichen:

Protokoll 164. Raumschwelle (mm)

| | Ventral | Dorsal |
|---|---|---|
| Rechter Arm | | |
| Schulter | | |
| Oberarm | | |
| Unterarm | | |
| Mittelhand | | |
| Fingergrundglied | | |
| Fingerendglied | | |
| Linker Arm | | |
| Schulter | | |
| Oberarm | | |
| Unterarm | | |
| Mittelhand | | |
| Fingergrundglied | | |
| Fingerendglied | | |

Man berührt mit 2 Nadelspitzen gleichzeitig (!) die Haut und fragt den Probanden, ob er einen oder 2 Stiche verspüre. Um den Probanden zur kritischen Mitarbeit zu motivieren, schaltet man in wechselnder Reihenfolge Tests ein, in denen man nur mit einer Nadelspitze berührt. Man protokolliert den Abstand der Nadelspitzen, in dem der Proband in der Mehrzahl der Versuche die Einstiche getrennt erkennt. Der Versuch ist am einfachsten und genauesten mit einem Stechzirkel auszuführen, doch lassen sich auch mit 2 Stecknadeln brauchbare Ergebnisse erzielen.

Diese Übung bereitet den Kursteilnehmern erfahrungsgemäß besonderes Vergnügen. Die Verblüffung ist meist groß, wenn man die Raumschwelle an den Fingerspitzen mit etwa 2 mm, an der Schulter aber mit 100-200 mm bestimmt.

## Ü165 Schweißsekretion mit Ninhydrintest nachweisen

Schweiß enthält nicht nur anorganische Salze, sondern auch geringe Mengen von Aminosäuren. Diese können mit Ninhydrin (Triketohydrindenhydrat), einem Reagenz für Aminosäuren, nachgewiesen werden.

**Vorgehen**: Der Proband wäscht die Hände und trocknet sie sorgfältig ab. Dann drückt er sie auf einen weißen Papierbogen ab, den vorher noch niemand berührt hat (mit Pinzette oder Gummihandschuh aus Papierpackung entnehmen). Die Konturen der Hände werden mit Bleistift umfahren, um später zu wissen, wo die rechte und wo die linke Hand abgedrückt wurden. Der Papierbogen wird sofort oder auch einige Stunden später mit Ninhydrinlösung eingesprüht oder getränkt und anschließend bei 110° C getrocknet. Die mit Schweiß benetzten Papierstellen färben sich blauviolett. Will man das Blatt aufheben, so sollte man es mit einer 1%igen Lösung von Kupfersulfat in Methanol fixieren.

Der Ninhydrintest kann sinngemäß gleichartig auch an den Fußsohlen ausgeführt werden.

**Bedeutung**: Die Schweißdrüsen werden vom Sympathikus innerviert. Der Nachweis der Schweißsekretion dient daher auch dem Nachweis der Sympathikusaktivität an Arm oder Bein.

## Ü166 Körperoberfläche nach Effloreszenzen absuchen, diese den Hautschichten zuordnen

Als Effloreszenz ("Hautblüte") bezeichnet man eine umschriebene Hautveränderung. Jeder Mensch hat irgendwo auf der Haut eine vorübergehende (z.B. Quaddel nach Mückenstich) oder bleibende (z.B. Leberfleck) Veränderung. Das richtige Erkennen und Zuordnen von Effloreszenzen ist der grundlegende Schritt bei der Diagnose von Hautkrankheiten. Die feinere Differenzierung der Effloreszenzen ist Aufgabe der Dermatologie. Doch können mit anatomischen Grundkenntnissen bereits die elementaren Effloreszenzen unterschieden werden (Abb. 166):

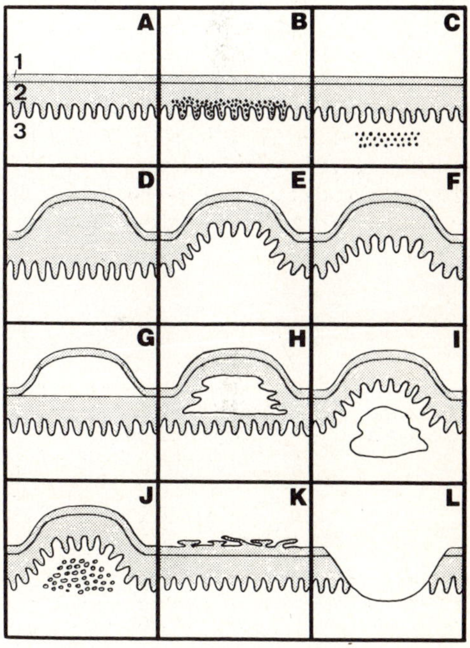


*Abb. 166. Umschriebene Hautveränderungen (Effloreszenzen): A normale Haut 1 Hornschicht (Stratum corneum), 2 verhornende Schicht, 1 + 2 Oberhaut (Epidermis), 3 Lederhaut (Dermis), B Pigmentfleck, C Tätowierung, D epidermales Knötchen, E dermales Knötchen, F gemischtes Knötchen, G subkorneales Bläschen, H intraepidermales Bläschen, I dermales Bläschen, J Quaddel, K Schuppen, L Geschwür*

- Fleck (Macula): Hautverfärbung, z.B. durch Farbstoffe (Pigment, Hämoglobin und seine Abbauprodukte, Tätowierung usw.), Gefäßerweiterung (z.B. Schamröte) oder Gefäßverengung (z.B. bei Kälte).
- Knötchen (Papula): flach oder spitz die Haut überragende Gewebeverdickung (Oberhaut und/oder Lederhaut), die kleiner als eine Erbse ist.
- Knoten (Nodus): Gewebeverdickung, die größer als eine Erbse ist.
- Bläschen (Vesicula): mit Flüssigkeit gefüllter Hohlraum. Ein eitergefülltes Bläschen nennt man Pustel (Pustula).
- Quaddel (Urtica): Hautverdickung durch Ödem.
- Geschwür (Ulcus): Gewebeverlust, der bis in die Lederhaut oder Unterhaut reicht.

In Übungen am Lebenden bei Studenten findet man als häufigste Effloreszenz Eiterbläschen im Gesicht und am Rücken, weil die Akne in diesem Alter eher die Regel als die Ausnahme ist.

# 2 Rumpfwand

## 2.1 Wirbelsäule A

### Ü211 Wirbelsäule im entspannten Stehen besichtigen, Haltung beurteilen

Die gesunde Wirbelsäule ist nicht gerade, sondern in der Körpermittelebene doppelt S-förmig gebogen. Es wechseln nach vorn und nach hinten konvexe Krümmungen miteinander ab. Die gesunde Haltung ist durch Halslordose + Brustkyphose + Lendenlordose (+ Kreuzbeinkyphose), je von mäßiger Stärke, gekennzeichnet:

- **Lordose** = vorn konvexe Krümmung,
- **Kyphose** = hinten konvexe Krümmung.

Bei Ermüdung werden die Krümmungen verstärkt ("schlaffe Haltung"), bei aktiver Aufrichtung vermindert.

"**Fehlhaltungen**":

- **Flachrücken**: verminderte Krümmungen.
- **Rundrücken**: verstärkte Brustkyphose + verminderte Lendenlordose.
- **hohlrunder Rücken**: verstärkte Brustkyphose + verstärkte Lendenlordose.
- **Buckel** (Gibbus): Knickbildung bei Zusammenbruch von Wirbelkörpern (durch Trauma, eitrige Entzündung oder Geschwulst).
- **Skoliosen**: seitliche Verkrümmungen, z.B. bei Beinlängenunterschied. Ungleich hoch stehende Schultern können auf eine Skoliose hinweisen. Man achte auf die Symmetrie der sog. Taillendreiecke und ob beide Arme dem Rumpf gleichmäßig anliegen (Abstehen vom Rumpf auf der Konkavseite!). Seitliche Verkrümmungen erkennt man am leichtesten, wenn man ein Lot (Gewicht an Faden) an den Rücken anlegt bzw. vom Hinterhaupt herabhängen läßt.

**Halteleistungstest nach Matthias**: Der Proband wird aufgefordert, eine stramme Haltung ("sich groß machen") einzunehmen und beide Arme waagerecht nach vorn auszustrecken. Bei gesunder Haltung kann diese Stellung mindestens 30 Sekunden beibehalten werden, bei "Haltungsschwäche" nur kürzer. Beim sog. Haltungsverfall kann die Wirbelsäule bei vorgestreckten Armen überhaupt nicht aufgerichtet werden.

Protokoll 211a. Betrachten des Rückens des stehenden Probanden

| | | | |
|---|---|---|---|
| Flachrücken | j | n | ? |
| Rundrücken | j | n | ? |
| Hohlrunder Rücken | j | n | ? |
| Taillendreieck symmetrisch | j | n | ? |
| Schultern gleich hoch | j | n | ? |
| Seitliche Verkrümmung der Wirbelsäule | j | n | ? |

Wenn Schultern ungleich hoch:

| | | |
|---|---|---|
| Schulter steht höher | R | L |
| um (cm) | | |

Wenn seitliche Verkrümmung der Wirbelsäule: rechtskonvexer Bogen im Bereich

| | | | |
|---|---|---|---|
| HWS | ob.BWS | unt.BWS | LWS |

linkskonvexer Bogen im Bereich

| | | | |
|---|---|---|---|
| HWS | ob.BWS | unt.BWS | LWS |

| | | | |
|---|---|---|---|
| Halteleistungstest: stramme Haltung mindestens 30 s | j | n | ? |

**Messen der Lordosetiefe**: Das Ausmaß der sagittalen Krümmungen der Wirbelsäule kann man auch ohne kostspielige Meßinstrumente gut abschätzen. Man läßt eine Hilfsperson das Lot am Hinterhaupt des stehenden Probanden so anlegen, daß es den am weitesten dorsal ausladenden Punkt der Brustwirbelsäule berührt. Dann mißt man mit einem schmalen Lineal oder dem Bandmaß den horizontalen Abstand der am weitesten ventral liegenden Punkte der Hals- und der Lendenlordose vom Lot aus (Abb. 211). Diese Maße werden gewöhnlich nach der französischen Literatur als flèche cervicale bzw. lombaire (fr. flèche = Pfeil) bezeichnet. Man vergleiche die "Pfeilmaße" im entspannten und im strammen Stehen.

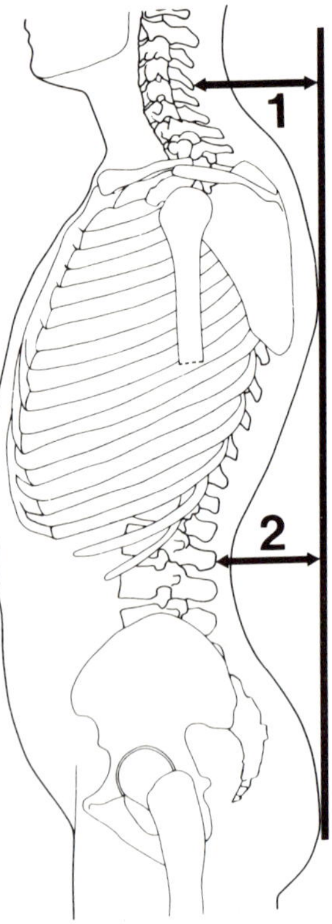


*Abb. 211. Messen der Lordosetiefe: 1 Halslordose (flèche cervicale), 2 Lendenlordose (flèche lombaire)*

Protokoll 211b. Lordosetiefe (cm): flèche cervicale und flèche lombaire

| | Ruhe | Aufgerichtet | Differenz |
|---|---|---|---|
| Hals | | | |
| Lenden | | | |

## Ü212 Wirbelsäule beim Vorneigen und Rückneigen mit gestreckten Knien beobachten

Die Wirbelsäule bildet beim Vorneigen ("Inklination") einen harmonischen nach vorn konvexen Bogen. Die Krümmung ist am stärksten im Hals- und im oberen Brustbereich, flacher im Lendenbereich (Abb. 212). Bei gerader Wirbelsäule steht der Rücken auf beiden Seiten gleich hoch. Bei fixierten seitlichen Verkrümmungen wird ein "Rippenbuckel" sichtbar: Der Rücken wölbt sich auf der konvexen Seite der Verkrümmung nach oben.

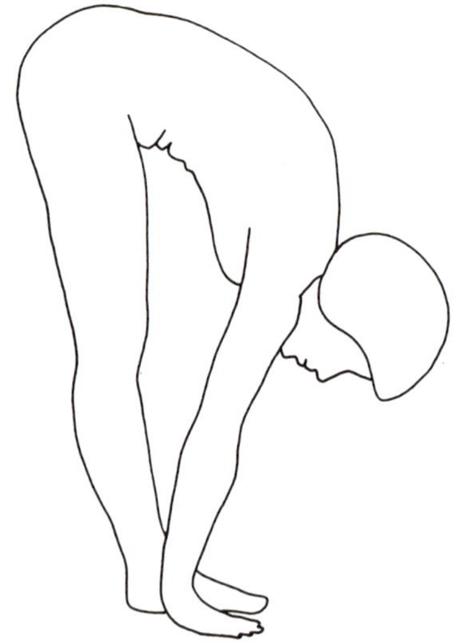

*Abb. 212. Harmonische Krümmung der Wirbelsäule beim Vorneigen bei einer Studentin mit sehr guter Beweglichkeit (Handflächen erreichen den Boden trotz gestreckter Kniegelenke)*

Protokoll 212. Betrachten des Rückens des Probanden beim Vorneigen

| | | | |
|---|---|---|---|
| Krümmung beim Vorneigen harmonisch | j | n | ? |
| Fingerspitzen erreichen den Boden | j | n | ? |
| Rippenbuckel | j | n | ? |

Bewegungseinschränkung an den Segmenten

| | | | |
|---|---|---|---|
| | | | |

Junge Erwachsene können meist trotz gestreckter Kniegelenke mit den Fingerspitzen den Boden erreichen. Können sie dies nicht, so ist die Beweglichkeit eingeschränkt. Dies kann gleichmäßig die ganze Wirbelsäule betreffen (die Krümmung bleibt harmonisch) oder nur einige Segmente. Die umschriebene Bewegungseinschränkung, z.B. bei Schäden der Zwischenwirbelscheiben, erkennt man am besten bei abwechselnden Beuge- und Streckbewegungen. Beim Rückneigen ("Reklination") aus Streckstellung droht der Proband das Gleichgewicht zu verlieren. Man prüft daher die Aufrichtung des Oberkörpers aus maximalem Vorneigen, wobei der Untersucher mit beiden Händen das Becken in der Beugestellung hält oder gegen die Lendenwirbelsäule drückt.

### Ü213 Wirbelsäule im entspannten und im aufrechten Sitzen auf einem Hocker ansehen

Im Sitzen wird ein Beinlängenunterschied unwirksam. Seitliche Verkrümmungen der Wirbelsäule wegen ungleich langer Beine verschwinden daher im Sitzen (solange sie noch nicht "fixiert" sind), ebenso ein damit verbundener einseitiger Schulterhochstand. Mit Lot und Wasserwaage kontrollieren!

Protokoll 213. Betrachten des Rückens des sitzenden Probanden

| | | | |
|---|---|---|---|
| Taillendreieck symmetrisch | j | n | ? |
| Schultern gleich hoch | j | n | ? |
| Seitliche Verkrümmung der Wirbelsäule | j | n | ? |

### Ü214 Einfluß der Beckenstellung auf die Krümmungen der Wirbelsäule studieren

Häufigste Ursache seitlicher Wirbelsäulenverkrümmungen ist ein "Beckenschiefstand" wegen ungleich langer Beine. Die Stellung der Kreuzbeinbasis (= Deckplatte von $S_1$) als Ausgangspunkt des frei beweglichen Teils der Wirbelsäule hängt von der Beckenstellung ab. Steht die rechte Seite des Beckens höher, so steigt in der Regel auch die Kreuzbeinbasis nach rechts an. Dann sind die unteren Lendenwirbel nach links gerichtet. Um den Oberkörper wieder "ins Lot" zu bringen, muß auf die linkskonvexe Skoliose der Lendenwirbelsäule eine leichte rechtskonvexe Skoliose der Brustwirbelsäule folgen.

Zur Beurteilung des Beckenstandes vergleicht man die Höhen der vorderen oberen Darmbeinstachel sowie der seitlichen Eckpunkte der Lendenraute (den hinteren oberen Darmbeinstacheln entsprechend). Am besten nimmt man eine Wasserwaage zu Hilfe.

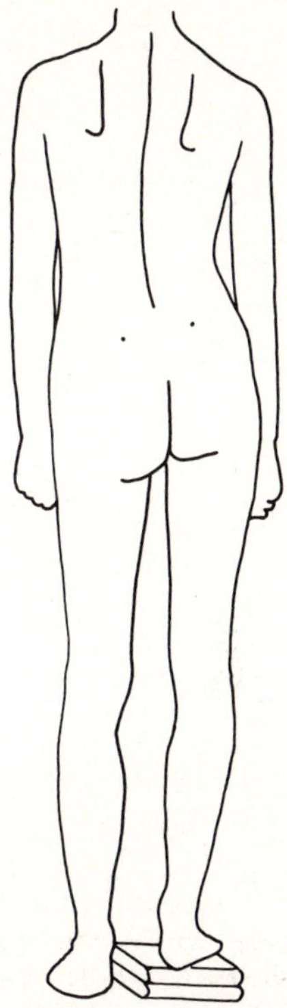

*Abb. 214. "Künstliche" Skoliose: Durch Unterlegen von Büchern unter einen Fuß wird ein Beckenschiefstand erzeugt*

Je nach Ausgangsstellung gehen wir jetzt verschieden vor:

a) Bei **Beckenschiefstand** legen wir unter das kürzere Bein Holzplättchen oder Bücher bis der Höhenausgleich erzielt ist. Beruht die Skoliose auf dem Beckenschiefstand, so muß sie nunmehr verschwunden sein ("funktionelle Skoliose"). Die Höhe der zum Ausgleich nötigen Unterlagen ist ein Maß der Beinverkürzung, das z.B. in einem orthopädischen Schuh berücksichtigt werden muß.

b) Bei **Beckengeradstand** veranschaulichen wir uns das Entstehen einer Skoliose, in dem wir unter ein Bein Holzplättchen oder Bücher unterlegen (soviel als mit gestreckten Knien zu tolerieren sind, etwa 5-6 cm). Es muß nun eine Skoliose wie oben beschrieben zu sehen sein (Abb. 214). Erhöht man zuerst den rechten, dann den linken Fuß, so müssen bei gesunder Wirbelsäule die beiden dabei erzeugten Skoliosen spiegelbildlich sein.

Protokoll 214a. Natürliche Skoliose

| | | | |
|---|---|---|---|
| Beckenschiefstand | j | n | ? |
| Wenn ja: vorderer oberer Darmbeinstachel steht höher | R | L | |
| um (cm) | | | |
| Skoliose verschwindet nach Unterlegen von Holzplättchen oder Büchern in Höhe von (cm) | R | L | |
| | | | |

Protokoll 214b. Künstliche Skoliose

Seitliche Verkrümmungen der Wirbelsäule werden deutlich sichtbar nach Unterlegen von Holzplättchen usw. unter den rechten Fuß in Höhe von (cm) ☐

Die Krümmung ist rechtskonvex

| HWS | ob.BWS | unt.BWS | LWS |
|---|---|---|---|
| | | | |

Die Krümmung ist linkskonvex

| HWS | ob.BWS | unt.BWS | LWS |
|---|---|---|---|
| | | | |

Seitliche Verkrümmungen der Wirbelsäule werden deutlich sichtbar nach Unterlegen von Holzplättchen usw. unter den linken Fuß in Höhe von (cm) ☐

Die Krümmung ist rechtskonvex

| HWS | ob.BWS | unt.BWS | LWS |
|---|---|---|---|
| | | | |

Die Krümmung ist linkskonvex

| HWS | ob.BWS | unt.BWS | LWS |
|---|---|---|---|
| | | | |

Noch einfacher, wenn auch nicht so deutlich, kann man das Entstehen einer Skoliose beobachten, wenn man im aufrechten Stand das Körpergewicht auf ein Bein (= Standbein) verlagert und das andere Bein (= Spielbein) entspannt (sog. **Kontrapost** in der bildenden Kunst, Ü922). Das Becken sinkt dann auf der Spielbeinseite etwas ab. Das Kniegelenk wird leicht gebeugt. Wegen des Beckenschiefstandes muß sich die Wirbelsäule zum Erhalt des Gleichgewichts seitlich leicht verkrümmen. Diese Stellung gibt vielen antiken Bildwerken in der Vereinigung von Ruhe und Bewegung ihren besonderen Reiz. Im Mittelalter verzichtete man weitgehend auf den Kontrapost. In der Renaissance wurde die antike Tradition wieder aufgegriffen.

Einen Beckenschiefstand sollte man nicht als Schönheitsfehler hinnehmen. Im Laufe der Jahrzehnte summieren sich die unphysiologischen Belastungen der Zwischenwirbelscheiben und Wirbelbogengelenke, und Abnutzungserkrankungen (Spondylosen) treten vorzeitig auf. Höhenausgleich durch orthopädische Schuhe ist daher empfehlenswert.

## Ü215 Dornfortsätze im aufrechten Stehen beziffern

Fast alle Dornfortsätze sind zu tasten und, je nach Dicke des Unterhautfettgewebes, auch zu sehen. Man markiere die Spitzen aller Dornfortsätze bei aufrecht stehendem Probanden mit kurzem Horizontal- und Vertikalstrich (Kreuz, bei geteilten Dornfortsätzen entsprechend Doppelkreuz) und beziffere die Segmente. Der Untersucher sitzt hinter dem stehenden Probanden, um entspannt tasten zu können. Man orientiert sich am besten an folgenden Segmenten (Abb. 215):

- **C2**: Tastet man vom Hinterhaupt ausgehend in der medianen Rinne zwischen den Wülsten der Nackenmuskeln kaudalwärts, so ist als erster Dornfortsatz jener des Axis zu fühlen (zum leichteren Tasten den Kopf etwas vorneigen, aber in aufrechter Kopfhaltung markieren!). Der Atlas trägt an seinem hinteren Bogen keinen Dornfortsatz, sondern nur einen Höcker (Tuberculum posterius).
- **C7**: Vertebra prominens: Am Übergang von der Halslordose zur Brustkyphose ragt der Dornfortsatz des siebenten Halswirbels meist am stärksten hervor (besonders beim Vorbewegen des Kopfes).
- **Th3**: Der Dornfortsatz von Th3 liegt etwa in der Verbindungslinie der beiden Schulterblattgräten. Da die Dornfortsätze im oberen Brustbereich schräg abwärts verlaufen, liegt ventral des Dornfortsatzes von Th3 der Wirbelkörper von Th4.

▪ Th7: In der Verbindungslinie der unteren Schulterblattwinkel bei angelegten Armen.

▪ Th12: Etwas unterhalb des Ansatzes der letzten Rippen.

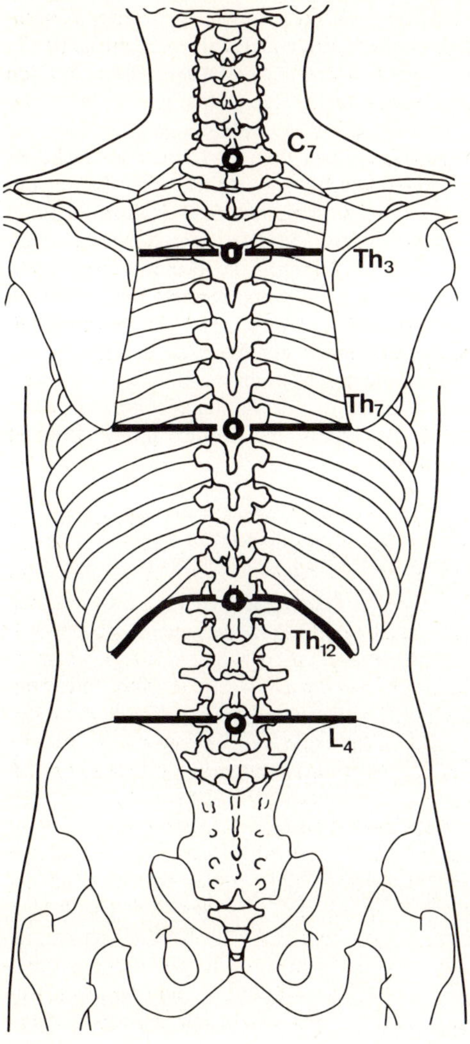


*Abb. 215. Skelettpunkte, an denen man sich beim Beziffern der Dornfortsätze orientiert*

▪ L4: In der Verbindungslinie der höchsten Punkte der Darmbeinkämme oder etwas darüber: Diese Lagebeziehung ist wichtig für die Wahl der Einstichstelle bei der Lumbalpunktion.

▪ S2: Das zweite Kreuzbeinsegment liegt in der Verbindungslinie der beiden hinteren oberen Darmbeinstachel (Spinae iliacae posteriores superiores). Über den Darmbeinstacheln sinkt die Haut meist zu kleinen Grübchen ein, welche die seitlichen Eckpunkte der Lendenraute bilden. Unten wird die Lendenraute von den Ursprüngen des großen Gesäßmuskels (M. gluteus maximus) am Kreuzbein begrenzt. Der obere Eckpunkt der Lendenraute liegt in der Tiefe der Lendenlordose. Asymmetrien der Lendenraute weisen auf Verformungen des Beckens hin. Bei der Frau ist dies diagnostisch wichtig für die Beurteilung der Möglichkeiten der Entbindung.

Nach Markierung dieser Orientierungspunkte kann man die übrigen Dornfortsätze mehr oder weniger leicht zuordnen:

▪ C3-C6: Wegen der Halslordose und des kräftigen Nackenbandes nicht so deutlich zu tasten: abwechselnde Vor- und Rückneigebewegungen erleichtern die Identifizierung.

▪ Th1, Th2: Sie treten manchmal ebenso stark hervor wie C7 und machen dann C7 den Titel "Vertebra prominens" streitig.

▪ Th4-Th6: Diese Dornfortsätze sind bisweilen schwierig abzugrenzen, da sie stark absteigen und infolge der Brustkyphose ihre dorsalen Enden weit auseinandergezogen sind.

▪ Th8-Th11: Die Dornfortsätze schwenken allmählich wieder in die Horizontale ein.

▪ L1-L3: Im Gegensatz zur Halslordose bietet die Lendenlordose wegen der größeren Wirbel kaum Schwierigkeiten bei der Abgrenzung.

▪ L5: Unter der Verbindungslinie der höchsten Punkte der Darmbeinkämme.

▪ Kreuzbein: Wegen der Verschmelzung der Dornfortsätze zur Crista sacralis mediana ist eine sichere Segmentzuordnung zwar im Röntgenbild, nicht aber beim Betasten durch die Haut möglich. Gut zugänglich ist die untere Öffnung des Kreuzbeinkanals (Hiatus sacralis). Sie liegt normalerweise auf Höhe des Segments S5, kann jedoch auch weiter nach oben reichen.

▪ Steißbein: Das Steißbein ist meist in ganzer Ausdehnung gut abzutasten.

Geteilte Dornfortsätze kommen im Halsbereich fast regelmäßig, selten in den anderen Bereichen (als belanglose Varietät) vor. Nicht ganz gleichgültig ist hingegen ein fehlender Dornfortsatz, wenn der Wirbelbogen nicht geschlossen ist (Spina bifida, Rhachischisis). Dieser Knochendefekt kann mit Mißbildungen der Rückenmarkhäute (Meningocele) oder des

Rückenmarks (Myelocele) verbunden sein. Ein "Faunsbart" oder eine starke Pigmentierung der Haut über der Wirbelsäule in der Lendengegend kann auf eine Rhachischisis hinweisen.

Protokoll 215a. Abstände der Spitzen der Dornfortsätze in aufrechtem Stand (cm)

| | | Diff. |
|---|---|---|
| C2-C3 | | |
| C3-C4 | | |
| C4-C5 | | |
| C5-C6 | | |
| C6-C7 | | |
| C7-Th1 | | |
| Th1-Th2 | | |
| Th2-Th3 | | |
| Th3-Th4 | | |
| Th4-Th5 | | |
| Th5-Th6 | | |
| Th6-Th7 | | |
| Th7-Th8 | | |
| Th8-Th9 | | |
| Th9-Th10 | | |
| Th10-Th11 | | |
| Th11-Th12 | | |
| Th12-L1 | | |
| L1-L2 | | |
| L2-L3 | | |
| L3-L4 | | |
| L4-L5 | | |
| L5-S1 * | | |

* "Dornfortsatz" S1 = oberer Eckpunkt des mittelständigen Kreuzbeinkamms

Eine sagittale Stufe zwischen zwei Dornfortsätzen im Lendenbereich kann auf einem Wirbelgleiten (Spondylolisthesis) beruhen. Wegen eines Defekts in der Wurzel des Wirbelbogens trennen sich Bogen und Körper. Wirbelgleiten ist eine mögliche Ursache hartnäckiger Rückenschmerzen von Teenagern.

**Fehlermöglichkeiten**: Erfahrungsgemäß ist die richtige Zuordnung der Dornfortsätze für den Anfänger eine "Rübezahlarbeit". Geht die Rechnung nicht auf, so kann gelegentlich eine atypische Wirbelzahl, z.B. 11 oder 13 Brustwirbel die Ursache sein. Meist wird jedoch ein Fehler beim Bestimmen der Dornfortsätze vorliegen. Besonders irritierend ist es, wenn der Proband dauernd die Haltung ändert und sich z.B. wiederholt umsieht, um die Arbeit des Untersuchers zu verfolgen. Bei jeder Bewegung verschieben sich die Haut und mit ihr die angezeichneten Markierungspunkte. Es ist eine gute Übung in der Patientenrolle, das Markieren bei konstanter Körperhaltung geduldig zu ertragen.

Protokoll 215b. Längen der Abschnitte der Wirbelsäule in aufrechtem Stand (cm)
A = direkt gemessen
B = Summe der Abstände aus Protokoll 215a

| | A | B |
|---|---|---|
| Halswirbelsäule (C2-Th1) | | |
| Brustwirbelsäule (Th1-L1) | | |
| Lendenwirbelsäule (L2-S1) | | |
| Gesamte bewegliche Wirbelsäule (C2-S1) | | |

Die Abstände der Spitzen der Dornfortsätze sind nicht in allen Bereichen der Wirbelsäule gleich. An der kyphotisch gekrümmten Brustwirbelsäule divergieren die Dornfortsätze. Die Abstände sind folglich groß. An den lordotischen Abschnitten (Hals- und Lendenwirbelsäule) konvergieren die Dornfortsätze. Die Abstände sind demgemäß klein. Außer den Krümmungen wirken sich auch noch die Höhen der Wirbelkörper aus: Sie nehmen von der Hals- zur Lendenwirbelsäule zu.

Eine gute Kontrolle für richtiges Tasten ist das **Ausmessen der Abstände** der Dornfortsätze.

Bei der gesunden Wirbelsäule gibt es keine größeren Sprünge. Die Abstände nehmen entsprechend den Krümmungen kontinuierlich zu und ab. Weichen die Meßergebnisse von dieser Regel grob ab, so sollte man die betreffenden Bereiche noch einmal sorgfältig durchtasten, ob die Dornfortsätze auch richtig markiert wurden. Gelegentlich steht auch bei beschwerdefreien Probanden ein Dornfortsatz etwas atypisch.

### Ü216 Seitliche Krümmungen der Wirbelsäule anhand der markierten Dornfortsätze beurteilen

Seitliche Verkrümmungen werden nach dem Markieren der Dornfortsatzspitzen noch deutlicher als bei freier Betrachtung. Man lege das Lot an das Hinterhauptbein genau median bei Blick geradeaus (entsprechend dem Dornfortsatz $C_2$) an und bestimme die seitlichen Abweichungen vom Lot auf Höhe der einzelnen Wirbelsäulensegmente.

Protokoll 216. Seitliche Krümmungen der Wirbelsäule: Abweichen von Dornfortsätzen vom Lot nach rechts mit +, nach links mit - eintragen, alle Maße in cm

| | | | | | |
|---|---|---|---|---|---|
| C2 | | Th3 | | Th11 | |
| C3 | | Th4 | | Th12 | |
| C4 | | Th5 | | L1 | |
| C5 | | Th6 | | L2 | |
| C6 | | Th7 | | L3 | |
| C7 | | Th8 | | L4 | |
| Th1 | | Th9 | | L5 | |
| Th2 | | Th10 | | S1 | |

| | | | |
|---|---|---|---|
| Die Skoliose ist ausgeglichen | j | n | ? |

Wiederholt man den Versuch mit dem Unterlegen von Holzplättchen, so berücksichtige man, daß die Haut den Ausgleichsbewegungen der Wirbelsäule nicht vollständig folgt. Die Markierungen entsprechen meist nicht mehr den Spitzen der Dornfortsätze.

Eine Skoliose gilt als ausgeglichen, wenn Ausgangs- und Endpunkt der Wirbelsäule (also der Dornfortsatz $C_2$ und das obere Ende des mittelständigen Kreuzbeinkamms = $S_1$) vertikal übereinander stehen. Das median vom Hinterhaupt herabhängende Lot fällt dann in die Afterfurche.

### Ü217 Dehnung der Rückenhaut beim Vorneigen messen

Mit Hilfe der über den Dornfortsätzen angebrachten Markierungen kann man leicht die Dehnung der Haut in den einzelnen Bereichen des Rückens beim Vorneigen bestimmen. Der Proband neigt sich bei gestreckten Knien maximal nach vorn (Hände berühren den Boden). Der Kopf darf nicht angehoben, sondern muß in die Krümmung einbezogen werden. Man mißt die Abstände der Markierungskreuze über den Dornfortsätzen erneut aus.

Protokoll 217a. Siehe nächste Seite

Protokoll 217b. Dehnung der Haut bei maximalem Vorneigen (cm)

A-C wie Protokoll 217a

| | A | B | C |
|---|---|---|---|
| HWS (C2-Th1) | | | |
| BWS (Th1-L1) | | | |
| LWS (L2-S1) | | | |
| Gesamte WS (C2-S1) | | | |

### Ü218 Alle Dornfortsätze bei maximalem Vorneigen markieren und Abstände ausmessen

Tastet man beim vorgeneigten Probanden nach den Dornfortsätzen, so wird man schnell merken, daß die Markierungskreuze nicht mehr stimmen. Die Haut dehnt sich nicht in glei-

Protokoll 217a. Dehnung der Haut bei maximalem Vorneigen (cm)

A = Abstände der Markierungskreuze der Dornfortsätze an der Haut bei maximalem Vorneigen
B = Abstände der Markierungskreuze im aufrechten Stand (aus Ü215)
C = Differenz

| | A | B | C |
|---|---|---|---|
| C2-C3 | | | |
| C3-C4 | | | |
| C4-C5 | | | |
| C5-C6 | | | |
| C6-C7 | | | |
| C7-Th1 | | | |
| Th1-Th2 | | | |
| Th2-Th3 | | | |
| Th3-Th4 | | | |
| Th4-Th5 | | | |
| Th5-Th6 | | | |
| Th6-Th7 | | | |
| Th7-Th8 | | | |
| Th8-Th9 | | | |
| Th9-Th10 | | | |
| Th10-Th11 | | | |
| Th11-Th12 | | | |
| Th12-L1 | | | |
| L1-L2 | | | |
| L2-L3 | | | |
| L3-L4 | | | |
| L4-L5 | | | |
| L5-S1 | | | |

Protokoll 218a. Änderung der Abstände der Dornfortsätze bei maximalem Vorneigen (cm)
A = Abstände der Spitzen der Dornfortsätze bei maximalem Vorneigen
B = Abstände im aufrechten Stand (aus Ü215 übertragen)
C = Differenz der Abstände zwischen Vorneigen und aufrechtem Stehen
C = A - B
D = Differenz der Abstände der Hautmarken (aus Ü217 übertragen)

| | A | B | C | D |
|---|---|---|---|---|
| C2 | | | | |
| C3 | | | | |
| C4 | | | | |
| C5 | | | | |
| C6 | | | | |
| C7 | | | | |
| Th1 | | | | |
| Th2 | | | | |
| Th3 | | | | |
| Th4 | | | | |
| Th5 | | | | |
| Th6 | | | | |
| Th7 | | | | |
| Th8 | | | | |
| Th9 | | | | |
| Th10 | | | | |
| Th11 | | | | |
| Th12 | | | | |
| L1 | | | | |
| L2 | | | | |
| L3 | | | | |
| L4 | | | | |
| L5 | | | | |
| S1 | | | | |

chem Maß wie die Wirbelsäule. Die in Ü217 gemessenen Abstände sagen daher nur begrenzt etwas über die Beweglichkeit der Wirbelsäule aus. Allerdings wird man davon ausgehen können, daß die Haut um so stärker gedehnt wird, je stärker sich die Wirbelsäule krümmen kann. Es ist daher wichtig, sich ein Urteil über die Zusammenhänge zu bilden. Die ärztliche Untersuchung kann sehr vereinfacht werden, wenn man die Bewegungsprüfung anhand von Hautmarken anstelle des jeweiligen Tastens vornehmen kann.

Man taste daher bei maximal vorgeneigtem Probanden alle Dornfortsätze, markiere sie in einer anderen Farbe als in Ü215 und messe erneut die Abstände aus. Die Kopfgelenke des Patienten müssen in die Gesamtkrümmung einbezogen werden, d.h., der Kopf darf nicht angehoben werden. Die Stellung ist nicht sehr bequem und wieder eine gute Übung im Rollenspiel "Patient". Brauchbare Meßwerte können nur gewonnen werden, wenn der Patient während der gesamten Zeit des Markierens die Stellung nicht verändert.

Protokoll 218b. Änderung der Abstände der Dornfortsätze bei maximalem Vorneigen (cm)

A-D wie Protokoll 218a

| | A | B | C | D |
|---|---|---|---|---|
| HWS | | | | |
| BWS | | | | |
| LWS | | | | |
| WS | | | | |

HWS = Halswirbelsäule (C2-Th1)
BWS = Brustwirbelsäule (Th1-L1)
LWS = Lendenwirbelsäule (L1-S1)
WS = Gesamte Wirbelsäule (C2-S1)

## Ü219 Querfortsätze der Halswirbel tasten, etwaige Schmerzhaftigkeit aller Wirbel prüfen

Im Gegensatz zu den Querfortsätzen der Brust- und Lendenwirbel sind die Querfortsätze der Halswirbel in der seitlichen Halsgegend mehr oder weniger deutlich durch die Muskulatur hindurch zu fühlen. Den besonders weit lateralwärts ausladenden Querfortsatz des Atlas findet man in der Grube zwischen dem aufsteigenden Ast des Unterkiefers und dem Warzenfortsatz. Bei Drehbewegungen des Kopfes gleitet er unter dem tastenden Finger nach vorn bzw. nach rückwärts.

Die Vorderflächen der oberen Halswirbel kann man durch den Mund hindurch tasten. Diesen Versuch nehme man jedoch zu Hause vor dem Waschbecken vor, da beim Berühren der Rachenhinterwand erheblicher Brechreiz ausgelöst wird. Beim Patienten muß man daher die Rachenhinterwand anästhesieren, um ungestört tasten zu können.

Protokoll 219a. Querfortsatz des Atlas

| | R | | | L | | |
|---|---|---|---|---|---|---|
| getastet | j | n | ? | j | n | ? |

Protokoll 219b. Schmerzprüfung der Wirbelsäule

| | | | |
|---|---|---|---|
| A Alle Dornfortsätze klopfschmerzfrei | j | n | ? |
| wenn nicht: klopfschmerzhaft sind die Dornfortsätze | | | |
| B Schmerzen bei Druck auf den Kopf | j | n | ? |
| wenn ja: in welchen Segmenten | | | |
| C Fersenfallschmerz | j | n | ? |
| wenn ja: in welchen Segmenten | | | |

Bei der orthopädischen Untersuchung prüft man die einzelnen Dornfortsätze auf einen etwaigen **Klopfschmerz**. Dazu nimmt man am einfachsten einen Reflexhammer und schlägt damit (nicht zu kräftig) auf die einzelnen Dornfortsätze. Vorher bittet man den Patienten, einen evtl. Schmerz dabei zu äußern. Anstelle des Reflexhammers kann man auch die eigene Faust nehmen. Man klopft dann mit dem "Fingerknöchel" (Kopf des Grundglieds des Mittelfingers) die Dornfortsätze ab. Man kann auch versuchen, die Dornfortsätze jeweils mit zwei Fingern zu fassen und hinundherzubewegen ("Rüttelschmerz").

Beim Abklopfen werden die Wirbel horizontal erschüttert. Eine vertikale Druckbelastung ist möglich durch Druck auf den Kopf (der Untersucher drückt mit beiden Händen ruckartig auf den Kopf des sitzenden Probanden) oder indem sich der auf den Zehenspitzen stehende Proband plötzlich auf die Fersen fallen läßt. Bei einem etwaigen Schmerz soll der Proband die Stelle mit dem Finger bezeichnen.

Ein Klopf-, Druck- oder Fersenfallschmerz sollte Anlaß zu einer eingehenden ärztlichen Untersuchung mit Röntgenaufnahmen des schmerzenden Bereichs sein.

## 2.2 Wirbelsäule B (Bewegungsmessung)

**Vorbemerkungen**: Das "Bewegungssegment" umfaßt die Zwischenwirbelscheibe, die Wirbelbogengelenke und die Bänder zwischen den Fortsätzen. Die Bewegungsmöglichkeiten im einzelnen Bewegungssegment sind gering. Die Summe der Segmente ergibt jedoch einen großen Bewegungsspielraum. Die Bewegungen sind denen eines Kugelgelenks zu vergleichen:
- Vor- und Rückneigen (Inklination - Reklination),
- Seitneigen (Lateralflexion),
- Drehen (Kreiseln, Rotation).

Der Brustkorb behindert die Bewegungen der oberen Brustwirbelsäule. In der Lendenwirbelsäule verhindert die Stellung der Gelenkfortsätze größere Drehungen.

Die differenzierten Bewegungen der segmental gegliederten Wirbelsäule gestatten, aus nahezu jeder Position des Körpers den Kopf mit den wichtigen Sinnesorganen in die Vertikale zu bringen. Die Bewegungen der Wirbelsäule unterstützen ferner
- die Rippenatmung,
- die Erhaltung des Gleichgewichts beim Gehen, Stehen und Sitzen,
- die Kopfbewegungen beim Essen und Trinken,
- die Bauchpresse bei der Stuhlentleerung,
- die Kohabitationsbewegungen usw.

Körperbewegungen lassen sich auf zwei Arten quantifizieren:
- als **Streckenmaße**: Man mißt hierbei die Abstände zweier genau definierter Punkte des Körpers vor und nach der Bewegung.
- als **Winkelmaße**: Man bestimmt den Winkel zwischen definierten Achsen zweier Knochen vor und nach der Bewegung. Die beiden Knochen müssen nicht unmittelbar durch Gelenke verbunden sein. Es kann auch eine ganze Gelenkkette (z.B. die Wirbelsäule) dazwischen liegen.

Bei den Bewegungen der Wirbelsäule sind Streckenmaße im allgemeinen leichter zu bestimmen als Winkelmaße. Deshalb werden sie bei der ärztlichen Routineuntersuchung bevorzugt. Im folgenden werden für jede Hauptbewegungsrichtung der Wirbelsäule sowohl Strecken- als auch Winkelmaße beschrieben, um mit den Möglichkeiten beider vertraut zu machen.

### Ü221 Vorneigen durch Streckenmaße charakterisieren

**a) Kleinster Finger-Boden-Abstand im Stehen**: Kinder und Jugendliche können mit den Fingerspitzen meist den Boden erreichen. Beim älteren Erwachsenen gelingt dies normalerweise nicht (Abb. 221a). Der Finger-Boden-Abstand ist ein einfach zu bestimmendes, allerdings auch sehr grobes Maß für die Inklinationsmöglichkeit der Wirbelsäule, da auch die Beweglichkeit der Hüftgelenke und des Schultergürtels mit eingeht. Man achte darauf, daß die Knie des Probanden gestreckt bleiben!

Der Proband sollte die Schuhe ausgezogen haben, da sonst der Finger-Boden-Abstand vergrößert wird. Die unterschiedliche Plantarflexion des Fußes im Schuh je nach Absatzhöhe erschwert die Korrektur eines Meßwertes mit Schuhen.

Statt den Abstand der Fingerspitzen vom Boden zu messen, kann man auch den Probanden mit den Fingerspitzen an den Beinen nach unten gleiten lassen und protokolliert dann den tiefsten erreichten Punkt, z.B. Kniescheibe, Mitte der Schienbeine usw.

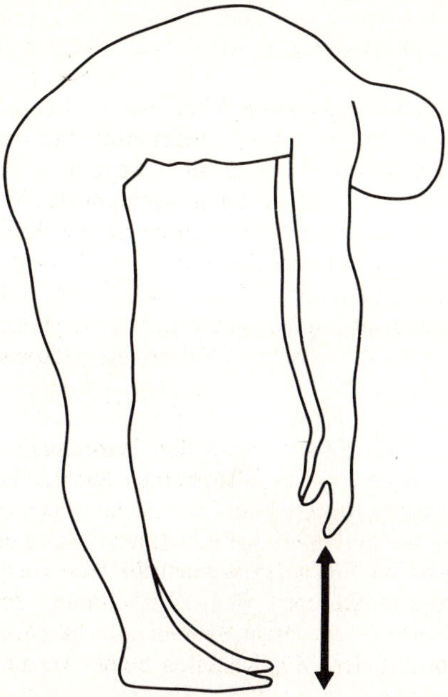

*Abb. 221a. Finger-Boden-Abstand beim Vorneigen mit gestreckten Knien*

Eine Überbeweglichkeit (Hypermobilität) liegt vor, wenn der Proband nicht nur mit den Fingerspitzen den Boden erreicht, sondern sogar die Handflächen an den Boden legen kann. Die Überbeweglichkeit kann zu rascherem Verschleiß führen, wenn beim Sport, Ballett usw. die größeren Bewegungsumfänge rücksichtslos ausgeschöpft werden.

**b) Schober-Maß**: Man markiert bei stehendem Probanden den "Dornfortsatz" $S_1$ (oberes Ende der Crista sacralis mediana) auf der Haut, mißt von dort 10 cm kopfwärts ab und markiert den Endpunkt der Strecke (Abb. 221b). Dann läßt man den Probanden maximal nach vorn neigen. Dabei wird die Haut über der Wirbelsäule je nach dem Ausmaß der Vorneigung stärker oder schwächer gedehnt und dabei die markierte Linie auseinandergezogen. Normal ist eine Längenzunahme von etwa 5 cm.

**c) Ott-Maß**: Man mißt im Stehen vom 7. Halswirbeldornfortsatz (Vertebra prominens) 30 cm abwärts (Abb. 221b). Die Längenzunahme bei maximalem Vorneigen beträgt etwa 3-4 cm.

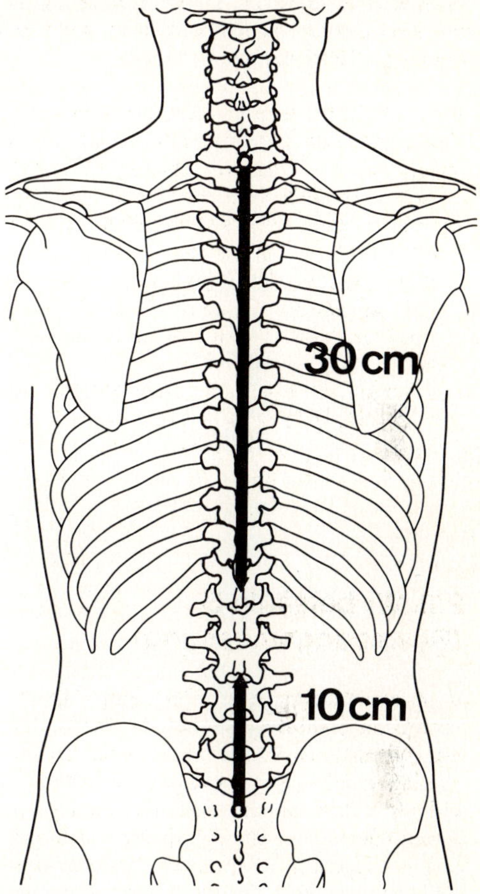


*Abb. 221b. Ott- und Schober-Maß*

Ott- und Schober-Maß sind zwar wirbelsäulenspezifischer als der Finger-Boden-Abstand, aber auch bei ihnen wird die Beweglichkeit der Wirbelsäule nicht direkt, sondern über die Dehnung der Haut bestimmt (Ü217). Eine Hautnarbe im Meßbereich mit entsprechend verminderter Dehnungsfähigkeit der Haut kann das Meßergebnis verfälschen. Man beachte auch, daß die Längenzunahme im Lendenbereich größer ist als im Brustbereich, obwohl die Meßstrecke im Brustbereich dreimal so lang ist. Das Vorneigen wird im Brustbereich durch den Brustkorb eingeschränkt.

d) **Kleinster Kinn-Brustbein-Abstand**: Beim gesunden Probanden wird das Vorneigen in Halswirbelsäule und Kopfgelenken dadurch begrenzt, daß das Kinn an das Brustbein anschlägt. Eine Bewegungseinschränkung ist daher am einfachsten als kleinster Kinn-Brustbein-Abstand (bei Schlußbißstellung der Kiefergelenke) zwischen dem Meßpunkt "Gnathion" (median am Unterrand des Unterkiefers) und der Incisura jugularis des Brustbeins zu protokollieren (beim Gesunden = 0).

Protokoll 221. Streckenmaße beim Vorneigen (cm)

| | |
|---|---|
| Kleinster Finger-Boden-Abstand (bei gestreckten Knien) | |
| Schober-Maß (Zunahme um) | |
| Ott-Maß (Zunahme um) | |
| Kleinster Kinn-Brustbein-Abstand | |
| Kleinster Finger-Zehen-Abstand aus Rückenlage (gestreckte Knie) | |

e) **Kleinster Finger-Zehen-Abstand beim Vorneigen aus Rückenlage**: Die Knie müssen dabei gestreckt bleiben. Der Finger-Zehen-Abstand aus Rückenlage ist in der Regel kleiner als der Finger-Boden-Abstand im Stehen, weil der Proband die Rückenmuskeln besser entspannen kann (weniger Gleichgewichtsarbeit) und außerdem durch Dorsalflexion in den Sprunggelenken die Zehen den Fingern entgegenführt. Kinder im präpubertären Wachstumsschub (11 bis 14 Jahre) können wegen des besonders raschen Wachstums der Beine manchmal mit den Fingerspitzen die Zehen nicht erreichen, ohne daß eine Bewegungseinschränkung vorliegt.

### Ü222 Vorneigewinkel messen

a) **Gesamtumfang der Vorneigung einschließlich Kopf- und Hüftgelenken**: maximales Vorneigen des Rumpfes im Stehen mit gestreckten Kniegelenken. Der Kopf muß in die Gesamtkrümmung der Wirbelsäule einbezogen werden, so daß der Blick zwischen den leicht gespreizten Beinen nach hinten oben geht. Der Gesamtbewegungsumfang wird anhand der "deutschen Horizontalen" (durch die Unterränder der Augenhöhlen und die Oberränder der äußeren Gehörgänge) gemessen. Ausgangsstellung: aufrechter Stand, Blick geradeaus, deutsche Horizontale parallel zum Fußboden = 0°. Beim jungen Erwachsenen beträgt die gesamte Vorneigung etwa 180°, d.h., der Kopf steht "kopfstehend" wieder in der deutschen Horizontalen.

b) **Aufgliedern in Teilbereiche:**

- **Anteil der Hüftgelenke**: In den Hüftgelenken kann man etwa 135° beugen. Dieser Bewegungsumfang kann beim Vorneigeversuch jedoch nicht vollständig genutzt werden, weil die Knie gestreckt bleiben müssen. Wegen der begrenzten Dehnbarkeit der Muskeln auf der Rückseite des Oberschenkels ist die Beugung dann auf etwa 90° beschränkt. Beim Vorneigen werden nicht wie sonst bei der Bewegungsprüfung der Hüftgelenke (Ü913) die Beine gegen den Rumpf, sondern der Rumpf gegen die Beine bewegt. Wir müssen daher die Bewegung des Beckens erfassen. Dafür eignet sich am besten eine Verbindungslinie zwischen dem vorderen und hinteren oberen Darmbeinstachel. Im aufrechten Stand liegt sie etwa in der Horizontalen (Interspinalebene, Ü274). Beim Vorneigen verschiebt sich die Markierung wegen der Stauchung der Bauchhaut. Man muß also nochmals tasten und evtl. die Verbindungslinie erneut einzeichnen, bevor man den Winkel mißt.
- **Anteil der Wirbelsäule einschließlich Kopfgelenken**: Man berechnet ihn als Differenz der beiden vorhergehenden Maße. Bei gesundem Bewegungsapparat sind die Anteile der Wirbelsäule und der Hüftgelenke etwa gleich groß (je etwa 90°).
- **Anteil der Kopfgelenke und der Halswirbelsäule**: Um Mitbewegungen in anderen Abschnitten der Wirbelsäule möglichst auszuschalten, sollte der Proband aufrecht an eine Wand gelehnt stehen oder sitzen. Er senkt dann den Kopf bei geschlossenem Mund. Die Vertebra prominens darf hierbei die Stellung nicht ändern (tasten!). Man mißt den Winkel der Ebene der deutschen Horizontalen am Kopf mit der tatsächlichen Horizontalen.
- **Anteil von Brust- und Lendenwirbelsäule**: Differenz der beiden vorhergehenden Maße. Auf ähnliche Meßwerte kommt man mit folgender Methode: Man legt eine Latte (Holzstab, längeres Lineal usw.) tangential

vom Kreuzbein zur unteren Brustwirbelsäule (überbrückt die Lendenlordose) und eine zweite Latte von der oberen Brustwirbelsäule zum Hinterhaupt. In aufrechter Stellung müssen die beiden Latten entsprechend dem Anlehnen an eine Wand einen Winkel von 0° bilden. Neigt sich der Proband nach vorn, so wird die obere Latte stärker geneigt als die untere. Die Verstellung der beiden Latten gegeneinander (Größenordnung 50-60°) entspricht etwa der Inklination in Brust- und Lendenwirbelsäule.

Protokoll 222. Winkelmaße beim Vorneigen (°)

| | |
|---|---|
| A Gesamtumfang der Vorneigung | |
| B Anteil der Hüftgelenke | |
| C Anteil der Wirbelsäule (A - B) | |
| D Anteil der Kopfgelenke und der Halswirbelsäule | |
| E Anteil von Brust- und Lendenwirbelsäule (C - D) | |
| F Anteil von Brust- und Lendenwirbelsäule (Lattenmethode) | |

## Ü223 Rückneigen durch Streckenmaße erfassen

**a) Kleinster Finger-Boden-Abstand beim Rückneigen im Stehen**: Der Proband neigt sich zurück und streckt die Arme nach hinten unten (Abb. 223). Die Knie müssen gestreckt bleiben. Da der Proband dabei in Gleichgewichtsnot gerät, muß eine Hilfsperson den Probanden vor dem Umstürzen bewahren. Der Proband muß dabei aber noch selbst einigermaßen im Gleichgewicht bleiben, und die Hilfsperson darf mehr oder weniger nur zum Schutz dastehen. Das Maß wird unbrauchbar, wenn sich der Proband auf die Hilfsperson zurücklehnt und eigentlich nicht mehr steht, sondern halbschräg auf der Hilfsperson liegt (in dieser Position könnten praktisch immer die Finger den Boden erreichen). Bei guter Rückneigebeweglichkeit können die Arme nicht senkrecht nach, sondern nur schräg nach vorn gehalten werden, weil im Schultergelenk der Bewegungsumfang nicht ausreicht.

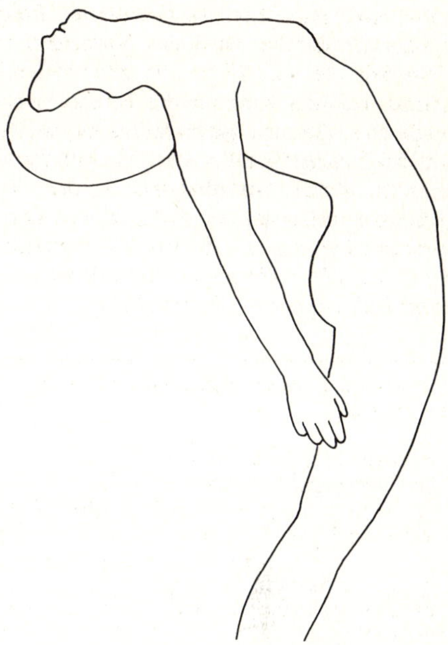

*Abb. 223. Rückneigen im Stehen*

**b) Größter Kinn-Brustbein-Abstand**: Man mißt den Abstand zwischen Unterrand des Kinns (Gnathion) und der Incisura jugularis des Brustbeins. Je größer der Meßwert, desto besser ist die Rückneigefähigkeit in den Kopfgelenken und der Halswirbelsäule. Normal ist etwa eine Spanne (Abstand der Spitzen von Daumen und Kleinfinger), also ungefähr 20 cm.

Protokoll 223. Streckenmaße beim Rückneigen (cm)

| | |
|---|---|
| Kleinster Finger-Boden-Abstand (bei gestreckten Knien) | |
| Größter Kinn-Brustbein-Abstand | |

## Ü224 Rückneigewinkel bestimmen

**a) Gesamtumfang der Rückneigung im Stehen**: Der Proband neigt sich wie beim Messen des Finger-Boden-Abstands zurück (Hilfsperson!). Man mißt den Winkel der Ebene der deutschen Horizontalen des Kopfes mit der tatsächlichen Horizontalen. Wegen der unbequemen Stellung des Probanden wird man kaum sorgfältig messen können.

**b) Gesamtumfang der Rückneigung einschließlich Kopf- und Hüftgelenken in Bauchlage**: Da im Liegen keine Gleichgewichtsprobleme bestehen, erreicht man hier die maximale Rückneigung, wenn der Proband den Kopf anhebt und sich mit den Armen abstützt (Abb. 224). Die Oberschenkel müssen voll auf der Unterlage aufruhen. Die Hilfsperson drückt notfalls die proximalen Oberschenkelabschnitte auf die Untersuchungsliege. Die deutsche Horizontale steht in Bauchlage in der Ausgangsstellung vertikal. Folglich mißt man den Winkel der Endstellung der Ebene der deutschen Horizontalen des Kopfes mit der Vertikalen.

*Abb. 224. Rückneigen in Bauchlage*

**c) Aufgliedern in Teilbereiche:**

- **Anteil der Hüftgelenke**: In Analogie zum Messen beim Vorneigen bestimmt man den Winkel der Ebene durch die vorderen und hinteren oberen Darmbeinstachel mit der Ausgangsstellung (in Bauchlage annähernd die Vertikale). Da die Retroversion im Hüftgelenk verglichen mit der Anteversion gering ist, wird man kaum über 10-20° hinauskommen.
- **Anteil der Wirbelsäule einschließlich Kopfgelenken**: die Differenz der beiden vorhergehenden Maße.
- **Anteil der Kopfgelenke und der Halswirbelsäule**: Der Proband lehnt sich mit der vorderen Rumpfwand gegen eine Wand und neigt den Kopf maximal zurück. Um Mitbewegungen in der Brustwirbelsäule auszuschließen muß die Brustwand den Kontakt mit der Wand halten. Man orientiert sich wieder an der Ebene der deutschen Horizontalen (Winkel mit der tatsächlichen Horizontalen).
- **Anteil von Brust- und Lendenwirbelsäule**: die Differenz der beiden vorhergehenden Maße.

Protokoll 224. Winkelmaße beim Rückneigen (°)

| | |
|---|---|
| A Gesamtumfang der Rückneigung im Stehen | |
| B Gesamtumfang der Rückneigung in Bauchlage | |
| C Anteil der Hüftgelenke | |
| D Anteil der Wirbelsäule mit Kopfgelenken (B - C) | |
| E Anteil der Kopfgelenke und der Halswirbelsäule | |
| F Anteil von Brust- und Lendenwirbelsäule (D - E) | |

### Ü225 Seitneigen durch Streckenmaße beschreiben

**a) Kleinster Finger-Boden-Abstand im Stehen**: Der Proband darf sich dabei nicht gleichzeitig vorneigen (Abb. 225). Die Knie müssen gestreckt bleiben, die Fersen immer den Boden berühren. Auch hier sollte eine Hilfsperson bereitstehen. Um das Gleichgewicht zu verbessern, darf der Proband die Beine leicht spreizen (Abstand der Füße etwa 10 cm).

Das Maß ist sehr variabel je nach Körpergröße und Armlänge. Wichtiger als der absolute Meßwert ist die Seitengleichheit. Man achte auch darauf, ob die durch die Haut sichtbaren Dornfortsätze einen harmonisch gekrümmten Bogen ohne Knicke bilden. Bei Beinlängenunterschied wiederhole man die Messung nach Unterlegen von Holzplättchen oder Büchern zum Ausgleich des Beckenschiefstandes.

**b) Kleinster Finger-Boden-Abstand im Sitzen**: Hier kommt es wieder auf die Übereinstimmung der beiden Seiten an. Will man mit den Meßwerten im Stehen vergleichen, so muß man zu den Meßwerten im Sitzen die Höhendifferenz der Sitzbeinhöcker im Stehen und Sitzen (oder die Differenz der Finger-Boden-Abstände ohne Seitneigen im Stehen und Sitzen) addieren. Man achte darauf, daß der Patient beim Seitneigen nicht eine Gesäßhälfte von der Sitzfläche abhebt!

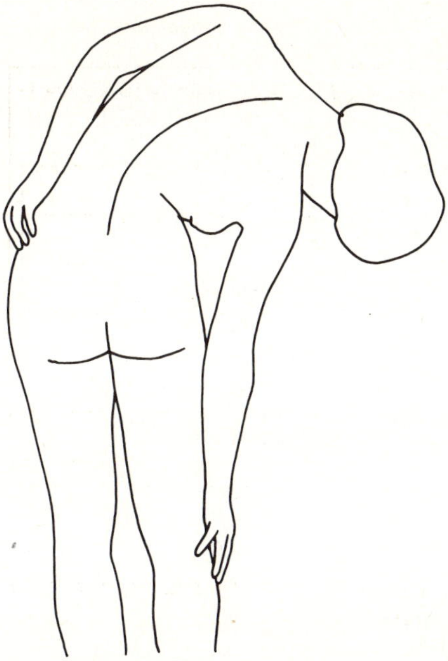

*Abb. 225. Seitneigen. Die Probandin versucht unbewußt, das Ergebnis durch eine leichte Rumpfdrehung mit Vorneigen zu verbessern*

c) **Kleinster Ohr-Schulter-Abstand**: Die Seitneigung in Halswirbelsäule und Kopfgelenken ist am einfachsten als Bewegung des Ohrs zur Schulter zu beschreiben. Kann man mit dem Ohr die gehobene Schulter berühren, so dürften sowohl die Seitneigung der Halswirbelsäule als auch das Heben des Schultergürtels im Brustbein-Schlüsselbein-Gelenk normal sein. Will man die Bewegung in den Schlüsselbeingelenken minimieren, so läßt man die Arme hinter dem Rücken verschränken. Man mißt nun den kleinsten Abstand des Ohrläppchens vom lateralen Ende des Schlüsselbeins (= höchster Punkt der Schulter). Wegen der individuell unterschiedlichen Schulterstellung beim Verschränken der Arme kommt es mehr auf den Seitenvergleich als auf die absoluten Meßwerte an. Die Meßwerte werden verfälscht, wenn der Proband den Kopf nicht nur zur Seite neigt, sondern auch noch dreht. Die Spitze des Kinns muß also immer nach vorn weisen!

**Protokoll 225. Streckenmaße beim Seitneigen (cm)**

| Kleinster Finger-Boden-Abstand ohne Seitneigen | L | R |
|---|---|---|
| A im Stehen | | |
| B im Sitzen | | |
| C Differenz (A - B) | | |
| Kleinster Finger-Boden-Abstand beim Seitneigen | | |
| D im Stehen ohne Beinlängenausgleich | | |
| E im Stehen nach Beinlängenausgleich | | |
| F im Sitzen | | |
| G Differenz (D - F) | | |
| Kontrolle: G ≈ C | j n | j n |
| Ohr berührt gehobene Schulter | j n | j n |
| Wenn nicht: Kleinster Ohr-Schulter-Abstand | | |
| Kleinster Ohr-Schulter-Abstand (Schulter Neutralnullstellung) | | |
| Seitneigung seitengleich (Rechts-links-Unterschiede < 2 cm) | j n ? | |

## Ü226 Seitneigewinkel feststellen

Die Winkel beim Seitneigen sind einfacher zu bestimmen als beim Vor- oder Rückneigen. Man braucht nur die Dornfortsätze zu markieren und kann dann nahezu zwischen einzelnen Segmenten die Winkel messen. Sofern die Wirbelsäule beim Seitneigen einen harmonisch geschwungenen Bogen bildet, wird man sich begnügen, die Winkel der großen Abschnitte zueinander zu ermitteln. Bei Knickbildungen sollte man zusätzlich den Winkel am Knick messen. Die Arbeit wird leichter, wenn man die in Ü222 empfohlenen Latten über Gruppen von Dornfortsätzen legt und die Winkel an den sich kreuzenden Latten ausmißt. Man prüfe, ob die im geraden Stand angebrachten Markierungen nach dem Seitneigen noch über den Dornfortsatzspitzen liegen oder sich Haut und Dornfortsätze nicht in gleichem Maße verschoben haben. Der Winkelmessung müssen natürlich immer die tatsächlichen Stellungen der Dornfortsätze zugrunde liegen!

**a) Gesamte Seitneigung einschließlich der Kopfgelenke**: Der Proband neigt sich maximal zur Seite und nähert den Kopf der Schulter. Man mißt den Winkel zwischen der Längsachse des Kreuzbeins (Crista sacralis mediana) und der longitudinalen Achse des Kopfes (Verlängerung der Pfeilnaht zum Hinterhauptloch). Da man kaum einen Winkelmesser zur Hand haben wird, dessen Arme vom Kopf bis zum Becken reichen, werden die Latten hierbei kaum zu entbehren sein. Sind die Beine gleich lang oder ist ein Beinlängenunterschied ausgeglichen (z.B. im Sitzen), so kann man annehmen, daß die Kreuzbein-Längsachse in der Vertikalen steht. Man spart dann eine Latte, wenn man den Probanden in die Nähe einer Wand (mit der Neigungsebene rechtwinklig zur Wand) setzt und den Winkel zwischen Kopf und Wand mißt.

**b) Anteile der einzelnen Abschnitte der Wirbelsäule**: Man markiere die Dornfortsätze $C_7$, $Th_1$ und $L_1$, lege je eine Latte als Tangente an $C_7$ und $Th_1$ bzw. $Th_{12}$ und $L_1$ an und kann nun die Gesamtneigung in drei Teilneigungen zerlegen:

- **Lendenwirbelsäule**: Winkel zwischen Längsachse des Kreuzbeins und der Verbindungslinie der markierten Dornfortsätze $Th_{12}$ und $L_1$,
- **Brustwirbelsäule**: Winkel zwischen den Verbindungslinien von $C_7$ und $Th_1$ sowie $Th_{12}$ und $L_1$,
- **Halswirbelsäule**: Winkel zwischen der Verbindungslinie von $C_7$ und $Th_1$ und der Längsachse des Kopfes.

Für die orthopädische Praxis ist die eben beschriebene eingehende Bewegungsanalyse zu zeitaufwendig. Man prüft die Seitneigung meist als Finger-Boden-Abstand oder mit einer vereinfachten Winkelmessung: Man markiert den siebenten Halswirbeldornfortsatz (Vertebra prominens) und das obere Ende des medianen Kreuzbeinkamms und mißt den Winkel zwischen der Verbindungslinie der beiden Punkte und der Vertikalen. Damit gewinnt man zwar schnell einen Meßwert, doch ist dieser recht willkürlich. Er ist kaum mit einem Winkel der anatomischen Methode zu vergleichen, wie das Protokoll 226 zeigen wird.

Protokoll 226. Winkelmaße beim Seitneigen (°)

| | R | L |
|---|---|---|
| A Gesamte Seitneigung | | |
| B Anteil der Lendenwirbelsäule | | |
| C Anteil der Brustwirbelsäule | | |
| D Anteil von Halswirbelsäule und Kopfgelenken | | |
| Kontrolle: B + C + D ≈ A | j n | j n |
| Vereinfachte orthopädische Methode | | |
| Seitneigung seitengleich (Rechts-links-Unterschiede bis zu 10°) | j n ? | |

## Ü227 Drehbewegung durch Streckenmaße kennzeichnen

**a) Drehen in Lendenwirbelsäule und unterster Brustwirbelsäule**: Wegen der Stellung der Gelenkfortsätze ist die Drehmöglichkeit in der Lendenwirbelsäule stark begrenzt. Trotzdem kann man den Brustkorb gegen das Becken etwas verdrehen. Diese Bewegung geht hauptsächlich im Bereich der freien Rippen vor sich. Ihr Ausmaß kann man quantifizieren, wenn man den Abstand zweier gut tastbarer Punkte am Becken und am Brustkorb bei maximalem Rechts- und Linksdrehen des Oberkörpers bestimmt. Am Becken ist der Bezugspunkt der Wahl der vordere obere Darmbeinstachel, am Brustkorb die Spitze der oberen freien Rippe (meist die elfte). Wegen der starken Verschieblichkeit der Bauchwand darf man hierbei nicht den Abstand der in einer Stellung markierten Hautpunkte, sondern muß beide Entfernungen unter direktem Tasten messen. Die Differenz ist ein Maß für die Bewegung im Bereich zwischen $Th_{11}$ und $S_1$.

- **Umrechnen der Streckenmaße in Winkelmaße**: Man kann die Zentimeterstrecke grob in Drehungsgrade umrechnen, wenn man durch den Bauchumfang teilt und mit 360 multipliziert. Man vernachlässigt dabei den Höhenunterschied zwischen Darmbeinstachel und Rippenspitze, doch ist dieser im Sitzen relativ gering. Die rechts und links bestimmten Differenzen müßten bei gesunder Wirbelsäule und sorgfältigem Messen identisch sein.

**b) Kleinster Nasen-Schulter-Abstand**: In Analogie zum Ohr-Schulter-Abstand bei der Seitneigung kann man die Drehbewegung in der Halswirbelsäule und den Kopfgelenken durch den Abstand der Nasenspitze vom lateralen Ende des Schlüsselbeins charakterisieren. Dabei sollte der Kopf weder nach vorn noch nach der Seite geneigt, sondern nur gedreht werden. Seitengleichheit ist wichtiger als die absoluten Meßwerte.

Protokoll 227. Streckenmaße beim Rumpfdrehen (cm)

Abstand des vorderen oberen Darmbeinstachels von der Spitze der gegenseitigen 11. Rippe: R vom rechten, L vom linken Darmbeinstachel

| | R | L |
|---|---|---|
| A bei maximaler Rechtsdrehung | | |
| B bei maximaler Linksdrehung | | |
| C Differenz (\|A - B\|) | | |
| D Bauchumfang | | |
| E Differenz in Prozent des Bauchumfangs | | |
| F Grobe Umrechnung in Grad (3,6E) | | |
| Kleinster Nasen-Schulter-Abstand | | |

## Ü228 Drehwinkel messen

**a) Gesamtdrehung des Körpers im Stehen mit geschlossenen Füßen**: Man mißt die Drehung des Kopfes aus der durch die geschlossenen Füße markierten Sagittalen nach rechts und links. Die Messung ist leichter, wenn der Proband vor einer Wand steht (Sagittale parallel oder rechtwinklig zur Wand) und man den Winkel der über der Pfeilnaht gehaltenen Orientierungslatte mit der Wand bestimmt. Ist der Proband größer als der Untersucher, so wird man nicht ohne Hilfsperson auskommen: Einer orientiert die Latte vorn an der Nasenspitze, der andere rückwärts am Hinterhaupthöcker. Nach dem Ablesen des Winkels prüfe man, ob der Proband mit den Füßen wirklich noch parallel oder rechtwinklig zur Wand steht und beide Füße fest dem Boden anliegen (die Drehung geht wesentlich weiter, wenn man ein Bein vom Boden abhebt). Die Gesamtdrehung sollte beim jungen Erwachsenen mindestens 180° betragen.

- **Anteil der unteren Gliedmaßen**: In die Gesamtdrehung gehen Rotationen in den Beingelenken ein. Ihren Anteil bestimmt man, indem man die Latte als Tangente über die beiden vorderen oberen Darmbeinstachel legt (Bauch einziehen!) und so die Drehung des Beckens über den Füßen mißt.
- **Anteil der Wirbelsäule einschließlich Kopfgelenken**: Differenz der beiden vorhergehenden Maße.

Protokoll 228. Winkelmaße beim Rumpfdrehen (°)

| | R | | L | |
|---|---|---|---|---|
| A Gesamtdrehung des Körpers im Stehen | | | | |
| B Anteil der unteren Gliedmaßen | | | | |
| C Anteil der Wirbelsäule (C = A - B) | | | | |
| D Gesamtdrehung des Körperstamms sitzend Becken festgehalten | | | | |
| Kontrolle: D ≈ C | j | n | j | n |
| E Drehung in HWS und Kopfgelenken | | | | |
| F Maximale Rumpfdrehung im Sitzen | | | | |
| G Drehung in BWS + LWS berechnet | | | | |
| H Drehung in BWS + LWS gemessen | | | | |
| I Anteil der Schultern an der Rumpfdrehung (I = F - H) | | | | |

**b) Gesamtdrehung des Körperstamms im Sitzen**: Beim sitzenden Probanden kann man die richtige Lage der Meßlatte über der Pfeilnaht besser beurteilen als im Stehen. Der Proband sitzt zweckmäßigerweise so vor einer Wand, daß die Sagittale des Körpers parallel oder rechtwinklig zur Wand steht. Eine Mitbewegung des Beckens ist auch im Sitzen nicht ausgeschlossen. Man erkennt sie ganz einfach daran, daß ein Knie vorgeschoben wird. Um das Mitdrehen des Beckens zu verhindern, sollte eine Hilfsperson das Becken des Probanden festhalten. Bei korrekter Messung muß der Meßwert mit dem vorhergehenden, bei stehendem Probanden ermittelten übereinstimmen.

- **Drehung in Halswirbelsäule und Kopfgelenken**: Der Proband sitzt auf einem Stuhl mit steiler Lehne oder auf einem Hocker vor einer Wand. Beide Schultern müssen fest der Wand bzw. der Lehne anliegen. In der Nullstellung steht die Pfeilnaht rechtwinklig zur Lehne oder Wand. Der Proband dreht nun den Kopf, ohne ihn gleichzeitig zu neigen. Der Untersucher muß meist die Kopfstellung des Probanden korrigieren, da Drehungen gewöhnlich mit Seitneigungen kombiniert werden. Die Latte wird über die Pfeilnaht gelegt.
- **Maximale Rumpfdrehung im Sitzen**: Man fordert den Probanden auf, die rechte Schulter maximal nach vorn, die linke maximal nach hinten zu drehen (bzw. umgekehrt). Dann legt man die Latte so an, daß sie über beiden Schulterecken steht. Man mißt den Winkel mit der Wand bzw. der Lehne.
- **Drehung in Brust- und Lendenwirbelsäule**: Die vorher gemessene Rumpfdrehung wird sehr stark von der Bewegung des Schultergürtels bestimmt. Um diese auszuschalten, muß man die Schultern fixieren, z.B. indem man die Schultern maximal zurücknehmen und die Arme hinter dem Rücken verschränken läßt. Man mißt wieder mit der Latte über den Schulterecken. Von diesem Rohwert ist noch die Drehung des Beckens abzuziehen. Der korrigierte Wert beträgt etwa 30° nach jeder Seite.

### Ü229 Wichtigste Meßwerte in der Schreibweise der Neutralnullmethode zusammenstellen

Die Meßwerte entnehme man aus den Protokollen der Übungen 222, 224, 226 und 228. Im Protokoll ist definiert, welches Maß jeweils zu verwenden ist. Man achte darauf, daß man rechts und links nicht vertausche!

Protokoll 229. Bewegungsumfänge der Wirbelsäule in der Schreibweise der Neutralnullmethode (°)

A Gesamte Wirbelsäule

| | | | |
|---|---|---|---|
| a) Rückneigen-Vorneigen | | | |
| b) Seitneigen L - R | | | |
| c) Drehen L - R | | | |

B Halswirbelsäule und Kopfgelenke

| | | | |
|---|---|---|---|
| a) Rückneigen-Vorneigen | | | |
| b) Seitneigen L - R | | | |
| c) Drehen L - R | | | |

C Brust- und Lendenwirbelsäule

| | | | |
|---|---|---|---|
| a) Rückneigen-Vorneigen | | | |
| b) Seitneigen L - R | | | |
| c) Drehen L - R | | | |

## 2.3 Wirbelkanal und Rückenmuskeln

### Ü231 Wahrscheinliches unteres Ende des Rückenmarks an der Haut bezeichnen, Rückenmark- und Wirbelsäulensegmente einander zuordnen

In frühen Entwicklungsstadien durchzieht das Rückenmark den gesamten Wirbelkanal. Dann wächst die Wirbelsäule rascher als das Rückenmark. Das Rückenmark bleibt in der Länge zurück. Da sein oberes Ende am Gehirn fixiert ist, muß sein unteres Ende "aufsteigen". Dieser "Aszensus" vollzieht sich in der frühen Fetalzeit zunächst schnell und wird dann immer langsamer. Beim Neugeborenen endet das Rückenmark etwa auf Höhe des zweiten Lendenwirbelkörpers, beim Erwachsenen auf Höhe der Zwischenwirbelscheibe zwischen $L_1$ und $L_2$ (Streubreite 1½ Wirbel nach oben und unten).

Die Verschiebung zwischen Rückenmark und Wirbelsäule ist im Halsbereich gering, da acht

Halssegmente des Rückenmarks auf sieben Halssegmente der Wirbelsäule zu verteilen sind (der erste Halsnerv liegt zwischen Hinterhauptbein und Atlas, der achte Halsnerv zwischen siebentem Halswirbel und erstem Brustwirbel). Die Segmente $Th_1$ stimmen bei Rückenmark und Wirbelsäule überein. Dann wird die Verschiebung progressiv (Abb. 231):

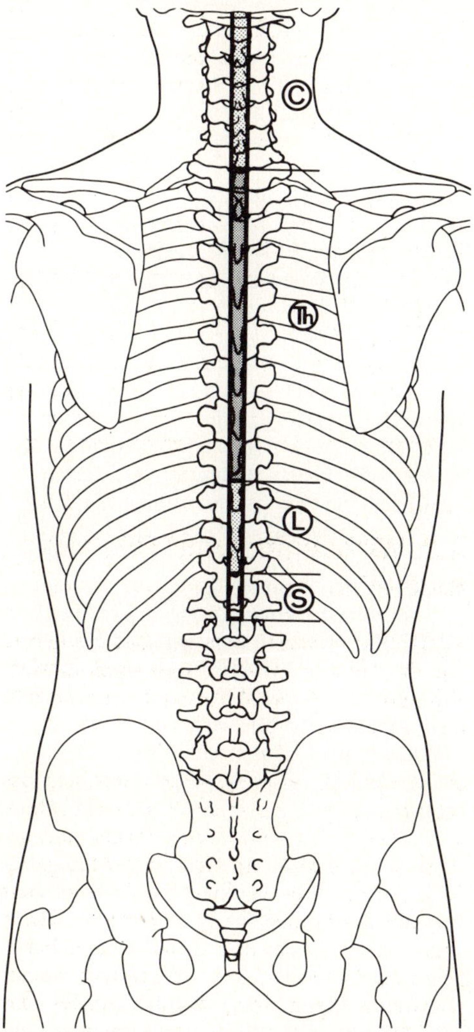


*Abb. 231. Segmente der Wirbelsäule und des Rückenmarks beim Erwachsenen*

Vierter Brustwirbel und fünftes Brustmarksegment, neunter Brustwirbel und zwölftes Brustmarksegment liegen hintereinander. Das Lendenmark findet man hinter dem zehnten und elften Brustwirbelkörper, das Sakralmark hinter dem zwölften Brust- und dem ersten Lendenwirbelkörper. Bei diesen Angaben beachte man, daß die an der Haut markierten Spitzen der Dornfortsätze im mittleren Brustbereich etwa ein Segment tiefer stehen als die Wirbelkörper, also der achte Dornfortsatz auf Höhe des neunten Wirbelkörpers!

Der Wirbelkanal wird unterhalb von $L_1/L_2$ von den zu ihren Austrittsstellen absteigenden Wurzeln der Spinalnerven $L_2$ bis Co ausgefüllt. Die im Durasack dicht nebeneinanderliegenden Nervenwurzeln erinnern an einen Pferdeschweif (Cauda equina).

Protokoll 231. Länge von Rückenmark und Wirbelkanal (cm): vom Hinterhauptvorsprung zur Grenze L1/L2 bzw. zur Öffnung des Kreuzbeinkanals

| | |
|---|---|
| A Rückenmark | |
| B Wirbelkanal | |
| C Das Rückenmark füllt wieviel % des Wirbelkanals? | |

## Ü232 Unteres Ende des Durasacks an der Haut angeben

Die harte Rückenmarkhaut (Dura mater spinalis) reicht weiter kaudal als das Rückenmark. Der Durasack endet erst im Kreuzbeinkanal, etwa auf Höhe des Wirbelsegments $S_2$ (Abb. 232). Da die Spinnwebenhaut dem Durasack eng anliegt, reicht auch der Subarachnoidealraum (Liquorraum) bis in den Kreuzbeinkanal. Unterhalb des Endes des Durasacks gehört der gesamte Kreuzbeinkanal zum Epiduralraum. Das zweite Kreuzbeinsegment findet man leicht in der Verbindungslinie der seitlichen Eckpunkte der Lendenraute (Ü215).

Protokoll 232. Länge des Durasacks bzw. des Hirnwasserraums (cm): vom Hinterhauptvorsprung zur Verbindungslinie der seitlichen Eckpunkte der Lendenraute

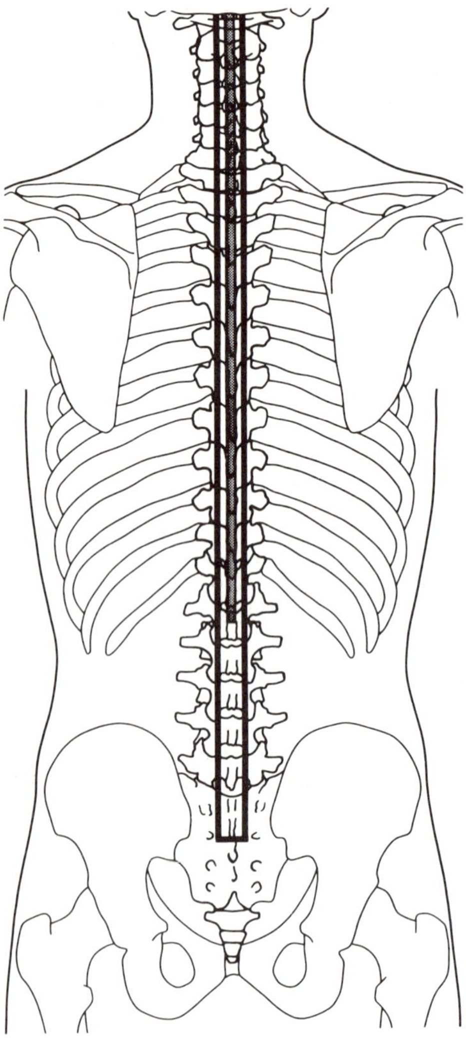

*Abb. 232. Länge des Durasacks beim Erwachsenen*

### Ü233 Rückenmarkhäute spannen und entspannen

Die harte Rückenmarkhaut (Dura mater spinalis) umhüllt als zugfester Sack (ähnlich dem Herzbeutel) das Rückenmark mit seinem Liquorraum. Das Rückenmark ist im Durasack verschieblich, der Durasack seinerseits innerhalb des Wirbelkanals. Er ist nicht straff mit der Knochenhaut des Wirbelkanals verbunden, sondern federnd aufgehängt. Seine Befestigungsstellen sind

- das große Hinterhauptloch (Foramen magnum): Dort vereinigt sich die harte Rückenmarkhaut mit der Knochenhaut des Hinterhauptbeins, um dann in der gesamten Schädelhöhle eine einheitliche Schicht, die harte Hirnhaut (Dura mater encephali), zu bilden.
- die Zwischenwirbellöcher: Hier geht die harte Rückenmarkhaut in die äußeren Nervenscheiden der Segmentnerven über.

Der Durasack wird gedehnt durch

- Zug an den unteren Nerven: Nerven sind nur wenig dehnbar. Ihre Längen sind auf den üblichen Bedarf abgestimmt. In bestimmten extremen Stellungen der Gliedmaßengelenke reicht ihre Länge nicht aus. Sie ziehen dann Rückenmarkhäute und Rückenmark etwas nach unten, um zusätzliche Länge zu gewinnen. Der praktisch wichtigste Fall ist die Dehnung des N. ischiadicus, wenn man das im Kniegelenk gestreckte Bein im Hüftgelenk beugt. Da der N. ischiadicus über die Streckseite des Hüftgelenks und die Beugeseite des Kniegelenks verläuft, wird er bei dieser im praktischen Leben nur selten benötigten Kombination der Gelenkstellungen stark gespannt (gleichzeitig mit den ischiokruralen Muskeln).
- Verlängerung des Wirbelkanals: Die Länge des Wirbelkanals ist nicht konstant, sondern hängt von den Krümmungen der Wirbelsäule ab. Bei jedem Vorwärtsneigen (Inklination) werden die Abstände zwischen den Wirbelbogen vergrößert, bei jedem Rückwärtsneigen (Reklination) verkleinert. Der Wirbelkanal wird daher bei kyphosierenden Bewegungen verlängert, bei lordosierenden verkürzt. Dementsprechend wird der Durasack gespannt oder entspannt.

**Praktische Bedeutung**: Bei einer **Meningitis** (Hirnhaut- und Rückenmarkhautentzündung) sind die Schmerzen geringer, wenn die Hirn- und Rückenmarkhäute entspannt sind. Der Patient findet selbst in Kürze die Stellung mit der stärksten Entspannung der Rückenmarkhäute heraus und nimmt diese ein. Man kann die Verdachtsdiagnose "Meningitis" auf den ersten Blick stellen, wenn der Patient in folgender Stellung angetroffen wird:

- Opisthotonus: Kopf nach rückwärts geneigt, ganze Wirbelsäule nach hinten gebogen (Hyperlordosierung im Hals- und Lendenbereich, Abflachung der Brustkyphose).

- Beine in Hüft- und Kniegelenk gebeugt, Füße plantarflektiert.

Die Diagnose "Meningitis" wird bestätigt, wenn man mit entgegengesetzten Bewegungen (Dehnung des Durasacks) Schmerzen auslöst. Traditionell prüft man folgende Zeichen:

- **Nackensteife**: Der Kopf läßt sich beim Gesunden nach vorne neigen, bis das Kinn das Brustbein berührt. Bei Meningitis ist dies nicht möglich, weil der Patient starke Schmerzen verspürt und sich die Nackenmuskeln deswegen schützend zusammenziehen ("Abwehrspannung"). Eine nur schwache Abwehrreaktion nennt man Meningismus.
- **Brudzinski-Zeichen**: Richtet man den auf dem Rücken liegenden Patienten auf, oder neigt man seinen Kopf nach vorn, so zieht er automatisch die Beine an (Beugung in Hüft- und Kniegelenk).
- **Kernig-Zeichen**: Hebt man die im Kniegelenk gestrecken Beine des Patienten an (Beugung im Hüftgelenk), so beugt der Patient automatisch im Kniegelenk.
- **Lasègue-Zeichen**: Verhindert man bei der vorhergehenden Übung die Entspannung durch das Beugen der Kniegelenke, so treten Schmerzen im Verlauf des N. ischiadicus auf. Man notiert den Anteversionswinkel, bis zu dem das gestreckte Bein schmerzfrei gehoben werden kann.
- **Bragard-Handgriff**: Ist beim Prüfen des Lasègue-Zeichens die Schmerzgrenze erreicht, so wird durch ruckartige Dorsalflexion eines Fußes der Schmerz verstärkt.

Protokoll 233. Rückenmarkhäute

| | R | | | L | | |
|---|---|---|---|---|---|---|
| Brudzinski-Zeichen | j | n | ? | j | n | ? |
| Kernig-Zeichen | j | n | ? | j | n | ? |
| Lasègue-Zeichen ° | | | | | | |
| Bragard-Handgriff | j | n | ? | j | n | ? |
| Nackensteife | | | j | n | ? | |

Die drei letztgenannten Zeichen dienen nicht nur dem Nachweis einer Meningitis, sondern auch von Erkrankungen des N. ischiadicus. Besteht keine Nackensteife, und sind diese Zeichen nur auf einer Seite positiv, so liegt statt einer Meningitis ein Reizzustand des N. ischiadicus ("Ischias"), z.B. aufgrund einer Nervenentzündung (Neuritis) oder eines Bandscheibenvorfalls, nahe.

## Ü234 Methoden der Lumbalpunktion und der Epiduralanästhesie sich veranschaulichen

**a) Lumbalpunktion**

= Einstich in den Subarachnoidealraum im Lendenbereich, um Hirnwasser (Liquor cerebrospinalis) zu gewinnen. Da das Rückenmark beim Erwachsenen auf Höhe der Wirbel $L_1$ bis $L_2$ endet (Extremfälle $L_3$), kann man unterhalb von $L_3$ eine Kanüle in den Liquorraum einstechen, ohne dabei das Rückenmark zu gefährden (die Wurzeln der Cauda equina weichen der Nadel aus).

Der Eingriff wird am besten beim sitzenden und vorgeneigten Patienten vorgenommen. Durch die Vorneigung wird die Lendenlordose abgeflacht, die Dornfortsätze weichen auseinander. Dadurch wird der Einstich einer Nadel zwischen den Dornfortsätzen $L_3$ und $L_4$ oder $L_4$ und $L_5$ erleichtert (Abb. 234a). Den vierten Lendenwirbelfortsatz findet man am einfachsten auf einer Verbindungslinie der beiden Darmbeinkämme.

Die (lange) Kanüle wird dann genau median durch den Bandapparat (Lig. supraspinale, Lig. interspinale, Lig. flavum) gestoßen. Tritt die Nadel aus den Bändern in den Epiduralraum ein, so wird der Widerstand wesentlich geringer. Man darf die Nadel dann nur noch etwa 1 cm durch die harte Rückenmarkhaut und die Spinnwebenhaut vorschieben, damit sie nicht den Liquorraum vorn verläßt und in die Zwischenwirbelscheibe eindringt. Die Lage der Nadel ist korrekt, wenn Liquor abtropft.

Durch das Vorneigen des Patienten wird der Durasack gespannt und in den Lordosen etwas dorsalwärts verlagert. Dadurch wird das dorsale Venengeflecht zusammengepreßt und somit die Wahrscheinlichkeit der Verunreinigung der Kanüle durch Blut vermindert. Wichtig ist die genau mediane Nadelführung.

Schon bei leichtem Abweichen kann die Nadel den Hirnwasserraum seitlich verfehlen.

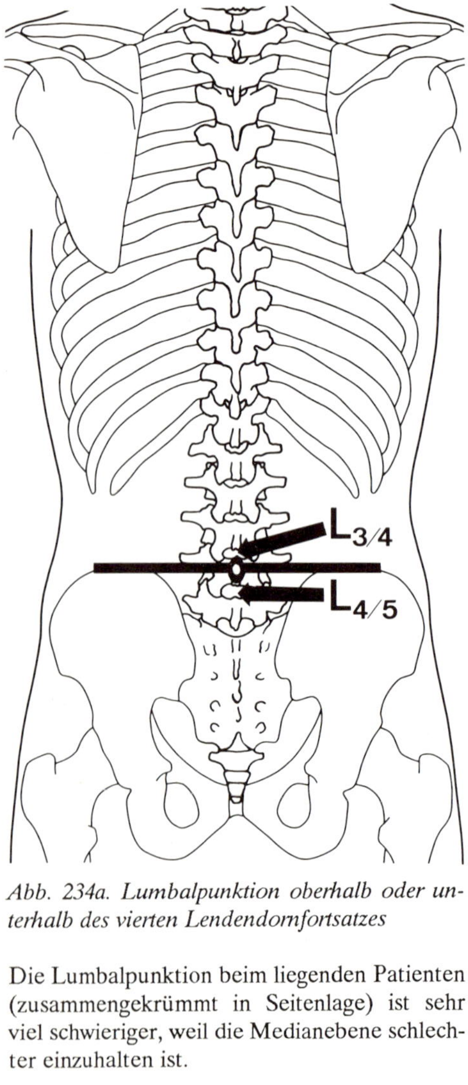


*Abb. 234a. Lumbalpunktion oberhalb oder unterhalb des vierten Lendendornfortsatzes*

Die Lumbalpunktion beim liegenden Patienten (zusammengekrümmt in Seitenlage) ist sehr viel schwieriger, weil die Medianebene schlechter einzuhalten ist.

Die Lumbalpunktion wird nicht nur zu diagnostischen Zwecken (Untersuchung des Liquors), sondern auch zur Leitungsbetäubung vorgenommen (Spinalanästhesie). Man spritzt dabei ein Lokalanästhetikum von höherer Dichte in den Liquor ein. Das schwere Anästhetikum sinkt im Liquor nach unten. Je nach der Körperhaltung des Patienten wird es sich am unteren Ende des Durasacks (aufgerichteter Patient) oder, mit zunehmender Schräglage des Patienten, weiter oben ansammeln (tiefer, mittlerer und oberer Spinalblock). Nach einer Viertelstunde ist das Anästhetikum fest an die Nervenwurzeln gebunden, und der Patient kann nun in die für die Operation günstigste Position gebracht werden.

**b) Epiduralanästhesie** (Periduralanästhesie) = Leitungsanästhesie an den Nervenwurzeln im Epiduralraum. Da der gesamte Kreuzbeinkanal kaudal von $S_2$ zum Epiduralraum gehört, kann man hier die Nervensegmente $S_3$ bis Co sehr leicht ausschalten. Der Einstich wird durch die untere Öffnung des Kreuzbeinkanals (Hiatus sacralis) vorgenommen, die man unschwer durch die Haut tasten kann (Abb. 234b und c). Das Anästhetikum wird dann im Kreuzbeinkanal bis auf Höhe von $S_3$ verteilt. Keinesfalls darf man die Nadel weiter kranialwärts schieben: Es könnte sonst der Durasack punktiert werden und Anästhetikum in den Liquorraum gelangen (Ausdehnung der Anästhesie auf weitere Körperbereiche, Gefahr der Atemlähmung, wenn Aufstieg zum Hals!).

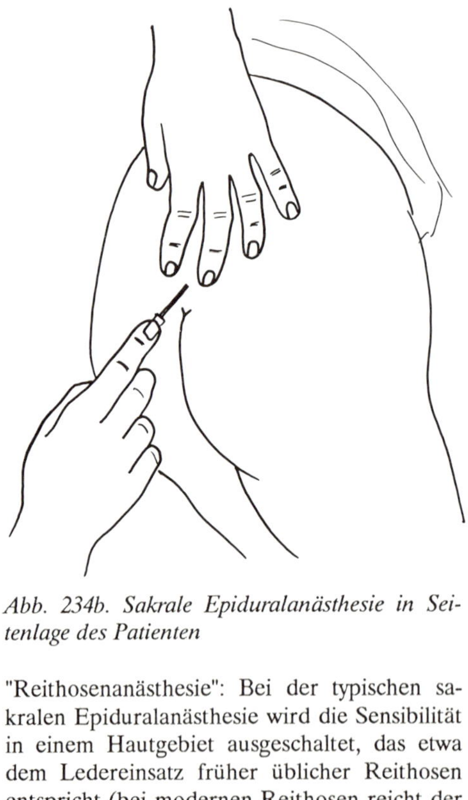

*Abb. 234b. Sakrale Epiduralanästhesie in Seitenlage des Patienten*

"Reithosenanästhesie": Bei der typischen sakralen Epiduralanästhesie wird die Sensibilität in einem Hautgebiet ausgeschaltet, das etwa dem Ledereinsatz früher üblicher Reithosen entspricht (bei modernen Reithosen reicht der Ledereinsatz bis unter das Knie). Die Epiduralanästhesie eignet sich daher besonders für

Eingriffe an den Geschlechtsorganen und am After.

Der geübte Anästhesist kann den Epiduralraum auch in anderen Bereichen der Wirbelsäule mit Anästhetikum infiltrieren. Die Gefahr der versehentlichen Punktion des Liquorraums ist dabei groß. Dann wird aus der Epidural- eine Spinalanästhesie. Dies ist deshalb bedenklich, weil für die Epiduralanästhesie etwa zehnfach höhere Dosen des Lokalanästhetikums eingespritzt werden als für die Spinalanästhesie. Deshalb müssen Geräte für die künstliche Beatmung des Patienten bereitstehen.

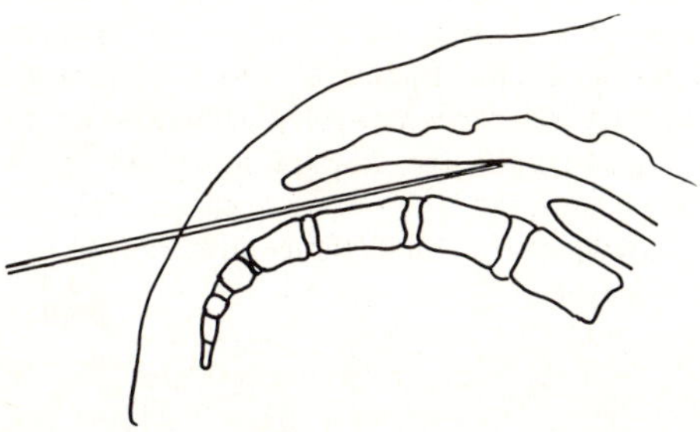

*Abb. 234c. Lage der Injektionsnadel im Kreuzbeinkanal*

### Ü235 Kraft der die Wirbelsäule bewegenden Muskeln prüfen

An den Bewegungen der Wirbelsäule ist außer der Schwerkraft eine Vielzahl von Muskeln beteiligt. Die wichtigsten sind:

- Vorneigen: vordere Bauch- und Halsmuskeln,
- Rückneigen: tiefe Rückenstrecker (Wirbelsäulenaufrichter),
- Seitneigen: seitliche Bauchmuskeln, seitliche Anteile der tiefen Rückenstrecker (M. iliocostalis),
- Drehen: schräge Bauchmuskeln, schräge Anteile der tiefen Rückenstrecker (M. multifidus).

Die genannten Muskelgruppen werden unterstützt durch obere Gürtelmuskeln (z.B. Trapezmuskel) und vor allem die Muskeln des Hüftgelenks, die das Becken stabilisieren und damit die Voraussetzungen für die Arbeit der am Becken entspringenden Bauchmuskeln und tiefen Rückenstrecker schaffen. Muskeln in diesem großen Gefüge sind kaum isoliert zu prüfen. Man muß sich mit einer globalen Beurteilung der Hauptbewegungen begnügen:

a) **Rückneigen** (Reklination): Der Proband liegt auf dem Bauch und verschränkt die Hände hinter dem Kopf. Er wird aufgefordert, den Oberkörper soweit wie möglich von der Unterlage abzuheben. Dabei muß der Untersucher die Unterschenkel des Probanden festhalten, damit dieser das Becken als Ausgangspunkt der Bewegung fixieren kann. Ohne diese Hilfe können wegen der Gewichtsverteilung (Körperschwerpunkt im Bauchbereich) nur Kopf und Beine gehoben werden. Bewertung (vgl. Ü123):

- 100 %: weite Reklination, auch die Bauchwand wird von der Unterlage etwas entfernt.
- 75 %: wie vorher, jedoch nicht mit hinter dem Kopf, sondern nur mit hinter dem Rücken verschränkten Armen möglich.
- 50 %: Armstellung wie bei 75 %, der Oberkörper kann jedoch nur wenig gehoben werden (so daß sich der Schwertfortsatz etwas von der Unterlage abhebt).

Irrtumsmöglichkeit: Bei einer Schwäche der Hüftstrecker kann das Becken nicht fixiert werden. Dann wird ein Gutteil der Arbeit der Rückenstrecker durch eine Beckendrehung verbraucht. Der Bauch kann nicht von der Unterlage entfernt werden. Im Zweifelsfall ist die Kraft der Hüftstrecker zu prüfen (Ü923).

Erleichterte Untersuchung: Der Proband greift mit den Händen die Unterschenkel (Abb. 235). Die Kniestrecker unterstützen dann die Aufrichtung.

b) **Seitneigen** (Lateralflexion): Bei der Bewegung nach rechts liegt der Patient auf der linken Seite. Der rechte Arm ist gestreckt der rechten Körperseite angelegt. Die rechte Hand ist zur Faust geschlossen, damit sie nicht den Oberschenkel fassen und den Oberkörper hochziehen kann. Damit der linke Arm den Körper nicht abstützen kann, faßt die linke Hand die rechte Schulter. Der Proband wird nun aufgefordert, den Oberkörper so weit wie möglich von der Unterlage abzuheben. Wegen des Gleichgewichts muß der Untersucher das oben liegende (rechte) Bein festhalten. Er darf dabei jedoch eine Verschiebung dieses Beins

nach unten (als Folge einer Beckenneigung nach rechts) nicht verhindern, weil sonst die Bewegung des Oberkörpers eingeschränkt ist.
Bewertung:

- 100 %: Der Oberkörper kann weit von der Unterlage abgehoben werden.
- 75 %: Die unten liegende Schulter wird etwa 10 cm angehoben.
- 50 %: Die unten liegende Schulter wird etwas von der Unterlage entfernt.

*Abb. 235. Unterstützung der Rückneigung durch die Kniestrecker*

Irrtumsmöglichkeit: Bei einer Schwäche der Hüftabspreizer (z.B. bei angeborener Hüftgelenkverrenkung) kann das Becken nicht fixiert werden. Dann wird ein Teil der Arbeit der seitlichen Bauchmuskeln für das Anheben der oben liegenden Beckenseite verbraucht. Im Zweifelsfall ist die Kraft der Hüftabspreizer zu prüfen (Ü923).

Besondere Beobachtung: Bei ungleicher Kraft der äußeren und inneren schrägen Bauchmuskeln wird der Oberkörper beim Abheben nach vorn oder hinten gedreht.

Protokoll 235. Muskelkraft (%) für Wirbelsäulenbewegungen

| | | | | | |
|---|---|---|---|---|---|
| Rückneigen | 0 | 25 | 50 | 75 | 100 |
| Seitneigen rechts | 0 | 25 | 50 | 75 | 100 |
| Seitneigen links | 0 | 25 | 50 | 75 | 100 |

c) **Vorneigen** (Inklination): siehe Bauchmuskeln (Ü273).

## 2.4 Brustkorb

### Ü241 Brustkorb als Ganzes beurteilen

Der Brustkorb ("Brustkasten", Thorax) versteift die Brustwand, um den in der Brusthöhle für die Einatmung nötigen Unterdruck erzeugen zu können. Bevor man sich mit den 25 Bauelementen (Brustbein + 2mal 12 Rippen) im einzelnen befaßt, sollte man die Gesamtform studieren.

- **Symmetrie**: Trotz der Asymmetrie der vom Brustkorb umschlossenen Organe ist der Brustkorb einigermaßen symmetrisch gebaut. Asymmetrie des Brustkorbs ist in der Regel Folge einer früheren Erkrankung, z.B. Vorwölbung von Rippen durch Flüssigkeitsansammlungen im Brustfellraum (Pleuraerguß, Eiterungen) oder einseitige Wachstumsstörung infolge Erkrankung des Nervensystems (z.B. Kinderlähmung).
- **Trichterbrust** (Pectus excavatum): Bei dieser Entwicklungsstörung ist der untere Abschnitt des Brustbeins und damit der mittlere Teil des Brustkorbs trichterartig eingezogen. In Rückenlage kann man das Ausmaß der Trichterbrust leicht quantifizieren: Man füllt in den "Trichter" Wasser aus einem Meßzylinder bis zum Überlaufen über die Brustwand ein und hat so ganz einfach das Volumen des Trichters bestimmt. Voraussetzung ist allerdings, daß der Proband die Bauchwand nicht einzieht, da sonst die Flüssigkeit über die Bauchwand abläuft. Bei ausgeprägter Trichterbrust ist das Herz nach links verlagert. Dies kann Herz- und Lungentätigkeit beeinträchtigen.
- **Kielbrust** ("Hühnerbrust", Pectus carinatum, Pectus gallinaceum): Das Brustbein springt kielartig vor. Die Ursache kann wie bei der Trichterbrust eine frühkindliche Rachitis (Vitamin-D-Mangel) oder eine angeborene Entwicklungsstörung sein. Da Entwicklungsstörungen selten isoliert vorkommen, sollte man bei Vorliegen einer Hühner- oder Trichterbrust sorgfältig nach weiteren Mißbildungen fahnden.
- **Brustumfang**: Der Brustumfang ist nicht nur von der Körperlänge, sondern auch vom Konstitutionstyp abhängig. Zu diesem Zweck mißt man mit dem Bandmaß den Brustumfang bei ruhiger Atmung und herabhängenden Armen beim Mann auf Höhe der Brustwarzen, bei der Frau oberhalb der Brustdrüse (Abb. 241). Das

Bandmaß soll dabei horizontal um den Brustkorb laufen. Der Brustumfang wird zur Körperlänge in Beziehung gesetzt (Tab. 241a).

Tab. 241a. Brustumfang

$$\text{Relativer Brustumfang (\%)} = \frac{\text{Brustumfang (cm)}}{\text{Körperlänge (cm)}} \cdot 100$$

$$\text{Quadratischer Brustumfangindex (cm)} = \frac{(\text{Brustumfang})^2\ (\text{cm}^2)}{\text{Körperlänge (cm)}}$$

Nach dem Verhältnis kann man drei Konstitutionstypen unterscheiden (Tab. 241b).

Tab. 241b. Brüstigkeit

| | Relativer Brustumfang | Quadratischer Index |
|---|---|---|
| Engbrüstig | < 51 | < 43,5 |
| Normalbrüstig | 51-56 | 43,5-49,9 |
| Weitbrüstig | > 56 | > 49,9 |

▪ **Untere Brustkorböffnung** (Apertura thoracis inferior): Sie wird vom Schwertfortsatz des Brustbeins, von den Rippenbogen sowie von den elften und zwölften Rippen umgrenzt. Während die enge obere Brustkorböffnung in der Tiefe des Halses verborgen bleibt, liegen die Ränder der weiten unteren Brustkorböffnung nahe der Körperoberfläche. Obwohl sie von Muskeln überquert werden, ist lediglich der mediale Teil der zwölften Rippe schlecht zugänglich. Über diesen ziehen die mächtigen tiefen Rückenstreckmuskeln. Die übrigen Ränder werden lediglich von den relativ dünnen Bauchmuskeln (M. rectus abdominis, M. obliquus externus abdominis) bedeckt. Man markiere die Ränder der unteren Brustkorböffnung an der Haut. Sie stehen vorn in der Mitte am höchsten, fallen zur Seite hin ab und steigen rückwärts wieder gering an. Die untere Brustkorböffnung umschließt Bauch- und nicht Brustorgane!

▪ **Rippenbogenwinkel** (Angulus infrasternalis): Die Knorpelabschnitte der siebenten bis zehnten Rippe verschmelzen zum Rippenbogen (Arcus costalis). Die beiden Rippenbogen werden in der Körpermitte durch das untere Ende des Brustbeinkörpers getrennt. Je nach Brustkorbform ist der Winkel, den die beiden Rippenbogen miteinander bilden, spitz (Engbrüstiger) oder stumpf (Weitbrüstiger). Diesen "Rippenbogenwinkel" kann man nicht im mathematischen Sinn exakt messen, da die Rippenbogen nicht gerade, sondern gebogen sind. Man messe daher nur den Winkel der brustbeinnahen Abschnitte der Rippenbogen mit dem Winkelmesser.

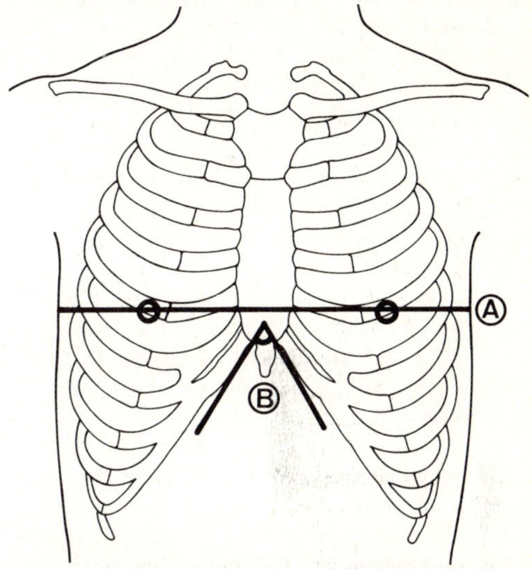


*Abb. 241. Brustkorb beurteilen: A Brustumfang, B Rippenbogenwinkel*

Protokoll 241. Brustkorb

| | | | |
|---|---|---|---|
| Brustkorb symmetrisch | j | n | ? |
| Trichterbrust | j | n | ? |
| Kielbrust | j | n | ? |

| | |
|---|---|
| Brustumfang (cm) | |
| Relativer Brustumfang (%) | |
| Quadratischer Brustumfangindex | |
| Rippenbogenwinkel = infrasternaler Winkel (°) | |

## Ü242 Brustbein tasten und messen

Streicht man mit sanftem Druck in der vorderen Körpermittellinie vom Hals zur Bauchwand, so fühlt man selbst beim Fettleibigen ohne Schwierigkeit das Brustbein (Sternum) unter der Haut. Auch bei starken großen Brustmuskeln bleibt die Mittellinie meist frei. Nur selten sind die Ursprünge des rechten und linken großen Brustmuskels so ineinander verzahnt, daß die gesamte Vorderfläche des Brustbeins mit Muskeln bedeckt erscheint. Beim Tasten lassen sich die drei Teile des Brustbeins meist ohne Schwierigkeit abgrenzen (Abb. 242):

- **Handgriff** (Manubrium sterni): Den Oberrand findet man in der "Drosselgrube" zwischen den inneren Enden der Schlüsselbeine. Die Grenze zum Brustbeinkörper ist durch den Brustbeinwinkel (Angulus sterni) gekennzeichnet. Der Handgriff liegt meist nicht in der gleichen Ebene wie der Brustbeinkörper, sondern ist nach hinten abgewinkelt. Schon bei sanftem Streichen über die Haut vor dem Brustbein fühlt man den Knick. Zudem entsteht hier bei der Verknöcherung der Fuge (Symphysis manubriosternalis) häufig eine quere Knochenleiste, die den Brustbeinwinkel noch betont. Auf der Höhe des Brustbeinwinkels setzen die zweiten Rippen am Brustbein an. Da der Brustbeinwinkel meist leicht zu finden ist, kann man auch die zweiten Rippen einfach und sicher zuordnen. Deshalb zählt man die oberen Rippen am besten von den zweiten Rippen aus (Ü244). Der Brustbeinwinkel wird auch Louis-Winkel (Angulus Ludovici, nach Pierre Louis, 1787-1872, Paris) genannt.
- **Schwertfortsatz** (Processus xiphoideus): Das schmale untere Ende des Brustbeins ist frei von Rippenansätzen und ragt zwischen den beiden Rippenbogen schwertartig in die "Magengrube" (Epigastrium) der Bauchwand. Beim Jugendlichen und beim jungen Erwachsenen ist es durch eine Knorpelfuge (Synchondrosis xiphisternalis) mit dem Brustbeinkörper beweglich verbunden. Man prüfe daher mit sanftem Druck das Federn des Schwertfortsatzes. Der Schwertfortsatz vermag sich so der Form der Bauchwand anzupassen. Nach der Verknöcherung der Fuge behält er die Richtung, die die Bauchwand zur Zeit der Verknöcherung bevorzugt einnahm. Ist die Spitze nach vorn gerichtet und wölbt sie beim stehenden Probanden die Bauchwand vor, so kann man daraus schließen, daß der Proband zum Zeitpunkt der Verknöcherung dick war oder überwiegend saß (im Sitzen wird der Bauchraum zusammengepreßt und dementsprechend die Bauchwand nach vorn gewölbt). Die Form des Schwertfortsatzes variiert stark.
- **Brustbeinkörper** (Corpus sterni): Das Hauptstück des Brustbeins zwischen Handgriff und Schwertfortsatz ist unten meist etwas breiter als oben. Da die Zwischenrippenräume von oben nach unten enger werden, ist der Seitenrand auf Höhe des zweiten Zwischenrippenraums gut, auf Höhe des fünften Zwischenrippenraums nicht immer sicher festzulegen. Als Varietät kann man gelegentlich ein zentrales Loch im Brustbeinkörper tasten.

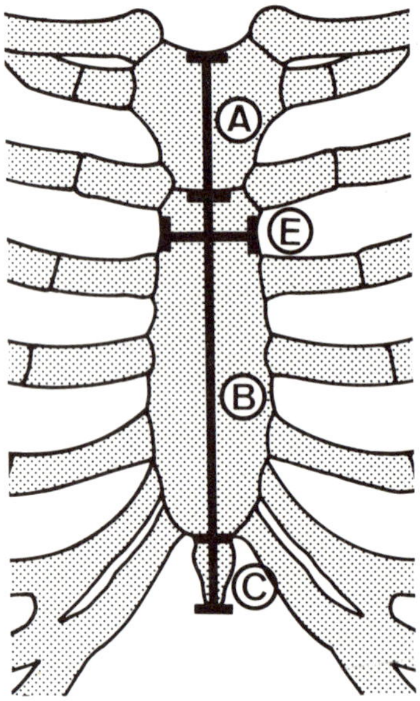


*Abb. 242. Brustbeinmaße: A Länge des Brustbeinhandgriffs, B Länge des Brustbeinkörpers, C Länge des Schwertfortsatzes, D Gesamtlänge des Brustbeins (A + B + C), E Breite des Brustbeinkörpers auf Höhe des zweiten Zwischenrippenraums*

Protokoll 242. Meßwerte am Brustbein (cm)

| | |
|---|---|
| Kleinste Länge des Handgriffs | |
| Länge des Brustbeinkörpers | |
| Größte Länge des Schwertfortsatzes | |
| Gesamtlänge des Brustbeins | |
| Breite auf Höhe des 2. Zwischenrippenraums | |

## Ü243 Anatomische Aspekte der Sternalpunktion erörtern

Die Untersuchung des blutbildenden Gewebes ist für die Differentialdiagnose und die Beurteilung des Therapieerfolgs bei vielen Erkrankungen des Blutes wichtig. Die Bildung der Blutzellen (Hämozytopoese) geht beim Erwachsenen normalerweise nur im roten Knochenmark (Medulla ossium rubra) vor sich. Hämopoetisches Gewebe ist daher nur über eine Knochenmarkpunktion zu gewinnen. Bei der Auswahl einer Knochenstelle ist folgendes zu berücksichtigen:

- An ihr soll rotes Knochenmark zu finden sein. Dadurch scheiden die Schäfte der Röhrenknochen aus. Es bleiben die kurzen und platten Knochen sowie die Epiphysen der Röhrenknochen übrig.
- Sie darf mechanisch nicht zu stark beansprucht sein. Die punktionsbedingte Schädigung der Knochenstruktur könnte sonst einen Knochenbruch begünstigen. Dies ist vor allem bei kleinen Knochen zu beachten. Damit scheiden die Epiphysen der Röhrenknochen, die Wirbel sowie die Hand- und Fußwurzelknochen aus. Auch bei den Rippen könnte die Punktion zum Bruch führen.
- Sie sollte unmittelbar unter der Haut liegen, und die Knochenrindenschicht (Substantia corticalis) sollte nicht zu dick sein, damit man leicht punktieren kann. Wegen der schlechten Zugänglichkeit scheiden große Teile des Hüftbeins und des Schulterblattes aus. Am Schädeldach ist die Lamina externa recht widerstandsfähig und zudem die Diploe unterschiedlich dick. Die Knochen des Gesichts werden von psychologischen Barrieren geschützt. An den zugänglichen Teilen des Schulterblatts ist wegen der dünnen Markschicht die Punktion nicht sehr ergiebig. Damit bleiben eigentlich nur noch zwei Stellen übrig, das Brustbein und der Darmbeinkamm.

**Vorgehen bei der Sternalpunktion:**

- Wahl der Punktionsstelle: Nicht alle Bereiche des Brustbeins sind gleich gut für die Punktion geeignet. Das Brustbein entsteht durch Verschmelzen der paarigen Sternalleisten, die wiederum aus der Vereinigung der vordersten Rippenabschnitte hervorgehen. Das Brustbein ist also segmental und paarig angelegt. Bei unvollständiger Verschmelzung können Knochendefekte in Form von zentralen Löchern oder quer durchlaufenden Knorpelfugen bestehen bleiben. Solche an sich belanglose Varietäten können bei Nichtbeachtung während der Sternalpunktion für den Patienten gefährlich werden. Man sollte sich daher anhand des Röntgenbildes oder zumindest durch sorgfältiges Abtasten vom Fehlen solcher Defekte überzeugen oder sie sicher lokalisieren. Da quere Knorpelfugen meist auf der Höhe von Rippenansätzen liegen, sollte man die Höhe der Zwischenrippenräume für die Punktion bevorzugen (vor allem zweiter und dritter Zwischenrippenraum, bei Kleinkindern Manubrium sterni).
- Lokalanästhesie bis zur Knochenhaut.
- Nach einer Stichinzision schiebt man die spezielle Knochenmark-Punktionsnadel bis zum Knochenkontakt vor, dann stellt man die Arretierungsplatte auf etwa 4 mm ein und durchdringt die Rindenschicht des Knochens unter leichten Drehbewegungen der Punktionsnadel. Die Arretierung ist unbedingt nötig, damit man nicht versehentlich auch die hintere Rindenschicht des Brustbeins durchstößt und in den Mittelfellraum (Mediastinum) eindringt.
- Injektionsspritze auf die Punktionsnadel aufsetzen und kurz ansaugen (aspirieren), bis gerade Blut in der Spritze erscheint. Die Aspiration von Knochenmark ist schmerzhaft. Man sollte den Patienten darauf vorbereiten.
- Punktionsnadel mit der Spritze herausziehen, Inhalt auf Schale ausspritzen, Blut ablaufen lassen, Gewebebröckel auf Objektträger ausstreichen und färben.

**Gefahren der Sternalpunktion:**

- Verfehlen des Markraums: Man hat nicht tief genug oder zu tief eingestochen oder eine Stelle gewählt, an der kein Mark ist (z.B. Knorpelfuge). Wegen des dünnen Markraums sollte die Sternalpunktion bei Kindern unter zwei Jahren unterbleiben.
- Bruch des Brustbeins: Um die dicke äußere Rindenschicht zu durchdringen, muß man oft große Kraft aufwenden. Noch bruchgefährdeter ist allerdings das Brustbein mit dünner Rindenschicht oder Knochendefekten infolge von Geschwülsten.
- Durchstoßen (Perforation) des Brustbeins: Die Punktionsnadel dringt in das Mediastinum ein. Dies passiert vor allem, wenn man eine ungeeignete Stelle (Loch im Brustbein, Knorpelfuge, Knochendefekt durch Geschwulst usw.) gewählt oder die Arretierungsplatte nicht

richtig eingestellt hat. Wegen des Gefäßreichtums des Mittelfellraums ist eine retrosternale Blutung wahrscheinlich. Die Nadelspitze kann größere Zerreißungen des Gewebes hervorrufen, da das Mediastinum durch die Herzaktion ständig hin- und herbewegt wird. Dies kann für den Patienten lebensbedrohend werden, wenn die Nadel in den Herzbeutel eindringt und herznahe Gefäße zerreißt. Das austretende Blut sammelt sich im Herzbeutel an. Übersteigt der Druck im Herzbeutel infolge der Blutansammlung den venösen Füllungsdruck (sog. "Herzbeuteltamponade"), so kann kein Blut mehr in die Vorhöfe einströmen und folglich auch kein Blut ausgeworfen werden. Kann man den Bluterguß aus dem Herzbeutel nicht sofort absaugen, stirbt der Patient. In der Fachliteratur ist eine Reihe von Fällen beschrieben, in denen der Patient innerhalb von 3 bis 30 Minuten nach der Sternalpunktion verstarb. Abgesehen von den juristischen Folgen dürfte es für den Arzt auch psychisch schwer zu verarbeiten sein, den Tod eines Patienten bei einer Routineuntersuchung verschuldet zu haben.

Angesichts der dokumentierten tödlichen Zwischenfälle ist nicht recht zu verstehen, warum die Sternalpunktion immer noch so beliebt ist. Als Alternative bietet sich die Punktion des Beckenkamms an. Bei ihr sind zumindest keine Todesfälle aus anatomischen Gründen zu erwarten.

## Ü244 Rippen "zählen"

So leicht es auch beim Betrachten eines Skeletts erscheint, das sichere Abzählen der Rippen (Costae) beim Lebenden ist ohne Hilfe des Röntgenverfahren so gut wie unmöglich:

- Die seitlichen und hinteren Abschnitte der oberen Rippen sind von Knochen und Muskeln des Schultergürtels überlagert. Von der ersten Rippe ist nur ein kurzes Stück unter dem Schlüsselbein zugänglich.
- Die wirbelsäulennahen Abschnitte der Rippen sind von den mächtigen tiefen Rückenstreckern überdeckt. Eine sehr kurze zwölfte Rippe kann sich dem Betasten entziehen. Eine zusätzliche Lendenrippe bleibt meist verborgen.
- Auch die Brustdrüse erschwert den Zugang zu den Rippen.
- Beim Durchzählen von oben bis unten sind hohe Konzentration und meist wiederholte Bemühungen nötig, um sich bei den im Flankenbereich recht eng nebeneinanderliegenden Rippen nicht zu verzählen. Varietäten der Rippenzahl (11 oder 13 Rippen) werden daher beim Lebenden nur selten diagnostiziert. Ausgenommen sind nur die sog. Halsrippen (rippenähnliche Ausbildung des vorderen Teils des Querfortsatzes des 7. Halswirbels). Sie drücken häufig auf das Armnervengeflecht und bedingen dann Schmerzen in Schulter- und Armbereich ("Schulter-Arm-Syndrom"). Die Röntgenaufnahme deckt schnell und sicher die Ursache auf.

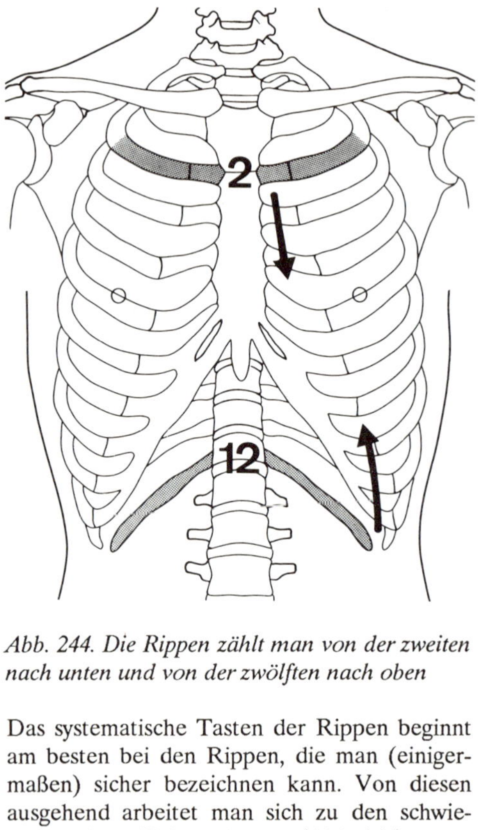


*Abb. 244. Die Rippen zählt man von der zweiten nach unten und von der zwölften nach oben*

Das systematische Tasten der Rippen beginnt am besten bei den Rippen, die man (einigermaßen) sicher bezeichnen kann. Von diesen ausgehend arbeitet man sich zu den schwieriger zu identifizierenden vor (Abb. 244):

- **zweite Rippe**: Sie setzt auf Höhe des Brustbeinwinkels am Brustbein an. Da der Brustbeinwinkel meist einwandfrei zu tasten ist, kann man auch die zweite Rippe meist sicher erkennen. Oberhalb der zweiten Rippe fühlt man ein kurzes Stück der ersten Rippe unmittelbar unter dem Schlüsselbein. Unterhalb der zweiten Rippe kann man wegen der zunächst relativ breiten Zwischenrippenräume die dritte bis fünfte Rippe ohne Schwierigkeit zuordnen.

- **zwölfte Rippe**: Man dellt die hintere Bauchwand unmittelbar neben den tiefen Rückenstreckern kräftig ein und führt die Hand kranialwärts. Man fühlt dann meist leicht die schräg abwärts verlaufende Rippe. Normale Rippenzahl vorausgesetzt, muß es die zwölfte Rippe sein. Die zwölfte Rippe ist unterschiedlich lang. Man taste daher sorgfältig am knöchernen Widerstand lateralwärts, bis man das freie Ende der Rippe findet. Dieses sollte man sich an der Haut markieren. Nun geht man in Richtung Rippenbogen weiter und findet als nächstes die Spitze der elften Rippe. Nach der üblichen Lehrbuchdarstellung dürfte dann keine "Spitze" mehr zu tasten sein, sondern nur der kontinuierliche Rippenbogen. Die Übungen am Lebenden zeigen jedoch, daß häufig auch die zehnte Rippe, gelegentlich sogar eine neunte Rippe frei endet. Dies sollte man wissen, damit man nicht der Versuchung erliegt, die Zuordnung der Rippen umgekehrt vornehmen zu wollen: am Rippenbogen kaudalwärts zu gehen und die erste frei endende Rippe als "elfte" zu bezeichnen!
- Geht man von der zweiten Rippe nach unten und von der zwölften Rippe nach oben, so müßte man im Bereich der siebenten oder achten Rippe zusammentreffen. Übereinstimmende Bezifferung dieser Rippen auf dem Weg von oben und unten ist ein Beweis für sorgfältiges Tasten.
- Wegen der großen Variabilität der Längen der elften und zwölften Rippe ist es interessant, diese zu messen und die Ergebnisse in der Gruppe zu vergleichen. Man mißt am einfachsten mit dem Bandmaß vom zugehörigen Dornfortsatz zur Spitze der Rippe und zieht etwa 2 cm für die halbe Breite des Wirbelkörpers ab.

Protokoll 244. Rippen

| | R | L |
|---|---|---|
| Den Rippenbogen bilden die Rippen | | |
| Frei enden folgende Rippen | | |
| Länge der 11. Rippe (cm) | | |
| Länge der 12. Rippe (cm) | | |

## Ü245 Longitudinale Hilfslinien für die Befunddokumentation an der Rumpfwand einzeichnen

Um eine Stelle der Rumpfwand genau zu bezeichnen, könnte man sich z.B. ein Koordinatennetz auf die Haut projiziert denken und die Stelle dann mit Hilfe der x- und y-Koordinaten definieren. Natürliche Nullpunkte wären hierfür der Nabel oder die Spitze des Schwertfortsatzes. Diese Methode erscheint zwar auf den ersten Blick sehr exakt, hat aber in der Praxis erhebliche Nachteile:

- Befunde lassen sich nicht verallgemeinern: Wegen der unterschiedlichen Körperlängen und Konstitutionstypen hat eine Definition wie "den Herzspitzenstoß findet man bei x = 9 cm, y = 22 cm (Nullpunkt Nabel)" wenig Zweck.
- Selbst beim gleichen Patienten ändern sich die Meßwerte mit der Körperhaltung. Im angegebenen Beispiel verkürzt sich z.B. der y-Wert auf 17 beim Übergang vom Stehen zum Sitzen.

In der Medizin arbeitet man daher mit einem für den Mathematiker zunächst weniger exakt erscheinenden, jedoch praxisfreundlicheren natürlichen Koordinatensystem. Die "y-Werte" oder "Breitengrade" liefern dabei die Rippen und Zwischenrippenräume, die "x-Werte" oder "Längengrade" einige durch charakteristische Körperstellen zu ziehende longitudinale Linien (Abb. 245a und b):

- **vordere Medianlinie** (Linea mediana anterior): Schnittlinie der Medianebene (Symmetrieebene) des Körpers mit der vorderen Rumpfwand,
- **Sternallinie** (Linea sternalis): durch den Rand des Brustbeins,
- **Medioklavikularlinie** (Linea medioclavicularis): durch die Mitte des Schlüsselbeins,
- **Parasternallinie** (Linea parasternalis): in der Mitte zwischen Sternallinie und Medioklavikularlinie,
- **Mamillarlinie** (Linea mamillaris): durch die Brustwarze,
- **vordere Achsellinie** (Linea axillaris anterior): durch die vordere Achselfalte (großer Brustmuskel),
- **mittlere Achsellinie** (Linea axillaris media = Linea medioaxillaris): durch die Spitze der Achselgrube, am weitesten lateral,
- **hintere Achsellinie** (Linea axillaris posterior): durch die hintere Achselfalte (Rand des breiten Rückenmuskels),

▪ **Skapularlinie** (Linea scapularis): durch den unteren Schulterblattwinkel bei entspannt herabhängendem Arm,

▪ **Paravertebrallinie** (Linea paravertebralis): über die Querfortsätze der Wirbel,

▪ **hintere Medianlinie** (Linea mediana posterior): Schnittlinie der Medianebene mit der hinteren Rumpfwand, entspricht den Dornfortsätzen.

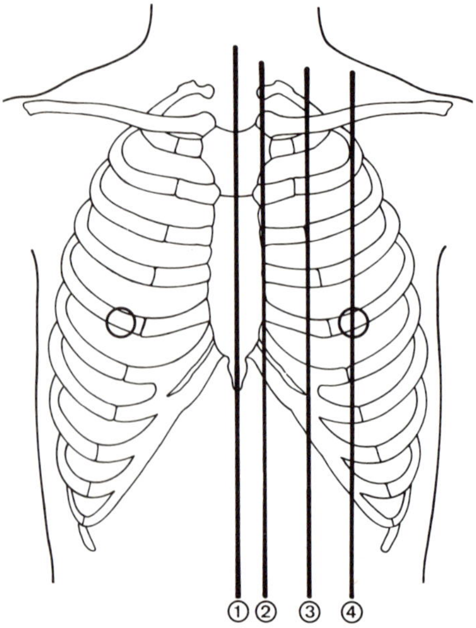


*Abb. 245a. Longitudinale Hilfslinien an der vorderen Rumpfwand: 1 vordere Medianlinie, 2 Sternallinie, 3 Parasternallinie, 4 Medioklavikularlinie*

Auch dieses "natürliche Koordinatensystem" hat seine Schwächen:

▪ Es ist nicht klar, ob die Linien einfach parallel laufen oder ähnlich wie die Längengrade der Erdoberfläche den Krümmungen der Rumpfwand folgen sollen. Dies bedingt erhebliche Unsicherheiten bei der Anwendung auf die Bauchwand. Bei breiten Schultern und schmalem Becken läuft die parallel gedachte Medioklavikularlinie durch den vorderen oberen Darmbeinstachel, während man bei gekrümmten Linien diesen Bereich eher der vorderen Achsellinie zuteilen wird. Beim Abgrenzen der Regionen der Bauchwand (Ü274) sollte man daher eine Pararektallinie (Linea pararectalis), die durch den Seitenrand des geraden Bauchmuskels gekennzeichnet ist, der Medioklavikularlinie vorziehen. Allerdings ist sie beim Fettleibigen schwer zu bestimmen.

▪ Die oben gegebene Definition der Paravertebrallinie folgt der internationalen Nomenklatur. Manche Mediziner nennen diese Linie jedoch in Analogie zur Sternallinie "Vertebrallinie" und legen dann die Paravertebrallinie (entsprechend der Parasternallinie) in die Mitte zwischen Skapularlinie und Vertebrallinie.

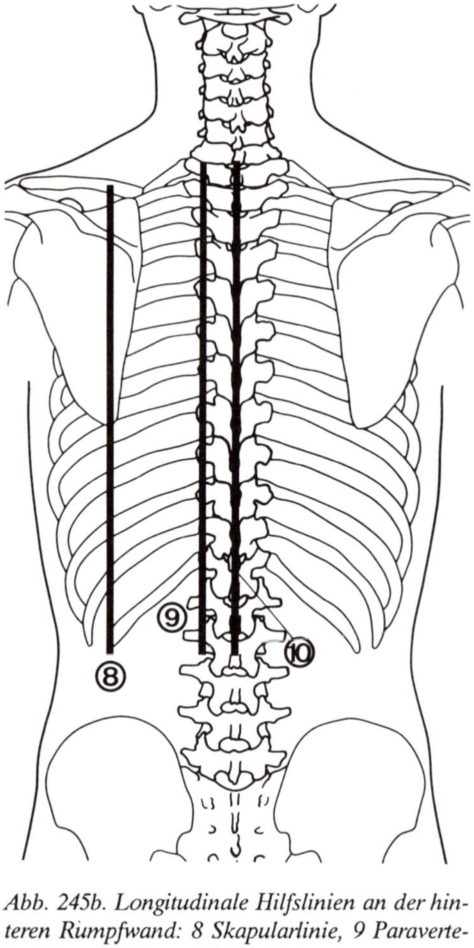


*Abb. 245b. Longitudinale Hilfslinien an der hinteren Rumpfwand: 8 Skapularlinie, 9 Paravertebrallinie, 10 hintere Medianlinie*

▪ Die Definition ist auch bei der Sternallinie schwierig, da die Ränder des Brustbeins nicht parallel verlaufen und das Brustbein auf Höhe des zweiten Zwischenrippenraums meist deutlich schmäler ist als auf Höhe des vierten. Wegen der Koppelung der Definition wird mit der Sternallinie auch die Parasternallinie unsicher. Außerdem neigen manche Ärzte dazu (in Umkehrung des bei der Paravertebrallinie geschilderten Problems), die Sternallinie als "Parasternallinie" zu bezeichnen.

- Die Begriffe Mamillarlinie und Medioklavikularlinie werden häufig gleichgesetzt. Bei voluminöser Brustdrüse wechselt die Mamillarlinie abhängig von der Körperhaltung ihre Lage und sollte dann nicht für Definitionen verwendet werden. Auch beim Mann sind Medioklavikularlinie und Mamillarlinie nicht unbedingt identisch.

Trotz dieser Mängel reicht das "natürliche" System für medizinische Zwecke meist aus. So sind die Ableitungsstellen des EKG an der Brustwand mit seiner Hilfe definiert, z.B. $V_4$ = 5. Zwischenrippenraum in der Medioklavikularlinie (Näheres Ü336).

Protokoll 245. Lage der Mamillarlinie zur Medioklavikularlinie (cm)

| | R | L |
|---|---|---|
| + lateral, - medial | | |

### Ü246 Formänderung der Rumpfwand bei tiefer Atmung beobachten und messen

Die Rumpfform ändert sich bei den Atembewegungen aufgrund von drei Mechanismen:

- dem Heben und Senken des Brustkorbs ("Brustatmung"),
- dem Wechselspiel von Zwerchfell und Bauchwand ("Bauchatmung"),
- dem Abflachen und Vertiefen der Krümmungen der Wirbelsäule ("Ziehharmonikabewegung" bei tiefer Atmung).

Die Formänderung kann man aufgrund einfacher Messungen quantifizieren:

- **Brustumfang**: Man führt das Bandmaß oberhalb der Brustdrüse sowie auf Höhe des Schwertfortsatzes horizontal um den Brustkorb. Die Arme des Probanden sollen dabei lose herabhängen. Man mißt bei tiefer Aus- und Einatmung und bestimmt die Differenz. Bei manchen Menschen nimmt der obere, bei anderen der untere Umfang ("Flankenatmung") stärker zu. Man beachte, daß die Dicke der Kleidung den Umfang stark beeinflußt: Ein 1 cm dicker Pullover bringt 6,3 cm mehr Umfang ($2r\pi$). Umfänge sollte man daher nur am unbekleideten Probanden messen.

Bewertung: Der Mittelwert der maximalen Differenz des Brustumfangs zwischen tiefer Ein- und Ausatmung (Exkursionsbreite) liegt bei 20jährigen bei etwa 8-10 cm.

- **Brustdurchmesser**: Die Aussage wird verfeinert, wenn man statt des Brustumfangs (Vorteil: einfache Bestimmung) sagittale und transversale Durchmesser mit dem Beckenzirkel mißt. Unter der vereinfachten Annahme einer Ellipse besteht zwischen den Durchmessern ($D_s$, $D_t$) und dem Umfang U die Beziehung $U = \pi(D_s + D_t)/2$. Ist bei der tiefen Einatmung der Umfang um 6 cm gestiegen, so müßten die beiden Durchmesser um je 2 cm wachsen. Eine unterschiedliche Zunahme der beiden Durchmesser zeigt eine Änderung der Querschnittform an, z.B. das Weiterwerden der Flanken.

Protokoll 246. Brustkorb und Atmung (alle Maße in cm)

| | Tiefe Ausatmung | Tiefe Einatmung | Differenz |
|---|---|---|---|
| A Brustumfang | | | |
| a) oberhalb d. Brustdrüse | | | |
| b) auf Höhe d. Schwertfortsatzes | | | |
| B Sagittaler Brustdurchmesser | | | |
| a) am Brustbeinwinkel | | | |
| b) an Basis d. Schwertfortsatzes | | | |
| C Transversaler Brustdurchmesser | | | |
| a) oberhalb d. Brustdrüse | | | |
| b) auf Höhe d. 10. Rippe | | | |
| D Länge der vorderen Rumpfwand | | | |
| E Kleinster Abstand des Brustkorbs vom Darmbeinkamm | | | |

- **Länge der vorderen Rumpfwand** (Oberrand der Schambeinfuge - Incisura jugularis sterni): Sie schwankt zwar auch ein wenig beim Heben und Senken des Brustkorbs, größere Änderungen bringen jedoch die "Ziehharmonikabewegungen" beim Abflachen und Vertiefen der Brustkyphose. Bei der tiefen Einatmung wird die Brustkyphose abgeflacht. Dabei wird die vordere Rumpfwand gedehnt, der Brustkorb wird seitlich auseinandergezogen. Bei der Ausatmung wird die Brustkyphose vertieft, der Brustkorb wird zusammengepreßt.

- **Abstand des Brustkorbs vom Darmbeinkamm**: Beim Abflachen der Brustkyphose wird der Abstand größer, beim Vertiefen kleiner. Man mißt den kleinsten Abstand zwischen 12. Rippe und Darmbeinkamm. Er liegt meist im Bereich der Spitze der 12. Rippe (die 12. Rippe steigt von hinten oben nach lateral unten ab, allerdings auch der Darmbeinkamm). Man messe zum Vergleich den Abstand an einem der üblicherweise in Kursräumen aufgestellten Skelette ab. Dort ist der Abstand vermutlich größer: Bei fast allen Lehrskeletten werden die Rippen falsch montiert und steigen nicht steil genug ab.

### Ü247 Anspannen der Atem- und Hilfsatemmuskeln bei vertiefter Atmung beobachten

An der Atemarbeit können sich nahezu alle Muskeln des Rumpfes und des Halses beteiligen:

- **Zwischenrippenmuskeln**: Sie dichten die Zwischenrippenräume ab und unterstützen die Einatmung (Mm. intercostales externi) und Ausatmung (Mm. intercostales interni).
- **Bauchmuskeln**: Sie schieben den "Kolben" der Baucheingeweide bei der Ausatmung in den "Zylinder" des Brustkorbs und sind damit Gegenspieler des Zwerchfells.
- **Halsmuskeln**: Die Mm. scaleni heben die oberen Rippen schon bei der Ruheatmung. Bei verstärkter Atmung werden zusätzlich der Kopfwender (M. sternocleidomastoideus) und die Unterzungenbeinmuskeln eingesetzt.
- **Gürtelmuskeln**: Der große und der kleine Brustmuskel ziehen die Rippen gegen den Schultergürtel bzw. Oberarm. Wird der Schultergürtel von hinteren Gürtelmuskeln festgehalten oder ist der Arm fixiert, so wirken die Brustmuskeln als kräftige Einatmungsmuskeln. Der breite Rückenmuskel (M. latissimus dorsi) wird bei der stoßartigen Ausatmung (Husten) aktiv. Man kann sich davon leicht überzeugen, wenn man beim Husten die vordere Achselfalte tastet.
- **tiefe Rückenstrecker**: Sie flachen bei der tiefen Einatmung die Brustkyphose ab.
- **Nasenmuskeln**: Sie erweitern die Nasenöffnungen bei Atemnot ("Nasenflügelatmen").

Vertiefte Atmung erzeugt man am einfachsten über erhöhten Sauerstoffbedarf bei körperlicher Arbeit. Die eleganteste Versuchsanordnung ist dabei das Beobachten der Atemmuskeln bei der Arbeit auf dem Fahrradergometer. Man kann dann bestimmte Muskeln einer bestimmten Leistung zuordnen. Als nächstes kommt das Treppensteigen, wobei man aus der Geschwindigkeit und der Höhendifferenz die Leistung berechnen kann. Für die anatomische Beobachtung genügen jedoch auch die altbewährten Kniebeugen. Bei körperlicher Fitneß sind zehn Kniebeugen keine sonderliche Belastung. Atemfrequenz und Puls sind nach drei Minuten zur Norm zurückgekehrt. In diesem Fall empfiehlt sich die Wiederholung des Versuchs mit 20 Kniebeugen usw., bis der Einsatz der Hilfsatemmuskeln zu beobachten ist.

Protokoll 247. Atem- und Hilfsatemmuskeln. Bitte eintragen: V = Muskelanspannung beobachtet, P = Muskelanspannung getastet

A = in Ruhe
B = nach 10 Kniebeugen
C = nach 3 Minuten Ruhe
D = nach 20 Kniebeugen
E = nach 3 Minuten Ruhe

| | A | B | C | D | E |
|---|---|---|---|---|---|
| Treppenmuskeln | | | | | |
| Kopfwender | | | | | |
| Zungenbeinmuskeln | | | | | |
| Großer Brustmuskel | | | | | |
| Bauchmuskeln | | | | | |
| Breiter Rückenmuskel | | | | | |
| Wirbelsäulenaufrichter | | | | | |
| Atemfreqenz (1/min) | | | | | |

## 2.5 Brustdrüse

### Ü251 Selbstuntersuchung der Brustdrüse zur Krebsvorsorge üben

Der Brustkrebs ist die häufigste Krebslokalisation bei der Frau (beim Mann nur etwa 0,1 % aller Krebse). Bei frühzeitiger Erkennung und Behandlung sind hohe Dauerheilungsraten zu erzielen. Jede Frau sollte daher mindestens monatlich ihre Brustdrüsen sorgfältig untersuchen. Die Selbstuntersuchung besteht aus zwei Hauptteilen: dem Besichtigen und Betasten mit mehreren Teilübungen:

▪ **Brustdrüsen im Spiegelbild besichtigen**: Dazu benötigt man einen Spiegel, der den ganzen Oberkörper verzerrungsfrei wiedergibt. Vollständige Entkleidung des Oberkörpers ist selbstverständlich. Normalerweise sind beide Brustdrüsen gleich groß und die Brustwarzen und Warzenhöfe symmetrisch. Die Haut ist harmonisch gerundet und nirgends eingezogen. Unterschiedliche Größe der beiden Brustdrüsen kommt auch bei gesunden Frauen vor. Man sollte sie jedoch sorgfältig dokumentieren, um Veränderungen frühzeitig zu erkennen. Verdächtig sind alle Asymmetrien nach vorheriger Symmetrie. Bei Geschwülsten ist manchmal die Brustwarze zur Geschwulst hin verzogen. Dringt der Krebs in die Haut ein, so nimmt diese oft ein apfelsinenartiges Aussehen an.

▪ **beide Arme langsam heben und hinter dem Kopf verschränken, dabei die Brustdrüse beobachten**: Bei gesunden Brustdrüsen bleibt die Symmetrie erhalten. Die Brustwarzen werden seitengleich mit der sich straffenden Haut nach oben gezogen. Die gesunde Brustdrüse ist über der Faszie des großen Brustmuskels frei verschieblich. Zurückbleiben einer Brustwarze oder Asymmetrie des Drüsenkörpers beim Heben der Arme läßt auf bindegewebige Verwachsungen schließen. Deren Ursache könnte auch eine Geschwulst sein.

▪ **Brustdrüse in vier Quadranten abtasten**: Die gesunde Brustdrüse ist in allen Bereichen weich. Man fühlt lediglich die Unterschiede des sehr weichen Fettgewebes und des etwas dichteren Drüsengewebes. Dieses kann in Strängen oder auch in größeren "Paketen" angeordnet sein. Krebsgewebe hingegen ist etwa so hart wie Holz. Zum systematischen Tasten greife man nicht zangenförmig in die Brustdrüse (Abb. 251), sondern lege die Hand flach auf und kreise sanft mit den Fingerspitzen. Um keinen Bereich zu vergessen, denke man sich die Brustdrüse durch ein Achsenkreuz mit dem Mittelpunkt in der Brustwarze in vier Quadranten zerlegt. Man taste nacheinander die vier Quadranten sorgfältig ab und widme sich besonders dem äußeren oberen Quadranten, weil dort erfahrungsgemäß die meisten Krebse entstehen. Aus dem äußeren oberen Quadranten erstreckt sich ein "Schwanz" von Drüsengewebe (Processus lateralis) am Rand des großen Brustmuskels in Richtung Achselhöhle. Anstelle der Quadranten kann man auch die Vorstellung eines Zifferblattes wählen und nacheinander die einzelnen "Stunden" tasten. In keinem Fall darf man den Mittelpunkt, das Gebiet unter dem Warzenhof, beim Tasten vergessen.

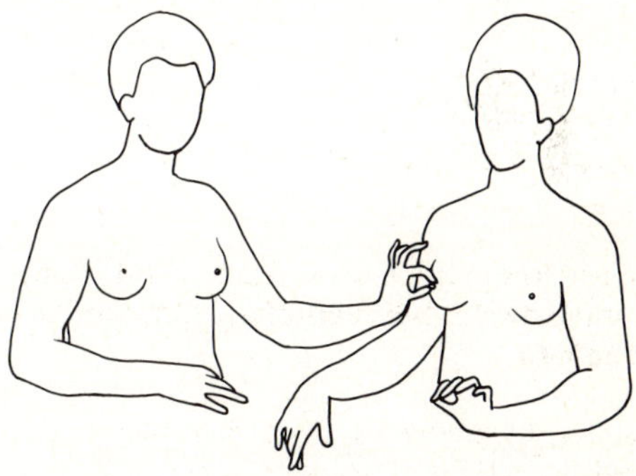

*Abb. 251. Unzweckmäßiges Tasten der Brustdrüse (nach dem berühmten Gemälde der Schule von Fontainebleau im Louvre: symbolischer Hinweis auf die bevorstehende Entbindung)*

▪ **Achselhöhle bei herabhängendem Arm austasten**: Erste Lymphknotenstation von großen Bereichen der Brustdrüse sind die Achsellymphknoten. Gelegentlich findet man dort schon eine Tochtergeschwulst (Metastase), bevor noch der Primärtumor in der Brust entdeckt wurde. Deshalb sollte man auch den gesamten Achselraum bis in die Spitze austasten, auch wenn es ein wenig schmerzt. Nicht jeder tastbare Lymphknoten enthält eine Geschwulst. Auch bei der gesunden Frau kann man gelegentlich Achsellymphknoten tasten. Sie sind Zeugen früherer Entzündungen im Arm-, Brust-, Schulter- und Rückenbereich. Man sollte sie sorgfältig registrieren, damit man die Neuerkrankung von Lymphknoten sicher erkennt.

Protokoll 251. Selbstuntersuchung der Brustdrüse: Je nach Befund o.B. (ohne auffälligen Befund) ankreuzen oder besondere Befunde eintragen!

| | o.B. | Besondere Befunde |
|---|---|---|
| Besichtigen (Arme herab) | o.B. | |
| Besichtigen (Arme gehoben) | o.B. | |
| Innerer oberer Quadrant | o.B. | |
| Innerer unterer Quadrant | o.B. | |
| Äußerer unterer Quadrant | o.B. | |
| Äußerer oberer Quadrant | o.B. | |
| Warzenhofbereich | o.B. | |
| Achselhöhle | o.B. | |

## Ü252 Lage der Brustwarze beschreiben

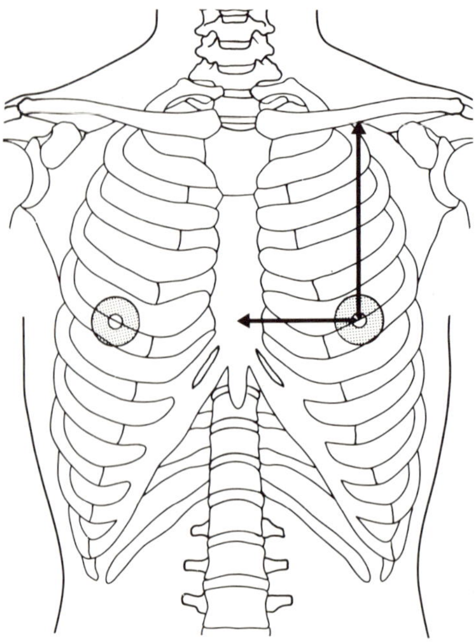

*Abb. 252. Beschreiben der Lage der Brustwarze in Abständen von der Körpermittellinie und vom Unterrand des Schlüsselbeins*

Bei der **Frau** ist die Lagevariabilität der Brustwarze groß. So ändert die Brustwarze bei fülliger Brustdrüse die Lage abhängig von der Körperhaltung. Sie sinkt im Stehen nach unten, in Rückenlage beidseits zur Seite, bei Rechtsseitenlage auf beiden Seiten nach rechts usw.

Protokoll 252a. Lage der Brustwarze im Stehen

| | R | L |
|---|---|---|
| A Höhenstand (Rippe oder ICR = Zwischenrippenraum) | | |
| B Kleinster Abstand (cm) | | |
| a) von Medioklavikularlinie | | |
| b) von Medianlinie | | |
| c) vom Schlüsselbein | | |
| C Rumpflänge (cm) (aus Ü141) | | |
| D Relativer Abstand (% der Rumpflänge) | | |
| a) von Medianlinie | | |
| b) vom Schlüsselbein | | |

Protokoll 252b. Lage der Brustwarze in symmetrischer flacher Rückenlage

| | R | L |
|---|---|---|
| A Höhenstand (Rippe oder ICR = Zwischenrippenraum) | | |
| B Kleinster Abstand (cm) | | |
| a) von Medioklavikularlinie | | |
| b) von Medianlinie | | |
| c) vom Schlüsselbein | | |
| C Rumpflänge (cm) (aus Ü141) | | |
| D Relativer Abstand (% der Rumpflänge) | | |
| a) von Medianlinie | | |
| b) vom Schlüsselbein | | |

Um Verziehungen der Brustwarze durch spätere Krankheitsprozesse richtig beurteilen zu können, empfiehlt sich eine genaue Dokumentation der Lage der Brustwarze. Man kann dies auf verschiedene Weise:

- bezogen auf Rippen und Zwischenrippenräume,
- in absoluten Meßwerten der Abstände von Medioklavikularlinie, Körpermittellinie und Schlüsselbein (Abb. 252),
- in relativen Abständen, bezogen auf die Rumpflänge (Ü141).

Beim **Mann** liegt die Brustwarze meist in der Medioklavikularlinie auf Höhe des vierten Zwischenrippenraums oder der fünften Rippe. Der relative Abstand (in % der Rumpflänge) von der Körpermittellinie beträgt etwa 20 %, vom Schlüsselbein etwa 30-35 %.

## Ü253 Form der Brustdrüse charakterisieren

Die Form der Brustdrüse (Mamma) der **Frau** kann man nach verschiedenen Gesichtspunkten kennzeichnen:

- nach der Größe: üppig, voll, mäßig, klein,
- nach der Festigkeit: stehend, sich senkend, hängend,
- nach dem Verhältnis von Länge und Tiefe: flach, schalenförmig, halbkugelig, konisch (Abb. 253).

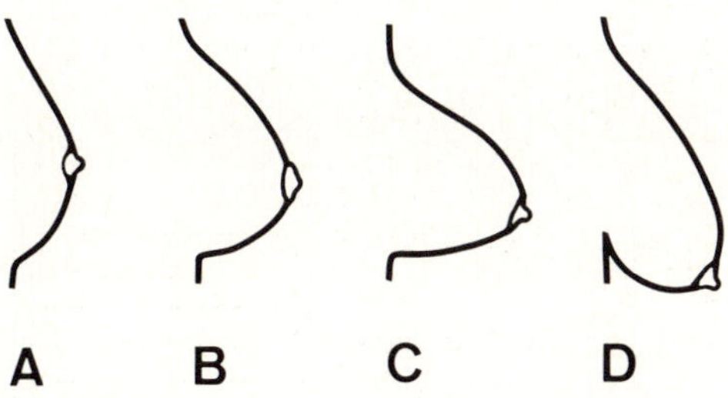


*Abb. 253. Form der Brustdrüse: A flach, B schalenförmig, C halbkugelig, D konisch (z.T. nach Martin u. Saller)*

**Unterrand**: Mit steigendem Gewicht und zunehmender Erschlaffung der Haltebänder (Ligg. suspensoria mammae) sinkt die Brustdrüse nach unten (Hängebrust). Dabei schiebt sie nicht die Haut vor sich her, sondern der Unterrand bleibt fixiert, und die Brustdrüse hängt über diesen Rand nach unten. Dabei liegt Haut auf Haut. In dieser schlecht belüfteten Zone können sich Bakterien ansiedeln und abgeschilferte Hornschicht zersetzen (Geruch!).

**Volumen**: Um Asymmetrien besser beurteilen zu können, sollte man sich üben, das Volumen von Organen zu schätzen. Man beurteile zuerst die Größe der Brustdrüsen ohne besondere Hilfsmittel, dann versuche man nachzumessen. Dazu verformt man die Brustdrüse zu einer flachen Scheibe und berechnet aus Durchmesser und Höhe das Volumen.

Protokoll 253a. Brustdrüse der Frau

| | | | | | |
|---|---|---|---|---|---|
| A Größe | R | üppig | voll | mäßig | klein |
| | L | üppig | voll | mäßig | klein |
| B Festigkeit | R | stehend | sich senkend | hängend | |
| | L | stehend | sich senkend | hängend | |
| C Form | R | flach | schalenförmig | halbkugelig | konisch |
| | L | flach | schalenförmig | halbkugelig | konisch |
| D Vergleich der beiden Brustdrüsen (Blickdiagnose) | | seitengleich | rechts größer | links größer | |
| E Unterrand | | | R | L | |
| a) Höhenstand (Rippe/Zwischenrippenraum) | | | | | |
| b) Abstand vom Schlüsselbein (cm) | | | | | |
| F Volumen (ml) | | | | | |
| Davon unterhalb des großen Brustmuskels (%) | | | | | |

Vom Prinzip her einfach, in der Ausführung allerdings etwas akrobatisch, ist die Methode der Volumenbestimmung über Wasserverdrängung: Man stelle einen randvoll mit Wasser ge-

füllten Topf auf einen Tisch, beuge sich mit dem Oberkörper darüber (so daß eine Brustdrüse eintaucht), bis der Topfrand die Brustwand oberhalb und unterhalb der Brustdrüse berührt. Fängt man das überlaufende Wasser in einer flachen Schale auf, so kann man in einem Meßgefäß das Volumen bestimmen. Hat man kein Meßgefäß zur Hand, kann man das Volumen V aus dem Abfall des Wasserspiegels im Topf berechnen:
$V = \pi h d^2/4$, wobei h = Abfall des Wasserspiegels, d = größter horizontaler Durchmesser des Topfes.

Auch beim **Mann** wechselt die Form der Brustdrüse. Die Unterhaut kann im Warzenhofbereich gleich dick wie in der weiteren Umgebung sein (keine sichtbare Brustdrüse). Die Brustdrüse kann aber auch weibliche Formen annehmen (Gynäkomastie). Dies kommt bei Störungen des Hormonhaushalts bevorzugt in der Pubertät und im höheren Alter vor, kann aber auch durch bestimmte Medikamente ausgelöst sein.

Protokoll 253b. Brustdrüse beim Mann

| | R | | | L | | |
|---|---|---|---|---|---|---|
| Gynäkomastie | j | n | ? | j | n | ? |

## Ü254 Brustwarze und Warzenhof studieren

Brustwarze (Papilla mammaria) und Warzenhof (Areola mammae) sind individuell recht unterschiedlich ausgebildet. Dies betrifft
▪ **Farbe**: Die Farbe des Warzenhofs korreliert mit der allgemeinen Pigmentierung der Haut. Bei Blonden ist der Warzenhof eher rosa, bei Dunkelhaarigen braun. Während der Schwangerschaft wird der Warzenhof dunkler (ein sehr frühes Schwangerschaftszeichen).
▪ **Größe**: Der Durchmesser des Warzenhofs schwankt in Ruhe etwa im Bereich von 2 bis 6 cm. Durch Berühren der Brustwarze wird der Erektionsreflex ausgelöst. Die zirkulär angeordneten glatten Muskelzellen im Warzenhof kontrahieren sich und schieben dabei die Brustwarze nach vorn (gewissermaßen in den Mund des Säuglings, der dadurch die Brustwarze mit den Lippen besser umklammern kann). Der Reflex läuft über das Segment $Th_5$.
▪ **Form**: Die normale Brustwarze tritt auch in Ruhe vor die Kontur des Warzenhofs. Die sog. "Hohlwarze" ist hingegen nach innen gestülpt und kann daher vom Mund des Säuglings nicht gefaßt werden. Der Warzenhof liegt bei der erwachsenen Frau meist in der Kontur der übrigen Brustdrüse. Er kann sich jedoch auch etwas über diese Kontur vorwölben. Dies ist ein normales Durchgangsstadium während der Entfaltung der Brustdrüse in der Pubertät. Die Entwicklung kann in diesem Stadium ohne Beeinträchtigung der Funktion stehenbleiben. Die Form des Warzenhofs wird als scheibenförmig, halbschalenförmig, halbkugelig, erhaben usw. charakterisiert.

Protokoll 254. Brustwarze und Warzenhof

| | | |
|---|---|---|
| A Durchmesser des Warzenhofs in Ruhe (cm) | | |
| a) transversal | | |
| b) longitudinal | | |
| B Durchmesser des Warzenhofs nach Berührung (cm) | | |
| a) transversal | | |
| b) longitudinal | | |
| C Größter Durchmesser der Brustwarze (cm) | | |
| a) in Ruhe | | |
| b) nach Berührung | | |
| D Zahl der Warzenhofdrüsen | | |
| E Farbe des Warzenhofs | | |
| F Form des Warzenhofs | | |

| | | | | | | |
|---|---|---|---|---|---|---|
| G Aufrichtereflex der Brustwarze | R | 0 | (+) | + | ++ | +++ |
| | L | 0 | (+) | + | ++ | +++ |

| | | | | |
|---|---|---|---|---|
| H Hohlwarze | R | j | n | ? |
| | L | j | n | ? |

▪ **Feinbau**: Die Milchdrüse im engeren Sinne (Glandula mammaria) besteht aus einer wechselnden Zahl von Drüsenlappen (etwa 12 bis

15), die nach Art von Einzeldrüsen gesondert an der Brustwarze ausmünden. Mit der Lupe kann man die Mündungen der Milchgänge an der Brustwarze sehen. An der Haut des Warzenhofs, vor allem an seinem Rand erblickt man schon mit freiem Auge kleine Vorwölbungen von etwa 2 mm Durchmesser. Unter ihnen liegen apokrine Schweißdrüsen, die Warzenhofdrüsen (Glandulae areolares, Montgomery-Drüsen). Sie halten zusammen mit Talgdrüsen den Warzenhof geschmeidig. Zahl und Lage der Warzenhofdrüsen variieren erheblich.

### Ü255 Verlauf der Milchgänge und der Lymphabflußwege der Brustdrüse schematisch auf die Haut aufzeichnen

Die Einzeldrüsen der Brustdrüse liegen nicht wirr durcheinander, sondern sind zifferblattartig nebeneinander angeordnet. Ihre Ausführungsgänge (Milchgänge = Ductus lactiferi) laufen wie die Zeiger der Uhr strahlig auf die Brustwarze zu. Dies sollte man sich durch radiäre Striche veranschaulichen. Bei Entzündungen der Brustdrüse sollte man radiär in das Drüsengewebe einschneiden, um nicht unnötig viele Milchgänge zu durchtrennen. Trotzdem wird die Haut gewöhnlich zirkulär durchgetrennt, da dies kosmetisch schönere Narben gibt.

Wegen des Brustkrebses haben die Lymphabflußwege der Brustdrüse große Bedeutung. Die Lymphgefäße bilden zunächst Netze um den Warzenhof und zwischen den Lappen. Sie erreichen dann einige Lymphknoten in unmittelbarer Umgebung der Brustdrüse (Nodi lymphatici paramammarii). Die Hauptabflußwege (mit Pfeilen auf der Haut markieren!) gehen weiter

- zur Achselhöhle: zu den Nodi lymphatici axillares mit mehreren Untergruppen, die schon am Rand des großen Brustmuskels beginnen.
- zum Brustkorbinneren neben dem Brustbein: zu den Nodi lymphatici parasternales.
- zum Hals: zu den Nodi lymphatici cervicales laterales profundi supraclaviculares.

Neben diesen Hauptwegen gibt es noch Nebenabflüsse zur Bauchwand und zur Brustdrüse der Gegenseite. Diese wird häufig von Metastasen befallen, so daß manche Chirurgen vorsorglich die doppelseitige Mammaamputation auch bei einseitigem Brustkrebs empfehlen.

## 2.6 Beckengürtel

**Vorbemerkung**: Zu diesem Abschnitt gehören sinngemäß auch

- Ü531: Schambein tasten,
- Ü532: Sitzbein tasten,
- Ü533: Beweglichkeit des Steißbeins prüfen,
- Ü534: Beckenausgang messen.

Diese 4 Übungen wurden wegen der Probleme des Schamgefühls in das Kapitel 5 einbezogen.

### Ü261 Darmbeinkamm an der Haut markieren

Von den Knochen des Beckengürtels (Hüftbeine und Kreuzbein) entspringen die mächtigen Muskeln des Hüftgelenks (ausgenommen nur M. psoas major + minor von der Lendenwirbelsäule). Damit sind große Flächen dieser Knochen von Muskeln bedeckt und nicht zu tasten. Andererseits werden große Abschnitte der Ränder des Hüftbeins (Os coxae) nicht von Muskeln überquert und sind daher selbst beim fettleibigen Probanden eindeutig durch die Haut zu fühlen. Vom Darmbein (Os ilium) ist der Darmbeinkamm (Crista iliaca) in ganzer Ausdehnung gut zugänglich. Er gehört zu den wichtigsten Orientierungshilfen am Körper. An ihm markiere man besonders folgende Stellen (Abb. 261):

- **vorderen oberen Darmbeinstachel** (Spina iliaca anterior superior): Das vordere Ende des Darmbeinkamms ist beim mageren Menschen als Vorsprung der seitlichen Bauchwand zu sehen, beim dicken zumindest zu tasten. Bei besonders starkem Unterhautfettgewebe sinkt die Haut hier zu einem Grübchen ein.
- **Darmbeinhöcker** (Tuberculum iliacum): Etwa 5 cm dorsolateral des vorderen oberen Darmbeinstachels ist der Beckenkamm etwas verbreitert und tritt auf der Außenseite ein kurzer longitudinaler Knochenkamm hervor. Er ist ohne Schwierigkeit zu fühlen.
- **hinteren oberen Darmbeinstachel** (Spina iliaca posterior superior): Neben dem Hinterende des Darmbeinkamms sinkt die Haut zu

einem Grübchen ein, das vor allem bei mitteldickem Unterhautfettgewebe gut zu sehen ist. Es bildet den seitlichen Eckpunkt der sog. Lendenraute und entspricht am Kreuzbein dem Segment S2. Beim sehr mageren Menschen wölbt der hintere obere Darmbeinstachel die Haut vor.

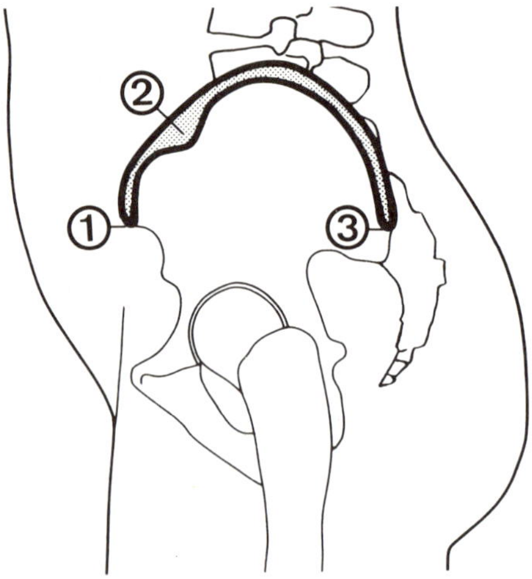


*Abb. 261. Darmbeinkamm: 1 vorderer oberer Darmbeinstachel, 2 Darmbeinhöcker, 3 hinterer oberer Darmbeinstachel*

Protokoll 261. Länge des Darmbeinkamms vom vorderen oberen zum hinteren oberen Darmbeinstachel (cm)

| | R | L |
|---|---|---|
| A der Krümmung mit dem Bandmaß folgend | | |
| B Abstand mit dem Bekkenzirkel gemessen | | |

Der Darmbeinkamm ist der Ort der Wahl für die Entnahme von blutbildendem Gewebe zur Untersuchung. Hier sind weniger Komplikationen zu befürchten als bei der Sternalpunktion (Ü243). Besonders günstig sind die breiteren Stellen des Beckenkamms (Gebiet um den Darmbeinhöcker und den hinteren oberen Darmbeinstachel): Nach Desinfektion der Haut wird der Stichkanal bis zur Knochenhaut anästhesiert. Durch eine Stichinzision hindurch wird die Führungsnadel mit dem Stilett bis zum Knochen vorgeschoben. Nun zieht man das Stilett zurück und führt stattdessen die Bohrnadel ein. Die Bohrnadel (mit gezahnter Spitze) wird unter Druck durch die Rindenschicht des Knochens gedreht. Der Widerstand läßt nach, sobald der Markraum erreicht ist. Jetzt schiebt man die Nadel noch etwa 1 cm vor, schert durch Drehbewegungen einen Knochenzylinder ab und zieht die Bohrnadel und anschließend die Führungsnadel zurück. Um die Wunde zu komprimieren, soll sich der Patient für einige Stunden auf die Seite der Punktion legen.

### Ü262 Einzelheiten der Hinterfläche des Kreuzbeins erkennen

Zum Kreuzbein verschmelzen (normalerweise) fünf Wirbel. Die ursprünglichen Segmentgrenzen sind im Röntgenbild gut zu sehen, jedoch beim Betasten der Hinterfläche des Kreuzbeins kaum auszumachen. Gut zu erkennen sind jedoch (markieren!):

- **mittelständiger Kreuzbeinkamm** (Crista sacralis mediana): den Dornfortsätzen entsprechend. Wie die Dornfortsätze in den anderen Regionen der Wirbelsäule ist auch der mediane Kreuzbeinkamm in ganzer Länge zu tasten. Es ist eine höckerige Leiste, in welcher die fünf Dornfortsätze meist mehr zu erahnen als sicher abzugrenzen sind. Die Höhenzuordnung wird durch die Lendengrübchen an den hinteren oberen Darmbeinstacheln erleichtert. Ihre Verbindungslinie entspricht etwa dem zweiten Kreuzbeinsegment.

Protokoll 262. Kreuzbein

| | |
|---|---|
| Länge des medianen Kreuzbeinkamms (cm) | |
| Öffnung des Kreuzbeinkanals Breite an der Basis (cm) | |
| Länge (Spitze - Basis) (cm) | |
| Segmenthöhe des oberen Endes | |

- **Öffnung des Kreuzbeinkanals** (Hiatus sacralis): Der Kreuzbeinkanal (Canalis sacralis) ist die Fortsetzung des Wirbelkanals. Er enthält im extrauterinen Leben kein Rückenmark, aber die Nervenwurzeln der Kreuzbein- und Steißbeinnerven. Das Steißbein bildet keine Wirbelbogen. Der Kanal endet also mit dem Kreuzbein. Die Öffnung liegt meist nicht genau an der Grenze zwischen Kreuzbein und Steißbein, sondern etwas höher. Die Ränder der Öffnung sind nicht von Muskeln bedeckt und am oberen Ende der Afterfurche gut zu tasten. Häufig bilden sie einen gotischen Bogen im Bereich des Segments $S_5$. Die Öffnung kann jedoch auch weiter nach oben reichen. Es kann sogar der gesamte Kreuzbeinkanal hinten offen sein. Praktische Bedeutung hat dies bei der sakralen Epiduralanästhesie (Ü234).

## Ü263 Lendenraute beurteilen

Die Lendenraute oder Michaelis-Raute (nach dem deutschen Gynäkologen Gustav Adolf Michaelis, Kiel 1798-1848) ist ein flaches Hautgebiet im Bereich des Unterendes der tiefen Rückenstreckmuskeln. Je nach Körperbautyp ist die Raute mehr längsgestreckt oder in die Breite gezogen. Ihre vier Eckpunkte sind

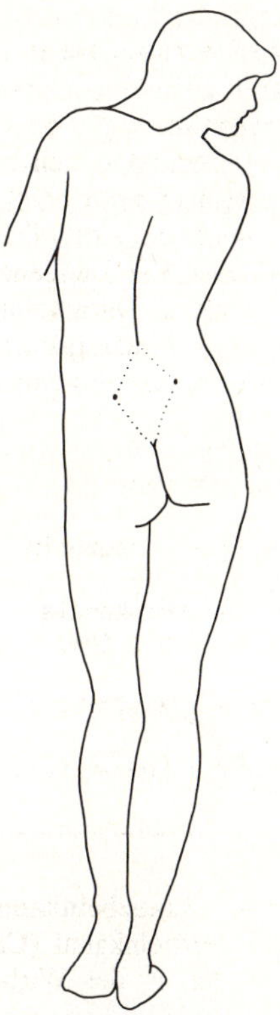

*Abb. 263. Lendenraute (Umrisse nach einem Gemälde von Edward Burne-Jones)*

- seitlich die beiden Grübchen neben den hinteren oberen Darmbeinstacheln,
- oben der tiefste Punkt der Lendenlordose (in manchen Büchern wird fälschlich der Dornfortsatz $L_5$ angegeben, der jedoch nicht besonders hervortritt, Ü215).
- unten der Beginn der Afterfurche, wo sich die Ursprünge der beiden großen Gesäßmuskeln am Kreuzbein berühren.

Die Lendenraute spielte früher in der Geburtshilfe bei der Beurteilung der Beckenform eine Rolle. Bei der frühkindlichen Rachitis (Vitamin-D-Mangel) sind die Knochen der statischen Belastung nicht gewachsen und verformen sich. Dabei kann der Gebärkanal verengt werden. Eine Asymmetrie der Lendenraute weist auf eine Beckendeformität hin und sollte bei der schwangeren Frau Anlaß zu einer sorgfältigen Vermessung des kleinen Beckens sein. Infolge der routinemäßigen Vitamin-D-Prophylaxe bei Säuglingen ist in den hochzivilisierten Ländern die frühkindliche Rachitis selten geworden. Damit hat auch die Lendenraute an ärztlichem Interesse verloren. Sie bleibt jedoch nach wie vor eines der Schönheitsmerkmale des Rückens. Bildende Künstler aller Zeiten haben die Lendenraute in ihren Werken besonders beachtet (Abb. 263).

| Protokoll 263. Lendenraute | | | |
|---|---|---|---|
| Symmetrisch | j | n | ? |
| Querdurchmesser (cm) | | | |
| Längsdurchmesser (cm) | | | |

## Ü264 Becken vermessen

Die Schwangerschaftsdauer (Tragzeit) wird von zwei gegensätzlichen biologischen Bedingungen bestimmt:

- Die Frucht soll so reif sein, daß sie selbständig lebensfähig ist. Diese Bedingung wird um so besser erfüllt, je länger die intrauterine Entwicklung dauert.
- Die Frucht soll ohne Gefahr für Mutter und Kind aus dem mütterlichen Organismus entlas-

sen werden. Dieser Bedingung zufolge sollte die intrauterine Entwicklung möglichst kurz und damit der Fetus bei der Geburt möglichst klein sein.

Die tatsächliche Tragzeit von etwa 266 Tagen nach der Befruchtung (bzw. etwa 280 Tagen nach dem Beginn der letzten Menstruation, was sicherer zu berechnen ist) ist ein Kompromiß zwischen den beiden Bedingungen. Der Fetus verläßt die Gebärmutter, wenn er den Geburtskanal gerade noch passieren kann. Entscheidende Maße beim Kind sind die Durchmesser des Kopfes, bei der Mutter die Innendurchmesser des kleinen Beckens. Ist der Kopf zu groß (z.B. bei "übertragenen" Kindern mit zu langer Schwangerschaftsdauer) oder das Becken zu eng (z.B. bei Verformung durch eine frühkindliche Rachitis der Mutter), so kann die Frucht nicht auf natürlichem Weg (per vias naturales) geboren werden, sondern man muß unter Umgehung des Beckens den Geburtsweg durch die Bauchwand wählen: Schnittentbindung (Sectio caesarea = "Kaiserschnitt") mit "Aufschneiden" der Bauchwand und der Gebärmutter.

Ein derartiges Geburtshindernis sollte jedoch nicht erst nach Beginn der Geburt, etwa wenn der kindliche Kopf schon im kleinen Becken der Mutter eingekeilt ist, sondern rechtzeitig vorher erkannt werden. Dann kann man in Ruhe überlegen, ob man die Schnittentbindung mit den größeren Gefahren für Mutter (Sterblichkeit etwa 0,15 %) und Kind in Kauf nimmt oder ob man die Schwangerschaftsdauer verkürzt und die Geburt "vorzeitig" einleitet (aber rechtzeitig für die Größe des kindlichen Kopfes).

Der Gebärkanal = kleines Becken (Pelvis minor) hat zwei **Engstellen**:

- Am **Beckeneingang** ist der sagittale Durchmesser in der Regel kleiner als der transversale. Genau genommen liegt die engste Stelle etwas unterhalb der Grenzlinie (Linea terminalis) zwischen großem und kleinem Becken, nämlich zwischen dem am weitesten in die Beckenlichtung ragenden Teil der Schambeinfuge (bzw. der Schambeine) und dem Promontorium ("Vorgebirge") am Kreuzbein. Diesen kleinsten Abstand nennt man Conjugata vera (= wahrer Durchmesser). Er beträgt normalerweise etwa 11,5 cm.
- Am **Beckenausgang** ist der transversale Durchmesser (zwischen den beiden Sitzbeinhöckern) meist kleiner als der sagittale, weil das Steißbein bei der Frau im gebärfähigen Alter meist noch beweglich ist und dorsalwärts weggeklappt werden kann.

Wegen der um 90° gegeneinander verdrillten Engstellen im Beckeneingang und im Beckenausgang durchquert die Frucht den Beckenkanal in einer schraubigen Drehung. Dabei gleitet sie mit dem jeweils kleineren Durchmesser des Körpers (Querdurchmesser des Kopfes, Pfeildurchmesser des Rumpfes) durch die Engstelle.

In der modernen gynäkologischen Praxis mißt man die Größen des fetalen Kopfes und der Geburtswege mit Ultraschall. Wegen der kostspieligen Apparatur ist dieses Verfahren nur in wenigen "reichen" Ländern eingeführt. Im größten Teil der Welt behilft man sich (wie vor zwei Jahrzehnten auch noch bei uns) mit der alten "Beckenmessung". Problem dabei ist, daß man das Innere des Beckens schlecht direkt vermessen kann. In den wahren Durchmesser (Conjugata vera) kann man keinen Maßstab einführen. Ersatzweise mißt man einen schrägen Durchmesser (Conjugata diagonalis) vom Unterrand der Schambeinfuge zum Promontorium bei der gynäkologischen Untersuchung (Ü545). Darüber hinaus vermögen äußere Maße ebenfalls Anhaltspunkte für das Beurteilen der Beckenform zu liefern.

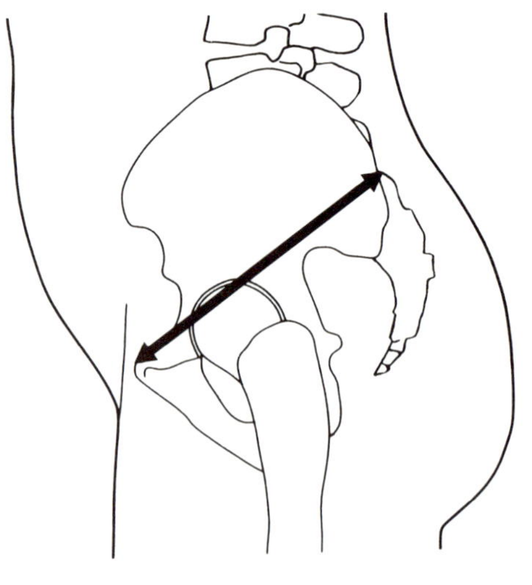

*Abb. 264a. Äußerer gerader Beckendurchmesser*

a) **Beckeneingang**: Man mißt mit dem Beckenzirkel (Abb. 264a und b)

- **äußeren geraden Beckendurchmesser** (Conjugata externa): Abstand des Oberrandes der Schambeinfuge vom oberen Ende der medianen Kreuzbeinleiste (Crista sacralis mediana), dem Dornfortsatz von S1 entsprechend. Die Conjugata externa ist das Außenmaß zum Innenmaß Conjugata vera. In sie gehen zusätzlich ein die Dicken der Haut und der Unterhaut vorn und rückwärts, die Dicke des Kreuzbeins und eine Längendifferenz durch den etwas unterschiedlichen Neigungswinkel der Meßstrecke: Der Meßpunkt am Oberrand der Schambeinfuge liegt etwas kranial vom am weitesten in die Lichtung ragenden Punkt, und das Kreuzbein wird etwas kaudal vom Promontorium durchsetzt. Deshalb ist die Conjugata externa nicht sicher in die Conjugata vera umzurechnen. Ein Meßwert von 20 cm oder mehr spricht jedoch für ein normales Becken.
- **vordere Darmbeinstachelweite** (Distantia spinarum): Abstand der vorderen oberen Darmbeinstachel (Spinae iliacae anteriores superiores).
- **Beckenbreite** (Distantia cristarum): Abstand der am weitesten nach lateral ausladenden Stellen der Darmbeinkämme (Cristae iliacae, Ü145).
- **Hüftbreite** (Distantia trochanterum): Abstand der lateralsten Punkte der großen Rollhügel (Trochanteres majores) der Oberschenkel.

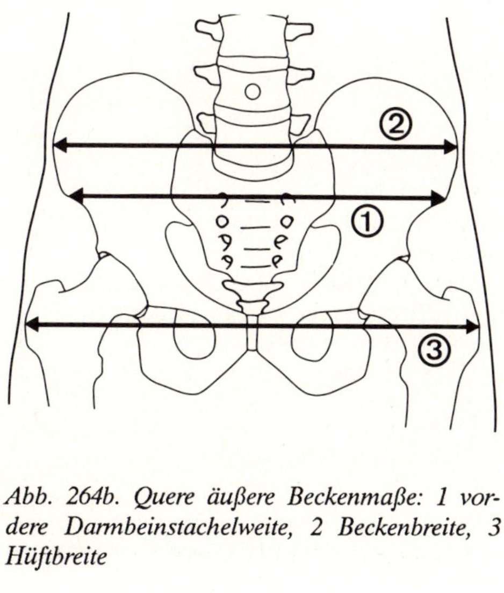


*Abb. 264b. Quere äußere Beckenmaße: 1 vordere Darmbeinstachelweite, 2 Beckenbreite, 3 Hüftbreite*

Die drei letztgenannten transversalen Meßstrecken scheinen auf den ersten Blick überhaupt keine Beziehung zur sagittalen Conjugata vera zu haben. Sie gestatten jedoch, die Gesamtform des Beckens zu beurteilen, und liefern dadurch mittelbar auch Hinweise für die Conjugata vera. Häufige Meßwerte bei normal gebauten Europäerinnen sind bei den drei Maßen: 25, 29 und 35 cm. Es kommt weniger auf die absoluten Meßwerte als auf die Differenz zum jeweils nächsten Maß an. Sie sollte 3 cm oder mehr betragen. Ist hingegen der Abstand der vorderen oberen Darmbeinstachel etwa gleich groß wie der Abstand der Darmbeinkämme, so ist eine rachitische Verformung des Beckens zu vermuten. Dabei wird unter dem Gewicht des Rumpfes das Kreuzbein in das Beckeninnere gepreßt, und die Darmbeine werden entsprechend nach außen gedreht. Die Lichtung des kleinen Beckens ist im Querschnitt nicht mehr oval, sondern nieren- oder kartenherzförmig. Die Conjugata vera ist dann kleiner als normal, und der Geburtsweg wird zu eng.

| Protokoll 264. Beckenmaße (cm) | | Diff. |
|---|---|---|
| Conjugata externa | | |
| Distantia spinarum | | |
| Distantia cristarum | | |
| Distantia trochanterum | | |

Die Beckenmessung in Übungen zur Anatomie am Lebenden liefert nicht nur interessante Daten zu den Geschlechtsunterschieden am knöchernen Becken. Hat man bei einer Frau atypische Meßwerte gefunden, so sollte diese bei der nächsten gynäkologischen Routineuntersuchung ihr Becken mit Ultraschall ausmessen lassen. Dies könnte bei der Planung einer Schwangerschaft von Interesse sein.

Tab. 264. Relative Beckenbreite (% der Körperlänge)

| | Frau | Mann |
|---|---|---|
| Schmalbeckig | <17,5 | <16,5 |
| Mittelbeckig | 17,5-18,5 | 16,5-17,5 |
| Breitbeckig | >18,5 | >17,5 |

Bei Mitteleuropäerinnen beträgt die mittlere Beckenbreite 27-31 cm (etwa 18 % der Körperlänge, Tab. 264), die mittlere Hüftbreite 34-37 cm (etwa 22 % der Körperlänge).

b) **Beckenausgang**: s. Ü534.

### Ü265 Kreuzbein-Darmbein-Gelenke auf Schmerzempfindlichkeit prüfen

Die Kreuzbein-Darmbein-Gelenke (Articulationes sacroiliacae) lassen nur geringe Bewegungen zu, deren Umfang man beim Lebenden nur mit großem apparativen Aufwand messen könnte. Erkrankungen dieser Gelenke spielen jedoch unter den Ursachen von "Kreuzschmerzen" eine wichtige Rolle. Zu einer eingehenden ärztlichen Untersuchung gehört daher auch die Schmerzprüfung der Iliosakralgelenke:

▪ **Prüfung auf Druckschmerz**: Das Kreuzbein-Darmbein-Gelenk liegt unmittelbar medial und unter dem hinteren oberen Darmbeinstachel oberflächennah. Dort sinkt die Haut zu den seitlichen Lendengrübchen (den seitlichen Eckpunkten der Lendenraute) ein. Zur Untersuchung sitzt der Arzt hinter dem stehenden Patienten. Er legt seine Daumen in die Lendengrübchen und umfaßt mit den übrigen Fingern die Gesäßgegend. Dadurch hat er das Becken fest im Griff und kann nun mit den Daumen gegen das Gelenk drücken. Während des Drückens läßt man den Patienten langsam nach vorn neigen. Der Druckschmerz besteht unter Umständen nur in bestimmten Stellungen.

▪ **erstes Mennell-Zeichen**: Der Proband liegt auf dem Bauch. Der Untersucher steht zur Prüfung der linken Seite links neben der Untersuchungsliege, drückt mit der linken Hand gegen die rechte Gesäßgegend und hebt mit der rechten Hand den linken Oberschenkel nach hinten an. Zur Untersuchung der rechten Seite wechselt der Untersucher entsprechend seine Position. (James Mennell, *1880, englischer Orthopäde.)

▪ **zweites Mennell-Zeichen**: Der Proband liegt auf dem Rücken, so daß ein Oberschenkel über die Kante der Liege nach unten hängt. Der Untersucher drückt auf dieses Bein, um die Retroversion zu verstärken. Der Versuch wird wiederholt, nachdem der Proband das auf der Liege befindliche Bein in Hüft- und Kniegelenk gebeugt, das Knie mit beiden Händen umschlungen und kräftig gegen den Rumpf gezogen hat. Dadurch wird das Becken gedreht, und die Lendenlordose wird flacher. Der Druck gegen das überhängende Bein wird dann noch wirksamer.

▪ **Pumpenschwengelprobe**: Der Proband liegt auf dem Rücken, ein Bein gestreckt, ein Bein in Hüft- und Kniegelenk gebeugt. Der Untersucher preßt das Knie in Richtung zur gegenüberliegenden Schulter gegen den Rumpf.

Mit den drei letztgenannten Untersuchungen werden die Bänder der Kreuzbein-Darmbein-Gelenke gestrafft. Die Tests sind "positiv", wenn der Proband einen Schmerz bei der Bewegung verspürt. In diesem Fall ist eine Röntgenuntersuchung der Kreuzbein-Darmbein-Gelenke angezeigt.

Protokoll 265. Kreuzbein-Darmbein-Gelenke

| Schmerz bei: | R | | | L | | |
|---|---|---|---|---|---|---|
| Druckprüfung | j | n | ? | j | n | ? |
| Mennell I | j | n | ? | j | n | ? |
| Mennell II | j | n | ? | j | n | ? |
| Pumpenschwengelprobe | j | n | ? | j | n | ? |

## 2.7 Bauchwand

**Vorbemerkung**: Zu diesem Abschnitt gehören sinngemäß auch

▪ Ü514: Lage der Leistenringe aufzeichnen,

▪ Ü515: Projektion der Nabelfalten und der Leistengruben angeben,

▪ Ü516: Äußeren Leistenring beim Mann tasten,

▪ Ü517: Wege der Leisten- und Schenkelbrüche mit Pfeilen markieren.

Diese 4 Übungen wurden wegen der Probleme des Schamgefühls in das Kapitel 5 einbezogen.

**Ü271 Grenzen der Bauchwand markieren, Formänderung der Bauchwand bei verschiedenen Körperhaltungen beobachten**

a) Obere Grenze = Unterrand des Brustkorbs (Ü241 und Ü244).
b) Untere Grenze = Darmbeinkamm, Leistenband, Oberrand der Schambeinfuge (Ü261, Ü531, Abb. 271a).

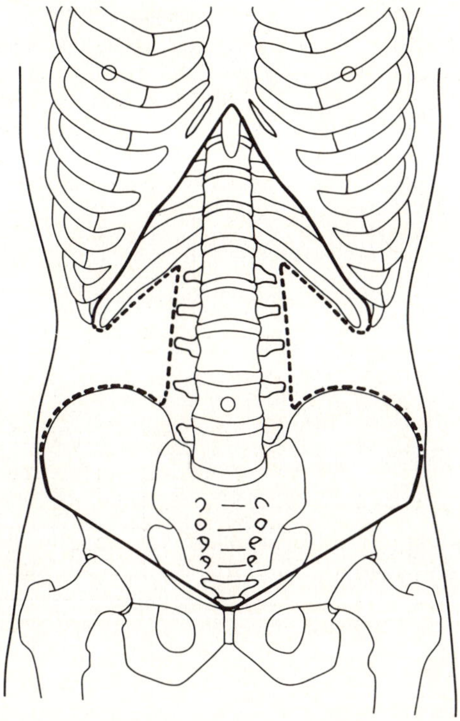

*Abb. 271a. Grenzen der (weichen) Bauchwand*

Man beachte:

- Die Bauchmuskeln überschreiten die obere Grenze der Bauchwand, indem sie breitflächig vom Brustkorb entspringen (gerader und äußerer schräger Bauchmuskel).
- Die Wand der Bauchhöhle wird nicht nur von der "Bauchwand" gebildet. Es beteiligen sich ferner daran die Wirbelsäule, die Beckenknochen, der Beckenboden und das Zwerchfell. Die Baucheingeweide ragen weit in den Brustkorb nach oben, z.B. die Leber bei tiefer Ausatmung bis zur Höhe der fünften Rippe!

In der Form des "Bauches" unterscheiden sich Menschen sehr. Die Dicke des Bauches wird vor allem vom Verhältnis von Energiezufuhr zu Energieverbrauch bestimmt (Extreme: Fettsucht - Magersucht, Ü132). Ein dicker Bauch muß jedoch nicht auf Fettsucht beruhen. In Entwicklungsländern sieht man halbverhungerte Kinder mit dicken Bäuchen. Bei ihnen sammelte sich vermehrt Flüssigkeit in der Bauchhöhle an (Bauchwassersucht = Aszites). Ursache ist Eiweißmangel. Von der Menge des Bluteiweißes hängt der onkotische Druck ab, der die im Anfangsbereich der Kapillare durch den Blutdruck abgepreßte Flüssigkeit am Ende der Kapillare wieder in das Gefäß zurücksaugt. Ist der "Sekretionsdruck" höher als der "Resorptionsdruck", so bleibt Flüssigkeit außerhalb des Gefäßsystems liegen. Eiweißmangel ist durch reichliche Zufuhr von Kohlenhydraten und Fetten nicht zu kompensieren. Entwicklungshilfe muß sich daher bevorzugt um die Erhöhung des Eiweißangebotes bemühen.

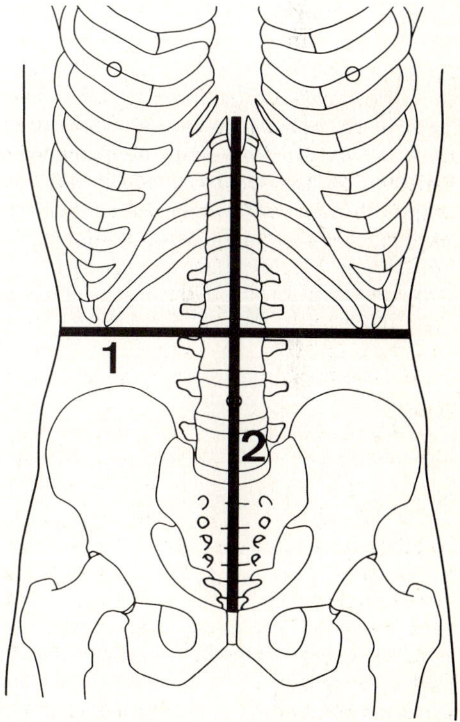


*Abb. 271b. Messen der Formänderungen der Bauchwand: 1 Bauchumfang, 2 Länge der vorderen Bauchwand*

Da die Bauchwand nicht wie die Brustwand durch ein Skelett versteift ist, kann sie sich allen Rumpfbewegungen anpassen. Der "Bauch" ändert somit seine Form mit den Bewegungen des Brustkorbs und des Beckens und damit letztlich mit den Krümmungen der Wirbelsäule. Beim Vertiefen der Lendenlordose wird die Bauchwand gedehnt, beim Abflachen zusammengestaucht. Dabei werden die maximale Dehnung und Verkürzung der Bauchmuskeln (Längenverhältnis 2:1) voll ausgenützt. Bei gut beweglichen jungen Menschen kann unter Einsatz der Schwerkraft die Bauchwand noch weiter zusammengepreßt werden, wobei dann die aktiv insuffizienten Muskeln durch den Bauchinhalt nach vorn gedrängt werden.

Von den Formänderungen der Bauchwand überzeugt man sich am einfachsten anhand von zwei Maßen (Abb. 271b):

- Bauchumfang: horizontal in der Mitte zwischen Brustkorb und Darmbeinkamm,
- Länge der vorderen Bauchwand: zwischen dem Oberrand der Schambeinfuge und dem Unterrand des Brustbeinkörpers (Synchondrosis xiphisternalis). Die Länge sollte man sowohl mit dem Beckenzirkel als auch mit dem Bandmaß messen. Die beiden Maße stimmen nicht überein. Mit dem Beckenzirkel bestimmt man die projektivische Länge, mit dem Bandmaß folgt man den Konturen der Bauchwand.

Protokoll 271a. Bauchumfang (cm)

| | |
|---|---|
| A Entspannt stehend, Ruheatmung | |
| B Bauch maximal eingezogen | |
| C Bauch maximal aufgebläht | |
| D Entspannt sitzend, Ruheatmung | |
| E Relative Zunahme (%) 100(C/B - 1) | |

Das Ausmaß der Rumpfbeugung über die aktive Verkürzung der Bauchmuskeln hinaus durch die Schwerkraft findet man, wenn man die Maße in Rückenlage und im Sitzen vergleicht. Das Aufrichten des Oberkörpers aus Rückenlage ohne Zuhilfenahme der Arme erfolgt durch die Bauchmuskeln und die Beuger des Hüftgelenks. Beim Vorneigen im Sitzen wirkt zusätzlich die Schwerkraft. Das Messen im Sitzen wird schwierig, wenn man die Bewegung fälschlicherweise überwiegend in den Hüftgelenken ausführt und die Bauchwand an die Oberschenkel anlegt. Man sinke vielmehr bei eher nur leicht gebeugten Hüftgelenken in sich zusammen.

Protokoll 271b. Länge der vorderen Bauchwand (cm)

| | Mit Beckenzirkel | Mit Bandmaß |
|---|---|---|
| A Entspannt stehend | | |
| B Brustkorb maximal gehoben | | |
| C Sitzend, maximal vorgeneigt | | |
| D Entspannt am Rücken liegend | | |
| E Bei maximaler Einatmung | | |
| F Bei aktivem Aufrichten des Oberkörpers | | |
| G Längenverhältnis im Stehen/Sitzen (B/C) | | |
| H Längenverhältnis im Liegen (E/F) | | |

## Ü272 Oberflächenrelief der Bauchwand studieren

Das Oberflächenrelief der Bauchwand wird, abgesehen von den knöchernen Rändern, hauptsächlich vom Nabel und den Muskelkonturen geprägt.

Der **Nabel** (Umbilicus) liegt etwas kaudal der Mitte der vorderen Bauchwand. Seine Formenvielfalt ist groß. Die Nabelplatte kann oberflächlich liegen und gut zu besichtigen sein. Bei stärkerem Unterhautfettgewebe in der Umgebung kann der Nabel einen tiefen Trichter bilden, der schlecht belüftet ist und in dem bei mangelhafter Reinigung abgeschilferte Hornschicht der Oberhaut und Schmutz von Bakterien zersetzt werden. Dabei entstehen übler Geruch und Entzündungen.

Bei dünnem Unterhautfettgewebe und gut trainierter Muskulatur sind häufig die Konturen der **Bauchmuskeln** auch ohne besondere Anstrengung des Probanden gut sichtbar. Sie treten noch stärker hervor, wenn man die

Muskeln gegen Widerstand arbeiten läßt. Dies geschieht am einfachsten in Rückenlage, wenn man den Oberkörper ohne Zuhilfenahme der Arme aufrichtet. Die Arme verschränkt man dabei hinter dem Kopf oder streckt sie nach vorn. Die Anstrengung kann man noch steigern, wenn man zusätzlich die gestreckten Beine hebt, doch hält diese Stellung niemand längere Zeit durch.

▪ **Gerader Bauchmuskel** (M. rectus abdominis): Die Außenränder laufen kranial des Nabels etwa parallel, kaudal konvergieren sie zu den Schambeinhöckern. Über den Außenrändern sinkt die Haut oft zu einer seichten Furche ein (Linea pararectalis), die man zur Regionengliederung (Ü274) nutzen kann. Der lange Verlauf des Muskels von der fünften Rippe bis zum Schambein wird durch drei bis vier Zwischensehnen (Intersectiones tendineae) gegliedert. Man kann sie als quere Furchen zumindest tasten. In der muskelkräftigen Bauchwand entstehen durch sie vier bis fünf quadratische bis rechteckige Felder. Da die Zwischensehnen nicht unbedingt symmetrisch angeordnet sind, können auch die Felder seitenverschieden sein. Die Felderung des geraden Bauchmuskels wurde von bildenden Künstlern aller Zeiten hervorgehoben, um die Bauchwand zu strukturieren (und in der vorderen Rumpfwand beim Mann das künstlerische Manko zu kompensieren, das aus der Minderentwicklung der Brüste erwächst).

▪ **Linea alba**: Kranial des Nabels sinkt die vordere Medianlinie meist rinnenartig ein. Hier durchflechten sich die Sehnenplatten des vorderen und des hinteren Blatts der Rektusscheide (Vagina musculi recti abdominis). Die Linea alba endet einige Zentimeter kaudal des Nabels. Dann laufen alle Sehnenzüge im vorderen Blatt.

▪ **Äußerer schräger Bauchmuskel** (M. obliquus externus abdominis): Seine sägeförmige Ursprungslinie an der Brustwand tritt besonders schön hervor, wenn man beim Heben des Oberkörpers aus Rückenlage auch noch eine Seite nach oben dreht. Dann spannt sich die "Schräggurtung" der Bauchwand (äußerer und innerer schräger Bauchmuskel) stark an. Das Muskelfleisch des äußeren schrägen Bauchmuskels endet an oder etwas lateral der Pararektallinie. Die Furche der Pararektallinie ist somit sowohl durch den Medialrand des äußeren schrägen als auch den Lateralrand des geraden Bauchmuskels bedingt. Kaudal endet der Muskelrand des äußeren schrägen Bauchmuskels am sog. Muskeleck einige Zentimeter ventral des vorderen oberen Darmbeinstachels. Manche Künstler ignorieren dieses Muskeleck und lassen die Kontur des äußeren schrägen Bauchmuskels fälschlicherweise am vorderen oberen Darmbeinstachel enden.

## Ü273 Kraft der Bauchmuskeln prüfen

In den beiden vorhergehenden Übungen wurde die Bedeutung der Bauchmuskeln für die Oberflächengestaltung der Bauchwand und für die Atmung untersucht. Am schwersten müssen die Bauchmuskeln arbeiten, wenn sie als Gegenspieler der Rückenstrecker die Wirbelsäule gegen Widerstand nach vorn beugen (inklinieren) müssen. Dies ist der Fall, wenn man aus Rückenlage den Oberkörper aufrichtet. Man kann es sich bequem machen, indem man die Hüftbeuger mit einsetzt und sich zusätzlich mit den Armen abstützt. Man kann es sich erschweren, wenn man den Schwerpunkt des Oberkörpers kopfwärts verlagert, indem man die Arme hinter dem Kopf verschränkt. Damit ist die Untersuchungslage bereits weitgehend beschrieben, und wir müssen nur noch die in Ü123 beschriebenen Grundsätze der Bewertung auf die Übung anwenden.

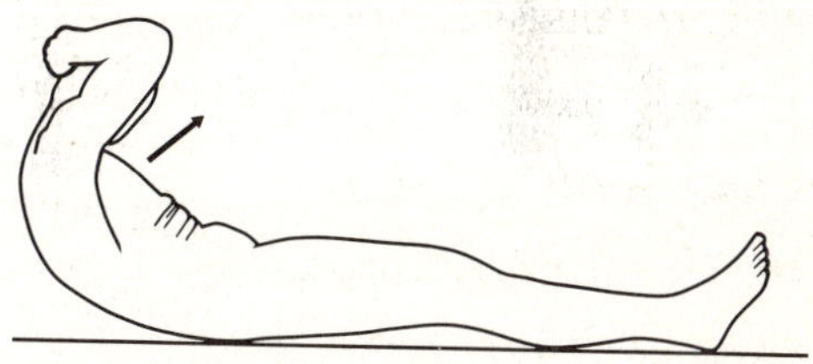

*Abb. 273a. Kraft der Bauchmuskeln beim Aufrichten aus Rückenlage prüfen (nach Kendall)*

a) **Gerader Bauchmuskel** und Längskomponenten der schrägen Bauchmuskeln: Der Proband liegt auf dem Rücken. Er hebt zunächst den Kopf, dann den Oberkörper und zuletzt den gesamten Rumpf an (er rollt also den Körperstamm vom Boden ab). Die Hüftbeuger sollen nicht mit eingesetzt werden. Die Beine dürfen daher von der Hilfsperson zunächst nicht festgehalten werden. Nur wenn sich herausstellt, daß der Oberkörper aus Gleichgewichtsgründen immer wieder zurücksinkt, dürfen die Oberschenkel fixiert werden. Bewertung:

- 100 %: Der Proband kann mit hinter dem Kopf gefalteten Händen den Oberkörper langsam anheben und zur Vertikalen aufrichten (Abb. 273a). Er kann die Bewegung in jedem Neigungswinkel anhalten.
- 75 %: Der Proband kann den Oberkörper mit vor der Brust verschränkten Armen aufrichten.
- 50 %: Der Proband kann den Oberkörper mit vor den Bauch gestreckten Armen aufrichten.
- 25 %: Der Proband kann sich nur mit Abstützen aufrichten. Dabei läßt sich jedoch die Anspannung der Bauchmuskeln tasten.
- 0 %: Die Bauchmuskeln sind gelähmt. Es ist nicht einmal eine Muskelzuckung zu tasten.

b) **Schräge Bauchmuskeln**: Der Versuch findet grundsätzlich unter gleichen Bedingungen statt. Der Oberkörper wird jedoch nicht gerade, sondern nach rechts oder links gedreht gehoben. Die Bewertung ist sinngemäß die gleiche.

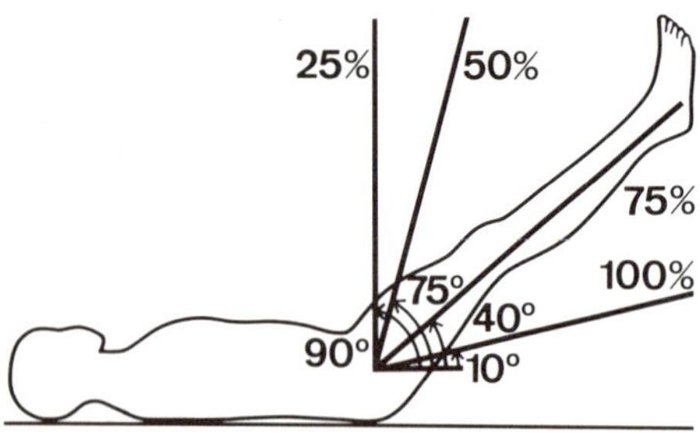


*Abb. 273b. Beinhaltetest (nach Kendall)*

c) **Beinhaltetest**: Die Bauchmuskeln sind Gegenspieler der Rückenstrecker nicht nur beim Aufrichten des Rumpfes, sondern auch beim Kippen des Beckens. Wird bei fixiertem Oberkörper die Lendenlordose vertieft, so wird dabei das Becken steiler gestellt, beim Abflachen der Lendenlordose entsprechend flacher gestellt. Werden bei Rückenlage die gestreckten Beine gehoben, so setzt dies eine Fixation der Hüftpfanne, also des Beckens, voraus. Andernfalls wird das Becken durch das Gewicht der Beine steiler gestellt. Dieser Drehbewegung wirken die Bauchmuskeln entgegen. Das Gewicht der Beine zieht um so schwerer an den Bauchmuskeln, je größer der horizontale Abstand des Schwerpunkts der Beine vom Hüftgelenk wird. Dieser ist Null, wenn die Beine rechtwinklig nach oben gehalten werden (90° Beugung), und am größten kurz bevor die Beine aufliegen (10° Beugung). Daraus ergibt sich folgende Bewertung (Abb. 273b):

- 100 %: Die gestreckten Beine können in einem Winkel von etwa 10° über dem Boden gehalten werden.
- 75 %: Die gestreckten Beine können in einem Winkel von etwa 40° über dem Boden gehalten werden.
- 50 %: Die gestreckten Beine können in einem Winkel von etwa 75° über dem Boden gehalten werden.
- 25 %: Die rechtwinklig gehobenen Beine können im Gleichgewicht gehalten werden. Die Lendenlordose ist dabei abgeflacht (der Untersucher tastet nach).
- 0 %: Die Lendenlordose kann wegen der Lähmung der Bauchmuskeln nicht abgeflacht werden.

Protokoll 273. Bauchmuskeltests (% Muskelkraft)

| | | | | | |
|---|---|---|---|---|---|
| A Gerade Bauchmuskeln | 0 | 25 | 50 | 75 | 100 |
| B Schräge Bauchmu. Drehung rechts | 0 | 25 | 50 | 75 | 100 |
| Drehung links | 0 | 25 | 50 | 75 | 100 |
| C Beine halten | 0 | 25 | 50 | 75 | 100 |

## Ü274 Transversalebenen durch den Bauchraum und Regionen der vorderen Bauchwand an der Haut markieren

Die Brustwand wird durch die Rippen auf natürliche Weise gegliedert. In der vorderen Bauchwand findet man als einzige Höhenmarke den Nabel. Die Bauchwand kann man jedoch durch eine Reihe von Transversalebenen untergliedern, die über leicht zu tastende Skelettpunkte definiert sind (Abb. 274a):

- **Xiphosternalebene**: durch die Knorpelfuge zwischen Brustbeinkörper und Schwertfortsatz (Synchondrosis xiphisternalis).
- **transpylorische Ebene** (Planum transpyloricum): durch die Mitte der vorderen Rumpfwand: Halbierungspunkt der Strecke zwischen

Drosselgrube (Incisura jugularis des Manubrium sterni) und Oberrand der Schambeinfuge (Symphysis pubica). Der Magenpförtner (Pylorus) liegt allerdings meist einige Zentimeter unterhalb dieser Ebene. Die transpylorische Ebene schneidet den Rippenbogen etwas unterhalb seiner Mitte (etwa Spitze der neunten Rippe), dort wo der Seitenrand des geraden Bauchmuskels auf den Rippenbogen trifft.

- **Subkostalebene** (Planum subcostale): durch den Unterrand des Rippenbogens (zehnte Rippe).
- **Suprakristalebene** (Planum supracristale): durch die höchsten Punkte der Darmbeinkämme (Cristae iliacae). Diese Ebene entspricht etwa der Nabelebene. Die höchsten Punkte der Darmbeinkämme liegen ziemlich weit dorsal.

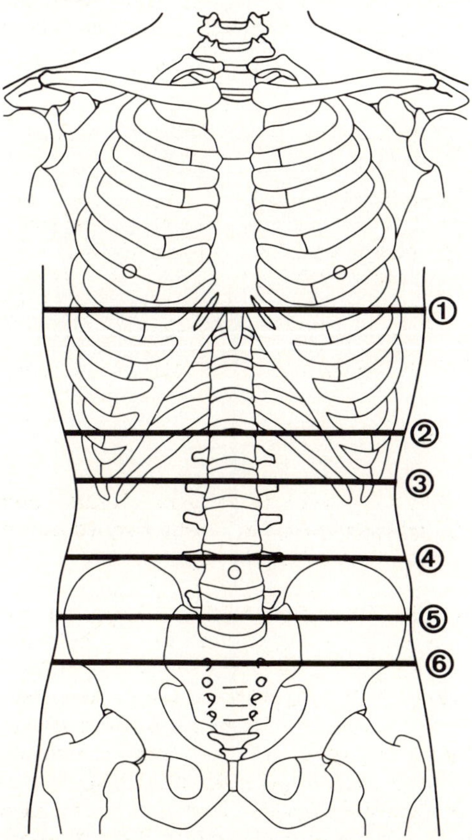


*Abb. 274a. Transversalebenen durch den Bauchraum: 1 Xiphosternalebene, 2 transpylorische Ebene, 3 Subkostalebene, 4 Suprakristalebene, 5 Intertuberkularebene, 6 Interspinalebene*

- **Intertuberkularebene** (Planum intertuberculare): durch die Darmbeinhöcker (Tubercula iliaca). Der Darmbeinhöcker ist ein meist deutlich tastbarer seitlicher Vorsprung am Darmbeinkamm, etwa 5 cm dorsolateral des vorderen oberen Darmbeinstachels.
- **Interspinalebene** (Planum interspinale): durch die vorderen oberen Darmbeinstachel (Spinae iliacae anteriores superiores).

Die drei erstgenannten Ebenen verändern ihre Lage naturgemäß mit den wechselnden Stellungen des Brustkorbs (Atmung, Alter, Lungenblähung usw.). Die Zuordnung zu bestimmten Dornfortsätzen darf daher nicht zu starr gesehen werden.

Protokoll 274. Transversalebenen durch den Bauchraum

| | Schneidet Dornfortsatz | |
|---|---|---|
| | Literaturwert | Eigener Wert |
| Xiphosternalebene | Th9 | |
| Transpylorische Ebene | L1 | |
| Subkostalebene | L2 | |
| Suprakristalebene | L4 | |
| Intertuberkularebene | L5 | |
| Interspinalebene | S2 | |

Mit zwei dieser Transversalebenen kann man den Bauchraum in drei Stockwerke zerlegen:

- **Oberbauch** = Epigastrium,
- **Mittelbauch** = Mesogastrium,
- **Unterbauch** = Hypogastrium.

Die Grenze zwischen Ober- und Mittelbauch bildet die Subkostalebene, die Grenze zwischen Mittel- und Unterbauch die Interspinalebene (manche Autoren ziehen die Intertuberkularebene vor). Hat man die Grenzen im Stehen markiert, so stimmen die Hautmarken im Sitzen nicht mehr: Die Bauchhaut ist gut verschieblich und wird im Sitzen zusammengestaucht. Der Streit um Interspinal- oder Intertuberkularebene ist dann müßig.

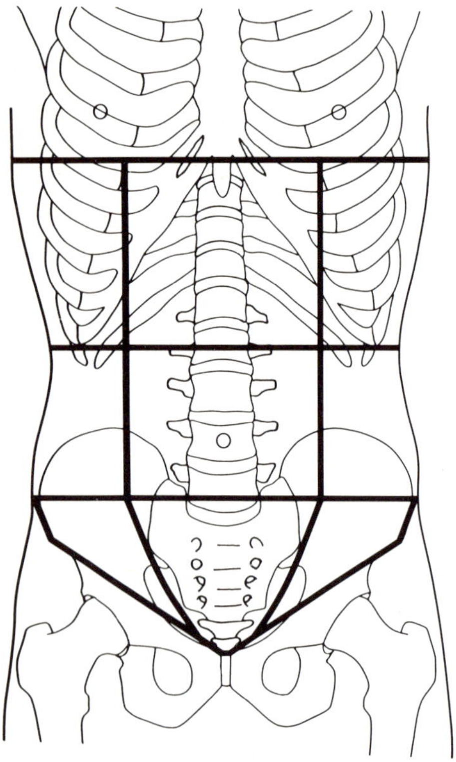

*Abb. 274b. Regionen der vorderen Bauchwand (Namen in den Tabellen 274a und b)*

| Tabelle 274a. Gegenden der vorderen Bauchwand (deutsch) | | |
|---|---|---|
| Rechte Rippenbogengegend (Lebergegend) | Magengrube | Linke Rippenbogengegend |
| Rechte Flankengegend | Nabelgegend | Linke Flankengegend |
| Rechte Leistengegend | Schamhaargegend | Linke Leistengegend |

Die drei Stockwerke lassen sich mit Hilfe der longitudinalen Hilfslinien untergliedern. Schwierigkeiten bereitet dabei die unsichere Definition einiger longitudinaler Linien im Bereich der Bauchwand (Ü245). Eine natürliche Längslinie bildet der Seitenrand des geraden Bauchmuskels, der bei nicht zu dickem Unterhautfettgewebe beim Lebenden recht gut zu sehen ist (Ü272). Vorteilhaft ist dabei, daß der gerade Bauchmuskel im schmäleren Unterbauch ebenfalls schmäler und dadurch die Regionengliederung harmonischer wird. Nimmt man hingegen die Medioklavikularlinie (als Parallele zur Medianen) als Grenze, so liegen die Leistenringe nicht innerhalb der Leistenregion.

| Tabelle 274b. Gegenden der vorderen Bauchwand (lateinisch) | | |
|---|---|---|
| Regio hypochondriaca dextra (Hypochondrium dextrum) | Regio epigastrica (Epigastrium) | Regio hypochondriaca sinistra (Hypochondrium sinistrum) |
| Regio lateralis dextra | Regio umbilicalis | Regio lateralis sinistra |
| Regio inguinalis dextra | Regio pubica (Hypogastrium) | Regio inguinalis sinistra |

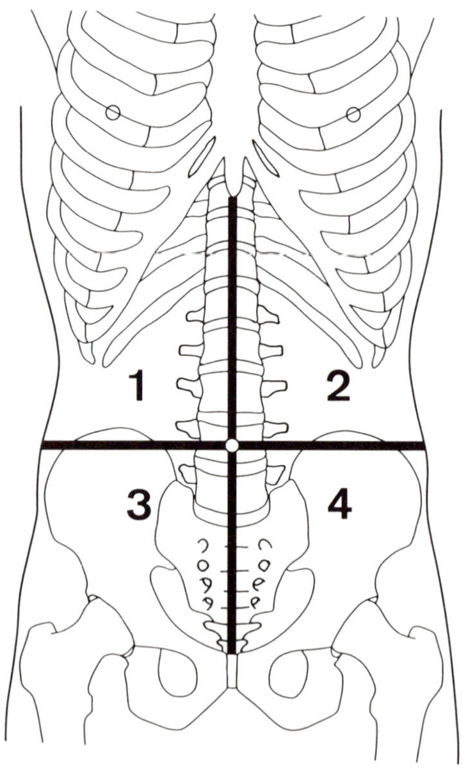


*Abb. 274c. Quadranten der Bauchwand: 1 rechter oberer, 2 linker oberer, 3 rechter unterer, 4 linker unterer*

Durch die Seitenränder der geraden Bauchmuskeln (Lineae pararectales) wird jedes der drei Stockwerke in drei Regionen und mithin die gesamte vordere Bauchwand in neun Regionen (drei unpaare und zweimal drei paarige) gegliedert (Abb. 274b, Tab. 274a und 274b):

**Quadranten**: Statt der Gliederung der Bauchwand in neun Regionen wird in der Klinik häufig die einfachere Einteilung in vier Quadranten vorgezogen. Der Nabel bildet hierbei den Mittelpunkt des Achsenkreuzes (Abb. 274c).

### Ü275 Typische Hautschnitte in der vorderen Bauchwand für Operationen an den Bauchorganen markieren

Um zu den Bauchorganen zu gelangen, muß man notwendigerweise die Bauchwand durchtrennen. Dabei wird man so vorgehen, daß möglichst wenig Schäden an Bauchmuskeln zurückbleiben. Standardwege der Laparotomie (= Bauchschnitt, gr. lapára = Flanke, tomé = Schnitt) sind (Abb. 275):

- **obere mediane Laparotomie**: vom Schwertfortsatz bis nahe zum Nabel durch die Linea alba: für Eingriffe am Magen und an der Bauchspeicheldrüse.
- **mittlere mediane Laparotomie**: durch die Linea alba im Mittelbauch, wobei der Nabel mit einem kleinen Bogen links umrundet wird: vorwiegend bei Noteingriffen bei unklarer Ursache eines "akuten Abdomens" (heftiger Bauchbeschwerden).
- **untere mediane Laparotomie**: zwischen Nabel und Schambeinfuge durch die Rektusscheide: Zugang zu den Beckenorganen, zum S-förmigen Dickdarm (Colon sigmoideum) und zur Gabelung der Bauchaorta.
- **Pararektalschnitt**: am Außenrand des geraden Bauchmuskels (Linea pararectalis): im Oberbauch rechts als Zugang zur Gallenblase, im Unterbauch links als Zugang zum S-förmigen Dickdarm.
- **Rippenbogenrandschnitt**: parallel zum Rippenbogen rechts bei Operationen an der Leber und den Gallenwegen, links bei Operationen an der Milz. Dabei müssen der äußere schräge, der quere und evtl. Teile des geraden Bauchmuskels durchgetrennt werden.
- **Wechselschnitt**: in der Mitte (oder lateral davon) zwischen Nabel und rechtem vorderen oberen Darmbeinstachel parallel zum Leistenband. Dabei wird der Schnitt nicht in der gleichen Richtung durch die drei Schichten der Bauchwand geführt, sondern man durchsetzt jede Schicht (äußerer schräger, innerer schräger, querer Bauchmuskel) in der Verlaufsrichtung der Muskelfasern, um möglicht wenig Schäden zu verursachen. Der Wechselschnitt wird vor allem bei der Appendektomie (Wurmfortsatzentfernung) angewendet.
- **Leistenschnitt**: evtl. nur Hautschnitt ohne Durchtrennen der Bauchwand bei Bruchoperationen.

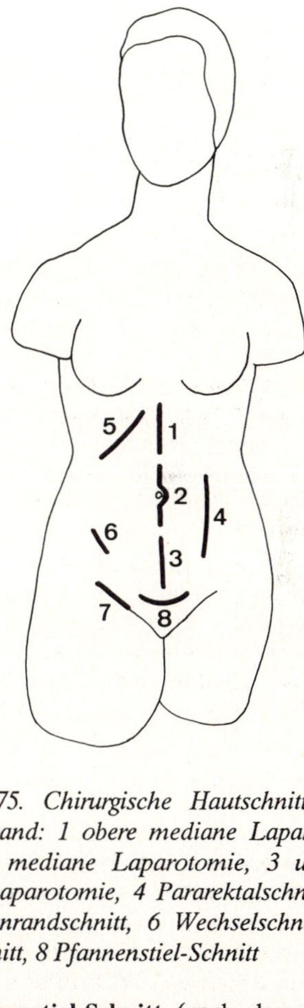


*Abb. 275. Chirurgische Hautschnitte an der Bauchwand: 1 obere mediane Laparotomie, 2 mittlere mediane Laparotomie, 3 untere mediane Laparotomie, 4 Pararektalschnitt, 5 Rippenbogenrandschnitt, 6 Wechselschnitt, 7 Leistenschnitt, 8 Pfannenstiel-Schnitt*

- **Pfannenstiel-Schnitt** (nach dem deutschen Gynäkologen Johann Pfannenstiel, 1862-1909): bogenförmig über den Schambeinen und den Leistenbändern im Bereich der Schamhaare: bei Eingriffen an den Beckenorganen. Vorteil:

Die Operationsnarbe wird vom Schamhaar verdeckt. Nachteil: Die geraden Bauchmuskeln müssen quer durchtrennt werden, es sei denn, man führt den Schnitt in der Tiefe als "Wechselschnitt" weiter. Man zieht dann die Schnittränder der Haut weit auseinander und schneidet die Rektusscheide median in der Längsrichtung durch.

## 2.8 Gefäße und Nerven der vorderen Rumpfwand

### Ü281 Arterien der vorderen Rumpfwand auf die Haut aufmalen

Die vordere Rumpfwand ist, entwicklungsgeschichtlich gesehen, segmental gegliedert und wird daher hauptsächlich von segmental angeordneten Blutgefäßen ($Th_1$ bis $L_4$) versorgt. Hinzu kommen Längsanastomosen zwischen Ästen der sechsten Hals- und fünften Lendenarterie (A. subclavia und A. iliaca externa bzw. deren Fortsetzungen). Man betrachtet am besten eine tiefe und eine oberflächliche Schicht der vorderen Rumpfwand getrennt.

a) Tiefe Schicht: Die Arterien bilden einen "Käfig" aus beidseits 16 horizontalen Sprossen (Zwischenrippen- und Lendenarterien), die durch drei horizontale Stäbe (Aorta, vordere Längsbahnen aus A. thoracica interna und A. epigastrica inferior) verbunden sind:

▪ **Zwischenrippenschlagadern** (Aa. intercostales posteriores): Die erste und zweite entspringen aus dem Truncus costocervicalis der A. subclavia, die übrigen neun direkt aus der Aorta. Sie vereinigen sich mit den Rr. intercostales anteriores aus der A. thoracica interna. Wie der Name besagt, verlaufen die Zwischenrippenarterien in den Zwischenrippenräumen, und zwar im dorsalen Bereich jeweils in einer Rinne am Unterrand der Rippe. Im Bereich der vorderen Achsellinie teilen sich die Zwischenrippenarterien in zwei Äste, von denen einer am Unterrand, der andere am Oberrand der nächsten Rippe weiterzieht. Die Lage der Zwischenrippenarterien ist bei der Pleurapunktion zu beachten. Diese nimmt man dorsal oder lateral vor, weil hier der Pleuraraum am weitesten kaudal reicht und beim sitzenden Patienten hier somit die Hauptmasse des Ergusses zu erwarten ist. Man sticht dann jeweils am Oberrand einer Rippe ein, um die Zwischenrippengefäße und -nerven nicht zu verletzen (Ü318).

▪ **Unterrippenschlagader** (A. subcostalis): Die zwölfte "Zwischenrippenschlagader" führt einen eigenen Namen, da sie nicht mehr "zwischen", sondern nur noch "unter" den Rippen verläuft.

▪ **Lendenschlagadern** (Aa. lumbales): Beidseits vier aus der Aorta entspringende Gefäße, die den Zwischenrippenarterien entsprechen.

▪ **innere Brustwandschlagader** (A. thoracica interna): Sie entspringt aus der A. subclavia und zieht am Rand des Brustbeins oder einige Millimeter lateral von ihm zur Bauchwand. Sie endet an der Innenfläche des geraden Bauchmuskels als A. epigastrica superior.

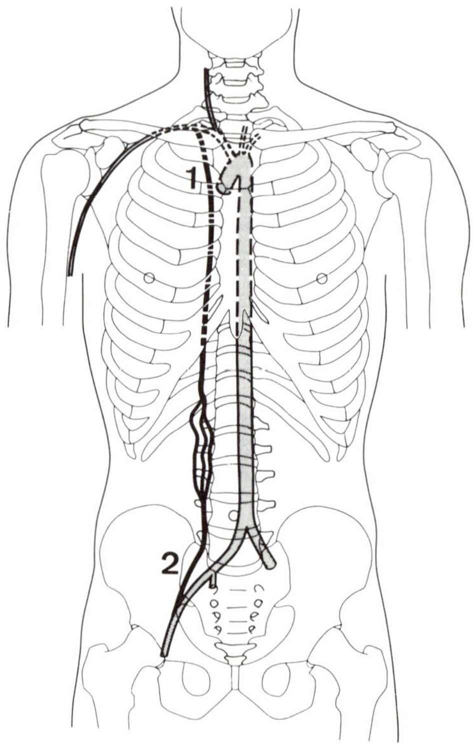


*Abb. 281. Arterielle Längsbahn in der vorderen Rumpfwand: 1 A. thoracica interna, 2 A. epigastrica inferior*

▪ **untere Bauchwandschlagader** (A. epigastrica inferior): Als Ast der A. iliaca externa liegt sie zunächst der Innenseite des Lig. interfoveolare, dann der des geraden Bauchmuskels an.

Ihr Verlauf ist an der Haut leicht nachzuvollziehen: Man tastet zunächst den Puls der Oberschenkelschlagader unmittelbar kaudal des Leistenbandes (etwas unterhalb der Mitte zwischen vorderem oberen Darmbeinstachel und Schambeinhöcker). Der Ursprung der A. epigastrica inferior liegt kranial der Pulsstelle. Von dort läuft sie in Richtung auf den Nabel. Bevor sie diesen erreicht hat, schwenkt sie in eine Parallele zur vorderen Medianlinie etwa in der Mitte der Breite des geraden Bauchmuskels ein. Kranial des Nabels vereinigt sie sich mit der A. epigastrica superior. Beide Gefäße sind hier meist in mehrere annähernd parallele Äste aufgezweigt (Abb. 281). Diese Längsverbindung zwischen A. subclavia und A. iliaca externa kann bei Strömungshindernissen in der Aorta oder den Beckenarterien (Aortenisthmusstenose, Beckenarterienverschluß usw.) zur Versorgung des Beins beitragen.

b) Oberflächliche Schicht: Zusätzlich zu an die Oberfläche durchbrechenden Ästen der genannten tiefen Arterien kommen Äste der Achsel- und Oberschenkelschlagader. Die wichtigsten sind:

- **seitliche Brustwandschlagader** (A. thoracica lateralis): auf dem vorderen Sägemuskel aus der Tiefe der Achselhöhle absteigend.
- **oberflächliche Bauchwandschlagader** (A. epigastrica superficialis): auf der Rektusscheide von der Pulsstelle der Oberschenkelschlagader aufsteigend.
- **oberflächliche Weichenschlagader** (A. circumflexa ilium superficialis): von der Pulsstelle der A. femoralis in Richtung Darmbeinkamm.

Die beiden letztgenannten Arterien haben in der plastischen Chirurgie Bedeutung gewonnen. Sie gehören zu den wenigen stärkeren Hautschlagadern. Der größte Teil der Körperoberfläche wird von sehr kleinen Arterien versorgt. Am Unterbauch hingegen kann man zwei größere Hautlappen den beiden Arterien zuordnen. Dies ermöglicht die freie Verpflanzung von Haut. Entnimmt man am Unterbauch einen Hautlappen mitsamt der zugehörigen Arterie, so kann man diesen Lappen an einer anderen Körperstelle wieder einpflanzen, um z.B. einen größeren Hautdefekt nach einer Verletzung oder Verbrennung abzudecken. Der verpflanzte Hautlappen stirbt nicht ab, wenn man seine Arterie an eine entsprechende Arterie des Empfängergebietes anschließt. Der zurückbleibende Hautdefekt am Unterbauch bereitet wenig Probleme, da ein gesundes Wundbett gute Heilungsaussichten bietet. Die Lücke ist hier durch Spalthaut oder durch Zusammenziehen der Wundränder der recht lockeren Bauchhaut leichter zu schließen als in einem geschädigten Hautbereich. Ferner stört eine Narbe am Unterbauch im allgemeinen wenig.

Protokoll 281. Oberschenkelschlagader

| | R | L |
|---|---|---|
| Pulsfrequenz (1/min) | | |

### Ü282 Venöse Abflußwege der vorderen Rumpfwand auf der Haut mit Pfeilen bezeichnen

Die Venen der tiefen Schicht folgen als Begleitvenen den in Ü281 beschriebenen Arterien. In der oberflächlichen Schicht kann man fünf Hauptrichtungen abgrenzen, drei zur oberen, zwei zur unteren Hohlvene:

- **zur Achselhöhle**: von der vorderen, seitlichen und hinteren Brustwand zur V. axillaris. Auch die Bauchwand ist über die Vv. thoracoepigastricae angeschlossen.
- **zum Brustkorbinnern**: von der medialen Brustwand zu den Vv. thoracicae internae (und weiter zu den Vv. brachiocephalicae).
- **zum Hals**: von den schlüsselbeinnahen Brustwandbereichen zu den oberflächlichen Halsvenen.
- **zum Oberschenkel**: Die V. epigastrica superficialis und die V. circumflexa ilium superficialis münden im Hiatus saphenus (gemeinsam mit der V. saphena magna) in die V. femoralis.
- **über den Nabel zur Pfortader**: Aus der unmittelbaren Umgebung des Nabels fließt Blut über die Vv. paraumbilicales zur Pfortader ab. Bei Pfortaderstauung (portale Hypertension, z.B. bei der Leberzirrhose) kann sich der Blutstrom in diesen Venen umkehren. Sie können dann als dicke, geschlängelte Stränge radiär um den Nabel sichtbar werden ("Medusenhaupt" = Caput Medusae).

Die Verbindungen zwischen den Venen der Bauch- und Brustwand können bei Verschluß der venösen Hauptabflußwege vom Bein (z.B. Beckenvenenthrombose) wichtig werden. Blut vom Bein kann dann auf diesem Weg unter Umgehung der unteren Hohlvene der oberen Hohlvene zugeführt werden. Im Gegensatz zum radiären Stauungsbild beim Pfortaderhochdruck treten hier parallele longitudinale Venen hervor.

### Ü283 Regionäre Lymphknoten der vorderen Rumpfwand erörtern

Die Lymphbahnen folgen den Venen. Folglich geben die in Ü282 gezeichneten Pfeile für den venösen Abstrom auch den Lymphstrom wieder. Wir müssen also lediglich die regionären Lymphknoten in den fünf Abflußgebieten nachtragen (Abb. 283):

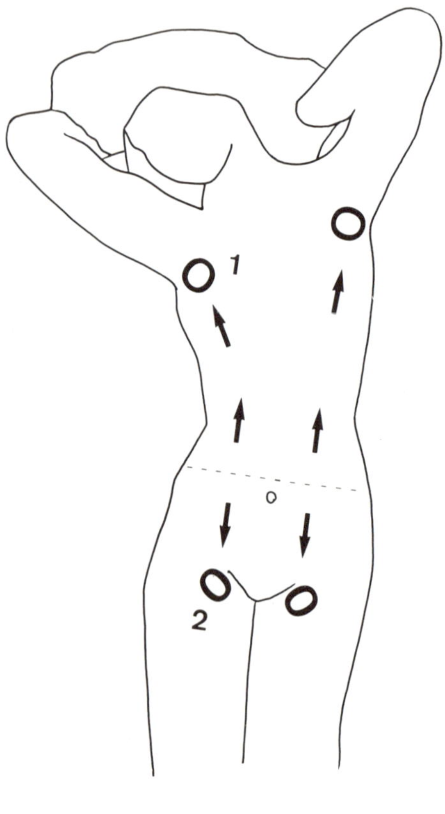


*Abb. 283. Hauptabflußrichtungen der Lymphe der vorderen Rumpfwand: 1 Achsellymphknoten, 2 Leistenlymphknoten (Umrisse eine Plastik von Auguste Rodin)*

- Achsellymphknoten (Nodi lymphatici axillares),
- parasternale Lymphknoten (Nodi lymphatici parasternales),
- seitliche Halslymphknoten (Nodi lymphatici cervicales laterales),
- oberflächliche Leistenlymphknoten (Nodi lymphatici inguinales superficiales),
- Lymphknoten der Baucheingeweide (strittig).

### Ü284 Segmentale Innervation der vorderen Rumpfwand an der Haut markieren

In den Gliedmaßen ist die Segmentzuordnung in den peripheren Nerven wegen der Geflechtbildungen kaum noch sichtbar. Die segmentale Innervation wurde hier nicht durch anatomische Präparation, sondern aus den klinischen Ausfallserscheinungen bei Verletzungen usw. erschlossen. In der Rumpfwand hingegen stimmen "periphere" und "zentrale" Innervation weitgehend überein. Jeder Zwischenrippennerv (N. intercostalis = R. ventralis eines N. thoracicus) versorgt in etwa die Haut über dem betreffenden Zwischenrippenraum. Die unteren Zwischenrippennerven ziehen über die untere Brustkorböffnung leicht absteigend zur Bauchwand weiter (Abb. 284).

"**Segmentsprung**": Entwicklungsgeschichtlich gesehen ist der Arm ein Teil der vorderen Rumpfwand. In ihn wachsen die Segmentnerven $C_5$ bis $Th_1$ ein. Diese fehlen entsprechend an der Brustwand. An das Segment $C_4$ (Schlüsselbeinbereich) schließt sogleich das Segment $Th_2$ an. Dann folgen die Segmente $Th_3$ bis $L_1$ ohne Unterbrechung.

Am einfachsten wird die Zuordnung, wenn man sich vier "**Leitsegmente**" merkt, von denen aus man die übrigen leicht zuordnen kann:
- $C_4$ = Schlüsselbein (dann Segmentsprung!),
- $Th_5$ = Brustwarze,
- $Th_{10}$ = Nabel,
- $L_1$ = Leistenfurche.

Für das Verständnis von Ausfallserscheinungen ist folgendes wichtig: Die einzelnen Segmente liegen nicht scharf getrennt nebeneinander, sondern überlappen sich ausgiebig. Bei Störung eines Segments ist noch kein Sensibilitätsausfall zu erwarten, weil das obere und das untere Nachbarsegment das Gebiet voll überdecken. Erfahrungsgemäß müssen drei nebeneinanderliegende Segmente beeinträchtigt sein, bevor eine gefühllose (anästhetische) Zone nachzuweisen ist.

Die segmentale Innervation wird bei der "Gürtelrose" (Herpes zoster) deutlich: Schmerzen und Hautausschlag sind meist auf ein Segment beschränkt. Da die Zwischenrippennerven streckenweise unmittelbar unter dem Brustfell liegen, sind sie bei Brustfellentzündung (Pleuritis) häufig gereizt.

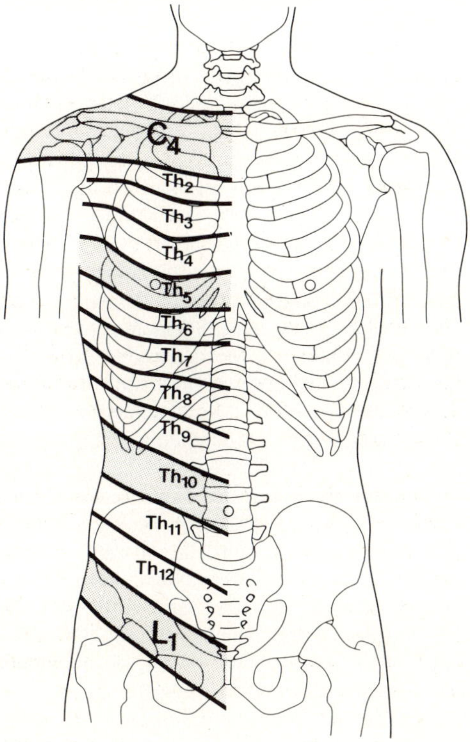


*Abb. 284. Segmentale Innervation der vorderen Rumpfwand*

### Ü285 Bauchhautreflexe prüfen

Bei einer den Bauchorganen von außen drohenden Gefahr spannt sich die Bauchwand schützend an. Dies ist der augenscheinliche Sinn der sog. Bauchhautreflexe (Bauchdeckenreflexe): Streicht man mit einem umgekehrten Streichholz, dem Fingernagel oder dem Stiel des Reflexhammers sacht von der Seite zur Mitte über die Bauchhaut, so kontrahieren sich die darunterliegenden Bauchmuskeln. Man sieht das Zucken der Bauchwand und das Verziehen des Nabels. Keinesfalls sollte man die Haut so kräftig berühren, daß schon dadurch die Haut verschoben wird. Auch sollte man die Haut nicht mit einer Nadel verkratzen.

Die Bauchdeckenreflexe (in klinischen Befunden häufig abgekürzt mit BDR) sind Fremdreflexe, die unter Beteiligung des Gehirns ablaufen. Sie sind demgemäß stärker störbar als Muskeleigenreflexe und ermüden auch leichter. Am besten sind sie in bequemer Rückenlage mit einem Nadelrad auszulösen, wobei man evtl. den Probanden durch ein Gespräch ablenkt.

Bei der neurologischen Standarduntersuchung prüft man die Bauchhautreflexe in drei Stockwerken:

- im Oberbauch: Segmente $Th_6$ bis $Th_9$,
- im Mittelbauch: auf Nabelhöhe $Th_{10}$,
- im Unterbauch: $Th_{11}$ bis $L_1$.

Bewertet wird, wie bei Reflexen üblich, in fünf Abstufungen mit 0 = fehlend, (+) = angedeutet, + = normal, ++ = lebhaft, +++ = gesteigert (nähere Erläuterung Ü124).

Protokoll 285. Bauchhautreflexe

| | | | | | | |
|---|---|---|---|---|---|---|
| Oberbauch | R | 0 | (+) | + | ++ | +++ |
| | L | 0 | (+) | + | ++ | +++ |
| Mittelbauch | R | 0 | (+) | + | ++ | +++ |
| | L | 0 | (+) | + | ++ | +++ |
| Unterbauch | R | 0 | (+) | + | ++ | +++ |
| | L | 0 | (+) | + | ++ | +++ |

# 3 Brustorgane

## 3.1 Lunge

### Ü311 Lunge perkutieren

Die in Ü126 beschriebene Technik der Perkussion wird bei der Lunge in drei Schritten geübt:
a) Orientierung über den Bereich des Lungenschalls,
b) vergleichende Perkussion,
c) abgrenzende Perkussion.

a) **Allgemeine Orientierung**: Man beklopfe verschiedene Stellen der Brustwand und achte auf die Schallqualität. Dabei wird man folgendes merken (Abb. 311a):

- Der Lungenschall reicht weder vorn noch rückwärts bis an den Unterrand des Brustkorbs. Er geht an der rechten Brustkorbhälfte in die Leberdämpfung, links hinten in die Milzdämpfung, links vorn bei stehendem Probanden häufig in den tympanitischen Klopfschall einer Luftblase in der Magenkuppel über.

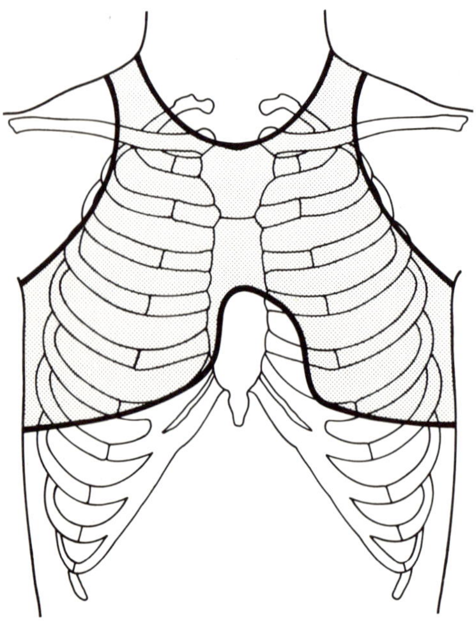

*Abb. 311a. Bereich des sonoren Lungenschalls*

- Der Lungenschall wird rückwärts seitlich vom Schulterblatt und seinen Muskeln, vorn seitlich durch einen kräftigen großen Brustmuskel gedämpft. Läßt man den Probanden die Arme nach vorn nehmen, so werden die Schulterblätter nach vorn geschwenkt, undüber einem größeren Teil des Rückens wird ungedämpfter Lungenschall hörbar.
- In der Nähe der hinteren Medianlinie dämpft die Wirbelsäule, im vorderen mittleren unteren Bereich das Herz.
- Der Lungenschall reicht über das Schlüsselbein nach oben. Klopft man in kleinen Schritten den Hals zwischen Ohr und Schultereck ab, so kann man einen hosenträgerartigen Streifen von Lungenschall entdecken.

b) **Vergleichende Perkussion:** Viele Lungenkrankheiten befallen nicht beide Lungen gleichmäßig, sondern sind auf einzelne Bereiche (bevorzugt einzelne Segmente oder Lappen) beschränkt. Bei der gesunden Lunge ist der Klopfschall über symmetrisch zur Medianebene liegenden Lungenpartien gleich (wenn man von der herzbedingten Lungenasymmetrie absieht). Bei einer eingehenden Untersuchung klopft der Arzt Vorder- und Rückwand des Brustkorbs in engen Schritten abwechselnd rechts und links ab (Abb. 311b). Dabei werden jeweils etwa drei Perkussionsschläge ausgeführt. Dann wird sofort auf die Gegenseite übergegangen. Schallphänomene haften nur kurz im Gedächtnis, deshalb muß sofort verglichen werden. Es wäre sinnlos, erst eine Seite von oben bis unten zu perkutieren und dann erst zur anderen Seite zu wechseln. In die vergleichende Perkussion werden auch die Lungenspitzenfelder am Hals einbezogen. Jede Asymmetrie des Klopfschalls muß den Arzt zu weitergehender Diagnostik veranlassen.

c) **Abgrenzende Perkussion**: Haben wir uns im ersten Teil der Übung über die Ausdehnung des Lungengewebes grob orientiert, so wollen wir zuletzt die unteren Lungengrenzen zentimetergenau festlegen. Da die Lungenränder mit der Atmung auf- und absteigen, sollte der Proband dabei möglichst oberflächlich atmen, um einen möglichst kleinen Unschärfebereich zu erzeugen. Bei der abgrenzenden Perkussion wird der Plessimeterfinger jeweils parallel zur erwarteten Grenzlinie aufgelegt. Man beginnt am besten in der mittleren Achsellinie rechts auf Höhe der Brustwarze. Man führt drei Perkussionsschläge und legt dann den Plessimeterfinger etwa fingerbreit weiter kaudal zu den nächsten Schlägen auf. Die Grenze zwischen Lungen- und Leberschall markiert man am besten mit einem Strich. Dann wiederholt man die Prozedur des stufenweise absteigenden Perkutierens weiter vorn und weiter rückwärts. Bei weiblichen Probanden mit größeren Brustdrüsen läßt man die Probandin die Brustdrüse mit der Hand nach oben schieben und festhalten, um ungehindert perkutieren zu können. Auf der linken Seite verfährt man sinngemäß, denke aber daran, daß im vorderen Bereich bisweilen Lungenschall und tympanitischer Klopfschall aneinandergrenzen.

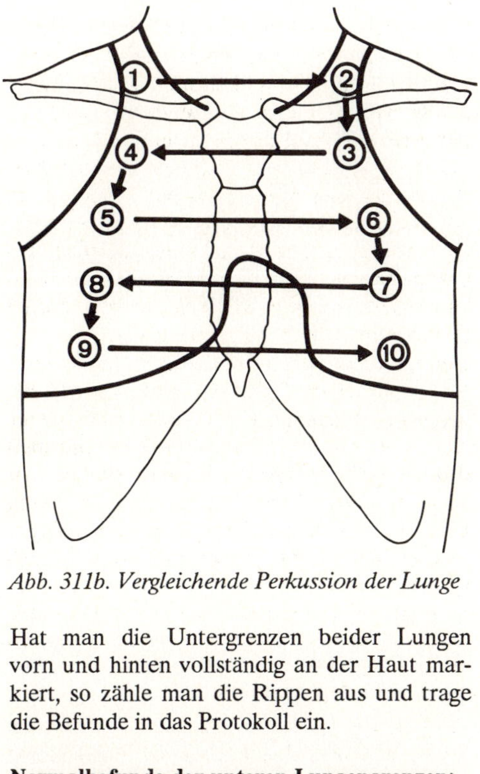


*Abb. 311b. Vergleichende Perkussion der Lunge*

Hat man die Untergrenzen beider Lungen vorn und hinten vollständig an der Haut markiert, so zähle man die Rippen aus und trage die Befunde in das Protokoll ein.

**Normalbefunde der unteren Lungengrenzen**:

- Medioklavikularlinie: 6. Zwischenrippenraum (ICR = Interkostalraum),
- mittlere Achsellinie: 8. Rippe,
- Skapularlinie: 9. Rippe.

Bei sehr genauer Perkussion wird man die Lungengrenzen rechts 1 bis 2 cm höher als links bestimmen (große Leber!). Im Stehen sinken die Lungengrenzen wegen des Gewichts der Baucheingeweide 1 bis 2 cm gegenüber dem Liegen ab. Bei lauter Perkussion bestimmt man die Lungengrenzen etwas höher als bei leiser: Ein dünner Streifen von Lungengewebe wird bei lautem Perkutieren "durchgeschlagen". Man "hört" dann nur das tiefergelegene Gewebe.

Protokoll 311. Untere Lungengrenze bei ruhiger Atmung (Rippe/Zwischenrippenraum)

| | R | L |
|---|---|---|
| Medioklavikularlinie | | |
| Vordere Achsellinie | | |
| Mittlere Achsellinie | | |
| Hintere Achsellinie | | |
| Skapularlinie | | |

**Abnorme Klopfschallbefunde**:

a) Beim Perkutieren älterer Menschen wird man gelegentlich einen besonders lauten Lungenschall hören. Man bezeichnet diesen auch als hypersonoren Klopfschall. Die Hyperresonanz beruht auf einer Vergrößerung der Lungenbläschen bei der sog. Lungenblähung (Emphysem). Bei der Lungenblähung sind die Atembewegungen eingeschränkt. Der Brustkorb verharrt in Einatmungsstellung (inspiratorische Thoraxstarre).

b) Eine Dämpfung anstelle von Lungenschall tritt auf vor allem bei

- Infiltration des Lungengewebes: Die Luft ist durch Flüssigkeit ersetzt, z. B. bei Lungenentzündung (Pneumonie).
- Atelektase des Lungengewebes (gr. atelés = unvollständig, éktasis = Ausdehung): Bei Verschluß eines Bronchus wird aus dem zugehörigen Lungengewebe die Luft resorbiert und damit das Gewebe verdichtet.
- Brustfellerguß: Eine Flüssigkeitsansammlung im Brustfellraum drängt das Lungengewebe von der Brustwand ab.
- Pleuraschwarte: Ein verdicktes Brustfell

(narbiger Restzustand nach Entzündung) kann ebenfalls die Resonanz beeinträchtigen.

c) Tympanitischer Klopfschall ist über größeren gewebefreien Luftansamlungen im Brustraum zu hören:

- Pneumothorax (Luft im Brustfellraum),
- Kavernen (Hohlräume in der Lunge nach Gewebeeinschmelzung durch Eiterung usw.).

## Ü312 Atemverschieblichkeit der Unterränder der Lunge prüfen

Bei der Einatmung tritt das Zwerchfell und damit auch die Lunge tiefer, bei der Ausatmung steigen beide auf. Das Ausmaß dieser Bewegung kann man leicht perkutieren. Voraussetzung ist, daß man bei Ü311 die nötige Sicherheit in der abgrenzenden Perkussion gewonnen hat.

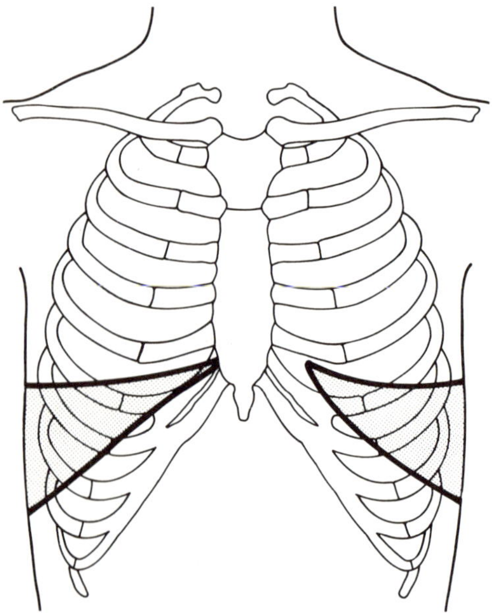

*Abb. 312. Atemverschieblichkeit der Unterränder der Lungen*

**Vorgehen**: Man läßt den Probanden mehrere Male tief durchatmen und dann den Atem in tiefer Ausatmung anhalten. Nun perkutiert man rasch die Lungen-Leber-Grenze und markiert sie an der Haut mit einem Strich. Dann läßt man den Probanden wieder einige Male tief atmen und schließlich den Atem in Einatemstellung anhalten. Dann wird wieder rasch perkutiert und die Grenze aufgezeichnet. Dies wiederholt man, bis man rechts und links von der Medioklavikularlinie bis zur Skapularlinie die Grenzen bei Aus- und Einatmung markiert hat (Abb. 312).

**Beurteilung**: Bei einem gesunden Probanden beträgt die Atemverschieblichkeit in der

- Medioklavikularlinie etwa 3 cm,
- mittleren Achsellinie etwa 10 cm,
- Skapularlinie etwa 5 - 6 cm.

Die Atemverschieblichkeit ist eingeschränkt bei

- mangelnder körperlicher Leistungsfähigkeit (geringer Atembreite),
- "Schonatmung" (bei Schmerzen bei den Atembewegungen, z.B. bei Brustfellreizung),
- behinderter Zwerchfellatmung (Spätschwangerschaft, Zwerchfellähmung, Schmerz im Bauchraum),
- Lungenblähung (die Lungengrenzen stehen tief wegen der inspiratorischen Thoraxstarre),
- Verklebung von Lungenfell und Rippenfell (Pleuraschwarte, die Lunge kann sich nicht frei im Pleuraspalt bewegen).

Protokoll 312. Atemverschieblichkeit der Unterränder der Lungen (cm)

| | R | L |
|---|---|---|
| Medioklavikularlinie | | |
| Vordere Achsellinie | | |
| Mittlere Achsellinie | | |
| Hintere Achsellinie | | |
| Skapularlinie | | |

## Ü313 Projektion der Pleuragrenzen auf die Brustwand aufzeichnen

Am wandständigen Brustfell (Pleura parietalis) unterscheidet man drei Hauptabschnitte:

- Pleura costalis (Rippenfell),
- Pleura mediastinalis (Mittelfell),
- Pleura diaphragmatica (zwerchfellbedeckendes Brustfell).

Die Grenzbereiche ("Umschlagstellen") dieser drei Abschnitte nennt man die Pleuragrenzen. Sie sind zugleich die theoretischen Grenzen für die größte Entfaltung der Lungen bei der Einatmung. Praktisch werden die Pleuragrenzen wohl kaum je erreicht. Man markiere daher folgende an der Leiche bestimmten unteren Pleuragrenzen (Abb. 313) am Probanden und vergleiche mit den in Ü312 perkutierten Unterrändern der Lunge in maximaler Einatmung:

- Medioklavikularlinie: 8. Rippe,
- Medioaxillarlinie: 10. Rippe,
- neben der Wirbelsäule: 12. Rippe.

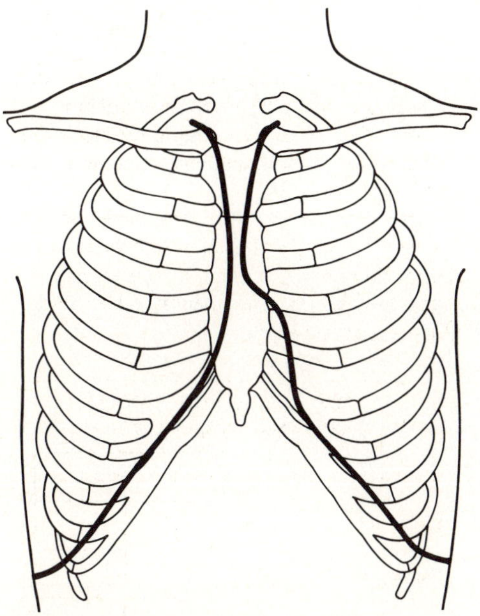

*Abb. 313. Pleuragrenzen*

Die Kenntnis der unteren Pleuragrenzen ist bei Brustwandverletzungen und bei Punktionen wichtig: Oberhalb besteht die Gefahr eines Pneumothorax. Jede die Brustwand durchdringende Verletzung ist sofort abzudichten, weil sonst bei jeder Einatmung aufgrund des Unterdrucks im Brustraum Luft in den Pleuraspalt eingesaugt wird.

Weniger wichtig sind die vorderen Pleuragrenzen (Umschlag vom Rippenfell auf das Mittelfell). Man zeichne folgende Grenzlinien auf die Haut des Probanden:

- auf beiden Seiten vom medialen Ende des Schlüsselbeins nach unten konvergierend fast bis zur Berührung auf Höhe der Brustbeinansätze der dritten Rippen,
- rechts nach unten leicht divergierend zum Ansatz der sechsten Rippe am Brustbein, von dort zur achten Rippe in der Medioklavikularlinie umbiegend,
- links entlang der vierten Rippe nach lateral, dann etwa in der Mitte zwischen Brustbeinrand und Parasternallinie (Ü245) kaudalwärts bis fast zum Rippenbogen und von dort in die schon vorher gezeichnete Untergrenze der Pleura umschwenkend.

Hinten gibt es keine scharfe Pleuragrenze: Das Rippenfell geht an der Wirbelsäule in sanfter Biegung in das Mittelfell über.

## Ü314 Projektion der Luftröhre, der Haupt- und Lappenbronchen auf die Brustwand einzeichnen

a) **Projektion auf die Vorderwand** (Abb. 314):

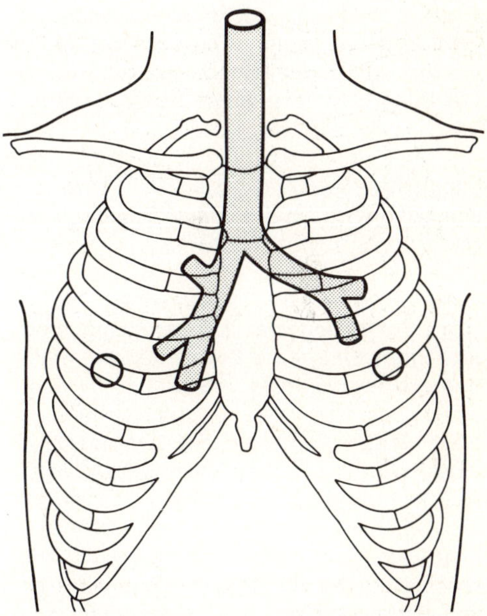

*Abb. 314. Projektion der Luftröhre, der Haupt- und Lappenbronchen auf die vordere Brustwand*

- Die Luftröhre ist etwa 10 bis 12 cm lang (kürzer bei Vorneigen des Kopfes und Ausatmung, länger bei Rückneigen des Kopfes und Einatmung). Sie reicht vom Ringknorpel bis etwa zum Brustbeinwinkel (Synchondrosis manubriosternalis). Ihre lichte Weite beträgt etwa 16 bis 18 mm. Dies entspricht etwa der Dicke des kleinen Fingers. Sie weicht hinter dem Brustbein aus der Mittellinie etwas nach rechts ab.

- Der rechte Hauptbronchus (Stammbronchus) steigt steil ab: Seine gedachte Fortsetzung würde etwa in der Mitte zwischen Brustwarze und Mittellinie liegen.
- Der linke Hauptbronchus beginnt zwar mit dem gleichen Winkel an der Luftröhre, schwenkt dann aber fast in die Horizontale um: Seine gedachte Fortsetzung würde oberhalb der Brustwarze liegen.
- Vom rechten Hauptbronchus geht nach etwa 2 bis 3 cm schräg nach oben seitlich der rechte Oberlappenbronchus ab. Etwa auf Höhe der vierten Rippe teilt er sich in den rechten Mittel- und Unterlappenbrochus.
- Der linke Hauptbronchus zweigt sich nach etwa 5 bis 6 cm in den linken Ober- und Unterlappenbronchus auf.

b) **Projektion auf den Rücken**: Hat man die Projektion auf die Vorderwand vollständig aufgezeichnet, so übertrage man die Höhenlage der wichtigen Teilungspunkte auf den Rücken. Das Bild muß dort naturgemäß spiegelverkehrt sein!

Praktische Anwendung: Über der Luftröhre und den großen Bronchen hört man das bronchiale Atemgeräusch (Ü316).

## Ü315 Projektion der Lappen- und Segmentgrenzen auf die Brustwand aufmalen und die Segmente beziffern

Die "klassische" (bakterielle) Lungenentzündung befällt in der Regel einen Lungenlappen (daher lobäre Pneumonie genannt). Eine akute hochfieberhafte Erkrankung mit Schalldämpfung über einem Lungenlappen legt die Diagnose nahe. Deshalb ist es wichtig, die Projektion der **Lappengrenzen** zu kennen. Dazu zieht man folgende Hilfslinien (Abb. 315):

- auf beiden Seiten von der Spitze des dritten Brustwirbeldornfortsatzes (Schnittpunkt der Verbindungslinie der beiden Schulterblattgräten bei herabhängendem Arm, Ü215) zum Nabel: Diese Linie entspricht der Fissura obliqua zwischen Ober- und Unterlappen. Hat man Schwierigkeiten mit der Lage der Linie an der seitlichen Brustwand, so läßt man den stehenden Probanden beide Arme in die Vertikale heben: Die gesuchte Linie verläuft dann am Medialrand des Schulterblatts (das beim Heben des Arms nach vorn geschwenkt wird und daher schräg steht).
- nur rechts etwa entlang der vierten Rippe von der eben gezeichneten Linie zum Brustbein: Diese Linie entspricht der Fissura horizontalis zwischen Ober- und Mittellappen.

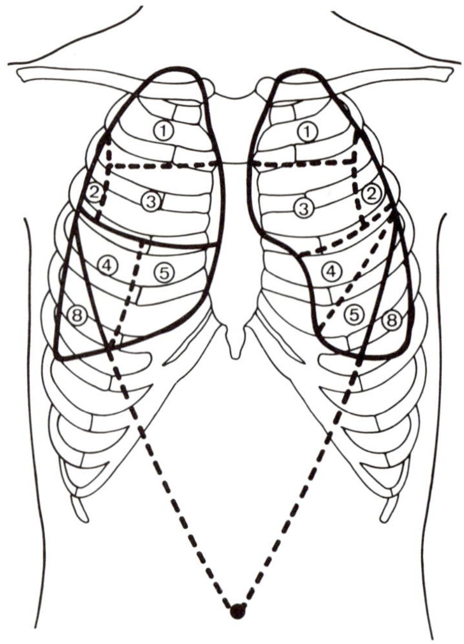


*Abb. 315. Lappen- und Segmentgrenzen der Lungen. 1-8 Nummern der Lungensegmente*

Bei Verschluß eines Segmentbronchus, z. B. durch ein Bronchialkarzinom (Lungenkrebs), wird die Luft aus diesem Segment resorbiert. Das Gewebe wird dichter und gibt dann gedämpften Klopfschall. Eine auf ein Segment begrenzte Dämpfung legt den Verdacht auf den Verschluß des Segmentbronchus nahe. Die Kenntnis der **Segmentgrenzen** ermöglicht die Beurteilung einer Dämpfung, ob sie einem Segment entspricht oder nicht (z. B. bei einer diffusen Lungenentzündung).

Die rechte Lunge ist meist in 10, die linke in 8 bis 10 Segmente gegliedert. Den ungefähren Verlauf der Grenzlinien entnehme man Abb. 315. Beim Einzeichnen der Segmentgrenzen beachte man, daß ein Segment (Nr. 7) keinen

Oberflächenbezug hat, da es dem Herzen zugewandt ist.

Der Wert der Kenntnis der Projektion der Lungensegmente auf die Körperoberfläche wird durch mehrere Faktoren eingeschränkt:

- Die Segmentgliederung ist stärker variabel als die Lappengliederung.
- Atelektatische (luftleere) Segmente sind meist geschrumpft, sofern sie nicht flüssigkeitsgefüllt sind.
- Begleiterscheinungen, z. B. eine Flüssigkeitsansammlung im Brustfellraum (Pleuraerguß), können zu Verlagerungen führen.

## Ü316 Auskultation der Lunge: bronchiales und alveoläres Atemgeräusch unterscheiden

Beim gesunden Menschen kann man am Brustkorb zwei Arten von Atemgeräuschen abhören:

- **bronchiales Atemgeräusch**: Der Luftstrom wird im Röhrensystem der Luftwege an den Verzweigungsstellen geteilt. Dabei geraten die Teilungssporne (Carinae) in der Bronchialwand in Schwingungen. Wie bei Orgelpfeifen ist die Höhe des Tons abhängig vom Durchmesser des Rohrs: Über der Luftröhre ist der Ton tiefer als über den Bronchen. Die Schwingungen treten auch bei der Ausatmung auf. Sie sind hier sogar verstärkt. Der Klangcharakter entspricht einem rauhen "ch". Er wird gewöhnlich mit dem Fauchen einer Katze verglichen. Das bronchiale Atemgeräusch hört man naturgemäß am reinsten im Projektionsbereich der Luftröhre und der großen Bronchen (Ü314).
- **alveoläres = vesikuläres Atemgeräusch**: Bei der Füllung der Lungenbläschen mit Luft bei der Einatmung geraten die sich spannenden Alveolarwände in Schwingungen. Sie entspannen sich bei der Ausatmung. Daher verschwindet das vesikuläre Atemgeräusch beim Ausatmen. Der Klangcharakter entspricht einem schlürfenden "w". Er wird gewöhnlich mit dem Rauschen von Blättern verglichen. Das alveoläre Atemgeräusch ist tiefer als das bronchiale. Es ist am reinsten über Lungenteilen zu hören, die von den großen Bronchen weit entfernt sind, z. B. den unteren Bereichen der Unterlappen am Rücken.

**Untersuchungstechnik**: Man läßt den Probanden tief und rasch durch den Mund atmen. Man setzt das Stethoskop abwechselnd rechts und links auf gleicher Höhe auf und vergleicht den Geräuschcharakter. Man hört systematisch den gesamten Projektionsbereich der Lunge ab (Abb. 311b). Bei länger dauernder Untersuchung muß man Pausen mit Normalatmung einlegen, da der Proband sonst zuviel $CO_2$ abatmet (dies führt zur respiratorischen Alkalose mit Übererregbarkeit der Muskeln).

**Normalbefund**: Das bronchiale Atemgeräusch herrscht in Nähe der großen Luftwege, das alveoläre an den unteren Lungenpartien und im Lungenspitzenbereich vor.

**Abnorme Befunde**:

- abgeschwächte Atemgeräusche: Flüssigkeits- oder Luftansammlungen im Brustfellraum (Pleuraerguß, Pneumothorax) sowie atelektatisches (luftleeres) Lungengewebe dämpfen die Schalleitung. Das Atemgeräusch ist auch abgeschwächt, wenn der Patient nicht tief atmen kann, z. B. bei Lungenblähung.
- verstärkte Atemgeräusche: Verdichtung des Lungengewebes durch entzündliche Infiltrate bei der Lungenentzündung begünstigt die Schalleitung. Das bronchiale Atemgeräusch wird dann stärker weitergeleitet und ist auch in Bereichen zu hören, die sonst vesikuläres Atemgeräusch geben. Auch bei Rauchern ist das Atemgeräusch wegen ständiger Entzündungen "verschärft".
- Nebengeräusche: Feuchte Nebengeräusche (= Rasselgeräusche) kommen zustande, wenn sich Flüssigkeit in den Luftwegen befindet. Die Luft perlt dann durch die Flüssigkeit hindurch. Je nach der Zähigkeit der Flüssigkeit sind die Geräusche grob- oder feinblasig. Trockene Nebengeräusche entstehen, wenn Schleimfäden in den Luftwegen in Schwingungen geraten: Giemen, Brummen, Knacken, Knistern. Nebengeräusche hört man vor allem bei Bronchitiden und Lungenentzündungen.
- Reibegeräusche des Brustfells: Das gesunde Brustfell ist spiegelnd glatt. Bei Entzündungen (Pleuritis) wird die Oberfläche durch Schwellungen und Auflagerungen uneben. Dann entstehen reibende Geräusche, die um so stärker sind, je tiefer geatmet wird. Da der Patient dabei meist auch stechende Schmerzen verspürt, vermeidet er tiefe Atmung. Diese "Schonatmung" fördert das Entstehen von Lungenentzündungen.

## Ü317 Stimmfremitus prüfen

Der Brustraum ist ein Resonanzraum für die Stimme. Vor allem bei tiefen Tönen gerät der Brustkorb in Schwingungen, die man tasten kann. Dies kann man ganz leicht bei sich selbst beobachten: Man lege die Hände flach an die Seiten des Brustkorbs und sage dann laut mit tiefer Stimme "99". Die Abhängigkeit der Stärke der Schwingungen von der Tonhöhe prüft man am einfachsten, indem man die Tonleiter herauf und herunter singt. Bei Kindern und Frauen, deren Stimme nicht genügend in die Tiefe reicht, ist der Stimmfremitus (lat. fremitus = dumpfes Rauschen) entsprechend schwach.

**Beurteilung**: Die Stärke des Stimmfremitus hängt von der Güte der Schalleitung ab. Sie geht daher etwa parallel mit der Stärke des Atemgeräusches (Ü316):

- Der Stimmfremitus ist verstärkt bei allen Erkrankungen, bei denen die Schalleitung verstärkt ist (Ü316), z. B. bei entzündlicher Infiltration des Lungengewebes.
- Der Stimmfremitus ist aufgehoben, wenn die Schalleitung durch Flüssigkeit oder Luft im Brustfellraum oder durch atelektatisches Lungengewebe unterbrochen ist.

**Praktische Bedeutung**: Bei einem Brustfellerguß (Pleuraexsudat oder -transsudat) kann man den Höhenstand des Ergusses zentimetergenau bestimmen, wenn man die Hand nicht flächig zur Prüfung des Stimmfremitus anlegt, sondern nur mit der ulnaren Handkante. Im Bereich des Ergusses ist der Stimmfremitus aufgehoben. Aus der Größe der Fläche kann man bei entsprechender Erfahrung auf die Menge des Ergusses schließen. Beim Ablassen des Ergusses (Pleurapunktion) kann man anhand des Stimmfremitus verfolgen, wie der Erguß kleiner wird.

## Ü318 Pleuraerguß und Pleurapunktion klarmachen

Die Oberfläche des Brustfells ist mit einer dünnen Flüssigkeitsschicht überzogen. Sie mindert die Reibung bei den Atembewegungen der Lunge. Die Flüssigkeitsmenge ist konstant, solange Sekretion und Resorption im Gleichgewicht sind. Ist die Sekretion vermehrt (z.B. bei Entzündungen) oder die Resorption vermindert (z.B. bei Herzleistungsschwäche oder niedrigem Eiweißgehalt des Blutes), so nimmt die Flüssigkeitsmenge zu. Sie kann in extremen Fällen auf mehrere Liter anwachsen. Der von diesem "Brustfellerguß" eingenommene Raum fehlt der Lunge zur Entfaltung. Deshalb sinkt die Atemleistung. Ist der Erguß einseitig, so weicht der Mittelfellraum nach der gesunden Seite aus. Damit wird auch die Lunge der gesunden Seite behindert. Größere Ergüsse muß man ablassen, um dem Patienten die Atmung zu erleichtern.

**Vorgehen bei der Pleurapunktion:**

- Markieren der Ausdehnung des Ergusses an der Brustwand: Der Patient muß sich dabei bereits in der Position befinden, in der die Punktion vorgenommen werden soll. Flüssigkeit sammelt sich aufgrund der Schwerkraft immer im tiefsten Bereich des Brustfellraumes an. Deshalb wird möglichst bei sitzendem Patienten punktiert, weil nur so der Erguß gut zugänglich ist. Der Patient sitzt am besten verkehrt herum auf einem Stuhl, also mit der Brustwand der Lehne zugewandt. Er verschränkt die Arme auf der Lehne. Dies verbessert seinen Halt und macht außerdem die Seite für den Arzt zugänglich. (Geborgener fühlt sich der Patient, wenn er von einer Hilfsperson gestützt wird.) Durch Prüfen des Stimmfremitus und durch Perkussion wird die Ausdehnung des Ergusses bestimmt und an der Brustwand markiert.
- Eingestochen wird möglichst weit unten an der Brustwand, weil beim Ablassen des Ergusses dessen Spiegel ständig sinkt. Günstige Stellen sind der 7. und 8. Zwischenrippenraum zwischen vorderer und hinterer Achsellinie. Da die Zwischenrippengefäße und -nerven am Unterrand der Rippe verlaufen, wird immer am Oberrand einer Rippe eingestochen. Zuerst wird mit einer dünnen Hohlnadel der Stichkanal betäubt. Dann wird die dicke Punktionsnadel eingeführt. Hört der Widerstand der Brustwand auf, so darf die Nadel nur noch 5 bis 10 mm weiter vorgeschoben werden, um die Lunge nicht zu verletzen.
- Vermeiden sollte man den Bereich unmittelbar neben der Wirbelsäule, weil hier die Zwischenrippengefäße und -nerven teilweise frei durch den Zwischenrippenraum verlaufen. Ungeeignet ist auch der Bereich neben dem Brustbein wegen der Vasa thoracica interna.

Daß man auch nicht im Bereich des Herzens punktiert, ist wohl selbstverständlich.

- Abgesaugt wird gewöhnlich über einen Dreiwegehahn, um die Spritze zwischendurch nicht absetzen zu müssen. Keinesfalls darf die Hohlnadel unbestückt bleiben, da sonst bei jeder Einatmung Luft in den Brustfellraum gesaugt wird (Pneumothorax!). Mehr als 1 l Flüssigkeit sollte in einer Sitzung nicht entfernt werden, da sonst über die Rückverlagerung des Mittelfellraums vegetative Reizerscheinungen ausgelöst werden können. Außerdem kann eine zu rasche Ausdehnung der vorher behinderten Lunge über die vermehrte Lungendurchblutung zu einer akuten Überlastung des linken Herzens führen (Lungenödem).
- Eine Probe der Ergußflüssigkeit wird man zumindest bei der erstmaligen Punktion eines Ergusses im Labor untersuchen lassen (Eiweißgehalt, Zellen, evtl. Bakterien).

**Übungsaufgaben**:

- Probanden in Punktionsstellung bringen.
- Mögliche Einstichstellen an der Brustwand markieren.
- Mögliche Komplikationen diskutieren: Verletzung von Zwischenrippengefäßen und -nerven, Pneumothorax, Verletzung der Lunge (besonders bei Verklebungen zwischen Rippen- und Lungenfell).

## Ü319 Überblick über wichtige Untersuchungsmethoden der Lunge

In den vorhergehenden Abschnitten wurden als apparatefreie und daher jederzeit verfügbare Methoden geübt:

- Perkussion (vergleichend, abgrenzend),
- Auskultation (bronchiales und vesikuläres Atemgeräusch, Nebengeräusche),
- Palpation (Stimmfremitus).

Darüber hinaus wird man bei begründetem Verdacht in der Klinik und z.T. auch in der Fachpraxis folgende apparative Verfahren einsetzen:

- Röntgenuntersuchung: Luft ist ein "negatives" Kontrastmittel. Sie ist besser strahlendurchlässig als die Körpergewebe. Die lufthaltige Lunge hebt sich daher im Röntgenbild deutlich von der Brustwand und vom Herzen ab. Sie ist so leicht wie kein anderes Organ im Röntgenbild zu beurteilen. Nur in Ausnahmefällen wird es daher nötig sein, mit einem "positiven" Kontrastmittel (stärker strahlenabsorbierend als Körpergewebe) den Bronchialbaum darzustellen (Bronchographie).
- Sonographie: Die Ultraschalluntersuchung hat zwar in den letzten Jahren ganz allgemein an Bedeutung gewonnen, kann aber bei der Lunge mit der Röntgenuntersuchung noch nicht konkurrieren.
- Spirometrie (lat. spirare = blasen, atmen, gr. métron = Maß): Messen der ein- und ausgeatmeten Luftmenge bei ruhiger Atmung (Atemzugvolumen) und tiefster Ein- und Ausatmung (Vitalkapazität), beim Atemstoß (Sekundenvolumen) usw. Der ganz groben Orientierung dient der Streichholztest: Der Lungengesunde kann ein 15 cm vor den Mund gehaltenes brennendes Streichholz (oder Kerze) mit weit geöffnetem Mund ausblasen. Die Lippen dürfen dabei nicht wie beim Pfeifen gespitzt werden!
- Analyse der Blutgase: Der Gehalt an Sauerstoff ($pO_2$) und an Kohlendioxid ($pCO_2$) gibt Hinweise auf die Lungendurchblutung.
- Sputumuntersuchung: Der Auswurf (Sputum) enthält bei bestimmten Krankheiten Bakterien (z.B. Mykobakterien bei der offenen Lungentuberkulose) oder abnorme Zellen (Krebszellen beim Bronchialkarzinom). Sie können mit bakteriologischen oder zytologischen Verfahren nachgewiesen werden. Aussagekräftig ist die Untersuchung nur, wenn der Auswurf aus der Tiefe des Bronchialsystems stammt und nicht etwa Speichel aus dem Mund verwandt wird.

Als letzte Stufe bleiben die sog. invasiven Untersuchungsmethoden übrig. Bei diesen Eingriffen können Zwischenfälle (Komplikationen) eintreten, die (in seltenen Fällen) sogar zum Tod des Patienten führen. Die Indikation ist daher sehr streng zu stellen:

- Bronchoskopie: Mit dem über Mund und Rachen in die unteren Luftwege eingeführten Bronchoskop kann man bis in mittlere Bronchen vordringen und die Schleimhaut unmittelbar besichtigen. Aus verdächtigen Stellen kann man Gewebeproben entnehmen und der mikroskopischen Untersuchung zuführen.
- Mediastinoskopie: Während bei der Bronchoskopie das Instrument in natürlichen Hohlräumen des Körpers bewegt wird, schafft man bei der Mediastinoskopie künstliche. Durch einen Hautschnitt im unteren Halsbereich wird

ein Finger hinter dem Brustbein nach unten geschoben. Er dringt im weichen Füllgewebe mühelos vor und drängt die Organe zur Seite. Mit dem anschließend eingeführten Mediastinoskop kann man die Luftröhre, die Hauptbronchen und die großen Gefäße von außen beurteilen. Vor allem die zahlreichen Lymphknoten in diesem Bereich interessieren, wenn nach Metastasen eines Bronchialkarzinoms oder eines Lymphoms gefahndet wird. Auch hierbei werden Gewebeproben zur mikroskopischen Untersuchung entnommen.

- Pleuroskopie (Brustfellspiegelung): Das Endoskop wird durch einen Zwischenrippenraum in den Brustfellraum eingeführt, der vorher durch Lufteinblasen erweitert wurde (künstlicher Pneumothorax).
- Druckmessung in der Lungenschlagader bei einer Herzkatheteruntersuchung.
- Gewebeentnahmen zur mikroskopischen Untersuchung: Außer bei den Endoskopien sind Gewebeproben auch durch direkte Punktion, z.B. Feinnadelpunktion, durch die Brustwand zu gewinnen.

## 3.2 Herz A

### Ü321 Größe des Herzens veranschaulichen und Lage der Herzachse im Brustraum klarmachen

Das gesunde Herz entleert bei jeder Kontraktion seine Hohlräume weitgehend. Mit sinkender Herzleistung bleibt zunehmend mehr Blut in den Herzhöhlen zurück. Die "Auswurffraktion" (ejection fraction) sinkt. Mit wachsender Restblutmenge muß sich die entsprechende Herzhöhle ausdehnen, um noch genügend Blut auswerfen zu können. Das Herz wird also größer. Große Herzen sind daher eher Zeichen von Herzschwäche als von großer Leistungsfähigheit. Die Beurteilung der Herzgröße im Röntgenbild (eingeschränkt auch durch Perkussion) ist daher von praktischer Bedeutung.

**Faustregel**: Das gesunde Herz ist etwas größer als die geballte Faust des betreffenden Individuums.

**Übungsaufgaben**:

- Man balle die Faust derartig, daß dabei der Daumen der Radialseite des Zeigefingers anliegt (also nicht in die geschlossene Faust eingeschlagen wird). Die Spitze des "Herzens" entspricht dann dem Daumenendglied, die Herzkranzfurche (Vorhof-Kammer-Grenze) etwa einer Linie vom Kopf des 5. Mittelhandknochens zum Daumensattelgelenk.
- Man halte die rechte Faust so vor den Brustkorb, daß die "Spitze" nach links unten weist, während die Köpfe der Mittelhandknochen nach vorne zeigen. Die Daumenspitze sollte etwa 2 Fingerbreit rechts der linken Brustwarze stehen. Die Stellung ist etwas unbequem, aber Faust und Herz entsprechen dann einander.
- Die Herzachse (Verbindungslinie der Mitte der Vorhof-Kammer-Grenze zur Herzspitze) ist etwa um je einen halben rechten Winkel (45°) aus der Körperlängsachse mit dem unteren Ende (Herzspitze) nach links und nach vorn gedreht.
- Das Herz ist außerdem um die Herzachse um einen halben rechten Winkel (von oben gesehen im Gegensinn des Uhrzeigers) rotiert. Dadurch kommt die rechte Herzhälfte stärker nach vorn, die linke stärker nach hinten. Bei der vor den Brustkorb gehaltenen Faust entspricht dann die vordere Zwischenkammerfurche der Grenze zwischen Daumen und Zeigefinger.

**Einschränkungen**: Die Veranschaulichung mit Hilfe der Faust soll nur der ganz groben Orientierung dienen. Die individuell sehr unterschiedliche Größe des Herzens ist am besten dem Röntgenbild zu entnehmen. Die individuelle Stellung der elektrischen Herzachse ist aus dem EKG abzulesen.

### Ü322 Herzspitzenstoß tasten und die vier Eckpunkte des Herzens markieren

Bei seinen rhythmischen Bewegungen verändert das Herz auch seine Lage im Brustkorb. Bei jeder Systole "stößt" die Herzspitze gegen die Brustwand. Dieser "**Herzspitzenstoß**" ist bei vielen Menschen gut zu tasten, bei manchen sogar als pulsierende Vorwölbung der Brustwand zu sehen. Dies hängt davon ab, ob die Stelle des stärksten Anpralls im Bereich eines Zwischenrippenraums oder einer Rippe liegt. Ist der Herzspitzenstoß zunächst nicht zu tasten, so gelingt es manchmal nach Lageänderung des Probanden. Am häufigsten findet man den Herzspitzenstoß im 5. Zwischenrippenraum etwa 2 Fingerbreit rechts der linken Medioklavikularlinie (beim Mann weitgehend identisch mit der Mamillarlinie). Beim Gesunden ist die Stelle des tastbaren Herzspitzenstoßes etwa markstückgroß.

**Beurteilung**: Der Herzspitzenstoß entspricht dem linken unteren Eckpunkt des Herzens. Damit ist aus dem Herzspitzenstoß ein ganz grober Schluß auf die Größe des Herzens möglich. Liegt der Herzspitzenstoß links der Medioklavikularlinie, so gilt das Herz als vergrößert.

**Irrtumsmöglichkeiten**:
- Die Lage des Herzspitzenstoßes hängt nicht nur von der Größe des Herzens, sondern auch von der Stellung der Herzachse ab: Bei Steilstellung des Herzens (Tropfenherz im Röntgenbild) liegt der Spitzenstoß weiter rechts, bei Querstellung des Herzens ("Schuhherz") weiter links.
- Bei einem rechtsseitigen Brustfellerguß ist der gesamte Mittelfellraum nach links verlagert und damit auch der Herzspitzenstoß.

**Projektion der vier Eckpunkte des Herzens auf die vordere Brustwand**:
- Am einfachsten sind die vier Eckpunkte aus dem Thoraxröntgenbild zu übertragen. Dabei muß man berücksichtigen, daß jedes Röntgenbild das Organ vergrößert wiedergibt. Wegen des kurzen Abstands der Strahlenquelle vom Film divergieren die Röntgenstrahlen stark. Will man Größen ausmessen, so kann man den Fehler verkleinern, indem man den Abstand zwischen Patient und Röntgenröhre (Fokus) vergrößert ("Fernaufnahme" bei mindestens 4 m Film-Fokus-Abstand).
- Da in Übungen am Lebenden die wenigsten Teilnehmer ein eigenes Röntgenbild mitbringen können, muß man sich bei drei Eckpunkten mit der Projektion von Durchschnittswerten begnügen, während man für den vierten Eckpunkt den individuellen Herzspitzenstoß heranziehen kann.

Entsprechend der Abb. 322 sind die vier Eckpunkte definiert als
A = Ansatz der rechten 3. Rippe am Brustbein,
B = Ansatz der rechten 6. Rippe am Brustbein,
C = 1 bis 2 cm links vom Zentrum des Herzspitzenstoßes,
D = etwa fingerbreit lateral des Ansatzes der dritten Rippe am Brustbein.

**Interpretation**: Den Verbindungslinien der 4 Eckpunkte entsprechen die Konturen folgender Herzabschnitte:
- AB rechter Vorhof,
- BC rechte Kammer,
- CD Hauptteil linke Kammer, kleiner Anteil oben linker Vorhof,
- DA Eintritt der oberen Hohlvene und Austritt von Aorta und Lungenschlagader.

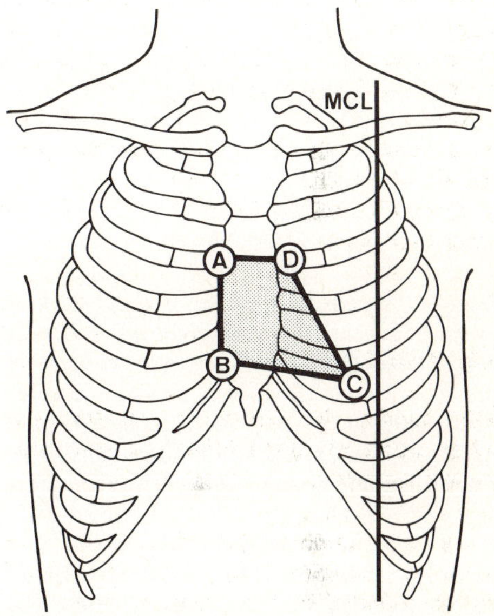


*Abb. 322. "Eckpunkte" des Herzens: A bis D siehe Text, MCL = Medioklavikularlinie*

### Ü323 Konturen des "Mittelschattens" im sagittalen Röntgenbild auf die Brustwand aufmalen und den einzelnen Herzabschnitten zuordnen

Der sog. Mittelschatten im Röntgenbild entsteht durch das Herz und die großen Gefäße. Der Umriß ist rechts durch zwei, links durch vier lateralkonvexe Bogen gekennzeichnet. Es folgen von oben nach unten (Abb. 323a):
- rechts: obere Hohlvene, rechter Vorhof,
- links: Aorta, Lungenschlagader, linker Vorhof, linke Kammer.

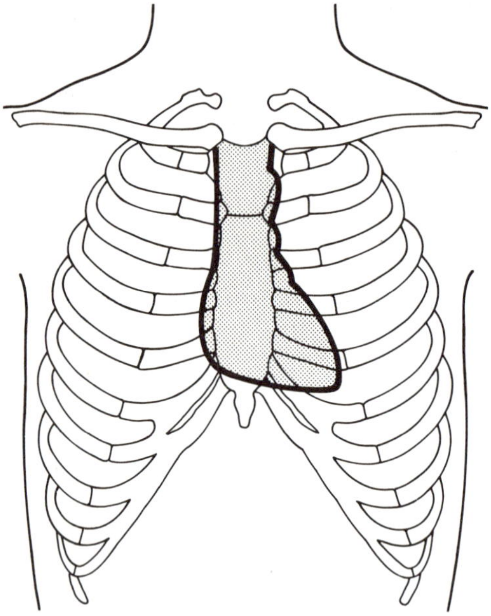

*Abb. 323a. Mittelschatten im Thoraxröntgenbild*

Zum Aufmalen der Umrisse auf die vordere Brustwand geht man am besten von den in Ü322 markierten 4 Eckpunkten des Herzens aus. Die Punkte B und C sind die unteren Eckpunkte auch des Mittelschattens. Die Punkte A und D sind die Grenzpunkte zwischen Herz und großen Gefäßen. Man ergänze nun

- rechts: einen rechtskonvexen Bogen zwischen A und B und einen sehr flachen Bogen von A zum rechten Brustbein-Schlüsselbein-Gelenk,
- links: zwei kurze Bogen oberhalb von D (je einen im 1. und im 2. Zwischenrippenraum), einen kurzen (3. Zwischenrippenraum) und einen langen Bogen zwischen D und C.

Weitere Untergliederung: Den Herzanteil des Mittelschattens kann man entsprechend der Vorderfläche des Herzens mit 4 Hilfspunkten weiter unterteilen. Man zeichnet zunächst den unteren Eckpunkt des linken Vorhofs E und drittelt dann die Linien AE und BC (Abb. 323b):

E = auf der Linie CD am Oberrand der 4. Rippe,
F = linker Drittelpunkt der Linie AE,
G = rechter Drittelpunkt der Linie AE,
H = linker Drittelpunkt der Linie BC.

Es entsprechen dann:

- BG = rechte Herzkranzfurche (zwischen rechtem Vorhof und rechter Kammer),
- FH = vordere Zwischenkammerfurche (zwischen rechter und linker Kammer),
- ABG = rechter Vorhof,
- BHFG = rechte Kammer,
- CEFH = linke Kammer,
- DFE = linker Vorhof.

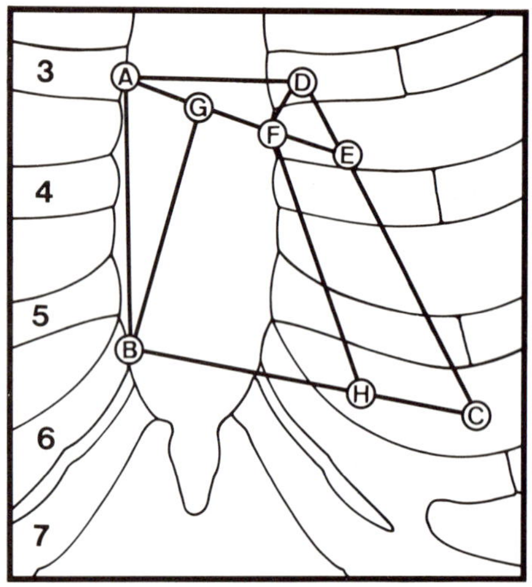


*Abb. 323b. Untergliederung der sagittalen Projektion des Herzens*

**Kritik**:

- Es handelt sich um durchschnittliche Projektionen. Die Projektion der Herzabschnitte kann individuell je nach Stellung der Herzachse und Drehung des Herzens auch beim Gesunden erheblich abweichen. Dies gilt um so mehr beim herzkranken Patienten, bei dem einzelne Herzhöhlen erweitert sind. Aber gerade in diesem Fall ist die Kenntnis der normalen Projektionen für die Interpretation des Röntgenbildes besonders wertvoll!
- Das Herz muß allen Bewegungen des Zwerchfells folgen. Der Unterschied im Höhenstand zwischen tiefer Ein- und Ausatmung kann ein Brustkorbsegment (Rippe + Zwischenrippenraum) betragen. Bei tiefer Einatmung steht das Herz mehr längs, bei tiefer Ausatmung mehr quer.
- In der Systole sind die Kammern kleiner als in der Diastole.

## Ü324 Herz perkutieren, absolute und relative Herzdämpfung mit der Röntgenprojektion des Herzens vergleichen

Diese Übung setzt voraus, daß man sich genügend mit den Grundlagen der Perkussion (Ü126) vertraut gemacht und bereits eine gewisse Erfahrung in der abgrenzenden Perkussion bei der Lunge (Ü311) erworben hat. Im Grunde ist das Problem ähnlich wie beim Übergang von der Lunge zur Leber.

Das Herz ist ein allseits abgerundeter Körper. Mit einem kleinen Teil seiner Vorderwand liegt es unmittelbar der Brustwand an. Seitlich davon schiebt sich Lunge zwischen Herz und Brustwand. Dementsprechend kann man beim Perkutieren des Herzens zwei Bereiche trennen (Abb. 324):

- *absolute Herzdämpfung*: Stark gedämpft ist der Klopfschall im lungenfreien Bereich der vorderen Herzwand.
- *relative Herzdämpfung*: Seitwärts wird die Dämpfung mit zunehmender Dicke des luftgefüllten Lungengewebes immer schwächer. Der Bereich der relativen Herzdämpfung ist größer als der Bereich der absoluten.

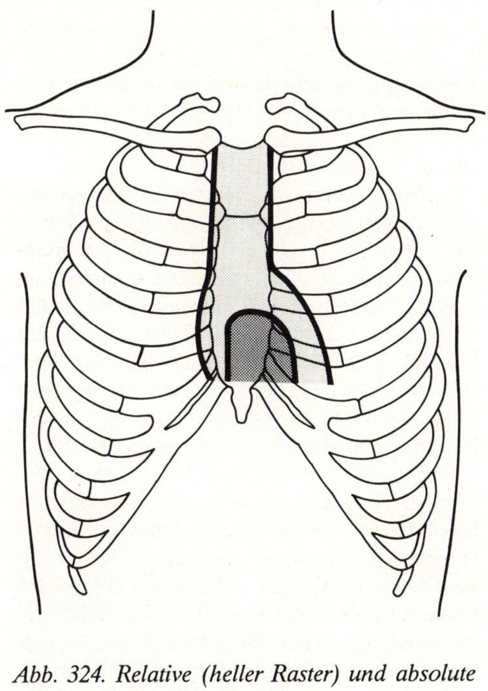

*Abb. 324. Relative (heller Raster) und absolute (dunkler Raster) Herzdämpfung*

**Vorgehen**:

- Ähnlich wie bei der Lungen-Leber-Grenze perkutiert man stets aus dem Lungenschall in die Herzdämpfung. Dabei geht man radiär vor und umgrenzt so das Herz. Der Plessimeterfinger wird dabei rechtwinklig zu diesen Strahlen aufgelegt.
- Beim Abgrenzen zwischen Lungenschall und relativer Herzdämpfung muß man eine dicke Schicht von Lungengewebe "durchschlagen" und daher laut perkutieren. Die Grenze zwischen relativer und absoluter Herzdämpfung hingegen ist nur mit leiser Perkussion zu bestimmen.

**Beurteilung**: Ärztlich interessant ist vor allem die relative Herzdämpfung. Sie entspricht der Größe des Herzens und stimmt etwa mit der Röntgenprojektion (Ü323) überein. Man sollte allerdings das Ergebnis der Perkussion nicht überbewerten: Die verläßlichere Aussage ermöglicht das Röntgenbild. Die Perkussion des wenig Geübten ist zu unsicher.

## Ü325 Sagittale Projektion der Ventilebene des Herzens und der vier großen Ventile auf die vordere Brustwand aufzeichnen

Die 4 großen Herzventile liegen etwa in einer Ebene. Diese Ventilebene des Herzens ist zugleich die Vorhof-Kammer-Grenze. Sie wird auf der Außenseite des Herzens durch die Herzkranzfurche markiert. Die Kenntnis der Projektion der Ventilebene auf die vordere Brustwand ist für das Verständnis der Abhörstellen der großen Herzventile (Ü326) wichtig.

Zum Aufmalen der sagittalen Projektion der Ventilebene des Herzens auf die vordere Brustwand benötigt man

- als seitliche Eckpunkte die Vorhof-Kammer-Grenzen aus dem Mittelschatten des Herzens (Punkte B und E aus Ü322 bzw. Ü323)
- die räumliche Vorstellung von der Lage der Ventilebene: Wegen der Abweichung der Herzachse aus der Körperlängsachse steht auch die Ventilebene schräg (und zwar rechtwinklig zur Herzachse). Als Ventilebene dürfen wir daher nicht einfach die Verbindungslinie BE nehmen, sondern eine Ellipse (Abb. 325a). Deren Oberrand entspricht dem Vorderrand der Ventilebene, deren Unterrand dem Hinterrand der Ventilebene.

Innerhalb der Ventilebene trägt man nun die Projektion zweier großer (Segelklappen) und zweier kleinerer (Taschenklappen) Ventile ein (Abb. 325b). Der Längsdurchmesser der Projektion beträgt bei den Segelklappen etwa 3-4 cm, bei den Taschenklappen etwa 2 cm. Zentral steht die Aortenklappe. Seitlich hinten (in der Projektion unten) grenzen die beiden Segelklappen an. Die Pulmonalklappe liegt links vor (in der Projektion über) der Aortenklappe.

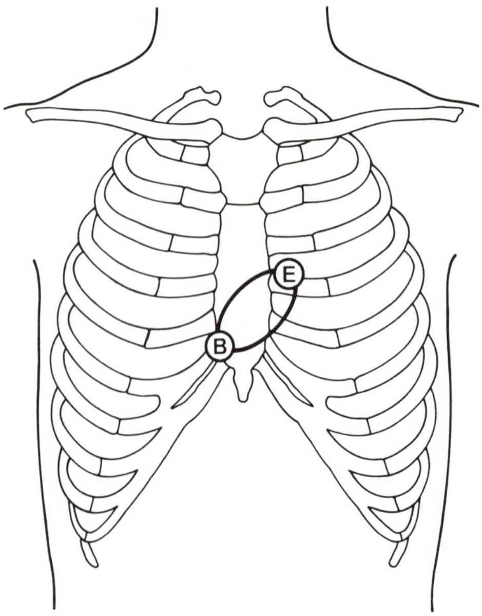


*Abb. 325a. Projektion der Ventilebene*

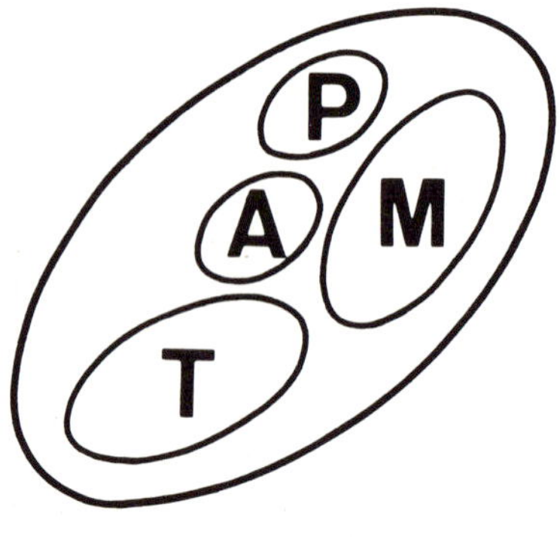


*Abb. 325b. Projektion der Herzklappen in die Ventilebene: A Aortenklappe, M Mitralklappe, P Pulmonalklappe, T Trikuspidalklappe*

**Ü326 Auskultationsstellen der Herzventile markieren, durch Pfeile mit den Projektionsstellen verbinden und Herz auskultieren**

Am gesunden Herzen kann man in jedem Herzzyklus zwei Geräusche abhören:

- 1. Herzton: dumpf und lang. Er entspricht dem Schluß der Segelklappen.
- 2. Herzton: kurz und hell. Er entspricht dem Schluß der Taschenklappen.

Damit erstreckt sich die Systole auf den Zeitraum zwischen 1. und 2., die Diastole auf denjenigen zwischen 2. und 1. Herzton. Zusätzliche Geräusche werden demgemäß als systolische oder diastolische Geräusche bezeichnet, je nachdem in welche Zeitspanne sie fallen.

Die Herzauskultation ist in drei Stufen zu üben:

- Zunächst sollte man sich mit den normalen Herztönen bei unterschiedlicher Herzfrequenz vertraut machen. Die Herzfrequenz ist leicht zu erhöhen, wenn der Proband zwischendurch einige Kniebeugen ausführt.
- In der zweiten Stufe sind Veränderungen der Herztöne und zusätzliche Geräusche zu erfassen. Am besten prägt man sich abnorme Geräusche durch wiederholtes Abhören entsprechender im Fachhandel erhältlicher Schallplatten und (etwas mühsamer, aber eindrucksvoller) durch Abhören entsprechender Patienten (im klinischen Untersuchungskurs) ein.
- In der dritten Stufe sind Abnormitäten einzelnen Klappen zuzuordnen.

In Übungen zur Anatomie am Lebenden sind die erste Stufe und die Grundlagen der dritten Stufe, nicht aber die zweite Stufe zu vermitteln. Sie setzt entsprechendes klinisches Hintergrundwissen voraus. Eine Einführung in die Auskultation und eine Beschreibung des Stethoskops ist bereits in Ü127 gegeben worden.

**Auskultationsstellen**: Setzt man das Stethoskop über der Mitte der in Ü325 gezeichneten Projektion der Ventilebene auf, so hört man die Herztöne als Summe der an den 4 Ventilen entstehenden Geräusche. Eine Verschiebung des Stethoskops auf die innerhalb der Ventilebene eingezeichneten einzelnen Klappen bringt kaum einen Unterschied. Dazu liegen die Projektionsstellen zu nahe beisammen. Will man die Geräusche einzelner Klappen aus dem Gesamtgeräusch hervorheben, so muß man dem Blutstrom folgen, der die Geräusche mit fortträgt (Abb. 326):

- **Pulmonalklappe**: Das Geräusch wird in der Lungenschlagader fortgeleitet. Die Lungenschlagader bildet in der linken Kontur des Mittelschattens den zweiten Bogen (Ü323). Er liegt im medialen Ende des 2. Zwischenrippenraums. Man setzt das Stethoskop daher links vom Brustbein im 2. Zwischenrippenraum auf.
- **Aortenklappe**: Die aufsteigende Aorta wendet sich nach rechts bis an den rechten Rand des Brustbeins auf Höhe des 2. Zwischenrippenraums. Dann krümmt sich der Aortenbogen in einer RAO-Ebene (right anterior oblique = schräge Ebene von rechts vorn nach links hinten). Das Geräusch wird mit wachsender Entfernung von der Klappe schwächer. Man wählt daher zum Abhören eine Stelle, die noch nahe genug an der Klappe, aber möglichst weit weg von den übrigen Abhörstellen des Herzens ist. Bewährt hat sich für die Aortenklappe der 2. Zwischenrippenraum unmittelbar rechts vom Brustbein.
- **Mitralklappe**: Der Blutstrom in der linken Kammer verläuft U-förmig von der Mitralklappe in Richtung Herzspitze und zurück zur Aortenklappe. Am weitesten entfernt von den übrigen Geräuschquellen ist die Herzspitze. Man setzt daher das Stethoskop im Bereich des Herzspitzenstoßes oder, falls dieser nicht zu tasten ist, im 5. Zwischenrippenraum etwa 2 Fingerbreit rechts der Medioklavikularlinie (bzw. der Brustwarze) auf.
- **Trikuspidalklappe**: Sie ist gewissermaßen das Sorgenkind unter den 4 Herzventilen. Entsprechend der Projektion der rechten Herzkammer (Ü323) bleibt das Geräusch unter dem unteren Ende des Brustbeinkörpers und etwas links davon. Da es keine überzeugende Abhörstelle gibt, werden von verschiedenen Medizinschulen auch verschiedene Stellen empfohlen. In deutschen Lehrbüchern findet man oft den Bereich des Ansatzes der 6. Rippe rechts am Brustbein (Punkt B in Ü322), in englischen links am Brustbein empfohlen. Manche Autoren schlagen auch die Mitte des Brustbeins auf Höhe der 6. Rippen vor.

Man beachte:

- Die Aorta kommt aus dem linken Herzen, wird aber rechts abgehört! Die Lungenschlagader kommt aus dem rechten Herzen, wird aber links abgehört! Dies hängt mit der Verdrehung der Ausflußbahn während der Entwicklung des Herzens zusammen.
- An den genannten 4 Abhörstellen hört man keineswegs eine der Klappen isoliert. Es handelt sich jeweils um das Gesamtgeräusch, in welchem allerdings das betreffende Ventil besonders stark vertreten ist.

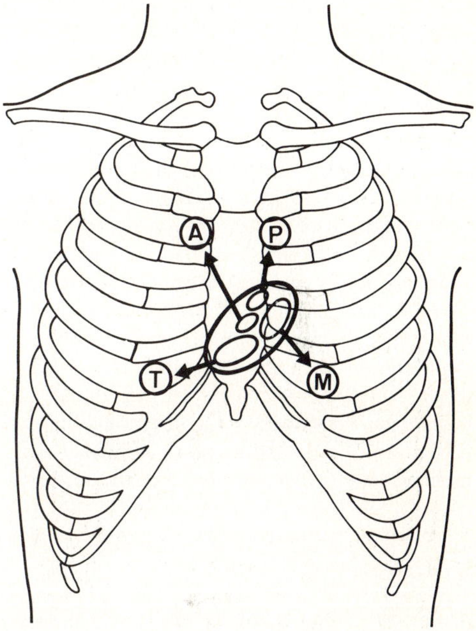


*Abb. 326. Auskultationsstellen der Herzklappen*

## Ü327 Änderungen der Herzkontur bei Ventilstörungen und wichtigen Entwicklungshemmungen klarmachen

Die Ventilstörungen des Herzens (**Herzklappenfehler**) sind zwei Gruppen zuzuordnen:

- **Klappenstenose**: Das Ventil öffnet sich nicht genügend weit. Um genügend Blut hindurchpressen zu können, muß die Wand der vorgelagerten Herzhöhle den Druck erhöhen. In dem unter hohem Druck strömenden Blut treten nach dem Durchqueren der Engstelle Wirbel auf, die das typische Stenosegeräusch verursachen. Der höhere Druck kann nur von einer kräftigeren Wand der betreffenden Kammer erzeugt werden. Die Wandverdickung kann zu einer Betonung des entsprechenden

Bogens im Mittelschatten führen. Auf die Dauer wird die Wand der betroffenen Herzhöhle durch den ihr aufgezwungenen hohen Druck überlastet und kann die Leistung nicht mehr erbringen. Dann staut sich Blut in der Herzhöhle an. Die Auswurffraktion sinkt, und das Volumen der Herzhöhle wächst. Ihre Kontur tritt aus dem Mittelschatten immer stärker hervor.

- **Klappeninsuffizienz**: Das Ventil schließt sich nicht vollständig. Durch die Restöffnung wird Blut in die vorgelagerte Herzhöhle zurückgespritzt. Dieses Blut pendelt gewissermaßen zwischen den beiden Herzhöhlen hin und her ("Pendelblut"). Es verursacht Arbeit, die dem Kreislauf nicht zugute kommt. Auch beim Blutrückstrom durch die insuffiziente Klappe treten Wirbelbildungen auf, die zu Insuffizienzgeräuschen führen. Bei der Klappeninsuffizienz wird die vorgelagerte (und evtl. auch die nachgelagerte) Herzhöhle volumenbelastet: Zusätzlich zu dem Blut, das sie für den Kreislauf aufnehmen und weiterbefördern muß, kommt noch das Pendelblut. Die betreffende Herzhöhle muß sich entsprechend der Menge des Pendelbluts vergrößern. Da die Beförderung eines größeren Volumens auch mehr Kraft erfordert, wird sich auch die Wand verdicken müssen. Die Herzkontur wird durch Vorbuchten der betroffenen Herzhöhle verändert.

Außer der reinen Klappenstenose und der reinen Klappeninsuffizienz gibt es auch den kombinierten Herzklappenfehler: Eine zu enge Klappe schließt außerdem nicht dicht. Klappenfehler können entweder angeboren (Entwicklungsstörung) oder erworben sein. Häufigste Ursache des erworbenen Herzklappenfehlers ist die Endokarditis (Herzinnenhautentzündung), meist im Rahmen eines rheumatischen Fiebers oder einer Bakterienüberschwemmung des Blutes (Sepsis). Auch ein Herzinfarkt kann eine Klappeninsuffizienz verursachen.

**Übungsaufgaben**: Auch ohne eingehendere klinische Kenntnisse kann man folgende Aufgaben lösen:

- Wie viele einzelne Herzklappenfehler sind zu diskutieren, wenn man von den kombinierten Fehlern absieht?
- Bei welchen Ventilstörungen ist das Geräusch systolisch, bei welchen diastolisch?
- Bei welchen Klappenfehlern ist im Röntgenbild die Kontur des rechten Vorhofs, des linken Vorhofs oder der linken Kammer vorgewölbt? (Die Kontur der rechten Kammer ist wegen des Übergangs des Herzschattens in den Leberschatten nur schwer zu beurteilen.)

**Lösungen**:

- Stenose und Insuffizienz bei 4 Klappen gibt 8 Typen von Herzklappenfehlern.
- Systolische Geräusche werden von Insuffizienzen der Segelklappen und/oder Stenosen der Taschenklappen verursacht.
- Diastolische Geräusche sind durch Insuffizienzen der Taschenklappen und/oder Stenosen der Segelklappen (spätdiastolisch) bedingt.
- Die Umrisse des rechten Vorhofs treten im Mittelschatten stärker hervor bei Fehlern der Trikuspidalklappe.
- Die Kontur des linken Vorhofs ist betont bei Fehlern der Mitralklappe.
- Die linke Kammer ist vergrößert bei Fehlern der Aortenklappe und bei Insuffizienz der Mitralklappe (Pendelblut!).

## Ü328 Methode der äußeren Herzmassage veranschaulichen

Das Herz füllt den unteren Mittelfellraum zwischen Brustbein und Wirbelsäule fast vollständig aus. Bewegt man das Brustbein in Richtung Wirbelsäule, so wird zwangsläufig das Herz zusammengepreßt. Der Druck im Herzen steigt. Überschreitet er den Druck in der Lungenschlagader und in der Aorta, so gehen die Taschenklappen auf, und Blut strömt aus. Die Taschenklappen schließen wieder, wenn der Druck in den Herzkammern sinkt. Die Taschenklappen funktionieren rein passiv. Sie sind auch ohne Muskelanspannung des Herzens voll wirksam.

Nicht ganz so günstig steht es bei den Segelklappen. Sie öffnen und schließen sich auch rein passiv, aber die Segel werden von den Papillarmuskeln am Durchschlagen in der Systole gehindert. Ohne Muskelanspannung werden die Segelklappen insuffizient (deshalb können nach einem Herzinfarkt die Segelklappen undicht werden, wenn Papillarmuskeln im Infarktgebiet liegen). Trotzdem kommt bei richtiger Technik der äußeren Herzmassage ein ausreichender Blutkreislauf zustande.

**Vorsicht**: Die äußere Herzmassage ist nur wirksam, wenn das Herz so stark zusammengepreßt wird, daß jeweils der Druck in der Aorta überschritten wird. Der Druck in der Aorta sinkt zwar im Herzstillstand auf Null ab. Während der Herzmassage muß jedoch wieder ein für den Minimalbedarf des Organismus ausreichender Druck aufgebaut werden. Man muß also das Brustbein kräftig gegen die Wirbelsäule drücken. Macht man dies bei schlagendem Herzen, so können sich die Eigentätigkeit des Herzens und die aufgezwungenen Druckänderungen in unglücklicher Weise überlagern. Man darf daher bei Übungen am gesunden Lebenden nicht wirklich drücken!

**Vorgehen**:

▪ Der Helfer legt eine in den Handgelenken dorsalextendierte Hand mit der Hohlhandseite flach auf den mittleren Brustkorbbereich des am Rücken liegenden Probanden. Die zweite Hand legt er etwa rechtwinklig auf die erste (oder umfaßt sie im Bereich der Handgelenke). Dann drückt er mit gestreckten Ellbogengelenken unter Einsatz seines Körpergewichts etwa im Sekundentakt rhythmisch nach unten. Dabei sollte das Brustbein etwa 4-5 cm der Wirbelsäule angenähert werden.

▪ Bei Kindern muß der Druck entsprechend dem schwächeren Brustkorb vermindert werden. Bei Säuglingen genügt der Druck zweier Finger.

**Komplikationen**: Ein ausreichender Kreislauf kommt nur zustande, wenn das Herz wirklich zusammengepreßt, der Brustkorb also kräftig verformt wird. Dann gerät man leicht in den Kraftbereich, der auch zu Rippenbrüchen führen kann. Weitere Risiken sind Leberrisse, Lungenverletzungen mit Pneumothorax, Blutungen in Brust- und Bauchraum. Sie müssen bei akuter Lebensgefahr in Kauf genommen werden, aber man darf die äußere Herzmassage auch nur in dieser Situation einsetzen!

## 3.3 Herz B

### Ü331 Sagittale Projektion der Aorta und ihrer großen Äste auf die vordere und die hintere Brustwand aufzeichnen

a) Aufmalen auf die vordere Brustwand (Abb. 331):

▪ Die Aorta beginnt an der Aortenklappe. Diese liegt zentral in der Ventilebene (Ü325). Die Ventilebene wiederum ist definiert durch die Punkte B (Ansatz der 6. rechten Rippe am Brustbein) und E (Oberrand der 4. linken Rippe etwa 2 Fingerbreit links vom linken Brustbeinrand) aus Ü322 und Ü323.

▪ Die aufsteigende Aorta (Aorta ascendens) wendet sich nach rechts. Der am weitesten rechts liegende Teil liegt etwa auf Höhe des 2. Zwischenrippenraums am rechten Rand des Brustbeins. Die aufsteigende Aorta hat beim jungen Erwachsenen eine lichte Weite von etwa 2 cm.

▪ Im Aortenbogen (Arcus aortae) biegt die Aorta von rechts vorn nach links hinten um. Er steht im 1. schrägen Durchmesser der Röntgenologen (RAO-Position). In der sagittalen Projektion erscheint er daher stark verkürzt. Der höchste Punkt des Aortenbogens liegt hinter dem Brustbein etwa auf Höhe des Ansatzes der 1. linken Rippe. Im 1. linken Zwischenrippenraum springt der "Aortenknopf" etwa fingerbreit nach links vor. Dies ist der am weitesten links liegende Teil der Aorta.

▪ Die absteigende Aorta (Aorta descendens) nähert sich allmählich wieder der Körpermittelebene, bleibt aber immer links von ihr.

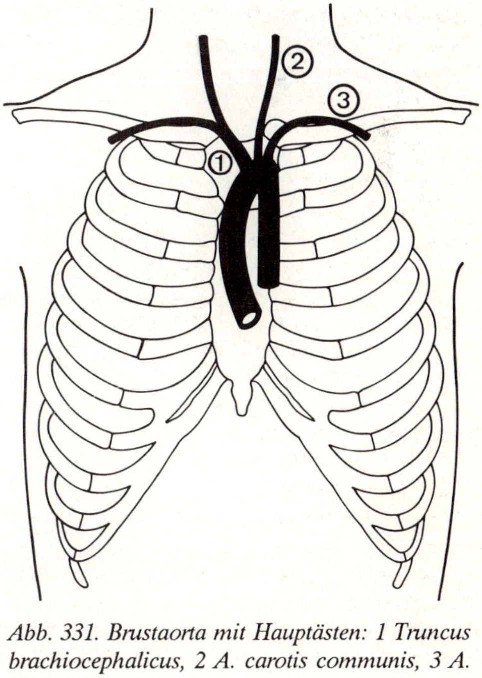


*Abb. 331. Brustaorta mit Hauptästen: 1 Truncus brachiocephalicus, 2 A. carotis communis, 3 A. subclavia*

▪ Die Aorta hat im Brustbereich drei große Äste. Sie entspringen aus dem Gipfelbereich des Aortenbogens: der Truncus brachiocephalicus rechts der Körpermittelebene, die A. carotis communis sinistra etwa in der Mittelebene, die A. subclavia sinistra links davon. Der Truncus brachiocephalicus teilt sich nach kurzem geraden Verlauf hinter dem medialen Ende des rechten Schlüsselbeins in die A. subclavia dextra und die A. carotis communis dextra.

b) Aufmalen auf die hintere Brustwand: Man peile die entsprechenden Höhenstände von der vorderen Brustwand an und denke daran, daß die Zeichnung rückwärts spiegelverkehrt sein muß!

## Ü332 Stamm der Lungenschlagadern einzeichnen

a) Aufmalen auf die vordere Brustwand (Abb. 332):

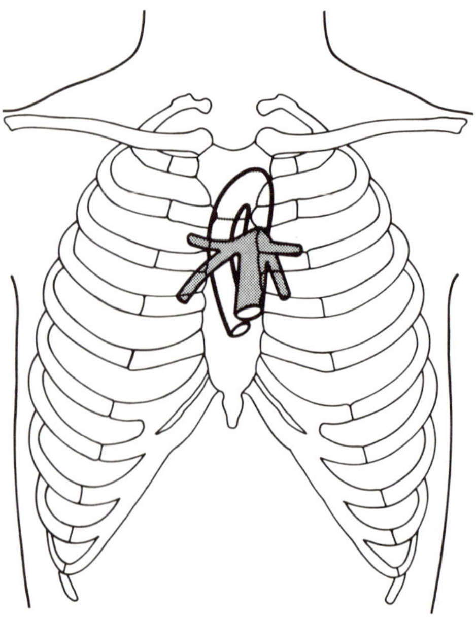

*Abb. 332. Lungenschlagadern: Stamm und Hauptäste nach Röntgenbild (Dextrokardiogramm)*

▪ Der Stamm der Lungenschlagadern (Truncus pulmonalis) beginnt an der Pulmonalklappe. Sie liegt in der Ventilebene (Ü325) links vorn (in der Projektion oben), etwa hinter dem linken Brustbeinrand auf Höhe des 4. Zwischenrippenraums.

▪ Der Stamm der Lungenschlagadern steigt von der Pulmonalklappe steil nach oben. Auf Höhe des 2. Zwischenrippenraums teilt er sich nahezu T-förmig in die rechte und die linke Lungenschlagader (A. pulmonalis). Der Truncus pulmonalis ist etwas breiter als die aufsteigende Aorta. Der Querschnitt muß größer sein, weil in ihm pro Systole gleichviel Blut, aber langsamer (nur etwa ein Sechstel des Mitteldrucks der Aorta) strömt.

b) Aufmalen auf die hintere Brustwand: sinngemäß wie bei der Aorta (Ü331): "peilen" und spiegelverkehrt!

## Ü333 Verlauf der Herzkranzgefäße in die Zeichnung der Ventilebene eintragen

Der ständig arbeitende Herzmuskel benötigt viel Energie. Das Herz "verbraucht" etwa ein Zehntel des Kreislaufs für sich selbst. Etwa jeder 10. Bundesbürger stirbt am Herzinfarkt, also einem Verschluß der das Herz versorgenden Blutgefäße. Das menschliche Herz versorgen normalerweise zwei unmittelbar über der Aortenklappe aus der aufsteigenden Aorta entspringende Arterien:

▪ rechte Herzkranzschlagader (A. coronaria dextra, vom Kliniker oft abgekürzt RCA): Sie läuft in der rechten Herzkranzfurche nach rückwärts und steigt mit dem hinteren Zwischenkammerast (R. interventricularis posterior) in der hinteren Zwischenkammerfurche ab.

▪ linke Herzkranzschlagader (A. coronaria sinistra): Ihr nur etwa 1 cm langer Stamm teilt sich hinter dem Stamm der Lungenschlagadern in zwei Äste. Der vordere Zwischenkammerast (R. interventricularis anterior, meist abgekürzt RIVA) zieht in der vorderen Zwischenkammerfurche zur Herzspitze. Der umbiegende Ast (R. circumflexus, abgekürzt CX) läuft in der linken Herzkranzfurche nach rückwärts.

Die beiden Herzkranzschlagadern sind funktionell nicht gleich wichtig. Die linke Kranzarterie hat die viel größere Muskelmasse der linken Herzkammer zu versorgen. Von der Bedeutung sind RCA, RIVA und CX etwa gleichwertig. Deshalb spricht der Klinker meist von den "3" Herzkranzgefäßen und unterscheidet bei der koronaren Herzkrankheit (KHK) Ein-, Zwei- und Dreigefäßerkrankungen.

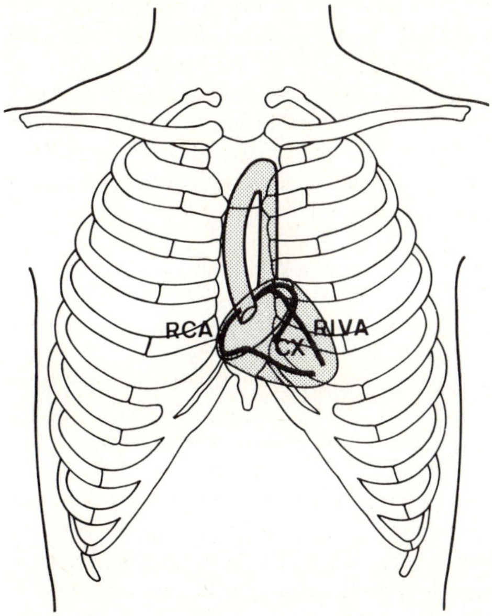


*Abb. 333a. Sagittale Projektion der Herzkranzschlagadern auf die vordere Brustwand*

Darstellen der Herzkranzgefäße mit Kontrastmittel im Röntgenbild (Koronarographie) über einen in diese Gefäße eingeführten Katheter ist bereits eine Routinemethode auf kardiologischen Fachabteilungen geworden. Der Arzt wird daher angesichts der Häufigkeit der koronaren Herzkrankheit immer wieder Koronarogramme zumindest dem Patienten zu erklären haben. Er sollte daher die Projektion der Koronargefäße im Röntgenbild und auf den Brustkorb kennen.

**Vorgehen beim Aufmalen**:

- Projektion der Herzkranzfurchen auf die vordere Brustwand aufzeichnen. Sie entspricht den Umrissen der Ventilebene (Ü325).
- Die Aortenklappe zentral in die Ventilebene eintragen, die Pulmonalklappe links oberhalb.
- Die rechte Kranzarterie entspringt rechts aus der Aorta und läuft dann von vorn (in der Zeichnung oben!) nach hinten (Abb. 333a).
- Die linke Kranzarterie entspringt links aus der Aorta. Sie verläuft hinter (in der Zeichnung unter) der Pulmonalklappe und dann mit ihrem R. circumflexus in der linken Kranzfurche nach hinten.
- Beim Einzeichnen der Zwischenkammeräste sollte man bedenken, daß infolge der Drehung des Herzens um die eigene Achse sich die vordere und die hintere Zwischenkammerfurche nicht übereinanderprojizieren. Die hintere Furche steht weiter rechts und ist der Horizontalen angenähert, die vordere Furche liegt nahe dem linken Herzrand und steht annähernd vertikal. Entsprechend sind die Arterienäste einzuzeichnen.
- In der Klinik wird die Darstellung der Herzkranzgefäße im 1. schrägen Durchmesser (RAO-Position) bevorzugt, weil sich in ihr die "3" großen Herzkranzgefäße nicht übereinanderprojizieren, wie dies in der sagittalen Projektion bei den Anfangsstücken der Hauptäste der linken Kranzschlagader der Fall ist. Man versuche sich daher auch diese Projektion zu erarbeiten (Abb. 333b).

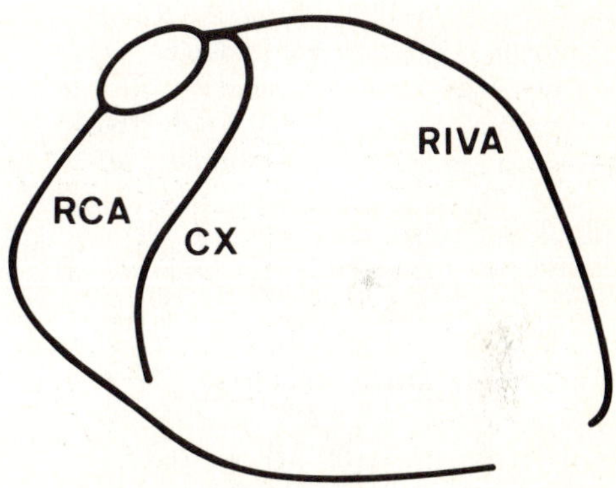


*Abb. 333b. Herzkranzschlagadern in RAO-Position im Koronarogramm*

## Ü334 Sagittale Projektion des Venenkreuzes auf die vordere und die hintere Brustwand aufzeichnen

Die Einflußbahnen des rechten und des linken Vorhofs stehen rechtwinklig zueinander und bilden damit das "Venenkreuz". Das dem Brustkorb der Leiche entnommene Herz kann man schnell in eine "physiologische" Lage bringen, wenn man die Hohlvenen in die Vertikale, die Lungenvenen in die Horizontale dreht.

**Vorgehen**:

- Ausgangspunkt ist der Mittelschatten des Thoraxröntgenbilds (Ü323). Aus ihm benötigen wir 3 Elemente: die beiden Bogen rechts (obere Hohlvene, rechter Vorhof) und den dritten Bogen links (linker Vorhof).
- vertikaler Balken des Venenkreuzes: Von der oberen Hohlvene (V. cava superior) haben wir bereits den rechten Rand der Projektion (= Umriß des Mittelschattens) und ergänzen in etwa 2 cm Abstand den linken Rand. Hinter dem Handgriff des Brustbeins vereinigen sich die annähernd vertikale V. brachiocephalica dextra und die annähernd horizontal (vor den Ästen des Aortenbogens) verlaufende V. brachiocephalica sinistra zur oberen Hohlvene. Die untere Hohlvene (V. cava inferior) entsteht kurz unterhalb des Nabels aus den beiden gemeinsamen Beckenvenen (Vv. iliacae communes) und zieht dann immer rechts der Körpermittelebene zum rechten Vorhof nach oben.
- horizontaler Balken des Venenkreuzes: Auf jeder Seite münden zwei Lungenvenen etwa auf Höhe der Ansätze der vierten Rippen etwa horizontal in den linken Vorhof ein.
- Übertragen der Zeichnung auf die hintere Brustwand: spiegelverkehrt (die Hohlvenen verlaufen rechts der Körpermittelebene!).

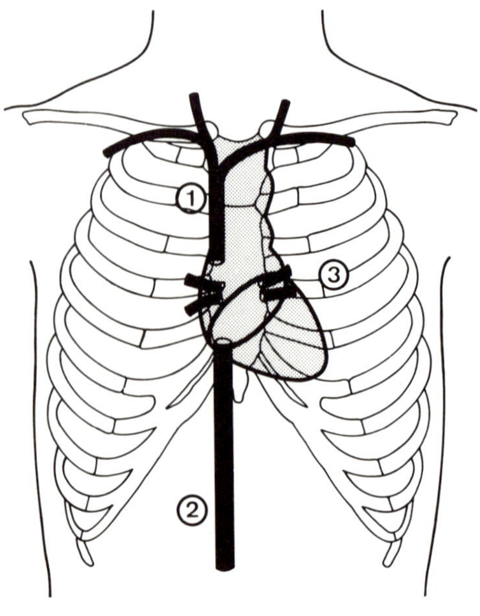


*Abb. 334. Venenkreuz: 1 obere Hohlvene, 2 untere Hohlvene, 3 Lungenvenen*

**Ü335 Projektion des Erregungsleitungssystems auf die Brustwand einzeichnen und im Hinblick auf die Interpretation des EKG bedenken**

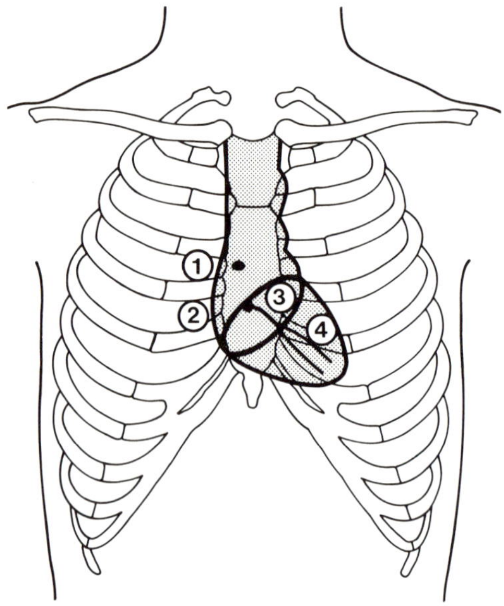


*Abb. 335a. Projektion des Erregungsleitungssystems: 1 Sinusknoten, 2 AV-Knoten, 3 His-Bündel, 4 Kammerschenkel*

Das Erregungsleitungssystem (vom Kliniker auch Reizleitungssystem genannt) besteht aus

- Sinusknoten (Nodus sinuatrialis): zwischen der Mündung der oberen Hohlvene und dem rechten Herzohr,
- Vorhof-Kammer-Knoten (Atrioventrikularknoten, Nodus atrioventricularis, meist abgekürzt AV-Knoten): in der Vorhofscheidewand nahe der Trikuspidalklappe,
- His-Bündel: durch das rechte Faserdreieck zwischen Aorten-, Trikuspidal- und Mitralklappe zum membranösen Teil der Kammerscheidewand,
- Kammerschenkel: auf beiden Seiten des muskulären Teils der Kammerscheidewand. Der linke Schenkel ist meist zweigeteilt.
- Purkinje-Fasern: die Aufzweigungen der Kammerschenkel.

**Aufmalen** (Abb. 335a): Wir benötigen vorweg die Konturen des Herzens (Mittelschatten Ü323) und der Ventilebene (Ü325). Als ersten Punkt markiere man die Durchtrittsstelle des

His-Bündels durch das rechte Faserdreieck im Zentrum der Ventilebene. Die übrigen Strukturen folgen etwa der Herzachse: in Richtung Herzspitze die Kammerschenkel, in Richtung obere Hohlvene der AV-Knoten und der Sinusknoten. Zwischen Sinusknoten und AV-Knoten besteht keine direkte Verbindung.

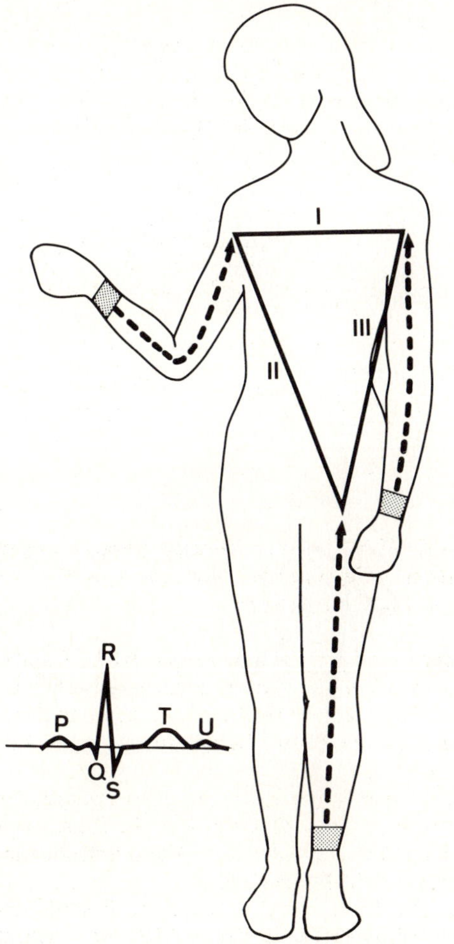


*Abb. 335b. Extremitätenableitungen (I-III) und Bezeichnungen der einzelnen Abschnitte des EKG*

**Beziehung zu den Extremitätenableitungen im EKG**: Die bipolaren Standardableitungen nach Einthoven sind wie folgt definiert (Abb. 335b):

I = rechter Arm - linker Arm,
II = rechter Arm - linkes Bein,
III = linker Arm - linkes Bein.

Die Herzachse steht meist am ehesten in Richtung der Ableitung II. Deshalb findet man in ihr normalerweise die höchsten Ausschläge (vor allem R-Zacke). Eine höhere R-Zacke in Ableitung III spricht für eine Steilstellung des Herzens (Rechtstyp). Eine höhere R-Zacke in Ableitung I kommt durch eine Querstellung des Herzens (Linkstyp) zustande.

## Ü336 Elektrodenplätze für die Brustwandableitungen des EKG markieren

Mit den Extremitätenableitungen (I bis III) des EKG werden die Potentialänderungen des Herzens vorwiegend in der Frontalebene erfaßt. Die Brustwandableitungen ergänzen hierzu etwa eine Horizontalebene durch die Mitte des Herzens.

Bei den sog. unipolaren Brustwandableitungen nach Wilson liegen die "differenten" Elektroden der Brustwand an, als "indifferente" Zentralelektrode dienen die zusammengeschalteten Extremitätenelektroden.

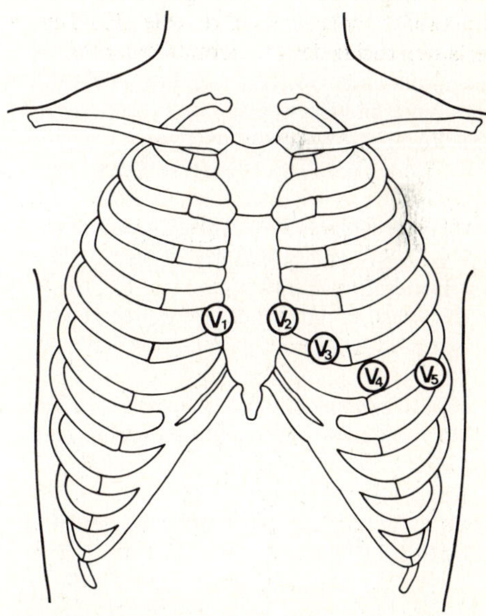


*Abb. 336a. Brustwandableitungen des EKG*

a) **Standardprogramm**: Die Lage der differenten Elektroden ist folgendermaßen definiert:

- $V_1$: 4. Zwischenrippenraum, rechter Brustbeinrand,

- $V_2$: 4. Zwischenrippenraum, linker Brustbeinrand,
- $V_3$: 5. Rippe, linke Parasternallinie (Mitte zwischen $V_2$ und $V_4$),
- $V_4$: 5. Zwischenrippenraum, linke Medioklavikularlinie,
- $V_5$: Höhe von $V_4$, linke vordere Achsellinie,
- $V_6$: Höhe von $V_4$, linke mittlere Achsellinie.

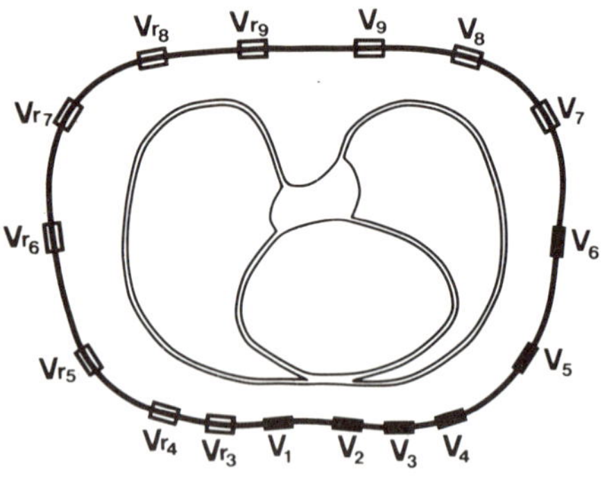


*Abb. 336b. Brustwandableitungen des EKG: $V_1$-$V_6$ Standardableitungen, $V_7$-$V_9$ und $V_{r3}$-$V_{r9}$ Erweiterungsprogramm*

b) **Erweiterungsprogramm**: Bei besonderen Fragestellungen werden weitere Elektroden der hinteren Brustwand und der rechten Brustkorbhälfte angelegt:

- $V_7$: Höhe von $V_4$, linke hintere Achsellinie,
- $V_8$: Höhe von $V_4$, linke Skapularlinie,
- $V_9$: Höhe von $V_4$, linke Paravertebrallinie,
- $V_{r3}$ bis $V_{r9}$: spiegelbildlich zu $V_3$ bis $V_9$ auf der rechten Brustkorbhälfte.
- Zusätzlich können Elektroden auch noch in anderen Höhenlagen verwendet werden.

Die Grundgedanken der hierbei geübten Definition von Punkten an der Brustwand mit Hilfe von Breiten- und Längengraden sind in Ü245 erläutert (Breitengrade = Rippen + Zwischenrippenräume, Längengrade = longitudinale Hilfslinien).

## Ü337 Projektion des Herzens auf die Brustwand im transversalen und den beiden schrägen Durchmessern klarmachen

In den vorhergehenden Übungen wurde das Herz immer in der sagittalen Projektion entsprechend dem Standard-Thoraxröntgenbild studiert. Dabei werden 2 der 4 großen Herzhöhlen unzureichend dargestellt und sind daher nicht angemessen zu beurteilen:

- Die rechte Kammer ist an keiner Stelle konturbildend.
- Der linke Vorhof hat nur einen kleinen Anteil an der Herzsilhouette.

Nur eine Rundumbetrachtung kann einen vollständigen Überblick über das Herz vermitteln. Das Problem in Übungen am Lebenden besteht darin, daß man die Umrisse des Herzens bei seitlicher oder schräger Betrachtung schlecht auf den Brustkorb aufmalen kann. Man versuche trotzdem, sich eine räumliche Vorstellung zu erarbeiten, um seitliche und schräge Röntgenaufnahmen richtig beurteilen zu können.

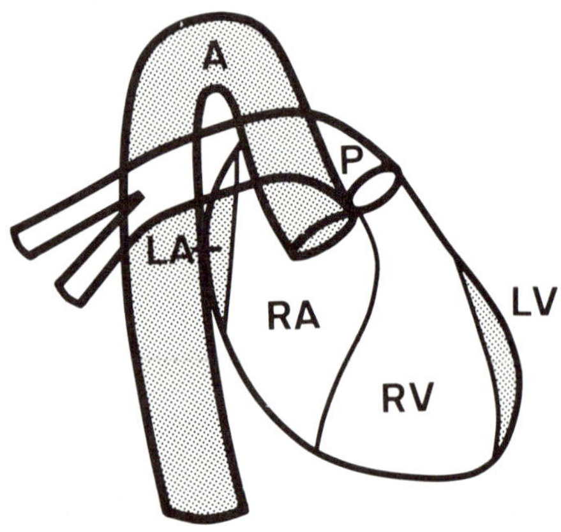


*Abb. 337a. Herz im 1. schrägen Durchmesser (RAO-Position)*

a) **Transversale Projektion** (seitlicher Strahlengang von rechts nach links):

- vordere Herzkontur: rechte Kammer, darüber aufsteigende Aorta,
- hintere Herzkontur: linker Vorhof. Die Speiseröhre liegt dem linken Vorhof an. Man kann daher den Umriß des linken Vorhofs sehr deutlich markieren, wenn man den Patienten einen Schluck Kontrastmittel trinken läßt. Damit läßt sich die Lichtung der Speiseröhre darstellen. Sie weist eine kleine, aber ausgeprägte Delle durch den Aortenbogen und eine große, flache Delle durch den linken Vorhof

auf. Vergrößerung des linken Vorhofs führt zu einer Vertiefung dieser Delle bzw. zur Verlagerung der Speiseröhre.

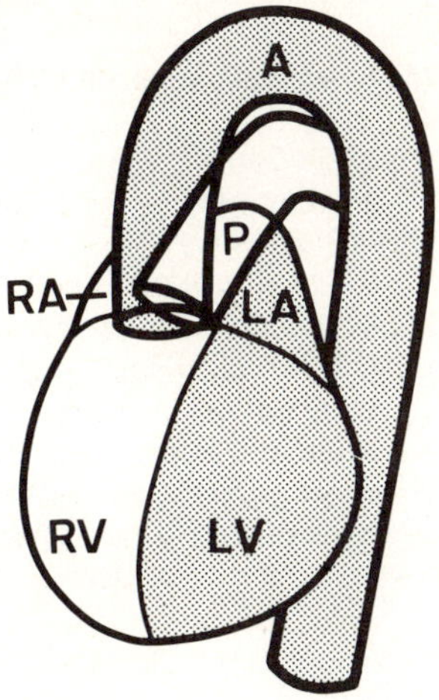


*Abb. 337b. Herz im 2. schrägen Durchmesser (LAO-Position)*

b) 1. **schräger Durchmesser** (Fechterstellung, RAO-Position, rechts vorn, Abb. 337a):
▪ vordere linke Herzkontur (im Bild bei üblicher Betrachtung rechts): linke Kammer (nur schmaler Streifen), darüber Stamm der Lungenschlagadern und Aortenbogen,
▪ hintere = rechte Herzkontur: unten rechter Vorhof, darüber linker Vorhof.

c) 2. **schräger Durchmesser** (Boxerstellung, LAO-Position, links vorn, Abb. 337b):
▪ vordere = rechte Herzkontur (im Bild bei üblicher Betrachtung links): rechte Kammer, darüber aufsteigende Aorta,
▪ hintere = linke Herzkontur: unten linke Kammer, darüber linker Vorhof
▪ Bei dieser Betrachtung ist der Aortenbogen in voller Breite zu sehen!

**Irrtumsmöglichkeiten**: Die Begriffe rechts und links beziehen sich immer auf den Probanden, sofern nicht ausdrücklich vermerkt ist "im Bild". Beim sagittalen Bild hat man genügend Übung und wird wohl kaum darüber stolpern, daß die linke Herzkontur vom Beschauer rechts gesehen wird. Bei den schrägen Bildern kommt man viel leichter durcheinander.

## 3.4 Mittelfellraum

### Ü341 Sagittale Projektion der Grenzen des Mediastinums und seiner Gliederung auf die vordere und hintere Brustwand aufzeichnen

Die Umrisse des Mittelfellraums entsprechen dem "Mittelschatten" im Standard-Thoraxröntgenbild. Man male sie nach der eingehenden Beschreibung in Ü323 auf.

**Gliederung**: Üblicherweise unterscheidet man zwei Stockwerke:
▪ oberer Mittelfellraum (Mediastinum superius): oberhalb des Herzens,
▪ unterer Mittelfellraum (Mediastinum inferius): der Teil, der das Herz beherbergt. Ihn kann man von vorn nach hinten in drei Abschnitte untergliedern:
▪ vorderer unterer Mittelfellraum (Mediastinum anterius): zwischen Herz und Brustwand,
▪ mittlerer unterer Mittelfellraum (Mediastinum medium): das Herz,
▪ hinterer unterer Mittelfellraum (Mediastinum posterius): zwischen Herz und Wirbelsäule.

Die Grenzlinie zwischen oberem und unterem Mittelfellraum liegt auf Höhe der 3. Rippen. Sie entspricht der Linie AD aus Ü322.

### Ü342 In das Mediastinum ein- oder austretende Gebilde eintragen

Sieht man von aus der Brustwand kommenden oder zu ihr ziehenden Zwischenrippengefäßen und -nerven ab, so sind drei Verbindungsbereiche zu diskutieren.

a) **Obere Brustkorböffnung** (Apertura thoracis superior):
▪ Eintritte (in Abb. 342: 1): Luftröhre, Speiseröhre, Aa. thoracicae internae, Vv. brachiocephalicae, Plexus thyroideus impar, Nn. vagi, Nn. phrenici, Nn. cardiaci (Sympathikus),
▪ Austritte (2): Aa. carotides communes, Aa. subclaviae (rechts als Truncus brachiocephalicus), Ductus thoracicus, Trunci bronchomediastinales, Grenzstränge des Sympathikus, N. laryngeus recurrens (links).

b) **Lungenhilum**:
- Eintritte (3): Vv. pulmonales, Vv. bronchiales, Lymphgefäße,
- Austritte (4): Aa. pulmonales, autonome Nerven.

c) **Untere Brustkorböffnung** (Apertura thoracis inferior):
- Eintritte (5): untere Hohlvene, Ductus thoracicus,
- Austritte (6): Speiseröhre, Aorta, Nn. vagi, weitere kleine Gefäße (z.B. Vasa epigastrica superiora) und Nerven (z.B. Nn. splanchnici).

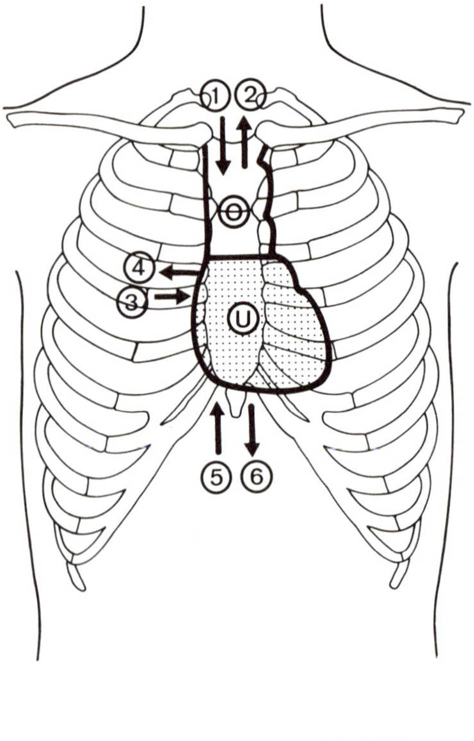


*Abb. 342. Verbindungswege des Mittelfellraums: O oberer, U unterer Mittelfellraum, 1-6 siehe Text*

**Übungsaufgaben**: Je nach Lust und Zeit zeichne man die genannten Strukturen in ihrer sagittalen Projektion ein oder begnüge sich mit symbolischen Pfeilen wie in Abb. 342. Bei der konkreteren Zeichnung kann man auf einige vorhergehende Übungen zurückgreifen: Luftröhre Ü314, Aorta mit Ästen Ü331, Lungenschlagader Ü332, Lungenvenen Ü334.

### Ü343 Gesamtverlauf der Speiseröhre auf die Brustwand aufmalen und Engstellen markieren

Die Speiseröhre ist etwa 25 cm lang. Sie beginnt im Hals auf Höhe des Ringknorpels und endet am Mageneingang. Man unterscheidet 3 Abschnitte:
- Halsteil (Pars cervicalis),
- Brustteil (Pars thoracica),
- Bauchteil (Pars abdominalis).

**Engstellen**: Die Speiseröhre ist nicht gleichmäßig weit. An 3 Stellen bleiben zu große Bissen bevorzugt stecken:
- "Speiseröhrenmund": Am Eingang in die Speiseröhre ordnet sich die Muskulatur vom Rachen ("Schlundschnürer") zum Zweischichtenbau der Speiseröhre um. Der Unterrand des unteren Schlundschnürers (M. constrictor pharyngis inferior) wirkt als Schnürring.
- mittlere Enge: an der Kreuzungsstelle mit dem Aortenbogen.
- untere Enge: beim Durchtritt durch das Zwerchfell (Hiatus oesophageus).

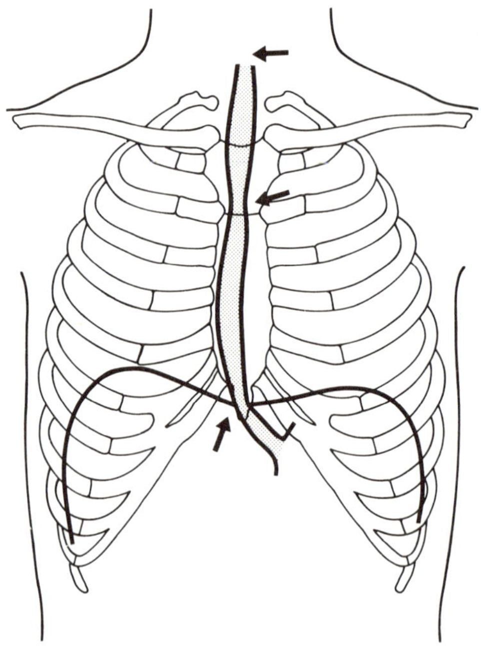

*Abb. 343. Speiseröhre mit Engstellen (Pfeile)*

Die Engstellen sind nicht nur wegen der möglicherweise an ihnen festgehaltenen Fremdkörper ärztlich wichtig. Sie sind auch die bevorzugten Stellen für Aussackungen (Divertikel) der Speiseröhrenwand. In solchen Ausstülpungen der Lichtung sammelt sich Speisebrei an, behindert das Schlucken, gerät wegen der schlechten Entleerung des Divertikels leicht in Zersetzung und bedingt dadurch Entzündungen. Man unterscheidet zwei Typen solcher Divertikel:

- Pulsionsdivertikel: Der hohe Innendruck führt zur Ausstülpung von Schleimhaut durch muskelschwache Stellen. Dies ist besonders häufig am Speiseröhrenmund oberhalb (!) des Schnürrings des unteren Schlundschnürers der Fall. Hier sitzen etwa 70 % aller "Ösophagusdivertikel" (die genau genommen Pharynxdivertikel sind). Die Behandlung besteht im Abtragen des Bruchsacks und im Durchtrennen des Schnürrings.
- Traktionsdivertikel: Zug von außen führt zur Ausstülpung. Häufigste Ursache sind erkrankte Lymphknoten des Mittelfellraums, die mit der Speiseröhre "verbacken".

**Übungsaufgaben:**

a) Aufmalen der Speiseröhre auf die vordere Rumpfwand (Abb. 343):

- vom Ringknorpel bis zum Brustbeinwinkel etwa in der Körpermittelebene,
- dann in flachem rechtskonvexen Bogen (Verdrängung durch den linken Vorhof) zum Durchtritt durch das Zwerchfell (in der Körpermittelebene unterhalb des Unterrandes des Herzens (hinter dem Schwertfortsatz),
- zuletzt noch 3 bis 4 cm nach links zum Mageneingang (spitzwinklige Mündung!).

b) Markieren der Engstellen mit Pfeilen:

- oberhalb des Ringknorpels (also eigentlich vor Beginn der Speiseröhre),
- am Brustbeinwinkel,
- am Durchtritt durch das Zwerchfell.

# 4 Bauchorgane

### Wichtige Vorbemerkung

Große Teile dieses Kapitels befassen sich mit der Projektion der Bauchorgane und ihrer Blutgefäße auf die vordere, hintere oder seitliche Bauchwand. Dabei muß notwendigerweise die Höhenlage dieser Organe zu den Segmenten der Wirbelsäule, zu den Rippen oder zum Hüftbein beschrieben werden. Alle diese Angaben können jedoch nur der groben Orientierung dienen. Die interindividuelle Variabilität ist sehr groß. Die Höhenstände hängen ab von

- der Körperhaltung: Im Stehen sinken die Bauchorgane entsprechend der Schwerkraft etwas nach unten.
- der Atemphase: Leber, Magen, Milz, Nebennieren, Nieren und die untere Hohlvene bewegen sich mit dem Zwerchfell auf und ab. Die Leber kann sich bei tiefer Atmung bis zu 10 cm an der seitlichen Brustwand verschieben!
- der Nahrungsaufnahme: Der volle Magen hängt im Stehen nach unten. Der stark geblähte Darm schiebt Leber und Zwerchfell nach oben.
- dem Lebensalter: Im Laufe des Lebens senken sich alle Eingeweide (vom Kehlkopf bis zu den Beckenorganen) um 1-2 Segmente der Wirbelsäule. Die Blutgefäße werden weiter und länger. Vorher gestreckt verlaufende Gefäße beginnen sich zu schlängeln.
- dem Konstitutionstyp: Beim Schlankwüchsigen stehen die Oberbauchorgane etwas tiefer als beim Breitwüchsigen.
- der Schwangerschaft: In der Spätschwangerschaft sind die meisten intraperitonealen Bauchorgane von der großen Gebärmutter weit nach oben verschoben.
- Krankheiten: Gutartige Geschwülste drängen die Nachbarorgane zur Seite. Geradezu riesige Ausmaße (wie eine schwangere Gebärmutter) können blasige Geschwülste im Eierstock (Ovarialzysten) erreichen.

Wenn Sie also in anderen Lehrbüchern andere Angaben über den Höhenstand von Organen finden, so muß dies kein Widerspruch sein.

## 4.1 Allgemeines, Blutgefäße

### Ü411 Grenzen und Stockwerke des Bauchraums an vorderer und seitlicher Rumpfwand bezeichnen, Querschnitte beschreiben, Organe nach Bauchfellüberzug gliedern

Bevor man an das Studium der einzelnen Bauchorgane geht, sollte man sich unbedingt einen Überblick über den Bauchraum als funktionelle Einheit und seine Gliederung verschaffen. Man zeige am Probanden:

**Grenzen** des Bauchraums:
- oben: Zwerchfell,
- unten: Becken und Beckenboden,
- vorn: vordere freie (muskulöse) Bauchwand,
- hinten: Wirbelsäule, hintere freie Bauchwand, Becken.

**Horizontale Gliederung** des Bauchraums:
- vorn: Bauchfellhöhle (mit intraperitonealen Organen),
- hinten: Retroperitonealraum (mit retroperitonealen Organen).

**Vertikale Gliederung (Stockwerke)** der Bauchfellhöhle:
- Oberbauch = Drüsenbauch: oberhalb des Querdickdarms, Hauptorgane Leber, Magen, Milz,
- Unterbauch = Darmbauch: zwischen Querdickdarm und Beckeneingangsebene, Hauptorgane Dünn- und Dickdarm,
- Beckenhöhle: unterhalb der Beckeneingangsebene, Hauptorgane Harnblase, Mastdarm, innere Geschlechtsorgane.

Man beachte: Die Begriffe Oberbauch und Unterbauch werden an der Bauchwand und an den Bauchorganen in unterschiedlichem Sinn gebraucht: Die Bauchwand wird in Ober-, Mittel- und Unterbauch gegliedert (Ü274), die dahinter liegenden Bauchorgane nur nach Ober- und Unterbauch. Der Mittelbauch gehört bei den Bauchorganen schon zum Unterbauch, weil an den Bauchorganen eine natürliche Zwischengrenze fehlt.

**Gliederung der Bauchorgane** nach Bauchfellüberzug:

- intraperitoneal (fast vollständig von Bauchfell überzogen): Magen, Krummdarm, Leerdarm, Blinddarm, Querdickdarm, Sigma, Leber, Milz, Eierstöcke, Eileiter, Gebärmutter,
- retroperitoneal (nur teilweise von Bauchfell bedeckt): 2 Fälle:
- primär retroperitoneal (während der gesamten Entwicklung nur geringer Bezug zum Bauchfell): Nieren, Nebennieren, Harnleiter, Harnblase, Mastdarm,
- sekundär retroperitoneal (in frühen Entwicklungsstadien intraperitoneal, dann aber der hinteren Bauchwand angelagert): Zwölffingerdarm, auf- und absteigender Dickdarm, Bauchspeicheldrüse.

Praktische Bedeutung der Gliederung in intra- und retroperitoneal:

- Lagekonstanz: Retroperitoneale Organe haben eine weitgehend konstante Lage, intraperitoneale Organe können je nach Länge ihrer Gekröse ("Mesos") die Lage ändern.
- Zugänglichkeit: Intraperitoneale Organe sind für Operationen durch die vordere Bauchwand gut zugänglich, aber man muß die Bauchfellhöhle eröffnen. Retroperitoneale Organe sind schlechter zugänglich, dafür ist z.T. die Bauchfellhöhle zu umgehen.

**Form von Querschnitten** durch den Bauchraum:

- Oberbauch: nierenförmig,
- Unterbauch: flach U-förmig (die Lendenwirbelsäule ragt bis über die Mitte des Rumpfquerschnitts nach vorn),
- Beckenhöhle: annähernd kreisförmig.

## Ü412 Allgemeinen Untersuchungsgang der Bauchorgane bedenken

Das Beurteilen der Bauchorgane ist eines der Hauptanliegen nahezu jeder ärztlichen Untersuchung. Auch wenn die zu behandelnde Erkrankung primär nichts mit dem Bauchraum zu tun hat, sollte man vor jeder Narkose, aber auch schon vor der Verordnung von Arzneimitteln wenigstens ein grobes Urteil über die Bauchorgane gewonnen haben.

Der zielstrebige Weg zu einem sicheren Urteil geht über 3 Stufen, deren Reihenfolge streng einzuhalten ist:

- Anamnese: Ein eingehendes Gespräch mit dem Patienten wird in den meisten Fällen bereits eine Verdachtsdiagnose ergeben. Es schafft außerdem die nötige Vertrauensbasis zwischen Patient und Arzt.
- körperliche Untersuchung: Sie sollte in Übungen am gesunden Probanden soweit geübt werden, daß am Kranken nicht erst die Technik erlernt werden muß.
- Untersuchungen mit bildgebenden Verfahren (Ultraschall, Röntgen) und im klinisch-chemischen Labor: Sie sind im Hinblick auf die Belastung des Patienten und die Kosten aufgrund der Hinweise aus Anamnese und körperlicher Untersuchung gezielt einzusetzen.

**Reihenfolge der Untersuchung**: Sie sollte immer mit Methoden beginnen, die den Patienten nicht belasten. Für den Patienten schmerzhafte Untersuchungen müssen jeweils am Ende stehen, sonst wird durch die Abwehrspannung die weitere Untersuchung beeinträchtigt. Es ist daher folgende Reihenfolge zu empfehlen:

- Besichtigen (Inspektion),
- Abhören (Auskultation),
- Abklopfen (Perkussion),
- oberflächliches Tasten (leichte Palpation),
- gründliches Tasten (tiefe Palpation).

**Besichtigen**: Man achte auf

- Ernährungszustand: Zunehmende Dicke der Fettschicht erschwert das Abtasten.
- Atembewegungen: symmetrisch oder einseitig eingeschränkt.
- Narben: Operationsnarben sollten zu Mutmaßungen über die Art der Operation veranlassen (Ü275). Der Patient ist dazu zu befragen.
- Venenzeichnung: Sie ist normalerweise nicht sichtbar. Tritt sie hervor, so weist dies auf eine Stauung hin (Ü437).
- örtliche Vorwölbungen: Diese können z.B. durch Eingeweidebrüche (Hernien) oder Geschwülste (Tumoren) bedingt sein. Man frage dazu den Patienten, wann sie ihm das erste Mal aufgefallen sind.
- Darmbewegungen: Normalerweise sind peristaltische Bewegungen durch die Bauchwand höchstens bei sehr mageren Menschen mit schlaffen Bauchdecken sichtbar. Zeichnen sie sich auch bei normalem Ernährungszustand durch die Bauchwand ab, so weist dies auf eine gesteigerte Motorik hin. Diese kommt z.B. bei

einem mechanischen Darmverschluß vor, wenn der Darm versucht, durch vermehrte Anstrengung das Hindernis zu überwinden.

- Hautverfärbungen: z.B. kann eine bläuliche Verfärbung des Nabels auf eine Blutung in die Bauchfellhöhle hinweisen.
- Dehnungsstreifen der Haut: bei rascher Zunahme des Bauchumfangs, z.B. in der Schwangerschaft (Striae gravidarum) oder bei Stammfettsucht infolge Hypophysenstörung (Cushing-Krankheit).

**Abhören**: Über der Bauchwand hört man mit dem Stethoskop (mit Membran) oder durch direktes Anlegen des Ohrs 3 Arten von Geräuschen:

- Darmgeräusche (Borborygmi): Der gesunde Darm ist ständig in Bewegung. Da er auch Gase enthält, hört man die Flüssigkeit bei der Bewegung plätschern. "Totenstille" im Bauchraum ist ein Zeichen der Darmlähmung (paralytischer Ileus). Man sollte mindestens 3-4 Minuten kontinuierlich abhören, bevor man die Stille diagnostiziert. Im Protokoll sollte man angeben, wie lange man abgehört hat.
- Gefäßgeräusche: Sie sind normalerweise nicht zu hören, können aber bei Strömungshindernissen in Schlagadern oder der unteren Hohlvene auftreten. Sie klingen ähnlich wie das Korotkow-Geräusch beim Blutdruckmessen (Ü843). Ihre Lage ist für die verengten Gefäße kennzeichnend.
- Reibegeräusche: wenn entzündete oder höckrige Bauchfellflächen aneinander reiben (z.B. bei einem Leberabszeß).

Eine Mittelstellung zwischen Abhören und Abklopfen nimmt die *Kratzauskultation* ein: Dabei setzt man das Stethoskop auf die Bauchwand auf und "kratzt" mit einem Holzstäbchen, z.B. Streichholz, oder dem Fingernagel über die Bauchwand. Das Geräusch ändert sich ähnlich wie bei der Perkussion.

**Abklopfen**: Die Perkussion liefert im Bauchraum 2 Schallqualitäten (Ü126):

- tympanitischen Klopfschall: über dem gashaltigen Magen-Darm-Kanal,
- gedämpften Klopfschall: über Leber, Milz, gefüllter Harnblase, schwangerer Gebärmutter, Geschwülsten und Bauchwasser (Aszites).

Das Abklopfen hat bei der Bauchwand nicht so große Bedeutung wie bei der Brustwand. Trotzdem ist es nahezu unentbehrlich für die Größenbestimmung der Leber und der Milz. Auch eine Flüssigkeitsansammlung in der Bauchfellhöhle (Aszites) kann man mit der Perkussion am sog. Umlagerungsphänomen erkennen: Die Flüssigkeit sinkt entsprechend der Schwerkraft immer nach unten. Perkutiert man zunächst in Rückenlage, so findet man um den Nabel tympanitischen Klopfschall, der rundherum von Dämpfung umgeben ist. Läßt man nun den Patienten Seitenlage einnehmen, so sammelt sich in wenigen Minuten die Flüssigkeit wieder unten an, und der gasgefüllte Darm schwimmt oben. Der tympanitische Klopfschall steigt entsprechend zur oben liegenden Seite auf. Bei abgekammerten Flüssigkeitsansammlungen bleibt allerdings das Umlagerungsphänomen aus.

**Tasten**: Die weiche Bauchwand macht große Teile des Bauchraums der tastenden Hand zugänglich. Zusätzlich kann noch ein Teil der Beckenorgane vom Mastdarm oder der Scheide aus getastet werden. Damit entziehen sich nur die im Brustkorb liegenden Oberbauchorgane der Betastung. Voraussetzung jedes erfolgreichen Tastens im Bauchraum ist die Entspannung der Bauchmuskeln des Probanden. Diese erreicht man im allgemeinen durch richtiges Lagern (Ü413) und schonendes Umgehen mit dem Patienten. Dazu gehört, daß der Untersucher

- die Hände anwärmt (mit warmem Wasser waschen, notfalls reiben).
- die Hand flach auflegt und mit sanft kreisenden Bewegungen der Tastballen der Fingerendglieder allmählich tiefer dringt. Keinesfalls darf man die Finger wie zum Kratzen aufsetzen und mit den Fingerspitzen in die Tiefe bohren.
- immer erst oberflächlich tastet, bevor er an einzelnen Stellen in die Tiefe geht.
- nie an der Stelle mit dem Tasten beginnt, an der vom Patienten der Hauptschmerz angegeben wird. Man beginnt möglichst weit entfernt und kommt erst zuletzt an die Schmerzstelle, da der Schmerz die Muskelanspannung verstärkt. Allerdings sollte man dem Patienten das Vorgehen erklären. Dieser wundert sich sonst, warum der Arzt sich nicht gleich mit der Stelle beschäftigt, die er ihm bezeichnet hat.

Beim tiefen Tasten kann es zweckmäßig sein, die beiden Hände übereinanderzulegen. Der

Druck wird dann von der oberen Hand ausgeübt, während man sich mit der darunter liegenden Hand ganz auf das Fühlen einstellt.

Besondere Vorsicht beim Tasten ist geboten, wenn der Verdacht auf eine vergrößerte Milz oder flüssigkeitsgefüllte Hohlräume (Zysten) in anderen Organen besteht. Es wurden Fälle beschrieben, bei denen eine Milz bei der Tastuntersuchung platzte (iatrogene Milzruptur).

Während des Abtastens sollte man das Gesicht des Patienten im Auge behalten. In ihm spiegelt sich ein Druckschmerz wider, den der Patient vielleicht in falsch verstandener Tapferkeit nicht in Schmerzenslauten zu äußern wagt.

Mit dem Abtasten kann man sich ein Urteil über den unteren Leberrand (Ü432), die unteren Nierenpole (Ü444), die Bauchaorta (Ü414) und eine vergrößerte Milz (Ü435) bilden. Darüber hinaus kann man bei entsprechenden Patienten z.B. auch Geschwülste des Darms und retroperitonealer Organe tasten. Die meisten "Geschwülste" des unerfahrenen Untersuchers sind jedoch Kotballen im Darm. Wenn man also meint, eine Geschwulst getastet zu haben, so sollte man einige Minuten abwarten. Der Darm ist in ständiger Bewegung. Dabei verschieben sich auch die Kotballen. Handelte es sich bei der "Geschwulst" um Kot, so wird sie wahrscheinlich die Lage geändert haben.

*Loslaßschmerz*: Mitunter gibt der Patient Schmerzen nicht nur beim Druck in die Tiefe, sondern gerade umgekehrt beim raschen Zurückziehen der Hand an. Dies weist auf eine Reizung des wandständigen Bauchfells (Peritoneum parietale) hin. Es wird beim Loslassen durch das Zurückschnellen der Bauchwand erschüttert.

Ein Spezialfall der Tastuntersuchung ist das *Fühlen von Druckwellen* in Flüssigkeitsansammlungen. Der Untersucher legt bei einem Patienten mit Bauchwassersucht die eine Hand in die eine Flankengegend und schlägt mit der flachen anderen Hand sanft und kurz auf die andere Flankengegend. Dann läuft eine Flüssigkeitswelle zur Gegenseite, deren Anprall an der seitlichen Bauchwand man fühlen kann. Um sich nicht von einer Bewegung der Bauchwand selbst täuschen zu lassen, drückt eine Hilfsperson (oder der Patient) die vordere Mittellinie der Bauchwand mit der ulnaren Handkante ein. Häufigste Ursachen von Flüssigkeitsansammlungen in der Bauchfellhöhle sind die Leberzirrhose (Pfortaderstauung), die Schwäche des rechten Herzens (mangelnde Pumpleistung) und Eiweißmangel im Blut (zu geringe Rücksaugkraft).

**Übungsaufgabe**: Ursache eines dicken Bauchs feststellen. Hat man die vorhergehenden Ausführungen verstanden, so müßte man ohne Schwierigkeit die 6 wichtigsten Ursachen für einen dicken Bauch unterscheiden können:

- Fettsucht (Obesitas): Der Nabel ist tief eingezogen. An der Bauchhaut lassen sich dicke Falten abheben. In Mitteleuropa ist dies die häufigste Ursache des dicken Bauchs.
- Blähung (Meteorismus): passiv gespannte Bauchdecke, tympanitischer Klopfschall über dem gesamten Bauchraum.
- Bauchwassersucht (Aszites): Umlagerungsphänomen, Druckwellen (s.o.). Der dicke Bauch steht oft in krassem Widerspruch zur Auszehrung des übrigen Körpers (man denke an die halbverhungerten Kinder in manchen Entwicklungsländern).
- Schwangerschaft (Gravidität): Wichtige Hinweise gibt die Anamnese. Die Dämpfung geht von der Schambeinfuge kontinuierlich nach oben. Beweisend ist das Hören kindlicher Herztöne.
- große Geschwulst (Tumor): Tastbefund, Dämpfung. Vor allem Eierstockzysten können gewaltige Ausmaße annehmen und dann evtl. sogar mit einer Schwangerschaft verwechselt werden.
- starker Rundrücken mit Lendenkyphose: Sind Brustkorb und Becken infolge der Fehlstellung der Wirbelsäule einander sehr angenähert, so bleibt für die Baucheingeweide nur Platz, wenn sich die Bauchwand stark vorwölbt.

## Ü413 Lagern des Probanden zur Tastuntersuchung

Der Proband sollte zur Tastuntersuchung bequem liegen. Nur dann kann er die Bauchmuskeln entspannen. Empfehlenswert sind:

- Rückenlage (in einigen Sonderfällen Seitenlage, wenn man damit die Umlagerung von Organen erreichen will).
- Kopf angehoben: Es ist ein Kissen unterzu-

legen. In Übungen am Lebenden muß dieses genügend hoch sein, damit der Proband allen Manipulationen des Untersuchers bequem zusehen kann (evtl. zusätzlich Aktentasche unter das Kissen schieben). Müßte der Proband aktiv den Kopf anheben, so würden sich automatisch die Bauchmuskeln anspannen.

- Beine leicht gebeugt: Die vordere Bauchwand wird durch eine Verminderung der Lendenlordose entspannt. Dazu werden die Beine im Hüft- und im Kniegelenk passiv etwas gebeugt. Die Füße müssen einen natürlichen Halt finden. Keinesfalls sollte der Proband die Muskeln des Beins aktivieren müssen, um die Lage zu halten. Es würden sonst die Bauchmuskeln mit angespannt. Deshalb legt man eine Rolle oder ein Kissen unter die Kniekehlen.
- Arme locker an der Seite.
- psychisch entspannt: Im Vorgespräch wird man dem Probanden erklären, was man im einzelnen vorhabe, daß man sich bemühen werde, ihm keine Schmerzen zu bereiten usw.
- Harnblase entleert: Bei voller Harnblase spannt der Proband unwillkürlich die Bauchmuskeln an aus Sorge, es könnte zum ungewollten Harnabgang kommen.

Hilfreich kann es sein, den Probanden durch den offenen Mund atmen zu lassen. Dies trägt zur Entspannung bei. Man kann ihn auch auffordern, sich schwer zu machen, als ob er einschlafen wolle.

Sollte der Proband trotz der genannten Maßnahmen die Bauchdecken nicht entspannen können, so lasse man den Probanden eine Hand auf die Bauchwand legen und instruiere ihn, wie er damit tasten soll. Dann legt der Untersucher seine Hand auf die Hand des Probanden und führt diese. Meist gibt die Muskelspannung nach. Im nächsten Schritt legt der Untersucher seine Hand unter die des Probanden und zuletzt tastet er völlig frei. Dieses Vorgehen empfiehlt sich auch bei Kindern.

Die Entspannungsversuche bieten allerdings nur dann Aussicht auf Erfolg, wenn die Muskelspannung mehr willkürlich (situationsbedingt) ist. Diese Spannung ist meist bei der Ausatmung etwas geringer als bei der Einatmung. Unwillkürliche Muskelkrämpfe bei Bauchfellreizung sind auf diese Weise nicht zu lösen. Man beachte folgendes:

- Bei Reizung des Eingeweidebauchfells (Peritoneum viscerale) spannen sich die Bauchmuskeln erst dann reflektorisch an, wenn die erkrankte Stelle getastet wird.
- Bei Reizung des wandständigen Bauchfells (Peritoneum parietale) verharren die Bauchmuskeln in Daueranspannung.

### Ü414 Puls der Bauchaorta tasten und deren sagittale Projektion auf die vordere Bauchwand und den Rücken aufzeichnen

Die Hauptschlagader (Aorta) tritt durch den Aortenschlitz (Hiatus aorticus) etwa auf Höhe des 11. bis 12. Brustwirbels etwas links der Körpermittelebene in den Bauchraum ein. Von da ab führt sie den Namen Bauchaorta (Pars abdominalis aortae, Aorta abdominalis). Sie läuft dann immer unmittelbar links der Mittelebene abwärts bis zur Höhe des 4. bis 5. Lendenwirbels und gabelt sich dort (Bifurcatio aortae) in die beiden gemeinsamen Beckenschlagadern (Aa. iliacae communes) auf (Abb. 414).

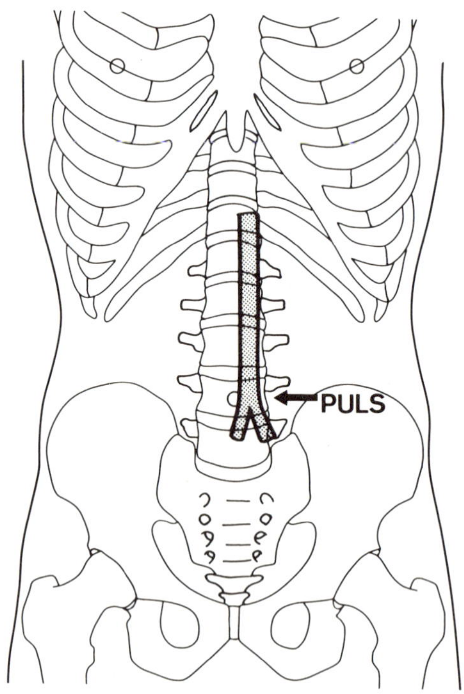


*Abb. 414. Projektion der Bauchaorta auf die vordere Bauchwand*

**Puls**: Die mittleren Lendenwirbelkörper liegen auf Querschnitten durch den Bauchraum nahezu in der Mitte (Ü411). Die vor ihnen verlaufende Hauptschlagader kommt damit der vorderen Bauchwand nahe. Sie kann der tastenden Hand auch nicht ausweichen, weil die Wirbelsäule den harten Hintergrund bildet. Man kann daher selbst bei dicken Patienten meist den Puls der Bauchaorta unmittelbar links neben dem Nabel fühlen. Bei schlanken Patienten kann man sogar das Gefäßrohr zwischen Daumen und Zeigefinger fassen. Unterhalb des Nabels teilt sich die Bauchaorta in die beiden gemeinsamen Beckenschlagadern (Aa. iliacae communes) auf. Deshalb wird der Bereich, in welchem man den Puls fühlt, breiter und erstreckt sich auch noch ein Stück nach rechts (der Wirbelkörperbreite entsprechend).

**Übungsaufgaben**:
▪ Puls links vom Nabel tasten und dann soweit wie möglich nach oben und nach unten verfolgen,
▪ diesen Bereich auf die Bauchwand aufzeichnen,
▪ Bauchaorta zu tasten versuchen,
▪ Puls der Oberschenkelschlagadern beidseits tasten (Ü943),
▪ Gesamtverlauf der Bauchaorta zwischen Aortenschlitz des Zwerchfells (unmittelbar oberhalb der Mitte des Rippenbogens, Ü274) und Teilung (links unterhalb des Nabels) aufzeichnen (Abb. 414). Die Bauchaorta ist etwa 10 cm lang.

| Protokoll 414. Bauchaorta | |
|---|---|
| Pulsfrequenz (1/min) | |
| Länge des tastbaren Bereichs (cm) | |

## Ü415 Abgänge der Hauptäste der Bauchaorta markieren

Die Äste der Bauchaorta kann man in 3 Gruppen gliedern:
a) Unpaare Eingeweideschlagadern (hauptsächlich zu den Verdauungsorganen):
▪ Magen-Leber-Milz-Schlagaderstamm (Truncus coeliacus),
▪ obere Gekröseschlagader (A. mesenterica superior),
▪ untere Gekröseschlagader (A. mesenterica inferior).

b) Paarige Eingeweideschlagadern (hauptsächlich zum Urogenitalsystem):
▪ untere Zwerchfellschlagader (A. phrenica inferior),
▪ mittlere Nebennierenschlagader (A. suprarenalis media),
▪ Nierenschlagader (A. renalis),
▪ Eierstock- bzw. Hodenschlagader (A. ovarica/testicularis).

c) Schlagadern zur hinteren Leibeswand:
▪ Lendenschlagadern (Aa. lumbales): paarig,
▪ mittelständige Kreuzbeinschlagader (A. sacralis mediana): unpaar.

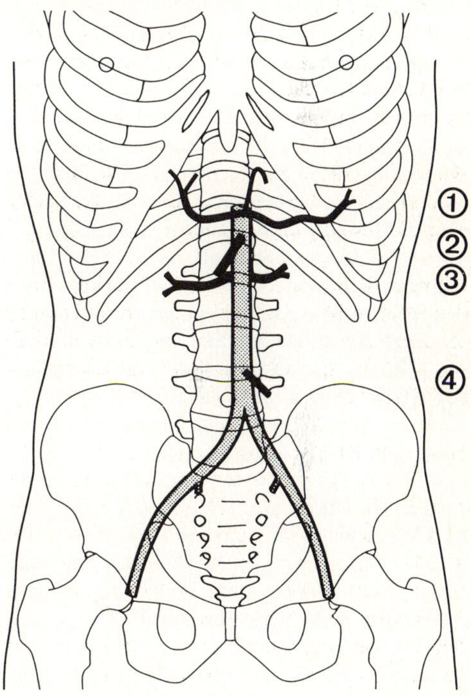


*Abb. 415. Hauptäste der Bauchaorta. 1 Truncus coeliacus, 2 A. mesenterica superior, 3 Aa. renales, 4 A. mesenterica inferior*

**Höhenlagen** (Abb. 415):
▪ Truncus coeliacus: Abgang noch im Aortenschlitz (Th12, etwa auf Höhe der Mitten der Rippenbogen),
▪ A. mesenterica superior: fingerbreit unterhalb des Truncus coeliacus (Th12/L1),

- Aa. renales: etwa auf Höhe der unteren Viertelpunkte der Rippenbogen ($L_1$/ $L_2$),
- A. mesenterica inferior: fingerbreit oberhalb des Nabels ($L_3$/$L_4$).

**Varietäten**: Chirurgisch wichtig sind vor allem:
- Ursprung von Leberschlagadern aus der oberen Gekröseschlagader: A. hepatica dextra, A. hepatica propria und A. hepatica communis je etwa 5 %,
- zusätzliche Nierenschlagadern: etwa 40 % (zwei oder mehr Schlagadern zum Nierenhilum 25 %, Polschlagadern 15 %).

### Ü416 Gefäßzeichnung durch die untere Hohlvene und ihre Hauptäste ergänzen

Die untere Hohlvene (V. cava inferior) entsteht aus der Vereinigung der beiden gemeinsamen Beckenvenen (Vv. iliacae communes) vor dem 4. bis 5. Lendenwirbelkörper rechts und etwas unterhalb der Aortengabel. Sie steigt dann jeweils rechts der Aorta bis zum Hohlvenenloch (Foramen venae cavae) im Sehnenzentrum (Centrum tendineum) des Zwerchfells auf. Das Hohlvenenloch liegt weiter vorn und viel höher als der Aortenschlitz. Es grenzt an den rechten Vorhof an. Die Lage des Hohlvenenlochs hängt naturgemäß von der Zwerchfellstellung ab. Bei ruhiger Atmung projiziert es sich etwa auf den rechten Rand der Schwertfortsatzfuge (Synchondrosis xiphisternalis). Die untere Hohlvene ist wesentlich länger als die Bauchaorta.

**Äste** (Abb. 416):
a) Unterschiede zur Bauchaorta:
- Die unpaaren Eingeweidevenen münden nicht direkt in die untere Hohlvene, sondern vereinigen sich zur Pfortader (V. portae, Ü437). Das Blut durchfließt erst die Leber und gelangt dann über die Lebervenen (Vv. hepaticae) unmittelbar unterhalb des Hohlvenenlochs in die untere Hohlvene.
- Die linke Eierstock- bzw. Hodenvene mündet in die linke Nierenvene.

b) Lage der Äste zur Bauchaorta:
- Die linke Nierenvene verläuft im Regelfall vor der Bauchaorta.
- Die rechte gemeinsame Beckenschlagader überkreuzt die beiden gemeinsamen Beckenvenen.

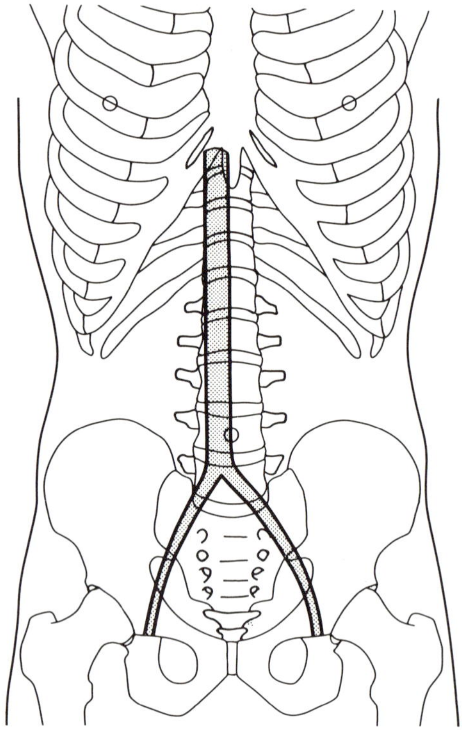

*Abb. 416. Projektion der unteren Hohlvene auf die vordere Bauchwand*

## 4.2 Magen und Darm

### Ü421 Luftblase im Magen perkutieren und sagittale Projektion des Magens auf die vordere Bauchwand und den Rücken aufzeichnen

**Perkussion**: Der Magen (Gaster, Ventriculus) liegt im linken Oberbauch. Er enthält regelmäßig eine größere Luftblase (mit den Speisen verschluckte Luft). Sie gibt tympanitischen Klopfschall. Die Luft sammelt sich aufgrund der Schwerkraft immer im obersten Teil des Magens an. Die Luftblase ändert folglich je nach Körperhaltung die Lage.

**Übungsaufgaben**: Man perkutiere und markiere die Lage der "Magenblase"
- im Stehen,
- in Rechtsseitenlage,
- in Rückenlage mit angehobenem Becken,
- in Linksseitenlage.

Anschließend lasse man den Probanden stark kohlensäurehaltiges Mineralwasser trinken. Durch die Magensäure wird $CO_2$ freigesetzt, das den Magen aufbläht. Der Bereich des tympanitischen Klopfschalls wird nun viel größer. Man versuche die Teilzeichnungen der Magenblasen bei verschiedenen Körperhaltungen zu einem Projektionsbild des Magens auf die vordere Bauchwand zu verbinden. Zuletzt übertrage man das vordere Projektionsbild (spiegelverkehrt!) auf den Rücken.

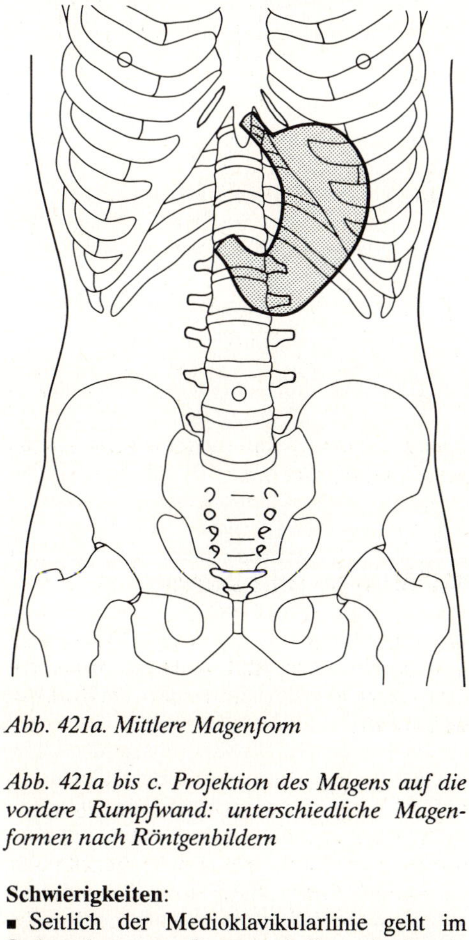

*Abb. 421a. Mittlere Magenform*

*Abb. 421a bis c. Projektion des Magens auf die vordere Rumpfwand: unterschiedliche Magenformen nach Röntgenbildern*

**Schwierigkeiten**:

▪ Seitlich der Medioklavikularlinie geht im Stehen der sonore Lungenschall unmittelbar in den tympanitischen Klopfschall der Magenblase über. Dem Anfänger bereitet es oft Mühe, die beiden Schallqualitäten zu unterscheiden.

▪ Der Querdickdarm ist häufig stark gasgefüllt und gibt daher tympanitischen Klopfschall. Im Liegen sind dann manchmal Magen und Dickdarm perkutorisch nicht zu trennen.

▪ Der Magen kann viele Formen annehmen, wie Röntgenaufnahmen zeigen (Abb. 421a bis c). Jede Projektionszeichnung kann also nur eine grobe Annäherung an die tatsächliche augenblickliche Magenform darstellen.

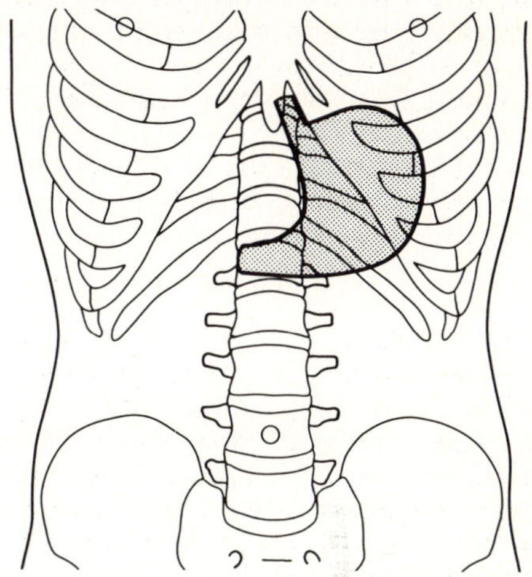

*Abb. 421b. "Posthornform" des Magens im Liegen, häufig beim breitwüchsigen Körperbautyp*

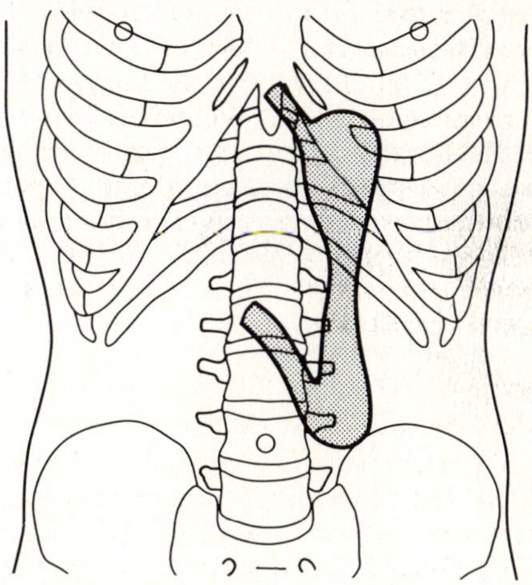

*Abb. 421c. "Langmagen" im Stehen, vor allem beim schmalwüchsigen Körperbautyp*

## Ü422 Gefäßarkaden des Magens aufzeichnen

Der Magen wird von Ästen des Truncus coeliacus mit Blut versorgt (Abb. 422). Die großen Schlagadern bilden Arkaden an der kleinen und an der großen Magenkrümmung (Curvatura gastrica minor/major):

a) Arkade der kleinen Magenkrümmung:
- linke Magenschlagader (A. gastrica sinistra): direkter Ast des Truncus coeliacus, von links oben,
- rechte Magenschlagader (A. gastrica dextra): Ast der Leberschlagader (A. hepatica propria), von rechts unten.

b) Arkade der großen Magenkrümmung:
- linke Magen-Netz-Schlagader (A. gastro-omentalis sinistra): Ast der Milzschlagader (A. splenica = lienalis), von links oben,
- rechte Magen-Netz-Schlagader (A. gastro-omentalis dextra): Ast der Magen-Zwölffingerdarm-Schlagader (A. gastroduodenalis), von rechts unten.

Zusätzlich kommen zum Magen noch Äste der Milzschlagader, die sich nicht an den Arkaden beteiligen:
- kurze Magenschlagadern (Aa. gastricae breves),
- hintere Magenschlagader (A. gastrica posterior), nicht regelmäßig vorhanden.

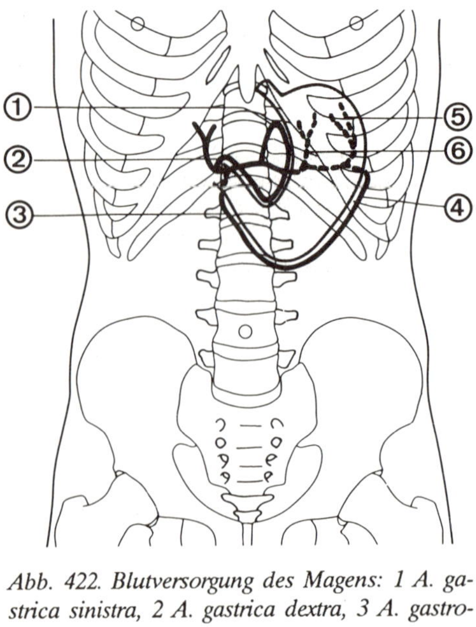


*Abb. 422. Blutversorgung des Magens: 1 A. gastrica sinistra, 2 A. gastrica dextra, 3 A. gastro-omentalis (gastro-epiploica) sinistra, 4 A. gastro-omentalis (gastro-epiploica) dextra, 5 Aa. gastricae breves, 6 A. gastrica posterior*

**Varietäten**: Im häufigsten Fall kommen alle Magenschlagadern aus dem Truncus coeliacus. Es können jedoch einzelne Äste ihr Blut aus der oberen Gekröseschlagader (A. mesenterica superior) beziehen:
- A. gastrica dextra: etwa 10 %,
- A. gastro-omentalis dextra: etwa 10 %,
- A. gastro-omentalis sinistra: etwa 1 %.

### Ü423 Sagittale Projektion des Zwölffingerdarms auf die vordere Bauchwand und den Rücken aufmalen

Der Zwölffingerdarm (Duodenum) ist der erste Hauptabschnitt des Dünndarms. Er ist etwa C-förmig gekrümmt und wird in 4 Abschnitte gegliedert:
- oberer Teil (Pars superior): mit erweitertem Anfangsstück (Ampulla, in der Klinik meist Bulbus genannt),
- absteigender Teil (Pars descendens): mit den Mündungen des Hauptgallengangs (Ductus choledochus) und des Bauchspeichelgangs (Ductus pancreaticus),
- horizontaler Teil (Pars horizontalis),
- aufsteigender Teil (Pars ascendens).

Die **Lage** des Zwölffingerdarms ist mit den in Übungen am Lebenden genutzten Untersuchungsverfahren nicht individuell zu bestimmen. Es bedürfte hierzu des Röntgenverfahrens oder der Sonographie. Als (sekundär) retroperitoneales Organ hat er jedoch eine sehr konstante Lage, die man daher recht gut schematisch angeben kann (Abb. 423):
- Der gesamte Zwölffingerdarm befindet sich oberhalb des Nabels.
- Der obere Teil liegt etwa auf Höhe der Mitte der Rippenbogen bzw. des 12. Brustwirbels in der rechten Parasternallinie. Er beginnt am Magenpförtner (Pylorus), der je nach Körperlage (im Stehen bis zu 5 cm tiefer als im Liegen) bis zu 5 cm unterhalb der Mitte des Rippenbogens und etwa 2 cm rechts der Körpermittellinie zu suchen ist. Der Magenpförtner liegt vor dem 1. Lendenwirbel.
- Der absteigende Teil entspricht der Höhe der ersten beiden Lendenwirbel (also zwischen transpylorischer und Subkostalebene) am Rand des rechten Rippenbogens.
- Der horizontale Teil zieht zwischen Subkostalebene und Nabel zur vorderen Körpermittellinie.
- Der aufsteigende Teil wendet sich links der Mittellinie zum Magen nach oben. Hinter dessen Rückwand biegt er an der Flexura duo-

denojejunalis in den intraperitonealen mittleren Dünndarmabschnitt (Leerdarm, Jejunum) nach unten um. Diese Stelle liegt etwa 4 cm unterhalb und medial der Mitte des linken Rippenbogens.

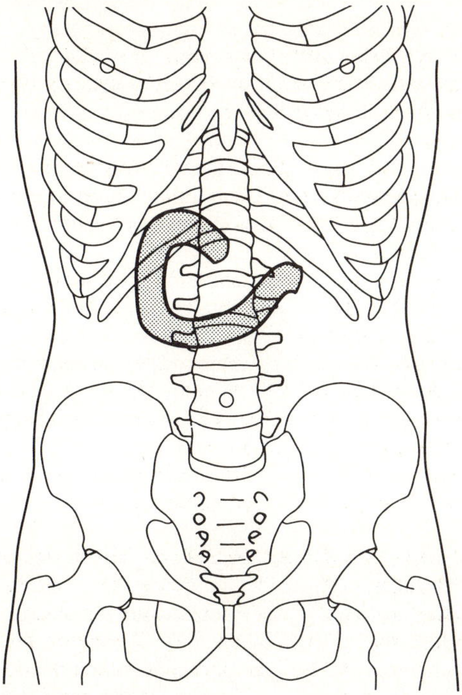

*Abb. 423. Projektion des Zwölffingerdarms auf die vordere Bauchwand*

### Ü424 Wahrscheinliche Lage von Blinddarm und Wurmfortsatz angeben, embryonale Darmdrehung beschreiben

**Lage des Blinddarms**: An der Krummdarm-Blinddarm-Klappe (Valva ileocaecalis, in der Klinik meist Bauhin-Klappe genannt) geht der unterste Dünndarmabschnitt (Krummdarm, Ileum) in den Blinddarm (Caecum), den Anfangsabschnitt des Dickdarms (Intestinum crassum) über. Ihm hängt als beim Menschen zurückgebildeter Darmteil der Wurmfortsatz (Appendix vermiformis) an. Seinem Bauchfellüberzug nach ist der Blinddarm als intraperitoneal zu bezeichnen. Er bildet aber gewissermaßen das untere Ende des sekundär retroperitonealen aufsteigenden Dickdarms (Colon ascendens) und hat deshalb beim Individuum eine sehr konstante Lage. Diese allerdings kann bei verschiedenen Menschen recht unterschiedlich ausfallen. Am häufigsten liegt der Blinddarm an der rechten Darmbeinschaufel vor dem Darmbeinmuskel (M. iliacus).

**Druckpunkte**: Eine klare Vorstellung über die Lage des Blinddarms ist wegen der akuten Wurmfortsatzentzündung (Appendizitis) wichtig. Diese stürmisch ablaufende Erkrankung erfordert die Entfernung des Wurmfortsatzes (Appendektomie) innerhalb weniger Stunden, um dem drohenden Durchbruch (Perforation) zuvorzukommen. Die Diagnose muß also rasch gestellt werden. Bei typischer Lage des Blinddarms ist der Hauptschmerz im Bereich folgender "Punkte" zu finden:

- *McBurney-Punkt* (wie er von dem New Yorker Chirurgen Charles McBurney 1888 angegeben wurde): Mittelpunkt der Verbindungslinie zwischen Nabel und vorderem oberen Darmbeinstachel (Spina iliaca anterior superior),
- *McBurney-Punkt* (wie er üblicherweise in Lehrbüchern beschrieben wird): äußerer Drittelpunkt der gleichen Linie,
- *Lanz-Punkt* (nach dem Amsterdamer Chirurgen Otto Lanz, 1908): rechter Drittelpunkt der Verbindungslinie der beiden vorderen oberen Darmbeinstachel.

Wenn 3 doch etliche Zentimeter voneinander entfernte Punkte die Lage bezeichnen sollen, kann man annehmen, daß eine genaue Angabe nicht möglich ist. Es handelt sich vielmehr um ein Feld, in dem die 3 Punkte liegen. Man zeichne also beim Probanden die 3 Punkte auf die Bauchwand und umrande sie großzügig (Abb. 424a).

**Diagnose der Wurmfortsatzentzündung**: Hilfreich sind folgende Zeichen:

- Der *Schmerz* beginnt meist in der Nabelgegend und bewegt sich dann allmählich zum McBurney-Punkt. Dies hängt damit zusammen: Solange sich die Entzündung auf den Darm beschränkt, wird nur der recht diffuse dumpfe Eingeweideschmerz gefühlt. Greift die Entzündung auf das Bauchfell über, so wird der Schmerz stechender und besser zu orten.
- *Abwehrspannung* der Bauchdecken.
- *Druckschmerz* im rechten Mittel- und Unterbauch.
- *Loslaßschmerz* im rechten Mittel- und Unterbauch.

■ *Überempfindlichkeit* (Hyperästhesie) der Bauchhaut: Man hebe an verschiedenen Stellen die Bauchhaut mit 2 Fingern zu Falten ab. Dies ist normalerweise nicht schmerzhaft, wird es aber bei Bauchfellreizung (nicht nur bei Wurmfortsatzentzündung).

■ Fiebermessen in Mundhöhle und Mastdarm: Ist die *Temperatur* im Mastdarm deutlich höher als in der Mundhöhle (mindestens 1° C), so weist dies auf eine Entzündung im kleinen Becken oder im Unterbauch hin.

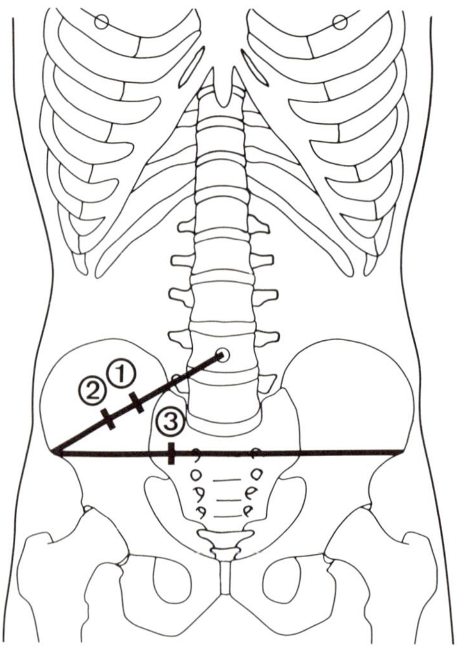


*Abb. 424a. Hilfslinien zur Lagebestimmung des Blinddarms. 1 McBurney-Punkt (Original), 2 McBurney-Punkt (übliche Angabe), 3 Lanz-Punkt*

■ *Rovsing-Zeichen*: Man drücke den linken Unterbauch ein und massiere den Bauch in einem großen Bogen entgegen dem Uhrzeigersinn entsprechend dem Verlauf des Dickdarms. Der Patient verspürt einen stechenden Schmerz im rechten Unterbauch. Erklärung: Wird der Dickdarm mundwärts ausgestrichen, so steigt der Druck im Blinddarm.

■ *Psoas-Zeichen*: Der Untersucher drückt mit einer Hand auf das rechte Knie des Patienten und fordert diesen auf, das Bein zu heben. Der Patient spürt einen Schmerz im rechten Unterbauch. Erklärung: Der Darmbein-Lenden-Muskel (M. iliopsoas) beugt im Hüftgelenk. Blinddarm und Wurmfortsatz liegen ihm vorn an. Anspannen des Muskels verändert die Lage des Wurmfortsatzes. Der Schmerz ist besonders ausgeprägt, wenn die Entzündung auf die Muskelfaszie übergegriffen hat. Der Patient hält dann das Hüftgelenk gebeugt, um den Muskel zu entspannen. Der Versuch, das Bein zu strecken, verstärkt den Schmerz.

■ *Obturator-Zeichen*: Der Untersucher kreiselt das in Hüft- und Kniegelenk gebeugte Bein des Patienten nach innen. Dabei wird der innere Hüftlochmuskel (M. obturator internus) gedehnt. Ein stechender Schmerz im rechten Unterbauch weist auf einen Reizzustand des Muskels hin. Erklärung: Eine Entzündung in dem in das kleine Becken herabhängenden Wurmfortsatz kann auf das Bauchfell und die Faszie über dem inneren Hüftlochmuskel übergreifen.

Die Diagnose der Wurmfortsatzentzündung geschieht immer unter Zeitdruck und ist manchmal nicht einfach. Deshalb sind Fehldiagnosen häufig. Bei etwa 15-30 % der Eröffnungen des Bauchraums wegen einer vermuteten Wurmfortsatzentzündung erweist sich der Wurmfortsatz als gesund. Es gilt jedoch der Grundsatz: Lieber einige Male unnötig operieren als einmal zu spät. Außerdem kann bei der Operation meist die richtige Diagnose gestellt werden.

**Embryonale Darmdrehung**: Die Schwierigkeit der Diagnose einer Wurmfortsatzentzündung besteht darin, daß der Wurmfortsatz zwar meist, aber nicht immer in dem beschriebenen Feld liegt. Das hängt mit der Entwicklung des Dickdarms zusammen. In frühen Entwicklungsstadien steht der gesamte Darm intraperitoneal in der Körpermittelebene. Dann wächst der Darm rascher als der Körper und muß sich daher in Schlingen legen. Dabei bilden die großen Blutgefäße die Zügel, die den Darm mit der hinteren Leibeswand verbinden und um die alle Bewegungen erfolgen müssen. Dann verschmilzt das Bauchfell bestimmter Darmteile mit dem Bauchfell der Hinterwand des Bauchraums und gibt diesen Darmabschnitten eine dauerhafte Lage. Es handelt sich um

■ den Zwölffingerdarm (Duodenum),

■ den aufsteigenden Dickdarm (Colon ascendens),

▪ den absteigenden Dickdarm (Colon descendens).

Der Zwölffingerdarm findet seine endgültige Lage im Zusammenhang mit der Drehung des Magens nach links. Der Dickdarm dreht sich in einem großen Bogen um die Achse der oberen Gekröseschlagader (A. mesenterica superior) entgegen dem Uhrzeigersinn (von vorn betrachtet). Er wendet sich von der Körpermittelebene im Unterbauch nach links, steigt dann bis zur Milz hoch, wendet sich nach rechts zur Leber und steigt auf der rechten Seite bis zum großen Becken ab (Abb. 424b). Dabei umrahmt er die intraperitoneal verbleibenden Teile des Dünndarms (Jejunum und Ileum). Dann verschmelzen die Bauchfellüberzüge der beiden vertikalen Dickdarmabschnitte mit dem Bauchfell der hinteren Bauchwand. Damit erhalten auch die intraperitoneal verbleibenden Dickdarmabschnitte (Blinddarm, Querdickdarm, Sigma) eine relativ beständige Lage.

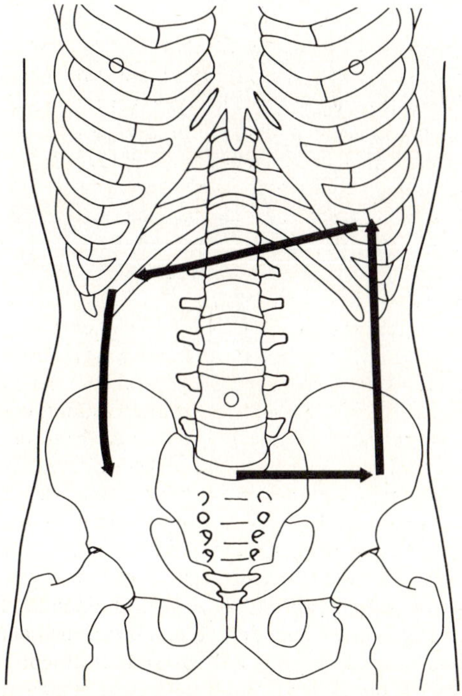

*Abb. 424b. Embryonale Drehung des Dickdarms*

Alle Entwicklungsvorgänge sind variabel. Sie können verzögert oder beschleunigt ablaufen. Dies trifft auch für die Darmdrehung zu. Die Drehung kann

▪ unvollständig sein. Dann erreicht der Blinddarm nicht seinen typischen Platz im rechten Unterbauch, sondern bleibt irgendwo im großen Bogen der typischen Darmdrehung stecken. Besonders häufig sind natürlich die kleinen Abweichungen vom Typischen, also die Lage des Blinddarms zwischen Darmbeinschaufel und Leber.
▪ überschießend sein. Dann liegt der Blinddarm tiefer am Darmbeinmuskel, und der Wurmfortsatz hängt in das kleine Becken.
▪ völlig ausbleiben. Der gesamte Dickdarm liegt intraperitoneal und hält sich dann meist vollständig auf der linken Seite des Bauchraums auf.

Der Wurmfortsatz kann sich bei jeder beliebigen Lage des Dickdarms entzünden. Damit kann auch der Hauptschmerz entsprechend gelegen sein. Wenn man also nicht von vorherigen Röntgenaufnahmen die Lage des Blinddarms bei einem Patienten kennt, ist jeder plötzlich auftretende heftige Schmerz im Bauchraum ("akutes Abdomen") verdächtig auf eine Wurmfortsatzentzündung.

### Ü425 Luftblasen im Dickdarm perkutieren und dessen Verlauf auf die Bauchwand aufmalen

Der Dickdarm ist regelmäßig mit Bakterien besiedelt. Normalerweise sind es die Kolonbakterien (Escherichia coli). Sie zersetzen den Speisebrei, wobei Gase freiwerden. Diese bilden kleinere und größere Blasen, die man im Röntgenbild sehen kann. Sie geben tympanitischen Klopfschall. Damit läßt sich der Dickdarm gut gegenüber dem gedämpften Klopfschall der Leber und der Milz abgrenzen. Je nach der Gasfüllung des Dünndarms kann man ihn auch von diesem unterscheiden. Die Gasblase im Magen ändert ihre Lage mit der Körperhaltung. Die Gasblasen im Dickdarm sind im Vergleich dazu viel ortsbeständiger.

**Übungsaufgaben**:
a) Man perkutiere die gesamte vordere und seitliche Bauchwand und markiere die Bereiche mit tympanitischem Klopfschall.
b) Man zeichne die Projektion des Dickdarms nach folgendem Schema (Abb. 425):
▪ Blinddarm (Caecum): Halbkreis auf Höhe des vorderen oberen Darmbeinstachels. Der

Blinddarm nähert sich dem Leistenband bis auf etwa 2 cm.

- aufsteigender Dickdarm (Colon ascendens): vom Blinddarm in Längsrichtung des Körpers zum Brustkorb.
- rechte Dickdarmbiegung (Flexura coli dextra): etwa auf Höhe der 9. Rippe in der vorderen Achsellinie, der Eingeweidefläche der Leber angelagert.

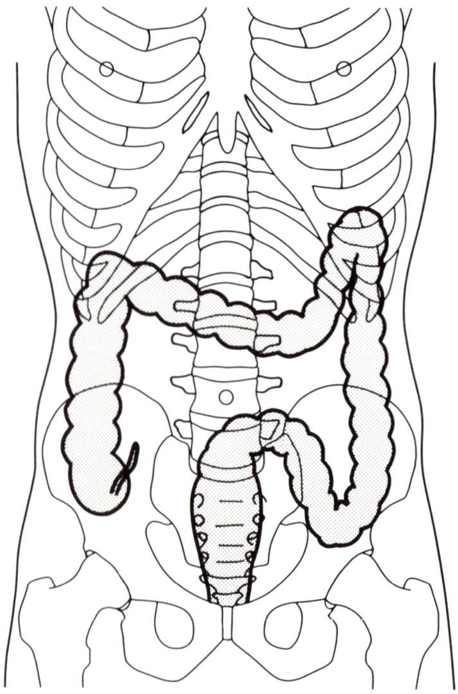

*Abb. 425. Projektion des Dickdarms auf die vordere Bauchwand*

- Querdickdarm (Colon transversum): leicht girlandenartig durchhängend am Unterrand des Magens zum linken Rippenbogen. Er unterschreitet dabei gewöhnlich den Nabel.
- linke Dickdarmbiegung (Flexura coli sinistra): weiter rückwärts als die rechte Biegung, etwa auf Höhe der 10. Rippe in der hinteren Achsellinie. Der Dickdarm schmiegt sich hier der Milz an.
- absteigender Dickdarm (Colon descendens): in Längsrichtung des Körpers bis zur Höhe des linken vorderen oberen Darmbeinstachels. Sein unterster Abschnitt ist wegen der Füllung mit Kot häufig zu tasten.
- Sigma (S-förmiger Dickdarm, Colon sigmoideum): im Zickzack zur Körpermittelebene.
- Mastdarm (Rectum): gerade zum After (Ü522).

## Ü426 Gefäßarkaden des Dickdarms und Dickdarmschlagadern einzeichnen

Der Dickdarm wird von der oberen und der unteren Gekröseschlagader (A. mesenterica superior/inferior) mit Blut versorgt. Die beiden bilden kontinuierliche Gefäßarkaden bis zum Sigma abwärts. Durchblutungsstörungen in einzelnen Ästen können gut kompensiert werden. Verschluß des Hauptstamms der oberen Gekröseschlagader führt jedoch zum akuten Mesenterialinfarkt, der ohne Operation innerhalb von 1-2 Tagen mit dem Tode endet.

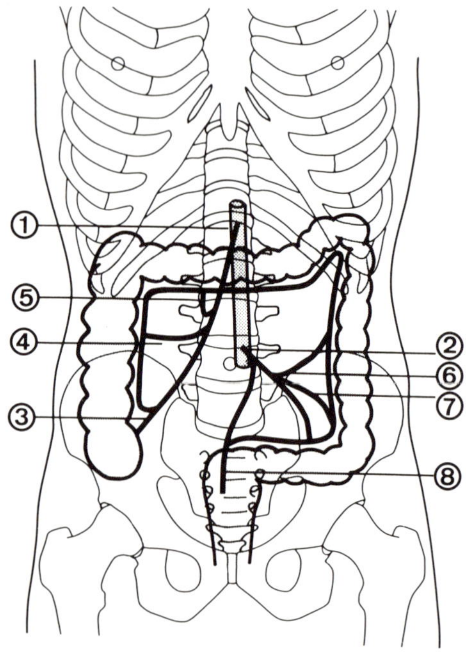


*Abb. 426. Gefäßarkaden am Dickdarm: 1 A. mesenterica superior, 2 A. mesenterica inferior, 3 A. ileocolica, 4 A. colica dextra, 5 A. colica media, 6 A. colica sinistra, 7 Aa. sigmoideae, 8 A. rectalis superior*

Eine scharfe Grenze zwischen den normalen Versorgungsbereichen der oberen und der unteren Gekröseschlagader besteht nicht. Je nach den Druckverhältnissen in den Arkaden wird der Zusammenstrom weiter mundwärts oder weiter afterwärts am Dickdarm liegen. Meist befindet er sich in der linken Hälfte des Querdickdarms (Colon transversum) und stimmt damit ungefähr mit der Grenze der Nervenversorgung aus dem kranialen (N. vagus) und dem pelvinen Parasympathikus (Nn. splanchnici pelvici) überein.

An den Dickdarmarkaden beteiligen sich folgende Äste (Abb. 426):

a) aus der oberen Gekröseschlagader:
- Krummdarm-Grimmdarm-Schlagader (A. ileocolica),
- rechte Grimmdarmschlagader (A. colica dextra),
- mittlere Grimmdarmschlagader (A. colica media),

b) aus der unteren Gekröseschlagader:
- linke Grimmdarmschlagader (A. colica sinistra),
- Sigmaschlagadern (Aa. sigmoideae),
- obere Mastdarmschlagader (A. rectalis superior).

### Ü427 Sagittale Projektion der Gekrösewurzeln auf die vordere Bauchwand und den Rücken aufzeichnen

Nach der sekundär retroperitonealen Anheftung des Zwölffingerdarms sowie des auf- und absteigenden Dickdarms bleiben 3 längere intraperitoneale Darmabschnitte übrig:
- Jejunum und Ileum,
- Querkolon,
- Sigma.

Diese sind über ihre Gekröse mit der hinteren Darmwand verbunden.

Die **Gekröse** (Mesenterien) sind Bindegewebeplatten mit den Blut- und Lymphgefäßen sowie den Nerven des Darms, die auf beiden Seiten von Bauchfell überzogen sind. Die Umschlagstellen des Gekrösebauchfells auf das wandständige Bauchfell (Peritoneum parietale) der Hinterwand des Bauchraums nennt man Gekrösewurzeln. Ihre Kenntnis ist von hoher chirurgischer Bedeutung. Sie hemmen die freie Bewegung des Chirurgen im Bauchraum und dürfen wegen ihres Gefäßreichtums nicht beliebig durchgetrennt werden. An keiner Stelle des Körpers liegen so viele große Blutgefäße nebeneinander wie im Dünndarmgekröse. Gekröserisse können daher rasch zum Verbluten führen.

Die 3 **Gekrösewurzeln** projizieren sich wie folgt auf die vordere Bauchwand (Abb. 427):
- Wurzel des Dünndarmgekröses (Radix mesenterii): Sie verbindet den Übergang vom Zwölffingerdarm zum Leerdarm (Flexura duodenojejunalis) mit dem Übergang vom Dünndarm zum Dickdarm (Valva ileocaecalis). Dabei überquert sie den horizontalen Teil des Zwölffingerdarms schräg. Sie ist etwa 15 cm lang. Sie beginnt auf Höhe des 2. Lendenwirbels knapp oberhalb der Subkostalebene (Ü274) etwa 3 cm links der Körpermittellinie und endet im Bereich des McBurney-Punktes (Originalfassung, Ü424).

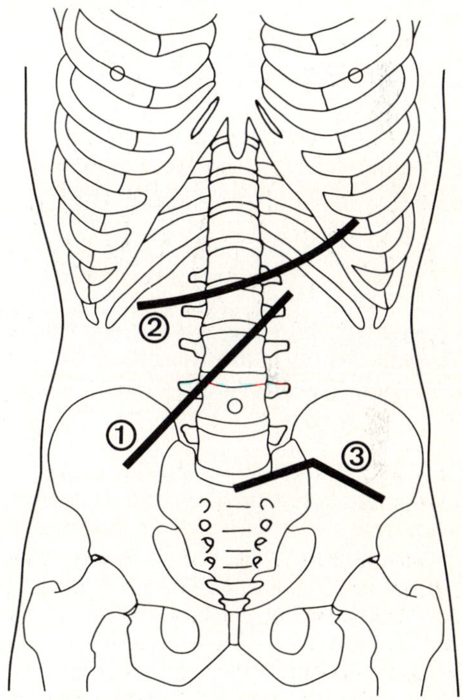


*Abb. 427. Projektion der Gekrösewurzeln auf die vordere Bauchwand: 1 Radix mesenterii, 2 Wurzel des Mesocolon transversum, 3 Wurzel des Mesocolon sigmoideum*

- Wurzel des Querdickdarmgekröses (Mesocolon transversum): Sie verbindet die rechte mit der linken Dickdarmbiegung. Sie überquert den absteigenden Teil des Zwölffingerdarms und läuft dann immer an der Bauchspeicheldrüse entlang zum Milzhilum. Man zeichne sie vom Ansatz der 8. Rippe am Rippenbogen zum Schnittpunkt der 10. Rippe mit der hinteren Achsellinie.

- Wurzel des Sigmagekröses (Mesocolon sigmoideum): Sie verbindet den Übergang vom absteigenden Dickdarm zum Sigma mit dem Übergang vom Sigma zum Mastdarm. Sie läuft auf Höhe des Lenden-Kreuzbein-Knicks (Promontorium) in der Intertuberkularebene (Ü274) S-förmig zum Körpermittellinie und steigt dann in dieser bis zum 3. Kreuzbeinwirbel ab.

Die Zeichnung wird anschließend (spiegelbildlich) auf den Rücken übertragen.

## 4.3 Leber, Milz, Bauchspeicheldrüse

### Ü431 Obere und untere Begrenzung der Leber perkutieren, Projektion auf die vordere und die rechte Bauchwand angeben

Die Leber füllt den rechten und mittleren Oberbauch unmittelbar unter dem Zwerchfell. Dieses wölbt sich weit in den Brustkorb hinein. Die gesunde Leber liegt rechts der Medioklavikularlinie völlig in dem vom Brustkorb umschlossenen Raum. Links davon zieht die untere Lebergrenze schräg aufwärts durch die Magengrube etwa zur Mitte des linken Rippenbogens. Die obere Lebergrenze kommt im Liegen bei der Ausatmung der Brustwarze nahe, erreicht sie jedoch nicht. Im Stehen sinkt die Leber etwas tiefer. Bei tiefer Ausatmung bewegt sich die Leber einige Zentimeter nach unten und steigt bei der tiefen Einatmung entsprechend weit auf (Ü312: Atemverschieblichkeit der Lungengrenzen).

**Perkussion**:

- obere Lebergrenze: Die Lunge gibt sonoren, die Leber gedämpften Klopfschall. Man legt den Plessimeterfinger etwa auf Höhe der Brustwarze horizontal auf die Brustwand auf, perkutiert, geht eine Fingerbreite nach unten, perkutiert wieder usw., bis die Dämpfung erreicht ist. Dabei muß man kräftig anklopfen, um den Saum von Lungengewebe "durchzuschlagen", der sich zwischen die Leberkuppel und die Brustwand schiebt. (Die untere Lungengrenze hingegen muß man leise perkutieren, damit die Leber in der Tiefe den Klopfschall noch nicht beeinflußt.)
- untere Lebergrenze: An die Leber grenzt unten Darm an, der meist gashaltig ist und daher tympanitischen Klopfschall gibt. Man beginnt mit dem Perkutieren etwa auf Höhe des vorderen oberen Darmbeinstachel und geht dann jeweils um eine Fingerbreite nach oben.

Protokoll 431. Perkussion der Leber:
MCL = Medioklavikularlinie

| | |
|---|---|
| Abstand des Unterrandes (cm) a) vom Rippenbogen (MCL) | |
| b) von der Schwertfortsatzfuge (Medianlinie) | |
| Breite der Leberdämpfung (cm) in der MCL | |

**Beurteilung**: Bei der gesunden Leber ist die Zone des gedämpften Klopfschalls in der Medioklavikularlinie etwa 10 cm (Spielraum 6-12 cm) breit. In der Körpermittellinie liegt die untere Lebergrenze etwa 5 cm (4-8 cm) unterhalb der Schwertfortsatzfuge (Synchondrosis xiphosternalis).

**Fehlermöglichkeiten**:

- Bei einem stark gashaltigen Dickdarm kann der tympanitische Klopfschall noch über den unteren Leberrand nach oben reichen. Die Leber erscheint irrtümlich als zu klein. Deshalb sollte der untere Leberrand nicht nur perkutiert, sondern auch getastet werden.
- Bei einem Zwerchfelltiefstand wird die Leber nach unten gedrängt. Dann kann bei einer gesunden Leber der Unterrand einige Zentimeter unter dem Rippenbogen stehen. Man muß daher immer auch die obere Lebergrenze bestimmen. Häufigste Ursache eines Zwerchfelltiefstands ist die Lungenblähung (Lungenemphysem). Die dann besonders luftreiche Lunge gibt einen sehr lauten ("hypersonoren") Klopfschall.
- Bei der Kombination von Lungenblähung und Darmblähung kann die Leber irrtümlich als stark verkleinert beurteilt werden.
- Eine Flüssigkeitsansammlung im Brustfellraum (Pleuraerguß) gibt gedämpften Klopfschall, der den gedämpften Leberschall ohne Unterbrechung nach oben fortsetzt. In diesem

Fall kann irrtümlich ein Zwerchfellhochstand mit vergrößerter Leber angenommen werden.

▪ Abnorme Leberform: Bei sehr schlanken Personen reicht manchmal der gesunde rechte Leberlappen weit unter den Rippenbogen bis in die Nähe des Darmbeinkamms (sog. Riedel-Lappen). Dies kann zu einer Fehlbeurteilung führen, wenn man nur an einer Stelle abklopft oder tastet.

▪ Abnorme Lage des Dickdarms: Gelegentlich liegt der Querdickdarm zwischen Leber und Zwerchfell (Chilaiditi-Syndrom). Dann schiebt sich ein Streifen tympanitischen Klopfschalls zwischen den sonoren Lungenschall und den gedämpften Leberschall.

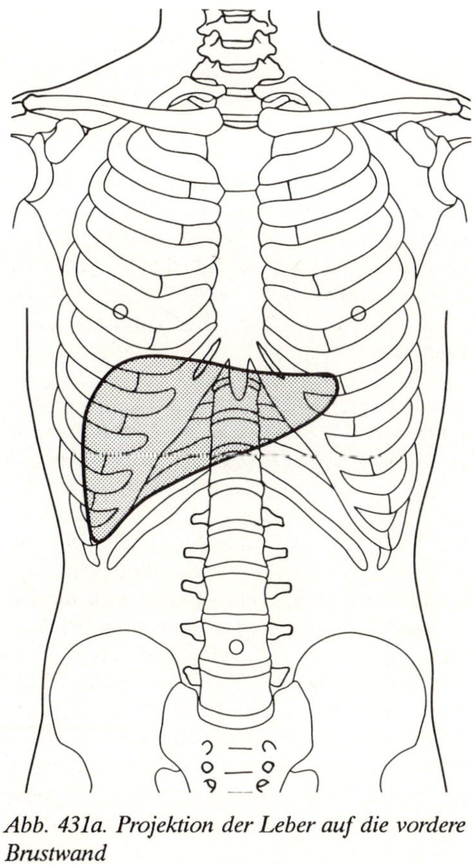

*Abb. 431a. Projektion der Leber auf die vordere Brustwand*

**Projektion**:

a) auf die vordere Brustwand: Man zeichne das Leberfeld entsprechend den eigenen Befunden und vergleiche mit Abb. 431a. Der linke Leberlappen reicht 8-10 cm über die Körpermittellinie nach links.

b) auf die rechte Brustwand: Man zeichne das Leberfeld entsprechend den eigenen Befunden und vergleiche mit Abb. 431b.

**Kratzauskultation**: Man setzt das Stethoskop auf die untere Brustwand auf und streicht mit einem Streichholz oder dem Fingernagel sanft vom Mittelbauch in Längslinien bis zur Höhe der Brustwarze hinauf. Der Klangcharakter des Kratzgeräusches ändert sich entsprechend dem Klopfschall beim Perkutieren beim Übergang vom tympanitischen Darmbereich zur Leberdämpfung und weiter zum sonoren Lungenschall.

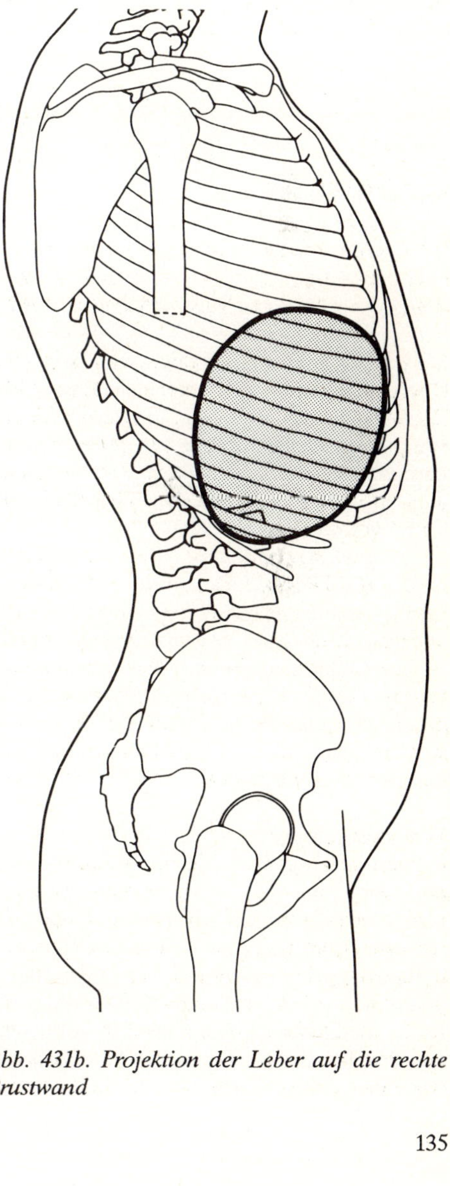

*Abb. 431b. Projektion der Leber auf die rechte Brustwand*

### Ü432 Unterrand der Leber zu tasten versuchen, Klopfschmerz der Leber prüfen

**Tasten**: Der Unterrand des rechten Leberlappens ist normalerweise vom Rippenbogen verdeckt. Bei der tiefen Einatmung tritt er jedoch unter dem Rippenbogen hervor und kann dann getastet werden. Dazu werden verschiedene Handstellungen empfohlen:

- Die Daumenseite des Zeigefingers wird parallel zum Rippenbogen aufgelegt.
- Die Fingerspitzen der Finger 2-5 einer Hand oder beider Hände werden nebeneinander unterhalb des Rippenbogens aufgesetzt. Die Finger weisen nach oben.
- Die Hand (oder beide Hände) werden auf den Brustkorb gelegt. Die Fingerspitzen umgreifen hakenförmig den Rippenbogen.
- Tastet man nur mit einer Hand, so kann die andere Hand von rückwärts die 11. und 12. Rippe nach vorn drängen. Man kann den Patienten auch auffordern, sich bequem auf die rückwärtige Hand zu legen (und sich so zu entspannen).

Welche Handstellung auch gewählt wird, man benötigt immer die Mitarbeit des Probanden: Man bittet ihn, einmal tief einzuatmen, tief auszuatmen, nochmals tief einzuatmen und dann den Atem anzuhalten. Bei der ersten tiefen Einatmung legt man die Finger in einer der beschriebenen Lagen auf. Bei der tiefen Ausatmung drückt man mit den Fingern in die Tiefe und bezieht eine Wartestellung. Bei der zweiten tiefen Einatmung (sie ist in der Regel tiefer als die erste) läßt man die Leber "kommen", d.h., man hält die Finger ruhig und fühlt den Anprall und das Vorbeigleiten des Leberrandes. Man konzentriert sich dabei darauf zu erfassen, ob der Rand scharf oder stumpf, glatt oder höckrig, weich oder hart ist. Im Bereich der Gallenblase ist der untere Leberrand manchmal eingeschnitten.

**Fehlermöglichkeiten**:

- Der Patient atmet überwiegend mit dem Brustkorb, und die Leber bewegt sich nicht nach unten. Man muß dem Patienten erklären, mit dem Bauch zu atmen.
- Eine Vergrößerung der Leber wird nicht erkannt, weil der Untersucher die Finger unmittelbar unterhalb des Rippenbogens aufgesetzt hat und er beim Einatmen des Patienten keinen Rand kommen fühlte. In Wirklichkeit war der Rand viel weiter unten und konnte auf diese Weise gar nicht getastet werden. Wenn man also den Leberrand nicht fühlt, sollte man unbedingt noch einmal weiter kaudal tasten.
- Ähnliches kann geschehen, wenn der Untersucher die Hand quer auf die vordere Bauchwand legt und versehentlich mit dem Daumenballen die vergrößerte Leber in die Tiefe drückt, so daß sie sich den tastenden Fingern entzieht.
- Tastet man weiter medial im Bereich der geraden Bauchmuskeln, dann verwechselt der Anfänger leicht die Zwischensehnen (Intersectiones tendineae) mit dem Leberrand. Dies geschieht vor allem dann, wenn man aktiv mit den Fingerspitzen in die Tiefe bohrt, statt das Herabgleiten der Leber bei der Einatmung abzuwarten. Die Unterscheidung ist einfach, wenn man daran denkt, daß sich die Zwischensehnen nicht mit der Atmung verschieben.

**Klopfschmerz**: Der Untersucher legt eine Hand flach auf den Brustkorb im Bereich der Leberdämpfung und schlägt mit der zur Faust geballten anderen Hand auf diese. Der erste Schlag ist sanft auszuführen. Gibt der Proband keinen Schmerz an, so wird ein zweiter Schlag etwas kräftiger geführt. Bei gesunder Leber verspürt der Proband die nicht gerade angenehme Erschütterung, jedoch keinen Schmerz. Bei empfindlichen Probanden kann sich allerdings nach mehreren Schlägen Übelkeit einstellen. Ein heftiger Schmerz, der mehrere Sekunden anhält, weist auf eine Leberentzündung (Hepatitis) hin.

### Ü433 Leberpforte und Lappengliederung in die Projektionsfelder eintragen

Die Eingeweideseite (Facies visceralis) der Leber wird durch die Leberpforte und 2 Längsspalten in 4 Felder zerlegt (Abb. 433). Dabei bilden die beiden Längsspalten gewissermaßen die Längsstriche, die Leberpforte den Querstrich eines H.

a) Leberpforte (Porta hepatis): An ihr treten in die Leber ein bzw. aus

- der rechte und der linke Ast (R. dexter/sinister) der Pfortader (V. portae hepatis) (Ü437),
- der rechte und der linke Ast (R. dexter/sinister) der Leberschlagader (A. hepatica

propria),
- der rechte und der linke Lebergallengang (Ductus hepaticus dexter/sinister),
- Lymphgefäße,
- vegetative Nerven.

b) Die beiden Schenkel der medialen Längsspalte (unterhalb und oberhalb der Leberpforte) werden gebildet von
- der Spalte des runden Leberbandes (Fissura ligamenti teretis): Das runde Leberband ist der Rest der Nabelvene (V. umbilicalis), die im Kreislauf vor der Geburt das Blut vom Mutterkuchen (Placenta) zum Körper der Frucht leitet.
- der Rinne der unteren Hohlvene (Sulcus venae cavae).

c) Die beiden Schenkel der lateralen Längsspalte (unterhalb und oberhalb der Leberpforte) werden gebildet von
- der Gallenblasengrube (Fossa vesicae biliaris),
- der Spalte des Venenbandes (Fissura ligamenti venosi): Das Venenband (Lig. venosum) ist der Rest des embryonalen Venengangs (Arantius-Gang, Ductus venosus), einer Kurzschlußverbindung zwischen Pfortader und unterer Hohlvene, die das in der Nabelvene ankommende Blut an der Leber vorbeiführt.

d) Durch die laterale Längsspalte wird die Leber funktionell entsprechend der Gefäßverzweigung in 2 Lappen geteilt (die frühere, an der Entwicklung orientierte Teilung durch die mediale Längsspalte ist verlassen):
- rechter Leberlappen (Lobus hepatis dexter): rechts der lateralen Längsspalte,
- linker Leberlappen (Lobus hepatis sinister): links der lateralen Längsspalte.

e) Durch die Leberpforte wird der zwischen den beiden Längsspalten liegende Teil des linken Leberlappens in 2 Felder geteilt:
- Quadratlappen (Lobus quadratus): unterhalb (vor) der Leberpforte,
- Schwanzlappen (Lobus caudatus): oberhalb (hinter) der Leberpforte.

**Übungsaufgabe**: Das "H" in das Projektionsfeld der Leber einzeichnen. Dabei beachte man:
- Die mediale Längsspalte der Leber steht nicht in der Körpermittelebene, sondern etwas rechts von ihr (entsprechend der Rechtslage der unteren Hohlvene).
- Die laterale Längsspalte beginnt vorn in der Medioklavikularlinie. Sie läuft dann nicht parallel zur medialen Längsspalte, sondern nähert sich ihr hinten an. Der Schwanzlappen ist schmäler als der Quadratlappen.
- Das H erscheint stark verkürzt, weil die Eingeweideseite der Leber schräg steht (von hinten oben nach vorn unten geneigt).

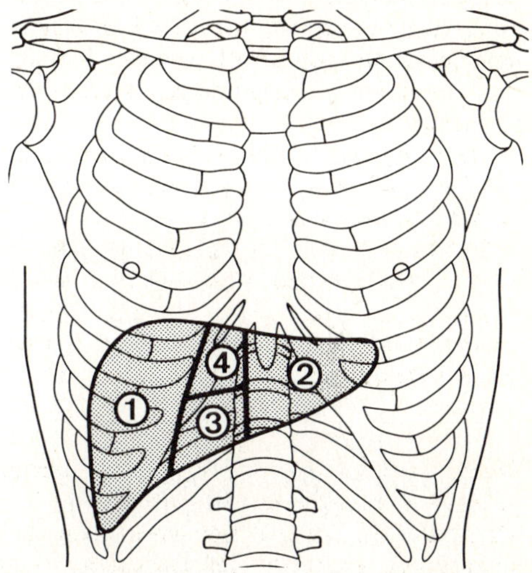


*Abb. 433. Gliederung der Eingeweideseite der Leber: 1 rechter Leberlappen, 2-4 linker Leberlappen, 3 Quadratlappen, 4 Schwanzlappen*

## Ü434 Sagittale Projektion der Gallenblase und der Gallenwege auf die vordere Bauchwand und den Rücken einzeichnen

Die Projektion der Gallenwege ist einfach zu zeichnen, wenn man die Übungen 423 und 433 ausgeführt hat (Abb. 434):
- Die Gallenblase (Vesica biliaris = fellea) entspricht dem vorderen (unteren) Schenkel der lateralen Längsspalte der Leber: Sie steigt vom Schnittpunkt der Medioklavikularlinie mit dem Rippenbogen schräg nach innen aufwärts.
- Der Gallenblasengang (Ductus cysticus) setzt zunächst diese Richtung fort und biegt dann nach links zum Hauptgallengang um.
- Der Hauptgallengang (Ductus choledochus) läuft etwa parallel zur Wirbelsäule nach unten und wendet sich dann zur Mitte des absteigenden Teils des Zwölffingerdarms nach außen (etwa Höhe des 2. Lendenwirbelkörpers).

Die gesunde Gallenblase ist nicht zu tasten. Eine stark vergrößerte Gallenblase kann man evtl. in der Medioklavikularlinie vom unteren Leberrand abgrenzen. Bei der Gallenblasenentzündung (Cholezystitis) ist oft der Bereich um den Schnittpunkt der Medioklavikularlinie mit dem Rippenbogen druckempfindlich:

- Murphy-Zeichen: Der Untersucher legt die Hand etwa in der Medioklavikularlinie auf die Bauchwand unterhalb des Rippenbogens oder umgreift diesen. Dann bittet er den Patienten, tief einzuatmen. Dabei tritt bei der Gallenblasenentzündung häufig ein stechender Schmerz auf, oder es verstärkt sich ein schon vorhandener Schmerz. Das Murphy-Zeichen ist bei sitzendem Patienten leichter auszulösen.

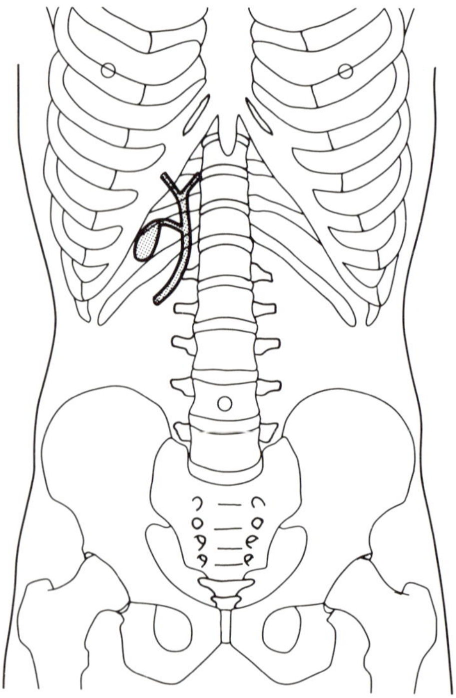

*Abb. 434. Projektion der Gallenblase und der Gallenwege auf die Bauchwand*

Bei Gallenblasenerkrankungen strahlen die Schmerzen oft in die rechte Schulter aus. Das Bauchfell der Gallenblase wird vom Zwerchfellnerv (N. phrenicus) sensibel innerviert. Sein Hauptanteil entstammt dem Segment $C_4$. Aus diesem kommen auch die Überschlüsselbeinnerven (Nn. supraclaviculares). Bei einer heftigen Bauchfellreizung um die Gallenblase gerät das ganze Segment $C_4$ in Aufruhr.

## Ü435 Milz perkutieren und aufzeichnen

Die normale Milz (Splen, Lien) ist etwa 12 cm lang, 7 cm breit und 4 cm dick. Sie ist bis auf das Milzhilum (Hilum splenicum) mit Bauchfell bedeckt (intraperitoneal). Man findet sie im hinteren linken Oberbauch. Ihr Projektionsfeld auf die Oberfläche liegt zwischen der 9. und 11. Rippe hinter der mittleren Achsellinie. Es nähert sich der Wirbelsäule bis auf etwa 5 cm (Abb. 435). Bei der tiefen Einatmung tritt die Milz 2-5 cm weiter nach unten.

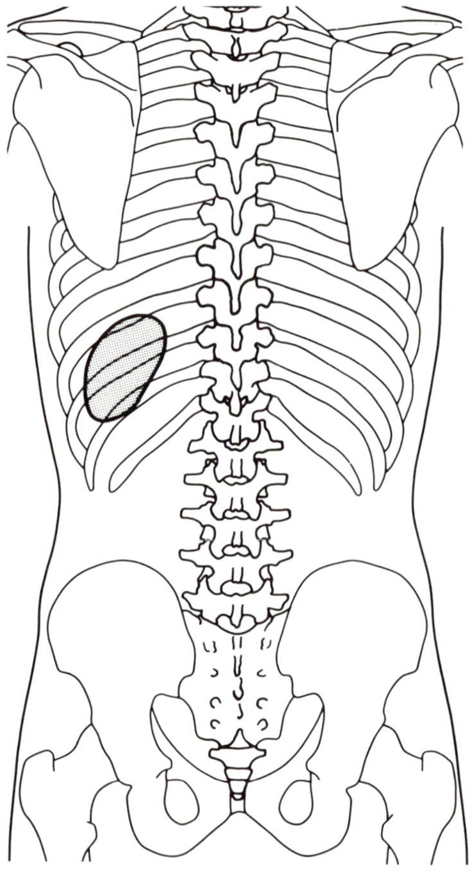

*Abb. 435. Projektion der Milz auf den Rücken*

**Tasten**: Die gesunde Milz ist nicht zu tasten. Bei manchen Erkrankungen des lymphatischen Systems kann sie jedoch gewaltig anschwellen (Splenomegalie) und vor und unter den linken Rippenbogen treten. Sie wird dann ähnlich getastet wie die Leber. Eine tastbare Milz ist in der Regel bereits beträchtlich vergrößert (auf mindestens das Dreifache der normalen

Größe). Beim Tasten der Milz ist besondere Vorsicht geboten. Die Milzkapsel ist brüchig und kann bei einem heftigen Druck platzen. Die Milzruptur ist bei Unfällen mit stumpfer Gewalteinwirkung auf den Bauchraum häufig.

**Abklopfen**: Die Milz dämpft wie die Leber den Klopfschall. Die Milzdämpfung grenzt oben an den sonoren Lungenschall, vorn an den tympanitischen Klopfschall des Magens und des Dickdarms an. Unten hebt sie sich nicht vom gedämpften Klopfschall der linken Niere ab. Man kann also die Milz nicht rundherum abgrenzen. Damit ist auch der Wert der Perkussion sehr eingeschränkt. Da sich die Milz wegen des Zwerchfells nicht nach oben ausdehnen kann, ist die obere Grenze eher für die Beurteilung der Lunge als der Milz interessant. Hingegen ist der vordere Pol (Extremitas anterior) wichtig: Die sich vergrößernde Milz wächst nach vorn unten.

- Findet man den vorderen Pol hinter der mittleren Achsellinie, so ist die Milz wahrscheinlich nicht vergrößert.
- Man perkutiert den untersten Zwischenrippenraum in der vorderen Achsellinie. Dort hört man meist tympanitischen Klopfschall. Bleibt er bei einer tiefen Einatmung des Patienten tympanitisch, so ist die Milz wahrscheinlich nicht vergrößert.

**Irrtumsmöglichkeiten**:

- Ein voller Magen und ein kotgefüllter Dickdarm können die Milzdämpfung vergrößert erscheinen lassen ("falsch positiv").
- Ein stark geblähter Dickdarm kann eine vergrößerte Milz verdecken ("falsch negativ").

**Übungsaufgabe**: Man perkutiere in Rückenlage des Probanden aus dem tympanitischen Klopfschall vom Rand des linken Rippenbogens nach hinten und bestimme die Grenze der Dämpfung. Dann zeichne man die ovale Milz mit der Längsachse über der 10. Rippe und den oben angegebenen Maßen an der Dämpfung beginnend auf den Rücken auf. Anschließend übertrage man das Projektionsbild auf die vordere Rumpfwand.

Protokoll 435. Perkussion der Milz

| | | | |
|---|---|---|---|
| Dämpfung beginnt hinter der mittleren Achsellinie | j | n | ? |

## Ü436 Sagittale Projektion der Bauchspeicheldrüse auf die vordere Bauchwand und den Rücken aufmalen

Die Bauchspeicheldrüse (Pancreas) ist ein langgestrecktes Organ, das sich im Horizontalschnitt leicht U-förmig den beiden obersten Lendenwirbelkörpern anschmiegt. Die Bauchspeicheldrüse ist etwa 15 cm lang, 3-4 cm breit und 1-2 cm dick. Sie wird in 3 Hauptabschnitte gegliedert:

- Der Kopf der Bauchspeicheldrüse (Caput pancreatis) wird vom "C" des Zwölffingerdarms umschlossen. Er liegt vor dem 2. Lendenwirbel.
- Der Schwanz der Bauchspeicheldrüse (Cauda pancreatis) endet am Milzhilum.
- Der zwischen den beiden liegende Körper der Bauchspeicheldrüse (Corpus pancreatis) überquert die linke Niere.

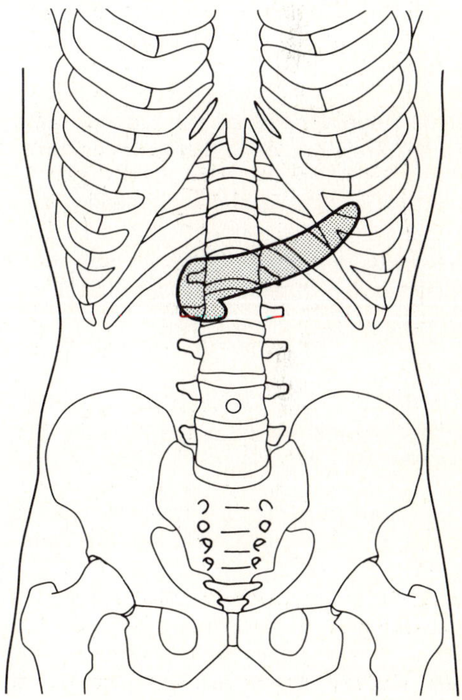

*Abb. 436. Projektion der Bauchspeicheldrüse auf die vordere Bauchwand*

Die gesunde Bauchspeicheldrüse ist weder zu tasten noch zu hören noch abzuklopfen. Sie ist damit einfachen Untersuchungen nicht zugänglich. Der Verdacht auf eine Erkrankung der Bauchspeicheldrüse wird häufig erst von Symptomen der Nachbarorgane geweckt, z.B. wenn ein Krebs des Kopfes der Bauchspeicheldrüse (Pankreaskopfkarzinom) den Hauptgallengang zudrückt und die Haut des Patienten sich zunehmend gelb färbt (Ikterus). Erst größere Geschwülste der Bauchspeicheldrüse kann man durch die Bauchwand tasten.

**Übungsaufgabe**: Da sich beim Gesunden keine einfachen Aufschlüsse über die individuelle Lage der Bauchspeicheldrüse gewinnen lassen, muß man sie sehr schematisch aufzeichnen. Dabei greift man auf die Zeichnungen in Ü423 (Zwölffingerdarm) und Ü435 (Milz) zurück. Man füllt den Hohlraum im "C" des Zwölffingerdarms mit dem Pankreaskopf und verbindet ihn durch einen 3-4 cm breiten Streifen mit der Mitte des Projektionsbildes der Milz auf die vordere Bauchwand. Bei korrekter Zeichnung steigt das Band der Bauchspeicheldrüse von rechts unten nach links oben auf (Abb. 436).

## Ü437 Lage der Pfortader angeben, portokavale Anastomosen veranschaulichen

Die Pfortader (V. portae hepatis) sammelt das Blut aus dem Magen-Darm-Kanal, der Bauchspeicheldrüse sowie der Milz und führt es der Leber zu. Sie entsteht durch die Vereinigung von

- oberer Gekrösevene (V. mesenterica superior) und
- Milzvene (V. splenica), die vorher schon die untere Gekrösevene (V. mesenterica inferior) aufgenommen hat.

Das Stromgebiet der Pfortader entspricht damit etwa dem der unpaaren Äste der Bauchaorta.

Die Pfortader ist etwa 5-6 cm lang und 0,5-1 cm dick. Hat man die vorhergehenden Übungen ausgeführt, so ist es nicht schwer, die Pfortader und ihre Quellen aufzuzeichnen (Abb. 437):

- Die Pfortader selbst läuft parallel zum Hauptgallengang und endet mit ihren beiden Endästen (R. dexter/sinister) zum rechten und zum linken Leberlappen in der Leberpforte. Sie steigt vom rechten Rand der Wirbelsäule (etwa Höhe der Bandscheibe zwischen 1. und 2. Lendenwirbelkörper) steil nach rechts oben auf.
- Die Milzvene kommt von der Mitte des Milzhilums und zieht dann hinter dem Oberrand der Bauchspeicheldrüse leicht schräg nach rechts unten. Etwa am linken Rand der Wirbelsäule nimmt sie die untere Gekrösevene auf.
- Die obere Gekrösevene läuft parallel zur oberen Gekröseschlagader. Vom Übergang des Dünndarms in den Dickdarm (etwa McBurney-Punkt, Ü424) steigt sie steil nach links oben zum horizontalen Teil des Zwölffingerdarms auf. Sie überquert diesen und tritt dann unter den Pankreaskopf.

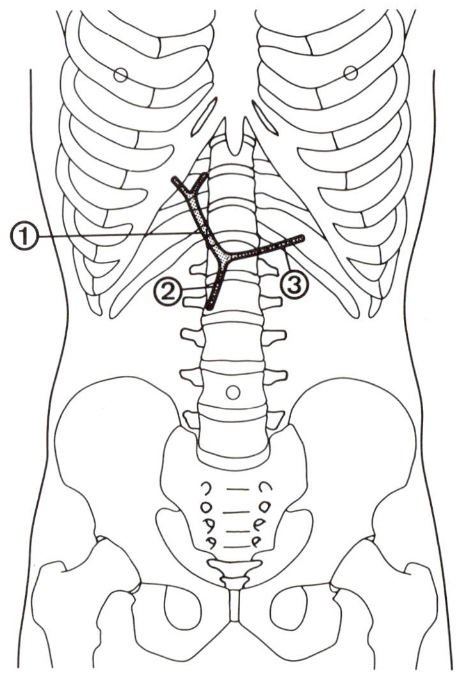


*Abb. 437 Projektion der Pfortader auf die vordere Bauchwand: 1 Pfortader, 2 obere Gekrösevene, 3 Milzvene*

**Portokavale Anastomosen**: Ist der Blutdurchfluß durch die Leber behindert, z.B. bei der Leberzirrhose, so staut sich das Blut in der Pfortader zurück, und der Druck in ihr steigt (Pfortaderhochdruck = portale Hypertension). Dann sucht das Blut auf Nebenwegen aus dem Gebiet der Pfortader zu den Hohlvenen abzufließen. Die wichtigsten Anastomosen sind zwischen

- linker Magenvene (V. gastrica sinistra) und Speiseröhrenvenen (Vv. oesophageales): Abfluß über die V. azygos zur oberen Hohlvene,
- oberer Mastdarmvene (V. rectalis superior) und mittleren Mastdarmvenen (Vv. rectales mediae): Abfluß über die inneren Beckenvenen zur unteren Hohlvene,
- um den Nabel gelegenen Venen (Vv. paraumbilicales) und übrigen Bauchwandvenen: Abfluß oberhalb des Nabels zur oberen, unterhalb zur unteren Hohlvene,
- kleinen Venen der sekundär retroperitonealen Organe (Zwölffingerdarm, Bauchspeicheldrüse, auf- und absteigender Dickdarm) und Venen des Retroperitonealraums.

Die praktisch wichtigste der genannten Anastomosen ist die zwischen Magen- und Speiseröhrenvenen. Die unteren Speiseröhrenvenen schwellen beim Pfortaderhochdruck stark an und bilden Krampfadern (Ösophagusvarizen). Wenn sie platzen, blutet es aus ihnen lebensbedrohlich. Zur Druckentlastung kann man eine künstliche Verbindung zwischen Pfortader und unterer Hohlvene herstellen (portokavaler Shunt). Dann aber gelangen im Darm resorbierte Stoffe ohne das Filter der Leber in den allgemeinen Kreislauf und schädigen das Gehirn (allmählicher geistiger Abbau). Angesichts von etwa 150 000 bis 200 000 Patienten mit Pfortaderhochdruck in der Bundesrepublik Deutschland ist dies auch ein soziales Problem. Häufigste Ursache ist die Leberzirrhose infolge übermäßigen Alkoholgenusses.

Die Venen der Bauchwand stellen nicht nur portokavale, sondern auch kavokavale Anastomosen (zwischen oberer und unterer Hohlvene) dar. Bei hervortretender Venenzeichnung auf der Bauchwand ist daher die Strömungsrichtung zu ergründen: Man drückt eine sichtbare Vene mit 2 Fingern ab und streicht eine Strecke aus. Dann hebt man abwechselnd einen Finger ab und sieht, von welcher Seite sie sich füllt.

- Geht der Blutstrom oberhalb des Nabels nach oben und unterhalb des Nabels nach unten, so ist die Pfortader gestaut.
- Geht der Blutstrom auch unterhalb des Nabels nach oben, so ist die untere Hohlvene verlegt. Es erweitern sich die kavokavalen Anastomosen von der unteren zur oberen Hohlvene.
- Geht der Blutstrom auch oberhalb des Nabels nach unten, so ist die Strömung in der oberen Hohlvene behindert. Das Blut wird über kavokavale Anastomosen zur unteren Hohlvene umgeleitet.

## 4.4 Nieren und Harnwege

### Ü441 Sagittale Projektion der Nieren auf den Rücken und auf die vordere Bauchwand aufmalen

**Größe der Niere**: An der konservierten Anatomieleiche ist eine Niere im Durchschnitt 10-11 cm lang, 4-5 cm breit und etwa 4 cm dick. Diese Maße kann man nicht einfach auf den lebenden Menschen übertragen, weil je nach Konservierungsart die Organe stärker oder schwächer schrumpfen. Im Röntgenbild erscheinen die Nieren wesentlich größer. Allerdings muß man hier wieder berücksichtigen, daß jedes Röntgenbild wegen des relativ kurzen Film-Fokus-Abstands die Organe vergrößert darstellt. Ein brauchbarer Kompromiß zwischen Leiche und Röntgenbild dürfte eine mittlere Nierengröße von 12 cm Länge und 6 cm Breite sein (bei der Frau etwas kleiner, beim Mann etwas größer entsprechend dem Durchschnittsgewicht einer Niere von etwa 130 g bei der Frau und 150 g beim Mann).

**Lage der Nieren** (Abb. 441):

- Die Nieren liegen beidseits der Wirbelsäule im Bereich zwischen dem 11. Brust- und dem 3. Lendenwirbel.
- Je nach Körperlage und Atemphase steigen sie einige Zentimeter auf oder ab.
- Die rechte Niere steht etwa 1-2 cm tiefer als die linke (große Leber rechts!). Der Abstand vom Darmbeinkamm beträgt rechts etwa 3-4 cm, links etwa 5 cm.
- Die beiden Nieren liegen nicht unmittelbar den Wirbelkörpern, sondern den von ihnen entspringenden großen Lendenmuskeln an. Diese werden nach unten hin dicker. Deswegen sind die Längsachsen der Nieren nicht parallel zur Mittellinie angeordnet, sondern divergieren nach unten in einem Winkel von etwa 30°. Der kleinste Abstand von der Mittellinie beträgt etwa 3 cm (Innenrand), der größte etwa 8-10 cm (Seitenrand).
- Die zwölften Rippen liegen schräg hinter den oberen Nierenhälften.

▪ Die Nieren sind auch um ihre Längsachsen gedreht (um etwa 30° zur Frontalebene): Das Nierenhilum weist nach vorn innen. In der Projektion auf die vordere oder hintere Bauchwand erscheinen die Nieren daher schmäler als am isolierten Präparat.

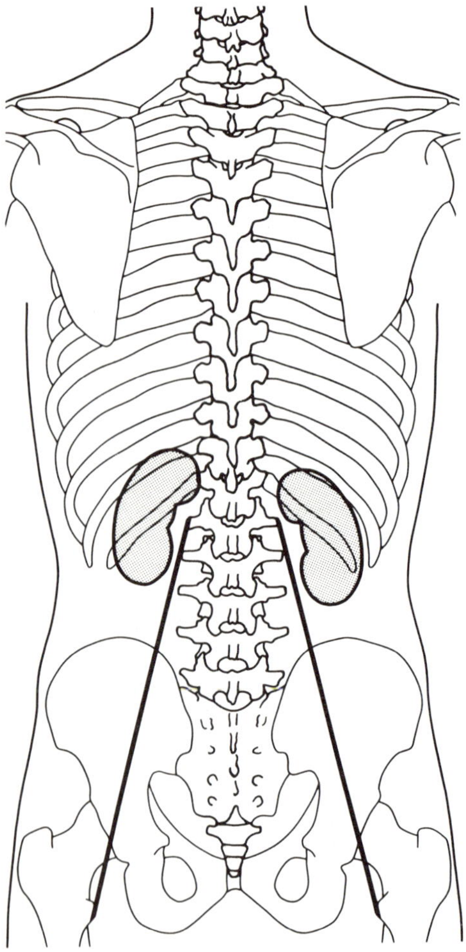

*Abb. 441. Projektion der Nieren auf die hintere Rumpfwand*

**Vorgehen beim Aufzeichnen**:
a) am Rücken:
▪ 12. Rippen tasten und aufzeichnen,
▪ Dornfortsätze der Lendenwirbel markieren ($L_4$ liegt auf Höhe der Verbindungslinie der höchsten Punkte der Darmbeinschaufeln, Ü215),
▪ Breite der unteren Brust- und oberen Lendenwirbelkörper sich vorstellen (etwa 5 cm) und dementsprechend die Seitenränder der Wirbelkörper etwa 2,5 cm von der Mittellinie einzeichnen,
▪ Rand des großen Lendenmuskels (M. psoas major) eintragen (vom Seitenrand des 1. Lendenwirbelkörpers zum kleinen Rollhügel des Oberschenkelbeins),
▪ am besten 2 Nierenschablonen aus Papier ausschneiden: etwa 12 cm lang und 5 cm breit (Verkürzung wegen Schrägstellung!),
▪ Schablonen so an die Ränder der großen Lendenmuskeln anlegen, daß die Nieren im Bereich von $Th_{11}$ bis $L_3$ bleiben, die Längsachsen etwa 30° nach unten divergieren und die rechte Niere etwa 1 cm tiefer steht,
▪ Schablonen mit Schminkestift umfahren.

b) auf die vordere Bauchwand:
▪ anhand der Zeichnung am Rücken die Höhenlage übertragen oder Bezugspunkte an der vorderen Bauchwand wählen: Die Mitte des Rippenbogens entspricht etwa $Th_{12}$, der Unterrand des Rippenbogens etwa $L_2$.
▪ Breite der Wirbelkörper und Ränder der großen Lendenmuskeln markieren, Schablonen divergierend anlegen und umranden.

## Ü442 Nebennieren, Nierenbecken und Harnleiter eintragen, Engstellen markieren

Die **Nebennieren** (Glandulae suprarenales) sitzen kappenartig auf den oberen Nierenpolen. Da die Längsachsen der Nieren oben konvergieren, nähern sich die beiden Nebennieren stärker an als die Nieren (Abb. 442). Sie liegen beidseits des 12. Brustwirbelkörpers. Eine Nebenniere ist etwa 5 cm lang, 3 cm breit und 1 cm dick. Wegen der Schrägstellung entsprechend jener der Nieren ist ihre Projektion auf die vordere Bauchwand etwas verkürzt.

Das **Nierenbecken** (Pelvis renalis) müßte eigentlich Harnleiterbecken heißen, weil es nach dem Wandbau und der Funktion zum Harnleiter gehört. Es liegt trichterförmig in der Nierenbucht und fängt mit seinen Kelchen (Calices renales) den aus den Nierenpapillen (Papillae renales) austretenden Harn auf. Es verjüngt sich nach innen unten zum Harnleiter. In der Nierenbucht liegen meist die Nierenvenen vorn, die Nierenschlagadern in der Mitte und das Nierenbecken hinten. Das Nierenbecken projiziert sich etwas medial der Mitte des Rippenbogens.

Der **Harnleiter** (Ureter) geht medial unten aus dem Nierenbecken hervor (Höhe 1./2. Lendenwirbelkörper, also etwas oberhalb der Subkostalebene). Er läuft dann ungefähr parallel zum Seitenrand der Wirbelsäule nach unten. Er wendet sich über dem Kreuzbein-Darmbein-Gelenk etwas zur Seite und biegt dann in der Nähe des Sitzbeinstachels in einem großen Bogen nach innen zur Harnblase um. Die Mündung entspricht etwa der Höhe des Oberrandes der Schambeinfuge, etwa 2 cm von der Körpermittelebene entfernt.

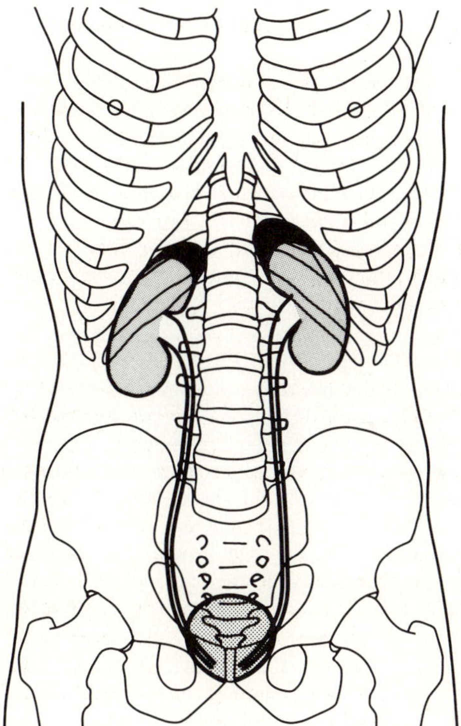

*Abb. 442. Projektion von Nebennieren, Nierenbecken und Harnleiter auf die vordere Bauchwand*

**Harnleiterengen**: Aus dem Nierenbecken abgehende Harnsteine bleiben bevorzugt an 3 Engstellen stecken:

- am Übergang vom Nierenbecken zum Harnleiter,
- am Eintritt des Harnleiters in das kleine Becken, wenn er die großen Beckengefäße (etwa an der Aufzweigung der gemeinsamen Beckenschlagader in die innere und äußere) überquert,
- an der Mündung in die Harnblase.

## Ü443 Operative Zugangswege zur Niere und zum Harnleiter bedenken

Die Nieren liegen retroperitoneal. Ihre Vorderflächen sind teilweise von Bauchfell bedeckt. Deshalb gibt es grundsätzlich 2 Möglichkeiten des Zugangs: durch die Bauchfellhöhle (transperitoneal) oder unter ihrer Umgehung (extra- oder retroperitoneal). Alle Zugangswege haben Vor- und Nachteile. Deshalb gibt es nicht "den" Zugang zur Niere (wie es ihn z.B. zur typischen Wurmfortsatzoperation gibt).

a) **Transperitonealer Zugang** von vorn: Möglich sind grundsätzlich alle in Ü275 erarbeiteten Hautschnitte im Ober- und Mittelbauch, z.B. Pararektalschnitt, Rippenbogenrandschnitt, Oberbauchquerschnitt.

- Vorteile: Infolge der Drehung der Niere um die eigene Längsachse weist das Nierenbecken nach vorn innen. Aus der gleichen Richtung treten die großen Blutgefäße in das Nierenhilum ein bzw. aus. Der Zugang von vorn ist also günstig bei Operationen am Nierenbecken und an den Nierengefäßen.
- Nachteile: Der Querdickdarm mit dem Querdickdarmgekröse (Mesocolon transversum) zieht quer über beide Nieren. Links liegen ferner der Schwanz der Bauchspeicheldrüse und die starken Blutgefäße der Milz vor der Niere. Rechts bedeckt der absteigende Teil des Zwölffingerdarms das Nierenbecken. Außerdem vermeidet man gern das Eröffnen der Bauchfellhöhle, wenn es nicht unbedingt nötig ist.

b) **Extraperitonealer Zugang** von hinten: Der Hautschnitt wird am Seitenrand des Wirbelsäulenaufrichters (M. erector spinae) oder parallel zur 12. Rippe geführt (vertikaler oder schräger Lumbalschnitt).

- Vorteile: Es ist der kürzeste Weg zur Niere. Andere innere Organe werden nicht berührt, und die Bauchfellhöhle bleibt uneröffnet.
- Nachteile: Die zwölfte Rippe ist im Weg und wird deshalb meist entfernt. Zu achten ist ferner auf einige Nerven aus dem Lendennerven-

geflecht, die dorsal der Niere liegen (N. subcostalis, N. iliohypogastricus, N. ilio-inguinalis). Das Nierenbecken und die Nierengefäße sind dem Zugang abgewandt. Der Zugang von hinten kommt vor allem in Frage, wenn die Niere vollständig entfernt werden soll.

c) **Retroperitonealer Zugang** von der Seite: Einen Kompromiß zwischen den beiden vorgenannten Wegen stellt die Möglichkeit dar, von einem Flankenschrägschnitt oder einem Pararektalschnitt aus nicht direkt zur Niere vorzustoßen, sondern sich am Bauchfell entlang hinter dem Dickdarm (retrokolisch) zur Niere vorzuarbeiten.

- Vorteil: Die Bauchfellhöhle wird nicht eröffnet.
- Nachteile: Der Weg ist länger und weniger übersichtlich. Das Nierenbecken und die Nierengefäße sind dem Zugang abgewandt.

### Ü444 Nieren zu tasten versuchen, Klopfschmerz prüfen

**Tasten**: Die Nieren liegen recht geschützt im Retroperitonealraum. Ihre oberen Hälften sind rückwärts auch noch durch die untersten Rippen abgeschirmt. Sie sind normalerweise nicht zu tasten. Hingegen sind die unteren Nierenpole bei schlanken Patienten der bimanuellen Untersuchung zugänglich.

In Rückenlage des Patienten drückt eine Hand des Untersuchers die vordere Bauchwand in der Flankengegend ein. Die Hand wird dabei flach in der Querrichtung oder leicht schräg aufgelegt. Die Fingerspitzen weisen zur Gegenseite. Die andere Hand drängt zwischen Darmbeinkamm und 12. Rippe die Niere nach vorn. Bei jeder Einatmung folgen die Nieren dem Zwerchfell etwas nach unten. Man geht daher ähnlich wie beim Tasten des Leberrandes (Ü432) vor und läßt den Patienten zweimal tief einatmen. Beim zweiten Mal sucht man die Niere zwischen den beiden Händen zu "fangen". Bei der folgenden Ausatmung fühlt man sie zwischen den Händen wieder nach oben gleiten. Geübte Untersucher können dabei die Oberfläche der Niere beurteilen. Die rechte Niere steht 1-2 cm tiefer und kann häufiger getastet werden als die linke.

Gelingt das Tasten der Nieren in Rückenlage des Patienten nicht, so kann man es in Seitenlage versuchen. Die Niere der oberen Körperseite sinkt dann etwas herab und wird manchmal besser zugänglich.

**Fehlermöglichkeiten**:

- Die beiden Hände drücken vor der tiefen Einatmung des Patienten in die Tiefe. Die Niere wird dann an ihrer Abwärtsbewegung gehindert und kann folglich nicht getastet werden.
- Statt der Niere wird eine vergrößerte Leber oder ein Kotballen getastet. Hat man die Niere zwischen den beiden Händen gefaßt, so sollte man die Finger der sonst flach gehaltenen rückwärtigen Hand rasch beugen. Dabei wird die Niere ruckartig nach vorn gedrängt, die Leber nicht. Kotballen erkennt man an der nach einigen Minuten veränderten Lage (Ü412).

**Klopfschmerz**: Der Untersucher legt eine Hand flach auf die Lendengegend (zwischen 12. Rippe und Darmbeinkamm) und schlägt mit der zur Faust geballten anderen Hand darauf. Der gesunde Patient spürt den Aufschlag und die (nicht gerade angenehme) Erschütterung, jedoch keinen Schmerz. Ein deutlicher Schmerz weist auf eine Entzündung des Nierenbeckens oder der Niere hin.

Protokoll 444. Niere

| | R | | | L | | |
|---|---|---|---|---|---|---|
| Getastet | j | n | ? | j | n | ? |
| Klopfschmerz | j | n | ? | j | n | ? |

# 5 Beckenorgane und Beckenboden

### Wichtige Vorbemerkung

**Die Übungen dieses Kapitels sind der Vollständigkeit wegen in dieses Buch mit aufgenommen worden. Beckenorgane und Beckenboden sind für den praktisch tätigen Arzt ein außerordentlich wichtiger Bereich. Die Gebietsärzte der Gynäkologie und der Urologie verbringen ihre gesamte Arbeitszeit mit ihnen. Trotzdem ist die öffentliche Meinung dagegen, diesen Bereich in allgemeine Übungen mit größeren Studentenzahlen einzubeziehen. Man sollte es der studentischen Initiative überlassen, sich evtl. zu Kleingruppen zusammenzuschließen, die dann einen Hochschullehrer, möglichst einen Gynäkologen und/oder einen Urologen, um individuelle Unterweisung bitten können. Die Mehrzahl der Übungen ist auch ohne zusätzliche Anleitung privat, z.B. im Rahmen einer intimen Zweierbeziehung, auszuführen. Einige der folgenden Übungen lassen sich jedoch in den allgemeinen Kurs aufnehmen, wenn der Proband bzw. die Probandin die Badehose anbehält, z.B. Perkutieren der Harnblase, Projektion des Mastdarms, Aufzeichnen der Größe der Gebärmutter in den einzelnen Schwangerschaftsmonaten auf die Bauchwand.**

## 5.1 Untere Bauchwand

### Ü511 Schambehaarung der Frau beurteilen

Die Schamhaare (Pubes) gehören zu den Terminalhaaren, die sich erst in der Pubertät entwickeln. Dabei werden gewöhnlich mehr oder weniger willkürlich 5 Stadien unterschieden:

- Stadium 1: kindlicher Typ, keine Terminalhaare, nur Wollhaare,
- Stadium 2: einzelne Terminalhaare entlang der Schamspalte, nur schwach pigmentiert,
- Stadium 3: Ausbreiten der Terminalhaare über den Schamberg (Venusberg, Mons pubis), stärker pigmentiert, aber noch dünn besetzt,
- Stadium 4: Terminalhaare am Schamberg und den großen Schamlippen dicht und pigmentiert wie bei der erwachsenen Frau, aber noch nicht auf die Oberschenkel übergreifend,
- Stadium 5: weiblicher Typ, dichte Behaarung von Schamberg, großen Schamlippen und den angrenzenden Innenseiten der Oberschenkel, horizontale Grenze an der Bauchwand.

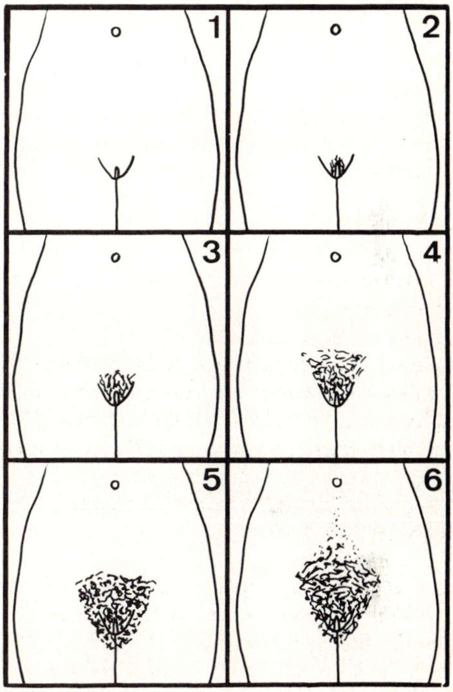


*Abb. 511. Weibliche Schambehaarung. 1-5 Stadien der normalen Entwicklung, 6 bei überschießender Absonderung von Androgenen in der Nebennierenrinde*

Die Stadien 2-5 werden gewöhnlich vom Mädchen zwischen dem 11. und 14. Lebensjahr durchlaufen. Die interindividuelle Schwankungsbreite ist groß (Beginn des Stadiums 2 zwischen 8 und 14 Jahren). Nicht alle Frauen erreichen das Stadium 5. Ein Stadium 1 oder 2 bei der jungen erwachsenen Frau läßt auf zu geringe Absonderung von Geschlechtshormonen schließen. Meist wird auch die Monatsblutung fehlen. Eine eingehende Analyse des gesamten Hormonhaushalts ist dann angezeigt.

Bei stärkerer Absonderung von Androgenen in der Nebennierenrinde nimmt die Terminalbehaarung insgesamt zu. Dann treten z.B. Terminalhaare auf den Lippen auf ("Damenbart"). Auch die Schambehaarung kann sich dann weiter ausbreiten:

- Stadium 6: männlicher Typ, Terminalhaare auf der Bauchwand dreieckig zum Nabel aufsteigend.

Nach den Wechseljahren wird das Schamhaar wieder etwas dünner. Ein Ausfall der Schamhaare kommt bei manchen Vergiftungen und schweren Erkrankungen (z.B. bei fortgeschrittener Leberzirrhose) vor.

| Protokoll 511. Schambehaarung (Frau) | | | | | | |
|---|---|---|---|---|---|---|
| Stadium | 1 | 2 | 3 | 4 | 5 | 6 |
| Farbe im Vergleich zum Kopfhaar | gleich | | dunkler | | heller | |

## Ü512 Schambehaarung des Mannes beurteilen

Wie bei der Frau (Ü511) entwickeln sich die Schamhaare (Pubes) erst in der Pubertät. Dabei werden gewöhnlich mehr oder weniger willkürlich 6 Stadien unterschieden (Abb. 512):

- Stadium 1: kindlicher Typ, keine Terminalhaare, nur Wollhaare,
- Stadium 2: einzelne Terminalhaare entlang der Grenze des Glieds (Penis) zur Bauchwand, nur schwach pigmentiert,
- Stadium 3: Ausbreiten der Terminalhaare über den Schamberg (Mons pubis), stärker pigmentiert, aber noch dünn besetzt,
- Stadium 4: Terminalhaare am Schamberg und um das Glied dicht und pigmentiert wie beim erwachsenen Mann, aber noch nicht auf die Oberschenkel übergreifend,
- Stadium 5: weiblicher Typ, dichte Behaarung von Schamberg, Hodensack und den angrenzenden Innenseiten der Oberschenkel, aber horizontale Grenze an der Bauchwand,
- Stadium 6: männlicher Typ, Terminalhaare auf der Bauchwand dreieckig zum Nabel aufsteigend.

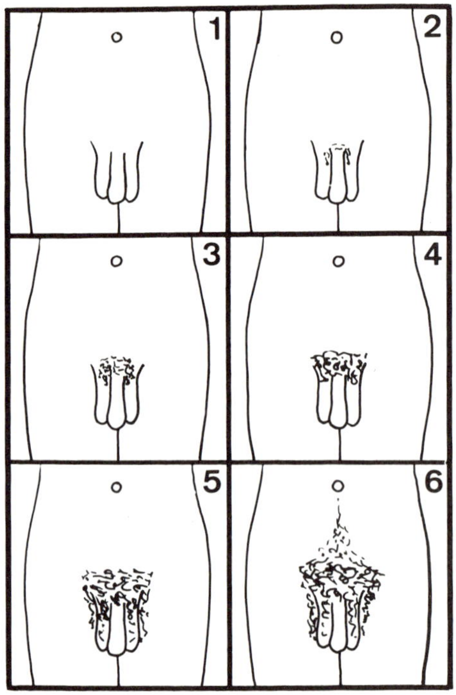


*Abb. 512. Männliche Schambehaarung. 1-6 Stadien der normalen Entwicklung*

Die Stadien 2-5 werden vom männlichen Jugendlichen gewöhnlich zwischen dem 12. und 16. Lebensjahr durchlaufen. Das volle Stadium 6 wird meist erst in den Zwanzigerjahren erreicht. Die interindividuelle Schwankungsbreite ist groß. Nur etwa 80 % der Männer erreichen das Stadium 6. Ein Stadium 1 oder 2 beim erwachsenen Mann läßt auf zu geringe Absonderung von Geschlechtshormonen schließen. Eine eingehende Analyse des gesamten Hormonhaushalts ist dann angezeigt.

| Protokoll 512. Schambehaarung (Mann) | | | | | | |
|---|---|---|---|---|---|---|
| Stadium | 1 | 2 | 3 | 4 | 5 | 6 |
| Farbe im Vergleich zum Kopfhaar | gleich | | dunkler | | heller | |

### Ü513 Sagittale Projektion des Beckeneingangs sowie der großen Beckenschlagadern und -venen auf die vordere Bauchwand aufmalen

Um sich die Projektion der Beckenorgane auf die vordere Bauchwand anschaulich vorstellen zu können, sollte man sich zunächst die Projektion des Beckeneingangs aufzeichnen.

Der **Beckeneingang** (Apertura pelvis superior) wird von der Grenzlinie (Linea terminalis) zwischen großem und kleinem Becken (Pelvis major/minor) umrandet. Die Grenzlinie verbindet den Lenden-Kreuzbein-Knick (Promontorium) der Wirbelsäule mit dem Oberrand der Schambeinfuge (Symphysis pubica). Sie läuft auf 3 Knochen entlang: Kreuzbein, Darmbein und Schambein.

Die beiden Grenzlinien liegen in einer Ebene (Beckeneingangsebene). Gibt man einem Laien ein knöchernes Becken in die Hand, dann hält er es gewöhnlich so, daß die Beckeneingangsebene in die Horizontale kommt. Er geht von der Vorstellung aus, das Becken sei ein Gefäß, das etwas auffangen müsse. Daß dies nicht zutrifft, zeigt ein Blick auf den Vierfüßer, bei dem das Becken seinen Inhalt auskippt. Auch beim Menschen steht es viel steiler, als die meisten angehenden Medizinstudenten annehmen: Im entspannten Stehen bildet die Beckeneingangsebene einen Winkel von etwa 60° mit der Horizontalen. Bei strammer Haltung wird der Winkel größer, im Sitzen kleiner. Da man die Beckeneingangsebene beim Lebenden nicht sieht, orientiert man sich am besten an den vorderen oberen Darmbeinstacheln und dem Oberrand der Schambeinfuge: Sie liegen im Stehen in einer Frontalebene (also vertikal übereinander).

Der Beckeneingang bildet ungefähr ein querstehendes Oval. Der transversale Durchmesser ist einige Zentimeter größer als der sagittale. Dieser ist bei der Frau die kritische Größe für den Durchtritt des kindlichen Kopfes. Die engste Stelle liegt allerdings nicht direkt in der Beckeneingangsebene, sondern etwas unterhalb zwischen dem am weitesten rückwärts vorspringenden Punkt der Schambeinfuge bzw. der sie begrenzenden Knochen und dem Promontorium (Conjugata vera, Ü264). Als mittlere Maße für den Beckeneingang wird man bei der Frau etwa 13 x 15 cm, beim Mann je 2 cm weniger annehmen können. Der sagittale Durchmesser erscheint in der Projektion verkürzt (Sinus 60° = 0,866). Man zeichne daher bei der Frau eine Ellipse von etwa 11 x 15 cm, beim Mann von etwa 9,5 x 13 cm auf die Haut, unmittelbar an den Oberrand der Schambeinfuge angrenzend (Abb. 513a).

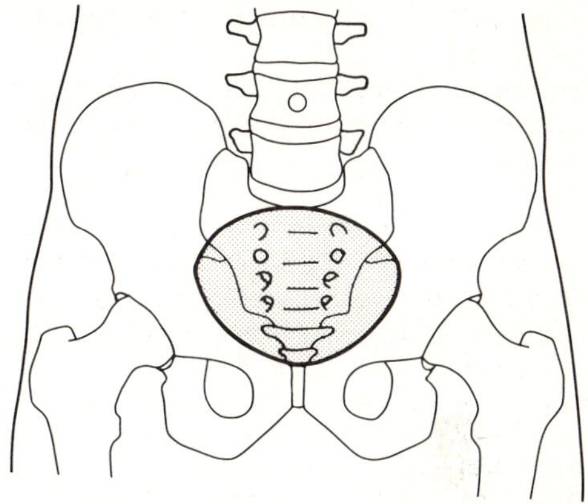

*Abb. 513a. Sagittale Projektion des Beckeneingangs auf die vordere Bauchwand*

**Beckenschlagadern**: Die Bauchaorta (Pars abdominalis aortae = Aorta abdominalis) gabelt sich (Bifurcatio aortae, von lat. furca = Gabel) etwa vor dem 5. Lendenwirbelkörper in die rechte und die linke

- gemeinsame Beckenschlagader (A. iliaca communis). Diese verläuft knapp oberhalb der Beckeneingangsebene in Richtung auf die Mitte des Leistenbands. Etwa auf Höhe des Kreuzbein-Darmbein-Gelenks teilt sie sich in:
- äußere Beckenschlagader (A. iliaca externa): Sie setzt die Richtung zum Leistenband fort. Sie unterquert dieses im Gefäßfach (Lacuna vasorum) und nimmt dann den Namen Oberschenkelschlagader (A. femoralis) an.
- innere Beckenschlagader (A. iliaca interna): Sie steigt an der seitlichen Wand des kleinen Beckens ab. Sie verzweigt sich in zahlreiche Äste, die alle Beckenorgane, die Gesäßgegend und den größten Teil des Beckenbodens versorgen.

Für das Aufzeichnen der Beckenschlagadern (Abb. 513b) auf die vordere Bauchwand taste man zunächst den Puls an 3 Stellen:

- an der Bauchaorta links neben dem Nabel

(Ü414),

- an den beiden Oberschenkelschlagadern 1-2 Fingerbreit unterhalb der Mitte des Leistenbandes (Ü943).

Nunmehr ist es nicht schwer, die gemeinsame und die äußere Beckenschlagader als S-förmig geschwungene Verbindungslinie der oberen und der unteren Pulsstelle auf die Haut aufzuzeichnen. Dort, wo diese Linie das Oval des Beckeneingangs erstmals schneidet, läßt man die innere Beckenschlagader nach medial abgehen. Die sagittale Projektion dieser Stelle auf die Bauchwand entspricht etwa der Mitte der Verbindungslinie vom Nabel zur Mitte des Leistenbandes. Wir benötigen diese Zeichnung noch einmal bei Ü523, weil in der Grube zwischen der äußeren und der inneren Beckenschlagader der Eierstock liegt.

**Beckenvenen**: Entsprechend der Aufzweigung der Aorta vereinigen sich die äußeren und inneren zu den gemeinsamen Beckenvenen (Vv. iliacae externae/internae/communes) und diese wiederum zur unteren Hohlvene (V. cava inferior). Die äußeren Beckenvenen verlaufen medial der äußeren Beckenschlagadern, die untere Hohlvene rechts der Bauchaorta. Die rechte gemeinsame Beckenschlagader liegt zunächst links der gleichnamigen Vene, muß aber auf deren rechte Seite gelangen, um unter dem Leistenband dann lateral der Vene weiterziehen zu können. Sie überquert beide gemeinsamen Beckenvenen!

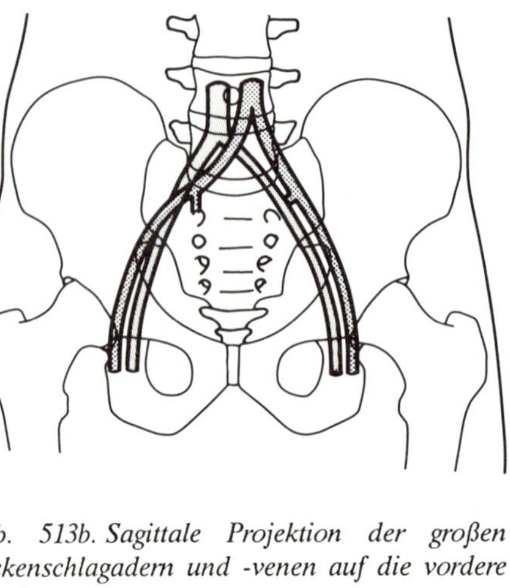

*Abb. 513b. Sagittale Projektion der großen Beckenschlagadern und -venen auf die vordere Bauchwand*

## Ü514 Lage der Leistenringe aufzeichnen

Der Leistenkanal ist beim Mann die Verbindungsstraße zwischen den Organen im Hodensack und der Leibeshöhle. Er durchsetzt die Bauchwand schräg. Seine Hinterwand wird durch das Lig. interfoveolare verstärkt. Dessen Innenseite liegt die A. epigastrica inferior an. Von dieser sollte man beim Aufmalen der Leistenringe (Abb. 514) ausgehen:

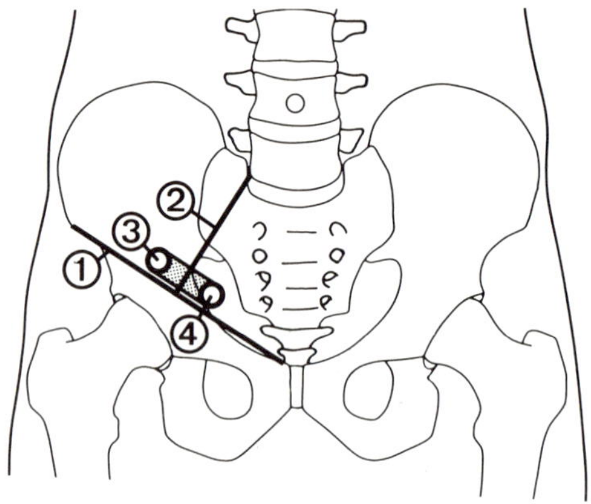


*Abb. 514. Leistenkanal: 1 Leistenband, 2 Verlaufsrichtung der A. epigastrica inferior, 3 innerer Leistenring, 4 äußerer Leistenring*

- **Leistenband** (Lig. inguinale) einzeichnen: Verbindung von äußerem oberen Darmbeinstachel zum Schambeinhöcker.
- Puls der **Oberschenkelschlagader** (A. femoralis) tasten: etwas kaudal der Mitte des Leistenbandes.
- Verlauf der **unteren Bauchwandschlagader** (A. epigastrica inferior) angeben: vom Arterienpuls etwa 1 cm über das Leistenband kopfwärts gehen und von hier eine Verbindungslinie zum Nabel ziehen (Ü281, Ü515).
- **Leistenkanal** (Canalis inguinalis) aufmalen: Er ist etwa 4 cm lang und etwa 1,5 cm breit. Er liegt symmetrisch zur A. epigastrica inferior, etwa 2 cm kranial des Leistenbandes.
- **inneren Leistenring** (Annulus inguinalis profundus) umranden: das laterale Ende des Leistenkanals, etwa 2 cm kranial der Mitte des Leistenbandes (oder geringfügig lateral hiervon).
- **äußeren Leistenring** (Annulus inguinalis superficialis) markieren: das mediale Ende des Leistenkanals, etwa 2 cm kranial vom medialen

Drittelpunkt des Leistenbandes. Will man anstelle der groben Umrandung die feinere Struktur zeichnen, so sollte man oben und unten die beiden auseinanderweichenden Schenkel (Crus mediale + laterale) der Externusaponeurose, lateral die querverlaufenden Fibrae intercrurales und medial das Lig. reflexum berücksichtigen .

## Ü515 Projektion der Nabelfalten und der Leistengruben angeben

Die Innenseite der unteren Bauchwand wird durch die fünf Nabelfalten gegliedert, eine unpaare mediane und zwei paarige, lateral davon gelegene (Abb. 515):

- **mediane Nabelfalte** (Plica umbilicalis mediana): von der Harnblase zum Nabel. Sie enthält das mediane Nabelband (Lig. umbilicale medianum) = der zurückgebildete Urachus. Bei den angeborenen Nabelfisteln bleibt die Verbindung von der Harnblase zum Nabel offen, und es strömt Harn aus dem Nabel aus.
- **laterale Nabelfalte** (Plica umbilicalis lateralis): etwa von der Mitte des Leistenbandes nicht ganz bis zum Nabel. Sie enthält die unteren Bauchwandgefäße (A. + V. epigastrica inferior, Ü514 und Ü281).
- **mediale Nabelfalte** (Plica umbilicalis medialis): etwa in der Mitte zwischen der medianen und der lateralen Nabelfalte. Sie enthält das mediale Nabelband (Lig. umbilicale mediale) = die verödete Nabelschlagader (A. umbilicalis). Man erinnere sich, daß die unpaare Nabelvene nicht mit den paarigen Nabelschlagadern, sondern vom Nabel kopfwärts zur Pfortader verläuft.

Neben den Nabelfalten sinken beidseits drei Gruben ein:

- Oberblasengrube (Fossa supravesicalis): kranial der Harnblase zwischen medianer und medialer Nabelfalte.
- innere Leistengrube (Fossa inguinalis medialis): zwischen medialer und lateraler Nabelfalte im Bereich des äußeren Leistenrings.
- äußere (seitliche) Leistengrube (Fossa inguinalis lateralis): lateral der lateralen Nabelfalte im Bereich des inneren Leistenrings.

Man beachte nebenbei die Schwierigkeiten der deutschen Nomenklatur: Das Gegensatzpaar innerer - äußerer kann im Sinne von medial - lateral oder im Sinne von tief (profundus) - oberflächlich (superficialis) gebraucht werden. Die innere (= mediale) Leistengrube entspricht so dem äußeren (= oberflächlichen) Leistenring, die äußere (= laterale) Leistengrube dem inneren (= tiefen) Leistenring!

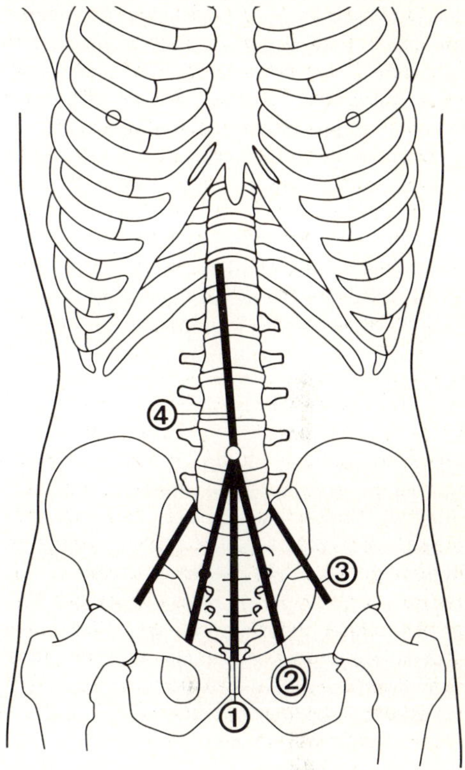


*Abb. 515. Nabelfalten: 1 mediane Nabelfalte, 2 mediale Nabelfalte. 3 laterale Nabelfalte, 4 Nabelvene*

## Ü516 Äußeren Leistenring beim Mann tasten

Der gesunde Leistenkanal ist eng. Man kann lediglich den Bereich des äußeren Leistenrings ein wenig mit der Kuppe des kleinen Fingers eindellen. Dazu tastet man zunächst den Samenstrang am oberen Ende des Hodensacks und geht am Samenstrang kopfwärts weiter. Dabei stülpt man vom Hodensack her dessen dünne Haut mit dem kleinen Finger nach oben und gelangt so unter die dickere Fettschicht der Bauchhaut. Folgt man dem Samenstrang, so muß man zum äußeren Leistenring gelangen.

Die Untersuchung nimmt man am besten in folgender Stellung vor: Der Proband steht vor dem sitzenden Untersucher. Dieser schiebt seinen rechten Kleinfinger gegen den rechten Leistenkanal, danach den linken Kleinfinger gegen den linken Leistenkanal des Probanden nach oben. Nur wenn der Leistenkanal erweitert ist, kann man mit dem Finger eindringen. Man läßt dann den Patienten husten und fühlt das Andrängen der Baucheingeweide beim Hustenstoß.

Bei der **Frau** wird der Leistenkanal nur vom dünnen runden Mutterband (Lig. teres uteri) und von Nerven (N. ilio-inguinalis, R. genitalis des N. genitofemoralis) durchsetzt. Der äußere Leistenring ist bei ihr normalerweise nicht zu tasten.

### Ü517 Wege der Leisten- und Schenkelbrüche mit Pfeilen markieren

- **Indirekter Leistenbruch** (Hernia inguinalis indirecta): von der äußeren Leistengrube durch den inneren Leistenring, den Leistenkanal und den äußeren Leistenring zum Hodensack bzw. zur großen Schamlippe (Abb. 517). Der indirekte Leistenbruch kann angeboren (congenita) sein, wenn der Bauchfellfortsatz (Processus vaginalis) zum Hoden nicht verödet. Er kann (seltener) aber auch erworben (acquisita) sein, wenn im Lauf des Lebens der Leistenkanal weiter wird.
- **Direkter Leistenbruch** (Hernia inguinalis directa): von der inneren Leistengrube direkt durch die Bauchwand in den äußeren Leistenring und weiter zum Hodensack bzw. zur großen Schamlippe oder zum Oberschenkel. Der direkte Bruch ist beim älteren Erwachsenen häufiger als der indirekte und immer erworben.
- **Schenkelbruch** (Hernia femoralis): unter dem Leistenband durch das Gefäßfach (Lacuna vasorum) medial vom Puls der Oberschenkelschlagader in den Schenkelkanal (Canalis femoralis) und zur Oberfläche des Oberschenkels.

Seltene Bruchpforten in dieser Gegend sind die Fossa supravesicalis (supravesikale Hernie) und der Canalis obturatorius (Obturatoriushernie). Bei der Frau ist der Schenkelbruch häufiger als der Leistenbruch (engerer Leistenkanal und weiteres Gefäßfach als beim Mann!).

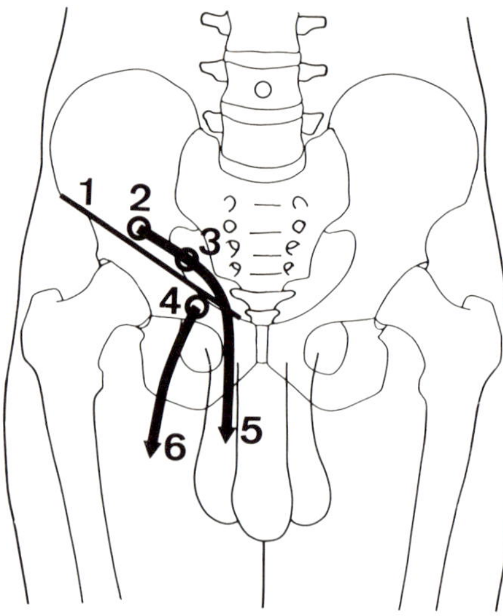


*Abb. 517. Bevorzugte Wege von Brüchen der Leistengegend: 1 Leistenband, 2 innerer Leistenring, 3 äußerer Leistenring, 4 Schenkelkanal, 5 indirekte Leistenbrüche, 6 Schenkelbrüche*

Nicht jede Schwellung im Bereich des Samenstrangs ist ein Leistenbruch. Beim sog. "Wasserbruch" (Hydrocele) füllt sich ein Rest des Bauchfellfortsatzes mit Flüssigkeit. Man unterscheidet Wasserbruch und Leistenbruch mit Taschenlampe und Stethoskop: Beim mit durchsichtiger Flüssigkeit gefüllten Wasserbruch leuchtet der Hodensack vor der Lampe rot auf. Der trübe Inhalt des Leistenbruchs absorbiert das Licht. Mit dem Stethoskop hört man beim (noch nicht eingeklemmten) Leistenbruch Darmgeräusche, der Wasserbruch ist still. Der Wasserbruch ist harmlos. Der Leistenbruch kann durch Abklemmen und Absterben von Darmabschnitten in kurzer Zeit einen lebensbedrohenden Zustand herbeiführen. Die Untersuchung der Leistengegend gehört daher zu jeder ärztlichen Routineuntersuchung, um einen Leistenbruch frühzeitig zu erkennen. Man kann dann vor dem Eintritt schwerwiegender Komplikationen operieren.

Lage von Gefäßen und Nerven bei Leistenbrüchen: Bei direkten Brüchen liegt die untere

Bauchwandschlagader (A. epigastrica inferior) dem Bruchsack lateral, bei indirekten medial an. Der N. ilio-inguinalis und der R. genitalis des N. genitofemoralis durchziehen meist den Leistenkanal und sind deshalb bei Leistenbruchoperationen gefährdet.

## 5.2 Beziehung der Beckenorgane zur Bauchwand

### Ü521 Ausdehnung der Harnblase nach reichlichem Trinken perkutieren, Methode der Harnblasenpunktion klarmachen

Die leere Harnblase (Vesica urinaria) liegt hinter dem Schambein verborgen. Mit zunehmender Füllung schiebt sie sich zwischen Bauchwand und Bauchfell nach oben. Die volle Harnblase ist meist gut zu perkutieren: Ihr gedämpfter Klopfschall hebt sich deutlich gegenüber dem tympanitischen Klopfschall des gewöhnlich gashaltigen Dünndarms ab.

**Übungsaufgabe**: Man wählt einen Probanden mit gut gasgefülltem Bauch, bei dem der ganze Unterbauch tympanitischen Klopfschall gibt. Der Proband trinkt nach Entleeren der Harnblase etwa 1 Liter Wasser (Tee, Limonade usw.). Man wartet ab (während man anderen Übungsaufgaben nachgeht), bis der Proband den ersten Harndrang verspürt. Dann perkutiert man über der Schambeinfuge die Harnblase und zeichnet die Grenzen auf die Bauchwand. Dies wiederholt man in Abständen von 5-10 Minuten, bis das Beklopfen der Bauchwand für den Probanden zu lästig wird (es verstärkt noch den zunehmenden Harndrang). Man gewinnt so ein Bild der fortschreitenden Ausdehnung der Harnblase.

Hinweis: Bei dieser Übung ist es nicht nötig, daß der Proband die Badehose oder Unterhose auszieht. Der Klopfschall wird durch ein dünnes, der Haut eng anliegendes Kleidungsstück nicht wesentlich beeinträchtigt. Die Übung ist daher auch in einem allgemeinen Kurs ohne Belastung des Schamgefühls auszuführen. Beim Aufzeichnen der Harnblasengrenzen muß man jedoch darauf achten, daß sich die Hose zwischen den einzelnen Perkussionsgängen nicht verschiebt.

**Harnblasenpunktion**: In die volle Harnblase kann man eine lange Hohlnadel durch die Bauchwand oberhalb der Schambeinfuge einstechen, ohne das Bauchfell zu verletzen (Abb. 521). Dies kann bei einer Harnverhaltung (z.B. bei vergrößerter Vorsteherdrüse) nötig sein, wenn es nicht gelingt, einen Katheter durch die Harnröhre in die Harnblase einzuschieben. Die Harnblase wird auch gelegentlich punktiert, um Harn für diagnostische Zwecke ohne Verunreinigung durch die Harnröhre zu gewinnen (z.B. um die Erreger bei einer hartnäckigen Harnblasen- oder Nierenbeckenentzündung zu bestimmen).

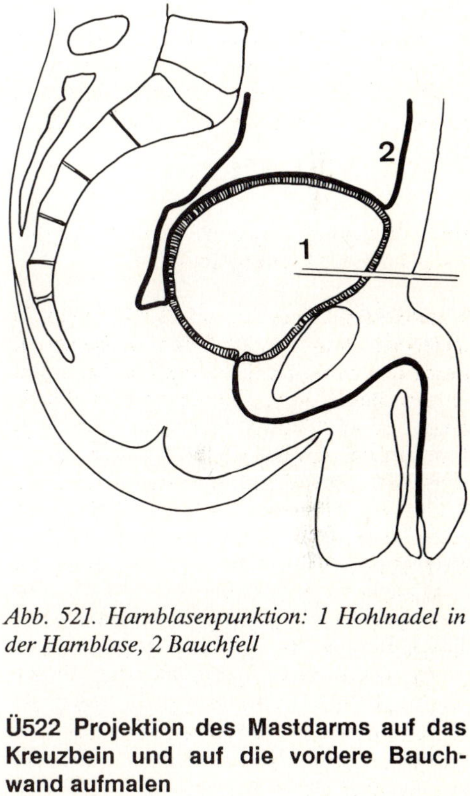


*Abb. 521. Harnblasenpunktion: 1 Hohlnadel in der Harnblase, 2 Bauchfell*

### Ü522 Projektion des Mastdarms auf das Kreuzbein und auf die vordere Bauchwand aufmalen

Der Mastdarm (Rectum) schmiegt sich der hinteren Beckenwand an. Er hat 2 Krümmungen:

- Kreuzbeinkrümmung (Flexura sacralis): Der dem Kreuzbein anliegende weite Speicherteil des Mastdarms (Ampulla recti) ist wie das Kreuzbein nach hinten konvex gekrümmt. Etwa auf Höhe der Steißbeinspitze nimmt die Krümmung zu, und der Darm ist im Ruhezustand eng.

■ Dammkrümmung (Flexura perinealis): Der etwa parallel zur Haut der hinteren Dammgegend verlaufende Mastdarm biegt über dem After annähernd rechtwinklig nach unten ab.

Die doppelte Krümmung des Mastdarms dient dem sicheren Verschluß: Der in der Ampulle des Mastdarms sich ansammelnde Stuhl drückt nicht direkt auf den After, sondern wird vom Band- und Muskelapparat zwischen After und Steißbein abgestützt. Erst zur Stuhlentleerung wird der Mastdarm gestreckt (was er seinem Namen "rectum" = "gerade" schuldig ist) und über den After gehoben.

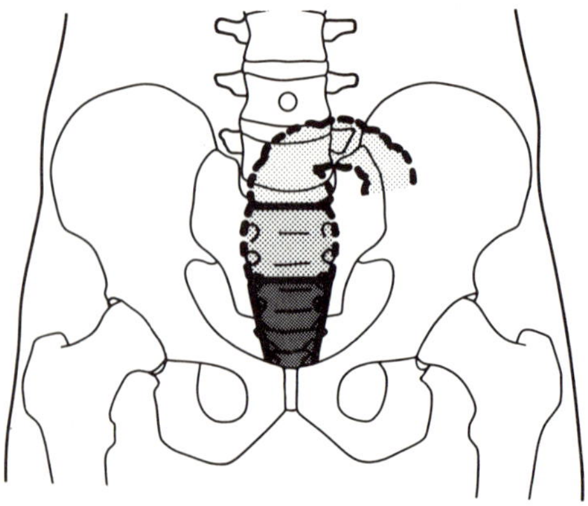

*Abb. 522. Projektion des Mastdarms und des Endteils des Sigmas auf die vordere Bauchwand*

**Projektion auf das Kreuzbein**: Der Mastdarm liegt vom 3. Kreuzbeinwirbel abwärts dem Kreuzbein an. Man orientiere sich an den seitlichen Eckpunkten der Lendenraute, die der Höhe des 2. Kreuzbeinwirbels entsprechen. Oberhalb des 3. Kreuzbeinwirbels verläuft der Darm bis zum Lenden-Kreuzbein-Knick (Promontorium) der Wirbelsäule noch in der Mittellinie, aber intraperitoneal. Darüber biegt er nach links ab. Es ist umstritten, ob das gerade intraperitoneale Darmstück vor den beiden obersten Kreuzbeinwirbeln noch zum S-förmigen Dickdarm (Colon sigmoideum) oder schon zum Mastdarm zu rechnen ist.

**Projektion auf die vordere Bauchwand**: Man überträgt das Bild von der Rückseite des Kreuzbeins spiegelverkehrt auf die vordere Bauchwand. Will man umgekehrt mit der Bauchwand beginnen, so orientiert man sich an folgenden Bezugspunkten (Ü274): Der Nabel entspricht der Höhe von $L_4$, der Darmbeinhöcker $L_5$ und der vordere obere Darmbeinstachel $S_2$. Man führt daher die Zeichnung zunächst über der Schambeinfuge in Richtung auf den Nabel. Dann biegt man zwischen Interspinal- und Intertuberkularebene nach links ab (Abb. 522).

## Ü523 Sagittale Projektion der Eierstöcke, der Eileiter und der Gebärmutter auf die vordere Bauchwand aufzeichnen

Man geht von der in Ü513 erarbeiteten Zeichnung des Beckeneingangs und der großen Schlagadern des Beckens aus (Abb. 513):

■ Eierstock (Ovarium): Er liegt in der Eierstockgrube (Fossa ovarica) in der Aufgabelung der gemeinsamen Beckenschlagader in die äußere und die innere Beckenschlagader (Abb. 523).

■ Gebärmutter (Uterus): Ihre Projektion hängt vom Füllungszustand der Harnblase ab. Bei leerer Harnblase überragt sie kaum die Schambeinfuge. Mit zunehmender Füllung der Harnblase wird die Gebärmutter aufgerichtet und steigt etwas höher.

■ Eileiter (Tuba uterina = Salpinx): Er wendet sich von der Gebärmutter an der Beckenwand entlang zum Eileiter und umgreift ihn von hinten oben. Er nimmt also nicht den kürzesten Weg wie das Eierstockband (Lig. ovarii proprium).

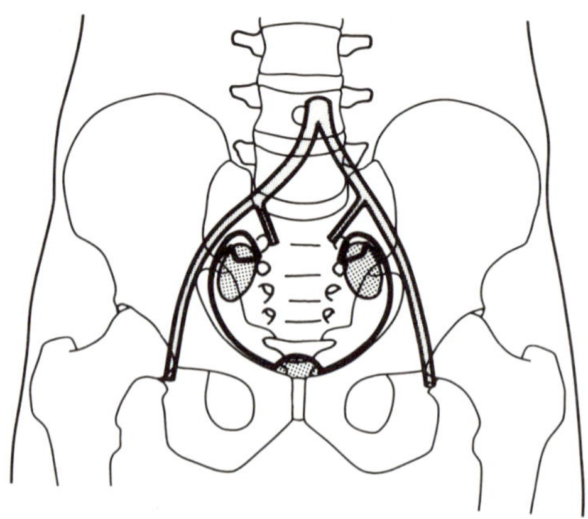

*Abb. 523. Projektion der inneren weiblichen Geschlechtsorgane auf die vordere Bauchwand*

### Ü524 Ausdehnung der Gebärmutter in den einzelnen Schwangerschaftsmonaten auf die vordere Bauchwand aufzeichnen

**Entwicklungsalter und Schwangerschaftsdauer:** Die Entwicklung eines neuen Lebewesens beginnt mit der Befruchtung. Damit wird das individuelle Muster der Erbanlagen festgelegt. Alle Zellen des neuen Lebewesens gehen aus der befruchteten Eizelle (Zygote) hervor. Dementsprechend sollte man das Alter der Leibesfrucht ("Entwicklungsalter") vom Tag der Befruchtung ab rechnen.

In der Praxis aber besteht die Schwierigkeit, den Zeitpunkt der Befruchtung zu bestimmen. Nur bei sehr seltenem Geschlechtsverkehr wird man diesen Termin angeben können. Normalerweise entsteht der Verdacht auf eine Schwangerschaft erst mit dem Ausbleiben der Menstruation. Bei sonst regelmäßigen Zyklen könnte man dann 14 Tage zurückrechnen, dem sehr regelmäßigen Zeitraum zwischen Eisprung (Ovulation) und Beginn der Menstruation. Aber auch bei sonst regelmäßigem Zyklus kann sich einmal unter psychischen oder körperlichen Einflüssen der Zeitpunkt des Eisprungs verschieben (Unsicherheit der Methode der "Zeitwahl" zur Schwangerschaftsverhütung).

In der Geburtshilfe benötigt man ein Zeitmaß, das einfach zu handhaben ist. Der einzige Bezugspunkt, den die meisten Schwangeren einigermaßen sicher angeben können, ist der Zeitpunkt der letzten normalen Menstruation. Deshalb wird seit altersher der erste Tag der letzten Menstruation zum Ausgangspunkt der Berechnung der "Schwangerschaftsdauer" benutzt. Die durchschnittliche Zeitspanne zwischen dem ersten Tag der letzten Menstruation und der Geburt des Kindes beträgt 280 Tage. Wegen der ungleichen Länge der Kalendermonate rechnet man in der Geburtshilfe bevorzugt in Wochen oder Mondmonaten (zu 28 Tagen). Danach dauert die normale Schwangerschaft 40 Wochen oder 10 Monate.

**Wahrscheinlicher Geburtstermin**: Zum groben Abschätzen des Termins der Niederkunft zählt man zum ersten Tag der letzten Regelblutung 7 Tage hinzu und zieht 3 Monate ab. Beispiel: erster Tag der letzten Menstruation 7. 12., wahrscheinlicher Geburtstermin 14. 9. Bei normalerweise von 28 Tagen abweichender Zyklusdauer korrigiert man den Termin um die Zahl der Tage, die der Zyklus länger oder kürzer als 28 ist. Bei einem 30tägigen Zyklus wäre im genannten Beispiel der 16. 9. der wahrscheinliche Termin.

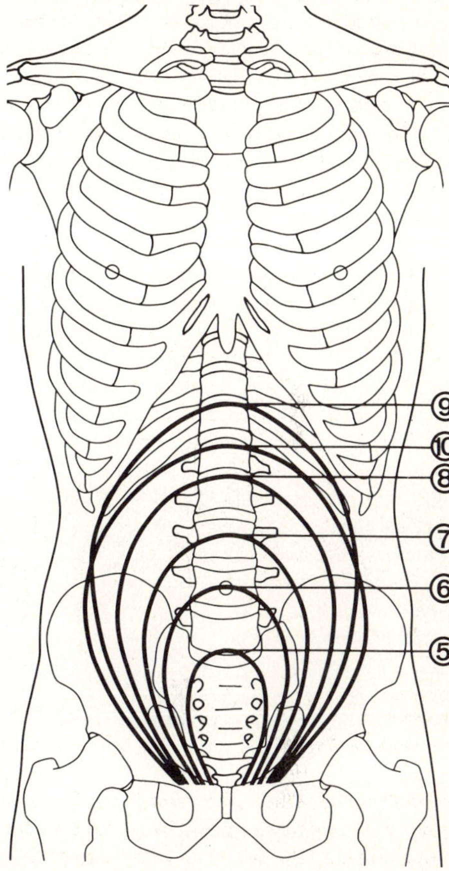


*Abb. 524. Projektion der schwangeren Gebärmutter auf die vordere Leibeswand: 5-10 fünfter bis zehnter Schwangerschaftsmonat*

**Größe der schwangeren Gebärmutter**: Die vorhergehenden Ausführungen waren nötig, um klare Zeitangaben zu ermöglichen. Man tastet die Gebärmutterkuppe (Fundus uteri) am Ende des

- 5. Schwangerschaftsmonats (20. Woche) etwa 3 Fingerbreit unterhalb des Nabels,
- 6. Schwangerschaftsmonats (24. Woche) auf Höhe des Nabels,
- 7. Schwangerschaftsmonats (28. Woche) 3 Fingerbreit oberhalb des Nabels,
- 8. Schwangerschaftsmonats (32. Woche) in

der Mitte zwischen Nabel und Schwertfortsatz,

- 9. Schwangerschaftsmonats (36. Woche) am Rippenbogen,
- 10. Schwangerschaftsmonats (40. Woche) 2 Fingerbreit unter dem Rippenbogen: Die Gebärmutter senkt sich im letzten Schwangerschaftsmonat (der Kopf der Leibesfrucht tritt tiefer in das Becken) und wird dafür breiter (Abb. 524).

Die interindividuelle Schwankungsbreite der Größe der Gebärmutter ist groß. Sie hängt vor allem von der Größe der Leibesfrucht und der Menge des Fruchtwassers ab. Die obigen Größenangaben können daher nur der groben Orientierung dienen. Nach englischsprachigen Lehrbüchern wird die Nabelhöhe meist schon am Ende des 5. Schwangerschaftsmonats erreicht.

Die wachsende Gebärmutter drängt die Bauchorgane nach oben. Dies muß man bei Schmerzangaben von Schwangeren berücksichtigen. Auch der Wurmfortsatz liegt dann nicht mehr am McBurney-Punkt (Ü424), sondern wandert nach oben: Er liegt z.B. am Ende des

- 5. Schwangerschaftsmonats etwa auf Höhe des Beckenkamms,
- 8. Schwangerschaftsmonats etwa am Unterrand des Rippenbogens.

### Ü525 Rückbildung der Gebärmutter im Wochenbett auf die vordere Bauchwand aufmalen

**Gewichtszunahme während der Schwangerschaft**: Am Ende der Schwangerschaft wiegt die Gebärmutter mit Inhalt etwa 6 kg. Davon entfallen etwa 3½ kg auf die Leibesfrucht (Fetus), ½ kg auf den Mutterkuchen (Plazenta), 1 kg auf das Fruchtwasser (Liquor amnii) und 1 kg auf die Gebärmutterwand. Die Gewichtszunahme der Schwangeren beträgt aber meist mehr als 6 kg, weil vermehrt Wasser in den Körper eingelagert wird. Die hormonelle Umstellung bei der bevorstehenden Geburt kündigt sich durch vermehrte Harnausscheidung an. Dadurch sinkt das Körpergewicht schon kurz vor der Geburt um 1-2 kg.

**Wochenbett** (Puerperium): Als Wochenbett bezeichnet man den Zeitraum, der zur Rückbildung der schwangerschaftsbedingten Umstellungen im Körper der Frau nötig ist. Es wird gewöhnlich in 2 Zeitspannen gegliedert:

- Frühwochenbett: In den ersten beiden Wochen nach der Geburt erfolgt die Hauptumstellung.
- Spätwochenbett: Weitere 4-6 Wochen werden zum (fast) völligen Ausgleich benötigt.

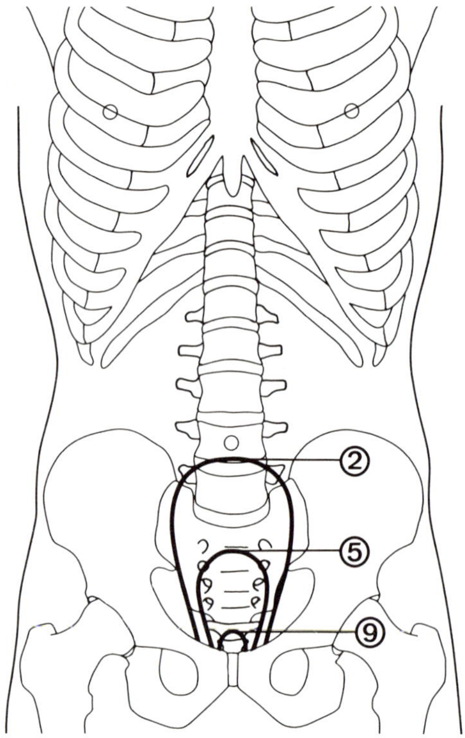


*Abb. 525. Rückbildung der Gebärmutter im Wochenbett. Die Ziffern geben die Tage nach der Entbindung an*

**Verkleinerung der Gebärmutter im Wochenbett**: Die Gebärmutter zieht sich nach dem Ausstoßen der Frucht und des Mutterkuchens ("Nachgeburt") kontinuierlich weiter zusammen. Dies ist für die Frau lebensnotwendig, weil dabei die beim Ablösen des Mutterkuchens aufgerissenen Blutgefäße abgeklemmt werden. Aus einer schlaffen Gebärmutter (Uterusatonie) kann es so stark bluten, daß man notfalls die Gebärmutterschlagadern unterbinden oder sogar die gesamte Gebärmutter entfernen muß. Normalerweise verkleinert sich

die Gebärmutter aber rasch (Abb. 525):
- Am 2. Tag nach der Geburt hat die Gebärmutterkuppe schon den Nabel unterschritten.
- Am 5. Tag liegt sie auf halbem Weg zwischen Nabel und Schambeinfuge.
- Am 9. Tag überragt sie die Schambeinfuge nur noch wenig.
- Eine Woche nach der Entbindung wiegt die Gebärmutter etwa die Hälfte (½ kg).
- Nach 2 Wochen wiegt sie etwa ein Drittel (350 g).
- Nach 6 Wochen ist das Ausgangsgewicht von 50-70 g nahezu wieder erreicht.

## 5.3 Beckenausgang und Beckenboden

### Ü531 Schambein tasten

Obwohl vom Schambein (Os pubis) die kräftigen Adduktoren entspringen, bleiben die dem Hüftloch abgewandten Ränder des Knochens von Muskeln unbedeckt und können daher gut getastet werden:
- **Schambeinfuge** (Symphysis pubica): Geht man in der Körpermittelebene in der Bauchwand nach unten, so trifft man etwas kranial der äußeren Geschlechtsorgane auf einen knöchernen Widerstand. Dies sind die Schambeinkörper mit der zwischen ihnen liegenden Schambeinfuge. Die Fuge ist in ganzer Länge zu tasten. An ihrem unteren Ende fühlt man beim Mann die Aufhängebänder des Glieds (Lig. suspensorium penis + Lig. fundiforme penis).
- **Schambeinhöcker** (Tuberculum pubicum): Etwa 2 cm lateral des Oberrandes der Schambeinfuge ist der Schambeinkamm im Bereich der Befestigung des geraden Bauchmuskels und des Leistenbandes verdickt.
- **unterer Schambeinast** (Ramus inferior ossis pubis): Vom unteren Ende der Schambeinfuge ausgehend kann man zwischen Schamgegend und Oberschenkel den unteren Schambeinast bis zum Sitzbein verfolgen. Wegen der Nähe der empfindlichen Geschlechtsorgane gehe man dabei behutsam vor. Die Untersuchung nimmt man am besten in Rückenlage des Probanden mit gespreizten, in Hüft- und Kniegelenk gebeugten Beinen vor (idealer Untersuchungsplatz = gynäkologischer Untersuchungsstuhl). Die Oberschenkel sollen gut entspannt sein, damit die am Schambein entspringenden Adduktoren das Tasten nicht behindern.
- **Schambeinwinkel** (Angulus subpubicus): In der Stellung der beiden unteren Schambeinäste unterscheiden sich Frau und Mann. Wegen der weiteren unteren Beckenöffnung (Gebärkanal!) ist bei der Frau der Winkel zwischen den Schambeinästen ("Schambeinbogen" = Arcus pubis) größer als beim Mann: Mittelwert bei der Frau etwa 75°, beim Mann etwa 60°. Dies ist das wohl am einfachsten zu bestimmende Geschlechtsmerkmal am isolierten Skelett (z.B. in der Rechtsmedizin bei Knochenfunden oder zur Identifizierung von verstümmelten oder verkohlten Leichen usw.).

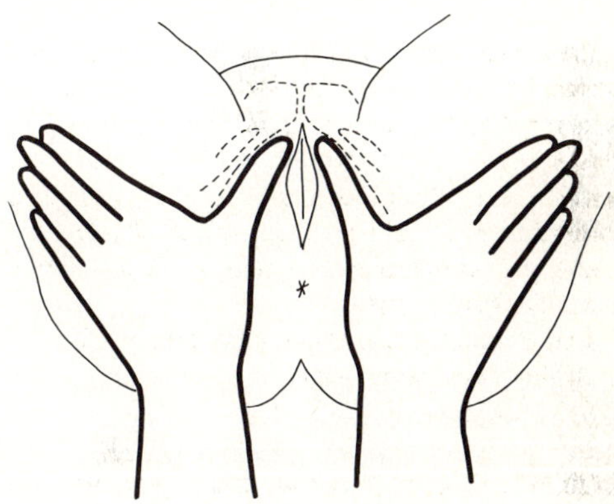

*Abb. 531. Schambeinwinkel abformen*

Der Schambeinwinkel ist auch beim lebenden Menschen gut zu beurteilen, wenn man ihn mit den tastenden Fingern "abformt". Tastet man bei sich selbst, so legt man am besten die Spitzen der Finger 2-4 an die Schambeinäste an. Tastet man beim Patienten, so formen die Daumen den Schambeinwinkel ab (Abb. 531): Die Daumenendglieder liegen neben der Gliedwurzel bzw. neben dem Kitzler, die Handflächen ruhen auf der Gesäßgegend, die Finger 2 bis 5 werden zur Oberschenkelhinterseite abgespreizt.

| | |
|---|---|
| Protokoll 531. Schambeinwinkel (°) | |

## Ü532 Sitzbein tasten

▪ **Sitzbeinast** (Ramus ossis ischii): Folgt man in der Furche zwischen Bein und Schamgegend dem unteren Schambeinast dorsalwärts, so gelangt man zum Sitzbeinast (Abb. 532). Beim Erwachsenen gehen Schambein und Sitzbein meist ohne tastbare Grenze ineinander über. Der Sitzbeinast verbreitert sich zum

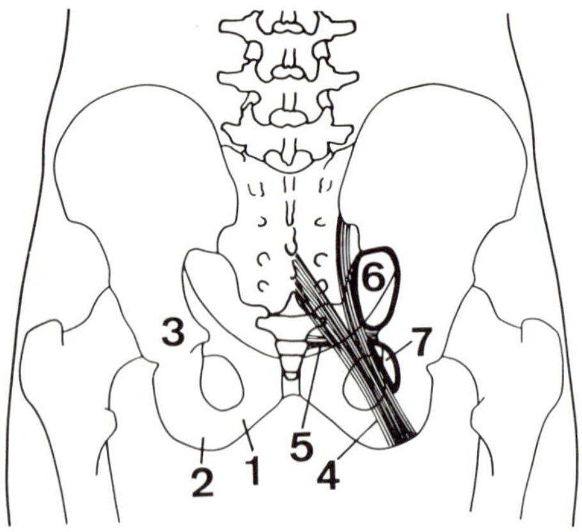


*Abb. 532. Sitzbein: 1 Sitzbeinast, 2 Sitzbeinhöcker, 3 Sitzbeinstachel, 4 Kreuzbein-Sitzbeinhöcker-Band, 5 Kreuzbein-Sitzbeinstachel-Band, 6 großes Sitzbeinloch, 7 kleines Sitzbeinloch*

▪ **Sitzbeinhöcker** (Tuber ischiadicum): Man kann ihn gut mit zwei Händen tasten, wenn die eine Hand von vorn am Sitzbeinast dorsalwärts geht, die andere Hand von rückwärts in die Mitte der Gesäßfurche greift und am Unterrand des großen Gesäßmuskels dann leicht zu der von vorn kommenden Hand findet. Der mächtige Knochenvorsprung ist rundherum gut abzutasten. Beim stehenden Probanden merkt man die Anspannung der am Sitzbeinhöcker entspringenden ischiokruralen Muskeln (halbsehniger und halbmembranöser Muskel, langer Bizepskopf). Diese Muskeln erschlaffen im Sitzen. Die Sitzbeinhöcker sind dann die tiefsten Punkte des Rumpfskeletts. Der große Gesäßmuskel wird von einem Verstärkungszug in seiner Faszie ("Sitzhalfter") zur Seite gezogen, so daß der Sitzbeinhöcker nur von Haut und Unterhaut bedeckt ist. Man tastet unbehindert, wenn der Proband nur mit einer Gesäßhälfte am Stuhl sitzt und die zu untersuchende Gesäßhälfte frei über den Stuhlrand hängt.

▪ **Kreuzbein-Sitzbeinhöcker-Band** (Lig. sacrotuberale): Tastet man vom Sitzbeinhöcker dorsomedial in Richtung Steißbein, so fühlt man den Widerstand des scharf begrenzten, bogenförmigen Bandes.

▪ **Sitzbeinstachel** (Spina ischiadica): Der Sitzbeinstachel ist vom großen Gesäßmuskel bedeckt und durch die mächtige Muskelmasse nur undeutlich zu fühlen. Er liegt etwas kaudal der Mitte einer Verbindungslinie vom Sitzbeinhöcker zum hinteren oberen Darmbeinstachel.

▪ **Großes Sitzbeinloch** (Foramen ischiadicum majus): Kranial des Sitzbeinstachels sind die Weichteile etwas tiefer einzudellen, weil der knöcherne Widerstand in der Tiefe fehlt. Wegen der Überlagerung durch den großen Gesäßmuskel sind die Ränder jedoch nicht eindeutig zu tasten.

## Ü533 Beweglichkeit des Steißbeins prüfen

Die Hinterfläche des Steißbeins (Os coccygis) ist in ganzer Ausdehnung mühelos abzutasten, da das Fettpolster an dieser Stelle meist dünn ist. Die Spitze des Steißbeins (Cornu coccygeum) liegt in der Afterfurche etwa daumenbreit dorsal vom After. Dem Rand des Steißbeins seitlich weiter folgend gelangt man zum Kreuzbein-Sitzbeinhöcker-Band (Ü532).

Drückt man auf die Spitze des Steißbeins, so merkt man federnde Bewegungen, sofern das Kreuzbein-Steißbein-Gelenk (Articulatio sacrococcygea) noch beweglich ist. Gelegentlich versteift das Gelenk bei der Frau schon im gebärfähigen Alter. Dann kann das in den Beckenausgang ragende Steißbein zum Geburtshindernis werden (Ü264).

| Protokoll 533. Steißbein | | | |
|---|---|---|---|
| Länge (cm) | | | |
| Federnd beweglich | j | n | ? |

Die Beweglichkeit des Steißbeins prüft man am besten bei der rektalen Untersuchung

(Ü556). Man führt den Zeigefinger im Mastdarm auf die Innenseite des Steißbeins und faßt mit dem Daumen die Haut auf der Außenseite. Dann kann man das Steißbein in der Zange der beiden Finger hin- und herbewegen.

### Ü534 Beckenausgang vermessen

Grundsätzliches über die Beckenmessung und ihre Bedeutung wurde bereits in Ü264 ausgeführt. Lediglich das Messen des Beckenausgangs wurde aus naheliegenden Gründen in das "Schamkapitel" verlegt.

Instrumentarium: Der übliche Beckenzirkel mit den nach außen konvexen Armen ist für diese Messung nicht sehr praktisch. Besser ist hierfür ein kleiner Gleitzirkel (Schieblehre) oder ein doppelarmiger Beckenzirkel mit zwei konvexen und zwei konkaven Armen.

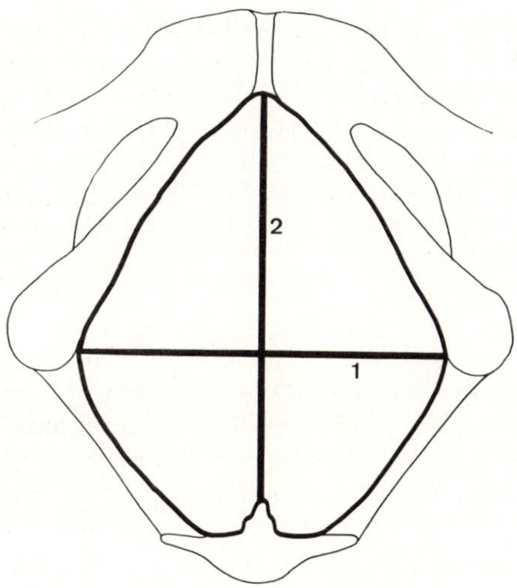


*Abb. 534. Beckenausgangsmaße: 1 transversaler Durchmesser, 2 sagittaler Durchmesser*

- **Transversaler Durchmesser des Beckenausgangs** = Abstand der Innenflächen der Sitzbeinhöcker: bei gebeugten Hüftgelenken und entspannten Gesäßmuskeln messen. Der Proband liegt auf dem Rücken mit angezogenen Beinen (gynäkologischer Untersuchungsstuhl) oder kniet mit vorgeneigtem Rumpf (Knie-Ellbogen-Lage). Der Untersucher dellt die Haut an den medialen Abhängen der Sitzbeinhöcker ein. Der Beckenausgang der Frau sollte mindestens 11 cm lichte Weite haben.
- **Sagittaler Durchmesser des Beckenausgangs** = Abstand des Unterrandes der Schambeinfuge von der Steißbeinspitze: Untersuchungsposition wie beim transversalen Durchmesser. Der Unterrand der Schambeinfuge ist mit dem Beckenzirkel schlecht zu erreichen, weil ihm die Schwellkörper des Kitzlers bzw. des Glieds unmittelbar anliegen. Es ist also behutsam zu messen. Ein Abstand von 11 cm reicht bei der Frau aus, wenn das Steißbein beweglich ist (Ü533). Dann können durch das Rückbewegen des Steißbeins zusätzlich noch 2 cm gewonnen werden.

**Schnelltest zum Prüfen der Breite des Beckenausgangs**: Der Untersucher bildet die Faust mit eingeschlagenem Daumen, so daß die Köpfe der Fingergrundglieder 2-5 vorn stehen. Dann legt er die Faust zwischen die beiden Sitzbeinhöcker der Frau. Hat die Faust bequem Platz zwischen den Sitzbeinhöckern, so ist der Beckenausgang weit genug. Voraussetzung für diesen Test ist, daß der Untersucher eine Hand mittlerer Größe hat (Abstand der Außenseiten an den Fingern 2-5 etwa 9 cm).

| Protokoll 534. Beckenausgangsmaße (cm) | |
|---|---|
| a) Transversaler Durchmesser | |
| b) Sagittaler Durchmesser | |

### Ü535 Grenzen und Gliederung der Dammgegend auf die Haut aufzeichnen, Stockwerke des Beckenbodens definieren

Als Dammgegend (Regio perinealis) bezeichnet man den vom Beckenausgang umschlossenen, etwa rautenförmigen Bereich. Man markiere also (bei der Frau am besten in Rückenlage mit abgespreizen und in Hüft- und Kniegelenk gebeugten Beinen wie im gynäkologischen Untersuchungsstuhl, beim Mann günstiger stehend über einen Tisch gebeugt oder in Knie-Ellbogen-Lage):

- Unterrand der Schambeinfuge (Ü531),

- unterer Schambeinast (Ü531),
- Sitzbeinast (Ü532),
- Sitzbeinhöcker (Ü532),
- Kreuzbein-Sitzbeinhöcker-Band (Ü532),
- Steißbein (Ü533).

Die Dammgegend wird durch die Verbindungslinie der beiden Sitzbeinhöcker in 2 Unterregionen geteilt (Abb. 535a):
- Schamgegend (Regio urogenitalis),
- Aftergegend (Regio analis).

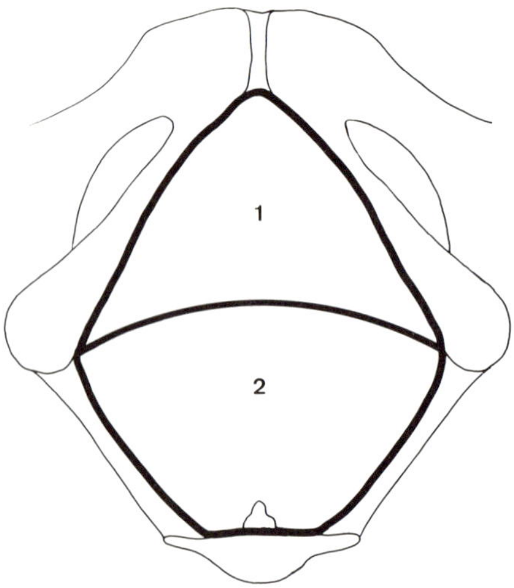


*Abb. 535a. Gliederung der Dammgegend: 1 Schamgegend, 2 Aftergegend*

**Innere Gliederung des Beckenbodens**: In der Tiefe des Beckenbodens spannen sich 2 Muskel-Bindegewebe-Platten ("Zwerchfelle") aus, von denen man eine klare Vorstellung gewinnen sollte, da nur so der Aufbau der Region verständlich wird:

a) **Beckenzwerchfell** (Diaphragma pelvis): Es trennt den Bereich der Beckenorgane von der Oberflächenregion. Es entspringt auf der Höhe des Beckeneingangs (!) von der Beckenwand und läuft trichterförmig auf den After zu. Das Beckenzwerchfell muß eine Lücke besitzen, die sich so weit ausdehnen kann, daß der Kopf des Kindes bei der Geburt hindurchtreten kann. Deshalb ist der Afterheber zwischen Schambein und After bogenförmig ausgeschnitten ("Levator-Tor"). Drei Muskeln werden zum Beckenzwerchfell gerechnet:
- Afterheber (M. levator ani): Er bildet die Grundlage des Beckenzwerchfells (Ü536).
- Steißmuskel (M. coccygeus): Er ist dem Steißbein und dem Kreuzbein-Sitzbeinstachel-Band vorn angelagert.
- äußerer Afterschließmuskel (M. sphincter ani externus): Er liegt dem After unterhalb des Afterhebers auf beiden Seiten an.

b) **Urogenitalzwerchfell** (Diaphragma urogenitale): Eine so große Lücke in der Wand des Bauchraums wie das Levatortor muß irgendwie zusätzlich abgedeckt sein, sonst bildete es eine gewaltige Bruchpforte. Denn bei jeder Druckerhöhung im Bauchraum (Stuhlgang, Husten, Heben schwerer Lasten usw.) wird der Bauchinhalt gegen den Beckenboden gedrängt. Deshalb ist unterhalb des Levatortors eine Bindegewebeplatte (Dammembran = Membrana perinei) zwischen den unteren Schambeinästen quer ausgespannt. Durch sie treten die Harnröhre und die Scheide hindurch. Ihr sind oben (tief) und unten (oberflächlich) Muskeln angelagert:
- tiefer querer Dammuskel (M. transversus perinei profundus),
- Harnröhrenschließmuskel (M. sphincter urethrae),
- oberflächlicher querer Dammuskel (M. transversus perinei superficialis),
- Sitzbein-Schwellkörper-Muskel (M. ischiocavernosus),
- Schwellkörpermuskel (M. bulbospongiosus).

c) **Sitzbein-After-Grube** (Fossa ischioanalis): Auf der Innenseite des kleinen Beckens entspringt der innere Hüftlochmuskel von der Hüftlochmembran und dem umgebenden Knochen und zieht durch das kleine Sitzbeinloch aus dem Becken zum großen Rollhügel. Der Afterheber entspringt noch oberhalb des Hüftlochmuskels (bzw. von einem Sehnenbogen in der Faszie des Hüftlochmuskels). Er liegt zunächst dem Hüftlochmuskel an, hebt sich dann aber afterwärts immer weiter von ihm ab. Zwischen Afterheber und Beckenwand entsteht damit ein nach unten zu sich erweiternder Raum. Hinter dem Urogenitalzwerchfell wird er nur durch die allgemeine Körperfaszie von der Unterhaut getrennt. Damit reicht ein bis zu 10 cm hoher Fett-Bindegewebe-Raum von der Dammhaut bis in die Tiefe des kleinen Beckens (Abb. 535b).

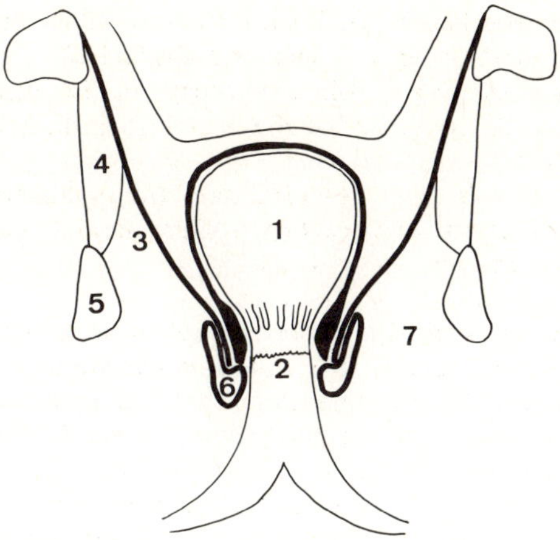


*Abb. 535b. Schrägschnitt durch den Afterkanal. 1 Mastdarm, 2 After, 3 Afterheber (Beckenzwerchfell), 4 innerer Hüftlochmuskel, 5 Sitzbein, 6 äußerer Afterschließmuskel, 7 Sitzbein-After-Grube*

d) **Sehnenzentrum des Damms** (Centrum tendineum perinei): In der Mitte des Hinterrandes des Urogenitalzwerchfells liegt zwischen Scheidenöffnung bzw. Gliedzwiebel (Bulbus penis) und After ein Bindegewebekern, in den von vorn, seitlich und hinten Muskelsehnen einstrahlen:

- von vorn: Schwellkörpermuskel,
- von seitlich: oberflächlicher und tiefer querer Dammuskel,
- von hinten: äußerer Afterschließmuskel.

### Ü536 Verlauf der Muskelfasern des Afterhebers auf die Haut aufmalen, übrige Dammuskeln hinzufügen, Sehnenzentrum des Damms markieren

Nach den theoretischen Vorarbeiten in Ü535 sollte die "Zeichenübung" keine Schwierigkeiten mehr bereiten. Man geht am besten von der Zeichnung entsprechend Abb. 535a aus und ergänzt sie in folgender Weise (Abb. 536a):

- After-Steißbein-Band (Lig. anococcygeum): von der Steißbeinspitze zum After.
- Darmbein-Steißbein-Muskel (M. iliococcygeus): Der querverlaufende Teil des Afterhebers verbindet hängemattenartig die beiden Beckenseiten und befestigt sich in der Mitte am After-Steißbein-Band.
- Schambein-Mastdarm-Muskel (M. puborectalis) und Schambein-Steißbein-Muskel (M. pubococcygeus): Die längsgerichteten Anteile des Afterhebers verlaufen nach Art eines gotischen Torbogens vom Schambein zum After und zum After-Steißbein-Band.

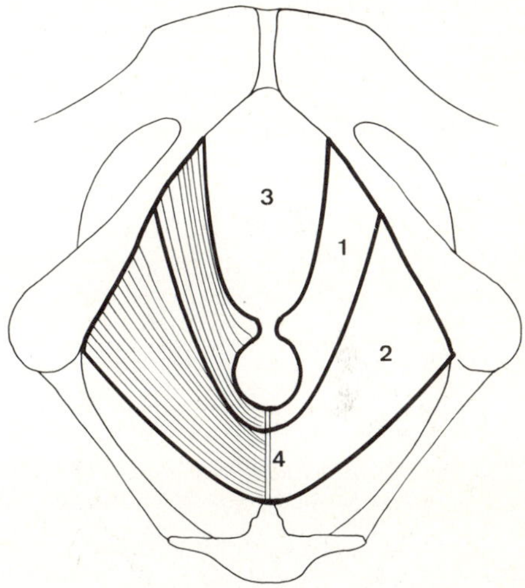


*Abb. 536a. Afterheber: 1 "Torbogen", 2 "Hängematte", 3 Levator-Tor, 4 After-Steißbein-Band*

- Urogenitalzwerchfell (Diaphragma urogenitale): Seine hintere Grenze verbindet die beiden Sitzbeinhöcker (leicht bogenförmig nach vorn zwischen After und Scheidenvorhof bzw. Gliedwurzel, Abb. 536b).
- oberflächlicher querer Dammuskel (M. transversus perinei superficialis): dem Hinterrand des Urogenitalzwerchfells angelagert.
- Sehnenzentrum des Damms (Centrum tendineum perinei): am Schnittpunkt des Hinterrandes des Urogenitalzwerchfells mit der Körpermittelebene.
- äußerer Afterschließmuskel (M. sphincter ani externus): beidseits bogenförmig neben dem After vom After-Steißbein-Band zum Sehnenzentrum des Damms.
- Schwellkörpermuskel (M. bulbospongiosus): beim Mann die Gliedwurzel umgreifend, bei der Frau beidseits des Scheidenmundes in der Tiefe der kleinen Schamlippen.
- Sitzbein-Schwellkörper-Muskel (M. ischio-

cavernosus): vom Sitzbeinast zum Kitzler bzw. zu den Gliedschwellkörpern.

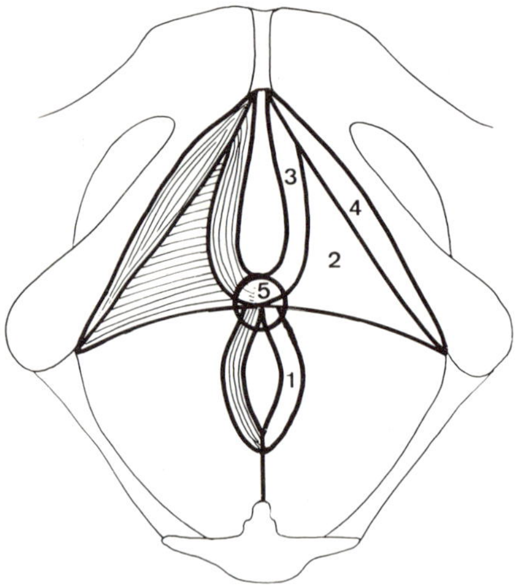


*Abb. 536b. Oberflächliche Schicht der Beckenbodenmuskeln: 1 äußerer Afterschließmuskel, 2-4 Urogenitalzwerchfell, 2 quere Dammuskeln, 3 Schwellkörpermuskel, 4 Sitzbein-Schwellkörper-Muskel, 5 Sehnenzentrum des Damms*

## Ü537 Verlauf der größeren Blutgefäße und Nerven der Dammgegend auf die Haut aufzeichnen, schmerzfreien Bereich bei der Pudendusanästhesie umgrenzen

Die großen Gefäße und Nerven der Dammgegend verlassen das kleine Becken durch die Lücke unterhalb des Birnmuskels (infrapiriforme Abteilung des großen Sitzbeinlochs), biegen um den Sitzbeinstachel (Spina ischiadica) und treten durch das kleine Sitzbeinloch (Foramen ischiadicum minus) in die Sitzbein-After-Grube (Fossa ischioanalis) ein. Dort laufen sie vor zum Kitzler bzw. zum Glied, wobei sie zahlreiche Seitenäste abgeben (Abb. 537a):

a) **Innere Schamschlagader** (A. pudenda interna): Hauptäste:

- untere Mastdarmschlagader (A. rectalis inferior): zum Afterbereich,
- Schamlippenäste (Rr. labiales posteriores) bzw. Hodensackäste (Rr. scrotales posteriores),
- Harnröhrenschlagader (A. urethralis),
- Kitzlerschlagadern (A. dorsalis clitoridis, A. profunda clitoridis) bzw. Gliedschlagadern (A. dorsalis penis, A. profunda penis).

b) **Schamnerv** (N. pudendus): Versorgungsbereich:

- sensibel: hintere Zweidrittel der Dammgegend zuzüglich Scheidenvorhof und Kitzler bzw. Glied,
- motorisch: alle Muskeln, die sich vom ehemaligen Kloakenschließmuskel ableiten: der äußere Afterschließmuskel und die Muskeln des Urogenitalzwerchfells.

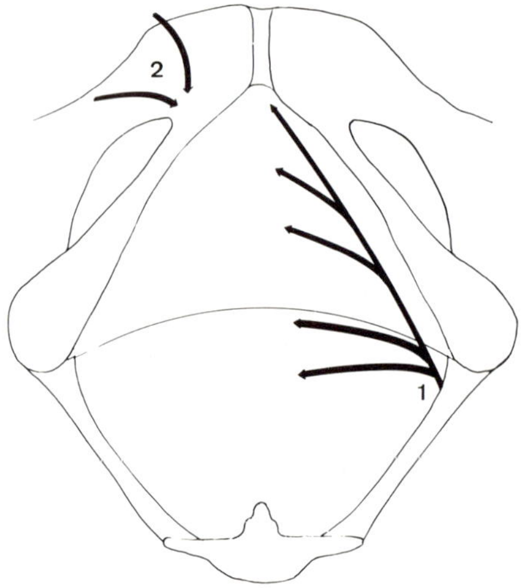


*Abb. 537a. Verlaufsrichtungen der Blutgefäße und Nerven der Dammgegend. 1 innere Schamschlagader und Schamnerv, 2 äußere Schamschlagader und N. ilio-inguinalis*

An der Versorgung der Dammgegend sind ferner beteiligt:

- äußere Schamschlagader (A. pudenda externa): aus der Oberschenkelschlagader (A. femoralis) zum vorderen Drittel der großen Schamlippen bzw. des Hodensacks.
- Bauchwandnerven (N. ilio-inguinalis und N. genitofemoralis): sensibel zum gleichen Bereich.
- Steißnervengeflecht (Plexus coccygeus): zu den ehemaligen Schwanzmuskeln: Afterheber und Steißmuskel.

**Segmentale Innervation**: Der Dammbereich ist der am weitesten vom Kopf entfernte Teil des Körperstamms. Er wird demgemäß von den am weitesten unten gelegenen Teilen des Rückenmarks versorgt. Unterhalb des Beinnervengeflechts bleiben noch die Segmente $S_3$-$S_5$ und Co übrig.

Aus den unteren Kreuzbeinnerven geht der Schamnerv (N. pudendus) hervor. Die Steißnerven bilden ein eigenes Nervengeflecht (Plexus coccygeus). Außerdem haben wir in diesem Bereich die parasympathischen Beckennerven (Nn. splanchnici pelvici = Nn. erigentes).

Die Segmente $S_3$-$S_5$ sind schießscheibenartig ringförmig um den After angeordnet ($S_5$ am innersten).

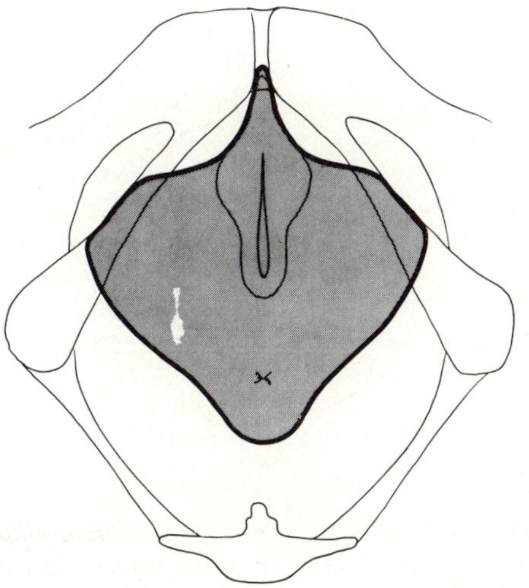

*Abb. 537b. Schmerzfreier Bereich bei der beidseitigen Pudendusanästhesie*

**Pudendusanästhesie**: Der Versorgungsbereich des Schamnervs umfaßt alle Hautbereiche, die bei der Entbindung besonders beansprucht werden und für den Hauptteil des Entbindungsschmerzes verantwortlich sind (Abb. 537b). Durch eine Leitungsanästhesie dieses Nervs ist manchmal eine Allgemeinnarkose zu umgehen, die man im Hinblick auf das Kind zu vermeiden trachtet. Der Nerv ist von der Scheide bzw. dem Mastdarm aus auf der seitlichen Beckenwand oberhalb der Sitzbeinhöcker zu tasten. Man sticht eine lange Hohlnadel medial des Sitzbeinhöckers ein und führt sie unter Kontrolle durch den in der Scheide oder im Mastdarm liegenden Finger zum Zielpunkt.

Die Blockade des Schamnervs nimmt nicht den Wehenschmerz (Muskelschmerz bei der maximalen Anspannung der Gebärmuttermuskulatur).

Eine Alternative zur Pudendusanästhesie ist die sakrale Epiduralanästhesie durch die Öffnung des Kreuzbeinkanals (Ü234).

## Ü538 Hauptlymphabflußwege der Dammgegend durch Pfeile veranschaulichen

Die Lymphe der äußeren Geschlechtsorgane und der übrigen Dammgegend fließt hauptsächlich zu den medialen Lymphknoten des Schrägzuges der Leistenlymphknoten (Nodi lymphatici inguinales superficiales superomediales) ab (Ü945). Nebenwege führen zu den Lymphknoten im kleinen Becken. Die Zeichnung ist also einfach (Abb. 538).

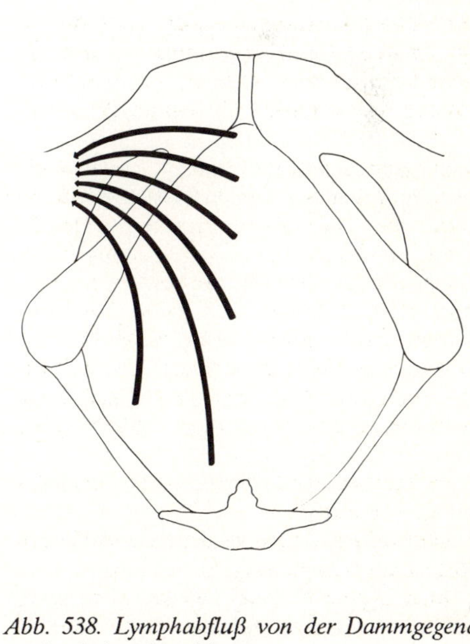

*Abb. 538. Lymphabfluß von der Dammgegend zu den Leistenlymphknoten*

### Ü539 After besichtigen, Afterreflex prüfen

Das untere Ende des Verdauungskanals ist ein Bereich, der bei der ärztlichen Untersuchung häufig vernachlässigt wird. Dies hat psychologische und somatische Gründe.

- Der After wird vom Schamgefühl möglicherweise noch mehr tabuiert als die äußeren Geschlechtsorgane. Viele Ärzte haben Hemmungen, dieses Tabu zu brechen.
- Der After wird von vielen Menschen mangelhaft gereinigt. Seine Besichtigung ist daher für den Arzt oft mit einer erheblichen Geruchsbelästigung verbunden.

**Afterhygiene**: Viele Menschen glauben, mit der Benutzung von Klosettpapier bereits den Gipfel der Afterhygiene erreicht zu haben. Nötig wäre es jedoch, den After nach dem Stuhlgang zu waschen. Am einfachsten geschieht das auf einem Bidet. Leider findet man es auch in luxuriös ausgestatteten Badezimmern nur selten. Ein guter Behelf ist es, sich nach dem Stuhlgang über den Rand der Badewanne zu setzen und den Afterbereich abzubrausen. Den Unterschied zwischen Trocken- und Feuchtreinigung kann man sehr leicht am Zustand der Unterhose beurteilen: Nach korrekter Feuchtreinigung des Afters kommen braune Verfärbungen, die der Afterspalte entsprechen, nicht mehr vor.

Die Afterhygiene ist nicht nur eine ästhetische Frage. In den hochzivilisierten Ländern leiden viele Menschen unter Hämorrhoiden. Ein großer Teil der Beschwerden ist sekundär durch Hautreizerscheinungen infolge mangelnder Sauberkeit bedingt und ließe sich durch die Feuchtreinigung der Afterspalte vermeiden.

**Afterverschluß**: Der After ist ein Ventil, das zu mehr als 99,9 % der Lebenszeit verschlossen ist und normalerweise täglich nur für wenige Sekunden geöffnet wird. Der Verschluß soll nicht nur flüssigkeitsdicht, sondern auch gasdicht sein. Wir können daher kräftige Schließmuskeln erwarten:

- innerer Afterschließmuskel (M. sphincter ani internus): das verdickte untere Ende der Ringmuskelschicht der Mastdarmwand (glatte Muskulatur). Im Gegensatz zur übrigen Dickdarmwand ist der innere Afterschließmuskel frei von parasympathischen Ganglienzellen. Dies ermöglicht seine Daueranspannung bei lebhafter Dickdarmtätigkeit. Er wirkt geradezu als "Wellenbrecher" der peristaltischen Wellen.
- äußerer Afterschließmuskel (M. sphincter ani externus): ein Teil des Beckenzwerchfells (quergestreifte Muskulatur, Ü535).

Durch die Schließmuskeln wird die Afterhaut tabaksbeutelartig zu einem kurzen Längsschlitz gerafft (radiäre Falten). Dies gibt noch keinen gasdichten Verschluß. Dazu bedarf es der blutgefüllten Schwellgewebe. Sie dichten die letzten Lücken ab. Diese Schwellgewebe sind der schwache Punkt der Konstruktion. Bei der unnatürlichen Lebensweise des zivilisierten Menschen (überwiegend sitzende Tätigkeit, schlackenarme Kost) werden sie leicht überbeansprucht. Es können Hämorrhoiden entstehen.

**Afterkanal** (Canalis analis): Er ist 2-3 cm lang und wird in 3 Stockwerke gegliedert:

- Schleimhautzone: Das oberste Stockwerk ist mit dem hohen einschichtigen Epithel des Mastdarms ausgekleidet. Es ist durch die 8-10 Aftersäulen (Columnae anales) gekennzeichnet, in denen die Schwellkörper die Schleimhaut vorwölben. Zwischen den Aftersäulen sinkt die Schleimhaut zu den Afterbuchten (Sinus anales) ein.
- Übergangszone: Das mittlere Stockwerk ist von unverhorntem mehrschichtigen Plattenepithel überzogen. Dieses ist straffer an der Unterlage befestigt als die übrige Haut und erscheint daher blasser (weißlich) und glatter. Die Übergangszone trägt keine Haare, Talg- oder Schweißdrüsen.
- Hautzone: Das verhornte mehrschichtige Plattenepithel ist stärker pigmentiert als die umgebende Haut. Die Haut enthält Haare, Talg- und apokrine Schweißdrüsen (Duftdrüsen).

Den 3 Stockwerken entsprechen 3 Farben:

- Schleimhautzone: rot,
- Übergangszone: weiß
- Hautzone: braun.

Die 3 Stockwerke werden durch 2 Grenzlinien getrennt:

- After-Mastdarm-Linie (Linea anorectalis): zwischen Schleimhaut- und Übergangszone. Sie wird auch Kammlinie genannt, weil über ihr die Aftersäulen und Afterbuchten wie die Zähne und Zwischenräume eines Kamms

(Pecten analis) nach oben ragen.

- After-Haut-Linie (Linea anocutanea): zwischen dem unverhornten mehrschichtigen Plattenepithel der Übergangszone und dem verhornten mehrschichtigen Plattenepithel der Hautzone.

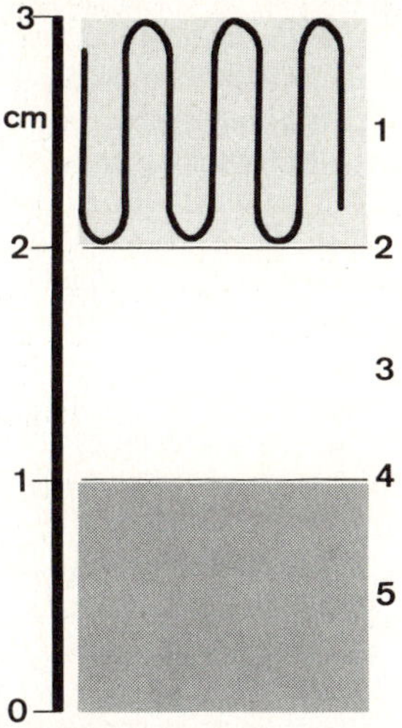


*Abb. 539. Afterkanal: 1 Schleimhautzone, 2 After-Mastdarm-Linie, 3 Übergangszone, 4 After-Haut-Linie, 5 Hautzone*

Die After-Mastdarm-Linie markiert nicht nur einen Farbunterschied: Sie ist zugleich Grenze zwischen

- Epithelarten: oben Säulenepithel (hochprismatisches Epithel) - unten unverhorntes mehrschichtiges Plattenepithel.
- Innervationsarten: oben vegetative Nerven (Dehnungsschmerz, aber kein Schnittschmerz) - unten somatische Nerven (sehr schmerz- und berührungsempfindlich).
- venösen Abflußgebieten: oben zur Pfortader - unten zur unteren Hohlvene. Die verbindenden Venen zwischen den beiden Stockwerken gehören damit zu den portokavalen Anastomosen, die bei Abflußbehinderung in einem der beiden Gebiete sich erweitern können (Förderung der Hämorrhoidenbildung in der Schwangerschaft).
- Lymphabflußgebieten: oben zu den Beckenlymphknoten - unten zu den Leistenlymphknoten.

**Hämorrhoiden** sind knotige Vergrößerungen der Schwellkörper der Aftersäulen. Sie wölben die Schleimhaut vor. Meist handelt es sich um 3 Knoten: in Rückenlage des Patienten bei 3, 7 und 11 Uhr (wenn man den After mit dem Zifferblatt einer Uhr vergleicht). Dies entspricht dem Verlauf der Äste der unteren Mastdarmschlagader (A. rectalis inferior). Bei der Entwicklung der Hämorrhoiden kann man 4 Stadien unterscheiden:

- Stadium 1: Die Knoten sind von außen nicht sichtbar. Der Patient hat keine Schmerzen, weil die Schleimhaut schmerzunempfindlich ist. Der Patient bemerkt gelegentlich hellrotes Blut auf dem Stuhl.
- Stadium 2: Die Knoten sind größer und werden beim Stuhlgang vor den After gepreßt. Nach dem Stuhlgang ziehen sie sich von selbst wieder zurück.
- Stadium 3: Die Knoten bleiben nach dem Stuhlgang vor dem After liegen, können aber wieder in den After geschoben werden. Wegen Reizerscheinungen an der Haut der Übergangszone leidet der Patient unter Schmerzen und Juckreiz.
- Stadium 4: Die Knoten liegen dauernd vor dem After und können nicht mehr hochgeschoben werden. Haut und Kleidung scheuern an ihnen. Sie entzünden sich. Bakterien wandern ein. Es entstehen Ekzeme, Geschwüre, Abszesse.

**Lagerung des Probanden zur Untersuchung**: Der Afterbereich ist am besten in einer der folgenden Lagen zu überblicken:

- Seitenlage: Dabei sollten die Hüftgelenke maximal und die Kniegelenke rechtwinklig gebeugt werden. Das Gesäß sollte etwas über den Rand des Untersuchungstisches geschoben werden.
- "Steinschnittlage": Rückenlage mit angezogenen, gespreizten Beinen wie im gynäkologischen Untersuchungsstuhl (Ü541).
- Knie-Ellbogen-Lage: Der Patient kniet auf dem Untersuchungstisch, neigt sich nach vorn und legt Hände und Unterarme auf.

**Besichtigung**:

a) Ohne die Gesäßbacken zu spreizen, achte man auf

- die stärkere Pigmentierung der Afterhaut im Vergleich zur weiteren Umgebung,
- eine leichte Einziehung des Afterbereichs (aus der Längsmuskulatur des Mastdarms strahlen Muskelfasern zur Afterhaut aus),
- die radiären Falten,
- evtl. Verschmutzung durch Stuhl (Schließ-

muskelschwäche oder nur mangelnde Afterhygiene?),
- evtl. entzündete Hautbereiche (Hämorrhoiden, Madenwürmer, Afterfisteln?),
- evtl. Vorwölbungen der pigmentierten Haut ("äußere Hämorrhoiden" = Blutergüsse aus Venen der Afterhaut),
- evtl. Vorwölbungen der weißen Haut der Übergangszone und der rötlichen Schleimhaut (echte = "innere" Hämorrhoiden, meist bei 3, 7 oder 11 Uhr in Steinschnittlage).

b) Spreizen der Gesäßbacken und der Afterhaut: Ein mehr oder weniger großer Teil des Afterkanals wird sichtbar. Man unterscheide die weißliche Haut der Übergangszone und die rötliche Schleimhaut, die durch die Kammlinie (After-Mastdarm-Linie) getrennt werden.

**Afterreflex** (Analreflex): Eine Reizung der Afterhaut wird mit einer Kontraktion des äußeren Afterschließmuskels (M. sphincter ani externus) beantwortet. Der Reflex läuft über den Schamnerv und die Semente $S_3$-$S_5$. Der Patient liegt auf der Seite mit gebeugten Hüftgelenken. Der Arzt streicht mit einem Holzstäbchen über die Afterhaut oder sticht mit einer Nadel sacht ein. Er beobachtet die Afterkontraktion. Eine äußerlich nicht sichtbare schwache Anspannung des Muskels kann mit einem Finger im After getastet werden. Der Afterreflex wird auch bei der Tastuntersuchung des Afters ausgelöst.

Protokoll 539. Afterreflex

| 0 | (+) | + | ++ | +++ |
|---|---|---|---|---|

## 5.4 Gynäkologische Untersuchung

### Ü541 Probandin zur gynäkologischen Untersuchung lagern, unentfaltete Schamgegend besichtigen

Die gynäkologische Untersuchung erfolgt am bequemsten in Rückenlage der Frau mit in Hüft- und Kniegelenk gebeugten Beinen (wenn vorhanden, im gynäkologischen Untersuchungsstuhl).
- Der Unterleib sollte vom Nabel abwärts entkleidet sein.
- Die Arme liegen seitlich vom Körper oder sind über der Brust verschränkt. Der Kopf sollte durch ein Kissen und nicht durch die hinter ihm gefalteten Arme angehoben werden. Heben der Arme bedingt Heben des Brustkorbs und damit ein Dehnen der Bauchwand. Dies ist bei der bimanuellen Untersuchung der inneren Geschlechtsorgane ungünstig.
- Das gleiche gilt für eine zu starke Krümmung der Lendenwirbelsäule ("Abwehrlordose"). Man fordere die Probandin auf, "das Kreuz aufzulegen". Der Untersucher kann der Probandin helfen, indem er unter deren Gesäßbacken greift und diese nach unten streift.
- Kurz vor der Untersuchung sollte die Probandin Harnblase und Mastdarm entleert haben.
- Man sollte der Probandin einen Handspiegel anbieten, damit sie bei Interesse die Untersuchung besser mitverfolgen kann.

Wenn die Übung nicht im privaten Bereich einer intimen Zweierbeziehung abläuft, wird die Situation wahrscheinlich von der Frau zumindest als ungemütlich empfunden. Alle Beteiligten sollten sich darauf einstellen und alles vermeiden, was das Schamgefühl verletzen könnte. Die Situation sollte aber auch nicht nervös und verkrampft werden. Der Arzt muß erlernen, die für ihn in seiner späteren Praxis alltägliche Situation ganz natürlich und sachlich zu meistern. Die Vertrauensbasis zwischen Probandin und Untersucher ist die Voraussetzung dafür, daß sie ihre Angst vor der Untersuchung verliert und den Beckenboden entspannen kann. Dies wiederum ist nötig, damit der Scheidenspiegel schmerzfrei eingeführt werden kann.

Die typische gynäkologische Untersuchung läuft in folgender **Reihenfolge** ab:
- Besichtigen der unentfalteten Schamgegend,
- Spreizen der Schamlippen und Besichtigen des Scheidenvorhofs (Ü542),
- Einführen eines Spekulums (Scheidenspiegels) in die Scheide und Besichtigen der Scheidenschleimhaut und des in die Scheide ragenden Teils des Gebärmutterhalses ("Portio") (Ü543),
- Zellabstrich von der Portio zur zytologischen Untersuchung,

- Austasten der Scheide (Ü544),
- bimanuelles Abtasten der Gebärmutter (Ü545),
- bimanuelles Abtasten der Adnexe (Eileiter und Eierstock, Ü546),
- rektale (Ü548) und/oder kombinierte rektovaginale (Ü547) Tastuntersuchung.

Beim **Besichtigen** der unentfalteten Schamgegend achte man auf

- **Schambehaarung** (Pubes): Ü511.
- **große Schamlippen** (Labia majora pudendi): Sie sind je nach Fetteinlagerung flach oder wulstig.
- **kleine Schamlippen** (Labia minora pudendi): Bei der Frau, die noch nicht geboren hat (Nullipara), liegen sie meist aneinander. Nach mehreren Geburten klaffen sie manchmal auseinander. Die Schwankungsbreite ihrer Größe ist beachtlich: Bei manchen Frauen sind sie so kurz, daß sich die großen Schamlippen vor ihnen schließen. Bei anderen Frauen ragen sie einige Zentimeter vor die großen Schamlippen.
- **Kitzlervorhaut** (Preputium clitoridis): Der Kitzler wird von ihr normalerweise vollständig bedeckt, so daß er ohne Spreizen nicht zu sehen ist.
- vorderen und hinteren **Zusammenschluß der großen Schamlippen** (Commissura labiorum anterior/posterior): An der hinteren Kommissur sieht man bei Frauen, die geboren haben, manchmal Narben eines Dammschnittes oder Dammrisses.
- **Damm** (Perineum): Der Frauenarzt bezeichnet als Damm den Bereich zwischen Scheidenvorhof und After, als Hinterdamm den Bereich zwischen After und Steißbein. In der Anatomie hingegen wird der Begriff Dammgegend für den gesamten Bereich zwischen Schambeinfuge und Steißbein gebraucht.
- **After** (Anus): Ü539.

### Ü542 Schamlippen spreizen und Scheidenvorhof studieren

Nach dem Besichtigen der unentfalteten Schamgegend (Ü541) spreizt der Untersucher die Schamlippen auseinander. Er dringt dazu nicht direkt in den Scheidenvorhof ein, sondern geht mit Daumen und Zeigefinger an die Rinnen zwischen großen und kleinen Schamlippen und drängt die großen Schamlippen zur Seite. Die kleinen Schamlippen folgen dem Zug, und die Schamspalte (Rima pudendi) öffnet sich (Abb. 542a). Bei sehr langen kleinen Schamlippen kann es zweckmäßig sein, diese dann doch noch zu fassen.

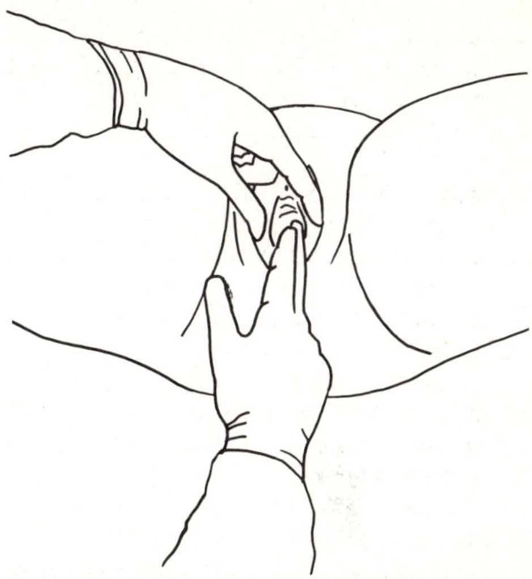

*Abb. 542a. Spreizen der Schamlippen*

Den gesamten von den kleinen Schamlippen umschlossenen Raum nennt man Scheidenvorhof (Vestibulum vaginae). Man besichtige in ihm von vorn nach hinten:

- **Kitzler** (Clitoris): Er kann sehr unterschiedlich groß sein. Unter Androgeneinfluß kann er sich penisartig entwickeln. Bei Zwittern kommen Übergangsformen zwischen Kitzler und Glied vor. Ein besonders großer Kitzler (mehr als 1 cm Querdurchmesser) sollte zu einer Chromosomenanalyse veranlassen. Vom Kitzler wird beim Spreizen der Schamlippen meist nur die Kitzlereichel (Glans clitoridis) sichtbar. Man streife die Kitzlervorhaut nach oben, um den langgestreckten Kitzlerkörper (Corpus clitoridis) überblicken zu können.
- **Kitzlerzügel** (Frenulum clitoridis): Die kleinen Schamlippen teilen sich an ihrem vorderen Ende in je 2 Falten. Die beiden äußeren Falten vereinigen sich zur Kitzlervorhaut. Die zarteren inneren Falten treffen sich als Kitzlerzügel am Kitzler.
- **äußeren Harnröhrenmund** (Ostium urethrae externum): Er liegt etwa 2,5 cm afterwärts vom Kitzler. Man achte vor allem auf die Farbe. Sie sollte mit der des übrigen Scheiden-

vorhofs übereinstimmen. Eine stärkere Rötung weist auf eine Harnröhrenentzündung (Urethritis) hin.

- **Skene-Gänge** (Ductus paraurethrales): Der Hinterwand der Harnröhre liegt hinten auf jeder Seite ein etwa 2 cm langer Blindgang an. Er wird als funktionslose Entsprechung der Vorsteherdrüse beim Mann angesehen. Die ärztliche Bedeutung liegt darin, daß sich in ihm Entzündungen festsetzen können. In diesem Fall wird seine Öffnung als roter Punkt schräg hinter dem Harnröhrenmund schon mit freiem Auge sichtbar. Dann läßt sich eventuell auch Eiter zur bakteriologischen Untersuchung gewinnen, wenn man den untersten Abschnitt der vorderen Scheidenwand in Richtung auf den äußeren Harnröhrenmund ausstreicht.
- **Scheidenmund** (Ostium vaginae) mit dem Jungfernhäutchen (Hymen): Bei der Jungfrau ist der Scheideneingang durch das Jungfernhäutchen verengt, aber nicht verschlossen. Die Öffnung ist gewöhnlich für einen Finger durchgängig. Die Schwankungsbreite der Größe und der Form der Öffnung ist groß. Bei der sexuell aktiven Frau sind meist noch Reste des Jungfernhäutchens (Carunculae hymenales) zu erkennen. Nach mehreren Entbindungen können diese völlig verschwunden sein.
- Mündung der **großen Scheidenvorhofdrüse** (Bartholin-Drüse, Glandula vestibularis major): Sie liegt beidseits seitlich des Hinterrandes des Scheidenmunds. Die Öffnung ist gewöhnlich nur bei Entzündungen an der Rötung zu erkennen. Dann kann die Drüse stark anschwellen (bis hühnereigroß) und die große Schamlippe vorwölben. Man preßt die Drüse aus, indem man mit dem Zeigefinger in die Scheide geht und mit dem Daumen außen auf der großen Schamlippe dagegendrückt (Abb. 542b).
- **Schamlippenzügel** (Frenulum labiorum pudendi): Die rückwärtige Vereinigung der kleinen Schamlippen springt meist scharfkantig vor dem Zusammenschluß der großen Schamlippen (Commissura labiorum posterior) vor.

Nicht zu sehen, sondern nur (meist undeutlich) zu tasten sind die paarigen Schwellkörper:

- **Kitzlerschwellkörper** (Corpus cavernosum clitoridis): vom unteren Schambeinast zum Kitzler, derb,
- **Vorhofschwellkörper** (Bulbus vestibuli): seitlich vom Scheidenmund dem Urogenitalzwerchfell angelagert, weich.

Im Anschluß an die Besichtigung sollte man die Probandin "pressen" lassen (Baucheingeweide gegen den Scheidenausgang drängen). Man beobachtet den Scheidenmund und den After auf Veränderungen. Bei Lockerung des bindegewebigen Gefüges des Beckens kann sich die Scheidenschleimhaut vorwölben. Am After können Hämorrhoidenknoten sichtbar werden.

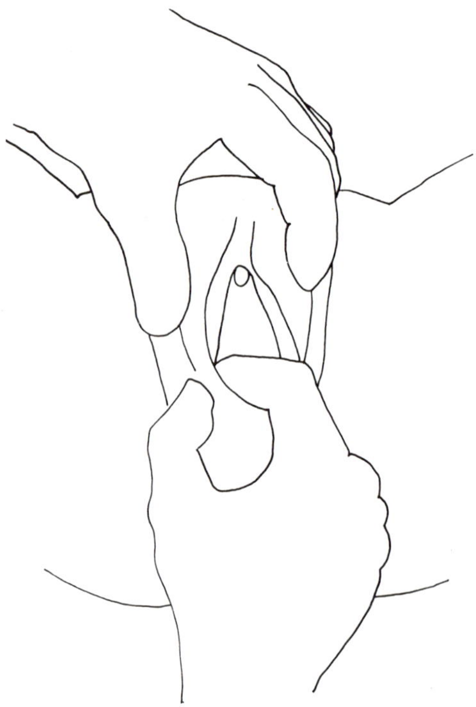

*Abb. 542b. Tasten der großen Scheidenvorhofdrüse*

## Ü543 Scheide besichtigen

Die gynäkologische Untersuchung der inneren Geschlechtsorgane beginnt mit dem Besichtigen der Scheide. Ohne Hilfsmittel kommt man allerdings über den Scheidenmund (Ostium vaginae, Ü542) nicht weit hinaus.

Man kann den Scheidenmund etwas spreizen und dann den untersten Abschnitt der Scheidenschleimhaut besehen. Man erkennt vorn und hinten die unteren Teile der Querfaltensäulen (Columna rugarum anterior/posterior).

Man fordert die Probandin auf "zu pressen" (die Eingeweide gegen den Scheidenmund zu drängen). Bei intaktem Beckenbindegewebe darf sich dabei die Scheidenschleimhaut nicht nennenswert vorwölben. Bei einer Lockerung des Gefüges (z.B. nach mehreren Entbindungen) tritt beim Pressen die Scheidenschleimhaut tiefer. Es kann sogar der Gebärmutterhals sichtbar werden (Descensus uteri).

**Spiegeluntersuchung**: Um die gesamte Scheide überblicken zu können, muß man sie auseinanderspreizen. Ferner braucht man eine geeignete Beleuchtung. Die Probleme sind grundsätzlich die gleichen wie bei allen "Spiegeluntersuchungen" (ausführlich erörtert in Ü742 bei der Kehlkopfspiegelung). Bei der Scheide ist das Instrumentarium verhältnismäßig einfach, weil der Zugang weit, gerade und relativ kurz ist (verglichen etwa mit der Speiseröhre). Das Gerät zum Spreizen der Scheide nennt man Spekulum = Scheidenspiegel (Spiegel hier im übertragenen Sinn von Spiegeluntersuchung).

**Arten der Scheidenspiegel:**

- einfaches Rohr aus Kunststoff: Vorteil: billig und einfache Handhabung. Nachteil: Es läßt sich nicht der unterschiedlichen Weite der Scheide am Eingang (eng) und am Gewölbe (weit) anpassen.
- getrennte vordere und hintere Scheidenspiegel: Bei diesen hakenartigen Instrumenten ist der hintere Spiegel rinnenförmig, der vordere plattenförmig. Vorteil: individuelles Einstellen der Weite. Nachteil: Es ist eine Hilfsperson nötig, um die beiden getrennten Spiegel zu halten. Notfalls kann die Probandin einen Spiegel übernehmen.
- Entenschnabelspiegel ("selbsthaltender Spiegel"): Das in der Form an einen Entenschnabel erinnernde Instrument wird in geschlossenem Zustand eingeführt. Dann werden die beiden Schnabelhälften auseinandergespreizt (maximal etwa 7 cm). Vorteil: es muß nicht gehalten werden, sondern sitzt nach dem Spreizen fest. Nachteil: teuer. Verwendet man erstmalig ein Entenschnabelspekulum, so sollte man sich vor dem Einführen in die Scheide mit seinem Mechanismus vertraut machen. Das Vertrauen des Patienten in die Fähigkeiten des Arztes wird erschüttert, wenn er miterleben muß, daß der Arzt mit seinen Instrumenten nicht umgehen kann.

Hygiene: Es muß wohl nicht eigens betont werden, daß die Scheidenspiegel nach einmaliger Benutzung sterilisiert werden müssen. Wegen der Gefahr der Keimverschleppung darf ein Spiegel nicht bei mehreren Probandinnen benutzt werden. Man braucht also so viele Spiegel, wie man Probandinnen untersuchen will.

**Einführen des Scheidenspiegels:**

- Die Probandin liegt im gynäkologischen Untersuchungsstuhl oder befindet sich in einer vergleichbaren Lage.
- Nach dem Spreizen der Schamlippen wird beim getrennten Scheidenspiegel zuerst das hintere Blatt hochkant bis schräg "über den Damm" in den Scheidenmund eingeschoben. Druck darf nur zur Seite oder nach hinten in Richtung auf die hintere Vereinigung der großen Schamlippen (Commissura labiorum posterior) ausgeübt werden. Bei Druck nach vorn könnte die Harnröhre verletzt werden.
- Nach Überwinden des Scheidenmunds wird das Instrument in die Querrichtung gedreht und über die Beckenbodenmuskeln vorgeschoben, jedoch nicht zu weit, um nicht die "Portio" (Portio vaginalis = der in die Scheide ragende Teil des Gebärmutterhalses) zu verletzen.
- Dann wird das vordere Blatt des Scheidenspiegels eingesetzt und die Scheide gespreizt.
- Der vordere Spiegel wird unter Sicht bis in das vordere Scheidengewölbe vorgeschoben und die Portio angehoben. Nun kann auch der hintere Spiegel ohne Gefährdung der Portio bis in das hintere Scheidengewölbe vorgeführt werden.
- Bei Verwenden eines Entenschnabelspiegels wird sinngemäß verfahren: schräg einführen, querdrehen, vorschieben, spreizen. Wann gespreizt werden soll, darüber bestehen unterschiedliche Auffassungen. Manche Frauenärzte spreizen das Entenschnabelspekulum in der Mitte der Scheide und schieben es gespreizt vor. Andere gehen gleich bis an das Ende, weil mit der nach oben gerichteten Rundung des oberen Blattes die Portio kaum verletzt werden kann.
- Das Einführen der Scheidenspiegel wird erleichtert, wenn sie vorher mit warmem Wasser benetzt werden. Ein spezielles Gleitmittel wird vom Frauenarzt meist vermieden, wenn er einen Zellabstrich vornehmen will, um diesen nicht zu verunreinigen.

**Besichtigen**:

- In die Scheide ragender Teil des Gebärmutterhalses ("Portio"): Er ist halbkugelig und mißt etwa 3 cm im Durchmesser. Die Kuppe ist zum äußeren Muttermund (Ostium uteri) eingezogen. Der Muttermund ist bei der Frau, die noch nicht geboren hat (Nullipara), rund, bei der Mehrgebärenden (Multipara) wird er zunehmend spalt- oder sternförmig. Die Farbe sollte mit der umgebenden Scheidenschleimhaut übereinstimmen. Eine stärkere Rötung um den Muttermund beruht meist auf einem Übergreifen der Gebärmutterhalsschleimhaut (einschichtiges hohes Epithel) auf die Portio, die sonst mit dem mehrschichtigen Plattenepithel der Scheide bedeckt ist. Hängt ein Faden aus dem Muttermund, so ist dies ein Zeichen dafür, daß in der Gebärmutterhöhle ein Intrauterinpessar ("Spirale", IUD) liegt.
- Scheidenschleimhaut: Nach dem eingehenden Studium der Portio wird der Scheidenspiegel langsam zurückgezogen. Gleichzeitig werden alle Bereiche der Scheide sorgfältig besichtigt. Entsprechend der zunehmenden Verengung der Scheide zum Scheidenmund hin muß ein Entenschnabelspekulum allmählich geschlossen werden. Dabei ist sorgfältig darauf zu achten, daß nicht Scheidenschleimhaut zwischen die beiden Blätter des Spekulums eingeklemmt wird.

Kolposkopie: Am eingehendsten kann man die Scheide mit einer binokularen Lupe bei 10-40facher Vergrößerung besichtigen. Ein derartiges Kolposkop dürfte jedoch für Übungen am Lebenden kaum zur Verfügung stehen.

Vorsorgeuntersuchung: Auf der Oberfläche der Portio entsteht die Mehrzahl aller Gebärmutterkrebse der jüngeren Frau. Bei regelmäßiger Kontrolle der Portio kann ein Krebs in einem sehr frühen Stadium erkannt und dann mit sehr guter Hoffnung auf Dauerheilung behandelt werden. Geschwülste wachsen exponentiell. Am Anfang vergrößern sie sich nur wenig. Dann aber geht es immer schneller. Deshalb dauern die Vor- und Frühstadien verhältnismäßig lange an. Bei jährlicher Vorsorgeuntersuchung sind damit gute Aussichten der Erkennung im Frühstadium gegeben. Große Bedeutung hierbei hat ein Zellabstrich der Portiooberfläche und des Gebärmutterhalskanals, der nach Papanicolaou gefärbt wird. Das Zellbild wird nach 5 Stufen (mit mehreren Unterstufen) bewertet (Pap I = normales Zellbild bis Pap V = Verdacht auf Krebs).

## Ü544 Scheide austasten

Nach dem Besichtigen wird die Scheide ausgetastet. Dazu werden bei der Nichtjungfrau der zweite und dritte Finger (mit Gummihandschuh) "über den Damm" (also mit Druck nach hinten) sacht eingeführt. Die eingeschlagenen Finger 4 und 5 drücken gegen den Damm (Abb. 544). Dadurch wird das Handgelenk festgestellt, und die Finger 2 und 3 können sich freier bewegen. Bei der Tastuntersuchung steht der Untersucher meist. Die Hand ermüdet nicht so rasch, wenn er den Unterarm auf dem gleichseitigen Knie abstützen kann. Dazu stellt er den Fuß auf einen Schemel oder Stuhl. Bei der Jungfrau ist meist die Öffnung im Jungfernhäutchen für einen Finger durchgängig. Ist sie es nicht, so muß man auf die vaginale Untersuchung verzichten. Man kann dann die Hinterwand der Scheide durch den Mastdarm abtasten.

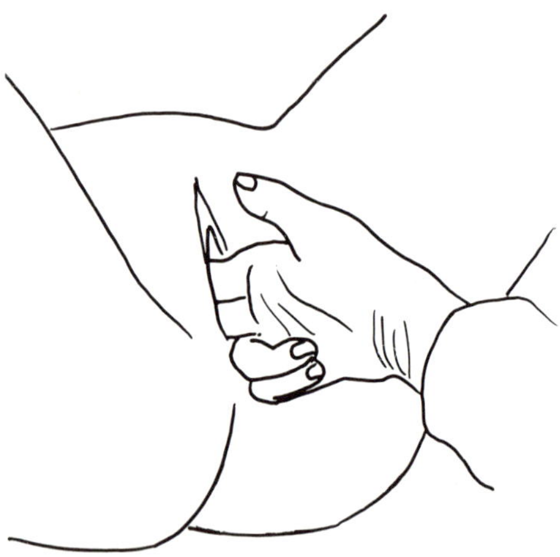

*Abb. 544. Scheide austasten*

Man fühlt mit den Fingern in der Scheide im einzelnen

- die vordere und hintere Querfaltensäule,
- den Harnröhrenwulst (Carina urethralis va-

ginae) in der vorderen Scheidenwand,

- die Portio,
- das Scheidengewölbe (Fornix vaginae) um die Portio, dessen hinterer Teil weiter in die Tiefe reicht als der vordere,
- das Urogenitalzwerchfell und den Rand des Levatortors (Afterheber) in der Seitenwand der Scheide etwas oberhalb des Scheidenmunds. Sie spannen sich beim Pressen an. Man fordert die Probandin dazu auf, den Finger mit der Scheidenwand aktiv zu umschließen. Falls sie dies nicht spontan kann, hilft oft der Hinweis, sie solle die gleichen Muskeln anspannen, wie wenn sie beim Wasserlassen den Harnstrom plötzlich unterbrechen wolle.

Bei einem normal weiten Becken kann der Untersucher mit den Fingerspitzen meist den Lenden-Kreuzbein-Knick (Promontorium) der Wirbelsäule nicht erreichen. Falls er jedoch anstößt, so kann er den diagonalen Beckendurchmesser gut abschätzen, wenn er die Höhe des Unterrandes der Schambeinfuge an seiner Hand markiert und nach dem Herausziehen der Finger aus der Scheide die Strecke zur tastenden Fingerspitze ausmißt. Der "wahre" Durchmesser (Conjugata vera, Ü264) ist etwa 1,5 cm kürzer als der diagonale.

### Ü545 Größe, Lage und Oberfläche der Gebärmutter beurteilen, Begriffe Flexio, Versio und Positio definieren

Die Gebärmutter ist ein flach birnförmiges Organ, das im wesentlichen aus glatter Muskulatur besteht. Verglichen mit den umgebenden Organen fühlt sie sich recht derb an und ist deshalb beim Tasten gut von den Nachbarorganen abzugrenzen.

**Größe**: Die nichtschwangere Gebärmutter der jungen Frau ist etwa 7-10 cm lang, 4-5 cm breit und 2-3 cm dick. Nach den Wechseljahren bildet sie sich zurück. Bei den Anatomieleichen von fast ausschließlich alten Frauen ist die Gebärmutter daher viel kleiner als im fortpflanzungsfähigen Alter.

**Lage**: Die Gebärmutter nimmt im kleinen Becken eine Mittelstellung zwischen Harnblase und Mastdarm ein. Bei geleerter Harnblase liegt sie nahezu horizontal nach vorn. Mit zunehmer Füllung der Harnblase wird sie aufgerichtet. Traditionsgemäß wird die Lage der Gebärmutter vom Frauenarzt mit 3 Begriffen beschrieben (Abb. 545a):

- *Flexio*: Der Gebärmutterkörper (Corpus uteri) ist gegenüber dem Gebärmutterhals (Cervix uteri) gewöhnlich nach vorn abgeknickt (Anteflexio). Einen Rückwärtsknick nennt man Retroflexio.
- *Versio*: Die Gebärmutter als Ganzes ist gegen die Scheide gewöhnlich nach vorn abgebogen (Anteversio). Eine Rückwärtswendung der Gebärmutter nennt man Retroversio.
- *Positio*: Die Gebärmutter steht gewöhnlich in der Körpermittelebene. Als intraperitoneales Organ ist sie sehr beweglich und kann daher einem Zug oder Druck von der Nachbarschaft folgen. Die Rechtslage nennt man Dextropositio, die Linkslage Sinistropositio.

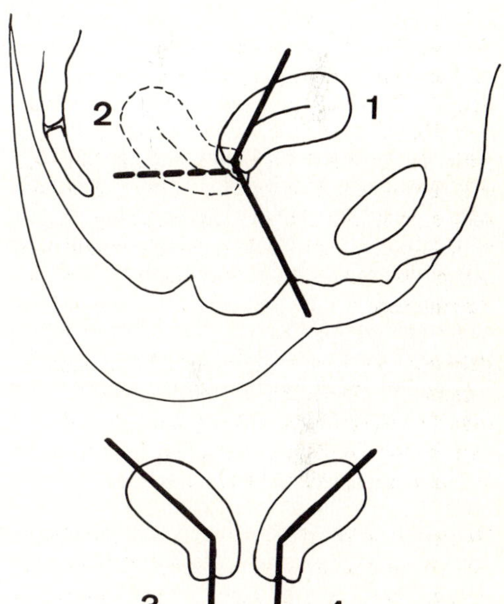


*Abb. 545a. Flexio und Versio: 1 Anteflexio-Anteversio, 2 Anteflexio-Retroversio, 3 Retroflexio, 4 Anteflexio*

**Bimanuelle Untersuchung**: Von der Scheide aus kann man nur die Portio tasten (Ü544). Drückt man jedoch mit der freien Hand die Bauchdecke ein, so kann man die Gebärmutter zwischen den beiden Händen fassen und beurteilen (Abb. 545b). Die freie Hand wird dazu etwas unterhalb des Nabels flach auf die Bauchwand gelegt. Die Fingerbeeren dringen

*Abb.545b. Bimanuelle Untersuchung der Gebärmutter I: eine Hand in der Scheide*

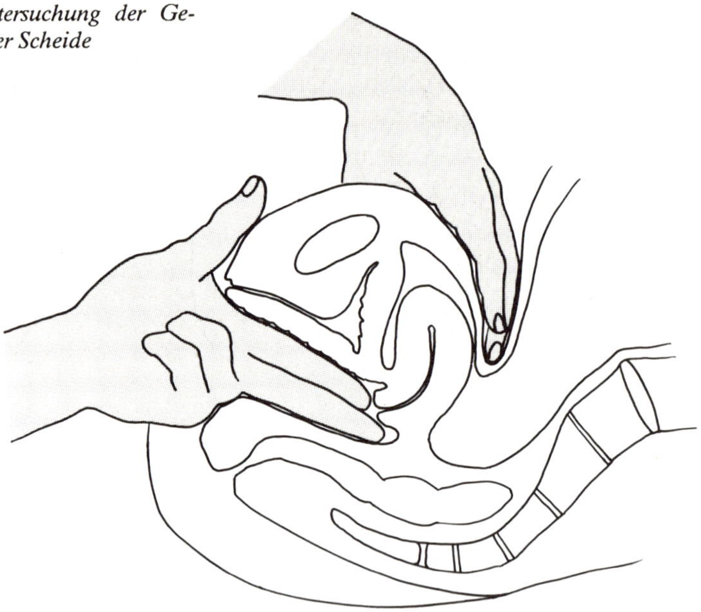

dann sacht in die Tiefe und drängen die Gebärmutter den Fingern in der Scheide entgegen. Gelingt es nicht, auf diese Weise die Gebärmutter abzugrenzen, so hat man entweder die freie Hand nicht hoch genug auf die Bauchdecke aufgelegt (häufiger Anfängerfehler, unmittelbar oberhalb der Schambeinfuge einzudrücken) oder die Gebärmutter ist nach hinten gewendet. Wichtig ist die harmonische Zusammenarbeit der beiden Hände. Sie müssen sich "verstehen lernen". Man versuche, die Gebärmutter nach folgenden Kriterien zu beurteilen:

- Größe: Vom geschätzten Abstand der Fingerspitzen muß man die geschätzte Dicke der Bauchwand abziehen!
- Beweglichkeit: Die Gebärmutter sollte in allen Richtungen wenigstens 2 cm bewegt werden können. Bei gesundem Beckenbindegewebe tritt dabei kein Schmerz auf.
- Lage: Flexio, Versio, Positio. Einen ersten Hinweis gibt bereits die Portio. Fühlt man sie an der vorderen Scheidenwand mit dem Muttermund nach hinten, so liegt eine Anteversio vor. Bei der Retroversio tastet man sie an der hinteren Scheidenwand mit dem Muttermund nach vorn.
- Konsistenz: Die nichtschwangere gesunde Gebärmutter fühlt sich derb an. In der Schwangerschaft wird sie weicher.

Protokoll 545. Gebärmutter: bimanuelle Untersuchung

| | | | |
|---|---|---|---|
| Länge, Breite, Dicke (cm) | | | |
| Anteversio | j | n | ? |
| In Körpermittelebene | j | n | ? |
| Allseits gut beweglich | j | n | ? |
| Gleichmäßig derb | j | n | ? |
| Oberfläche glatt | j | n | ? |

Falls eine der 5 vorhergehenden Fragen mit nein beantwortet wurde, bitte genauere Angaben:

- Oberfläche: Sie ist normalerweise glatt. Höcker sind bei der jungen Frau meist durch gutartige Muskelgeschwülste (Myome) bedingt. Man versuche, möglichst große Teile der Gebärmutter durch geschicktes Führen der freien Hand abzutasten. Zusätzliche Bereiche der Hinterwand werden durch die Untersuchung vom Mastdarm aus erschlossen (Ü547 und Ü548).

Kann man die Gebärmutter wegen einer Retroversio bei der bimanuellen Untersuchung nicht fassen, so kann man versuchen, die Gebärmutter mit einem Finger im Mastdarm aufzurichten.

## Ü546 Adnexe (Eierstock und Eileiter) zu tasten versuchen

Die Projektion von Eileiter und Eierstock auf die vordere Bauchwand ist bereits in Ü523 studiert worden. Im Anschluß an die bimanuelle Untersuchung der Gebärmuter (Ü545) geht man mit den Fingern in der Scheide in den seitlichen Teil des Scheidengewölbes und führt die Hand auf der Bauchwand zur gleichen Seite in Richtung auf den vorderen oberen Darmbeinstachel. Der rechte Eierstock wird am besten mit der rechten Hand in der Scheide, der linke Eierstock entsprechend mit der linken Hand in der Scheide getastet.

Der gesunde Eileiter ist in der Regel nicht zu tasten. Hingegen kann man mit etwas Geschick den etwa fingermittelgliedgroßen Eierstock zwischen den beiden Händen fassen. Er ist gut beweglich. Kennzeichnend für den Eierstock ist der Druckschmerz (ähnlich wie auch der Hoden druckempfindlich ist).

Im Eierstock bilden sich verhältnismäßig häufig flüssigkeitsgefüllte Hohlräume (Zysten). Sie können beachtliche Größe erreichen, ohne Beschwerden zu verursachen. Manchmal werden sie dann sogar mit einer Schwangerschaft verwechselt. Man versuche daher, den Eierstock zu umgrenzen und seine Größe zu bestimmen.

Protokoll 546. Adnexe

| | R | | | L | | |
|---|---|---|---|---|---|---|
| Eileiter getastet | j | n | ? | j | n | ? |
| Eierstock getastet | j | n | ? | j | n | ? |
| normal groß | j | n | ? | j | n | ? |

*Abb. 547. Bimanuelle Untersuchung der Gebärmutter II: rektovaginales Vorgehen*

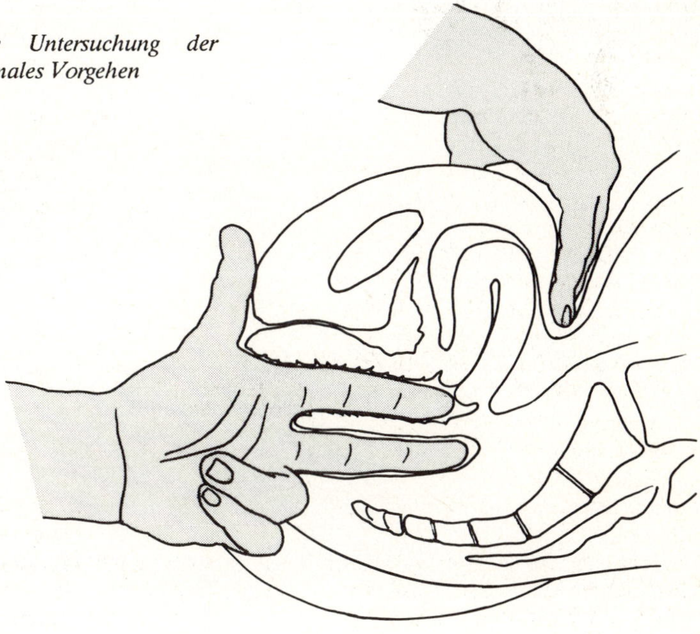

## Ü547 Rektovaginale Untersuchung

Im Anschluß an die vaginale Untersuchung sollte man immer auch kombiniert rektovaginal vorgehen (Abb. 547): Der Mittelfinger wird in den Mastdarm, der Zeigefinger in die Scheide eingeführt (Gummihandschuh!). Die eingeschlagenen Finger 4 und 5 drücken gegen den "Hinterdamm" (den Hautbereich zwischen After und Steißbein). Diese Methode erschließt zusätzliche Möglichkeiten:

- Bei Anteversio kann man versuchen, mit dem Finger in der Scheide und der Hand auf der Bauchwand die Gebärmutter rückwärtszuwenden. Dann kann man ihre Rückfläche mit dem Finger im Mastdarm abtasten.
- Bei Retroversio kann man umgekehrt nach dem Abtasten der Rückfläche der Gebärmutter versuchen, diese aufzurichten und in Anteversio zu drehen. Dann kann diese anschließend in typischer Weise (Ü545) beurteilt werden.
- Drängt man mit dem Finger in der Scheide die Gebärmutter nach vorn oben, so spannen sich die von der Gebärmutter zur seitlichen hinteren Beckenwand ziehenden Bindegewebe (Plica rectouterina) an und können abgetastet werden. Auch die Bauchfelltasche zwischen Gebärmutter und Mastdarm (Excavatio rectouterina, Douglas-Raum) ist dann gut zu beurteilen.
- Erfahrene Frauenärzte berichten, daß viele Frauen bei der rektovaginalen oder rektalen Untersuchung entspannter sind als bei der vaginalen. Dies erleichtert die bimanuelle Untersuchung und ermöglicht feinere Einzelheiten zu tasten.

Hygiene: Nach der rektovaginalen oder rektalen Untersuchung muß der Gummihandschuh gewechselt werden, bevor die Hand nochmals in die Scheide eingeführt wird. Es würden sonst große Mengen von Dickdarmbakterien (Escherichia coli) in die Scheide verschleppt. Dort könnten sie die normale Scheidenflora (Lactobacillus acidophilus, Döderlein-Bakterien) stören und Entzündungen auslösen.

## Ü548 Rektale Untersuchung der Frau

Zur vollständigen gynäkologischen Untersuchung gehört außer dem kombinierten rektovaginalen (Ü547) auch das alleinige rektale Ta-

*Abb. 548. Bimanuelle Untersuchung der Gebärmutter III: rektales Vorgehen*

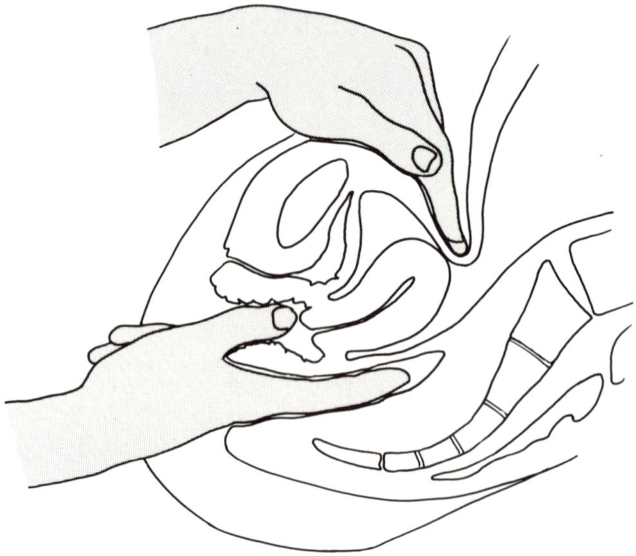

sten (Abb. 548). Dieses ermöglicht ein Drehen des Fingers, was beim kombinierten Vorgehen nur sehr begrenzt möglich ist. Man erschließt dabei zusätzlich

- die Hinterwand des Beckens,
- den Afterkanal,
- die Mastdarmschleimhaut bis etwa 8 cm oberhalb des Afters.

Die rektale Untersuchung der Frau und des Mannes unterscheiden sich im wesentlichen nur in dem, was in der vorderen Mastdarmwand zu tasten ist:

- bei der Frau die Portio bzw. die Gebärmutterrückseite bei der Retroversio,
- beim Mann die Vorsteherdrüse.

Die Einzelheiten des Vorgehens bei der rektalen Untersuchung sind ausführlich in Ü556 erörtert. Auf die dortigen Ausführungen sei verwiesen. Wird die rektale anstelle der vaginalen Untersuchung vorgenommen, so sind die Aufgaben der bimanuellen Tastuntersuchung der Gebärmutter und der Adnexe in Ü545 und Ü546 sinngemäß zu erfüllen.

### Ü549 Vor- und Nachteile der weiblichen Harnröhre gegenüber der männlichen überlegen und Kathetern veranschaulichen

Die weibliche Harnröhre interessiert sowohl bei der gynäkologischen als auch bei der urologischen Untersuchung. Der Zugang zu ihr ist bei beiden Untersuchungen gleich (gynäkologischer Untersuchungsstuhl, Spreizen der Schamlippen).

Die weibliche Harnröhre (Urethra feminina) ist nur 3-5 cm lang und gerade. Dies hat gegenüber der 20-25 cm langen und gekrümmten männlichen Harnröhre Vor- und Nachteile:

- Vorteile: Harnverhaltungen sind bei der Frau selten. Der Zugang zur Harnblase bei der Zystoskopie ist einfach.
- Nachteile: Auch für Bakterien ist der Zugang zur Harnblase einfach. Deshalb kommt es bei der Frau leicht zu einer Harnblasenentzündung (Zystitis). Sie ist vor allem bei kleinen Mädchen häufig, die noch kein eigenes Sauberkeitsbedürfnis entwickelt haben. Meist sind Dickdarmbakterien die Erreger. Bei der Afterreinigung nach dem Stuhlgang ist darauf zu achten, daß nicht Stuhlreste in die Schamspalte gelangen (Strichrichtung rückwärts!). Beim Geschlechtsverkehr können Bakterien aus dem Scheidenvorhof in die Harnblase gestrichen werden. Die "Deflorationszystitis" und die "Honeymoonzystitis" sind so leicht zu erklären.

**Kathetern** (Katheterisieren): Reihenfolge der Schritte:

- kritisch prüfen, ob eine Katheterung der Harnblase wirklich nötig ist. Mit dem Katheter werden immer auch Bakterien in die Harnblase verschleppt. Eine Harnblasenentzündung nach dem Katheterisieren ist nicht ungewöhnlich. Es ist deshalb nicht zulässig, die gesunde Frau nur zur Übung einmal zu katheterisieren.
- sterilen Katheter, sterile Gummihandschuhe, Schleimhautdesinfektionsmittel, Tupfer, Auffanggefäß für den Harn bereitstellen.
- die Frau im gynäkologischen Untersuchungsstuhl oder entsprechend lagern.
- sterile Handschuhe anziehen, mit Daumen und Zeigefinger der weniger geschickten Hand (beim Rechtshänder also der linken) die Schamlippen spreizen, so daß der äußere Harnröhrenmund sichtbar wird.
- Umgebung des äußeren Harnröhrenmunds desinfizieren.
- mit der geschickten Hand den Katheter in den äußeren Harnröhrenmund bogenförmig von oben einführen und sacht vorschieben. Fühlt man einen Widerstand, dann keine Gewalt anwenden. Es handelt sich vermutlich um den Harnblasenverschlußapparat. Man fordert dann die Frau auf, wie beim Wasserlassen zu pressen. Meist geht dann der Verschluß auf, und der Katheter gleitet mühelos in die Harnblase. Man denke rechtzeitig daran, daß der Katheter keinen Verschluß besitzt und daher nach Überwinden des Verschlußapparates der Harnblase der Harn entsprechend dem Druckgefälle zwischen innen und außen ausfließt. Am besten hält eine Hilfsperson das Auffanggefäß bereit.
- Katheter in Richtung auf das Auffanggefäß senken.
- Katheter nach der Harnblasenentleerung sofort entfernen. Ein längere Zeit in der Harnblase verweilender Katheter führt mit Sicherheit zur Infektion der Harnblase. Ein sog. Dauerkatheter ist nur in besonderen Fällen und unter strengen hygienischen Maßnahmen gerechtfertigt.

## 5.5 Männliche Geschlechtsorgane

### Ü551 Männliches Glied studieren, Bulbokavernosusreflex prüfen

**Psychologische Aspekte** bei der Untersuchung der männlichen Geschlechtsorgane: Die Probleme sind nicht geringer als die bei der gynäkologischen Untersuchung (Ü541 f.) beschriebenen. Sie sind lediglich z.T. anders. 2 Beispiele sollen dies veranschaulichen:

- *Erektionsangst*: Viele Komplexe von Männern beruhen auf der recht pauschalen öffentlichen Meinung, daß sich in der Erektion des Gliedes das Ausmaß sexueller Erregung ausdrücke. Dabei läuft die Mehrzahl der Erektionen ohne sexuelle Gefühle ab (in den Traumphasen = REM-Phasen des Schlafs). So beunruhigt viele Männer der Gedanke, während der Untersuchung könnte sich das Glied erigieren. Dies kommt bei der urologischen Untersuchung tatsächlich gelegentlich vor. Dem Probanden ist dies meist recht peinlich. Dann ist es Aufgabe des Untersuchers, den Probanden zu beruhigen und die Untersuchung sehr sachlich fortzuführen. Die "Erektionsangst" ist gewissermaßen das Gegenstück zur "Versagensangst", gerade dann keine Erektion zu haben, wenn diese von der Partnerin erwartet wird.
- *Größe des Gliedes*: Sie ist für den Mann ähnlich affektgeladen wie die Größe der Brustdrüse für die Frau. Manche Männer scheuen sich vor der Entkleidung, weil sie meinen, ihr Glied wäre zu klein, und sie könnten deswegen als unmännlich erscheinen. Auch hier kann man beruhigen: Das Glück einer Partnerbeziehung hängt auf Dauer nicht von der Größe des Glieds, sondern vom Maß der gegenseitigen Zuwendung ab.

**Bau** des männlichen Glieds (Penis): Es besteht im wesentlichen aus 3 Schwellkörpern:

- den paarigen Gliedschwellkörpern (Corpora cavernosa penis): zu harter Schwellung fähig (arterieller Blutdruck!). Sie sind mit den Gliedschenkeln (Crura penis) an den unteren Schambeinästen verankert.
- dem unpaaren Harnröhrenschwellkörper (Corpus spongiosum penis): nur weiche Schwellung möglich, um die Harnröhre für den Samenerguß offenzuhalten. Er endet vorn mit der Eichel (Glans penis).

Man beachte, daß am männlichen Glied die Begriffe hinten und rückwärts nicht gleichbedeutend sind: Der Gliedrücken (Dorsum penis) befindet sich bei herabhängendem Glied vorn. Die gegenüberliegende Seite wird Harnröhrenseite (Facies urethralis) genannt.

**Besichtigen**:

a) **Gliedhaut**: Sie ist besonders dünn und ausgedehnt verschieblich. Die Schambehaarung greift auf den rumpfnahen Teil der Gliedhaut über. Zur Gliedspitze hin wird die Behaarung immer schwächer. Die Gliedhaut geht ohne scharfe Grenze in die Haut des Hodensacks über. Bei der Erektion wird mit zunehmender Vergrößerung des Glieds Haut vom Hodensack auf das Glied gezogen. Der Hoden wird dadurch der Rumpfwand angenähert.

- Gliednaht (Raphe penis): Die hintere Mittellinie ist stärker pigmentiert und stellenweise leicht vorgewölbt.
- Venennetz: Durch die dünne Gliedhaut schimmern die Venen noch stärker als am Handrücken durch. Die feinen Äste sind rotviolett, die weitlumigen Venen bläulich gefärbt.
- Vorhaut (Preputium): Vorn endet die Gliedhaut mit der Vorhaut. Sie umhüllt die Eichel und läßt sich normalerweise mühelos zurückstreifen. Sie wird in manchen Ländern und bei den Gläubigen mancher Religionen beim Kind entfernt (Beschneidung = Zirkumzision).
- Vorhautbändchen (Frenulum preputii): Die Vorhaut ist in der hinteren Mittellinie mit einem Bändchen am hinteren Einschnitt des Eichelkranzes verankert. Das Vorhautbändchen verhindert das zu starke Zurückziehen der Vorhaut. Ist es zu kurz, so reißt es beim Geschlechtsverkehr leicht ein.
- Vorhautschmiere (Smegma): Überall, wo Haut ohne Lüftung auf Haut liegt, siedeln sich Fäulnisbakterien in abgeschilferten Hornschuppen und Drüsensekreten an. Unter der Vorhaut entsteht so die Vorhautschmiere. Sie ist nicht nur ein "Schönheitsfehler" wegen ihres üblen Geruchs, sondern auch ein krankheitsauslösender Faktor: Vorhautentzündung (Posthitis) und Eichelentzündung (Balanitis) können von ihr ausgehen. In ihr entstehen sogar krebserregende Stoffe. Man diskutiert auch, daß die krebserregenden Stoffe beim Geschlechtsverkehr in die Scheide der Partnerin verschleppt und dann dort zu einer Mitursache des Krebses des Gebärmutterhalses

(Kollumkarzinom) werden können. Zur Einschränkung der Smegmabildung ist der Vorhautsack täglich und zusätzlich vor jedem Geschlechtsverkehr gründlich zu reinigen.

- Vorhautenge (Phimose): Die Vorhaut kann nicht zurückgestreift werden, wenn ihr vorderes Ende zu eng ist. Dies behindert zwar nicht die sexuelle Aktivität, aber die Reinigung des Vorhautsacks. Die Folge ist die reichliche Bildung von Vorhautschmiere und damit der krebserregenden Stoffe. So entwickelt sich ein Peniskrebs meist auf dem Boden einer Phimose. Eine Vorhautverengung sollte also beseitigt werden: regelmäßiges sanftes Aufdehnen im warmen Bad, wenn dieses nicht zum Ziel führt: Beschneidung. Keinesfalls darf die Vorhaut bei Vorhautverengung mit Gewalt zurückgezogen werden. Sie kann dann möglicherweise nicht mehr über die Eichel nach vorn gestreift werden. Sie engt den Eichelhals (Collum glandis) ein und behindert den venösen Abfluß. Folge ist eine schmerzhafte starke Schwellung der Eichel (Paraphimose, "spanischer Kragen").

b) **Eichel** (Glans penis): Das vordere Ende des weichen Harnröhrenschwellkörpers überzieht kappenartig die Enden der bei der Erektion sehr harten Gliedschwellkörper. Die gesunde Eichel ist im Ruhezustand von feinen Fältchen überzogen und blaßrosa gefärbt. Die Eichel ist zwar seitensymmetrisch, nicht aber vorn-hinten-symmetrisch: Der Abhang zur Harnröhrenseite des Glieds ist steil und kurz, zum Gliedrücken flach und lang.

- Eichelkranz (Corona glandis): Das proximale Ende der Eichel ist verdickt und bildet die breiteste Stelle des Glieds im erigierten wie im Ruhezustand.
- Eichelhals (Collum glandis, Eichelkranzfurche): Er liegt proximal des Eichelkranzes und gehört damit eigentlich nicht mehr zur Eichel.
- Äußerer Harnröhrenmund (Ostium urethrae externum): Am vorderen Ende der Eichel sieht man in der Fortsetzung des Vorhautbändchens einen etwa 1 cm langen medianstehenden Schlitz. Man kann ihn zu einem etwa 2-3 mm breiten Spalt öffnen, wenn man die Eichel vorn und hinten mit Daumen und Zeigefinger faßt und zusammendrückt. Man blickt dann in eine etwa 1 cm lange Erweiterung der Harnröhre (Schiffergrube, Fossa navicularis). Der Blick tiefer in die Harnröhre wird durch eine zarte Klappe (Valvula fossae navicularis) verhindert.

**Tasten** des Glieds: Am nichterigierten Glied heben sich die Gliedschwellkörper nur wenig vom Harnröhrenschwellkörper ab. Nur der Eichelkranz tritt am frei beweglichen Teil des Glieds hervor. Man verfolge den Harnröhrenschwellkörper bis zur Dammgegend. Im Bereich des Hodensacks dränge man dabei die Hoden zur Seite. Der Harnröhrenschwellkörper endet mit der Gliedzwiebel (Bulbus penis) vor dem After. Die Gliedschenkel befestigen sich an den unteren Schambeinästen.

**Bulbokavernosusreflex**: Leichtes Kneifen der Eichel löst eine Anspannung der Schwellkörpermuskeln aus, die man an der Gliedwurzel hinter dem Hodensack sehen oder zumindest am Bulbus penis gut tasten kann. Manchmal läßt sich der Reflex auch durch einen Nadelstich in die Haut des Gliedrückens auslösen. Der Reflex läuft über den Schamnerv und die Segmente $S_3$ und $S_4$. Bewertet wird nach den in Ü124 erörterten Grundsätzen der Reflexprüfung.

Protokoll 551. Bulbokavernosusreflex

| 0 | (+) | + | ++ | +++ |
|---|---|---|---|---|
| | | | | |

### Ü552 Krümmungen der männlichen Harnröhre und ihre Bedeutung für das Kathetern klarmachen, Lage der Cowper-Drüsen angeben

An der etwa 20-25 cm langen männlichen Harnröhre unterscheidet man 3 Abschnitte:

- Vorsteherdrüsenteil (Pars prostatica): Unterhalb der Harnblase tritt die Harnröhre gleich in die Vorsteherdrüse ein. Dieser Teil kann bei der Vergrößerung der Vorsteherdrüse im Alter verengt werden (Harnrückstau mit "Restharnbildung" bei der Prostatahypertrophie).
- Schließmuskelteil (Pars membranacea): Unterhalb der Vorsteherdrüse wird die Harnröhre vom Harnröhrenschließmuskel (M. sphincter urethrae), einem Teil des Urogenitalzwerchfells (Diaphragma urogenitale), umgeben.
- Schwellkörperteil (Pars spongiosa): Unterhalb des Schließmuskels verläuft die Harnröhre im Harnröhrenschwellkörper.

Die Harnröhre hat bei herabhängendem Glied 2 Biegungen (S-förmige Krümmung):

- eine feste Biegung nach vorn am Übergang vom Schließmuskelteil zum Schwellkörperteil,
- eine wechselnde Biegung am Übergang von der Gliedwurzel zum frei beweglichen Teil des Glieds. Diese Biegung verschwindet z.B. bei der Erektion.

Das Einführen eines Katheters in die Harnblase gelingt um so leichter, je weniger gegenläufige Krümmungen er durchlaufen muß. Deshalb bewegt man das Glied in Richtung Bauchwand, um der Harnröhre eine annähernd gleichmäßige U-förmige Krümmung zu geben.

**Kathetern** (Katheterisieren):

a) Reihenfolge der Schritte beim Einführen eines biegsamen Katheters:

- kritisch prüfen, ob ein Kathetern der Harnblase wirklich nötig ist. Mit dem Katheter werden immer auch Bakterien in die Harnblase verschleppt. Eine Harnblasenentzündung nach dem Katheterisieren ist nicht ungewöhnlich. Es ist deshalb nicht zulässig, den gesunden Mann nur zur Übung einmal zu kathetern.
- sterilen Katheter, sterile Gummihandschuhe, Schleimhautdesinfektionsmittel, Tupfer, Auffanggefäß für den Harn bereitstellen.
- den Probanden in Steinschnittlage (Ü556) oder entsprechend lagern, so daß ein Auffanggefäß für den Harn bequem unter das Glied gehalten werden kann.
- sterile Handschuhe anziehen.
- mit Daumen und Zeigefinger der weniger geschickten Hand (beim Rechtshänder also der linken) das Glied fassen und zur Bauchwand bewegen. Die Vorhaut zurückziehen, so daß der äußere Harnröhrenmund sichtbar wird.
- Umgebung des äußeren Harnröhrenmunds desinfizieren.
- mit der geschickten Hand den Katheter einige Zentimeter vom vorderen Ende entfernt mit einer Pinzette fassen. Das hintere Ende des Katheters zwischen 3. und 4. Finger einklemmen, so daß er zwischen Pinzette und Hand eine Schlaufe bildet.
- den Katheter in den äußeren Harnröhrenmund bogenförmig von oben einführen und sacht vorschieben. Fühlt man einen Widerstand, dann keine Gewalt anwenden. Es handelt sich vermutlich um den Harnröhrenschließmuskel. Man fordert dann den Probanden auf, wie beim Wasserlassen zu pressen. Meist geht dann der Verschluß auf, und der Katheter gleitet mühelos in die Harnblase. Man denke rechtzeitig daran, daß der Katheter keinen Verschluß besitzt und daher nach Überwinden des Verschlußapparates der Harnblase der Harn entsprechend dem Druckgefälle zwischen innen und außen ausfließt. Am besten hält eine Hilfsperson das Auffanggefäß bereit.
- Katheter in Richtung auf das Auffanggefäß senken.
- Katheter nach der Harnblasenentleerung sofort entfernen. Ein längere Zeit in der Harnblase verweilender Katheter führt mit Sicherheit zur Infektion der Harnblase. Ein sog. Dauerkatheter ist nur in besonderen Fällen und unter strengen hygienischen Maßnahmen gerechtfertigt.

b) Einführen eines starren Katheters oder eines Zystoskops: Ist das Ende des Harnröhrenteils erreicht, so wird der Katheter gesenkt (von der Bauchwand wegbewegt). Hierbei ist mit größtem Feingefühl vorzugehen. Niemals den Katheter mit Gewalt weiterschieben, sonst wird die Harnröhrenwand durchstoßen und ein Kanal in den Beckenboden gegraben (Infektion der Wundhöhle von der Harnröhre aus, rasche Ausbreitung durch die Bindegeweberäume des Beckenbodens = Harnphlegmone).

**Cowper-Drüsen** (Glandulae bulbourethrales): Sie liegen dem hinteren Ende der Gliedzwiebel beidseits an und sind durch Tasten von dieser nur bei Vergrößerung (meist infolge Entzündung) abzugrenzen.

## Ü553 Hodensack besichtigen, Hodenheberreflex prüfen

Der Hodensack umschließt als Hauttasche die Hoden, die Nebenhoden und die Samenstränge. Seine Haut ist besonders dünn. Sie wird durch eine Lage glatter Muskelzellen gerafft und paßt sich so immer der Lage des Hodens an. Sie gleicht weitgehend der Gliedhaut, die sie ja auch bei der Erektion ergänzt. Sie unterscheidet sich von ihr durch die Möglichkeit des aktiven Zusammenziehens.

Der Hoden ist zur Temperaturregulation aus der Bauchhöhle in den Hodensack verlagert.

Soll die Temperatur im Hoden erhöht werden, so wird er vom Hodenheber (M. cremaster) näher an die Bauchwand herangezogen. Zur Abkühlung sinkt er nach unten. Im ersten Fall erscheint der Hodensack kurz und stark gerunzelt. Im zweiten Fall ist er lang und schlaff. Dies kann man gut am FKK-Badestrand beobachten: Läßt sich ein Mann in der Sonne "braten", so hängt sein Hodensack schlaff herab. Steigt er dann in die kühlen Fluten, so kehrt er daraus mit kontrahiertem Hodensack zurück.

**Besichtigen**: Bei der Haut des Hodensacks achte man auf

- die langen gekräuselten Terminalhaare (Schamhaare): Beim Spannen der Hodensackhaut wölben die Haarbälge die Haut vor.
- die stärkere Pigmentierung als beim größten Teil der Körperhaut: Die Mittellinie ist nochmals stärker pigmentiert (Hodennaht = Raphe scroti).
- die ungleiche Länge rechts und links: Meist steht ein Hoden tiefer.
- die Venenzeichnung: Nirgends am Körper kann man so gut ein feines Venennetz beobachten. Im Unterschied zur Gliedhaut fehlen hier die großen Venen (die beim Glied Blut aus den Schwellkörpern abführen).

**Tasten**: Man prüfe zwischen Daumen, Zeige- und Mittelfinger

a) die Beschaffenheit des Hodensacks selbst:

- die gute Beweglichkeit, vor allem zum Glied hin,
- die allseits gleichmäßige Dicke (oder hier richtiger "Dünne").

b) den Inhalt (die rechte und die linke Seite sind durch die Hodensackscheidewand = Septum scroti getrennt):

- Hoden und Nebenhoden (Ü554),
- Samenstrang (Ü555).

**Fehlender Inhalt** des Hodensacks: Bei etwa 1 % der erwachsenen Männer ist der Hodensack auf einer oder auf beiden Seiten leer. Dann hat der Hoden seinen Abstieg aus der Bauchhöhle verzögert und ist im Bauchraum (Bauchhoden) oder im Leistenkanal (Leistenhoden) stecken geblieben. Er kann auch einen falschen Weg genommen haben und unter der Oberschenkelhaut oder der Dammhaut liegen (Maldescensus testiculi). Umstritten ist, ob ein im Bauchraum verbliebener Hoden häufiger an Krebs erkrankt.

Der Hoden kommt normalerweise kurz vor der Geburt im Hodensack an. Die richtige Hodenlage gilt daher als ein "Reifezeichen" des männlichen Neugeborenen. Bei Frühgeburten ist der Hodensack leer. Der nicht im Hodensack befindliche Hoden ist in der Regel nicht zur Samenzellbildung fähig. Für die Fruchtbarkeit des Mannes genügt es jedoch, wenn ein Hoden im Hodensack angelangt ist. Die Behandlung des beidseitigen fehlenden Hodenabstiegs sollte schon beim Kind eingeleitet werden (Hormonbehandlung, evtl. Operation).

**Abnormer Inhalt** des Hodensacks: Außer Hoden, Nebenhoden und Samenstrang tastet man manchmal

- Leistenbruch (Hernia inguinalis): meist ein indirekter Leistenbruch, die direkten bewegen sich eher in Richtung Oberschenkel (Ü517). Ein nichteingeklemmter Bruch läßt sich meist in entspannter Lage des Patienten durch sanfte Bewegungen in den Bauchraum zurückdrängen. Den Leistenbruch erkennt man an den Darmgeräuschen, sofern er Darm enthält: mit dem Stethoskop abhören!
- Wasserbruch (Hydrocele testis/funiculi): eine Flüssigkeitsansammlung in einem Rest des Bauchfellfortsatzes. Die Ausdehnung eines Wasserbruchs ist unabhängig von der Körperlage. Er ist meist nach allen Seiten gut abgrenzbar.
- Venenbruch (Varikozele): Krampfadern des Rankenvenengeflechts des Samenstrangs. Stauungen im venösen Abfluß aus Hoden und Nebenhoden kommen häufiger links vor. Die linke Hodenvene mündet annähernd rechtwinklig in die linke Nierenvene ein. Dies scheint zu einer zusätzlichen Belastung der Hodenvene mit Nierenblut zu führen, denn eine Unterbindung der Hodenvene kurz vor der Mündung führt zu einer Entlastung des Venenbruchs. Ein Venenbruch fühlt sich wie ein "Sack voller Würmer" an. Er tritt im Stehen am stärksten hervor. Nach einiger Zeit ruhigen Liegens wird er deutlich schwächer.
- Geschwülste (selten).

**Durchleuchten** (Diaphanoskopie): Die dünne Haut des Hodensacks leuchtet vor einer Taschenlampe rot auf. Hoden und Nebenhoden hingegen sind undurchsichtig. Die Durchleuchtung ist für das Unterscheiden abnormen Hodensackinhalts wichtig: Die meist wasserklare Flüssigkeit im Wasserbruch läßt das Licht gut durch, Darminhalt und Blut nicht. Folglich leuchtet ein Wasserbruch beim Durchleuchten rot auf, ein Leistenbruch oder Venenbruch nicht.

**Hodenheberreflex** (Kremasterreflex): Streicht man (mit einem Holzstäbchen, dem Griff des Reflexhammers oder einfach mit dem Fingernagel) über die Haut auf der Innenseite des Oberschenkels, so wird der gleichseitige Hoden vom Hodenheber (M. cremaster) hochgezogen. Der Reflex läuft über den N. genitofemoralis und umfaßt die Segmente $L_1$ und $L_2$. Seitenunterschiede sind häufig. Der Reflex wird nach den in Ü124 erörterten Grundsätzen bewertet. Dieser Hautreflex ist als Schutzreflex zu verstehen. Der bei den Säugetieren außerhalb der Leibeshöhle liegende Hoden ist besonders gefährdet. Er wird zum Schutz an die Rumpfwand gezogen.

Protokoll 553. Hodensack

| | | | | | | |
|---|---|---|---|---|---|---|
| Hoden im Hodensack | R | j | n | ? | | |
| | L | j | n | ? | | |
| Hodenheberreflex | R | 0 | (+) | + | ++ | +++ |
| | L | 0 | (+) | + | ++ | +++ |

### Ü554 Hoden und Nebenhoden abtasten, Größe des Hodens schätzen

Klemmt man den Hodensack in der Mittellinie (also in Bereich der Hodennaht) zwischen zwei Fingern durch, so findet man rechts und links je eine etwa eiförmige Masse von etwa 5-6 cm Länge und 3-4 cm Breite. Sie besteht aus dem Hoden, dem Nebenhoden und dem Anfangsteil des Samenstrangs. Durch sanftes Tasten zwischen Daumen, Zeige- und Mittelfinger kann man den vorn gelegenen Hoden vom hinten gelegenen Nebenhoden trennen. Der Nebenhoden schmiegt sich dem Hoden unterschiedlich eng an.

Der **Hoden** (Testis, Orchis) fühlt sich rundlich, glatt und prall elastisch an. Er ist etwa 4-5 cm lang und 2-3 cm dick. Die Größe des Hodens interessiert vor allem bei Entwicklungsstörungen von Jugendlichen. Dann wird die Größe des Hodens mit einem Satz von eiförmigen Körpern definierter Größe (Orchidometer) verglichen. Das Hauptwachstum des Hodens vollzieht sich normalerweise zwischen dem 9. und 14. Lebensjahr.

Im Gegensatz zum Nebenhoden ist der Hoden sehr druckempfindlich. Dabei wird rasch Übelkeit ausgelöst. Ein Schlag auf die Hoden ist daher ein bewährtes Mittel der Selbstverteidigung. Die schwächste Frau setzt mit einem Hochreißen ihres Knies den stärksten Mann außer Gefecht (allerdings nur kurzzeitig, darum ist sofortige Flucht angezeigt).

Der **Nebenhoden** (Epididymis) fühlt sich im Gegensatz zum Hoden unregelmäßig höckrig und schlaff an. Er beginnt mit dem Nebenhodenkopf (Caput epididymidis) hinten am oberen Hodenpol, steigt mit dem Nebenhodenkörper (Corpus epididymidis) am hinteren Umfang des Hodens ab und biegt mit dem Nebenhodenschwanz (Cauda epididymidis) am unteren Hodenpol zum Samenleiter um. Dieser ist als durchgehend gleichmäßig dicker und derber Strang dem Nebenhoden angelagert zu tasten. Bei etwa 6-7 % der Männer liegt der Nebenhoden dem Hoden vorn statt hinten an.

Das aus dem Griechischen stammende Wort Epididymis (epi auf, dídymoi die Zwillinge, bei Herophilus die Hoden) ist schwierig auszusprechen. Man sollte es üben, um auch die Ableitung Epididymitis (Nebenhodenentzündung) und deren Plural Epididymitiden gebrauchen zu können, ohne zu stottern.

### Ü555 Samenstrang vom Nebenhoden bis zum äußeren Leistenring abtasten, dabei den Samenleiter identifizieren

Der Samenstrang (Funiculus spermaticus) besteht aus

- Hüllen des Samenstrangs: Hodenheber (M. cremaster), 3 Lagen Faszien (Fascia spermatica externa, Fascia cremasterica, Fascia spermatica interna).

- Samenleiter (Ductus deferens): Der etwa 50-60 cm lange muskelkräftige Gang verbindet den Nebenhoden mit der Harnröhre.
- Blutgefäßen zum Hoden und zum Nebenhoden: Hodenschlagader (A. testicularis) aus der Bauchaorta, Samenleiterschlagader (A. ductus deferentis) aus der Nabelschlagader (A. umbilicalis) der inneren Beckenschlagader (A. iliaca interna).
- Blutgefäßen vom Hoden und vom Nebenhoden: Rankenvenengeflecht (Plexus pampiniformis), aus ihm entstehen die Hodenvenen. Die rechte (V. testicularis dextra) mündet direkt in die untere Hohlvene (V. cava inferior), die linke (V. testicularis sinistra) in die linke Nierenvene (V. renalis).
- Lymphgefäßen vom Hoden und vom Nebenhoden: Der Hauptweg führt mit den Venen durch den Leistenkanal zu den Lendenlymphknoten rechts und zu den Beckenlymphknoten links. Ein Nebenweg geht zum Schrägzug der oberflächlichen Leistenlymphknoten (Nodi lymphatici inguinales superficiales superomediales).
- Nerven: vegetative Nerven zum Hoden und zum Nebenhoden, somatische Nerven zum Hodenheber (R. genitalis des N. genitofemoralis) und zur Haut des Hodensacks (N. ilio-inguinalis).
- evtl. Bauchfellfortsatz, falls dieser sich nicht vollständig zurückgebildet hat (Vestigium processus vaginalis).

**Tasten**: Durch die dünne Haut des Hodensacks ist der Samenstrang in ganzer Länge ohne Schwierigkeit zu tasten. Man umgreift dazu den Hodensack zangenartig mit Daumen und Zeigefinger und läßt dann die einzelnen Gebilde des Samenstrangs zwischen den beiden Fingern hin- und hergleiten. Aus der verwirrenden Vielzahl der längsverlaufenden Gebilde hebt sich dabei bald ein etwa kugelschreiberminendickes Kabel heraus, das sich als härter und und klarer umgrenzbar als die umgebenden erweist. Es ist der Samenleiter. Er hat eine viel dickere Muskelschicht als die um ihn herum liegenden Blutgefäße und fühlt sich deshalb derber an. Im Gegensatz zu den Blutgefäßen ist er auch nicht zusammenzudrücken. Man kann seine Lage innerhalb des Samenstrangs mit den tastenden Fingern verändern und ihn z.B. an den Rand des Hodensacks drängen. Die übrigen Gebilde des Samenstrangs sind schwer zu unterscheiden. Nur sehr feinfühligen Untersuchern wird es gelingen, den Puls der Hodenschlagader zu fühlen.

**Sterilisation des Mannes**: Unterbricht man die Verbindung zwischen Nebenhoden und Harnröhre auf beiden Seiten, so ist der Mann zeugungsunfähig. Der Eingriff ist einfach: Der Urologe drängt den Samenleiter an den Rand, wie eben beschrieben. Es genügt dann ein ganz kleiner Hautschnitt, um ihn freizulegen. Ein Stück des Samenleiters wird entfernt. Die beiden verbleibenden Stümpfe werden abgebunden. Dann läßt man sie wieder in den Samenstrang gleiten und vernäht die Haut.

Nennenswerte Risiken sind mit dem Eingriff nicht verbunden. Der Eingriff kann jedoch mit unterschiedlicher Präzision erfolgen. Bei grobem Vorgehen werden die Samenleiterschlagader und die am Samenleiter entlangziehenden vegetativen Nerven mit durchgetrennt. Sie sind jedoch bei Feinarbeit zu erhalten. Dies kann Folgen für die Blutversorgung von Nebenhoden und Hoden haben, an der sich die Samenleiterschlagader in individuell unterschiedlichem Ausmaß beteiligt.

Gesamtbeurteilung der Samenleiterunterbindung (Vasektomie):

- Die empfängnisverhütende Wirkung beträgt mehr als 99,9 %. In sehr seltenen Fällen kommt es zur Wiedervereinigung der Lichtungen der beiden Samenleiterstümpfe im Samenstrang (spontane Rekanalisation).
- Der Eingriff ist nicht sicher rückgängig zu machen. Zwar kann man die beiden Samenleiterstümpfe wieder operativ vereinigen, doch ist damit nicht unbedingt die Durchgängigkeit der Lichtung verbunden. Außerdem werden bei der Vasektomie meist die vegetativen Nerven mit durchgetrennt, so daß der distale Samenleiterstumpf seine motorische Innervation verliert. Damit fehlt in diesem Teil die für den Samenerguß nötige peristaltische Bewegung.
- Die Sterilisation des Mannes ist weitaus risikoärmer als die Sterilisation der Frau (Eileiterunterbindung). Wenn also in einer auf Dauer angelegten Partnerbeziehung nach "Abschluß der Familienplanung" die Sterilisation eines Partners erwogen wird, so ist unter dem medizinischen Aspekt die des Mannes vorzuziehen.
- Zu bedenken ist dabei allerdings, daß die Fruchtbarkeit der Frau in ihren Vierzigerjah-

ren sowieso erlischt. Die Fruchtbarkeit des Mannes aber kann bis in das hohe Alter anhalten. Dies kann zum Problem werden, wenn der sterilisierte Mann in einer späteren Partnerbeziehung auf eine Frau mit starkem Kinderwunsch trifft. Deshalb wird der Wunsch nach Wiederherstellung der Zeugungsfähigkeit (Refertilisierung) recht häufig an den Urologen herangetragen.

▪ Wegen der Unsicherheit der Refertilisierung und der eigenen seelischen Entwicklung hinsichtlich des Kinderwunsches sollte man im jüngeren Erwachsenenalter nicht gleich zur Sterilisation schreiten, sondern zeitlich begrenzte Methoden der Empfängnisverhütung wählen.

## Ü556 Rektale Untersuchung des Mannes

**Lagerung des Probanden**: Der After ist am besten in einer der folgenden Lagen zugänglich:

▪ Seitenlage: Dabei sollten die Hüftgelenke maximal und die Kniegelenke rechtwinklig gebeugt werden, damit die Füße den Untersucher nicht behindern. Das Gesäß sollte etwas über den Rand des Untersuchungstisches geschoben werden. Die Lage ist für den Untersuchten und den Untersucher bequem.

▪ "Steinschnittlage": Rückenlage mit angezogenen, gespreizten Beinen, wie im gynäkologischen Untersuchungsstuhl (Ü541). Das Becken wird am besten durch ein untergelegtes Kissen angehoben. Vorteil: für die bimanuelle Untersuchung bequem (eine Hand drückt durch die Bauchdecke dagegen). Nachteil: Die zusammengepreßten Gesäßbacken behindern die Hand des Untersuchers. Er kann daher nicht so tief eindringen.

▪ Knie-Ellbogen-Lage: Der Patient kniet auf dem Untersuchungstisch, neigt sich nach vorn und legt Hände und Unterarme auf. Vorteil: guter Zugang zum Afterbereich. Nachteile: Die Lage ist für den Probanden nicht sehr bequem und kommt für den geschwächten Patienten kaum in Frage. Die Beckenorgane stehen hoch.

▪ Stehend vorgeneigt: Der Proband steht mit gespreizten Beinen, neigt den Oberkörper schräg nach vorn und stützt sich mit den Armen am Untersuchungstisch ab. Er reitet gewissermaßen auf dem Finger des Untersuchers. Vorteil: Die Beckenorgane sinken nach unten, daher reicht der Finger besonders weit nach oben. Nachteil: bimanuelle Untersuchung schlecht möglich.

▪ Stehend vorgeneigt, Oberkörper auf den Untersuchungstisch aufgelegt: Für den Probanden bequemer, aber für die Untersuchung nicht ganz so günstig wie die vorhergehende Stellung.

▪ Hocke: Haltung wie auf dem in Mittelmeerländern üblichen "Hockabort". Für den nicht an die Hockstellung gewöhnten Mitteleuropäer unbequem.

**Vorbereitung zur Untersuchung**:

▪ Besprechung mit dem Patienten: Der Untersucher sollte das Vertrauen das Patienten gewinnen und ihm sein Verständnis für das Unangenehme der Situation darlegen. Er sollte ihn auf die Wichtigkeit der Untersuchung hinweisen und ihm deren einzelne Schritte und was er dabei fühlen werde genau erklären.

▪ Patienten in eine der vorher beschriebenen Stellungen bringen.

▪ Gummihandschuhe anziehen und den untersuchenden Finger sowie die Aftergegend des Patienten reichlich mit Vaseline oder einem anderen Gleitmittel bestreichen.

**Einführen des Fingers**:

▪ Berührt man mit dem Finger den After, so spannt sich der äußere Afterschließmuskel an (Afterreflex, Ü539). Der Finger darf nun nicht mit Gewalt eingebohrt werden. Vielmehr muß man abwarten, bis der Schließmuskel wieder erschlafft. Man kann dies fördern, indem man den Probanden auffordert, wie beim Stuhlgang zu pressen. Beim Erschlaffen des Schließmuskels "fällt" der Finger fast wie von selbst in den Afterkanal.

▪ Der Finger sollte so auf den After aufgesetzt werden, daß die größere Ausdehnung der beiden (beim Finger die Querrichtung, beim After die Längsrichtung) übereinstimmt: also der Fingernagel zur Seite.

▪ Der Afterkanal verläuft etwa in einer Linie vom After zum Nabel. Der Finger soll also nicht in Richtung auf den Rücken des Patienten, sondern auf dessen Bauchwand geführt werden.

**Austasten des Afterkanals**: Da der Afterkanal nur etwa 3 cm lang ist (Ü539), darf der Finger nur etwas über das Fingerendgelenk, maximal bis zum Fingermittelgelenk eingeschoben werden. Unter Drehen des Fingers wird der ganze

Umfang des Afterkanals geprüft. Dabei wird der Daumen auf der Afterhaut dagegengesetzt. Man faßt so die Wand des Afterkanals zwischen Daumen und Zeigefinger. Etwaige besondere Befunde werden unter Angabe der Lage entprechend einem Zifferblatt in Steinschnittlage festgehalten (z.B. Knoten bei 11 Uhr). Man achte auf

- den Tonus der Schließmuskeln: Der Afterkanal legt sich normalerweise eng dem Finger an. Der Tonus ist erhöht bei Angst, Schmerz, Entzündungen usw. Er ist vermindert bei manchen Nervenstörungen.
- Gewebeverdichtungen: Sie können auf thrombosierten Venen oder Hämorrhoiden, auf Fistelgängen, Geschwülsten usw. beruhen. Nichtentzündete und nichtthrombosierte Hämorrhoiden sind nicht zu tasten.

**Austasten des Mastdarms**: Nach dem Überprüfen des Afterkanals schiebt man den Finger sanft maximal in den Mastdarm vor, beugt dann das Endglied und zieht ihn unter ständigem Tasten der Wand bis zum Afterkanal zurück. Dann schiebt man ihn wieder vor, dreht ihn um 30° (1 "Stunde" auf dem Zifferblatt) und zieht ihn wieder zurück. Diese Prozedur wird entsprechend den 12 Stunden des Zifferblatts wiederholt. Man achte auf

- die gleichmäßige Beschaffenheit der Mastdarmschleimhaut: Der Mastdarmkrebs ist der zweithäufigste Krebs bei Frau und Mann (häufigster Krebs der Frau ist der Brustkrebs, häufigster Krebs des Mannes der Lungenkrebs). Werden irgendwelche Gewebeverdichtungen getastet, so muß die Stelle bei einer Mastdarmspiegelung besichtigt und evtl. eine Gewebeprobe entnommen werden.
- die unterste Querfalte des Mastdarms (meist auf der linken Seite): Nur die unterste der 3 Querfalten ist mit dem Finger zu erreichen. Nur bei besonders langem Finger des Untersuchers oder besonders kurzem Mastdarm wird die mittlere Querfalte zugänglich (mittlere Höhe 8-10 cm über dem After).
- das Kreuzbein und das Steißbein: Sie liegen der Hinterwand an. Man prüft die Beweglichkeit des Steißbeins, indem man es zwischen Zeigefinger und Daumen faßt.
- den Sitzbeinstachel, das Kreuzbein-Sitzbeinstachel-Band, den Sitzbeinhöcker und das Kreuzbein-Sitzbeinhöcker-Band: Sie liegen seitlich und hinten ziemlich weit unten dem Mastdarm an.
- den Bindegeweberaum seitlich des Mastdarms (Paraproctium): Er enthält Blutgefäße und Nerven, bei der Frau auch straffere Bindegewebezüge, die von der Gebärmutter zum Kreuzbein ziehen.
- die Vorsteherdrüse (Prostata): der Vorderwand angelagert (siehe unten).
- die Samenblasen (Vesiculae seminales = Glandulae seminales): Sie liegen schräg oberhalb der Vorsteherdrüse wie die Ohren eines Kaninchens. Sie sind häufig vom tastenden Finger nicht zu erreichen. Ist der Finger lang genug, so sind sie bei voller Blase (besseres Widerlager) als etwa fingergliedgroße Gebilde mit unebener Oberfläche zu tasten.

**Beurteilen der Vorsteherdrüse**: Bei der Mehrzahl der Männer vergrößert sich infolge hormoneller Umstellung die Vorsteherdrüse nach dem 50. Lebensjahr. Dabei wird vor allem der Mittellappen größer (die "Innendrüse", die um die Harnröhre herum gelegen ist). Er kann die Harnröhre einengen und muß dann entfernt werden. Die Prostatahypertrophie ist die häufigste Ursache von Harnweginfektionen und Harnverhaltungen bei älteren Männern. Im Greisenalter wird auch der Krebs der Vorsteherdrüse sehr häufig. Bei Sektionen von über 80jährigen findet man bei bis zu 50 % Krebsgewebe in der Vorsteherdrüse. Die rektale Untersuchung der Vorsteherdrüse kann zwar nur deren hinteren Teil umfassen, gibt aber doch entscheidende Aufschlüsse (wenn sie auch niemals einen Krebs ausschließen kann!). Der Proband sollte vorsorglich darauf hingewiesen werden, daß beim Tasten der Vorsteherdrüse das Gefühl von Harnabgang auftreten kann (ohne daß Harn gelassen wird). Man achte auf

- Größe: Die gesunde Vorsteherdrüse hat einen Querdurchmesser von etwa 3-4 cm, ist etwa 2,5-3 cm hoch und wiegt etwa 20 g. Sie dellt die Vorderwand des Mastdarms maximal 1 cm ein. Bei gutartigen Geschwülsten kann das Gewicht bis auf 300 g ansteigen!
- Form: Sie wird gewöhnlich mit einer Kastanie verglichen. Vom Mastdarm aus tastet man die Rundungen der beiden Seitenlappen, die durch eine mittelständige Rinne getrennt werden. Ist die Rinne nicht zu fühlen, so liegt der Verdacht auf eine Vergrößerung des Mittellappens nahe.
- Beschaffenheit: Die gesunde Vorsteherdrüse fühlt sich gleichmäßig weich bis prall an. Här-

tere unregelmäßige und asymmetrische Knoten in ihr können auf Prostatasteinen oder Geschwülsten beruhen. Der Proband ist in diesem Fall sofort zum Urologen zu überweisen.

- Schmerz: Das Betasten der gesunden Vorsteherdrüse ist schmerzfrei. Schmerzen weisen auf eine Entzündung hin.

**Herausziehen des Fingers**: Man besichtige die Stuhlreste am Finger im Hinblick auf Blutspuren. Evtl. führe man eine Untersuchung auf okkultes Blut durch.

Bei der rektalen Untersuchung kommt es gelegentlich zum ungewollten Abgang eines Windes (Flatus). Das ist dem Probanden gewöhnlich sehr unangenehm. Es wäre höchst unpassend, wenn sich der Untersucher darüber belustigte. Er wird vielmehr den Probanden beruhigen und ihm sagen, daß dies bei der Untersuchung nicht zu vermeiden sei.

**Mastdarmspiegelung** (Rektoskopie): Durch ein Rohr mit Beleuchtung (Rektoskop) kann der gesamte Mastdarm, mit dem biegsamen Koloskop (Glasfiberoptik) der gesamte Dickdarm besichtigt werden. Das Vorgehen sei im Anschluß an die rektale Tastuntersuchung kurz erläutert:

- Das Rektoskop wird ähnlich wie der Finger in Richtung auf den Nabel in den After eingeführt.
- Nach Durchqueren des Afterkanals wird die Richtung entsprechend der Dammbiegung des Mastdarms geändert und die Spitze des Instruments nach hinten gewendet.
- Das Rektoskop darf nur unter ständiger Sichtkontrolle (dazu wird der Mastdarm aufgeblasen) weiter vorgeschoben werden. Es könnte sich sonst in einer Querfalte des Mastdarms verfangen.
- Die mittlere Mastdarm-Querfalte liegt etwa 8-10 cm vom After entfernt. Auf ihrer Höhe schlägt das Bauchfell vom Mastdarm auf die Harnblase um (Excavatio rectovesicalis).
- Etwa 12-15 cm oberhalb des Afters endet die glatte Oberfläche des Mastdarms. Es beginnt das durch halbmondförmige Ringfalten (Plicae semilunares coli) gekennzeichnete Sigma.
- Jeder Rektoskopie hat die Tastuntersuchung vorauszugehen.

# 6 Kopf

## 6.1 Schädel

### Ü611 Knochen des Schädeldachs tasten

Das Schädeldach ist aus einzelnen Knochen zusammengesetzt, die durch "Nähte" (Suturen) verbunden sind. Beim Fetus trennen noch weite Zwischenräume die einzelnen Knochen. Dadurch können sich deren Kanten dachziegelartig übereinander schieben. Dies ermöglicht eine ausgiebige Verformung des Schädels bei der Passage durch das kleine Becken der Mutter während der Geburt. An einigen Stellen klaffen beim Neugeborenen weite Lücken zwischen den Knochen, so daß man die arteriellen Pulsationen des Gehirns an der Kopfhaut sieht. Der Vergleich mit einem Springbrunnen führte zur Bezeichnung Fontanelle.

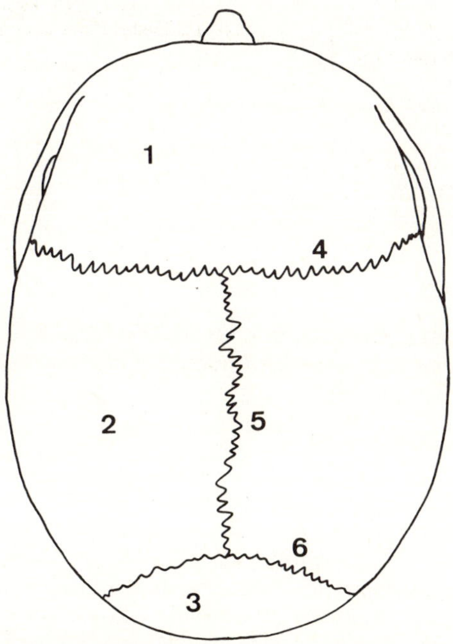


*Abb. 611. Schädel von oben. 1 Stirnbein, 2 Scheitelbein, 3 Hinterhauptbein, 4 Kranznaht, 5 Pfeilnaht, 6 Lambdanaht*

Die Spalten zwischen den Knochen schließen sich im Laufe des ersten Lebensjahres, doch bleiben Wachstumsfugen zwischen den Schädelknochen während der gesamten Wachstumszeit offen. Erst im Erwachsenenalter werden die Bindegewebefugen (Syndesmosen) allmählich zu Knochenfugen (Synostosen) umgebaut. Trotzdem kann man auch beim Erwachsenen häufig noch die früheren Knochengrenzen als Rinnen, Mulden usw. im Schädeldach tasten. Im Röntgenbild bleiben die großen Nähte zeitlebens nachweisbar.

**Übungsaufgaben**: Man versuche zu tasten (Abb. 611):

- Kranznaht (Sutura coronalis) zwischen dem Stirnbein und den Scheitelbeinen,
- Pfeilnaht (Sutura sagittalis) zwischen den beiden Scheitelbeinen,
- Lambdanaht (Sutura lambdoidea) zwischen den Scheitelbeinen und dem Hinterhauptbein,
- Schuppennaht (Sutura squamosa) zwischen Schläfenbeinschuppe und Scheitelbein,
- Hinterhauptvorsprung (Protuberantia occipitalis externa), als Meßpunkt für Schädelmessungen (Ü616) Inion genannt.

Protokoll 611. Schädelnähte

Zumindest streckenweise getastet

| | | | | |
|---|---|---|---|---|
| Kranznaht | | j | n | ? |
| Pfeilnaht | | j | n | ? |
| Lambdanaht | | j | n | ? |
| Schuppennaht | R | j | n | ? |
| | L | j | n | ? |

### Ü612 Verschieblichkeit der Kopfschwarte prüfen

Die Verschieblichkeit der Haut ist ein Schutzmechanismus, der Verletzungen beim Einwirken von Scherkräften vermeiden hilft. Lediglich an den Handflächen und den Fußsohlen ist die Verschieblichkeit unerwünscht, um einen festen Griff und einen sicheren Stand zu gewährleisten. Der Verschieblichkeit dient die allgemeine Körperfaszie, die das Unterhautfettgewebe von den Muskeln trennt. Nur in 3 Bereichen findet man Spezialkonstruktionen: an den Handflächen und den Fußsohlen sowie am Schädeldach. An diesen Stellen ist die Haut mit straffem Bindegewebe an einer Sehnenplatte befestigt. Das Anliegen und die Konstruktion im einzelnen sind dabei sehr verschieden: An Handfläche und Fußsohle dient die "Matratzenkonstruktion" der Minderung der Verschiebung, beim Schädeldach die Kopfschwarte gerade umgekehrt deren Sicherung.

An keiner anderen Stelle des Körpers grenzt eine so große Knochenfläche an die Haut wie beim Schädeldach. Wäre hier die Haut direkt an der sehr schmerzempfindlichen Knochenhaut befestigt, so würde uns schon ein leichter Zug an den Haaren erhebliche Kopfschmerzen bereiten. Die Kopfschwarte ist daher so gebaut, daß sie einerseits den Haaren einen festen Halt gibt, andererseits auch die Verschieblichkeit sichert. Der Bau ist im Grunde einfach:

- Eine Sehnenplatte (Sehnenhaube = Galea aponeurotica) wird rundherum von Muskeln (M. epicranius) gezügelt (ähnlich wie beim Zwerchfell).
- Die haupthaartragende Kopfhaut ist straff auf die Sehnenhaube montiert.
- Zwischen Sehnenhaube und Knochenhaut liegt lockeres Verschiebegewebe.

**Übungsaufgaben**:

- Man verschiebe mit einem Finger die Kopfhaut des Probanden an verschiedenen Stellen in verschiedenen Richtungen und messe die Strecken.
- Der Proband soll mit seinen Sehnenhaubenmuskeln die Kopfhaut bewegen. Der Untersucher legt dazu einen Finger locker auf verschiedene Stellen der Kopfhaut auf und mißt die Bewegung aus. Die meisten Menschen können die Kopfhaut aktiv nur in sagittaler Richtung verschieben.
- Der Proband soll versuchen, die Ohren zu bewegen. Manche Menschen können dies nicht willkürlich, obwohl Muskeln hierfür vorhanden sind.

**Praktische Bedeutung**: Bei Schwellungen und Geschwülsten im Bereich des Schädeldachs ist die Zuordnung zur Kopfschwarte oder zum Knochen von prognostischer Bedeutung. Eine verschiebbare Schwellung liegt in der Kopfschwarte, eine unverschiebliche am Knochen bzw. der Knochenhaut.

- Beim Neugeborenen ist eine Schwellung im Bereich des zuerst aus dem Becken der Mutter austretenden Körperteils wegen der plötzlichen Druckentlastung die Regel. Bei den meisten Geburten tritt zuerst das Schädeldach (gewissermaßen als "Eisbrecher") durch die Weichteile des Beckens. Deshalb findet man hier die "Kopfgeschwulst" (Caput succedaneum) im Verschieberaum zwischen Kopfschwarte und Knochenhaut. Sie verschwindet innerhalb weniger Tage.
- Anders ist es bei der subperiostalen Blutung, die die Knochenhaut vom Knochen abhebt. Es dauert Monate, bis das Blut aufgesaugt ist.

Protokoll 612. Verschieblichkeit der Kopfhaut: Spielraum in cm

| | | längs | quer |
|---|---|---|---|
| Mitte der Stirn | | | |
| Über Scheitelbein | R | | |
| | L | | |
| Über Hinterhauptbein | | | |

## Ü613 Knochen des Gesichtsschädels tasten und wichtige Knochenpunkte an der Haut markieren

Im Gesichtsbereich ist die Haut zart, das Unterhautfettgewebe und die Muskeln sind relativ dünn. Deshalb sind nahezu alle Gesichtsknochen gut durch die Haut zu tasten. Zusätzliche Bereiche werden durch die Mundhöhle zugänglich. Schlechter zu beurteilen sind lediglich Teile des Unterkieferastes, die außen vom M. masseter, innen vom inneren Flügelmuskel (M. perygoideus medialis) bedeckt werden.

**Übungsaufgaben**:

a) Man taste durch die Haut

- das Stirnbein, besonders den oberen Rand der Augenhöhle mit zwei Einschnitten (Inci-

sura supraorbitalis, Incisura frontalis) für Nerven zur Stirn aus dem 1. Ast des Drillingsnervs,
▪ das Jochbein mit seinen Anteilen am lateralen Rand der Augenhöhle und am Jochbogen,
▪ die beiden Nasenbeine mit der zwischen ihnen einsinkenden Rinne und ihren vorderen Rändern an der Grenze zu den Nasenknorpeln,
▪ den Oberkiefer, besonders den unteren Rand der Augenhöhle, den Nasenstachel (Spina nasalis anterior), den Alveolarfortsatz mit den Vorwölbungen der einzelnen Zahnfächer, die Rundung des Oberkieferhöckers (Tuber maxillae) und das Unteraugenhöhlenloch (Foramen infraorbitale für den N. infraorbitalis aus dem 2. Ast des Drillingsnervs),
▪ den Unterkiefer, besonders den unteren Rand vom Kinn bis zum Kieferwinkel, den Vorder- und den Hinterrand des Unterkieferastes, den Unterkieferkopf (wenn man den Mund mehrmals öffnet und schließt, merkt man die Bewegung des Unterkieferkopfes vor dem äußeren Gehörgang), den Alveolarfortsatz mit den Vorwölbungen der einzelnen Zahnfächer und das Kinnloch (Foramen mentale, für den Kinnerv, etwas unterhalb des Mundwinkels).

b) Man markiere nun auf einer Gesichtshälfte
▪ die Incisura frontalis und supraorbitalis (Austrittsstelle des ersten Trigeminusastes, $V_1$, Abb. 627b),
▪ das Foramen infraorbitale (zweiter Trigeminusast, $V_2$),
▪ das Foramen mentale (dritter Trigeminusast, $V_3$),
▪ die vermutliche Projektion der Stirnhöhle (Abb. 613),
▪ die vermutliche Projektion der Kieferhöhle,
▪ den Jochbogen,
▪ die Umrisse des Unterkieferastes mit dem bei geschlossenem Mund vom Jochbogen verdeckten Muskelfortsatz (über dessen Größe man sich bei weit geöffnetem Mund orientiert, da er dann unterhalb des Jochbogens zu tasten ist).

**Praktische Bedeutung**: Krankhafte Befunde, z.B. Knochenbrüche, zu bestimmten Knochen zuordnen, Druckempfindlichkeit der "Nervenaustrittspunkte" (Ü627) und Klopfempfindlichkeit der Umgebung der Nasennebenhöhlen prüfen usw.

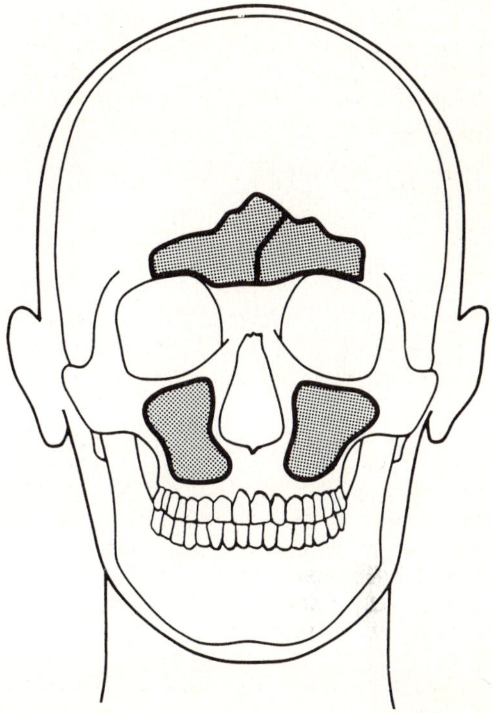

*Abb. 613. Projektion der Stirn- und Kieferhöhlen auf das Gesicht. Die Nebenhöhlen sind individuell sehr verschieden ausgedehnt. Sie sind häufig asymmetrisch*

Häufige Knochenbrüche im tastbaren Gesichtsbereich sind
▪ Nasenbeinbruch, oft mit Beteiligung der Nasenscheidewand,
▪ Jochbeinbruch, oft unter einer starken Schwellung des Gesichts schwer zu tasten,
▪ Oberkieferbrüche: Aus der Vielfalt der möglichen Druckformen werden traditionsgemäß drei Typen herausgehoben, die nach dem französischen Chirurgen Le Fort (1869-1951) benannt sind:
Le Fort I = tiefer Querbruch (Absprengung des Alveolarfortsatzes mit dem Boden der Kieferhöhle),
Le Fort II = Pyramidenbruch (pyramidenförmiger Ausbruch des Mittelbereichs, die Bruchlinie steigt beidseits zum Augenhöhlenboden auf und läuft dann quer durch die Nasenwurzel),
Le Fort III = Abriß des Gesichtsschädels von der Schädelbasis (quer durch Nasenwurzel und

Augenhöhlen),
- Unterkieferbrüche: häufig durch den zahntragenden Teil.

### Ü614 Bewegungsumfang der Kiefergelenke messen, Unterkieferköpfe bei den 3 Hauptbewegungen tasten

Bei den Gliedmaßen ist die Neutralnullmethode für die Bestimmung des Bewegungsumfangs das Verfahren der ersten Wahl. Bei den Kiefergelenken ist die Winkelmessung umständlich. Viel einfacher ist es, Abstände zwischen entsprechenden Zähnen von Ober- und Unterkiefer, am besten den medialen Schneidezähnen, auszumessen. Voraussetzung ist demgemäß, daß die medialen Schneidezähne erhalten oder prothetisch ersetzt sind.

Zu messen sind die Bewegungsumfänge bei 3 Hauptbewegungen:
- Scharnierbewegung: Öffnen und Schließen des Mundes,
- Mahlbewegung: Seitwärtsschieben des Unterkiefers,
- Schlittenbewegung: Vorschieben und Zurückziehen des Unterkiefers.

Anders als bei den anderen aus "Kopf" und "Pfanne" zusammengesetzten Gelenken verharrt der Kieferkopf bei den meisten Bewegungen nicht in seiner Pfanne, sondern gleitet aus ihr nach vorn:
- Scharnierbewegung: Der Drehpunkt liegt nicht im Kieferkopf, sondern etwa in der Mitte des Unterkieferastes (wo der untere Alveolarnerv in seinen Knochenkanal eintritt).
- Mahlbewegung: Ein Kieferkopf dreht sich in der Pfanne, der andere gleitet nach vorn. Die Drehachse geht longitudinal durch den in der Pfanne verbleibenden Kieferast.
- Schlittenbewegung: Beide Kieferköpfe gleiten nach vorn, ohne daß der Mund geöffnet wird.

**Vorgehen beim Messen des Bewegungsumfangs:**
- Öffnen: Man mißt den Abstand der medialen Schneidezähne des Oberkiefers von denen des Unterkiefers bei maximaler Öffnung (aktiv durch den Probanden). Der Untersucher darf den Unterkiefer nicht mit Gewalt weiter nach unten drücken, da die Gefahr der Verrenkung besteht. Aus hygienischen Gründen darf er auch das Meßband nicht in den Mund des Probanden bringen. Man markiert vielmehr den Abstand auf einem sauberen Papierstreifen oder einem Holzspatel und mißt anschließend diesen aus. Die Hände des Untersuchers dürfen nicht in die Mundhöhle des Probanden gelangen, es sei denn, sie sind durch sterile Handschuhe geschützt. Der Proband hält daher in der Regel den Papierstreifen bzw. den Holzspatel selbst.

| Protokoll 614. Kiefergelenke | |
|---|---|
| A Medianer Abstand der Zahnreihen (mm) | |
| a) bei maximaler Öffnung | |
| b) beim Biß | |
| B Verschiebung des Unterkiefers (mm) | |
| a) nach rechts | |
| b) nach links | |
| c) nach vorn | |
| d) nach hinten | |

- Schließen: Die Schließbewegung findet ihre natürliche Grenze beim Kontakt der Zähne. Bei Mitteleuropäern stehen normalerweise die Oberkieferschneidezähne vor den Unterkieferschneidezähnen (Scherenbiß, andere Bißformen siehe Ü634). Das Protokoll wird normalerweise "0" lauten. Mangelnder Kontakt zwischen oberen und unteren Schneidezähnen behindert das Abbeißen erheblich.
- Seitwärtsbewegen: Natürliche Meßmarken sind die Spalten zwischen den beiden medialen Schneidezähnen im Oberkiefer und im Unterkiefer. Man mißt den transversalen Abstand dieser Meßlinien bei maximalen Seitbewegungen getrennt nach rechts und nach links aus. Normalerweise besteht Symmetrie.
- Vor- und Zurückschieben des Unterkiefers: Meßpunkte sind die Schneidekanten der medialen Schneidezähne des Ober- bzw. Unterkiefers. Die "Nullstellung" ist in diesem Fall nicht der Scherenbiß, sondern der "Zangenbiß" (wenn die Schneidekanten der oberen und unteren Schneidezähne genau aufeinanderstehen). Man mißt die Bewegung des Unterkie-

fers nach vorn und nach rückwärts als sagittalen Abstand der Schneidekanten der medialen Schneidezähne von Ober- und Unterkiefer.

**Tasten der Kieferkopfbewegungen**: Das Kiefergelenk liegt unmittelbar vor dem äußeren Gehörgang. Mit dem in den äußeren Gehörgang eingeführten kleinen Finger tastet man den hinteren Umfang des Kieferkopfes. Man kann unschwer verfolgen, wie sich der Kieferkopf bei den Kieferbewegungen nach vorn und wieder zurück bewegt. Hat man erst einmal das "Gefühl" für den Kieferkopf entwickelt, so kann man das Bewegungsspiel weiter differenzieren, wenn man einen Finger nicht in, sondern vor dem Gehörgang der Haut anlegt. Man kann dann tasten, daß der Kieferkopf nicht nur nach vorn, sondern am Jochbogen auch schräg nach unten gleitet. Hinter dem Kieferkopf sinkt eine Mulde unterhalb der leeren Pfanne ein.

### Ü615 Methode der Wiedereinrenkung verrenkter Kiefergelenke veranschaulichen

Am vorderen Ende der Gelenkpfanne des Schläfenbeins springt ein Höckerchen (Tuberculum articulare) nach unten vor. Der Kieferkopf gleitet bei den normalen Kieferbewegungen in der Extremstellung auf dieses Köpfchen, überschreitet es aber nicht. Wird der Mund zu weit aufgerissen, so wird der Kieferkopf auf den vorderen Abhang des Höckerchens gezogen und verhakt sich dort. Dann kann der Mund nicht mehr geschlossen werden. Die Kaumuskeln verkrampfen sich schmerzhaft.

**Einrenkung**: Der Unterkieferkopf muß unten um das Höckerchen herumgeführt werden. Dazu faßt der Arzt den Unterkiefer mit beiden Händen, wobei die Daumen auf den Mahlzähnen des Patienten liegen. Dann drückt er den Unterkiefer kräftig nach unten. Ist erst einmal der "Gipfel" des Höckerchens überwunden, schnappt der Mund von selbst zu. Dies geschieht mit großer Kraft der verkrampften Kaumuskeln. Dabei werden die Daumen des Arztes heftig gebissen, wenn dieser sich nicht in weiser Voraussicht geschützt hat. Er sollte die Daumen mit Mullbinden umwickeln und evtl. noch Holzspatel auf die Zähne des Patienten legen, um den Druck zu verteilen.

**Übungsaufgabe**: Der Untersucher umgreift den Unterkiefer des weit geöffneten Mundes des Probanden wie bei der Einrenkung. Die Daumen werden aus hygienischen Gründen nicht in den Mund des Probanden eingeführt.

### Ü616 Kopfform messen

Ob wir wollen oder nicht: Wir werden vom Gesicht eines Menschen gefühlsmäßig ergriffen. Wir können uns von ihm angezogen oder abgestoßen fühlen, oder es kann uns gleichgültig lassen. In dieses ganzheitliche Angemutetwerden gehen 2 Gruppen anatomischer Merkmale des Gesichts ein, solche, die mit dem Seelenleben in Verbindung stehen können, und solche, die es mit größter Wahrscheinlichkeit nicht tun:

- Beziehung zur Psyche: alles was mit Muskeln und Drüsen zusammenhängt, z.B. auch Hautfalten als Spuren häufiger Bewegungen,
- keine Beziehung zur Psyche: Schädelform (ausgenommen bei manchen Mißbildungen, die mit Schwachsinn verbunden sind). Zu Goethes Zeit hatte man noch angenommen, daß man aus der Schädelform auf den Charakter eines Menschen schließen könne. "Physiognomische" und "phrenologische" Sitzungen waren damals ein beliebtes Gesellschaftsspiel.

Der Arzt sollte lernen, die beiden Komponenten zu trennen, um die Probleme eines Patienten besser verstehen zu können. Mancher Mensch wird z.B. von seinen Nachbarn als fremd empfunden, weil seine Schädelform nicht dem Durchschnitt der Gegend entspricht. Die Schädelform ist ein wesentliches Rassemerkmal, und Millionen Menschen mußten sterben, weil ihren Nachbarn ihre Nase nicht gefallen hat.

Für eine einfache Quantifizierung der Gesichts- und Schädelform genügen 4 Maße. Sie sind am einfachsten mit einem Gleitzirkel (Beckenzirkel) zu bestimmen. Zur Not kann man wieder mit 2 Büchern und der Wand arbeiten (Ü131): Man lehnt den Kopf an die Wand und legt auf jeder Seite ein Buch an die Meßstelle an. Man mißt dann den Abstand der Bücher.

- Größte Breite des Kopfes: Abstand der am weitesten seitlich ausladenden Punkte des Kopfes über dem Hirnschädel, meist den

Scheitelbeinen (biparietaler Durchmesser).
- Länge des Kopfes: von der Nasenwurzel (Nasion) zum äußeren Hinterhauptvorsprung (Inion).
- Gesichtshöhe: von der Nasenwurzel zum Unterrand des Kinns (Abb. 616).
- Gesichtsbreite: Abstand der Außenflächen der Jochbeine (+ Haut).

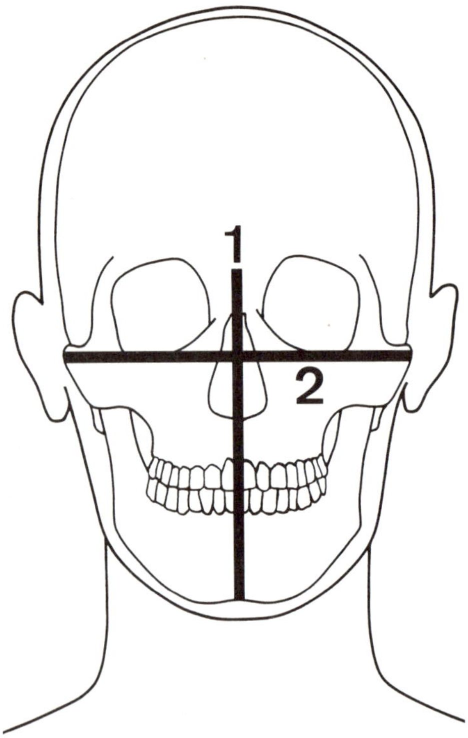


Tab. 616a. Gesichtshöhe (cm)

| | Frau | Mann |
|---|---|---|
| Niedrig | <10,5 | <11,5 |
| Mittel | 10,5-11,5 | 11,5-12,5 |
| Hoch | >11,5 | >12,5 |

Tab. 616b. Gesichtsbreite (cm)

| | Frau | Mann |
|---|---|---|
| Schmal | <12,5 | <13 |
| Mittel | 12,5-14 | 13-14,5 |
| Breit | >14 | >14,5 |

Tab. 616c. Breiten-Längen-Index des Kopfes (%)

| | Frau | Mann |
|---|---|---|
| Langschädelig (dolichokephal) | <77 | <76 |
| Mittelschädelig (mesokephal) | 77-82 | 76-81 |
| Kurzschädelig (brachykephal) | >82 | >81 |

Tab. 616d. Gesichtsindex

| | Frau | Mann |
|---|---|---|
| Breitgesichtig (euryprosop) | <81 | <84 |
| Mittelgesichtig (mesoprosop) | 81-85 | 84-88 |
| Schmalgesichtig (leptoprosop) | >85 | >88 |

Wegen der unterschiedlichen absoluten Maße (Tab. 616a und b) empfiehlt es sich, Indizes zu berechnen (Tab. 616c und d):
- Breiten-Längen-Index des Kopfes: Kopfbreite mal 100 durch Kopflänge,
- Gesichtsindex: Gesichtshöhe mal 100 durch Gesichtsbreite.

Vorsorglich sei angemerkt, daß in der anthropologischen Literatur das Verhältnis von Breite zu Länge häufig umgekehrt als "Längen-Breiten-Index" beschrieben wird. Manche Anthropologen nennen bei Indizes zuerst den Zähler, andere zuerst den Nenner. In diesem Buch wird einheitlich der Zähler vorangestellt, weil dies (nach zahlreichen Gesprächen mit Studenten zu schließen) die psychologisch richtige Reihenfolge ergibt.

Protokoll 616. Kopfmaße

| | |
|---|---|
| **A Streckenmaße (cm)** | |
| a) Größte Breite (biparietal) | |
| b) Länge (Nasion - Inion) | |
| c) Gesichtshöhe (Nasion - Unterrand des Unterkiefers) | |
| d) Gesichtsbreite (Jochbeinaußenfläche) | |
| **B Indizes (%)** | |
| a) Breiten-Längen-Index (100Aa/Ab) | |
| b) Gesichtsindex (100Ac/Ad) | |

## 6.2 Muskeln und Leitungsbahnen

### Ü621 Muskeln des Kopfes in Gruppen gliedern und Hirnnerven zuordnen

Die Muskeln des Kopfes kann man in mehrere Gruppen gliedern:

- mimische Muskeln (Mm. faciales): Die zahlreichen Hautmuskeln werden sämtlich vom 7. Hirnnerv (N. facialis) innerviert (Ü622).
- Kaumuskeln (Mm. masticatores): Die 4 Muskeln der Kieferbewegungen werden vom 5. Hirnnerv (N. trigeminus) versorgt (Ü624).
- Gaumenmuskeln (Mm. palati et faucium): Sie gehören zum 5., 9. und 10. Hirnnerv (Ü639).
- Zungenmuskeln (Mm. linguae): Die Binnenmuskeln der Zunge und die in sie einstrahlenden Muskeln werden (fast alle) vom 12. Hirnnerv (N. hypoglossus) innerviert (Ü637).
- äußere Augenmuskeln (Mm. oculi): Die 6 Beweger des Augapfels und der Lidheber werden von den Augenmuskelnerven (3., 4. und 6. Hirnnerv) gesteuert (Ü656).
- Mittelohrmuskeln (Mm. ossiculorum auditoriorum): Der Trommelfellspanner (M. tensor tympani, N. trigeminus) und der Steigbügelmuskel (M. stapedius, N. facialis) können in Übungen am gesunden Lebenden nicht studiert werden.
- obere Zungenbeinmuskeln (Mm. suprahyoidei): Sie werden beim Hals behandelt (Ü713).

### Ü622 Mimische Muskeln studieren: Anspannen bei Ausdrucksbewegungen beobachten und tasten, auf Seitengleichheit achten, Verlauf auf die Haut aufzeichnen

Die für die Mimik wichtigen Hautmuskeln des Kopfes sind um die 3 großen Körperöffnungen des Gesichts angeordnet: Mundspalte, Nasenlöcher, Lidspalten. Das Grundschema ist einfach. Man kann die Muskeln um jede Öffnung in 2 Gruppen einteilen (Abb. 622):

- Muskeln, deren Fasern die Öffnung ringförmig umgeben und bei ihrem Anspannen die Öffnung schließen: Ringmuskel des Auges und des Mundes (M. orbicularis oculi/oris). An der Nase fehlt der Ringmuskel, weil die Nasenlöcher immer offen bleiben müssen.
- Muskeln, deren Fasern strahlig auf die Öffnung zulaufen und bei ihrem Anspannen die Öffnung erweitern. Dieses System ist um die Mundspalte sehr differenziert. Die Mundspalte kann in allen Richtungen verformt werden. Um die Nasenlöcher ist das System sehr viel einfacher. Bei der Lidspalte wird die Hauptarbeit von einem Muskel übernommen, der überhaupt nicht zu den Hautmuskeln gehört (Lidheber), während die Stirnmuskeln nur ergänzend wirken.

Man taste das Anspannen der Muskeln bei den im folgenden genannten Bewegungen und zeichne sie auf die Haut auf:

a) **Mund schließen**: Die Lippen schließen sich passiv, wenn durch die Kaumuskeln die Kiefer geschlossen werden. Aktiv werden die Lippen vom Mundringmuskel geschlossen. Er wird vom Kinnmuskel unterstützt, der die Kinnhaut hochzieht. Die verschiedenen Formen des geschlossenen Mundes kommen durch unterschiedliches Anspannen der einzelnen Abschnitte des im Querschnitt hakenförmig gebogenen Mundringmuskels zustande. Vom Lippenteil (Pars labialis) biegt unter dem Lippenrot der Randteil (Pars marginalis) nach vorn.

- Lippen in den Mund einstülpen: Der Randteil ist stark zusammengezogen.
- Küssen: Der Randteil ist schlaff, aber der Lippenteil stark angespannt.

b) **Mund öffnen**: Die Mundspalte wird bei der Kieferöffnungsbewegung passiv geöffnet. Die Lippenmuskeln spannen sich zusätzlich an beim Sprechen (Lippenlaute) und beim Essen (damit die Lippen beim Abbeißen nicht zwischen die Zähne gelangen).

- Unterlippe und Mundwinkel herabziehen: Unterlippensenker, Mundwinkelsenker, Halshautmuskel (man achte auf das starke Anspannen des Halshautmuskels beim Zähnefletschen).
- Mund in die Breite ziehen: Halshautmuskel, großer Jochbeinmuskel. Der Lachmuskel zieht eher Grübchen in den Wangen ein, als daß er den Mund verbreitert. Er ist nicht regelmäßig vorhanden.
- Oberlippe und Mundwinkel heraufziehen: Oberlippenheber, Mundwinkelheber, Jochbeinmuskeln.

c) **Nasenlöcher erweitern**: Bei Atemnot werden die Nasenflügel auseinandergezogen ("Nasenflügelatmen"). Nach 30 raschen Kniebeugen wird man auch im Kurs das Anspannen des Nasenmuskels und des Oberlippen-Nasenflügel-Hebers beobachten können.

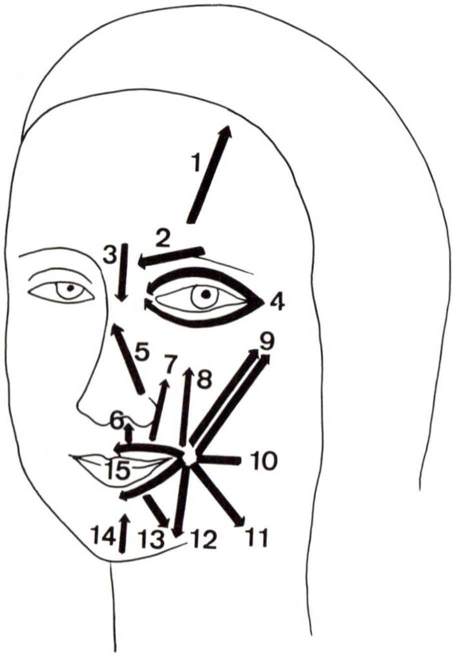


*Abb. 622. Mimische Muskeln:*
*1 Stirnmuskel (Venter frontalis) = Teil des Sehnenhaubenmuskels (M. epicranius),*
*2 Augenbrauenrunzler (M. corrugator supercilii) unter dem Stirnmuskel,*
*3 Stirnhautsenker (M. procerus),*
*4 Augenringmuskel (M. orbicularis oculi),*
*5 Nasenmuskel (M. nasalis),*
*6 Oberlippenheber (M. levator labii superioris),*
*7 Oberlippen-Nasenflügel-Heber (M. levator labii superioris alaeque nasi),*
*8 Mundwinkelheber (M. levator anguli oris),*
*9 großer und kleiner Jochbeinmuskel (M. zygomaticus major/minor),*
*10 Lachmuskel (M. risorius),*
*11 Halshautmuskel (Platysma),*
*12 Mundwinkelsenker (M. depressor anguli oris),*
*13 Unterlippensenker (M. depressor labii inferioris),*
*14 Kinnmuskel (M. mentalis)*
*15 Mundringmuskel (M. orbicularis oris),*

d) **Augen schließen**: Die verschiedenen Formen des Lidschlusses kommen durch unterschiedliches Anspannen der beiden Hauptteile des Augenringmuskels zustande: Lidteil (Pars palpebralis) und Augenhöhlenteil (Pars orbitalis).

- Normaler Lidschluß: im wesentlichen Lidteil.
- Augen zukneifen: Auch der Augenhöhlenteil wird stark angespannt. Er zieht die Haut bis von der Oberlippe nach oben und wird dabei von den Mundmuskeln unterstützt. Die Augenbrauenmuskeln ziehen die Augenbrauen nach unten und zur Mitte.
- Blinzeln: Die schließenden Muskeln werden schwächer als beim Zukneifen eingesetzt. Gleichzeitig wird durch den Lidheber die Lidspalte geöffnet.

e) **Stirn runzeln**:

- horizontale Falten: Stirnmuskel,
- vertikale Falten: Augenbrauenrunzler.

### Ü623 Mienenspiel von Kollegen während der Kursarbeit beobachten und anatomisch und psychologisch interpretieren, Fehlermöglichkeiten erörtern

In Ü616 war bereits das Problem der Abgrenzung von Baumerkmalen und seelischem Ausdruck im Gesicht angeschnitten worden. Im besonderen Maß trifft dies für die mimische Muskulatur zu. Der Arzt sollte erlernen, Somatisches und Psychisches im Gesichtsausdruck zu trennen. Alle Phänomene von Ausdruckswert sollten sowohl unter dem anatomischen als auch unter dem psychologischen Aspekt betrachtet werden. Im psychologischen Bereich folgen die Ausführungen dieses Abschnitts dem verstehenspsychologischen Weg von Philipp Lersch. Nebenbei bemerkt hat sich vor mehr als hundert Jahren kein geringerer als Charles Darwin mit dem Gesichtsausdruck beschäftigt (Expression of the Emotions in Man and Animals, 1872).

**Gliederung des Gesichts** unter ausdruckspsychologischem Aspekt: Die Mimik hat Schwerpunkte im Bereich der Augen und des Mundes. Daraus ergibt sich eine zwanglose Gliederung in

- Obergesicht: Auge mit Stirn und Nasenwurzel,

▪ Untergesicht: Mund mit Kinn, Wangen und Nasenflügeln.

Der Augapfel selbst hat kaum Ausdrucksmöglichkeiten. Lediglich die Pupille kann eng oder weit sein. Dies hängt weitgehend von der Helligkeit der Umgebung ab. Jedoch kann Schmerz die Pupillen erweitern (Sympathikuserregung). Von Ausdrucksbedeutung hingegen sind

a) beim Obergesicht:
▪ Weite der Lidspalte,
▪ Blickrichtung,
▪ Blickbewegungen,
▪ Stirnfalten.

b) beim Untergesicht:
▪ Art des Lippenschlusses,
▪ Stellung der Mundwinkel.

**Weite der Lidspalte**: Sie ist anatomisch gesehen das Ergebnis des Wechselspiels von öffnenden (Oberlidheber, Lidplattenmuskel) und schließenden Kräften (Augenringmuskel). Psychologisch gesehen ist sie Ausdruck des Maßes der Zuwendung zur Welt:
▪ vollgeöffnetes Auge: Ausdruck der passiven Zuwendung zur Welt, des Auf-sich-zukommenlassens, der geistigen Schau und der Offenheit. Das vollgeöffnete Auge ist kennzeichnend für den Gesichtsausdruck des Kindes.
▪ aufgerissenes Auge: bei der Überwältigung durch Erstaunen, Bestürzung, Schreck, Entsetzen, Angst.
▪ abgedecktes Auge: aktives Abblenden beim kritischen Beobachten und bei der Reserviertheit, übersteigert beim stechenden Blick.
▪ verhängtes Auge: eher passives Herabsinken des Oberlids bei Müdigkeit, Desinteresse, Blasiertheit, stiller Trauer, aber auch im Genuß (völliges Ausschließen der Umwelt beim Lidschluß im Orgasmus).

*Irrtumsmöglichkeiten*: Rein somatisch können bedingt sein (Ü652)
▪ enge Lidspalte (Ptosis): passiv bei Schwäche des Oberlidhebers (Okulomotoriuslähmung) oder des Lidplattenmuskels (Sympathikuslähmung), aktiv bei Kurzsichtigkeit (Einsatz der Lider als Blende zum schärferen Sehen).
▪ weite Lidspalte: bei Schwäche des Augenringmuskels (Fazialislähmung), ferner bei Vortreten des Augapfels (Exophthalmus, z.B. bei Schilddrüsenüberfunktion).
▪ Verdächtig auf somatische Bedingtheit ist immer ein Seitenunterschied der Lidspaltenweite (ausgenommen beim Zuzwinkern).

**Blickrichtung**: Anatomisch gesehen ist sie das Ergebnis des wechselnden Zusammenwirkens der 6 äußeren Augenmuskeln (Ü656). Psychologisch unterscheidet man
▪ geraden Blick (Pupille in der Mitte zwischen den beiden Augenwinkeln): volle Zuwendung zum Gegenüber.
▪ seitlich schrägen Blick: passiv bei Bequemlichkeit (die Augenbewegung ist weniger aufwendig als die Kopfbewegung), aktiv bei heimlicher Beobachtung oder bei der verhaltenen Kontaktaufnahme beim Flirt.
▪ stirnwärts schrägen Blick: je nach Kopfhaltung als "Blick nach oben" (aufschauender Blick) bei der religiösen Verzückung, als "Blick von unten" bei Unterwürfigkeit und Demut, aber auch bei der heimlichen Beobachtung des sich nur scheinbar Unterwerfenden.
▪ kinnwärts schrägen Blick: je nach Kopfhaltung als "Blick von oben" bei Überheblichkeit und Stolz (auf den anderen herabsehen), als "Blick nach unten" bei Scham und Schüchternheit.

*Irrtumsmöglichkeiten*: Rein somatisch können bedingt sein
▪ schräger Blick bei Bewegungseinschränkung der Halswirbelsäule, z.B. bei der Bechterew-Krankheit (Spondylarthritis ankylopoetica): Der Patient kann den Kopf nicht isoliert bewegen. Er setzt dann vermehrt Augenbewegungen ein, um nicht den ganzen Körperstamm drehen zu müssen.
▪ Schielen: Auswärtsschielen bei Kurzsichtigkeit gibt einen Ausdruck der Schau ins Weite (jenseitiger Blick bei Heiligenfiguren der Renaissance). Einwärtsschielen bei Weitsichtigkeit vermittelt leicht den Eindruck, nicht über die eigene Nase hinaussehen zu können. Beides ist jedoch rein somatisch (Ü654).

**Blickbewegungen**: Die Geschwindigkeit der Veränderung der Blickrichtung ist psychologisch zu deuten:
▪ ruhiger Blick: bei Ausgeglichenheit und Besonnenheit.
▪ lebhafter Blick: bei geistiger Lebhaftigkeit, aber auch bei bloßer Betriebsamkeit, übersteigert zum unruhigen Blick des Nervösen und

Ängstlichen.
▪ träger Blick: bei geistiger Trägheit, mangelndem Interesse und Müdigkeit, übersteigert bei Bewußtseinstrübung.

*Irrtumsmöglichkeiten*: Rein somatisch können bedingt sein
▪ rhythmische Augenbewegungen (Nystagmus) bei Störungen des Kleinhirns und des Gleichgewichtsapparats.
▪ suchende Blickbewegungen bei Schwachsichtigkeit: Kein Objekt kann fixiert werden.
▪ mangelnde Augenbewegungen bei Augenmuskellähmungen: Die Augen werden zur Vermeidung von Doppelbildern in einer bestimmten Stellung gehalten.

**Stirnfalten**: Schon Darwin hat Stirnfalten als Zeichen von Aufmerksamkeit gedeutet. Es ist jedoch die Art der Faltung zu berücksichtigen:
▪ Horizontalfalten: mehr passive, schauende Aufmerksamkeit, manchmal gekoppelt mit dem aufgerissenen Auge beim Überwältigtwerden, dem Erstaunen, der Überraschung, der Bestürzung.
▪ Vertikalfalten: aktive, beobachtende Aufmerksamkeit, innere Anspannung, Willensanstrengung, oft gekoppelt mit dem abgedeckten Auge.
▪ Notfalten (Kombination von Horizontal- und Vertikalfalten): bei Versuch, der Überwältigung Herr zu werden, bei Denknot und Gefühlsnot, beim "schmerzverzerrten" Gesicht.

*Irrtumsmöglichkeiten*: Rein somatisch können bedingt sein
▪ Altersfalten: Bei der Beurteilung von Stirnfalten ist immer das Alter des Probanden zu berücksichtigen. Beim älteren Menschen haben sich allmählich Furchen als Reste früherer Ausdrucksbewegungen eingegraben, die nicht mit dem aktuellen Ausdruck verwechselt werden dürfen. Eine wirklich glatte Stirn kommt nur beim jungen Menschen vor.
▪ horizontale Stirnfalten bei der Okulomotoriuslähmung: Ist der Oberlidheber ausgefallen, so sucht der Patient mit dem Stirnmuskel das Lid etwas anzuheben, um die Pupille freizubekommen.

**Lippenschluß**: Anatomisch hängt er vom Grad der Anspannung der beiden Teile (Randteil/Lippenteil) des Mundringmuskels ab (Ü622), wobei zusätzlich noch die Unterkieferstellung zu berücksichtigen ist. Psychologisch gesehen ist der Mund vor allem ein Organ des Sprechens. In der Art des Lippenschlusses drückt sich die Bereitschaft zum sprachlichen Kontakt aus:
▪ betont verschlossener Mund (Extremform verpreßter Mund): bei Zurückhaltung (sich auf die Lippen beißen, um etwas nicht zu sagen), Entschiedenheit, Unterdrückung von Schmerz (Zähne zusammenbeißen).
▪ offenstehender Mund: allgemeine Spannungslosigkeit, Willensschäche, oft auch bei Schwachsinn.

*Irrtumsmöglichkeiten*: Rein somatisch kann ein offenstehender Mund bedingt sein durch
▪ beidseitige Fazialisschwäche,
▪ zu große Zunge (Makroglossie), z.B. beim Down-Syndrom (Trisomie 21 = Mongolismus).

**Mundwinkel**: Anatomisch gesehen ist ihre Stellung durch die wechselnde Kombination der Anspannung mehrerer strahlig auf die Mundwinkel zulaufender mimischer Muskeln (Ü622) bestimmt. Psychologisch drückt sich in der Stellung der Mundwinkel vor allem die Stimmung aus:
▪ hochgezogene Mundwinkel: Frohheit, Lachen. Dabei sind mehrere Formen zu unterscheiden: das offene Lachen bei uneingeschränkter Heiterkeit, das geschlossene Lachen (Schmunzeln) des verschwiegenen Wissens, das verzerrte Lachen bei der Ironie, das einseitige Lachen bei kritischer Distanz und Abwertung. Als Primitivformen des Lachens sind das "Feixen" und "Grinsen" anzusehen.
▪ herabgezogene Mundwinkel: Unfrohheit, Trauer, Enttäuschung, bei gleichzeitig verpreßtem Mund als Zeichen der Abwertung und Verachtung.

*Irrtumsmöglichkeiten*: Rein somatisch können herabhängende Mundwinkel durch eine Fazialislähmung bedingt sein.

Diese stichwortartigen Ausführungen sollen ein wenig zum Nachdenken und Nachvollziehen anregen. Vielleicht motivieren sie den einen oder andern zu etwas eingehenderer Beschäftigung mit der Mimik. Es käme dem Verständnis des Patienten zugute, der manchmal über gefühlsbelastete Probleme nicht bereitwillig spricht oder sie umgekehrt zerredet. Ein guter Arzt liest im Gesicht seines Patienten.

**Ü624 Anspannen der oberflächlichen Kaumuskeln bei den Kieferbewegungen beobachten und tasten, Masseterreflex prüfen**

Der Mensch hat auf jeder Seite 4 Kaumuskeln. Sie werden alle vom motorischen Anteil (Radix motoria) des Drillingsnervs (N. trigeminus) innerviert, der mit dem dritten Hauptast (Unterkiefernerv = N. mandibularis) durch das ovale Loch (Foramen ovale) den Schädel verläßt:

- Masseter (M. masseter): vom Jochbogen (Arcus zygomaticus) zur Außenseite des Unterkieferastes (Ramus mandibulae) bis zum Kieferwinkel (Angulus mandibulae),
- Schläfenmuskel (M. temporalis): von der Schläfenbeinschuppe (Pars squamosa) und Umgebung zum Kronenfortsatz (Processus coronoideus) des Unterkiefers (Abb. 624),
- innerer Flügelmuskel (M. pterygoideus medialis): vom Flügelfortsatz (Processus pterygoideus) und Umgebung zur Innenseite des Unterkieferastes bis zum Kieferwinkel,
- äußerer Flügelmuskel (M. pterygoideus lateralis): vom Flügelfortsatz und Umgebung zum Gelenkfortsatz (Processus condylaris) des Unterkiefers und zur Gelenkscheibe (Discus articularis).

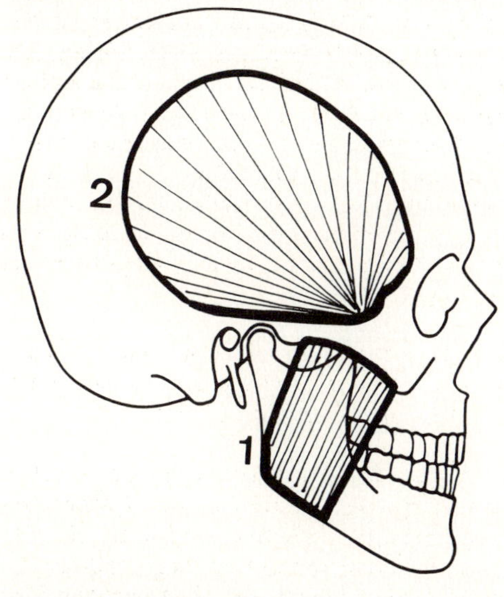


*Abb. 624. Oberflächliche Kaumuskeln: 1 Masseter, 2 Schläfenmuskel*

Die Kaumuskeln sind die Hauptmuskeln für die in Ü614 studierten Kieferbewegungen:

- Schließen des Mundes: Masseter, Schläfenmuskel, innerer Flügelmuskel,
- Öffnen des Mundes: äußerer Flügelmuskel (+ Zungenbeinmuskeln, Nackenmuskeln und Schwerkraft),
- Mahlbewegung nach rechts: linker äußerer Flügelmuskel (mit Gegenhalt durch den rechten Schläfenmuskel),
- Mahlbewegung nach links: rechter äußerer Flügelmuskel (mit Gegenhalt durch den linken Schläfenmuskel),
- Schlittenbewegung nach vorn: beide äußere Flügelmuskeln,
- Schlittenbewegung nach hinten: beide Schläfenmuskeln (horizontale = hintere untere Anteile).

Von den 4 Kaumuskeln liegen nur 2 an der Oberfläche: Das Anspannen des Masseters und des Schläfenmuskels bei den Kaubewegungen ist zumindest gut zu tasten, z.T. auch zu sehen:

- Masseter: Beim "Zähne Zusammenbeißen" tritt sein Vorderrand als hintere Begrenzung der Wange ganz markant hervor.
- Schläfenmuskel: Er ist gut zu tasten, wenn man die Fingerspitzen 2-5 etwa fingerbreit oberhalb des Jochbogens auf die Schläfen legt. Man achte auf die abwechselnde Anspannung der beiden Seiten bei den Mahlbewegungen und die gemeinsame Arbeit bei der Schlittenbewegung nach hinten und beim Mundschließen.

**Masseterreflex**: Im Kopfbereich gibt es nur wenige Skelettmuskeln. Die meisten Muskeln sind Haut- oder Eingeweidemuskeln. Deshalb kann man am Kopf nur wenig Muskeleigenreflexe prüfen. Praktisch wichtig ist nur der Reflex der Mundschließer, der gewöhnlich nur nach dem Masseter benannt wird, obwohl daran auch der Schläfenmuskel und der innere Flügelmuskel beteiligt sind. Der Reflex läuft über den dritten Hauptast des Drillingsnervs. Man löst ihn auf folgenden Wegen aus:

- Der Proband hält den Mund locker und leicht geöffnet. Der Untersucher legt einen Finger auf das Kinn des Probanden und schlägt von oben her auf seinen Finger. Er beobachtet das Anspannen der Kaumuskeln und fühlt die Kieferbewegung mit dem auf dem Kinn ruhenden Finger.
- Der Untersucher legt einen Spatel über Zunge und Zähne des Unterkiefers und hält

ihn mit der einen Hand fest. Er schlägt mit der anderen Hand mit dem Reflexhammer auf das freie Spatelstück zwischen Hand und Zähnen.

Bewertung und Allgemeines zur Reflexprüfung s. Ü124.

Protokoll 624. Masseterreflex

| | | | | | |
|---|---|---|---|---|---|
| R | 0 | (+) | + | ++ | +++ |
| L | 0 | (+) | + | ++ | +++ |

## Ü625 Pulse der oberflächlichen Kopfschlagadern tasten und Verläufe einzeichnen

Die Oberfläche des Kopfes wird normalerweise vollständig von der äußeren Kopfschlagader (A. carotis externa) mit Blut versorgt. Sie ist einer der beiden Endäste, zu der sich die gemeinsame Kopfschlagader = Halsschlagader (A. carotis communis) etwa auf Höhe des Oberrandes des Schildknorpels aufzweigt (Ü721). Der andere Endast, die innere Kopfschlagader (A. carotis interna), steigt ohne Seitenäste zur Schädelbasis auf und versorgt dann den größeren Teil des Gehirns sowie die Augenhöhlen und die Siebbeinzellen mit Blut. Zwischen den beiden Kopfschlagadern bestehen Anastomosen, z.B. über die Augenhöhlenschlagader. Sie reichen nicht aus, um bei Verschluß der inneren Kopfschlagader das Gehirn angemessen zu durchbluten (die weitaus bessere Verbindung besteht über den Schlagaderring des Gehirn zur Wirbelschlagader!).

Drei Äste der äußeren Kopfschlagader sind an mehreren Stellen zu tasten (Abb. 625):

a) **Gesichtsschlagader** (A. facialis): Sie entspringt im Kopfschlagaderdreieck (Trigonum caroticum) der vorderen Halsgegend aus der äußeren Kopfschlagader. Unter dem Halshautmuskel gelangt sie oberflächlich zum Unterkiefer in das Gesicht. Sie läuft dann schräg durch das Gesicht und endet im Winkel zwischen Nase und Augenhöhle als Winkelschlagader (A. angularis). Man sollte sie an 3 Stellen tasten:

- Hauptstamm: Er überquert den Unterrand des Unterkiefers am Vorderrand des Masseters. Die Stelle ist leicht zu finden, wenn man die Zähne fest aufeinanderbeißt, wobei sich der Masseter anspannt. Diese Stelle kommt zum Pulszählen besonders dann in Frage, wenn der Unterarm des Patienten nicht zugänglich ist. Bewegt man den tastenden Finger am Knochen hin und her, so kann man 2 überquerende Stränge unterscheiden: Nur am vorderen fühlt man den Puls (Gesichtsschlagader). Weiter hinten liegt die Gesichtsvene (V. facialis).
- mittlere Verlaufsstrecke in der Wange: Vom Unterkiefer aus kann man den Puls der Gesichtsschlagader mehr oder weniger vollständig schräg durch das Gesicht verfolgen. Man umfaßt die Wange zangenartig zwischen Daumen und Zeige- oder Mittelfinger, wobei ein Finger aus dem Vorhof der Mundhöhle gegen die Wange drückt (Gummihandschuh!).
- Winkelschlagader: Im Winkel zwischen Nase und Augenhöhle liegt der Endast der Gesichtsschlagader nur wenig von Muskeln unterpolstert auf dem Oberkiefer und kann gegen diesen gedrückt werden. Allerdings ist der Durchmesser der Schlagader nach Abgabe der Lippenschlagadern wesentlich kleiner geworden.

b) **Oberflächliche Schläfenschlagader** (A. temporalis superficialis): Die äußere Kopfschlagader teilt sich hinter und medial des Unterkieferastes in 2 Endäste: Die Oberkieferschlagader (A. maxillaris) schafft Blut für die Tiefe des Gesichts und für den Großteil der Hirnhäute heran. Die oberflächliche Schläfenschlagader verteilt das Blut an die vorderen Zweidrittel des Schädeldachs und die obere Hälfte der Gesichtsseite. Ihr Hauptstamm und 3 große Äste sind über z.T. weite Strecken zu tasten:

- Hauptstamm: Er tritt vor dem äußeren Gehörgang an die Oberfläche und überquert den hinteren Teil des Unterkieferkopfes und des Jochbogens. Unmittelbar vor dem Ohr ist der Puls leicht zu finden.
- quere Gesichtsschlagader (A. transversa facialis) und Jochbein-Augenhöhlen-Schlagader (A. zygomatico-orbitalis): Diese beiden Schlagadern entspringen aus dem Hauptstamm und ziehen im Abstand von etwa 1 cm horizontal über das Gesicht. Eine der beiden ist manchmal am Unterrand des Jochbogens gegen den Knochen zu drücken, so daß ihr Puls fühlbar wird.

▪ Stirnast (R. frontalis): Der Hauptstamm der oberflächlichen Schläfenschlagader teilt sich am Oberrand des Jochbogens in die beiden etwa gleich starken Endäste auf: Stirnast und Scheitelast. Beide bleiben sie in ganzer Länge von Muskeln unbedeckt. Vor allem bei unbehaarter Kopfhaut (Glatze) wölben sie manchmal gut sichtbar die Haut vor. Namentlich beim alten Menschen, beim dem die Schlagadern meist stark geschlängelt verlaufen, verleihen sie der Schläfengegend ein charakteristisches Aussehen. Der Stirnast läuft bei normal behaartem Kopf etwa an der Haargrenze nach vorn oben.

▪ Scheitelast (R. parietalis): Er setzt die Verlaufsrichtung der äußeren Kopfschlagader direkt nach oben fort. Bei heftigem Druckschmerz an den beiden Ästen muß man beim älteren Menschen auch an das Krankheitsbild der Arteriitis temporalis (Horton-Syndrom) denken, einer Entzündung der Gefäßwand (Riesenzellarteriitis). Diese Erkrankung sollte rechtzeitig behandelt werden, weil die Gefahr des Übergreifens auf die Augenhöhlenschlagader mit nachfolgender Erblindung besteht.

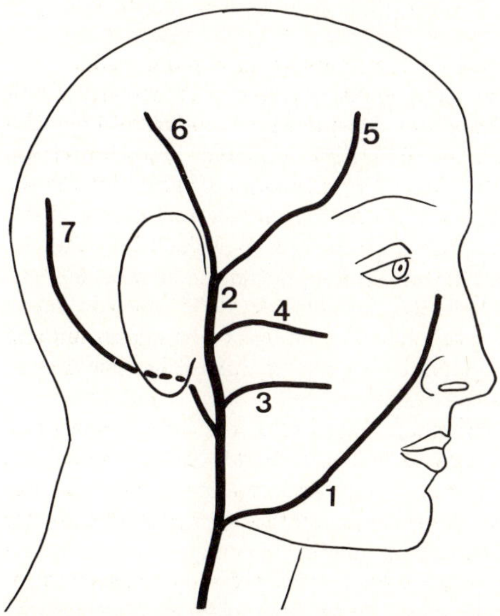


*Abb. 625. Oberflächliche Kopfschlagadern: 1 Gesichtsschlagader, 2 oberflächliche Schläfenschlagader (Hauptstamm), 3 quere Gesichtsschlagader, 4 Jochbein-Augenhöhlen-Schlagader, 5 Stirnast, 6 Scheitelast, 7 Hinterhauptschlagader*

c) **Hinterhauptschlagader** (A. occipitalis): Sie entspringt etwa auf Höhe des Kieferwinkels aus der äußeren Kopfschlagader und zieht medial vom Kopfwender und dem Warzenfortsatz nach hinten oben. Zwischen den Ansätzen des Kopfwenders und des Trapezmuskels tritt sie an die Oberfläche und versorgt das Hinterhaupt mit Blut. Ihr schließt sich hier der große Hinterhauptnerv (N. occipitalis major, Segment $C_2$) an. Man tastet oberhalb der Ansätze der Halsmuskeln und wird dann entweder den Schlagaderpuls oder den Hautnerv (Druckschmerz) zuerst fühlen.

Protokoll 625. Oberflächliche Kopfschlagadern: Pulsfrequenz (1/min)

| | R | L |
|---|---|---|
| Schläfenschlagader a) Hauptstamm | | |
| b) Stirnast | | |
| c) Scheitelast | | |
| Gesichtsschlagader | | |
| Hinterhauptschlagader | | |

**Hinweis** zum Aufzeichnen von Gefäßen und Nerven im Bereich des Haupthaares: Selbst bei sehr kurzen Haaren dürfte kaum jemand begeistert sein, wenn man die Kopfhaut mit Schminke bemalt. Es empfiehlt sich dann, eine gut zu reinigende, straff sitzende und möglichst schlichte Gummihaube aufzusetzen, wie man sie zum Schwimmen in Hallenbädern benutzt. Zur Not kann man sich aus einem großen Stofftaschentuch eine Haube "basteln", wenn man in die 4 Ecken Knoten einbindet.

## Ü626 Lymphknoten des Kopfes abtasten und Zuflußgebiete durch Pfeile verdeutlichen

Die gesamte Lymphe des Kopfes fließt über den Hals ab. Die regionären Lymphknoten für die Oberfläche des Kopfes sind entlang der Grenze von Kopf und Hals angeordnet:

▪ Unterkinnlymphknoten (Nodi lymphatici submentales),

- Unterkieferlymphknoten (Nodi lymphatici submandibulares),
- Ohrspeicheldrüsenlymphknoten (Nodi lymphatici parotidei),
- Warzenfortsatzlymphknoten (Nodi lymphatici mastoidei),
- Hinterhauptlymphknoten (Nodi lymphatici occipitales).

Für die tieferen Bereiche des Kopfes sind meist die tiefen Halslymphknoten die regionären Lymphknoten, z.B. der wichtige Lymphknoten an der Kreuzung der tiefen Halsvene mit dem zweibäuchigen Muskel (Nodus lymphaticus jugulodigastricus) für die Gaumenmandel. Die Lymphknoten des Kopfes werden daher am besten im Zusammenhang der Halslymphknoten in Ü726 behandelt.

### Ü627 Versorgungsgebiete der Hautnerven des Kopfes umranden, Trigeminusdruckpunkte prüfen und markieren

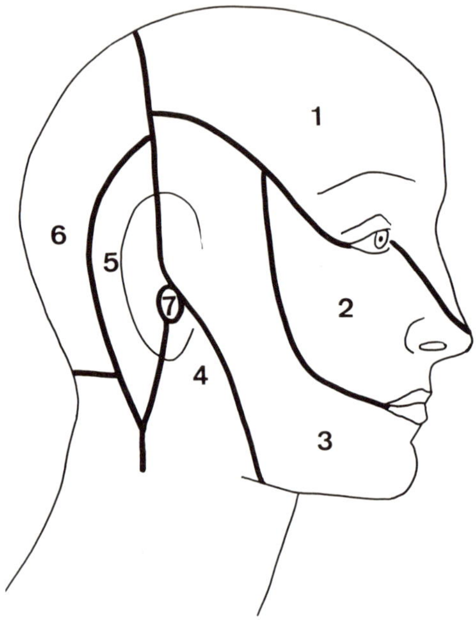


*Abb. 627a. Versorgungsgebiete der Hautnerven am Kopf: 1 N. ophthalmicus, 2 N. maxillaris, 3 N. mandibularis, 4 N. auricularis magnus, 5 N. occipitalis minor, 6 N. occipitalis major, 7 N. vagus*

Die Hautnerven des Kopfes entstammen 3 Bereichen:

- Hirnnerven: die 3 Hauptäste des Drillingsnervs (N. trigeminus, fünfter Hirnnerv): Augenhöhlennerv (N. ophthalmicus, $V_1$), Oberkiefernerv (N. maxillaris, $V_2$), Unterkiefernerv (N. mandibularis, $V_3$),
- hintere Äste der Halsnerven: großer Hinterhauptnerv (N. occipitalis major, $C_2$),
- vordere Äste der Halsnerven: großer Ohrnerv (N. auricularis magnus) und kleiner Hinterhauptnerv (N. occipitalis minor) aus dem Halsnervengeflecht (Plexus cervicalis).

Wichtige **Grenzlinien** sind (Abb. 627a):

- Ohr-Scheitel-Linie: zwischen Drillingsnerv und großem Hinterhauptnerv,
- Lidspalte: zwischen 1. und 2. Hauptast des Drillingsnervs,
- Mundspalte: zwischen 2. und 3. Hauptast des Drillingsnervs.

Man beachte, daß

- die Grenzlinien zwischen den Trigeminusästen von der Lid- und der Mundspalte nicht horizontal nach hinten, sondern schräg nach hinten oben verlaufen.
- das Halsnervengeflecht über dem Kieferwinkel und am und hinter dem äußeren Ohr an der Innervation der Kopfhaut beteiligt ist.

**Trigeminusdruckpunkte**: Aus jedem Hauptast des Drillingsnervs kommt zumindest ein Zweig, der an einer leicht zu findenden Stelle gegen Knochen gedrückt werden kann. Dies hat praktische Bedeutung, wenn es gilt, die Ursache von Kopfschmerzen zu klären. Reizzustände des Drillingsnervs (Trigeminusneuralgie) erkennt man an einer besonderen Druckempfindlichkeit der charakteristischen Druckpunkte. Wegen der großen Häufigkeit von Kopfschmerzen werden auch die Trigeminusdruckpunkte entsprechend häufig geprüft. Die 3 Trigeminusdruckpunkte liegen etwa in einer Geraden, die vom Mundwinkel zur Mitte des Oberrandes der Augenhöhle zieht (Abb. 627b):

- $V_1$: Der Oberaugenhöhlennerv (N. supraorbitalis) aus dem Stirnnerv (N. frontalis) biegt mit 2 Ästen um den Oberrand der Augenhöhle zur Stirn um. Häufig finden sich an diesen Stellen Einschnitte im Knochen (Incisura supraorbitalis/frontalis), die auch zu Kanälen (Canalis supraorbitalis/frontalis) geschlossen sein können.

- $V_2$: Der Unteraugenhöhlennerv (N. infraorbitalis) tritt aus dem gleichnamigen Loch (Foramen infraorbitale) des Oberkiefers aus.
- $V_3$: Der Kinnerv (N. mentalis) ist der Endast des Unterkieferzahnnervs (N. alveolaris inferior). Er verläßt den Unterkieferkanal am Kinnloch (Foramen mentale). Das Kinnloch findet man etwas unterhalb des Mundwinkels.

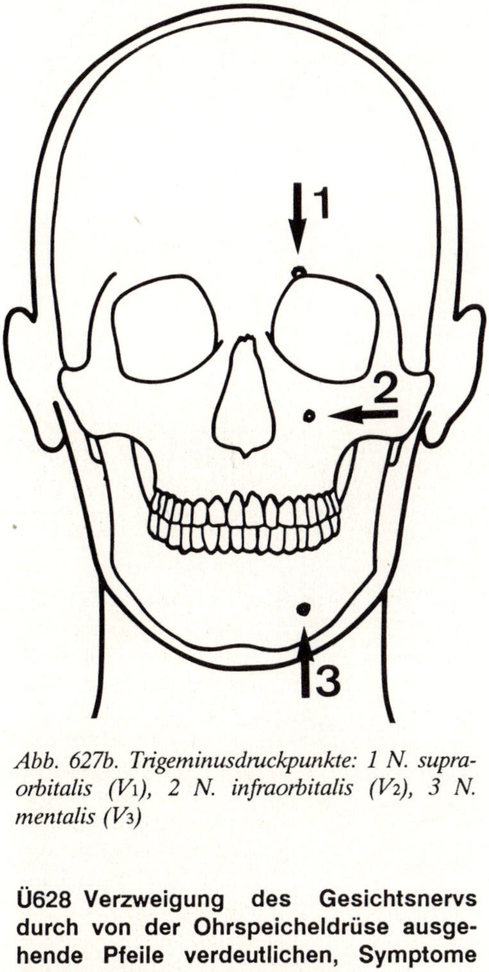


*Abb. 627b. Trigeminusdruckpunkte: 1 N. supraorbitalis ($V_1$), 2 N. infraorbitalis ($V_2$), 3 N. mentalis ($V_3$)*

### Ü628 Verzweigung des Gesichtsnervs durch von der Ohrspeicheldrüse ausgehende Pfeile verdeutlichen, Symptome der Fazialislähmung bedenken

Der Gesichtsnerv (N. facialis = intermediofacialis) verläßt seinen Knochenkanal (Canalis facialis) im Felsenbein zwischen Warzen- und Griffelfortsatz (Foramen stylomastoideum). Er gibt sogleich einige feine Äste zu den hinteren und seitlichen Köpfen des Sehnenhaubenmuskels (M. epicranius) sowie zum hinteren Kopf des zweibäuchigen Muskels (M. digastricus) und zum Griffelfortsatz-Zungenbein-Muskel (M. stylohyoideus) ab. Dann tritt er in die Ohrspeicheldrüse (Glandula parotidea) ein. Hier zweigt er sich zu einem Geflecht (Plexus intraparotideus) auf, das die Ohrspeicheldrüse in einen oberflächlichen und einen tiefen Teil spaltet.

Aus der Ohrspeicheldrüse treten 5 Gruppen von Ästen des Gesichtsnervs strahlig wie die Finger einer Hand zu den Hautmuskeln des Kopfes aus (Abb. 628):
- Schläfenäste (Rr. temporales): Richtung Stirn,
- Jochbeinäste (Rr. zygomatici): Richtung Jochbein,
- Wangenäste (Rr. buccales): Richtung Oberlippe,
- Unterkieferrandast (R. marginalis mandibulae): Richtung Unterkieferrand,
- Halsast (R. colli): Richtung vordere Halsgegend.

Praktische Bedeutung: Wegen des strahligen Verlaufs der Fazialisäste sind Einschnitte in die seitliche Gesichtsgegend möglichst ebenso strahlig an den Grenzen zwischen den Nervenästen auszuführen.

**Fazialislähmung**: Störungen des Gesichtsnervs beeinträchtigen den Patienten sehr:
- Die Krankheit ist ihm für alle sichtbar "ins Gesicht geschrieben". Manche Patienten trauen sich nicht mehr auf die Straße, weil sie das Gefühl haben, von allen angestarrt zu werden.
- Es droht die Erblindung des gleichseitigen Auges: Die Lidspalte kann nicht mehr geschlossen werden. Bindehaut und Hornhaut trocknen aus. Bakterien wandern ein, weil die Abwehrstoffe in der Tränenflüssigkeit nicht mehr durch den Lidschlag über die Augenvorderseite verteilt werden. Es entstehen Hornhautgeschwüre. Sie hinterlassen zumindest Narben, die das Bild auf der Netzhaut verzerren. Im schlimmsten Fall kann das Auge zerstört werden. Zum Schutz vor der Austrocknung muß der Patient zumindest beim Schlafen einen Verband über dem Auge (Uhrglasverband) tragen.
- Das Essen ist behindert: Sind die Lippen gelähmt, kann der Mund nicht aktiv geschlossen werden. Bei den Kieferbewegungen geht dann der Mund auf, und Speichel und Speisebrei laufen aus. Die Nahrung kann auch nicht

optimal zerkleinert werden. Beim normalen Kauen wird der Bissen durch ein Wechselspiel von Zunge und Wange immer wieder zwischen die Zahnreihen geschoben. Bei Lähmung des Wangenmuskels sammelt sich der Speisebrei im Vorhof der Mundhöhle an und muß vom Patienten mit der Hand aus der Backentasche massiert werden.

- Er wird besonders lärmempfindlich: Der Steigbügelmuskel dämpft die Schwingungen der Steigbügelplatte und mindert laute Schalleinwirkungen. Bei Lähmung des Steigbügelmuskels hört der Patient "besser" (Hyperakusis), was in unserer geräuschreichen Welt durchaus nicht angenehm ist.
- Kaum beeinträchtigt ist der Patient bei einseitiger Lähmung der Paukensaite (Chorda tympani): Der Ausfall der Geschmackempfindung auf einer Zungenhälfte sowie der Wegfall der Sekretion der Unterzungen- und Unterkieferdrüse dieser Seite werden meist nicht bemerkt.

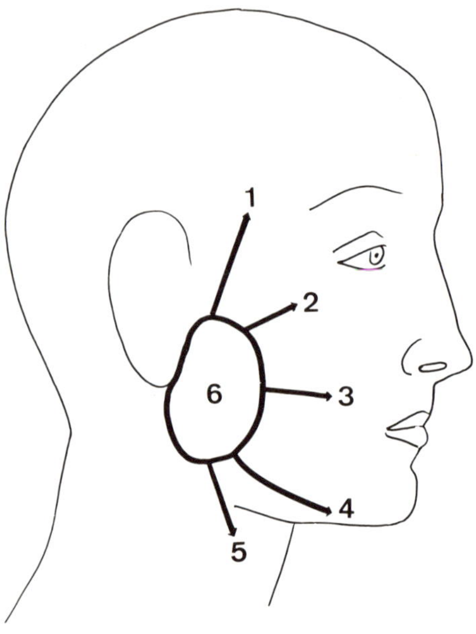


*Abb. 628. Die 5 Astgruppen des Gesichtsnervs zu den mimischen Muskeln: 1 Stirnäste, 2 Jochbeinäste, 3 Wangenäste, 4 Unterkieferrandast, 5 Halsast, 6 Ohrspeicheldrüse*

Typen der einseitigen Fazialislähmung:

a) **Zentraler Typ** (supranukleäre Lähmung): Die Muskeln der Lidspalte sind nicht mitbetroffen. Die für sie zuständigen Zellen im Fazialiskern erhalten im Gegensatz zu den Zellen für die übrigen Muskeln Impulse von beiden Großhirnhälften. Eine einseitige Störung oberhalb des Fazialiskerns zwischen Großhirnrinde und verlängertem Mark behindert mithin das Auge nicht.

b) **Peripherer Typ** (infranukleäre Lähmung): Die Muskeln der Lidspalte sind mitbetroffen. Den Ort des Schadens am Gesichtsnerv kann man je nach Mitbeteiligung der im Felsenbein abgehenden Äste näher eingrenzen:

- Bei Geräuschempfindlichkeit liegt die Störung im Fazialiskern selbst oder in der Verlaufsstrecke des Gesichtsnervs zwischen Kern und Abgang des Astes zum Steigbügelmuskel (R. stapedius).
- Ohne Geräuschempfindlichkeit, aber mit Geschmackstörung muß die Läsion im Fazialiskanal zwischen den Abgängen des Steigbügelmuskelastes und der Paukensaite liegen.
- Fehlen beide Störungen, so ist der Gesichtsnerv im unteren Teil oder außerhalb des Fazialiskanals betroffen.

**Kurztest** für den motorischen Teil des Gesichtsnervs:

- Stirn runzeln,
- Augenlider gegen Widerstand zusammenkneifen,
- Mund spitzen,
- Zähne zeigen.

## 6.3 Mundhöhle

### Ü631 Lippen und Wangen besichtigen, Lippendrüsen tasten

Die **Mundhöhle** im weiteren Sinn (Cavitas oris) umfaßt den Raum zwischen den Lippen (+ Wangen) und der Schlundenge (Isthmus faucium). Sie wird durch die Zahnreihen in 2 Abschnitte gegliedert:

- Vorhof der Mundhöhle (Vestibulum oris): zwischen Lippen (+ Wangen) und Zähnen,
- eigentliche Mundhöhle (Cavitas oris propria): zwischen Zähnen und Schlundenge.

Die **Lippen** (Labia oris) sind Weichteilfalten mit einem mehrschichtigen Plattenepithel und einem Muskelkern. Nach dem Deckgewebe kann man 3 Zonen unterscheiden:

▪ Hautzone (Pars cutanea): normale äußere Haut (verhornt, pigmentiert, mit Haaren, Talg- und Schweißdrüsen).

▪ Lippenrot (Pars intermedia): unpigmentierte, nur leicht verhornte Haut ohne Haare und Schweißdrüsen. Wegen des fehlenden Pigments der Oberhaut schimmert die gefäßreiche Lederhaut rötlich durch. Das Lippenrot enthält zahlreiche sensible Nervenendungen. Nach der Zunge ist es der berührungsempfindlichste Teil des menschlichen Körpers

▪ Schleimhautzone (Pars mucosa): Die Mundhöhlenseite der Lippen ist mit Schleimhaut bedeckt (unverhornt, ohne Schweiß- und Talgdrüsen). In der Tiefe liegen die seromukösen Lippendrüsen (Glandulae labiales).

**Wangen**: Der Bau der Wangen entspricht dem der Lippen. Es fehlt lediglich die Zwischenzone des Lippenrots. Gegenüber dem 2. Mahlzahn mündet in der Wangenschleimhaut der Ohrspeichelgang (Ü632). Zur Besichtigung der Wangen wird der jeweilige Mundwinkel mit einem Spatel zur Seite gezogen.

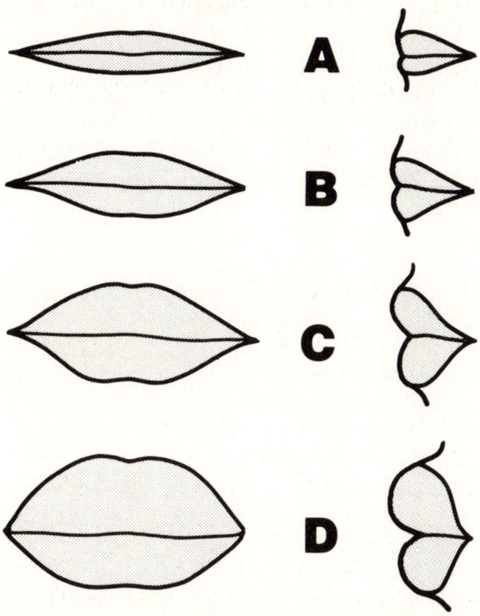


*Abb. 631. Form der Lippen: 1 dünn, 2 mittel, 3 dick, 4 wulstig (nach Saller u. Martin)*

**Form der Lippen** (Abb. 631): Sie bestimmt den Gesichtsausdruck mit, ist aber zu einem großen Teil anlagebedingt. Lediglich das Muskelspiel der Mundbewegungen ist der Mimik zuzuordnen (Ü623).

**Lippendrüsen tasten**: Man faßt mit dem Zeigefinger (Gummihandschuh!) in den Vorhof der Mundhöhle auf die Schleimhautseite der Lippe. Mit dem Daumen drückt man von der Hautseite der Lippe dagegen. Bei leicht kreisenden Bewegungen des Zeigefingers fühlt sich die Schleimhaut der Lippen höckrig an. Die kleinen Höcker sind durch die bis zu linsengroßen Lippendrüsen (weiter rückwärts die Wangendrüsen) bedingt. Gegen das Lippenrot sind sie spärlicher als in der Tiefe des Vorhofs.

Protokoll 631. Lippen

| | | | | | | |
|---|---|---|---|---|---|---|
| Form | dünn | | mittel | | dick | wulstig |
| Lippendrüsen getastet | Oberlippe | | | Unterlippe | | |
| | j | n | ? | j | n | ? |

**Besondere Beobachtungen**:

▪ entzündete Mundwinkel (Stomatitis angularis): bei Zahnlosen häufig. Ohne Prothese nähern sich die Kiefer zu stark an. Damit ist der sichere Schluß des Mundes nicht mehr gewährleistet. Speichel läuft an den Mundwinkeln aus. Die ständige Befeuchtung der Haut führt zur Entzündung.

▪ kleine gelbliche Flecken an der Wangenschleimhaut (Fordyce-Flecken): Sie rühren von ektopischen Talgdrüsen her und sind harmlos.

▪ ein weißlicher Streifen an der Wangenschleimhaut auf Höhe der Kontaktflächen der Zähne: Die Schleimhaut ist hier beim Kauen öfters verletzt worden (Wangenbiß) und etwas verhornt.

## Ü632 Ohrspeichelgang tasten und Verlauf auf die Haut aufmalen

Die **Ohrspeicheldrüse** (Glandula parotidea) liegt, grob gekennzeichnet, zwischen Unterkiefer und Warzenfortsatz. Ihr oberflächlicher Teil (Pars superficialis) schiebt sich über den Unterkieferast (Ramus mandibulae) nach vorn. Die gesunde Drüse ist sehr weich und kann daher nicht getastet werden. Bei Entzündungen, z.B. Mumps (Parotitis epidemica), kann sie gewaltig anschwellen und die Haut zwischen Schläfen und hinterem Halsdreieck so stark vorwölben, daß man die Diagnose schon stellen kann, sobald man das Gesicht des Patienten erblickt.

Der 7. Hirnnerv (Gesichtsnerv, N. facialis) durchquert die Ohrspeicheldrüse. Er spaltet sich in ihr in seine Hauptäste auf, die dann wie die Finger einer Hand strahlig aus ihr austreten. Bei Verletzungen oder Geschwülsten der Ohrspeicheldrüse kann auch der Gesichtsnerv Schaden erleiden.

Der **Ohrspeichelgang** (Ductus parotideus) wird in der Klinik und in der englischsprachigen Fachliteratur oft noch Ductus stenonianus genannt (nach Niels Stensen, der den Gang im Alter von 23 Jahren 1661 entdeckte). Er verbindet die Ohrspeicheldrüse mit dem Vorhof der Mundhöhle (Vestibulum oris). Er mündet dort auf Höhe des 2. oberen Mahlzahns aus. Der Ohrspeichelgang läuft etwa parallel zum Jochbogen fingerbreit unterhalb von diesem. Am Vorderrand des Masseters biegt er nach innen um. Er ist etwa kugelschreiberminendick. Er ist besonders leicht zu tasten, wenn man die Zähne fest aufeinanderbeißt. Dabei spannt sich der Masseter an, und man kann den Ohrspeichelgang an dessen Vorderkante gar nicht verkennen. Sein Verlauf ist dann leicht auf die Haut aufzuzeichnen.

### Ü633 Entstehung der Spaltbildungen im Gesicht erörtern und deren Lage auf Lippe und Wange einzeichnen

Beim Embryo von 4½ Wochen wird die Mundbucht von 5 Wülsten umgeben: dem unpaaren Stirnwulst und den paarigen Ober- und Unterkieferwülsten. Am Rand des Stirnwulstes sinken die beiden Nasengruben ein. Sie werden von dem medianen und den beiden lateralen Nasenwülsten umwachsen. Die lateralen Nasenwülste bleiben im Wachstum zurück, so daß zur Oberlippe der mediane Nasenwulst und die beiden Oberkieferwülste verschmelzen. Es gehen also hervor aus

- dem *medianen Nasenwulst* (bzw. den beiden medialen Nasenwülsten): die Einsenkung in der Mitte der Oberlippe (Philtrum), der vordere Oberkieferteil (Zwischenkieferknochen), in dem die 4 Schneidezähne stecken, und das daran anschließende kleine Feld des Gaumens bis zu den Foramina incisiva (primärer Gaumen),
- dem *lateralen Nasenwulst*: die Nasenflügel,
- dem *Oberkieferwulst*: der Hauptteil der Oberlippe, der seitliche Teil des Oberkiefers mit den Zähnen 3-8, der größte Teil des Gaumens (sekundärer Gaumen),
- dem *Unterkieferwulst*: die Unterlippe und der Unterkiefer.

**Spaltbildungen**: Wird das verbindende Gewebe an den Grenzen der embryonalen Gesichtswülste abgebaut, so entstehen Spalten in den Weichteilen und im Knochen:

- *Hasenscharte* (laterale Lippenspalte, Cheiloschisis): zwischen dem medianen Nasenwulst und dem Oberkieferwulst. In der mildesten Form ist sie eine kleine Einkerbung am Rand des Philtrums. In der schwersten Form ist die Oberlippe bis zum Nasenloch hinauf gespalten und auch der Oberkieferknochen zwischen dem 2. Schneidezahn und dem Eckzahn getrennt (Lippen-Kiefer-Spalte, Cheilognathoschisis). Es kommt auch die reine Kieferspalte (Gnathoschisis) bei intakter Oberlippe vor.
- *mediane Oberlippenspalte*: bei der Trennung des medianen Nasenwulstes in 2 mediale Nasenwülste. Bei dieser seltenen Mißbildung steht der Spalt genau in der Mitte des Philtrums.
- *horizontale Gesichtsspalte*: zwischen Ober- und Unterkieferwulst. Der Mund ist verbreitert (Riesenmund, Makrostomie), im Extremfall bis zum äußeren Gehörgang.
- *schräge Gesichtsspalte* (schräge Wangenspalte, Meloschisis): zwischen lateralem Nasenwulst und Oberkieferwulst. Der Spalt zieht vom Nasenloch um den Nasenflügel herum zum inneren Augenwinkel.
- *Gaumenspalte* (Uranoschisis, Palatoschisis): zwischen den Gaumenfortsätzen der Oberkieferwülste. Der Gaumen ist vom Zäpfchen nach vorn unterschiedlich weit gespalten.
- *Wolfsrachen* (Cheilognathopalatoschisis): beidseits zwischen medianem Nasenwulst und den beiden Oberkieferwülsten. Von den doppelseitigen Hasenscharten ziehen die Spalten Y-förmig bis zum Zäpfchen.

Etwa 0,1 % der Menschen werden mit einer Hasenscharte und 0,04 % mit einer Gaumenspalte geboren. In der Bundesrepublik Deutschland leben etwa 80 000 Menschen mit angeborenen Spaltbildungen. Trotzdem sind offene Gesichtsspalten bei Erwachsenen in zivilisierten Ländern nie zu sehen. Lediglich feine Narben erinnern an die schon im Säuglingsalter vorgenommene Korrekturoperation. Die Frühoperation ist meist nötig, weil tieferreichende Spalten das Saugen des Säuglings behindern.

**Übungsaufgaben**: Verlauf der medialen und lateralen Lippenspalte sowie der horizontalen und schrägen Gesichtsspalte auf das Gesicht des Probanden aufmalen. Dabei auf feine Narben oder Einziehungen in diesen Bereichen achten.

### Ü634 Zahnbestand beurteilen, Stellung der Zahnreihen bei Schlußbißstellung (Okklusion) beobachten, Artikulation mit Papierstreifen prüfen

Das bleibende Gebiß (Dentes permanentes) besteht in jeder Kieferhälfte aus
- 2 Schneidezähnen (Dentes incisivi)
- 1 Eckzahn (Dens caninus),
- 2 vorderen Backenzähnen (Dentes premolares),
- 3 Mahlzähnen (Dentes molares).

Das Milchgebiß (Dentes decidui) besteht in jeder Kieferhälfte aus
- 2 Milchschneidezähnen,
- 1 Milcheckzahn,
- 2 Milchmahlzähnen.

**Internationale Zahnformel**: Es wäre sehr umständlich, wenn man Befunde an den Zähnen jeweils mit den Namen der Zähne beschreiben müßte. Deshalb wurden schon früh die Zähne in jeder Kieferhälfte von vorn nach hinten mit 1-8 beziffert (1 = erster Schneidezahn, 8 = Weisheitszahn). Für die 4 Kieferhälften waren allerdings verschiedene Symbole verwendet worden. In letzter Zeit hat sich dafür weltweit ein System durchgesetzt: Man numeriert die 4 Kieferhälften mit 1-4:
- 1 = rechter Oberkiefer,
- 2 = linker Oberkiefer,
- 3 = linker Unterkiefer,
- 4 = rechter Unterkiefer.

Jeder Zahn wird zuerst mit der Nummer der Kieferhälfte und dann mit der Nummer des Zahns innerhalb der Kieferhälfte bezeichnet: z.B. 24 (gesprochen "zwei vier", nicht "vierundzwanzig") = 1. vorderer Backenzahn links oben. Beim Milchgebiß verwendet man statt der Ziffern 1-4 die Ziffern 5-8 für die 4 Kieferhälften, also 85 = 2. Milchmahlzahn rechts unten.

Blickt man auf den Mund des Probanden, so sind dessen Zähne folgendermaßen angeordnet:

| | |
|---|---|
| 18 17 16 15 14 13 12 11 | 21 22 23 24 25 26 27 28 |
| 48 47 46 45 44 43 42 41 | 31 32 33 34 35 36 37 38 |

Beim Milchgebiß ist die Ziffernfolge entsprechend:

| | |
|---|---|
| 55 54 53 52 51 | 61 62 63 64 65 |
| 85 84 83 82 81 | 71 72 73 74 75 |

Besichtigt man den eigenen Mund im Spiegel, so vergißt man leicht, daß man das eigene Gesicht spiegelbildlich sieht. Deshalb beginnen die Zahnnummern im Spiegelbild (von links nach rechts) oben mit 28 und unten mit 38!

**Richtungsbegriffe**: Wegen der Krümmung der Zahnbogen sind die sonst in der Anatomie üblichen Richtungsbegriffe schlecht anzuwenden. Man hat deshalb für die 5 freien Hauptflächen der Zähne eigene Bezeichnungen:
- mesial: für die zur Mitte des Zahnbogens gerichtete Seite,
- distal: für die zum Ende des Zahnbogens gerichtete Seite,
- labial (bukkal): für die den Lippen bzw. Wangen zugewandte Seite,
- lingual (beim Unterkiefer), palatinal (beim Oberkiefer): für die der Zunge bzw. dem Gaumen zugewandte Seite,
- koronal: für die Kaufläche.

In Befunden werden die Richtungsbegriffe meist mit dem ersten (m, d, b, p, c) oder den ersten beiden (la, li) Buchstaben abgekürzt.

**Schlußbißstellung** (Okklusion): In Ruhelage liegen die Zahnbogen nicht aufeinander, sondern sind einige Millimeter getrennt (der Unterkiefer hängt locker etwas herab). Erst beim Anspannen der Kaumuskeln werden die Zahnreihen aneinandergepreßt. Dabei gibt es individuell verschiedene Endstellungen (Schlußbißstellungen):

- *Scherenbiß* = Vorbiß = Überbiß = Psalidodontie (korrekt gesprochen Psalid-odontie, da der griechische Wortstamm für Zahn odont- lautet): Die oberen Schneidezähne stehen scherenartig vor den unteren. In Mitteleuropa ist dies die verbreitetste Schlußbißstellung.
- *Zangenbiß* = Kantenbiß = Kopfbiß = Labiodontie (Labi-odontie): Die Schneidekanten der Schneidezähne stehen zangenartig aufeinander. In Mitteleuropa selten. Bei prähistorischen Menschenrassen häufig.

Die oberen Schneidezähne sind breiter als die unteren. Deshalb hat mit Ausnahme der ersten unteren Schneidezähne und der oberen Weisheitszähne jeder Zahn mit 2 gegenüberliegenden Zähnen Kontakt. Die Höcker der Mahlzähne stehen deshalb nicht aufeinander, sondern greifen jeweils in die Einsenkungen zwischen den Höckern der gegenüberliegenden Mahlzähne. Dabei unterscheidet man 3 Möglichkeiten, die nach der Stellung des 1. oberen Mahlzahns definiert sind:

- *Neutralbiß*: Der vordere wangenseitige Hökker des ersten oberen Mahlzahns (16, 26) steht zwischen dem vorderen und dem hinteren wangenseitigen Höcker des ersten unteren Mahlzahns (36, 46).
- *Distalbiß*: Der Unterkiefer ist um die Breite eines Backenzahns rückwärts (distal) verschoben. Der vordere wangenseitige Höcker des ersten oberen Mahlzahns (16, 26) steht nun zwischen dem zweiten vorderen Backenzahn (35, 45) und dem ersten Mahlzahn (36, 46) des Unterkiefers.
- *Mesialbiß*: Der Unterkiefer ist um die Breite eines Backenzahns vorwärts (mesial) verschoben. Der vordere wangenseitige Höcker des ersten oberen Mahlzahns (16, 26) steht nun zwischen dem ersten (36, 46) und dem zweiten unteren Mahlzahn (37, 47). Der Unterkiefer ragt dabei vor (Prognathie).

**Artikulation**: Darunter versteht man in der Zahnheilkunde die Beziehungen der Kauflächen der gegenüberliegenden Zähne zueinander. Bei guter Artikulation greifen Höcker und Einsenkungen so ineinander, daß die Speisen optimal zwischen den Zähnen zerkleinert werden. Man kann die Güte der Artikulation einfach prüfen:

- Der Untersucher faßt einen schmalen (etwa zahnbreiten) Papierstreifen an einem Ende mit Daumen und Zeigefinger und bittet den Probanden, den Mund leicht zu öffnen.
- Er schiebt den Papierstreifen mit dem freien Ende zwischen die beiden Zahnreihen des Probanden und bittet ihn, fest zuzubeißen.
- Der Untersucher versucht, den Papierstreifen aus dem Mund zu ziehen. Bei guter Artikulation ist dies nicht möglich.
- Der Versuch wird an verschiedenen Stellen des Gebisses wiederholt.

Protokoll 634. Zähne: Befunde mit internationaler Zahnformel eintragen

A Fehlende Zähne:

B Gefüllte Zähne:

C Überkronte Zähne:

D Prothesen:

E Behandlungsbedürftig:

| | | | |
|---|---|---|---|
| F Scherenbiß | j | n | ? |
| G Zangenbiß | j | n | ? |
| H Neutralbiß | j | n | ? |
| I Distalbiß | j | n | ? |
| J Mesialbiß | j | n | ? |
| K Artikulation überall gut | j | n | ? |

Wenn nein, dann Stellen mit schlechter Artikulation angeben:

**Übungsaufgaben**:

- "Zahnstatus": Zur Übung in der internationalen Zahnformel halte man Befunde an den Zähnen des Probanden nicht über ein Bildschema fest, wie dies in der zahnärztlichen Praxis üblich ist, sondern unter Benutzung der Bezifferung. Dies erscheint zweckmäßig, weil der Arzt im Gegensatz zum Zahnarzt meist kein entsprechendes Bildschema auf seiner Karteikarte oder Krankengeschichte vorgedruckt hat. Man registriere fehlende Zähne (noch nicht durchgebrochen oder schon ausge-

zogen), gefüllte Zähne, überkronte Zähne, Teil- oder Vollprothesen, behandlungsbedürftige Karies. Dazu besichtige man die nicht direkt einsehbaren Teile des Gebisses mit Hilfe eines kleinen Spiegels.
- Schlußbißstellung beurteilen.
- Artikulation mit Papierstreifen prüfen.

### Ü635 Innervation der Zähne und Methoden der Schmerzausschaltung klarmachen

Zähne und Zahnfleisch werden ausschließlich vom 5. Hirnnerv (N. trigeminus) innerviert, und zwar
- alle oberen Zähne vom 2. Hauptast (Oberkiefernerv, N. maxillaris),
- alle unteren Zähne vom 3. Hauptast (Unterkiefernerv, N. mandibularis).

a) **Unterkiefer**: Alle 8 Zahnnerven (Rr. dentales inferiores) sind Äste des unteren Alveolarnervs (N. alveolaris inferior). Er tritt etwa in der Mitte des Unterkieferastes in den Unterkiefer ein und verläuft dann in einem Knochenkanal (Canalis mandibulae) bis zu den vorderen Backenzähnen nach vorn. Dort tritt sein Hautast (Kinnerv, N. mentalis) durch das Kinnloch (Foramen mentale) aus dem Unterkiefer aus. Aus dem Unterkieferkanal verlaufen die Zahnnerven in feinen Knochenkanälen zu den Zahntaschen und über die Zahnwurzeln zu den Zahnhöhlen.

b) **Oberkiefer**: Die Zahnnerven des Oberkiefers (Rr. dentales superiores) sind zwar alle Äste des Oberkiefernervs, aber sie verlaufen in mehreren getrennten Knochenkanälen des Oberkiefers als 3 Gruppen von Alveolarnerven (Nn. alveolares superiores), die allerdings über den Zahnwurzeln wieder ein gemeinsames Nervengeflecht (Plexus dentalis superior) bilden:
- hintere obere Alveolarnerven (Rr. alveolares superiores posteriores),
- mittlerer oberer Alveolarnerv (R. alveolaris superior medius),
- vordere obere Alveolarnerven (Rr. alveolares superiores anteriores).

c) **Zahnfleisch**: An seiner Innervation beteiligen sich außer den schon genannten Zahnnerven
- großer Gaumennerv (N. palatinus major): an der Gaumenseite des Oberkieferzahnfleisches,
- Wangennerv (N. buccalis): an der Wangenseite des Zahnfleisches der unteren Mahlzähne,
- sensibler Zungennerv (N. lingualis): an der Zungenseite des Unterkieferzahnfleisches.

d) **Schmerzausschaltung**:
- Unterkiefer: Am einfachsten ist es, den gesamten Unterkieferzahnnerv vor seinem Eintritt in den Unterkieferkanal zu blockieren.
- Oberkiefer: Wegen der Mehrzahl der Alveolarnerven wird meist keine Leitungsbetäubung für den gesamten Oberkiefer vorgenommen, sondern lediglich der zu behandelnde Zahn umspritzt.

**Leitungsbetäubung des unteren Alveolarnervs**:
- Man tastet in der Mundhöhle die Innenseite des Unterkieferastes und legt den Zielpunkt des Einstichs etwa 2 cm oberhalb und hinter dem Weisheitszahn fest. Dann führt man die Spritze mit der Hohlnadel über den gegenüberliegenden Mundwinkel in die Mundhöhle und injiziert das Leitungsbetäubungsmittel am Zielpunkt.
- Wegen der engen Nachbarschaft des Zungennervs wird dieser mitbetäubt. Dies ist erwünscht, weil so auch der Zahnfleischschmerz auf der Zungenseite verhindert wird. Lediglich im Bereich der Mahlzähne muß das Zahnfleisch wegen des Wangennervs noch örtlich umspritzt werden. Im Bereich der Schneidezähne ist die Schmerzbefreiung unsicher. Offenbar greifen Nerven der Gegenseite über die Mittellinie über. Man kann dann durch eine Einspritzung in den Unterkieferkanal über das Kinnloch die vorderen Zahnnerven der Gegenseite ausschalten.
- Es sollte nicht nötig sein, darauf hinzuweisen, daß man vor Beginn des Eingriffs am Zahn den Eintritt der Wirkung abwartet (nach eigener schmerzlicher Erfahrung können es ungeduldige Zahnärzte manchmal nicht erwarten). Der Beginn der Wirkung gibt sich darin kund, daß der Patient ein eigenartiges Gefühl in der Haut unterhalb der Unterlippe verspürt. Er meint, sie schwelle an. Er kann jedoch keine Schwellung tasten. In der Fachliteratur wird gewöhnlich von einem "pelzigen" Gefühl geschrieben. Ich selbst konnte bislang mit dem

Begriff pelzig beim eigenen Erleben der Leitungsbetäubung nicht viel anfangen. Um die Zeit bis zum Wirkungseintritt zu nutzen, behandeln manche Zahnärzte inzwischen im zweiten Sprechzimmer einen anderen Patienten. Dies ist sehr zeitökonomisch. Allerdings ist mir schon widerfahren, daß die Behandlung des anderen Patienten etwas länger dauerte und bei mir die Wirkung der Leitungsbetäubung schon weitgehend abgeklungen war, als ich an die Reihe kam. Ich konnte dann als medizinhistorisch Interessierter die Zahnextraktion wie in der Zeit vor Erfindung der Leitungsbetäubung erleben.

### Ü636 Zungenschleimhaut besichtigen und Boden der Mundhöhle tasten

Das Besichtigen der Zunge gehört zu den ältesten ärztlichen Ritualen. Es hat heute an Bedeutung eingebüßt, kann aber immer noch wertvolle Hinweise geben. Zumindest erwartet der Patient, daß der Arzt bei einer eingehenden Untersuchung auch in den Mund sieht. Manche Patienten betrachten ihre Zunge regelmäßig im Spiegel und sind dann bisweilen über Beläge und Farbänderungen beunruhigt. Auch deshalb muß sich der Arzt mit der Zunge des Patienten befassen.

Die Zunge ist ein Mehrzweckorgan:

- Sinnesorgan: chemische Überprüfung der Speisen (Geschmackssinn, Ü638). Die Geschmacksknospen sitzen an Pilz-, Blatt- und Wallpapillen des Zungenrückens.
- Greiforgan: Pflanzenfressende Säugetiere rupfen damit das Gras ab. Der Zungenrücken ist daher durch Hornkegel (Fadenpapillen) aufgerauht. (Wer einmal von einer Kuh abgeschleckt wurde, wird sich daran zeitlebens erinnern.) Beim Menschen ist diese Aufgabe in den Hintergrund getreten. Deshalb sind die Hornfäden der Fadenpapillen recht weich. Trotzdem ist auch hier ein dichter Rasen von Fadenpapillen zu finden.
- Verdauungsorgan: Durch das Wechselspiel von Wange und Zunge wird der Bissen zur Zerkleinerung zwischen die Zahnreihen geschoben. Weichere Speisen werden zwischen der Zunge und dem harten Gaumen zerquetscht. Das Schlucken wird eingeleitet, indem die Zunge den Bissen zur Schlundenge schiebt. Die weiche Schleimhaut der Zungenunterseite kann leicht lösliche Stoffe resorbieren (sublinguale Darreichung von Arzneimitteln).
- Kommunikationsorgan: Die Zunge ist für die Lautbildung wichtig. Deshalb wird in vielen Sprachen dasselbe Wort für Zunge und Sprache verwandt, z.B. im Lateinischen lingua.

**Besichtigen**: An der Zungenoberfläche unterscheidet man 2 Seiten mit völlig verschiedenem Bau:

a) **Zungenrücken** (Dorsum linguae): Man bittet den Probanden, den Mund zu öffnen und die Zunge möglichst weit herauszustrecken. Man betrachtet zunächst die Zungenspitze und geht dann nach rückwärts. Zum Besichtigen der Zungenränder bittet man den Probanden, die Zunge ganz nach rechts bzw. nach links zu bewegen. Dann faßt man die Zungenspitze mit einem Mulläppchen und tastet vor allem die Seitenränder der Zunge mit der gummibehandschuhten anderen Hand ab. Beim älteren Patienten ist dies besonders wichtig, weil an den Zungenrändern der Zungenkrebs am häufigsten beginnt (zweithäufigster Krebs im Mundbereich nach dem Lippenkrebs). Um mehr Einzelheiten zu sehen, verwendet man beim Besichtigen eine Lupe. Will man die eigene Zunge im Spiegelbild studieren, so ist ein vergrößernder Hohlspiegel praktisch. Man achte auf folgende Einzelheiten:

- Oberflächenbeschaffenheit: Der normale Zungenrücken ist durch die mit der Lupe oder im Hohlspiegel gut sichtbaren Faden- und Pilzpapillen reich strukturiert. Eine glatte Oberfläche spricht für den Untergang von Papillen. Sie kommt z.B. beim Mangel von Vitamin $B_{12}$ und Eisen vor.
- Wallpapillen: Sie sind an der Grenze zum Zungengrund V-förmig angeordnet.
- Blattpapillen: Sie schneiden am Zungenrand vor den Wallpapillen ein.
- Furchen: Sie finden sich individuell sehr unterschiedlich ausgepägt und nehmen manchmal im Laufe des Lebens zu ("Hodensackzunge" wegen des zerklüfteten Aussehens).
- weißen Zungenbelag: Die verhornten Spitzen der Fadenpapillen erscheinen weißlich im Gegensatz zum rosafarbenen Boden der Schleimhaut. Sie bilden im Lupenbild scharf begrenzte rundliche weiße Flecken. Die Hornfäden der Fadenpapillen nutzen sich beim Essen ab und wachsen ständig wieder nach. Nach

einigen Stunden Nahrungsentzugs sind sie lang und rufen dann den Eindruck eines weißlichen Schleiers auf der Zunge hervor. Zwischen den Hornfäden der Fadenpapillen können sich Speisenreste festsetzen, die Kleinlebewesen zur Nahrung dienen. Sie bedingen den zusammenhängenden weißlichen Zungenbelag vieler Menschen. Es handelt sich in der Regel um harmlose Saprophyten, die man nicht bekämpfen muß. Ganz im Gegenteil stören eifrige desinfizierende Mundspülungen die normale Mundflora und ermöglichen erst recht das Gedeihen störender Bakterien und Pilze.

▪ schwarze Haarzunge: Der hintere Zungenrücken ist dabei braun bis schwarz verfärbt. Die Hornfäden sind länger und dunkler als sonst. Dieser harmlose, aber den Patienten recht beunruhigende Zustand ist häufig gerade durch die desinfizierenden Maßnahmen des Patienten bedingt. Die dunkle Farbe verschwindet meist, wenn der Patient auf sein geliebtes "Mundwasser" verzichtet. Auch bei Antibiotikabehandlung tritt gelegentlich diese Zungenverfärbung auf. Sie beruht dann bisweilen auf dem Wuchern von schwarzen Pilzarten (Aspergillus niger).

▪ Zungengrund (Pars postsulcalis): Der hinter den Wallpapillen gelegene Teil des Zungenrückens ist nur über einen kleinen Spiegel (Kehlkopfspiegel) zu besichtigen. Er trägt reichlich lymphatisches Gewebe (Zungengrundmandel = Tonsilla lingualis).

b) **Zungenunterseite** (Facies inferior linguae): Man bittet den Probanden, die Zunge nicht herauszustrecken, sondern die Zungenspitze bei weitgeöffnetem Mund gegen den Gaumen zu führen. Man sieht

▪ Zungenbändchen (Frenulum linguae): eine dünne mediane Schleimhautfalte. Das Zungenbändchen reicht normalerweise nicht bis zur Zungenspitze. Ein zu weit nach vorn ziehendes oder zu straffes Zungenbändchen kann die Zungenbewegungen beim Sprechen erheblich behindern.

▪ Fransenfalte (Plica fimbriata): etwa 1 cm beidseits des Zungenbändchens. Eine dicke Vene schimmert bläulich durch (Unterzungenvene, V. sublingualis, ein Ast der V. lingualis). Beim älteren Menschen bilden sich hier gelegentlich Krampfadern.

▪ Unterzungenkarunkel (Caruncula sublingualis): eine Verdickung beidseits der Basis des Zungenbändchens. Hier münden die Unterkieferspeichelgänge (Ductus submandibulares).

▪ Unterzungenfalte (Plica sublingualis): von der Unterzungenkarunkel zur Seite. In ihrer Tiefe liegen der Unterkieferspeichelgang und die Unterzungendrüse (Glandula sublingualis).

**Tasten des Mundbodens**: Vor und seitlich der Zunge kann man den Mundboden mit den Unterzungen- und Unterkieferdrüsen (Glandulae submandibulares) abtasten. Dies geht besonders gut bimanuell: Eine Hand (Gummihandschuh!) drückt aus der Mundhöhle nach unten, die andere Hand von der Haut aus nach oben. Man kann dann z.B. die Unterkieferdrüse auspressen und an der Unterzungenkarunkel den Austritt des Speichels beobachten (am eindeutigsten, wenn man vorher die Stelle mit einem Watteträger trocken getupft hat).

**Mundgeruch** (Foetor ex ore):

▪ Ein leichter Mundgeruch ist normal nach 12stündigem Nahrungsentzug wegen des fehlenden Abschilferns der Zungenpapillen und des dadurch begünstigten Bakterienwachstums, z.B. Mundgeruch vor dem Frühstück.

▪ Ein stärkerer übler Mundgeruch kann von Zahnfäulnis (Karies), vereiterten Mandeln usw. herrühren.

▪ Ein säuerlicher Mundgeruch weist auf Übersäuerung des Magens (Hyperacidität) oder Gährungsprozesse im Darm (bei manchen Durchfallerkrankungen) hin.

▪ Acetongeruch tritt bei Zuckerkranken auf, vor allem im hyperglykämischen Koma.

▪ Alkoholgeruch ("Fahne") bei Bewußtlosen sollte nicht einfach mit der Diagnose "Volltrunkenheit" abgetan werden. Der Betrunkene könnte sich beim Sturz verletzt haben, z.B. Schädelbruch. Bei jedem bewußtlosen Betrunkenen ist eine eingehende Untersuchung nötig!

## Ü637 Muskelspiel der Zunge beobachten

Die Zunge (Lingua) ist ein mit Schleimhaut überzogenes Muskelpaket. Es ist nur an der Basis am Skelett verankert. Die Spitze ist frei beweglich.

a) **Binnenmuskeln**: Die Zunge kann eine Vielzahl von Formen annehmen. Dies wird durch eine im Körper einzigartige Anordnung der Muskelfasern erreicht. Sie verlaufen in al-

len 3 Hauptdimensionen des Raums:
- längs (korrekter sagittal): M. longitudinalis superior/inferior,
- quer: M. transversus linguae,
- vertikal: M. verticalis linguae.

An dieser Anordnung quergestreifter Muskelfasern ist Zungengewebe im mikroskopischen Präparat leicht zu erkennen.

b) **Außenmuskeln**: Die Binnenmuskeln beginnen und enden in der Zunge, ohne sich am Skelett zu befestigen. Die Verbindung zu diesem stellen die Außenmuskeln dar. Sie entspringen an den die Mundhöhle umgebenden Knochen:
- vom Kinn: M. genioglossus,
- vom Zungenbein: M. hyoglossus,
- vom Griffelfortsatz des Schläfenbeins: M. styloglossus.

Der vom Gaumen zur Zunge ziehende M. palatoglossus hat kaum Bedeutung für Zungenbewegungen. Er verengt die Schlundenge, indem er das Gaumensegel zur Zunge zieht.

**Bewegungsspiel**: Etwas vereinfachend kann man sagen: Die Binnenmuskeln bestimmen die Form der Zunge, die Außenmuskeln ihre Stellung in der Mundhöhle. Durch das wechselnde Zusammenspiel der einzelnen Zungenmuskeln kommt die Vielfalt der Bewegungen zustande. Man beobachte die Zunge des Probanden (oder die eigene im Spiegel) nach dem Öffnen des Mundes und ordne einzelnen Zungenformen die angespannten Muskeln zu:
- Zunge flach machen, um in den Rachen blicken zu können: vertikaler Zungenmuskel + Zungenbein-Zungen-Muskel,
- Zunge weit zurückziehen: Griffelfortsatz-Zungen-Muskel + Zungenbein-Zungen-Muskel,
- Zunge flach aus dem Mund strecken: vertikaler Zungenmuskel + Kinn-Zungen-Muskel,
- Zunge dabei spitzen: zusätzlich querer Zungenmuskel,
- Zungenspitze nach rechts: rechte Zungenlängsmuskeln,
- Zungenspitze nach links: linke Zungenlängsmuskeln,
- Zungenspitze heben: obere Zungenlängsmuskeln,
- Zungenspitze senken: untere Zungenlängsmuskeln.

**Hypoglossuslähmung**: Hat man das Bewegungspiel der Zunge verstanden, so fällt es leicht, sich die Störung bei einseitiger Lähmung des motorischen Zungennervs (12. Hirnnerv, N. hypoglossus) zu erklären: Die Zunge weicht beim Herausstrecken nach der gelähmten Seite ab. Zum geraden Herausstrecken benötigt man die seitengleiche Innervation des vertikalen und des transversalen Zungenmuskels. Sind diese auf einer Seite geschwächt oder gelähmt, so bleibt diese Seite beim Herausstrecken zurück.

## Ü638 Geschmacksqualitäten bestimmten Zungenbereichen zuordnen

Der Mensch kann 4 Geschmacksqualitäten unterscheiden: süß, sauer, salzig und bitter. Die feinere Nuancierung erfolgt über den Geruch der Speisen. Die Rezeptoren für die 4 Qualitäten sind nicht gleichmäßig über die Zungenoberfläche verteilt. Im allgemeinen wird süß mehr an der Zungenspitze, sauer am Zungenrand, bitter am Zungengrund und salzig im ganzen Zungenbereich empfunden. Im zentralen Zungenbereich ist die Geschmacksempfindung schwach oder fehlt völlig.

Die Erregung der Geschmacksknospen wird von den vorderen zwei Dritteln der Zunge über die Paukensaite (Chorda tympani) und den Gesichtsnerv (N. intermediofacialis), vom hinteren Zungendrittel über den Zungen-Rachen-Nerv (N. glossopharyngeus) und den Vagus zum Geschmackskern (Nucleus solitarius) im verlängerten Mark (Medulla oblongata) geleitet.

Im Alter nimmt die Leistungsfähigkeit des Geschmackssinns häufig ab. Davon ist vor allem die Süßempfindung betroffen.

**Geschmacksprüfung**: Der Proband streckt die Zunge heraus. Der Untersucher faßt die Zungenspitze mit einem Mull- oder Zellstoffläppchen und trägt dann mit einer Pipette, einem feinen Pinsel oder einem Watteträger den Geschmacksstoff auf den Zungenrücken auf. Der Proband wird gebeten, den Arm zu heben, wenn er etwas schmeckt. Dann läßt der Untersucher die Zunge los und fragt den Probanden, welche Geschmacksqualität er wahrgenommen habe. Anschließend spült der Proband die

Mundhöhle, bevor die nächste Geschmacksprobe auf die Zunge aufgetragen wird.

Je nach dem Ziel der Untersuchung (Grob- oder Feinanalyse) wird man den Geschmacksstoff eher flächig oder eng begrenzt auf die Zungenoberfläche bringen. Man verwendet üblicherweise als Geschmacksstoffe pulverisierte Kristalle oder verschieden konzentrierte Lösungen von

- Traubenzucker (4-, 10-, 40%ig),
- Zitronensäure (1-, 5-, 10%ig),
- Kochsalz (2,5-, 7,5-, 15%ig),
- Chinin (0,075-, 0,5-, 1%ig).

Die Geschmacksprüfung wird vom Arzt meist zur Lokalisierung eines Schadens bei der Fazialislähmung vorgenommen.

- Ist der Geschmack auf den vorderen zwei Dritteln der Zunge erhalten, dann liegt der Schaden distal des Abgangs der Paukenseite, also im untersten Teil des Fazialiskanals oder außerhalb des Felsenbeins.
- Ist der Geschmack auf den vorderen zwei Dritteln der Zunge ausgefallen, so liegt der Fazialisschaden oberhalb des Abgangs der Paukenseite.
- Fehlt die Geschmacksempfindung auf der gesamten Zungenhälfte, dann liegt ein Schaden im verlängerten Mark im Bereich des Geschmackskerns nahe.

**Übungsaufgabe**: Wenn man Zeit für eine Feinanalyse hat, sollte man möglichst punktförmige Geschmacksreize in wechselnder Reihenfolge der Geschmacksstoffe auf den Zungenrücken setzen und danach eine Landkarte für die einzelnen Geschmacksqualitäten anlegen.

## Ü639 Gaumen und Gaumenmandeln besichtigen

Der Gaumen (Palatum) bildet die Trennwand zwischen Mund- und Nasenhöhle. Nach Bau und Aufgaben unterscheidet man 2 Abschnitte:

a) **Harter Gaumen** (Palatum durum): Der vordere (größere) Bereich ist durch Knochen (Palatum osseum) versteift. Er bildet das harte Widerlager, gegen das die Zunge den weichen Bissen preßt, um ihn zu zerreiben. Dieser Teil des Gaumens trägt daher Querfalten (Plicae palatinae transversae), um die Reibung zu vergrößern. Bei älteren Erwachsenen tastet man öfters (etwa 20 %) einen länglichen knöchernen Vorsprung in der Mitte des harten Gaumens (Gaumenwulst = Torus palatinus). Er ist harmlos.

b) **Weicher Gaumen** (Palatum molle) = Gaumensegel (Velum palatinum): Der hintere Teil des Gaumens ist beweglich, um die Trennwand zwischen Luft- und Speiseweg den wechselnden Bedürfnissen beider anpassen zu können. So wird beim Schlucken das Gaumensegel angehoben. Ihm wölbt sich die hintere Rachenwand entgegen, und die beiden verschließen so den Weg für die Speisen in die Nasenhöhle.

- Gaumensegelmuskeln (M. levator veli palatini und M. tensor veli palatini): Sie entspringen z.T. von der Wand der Ohrtrompete. Bei jedem Schlucken wird daher über die Anspannung der Gaumensegelmuskeln die Ohrtrompete geöffnet, und Luft strömt aus dem Rachen in die Paukenhöhle (Ü663). Die Gaumenmuskeln werden vom 5., 9. und 10. Hirnnerv innerviert.
- Gaumenzäpfchen (Uvula palatina): Beim gesunden Gaumen steht diese Ausstülpung der Hinterkante des Gaumensegels genau in der Körpermittelebene. Bei einer einseitigen Lähmung der Gaumenmuskeln ist das Gaumenzäpfchen nach der gesunden Seite verzogen.
- Funktionsprüfung der Gaumensegelmuskeln: Man läßt den Probanden den Mund weit öffnen und drückt dann die Zunge mit einem Spatel herab. Der Proband wird nun gebeten, so gut wie es die Mundstellung zuläßt, die "Gaumenlaute" (M, N) zu bilden. Das gesunde Gaumensegel wird dabei wie ein Vorhang nach unten gezogen. Läßt man den Probanden zwischendurch "A" sagen, so wird das Gaumensegel wieder gehoben. Das Gaumenzäpfchen behält dabei immer seine Mittelstellung.
- Schlundenge (Isthmus faucium): Sie wird oben vom Gaumensegel, seitlich von den Gaumenbogen und unten von der Zunge begrenzt.
- vorderer Gaumenbogen (Gaumen-Zungen-Bogen, Arcus palatoglossus): Den Kern dieser Schleimhautfalte bildet der Gaumen-Zungen-Muskel (M. palatoglossus).
- hinterer Gaumenbogen (Gaumen-Rachen-Bogen, Arcus palatopharyngeus): Den Kern dieser Schleimhautfalte bildet der Gaumen-Rachen-Muskel (M. palatopharyngeus).

- Gaumenmandelgrube (Fossa tonsillaris): zwischen den beiden Gaumenbogen. In ihr liegt die Gaumenmandel.

**Gaumenmandel** (Tonsilla palatina): Sie ist ein lymphatisches Organ, dessen Bedeutung unterschiedlich beurteilt wird. Je nach dieser Einstellung werden die Gaumenmandeln bei Erkrankungen schnell herausgeschnitten (Tonsillektomie) oder erhalten. Heute ist man eher zurückhaltend mit dem Entfernen lymphatischer Organe.

Zum Besichtigen der Gaumenmandeln benötigt man 2 Spatel. Mit einem drückt man die Zunge herab. Die Spatelspitze sollte dabei etwa auf der Mitte des Zungenrückens ruhen, weiter rückwärts wird leicht ein Würgereiz ausgelöst. Mit der Spitze des zweiten Spatels drängt man den vorderen Gaumenbogen zur Seite und hebelt anschließend die Gaumenmandel aus der Gaumenmandelgrube heraus. Man kann dann mit der Spatelspitze auch auf die Gaumenmandel selbst drücken, um Eiter zur Untersuchung aus den Mandelkrypten auszupressen.

Bei den Gaumenmandeln achte man auf
- Farbe (Rötung bei Entzündung),
- Größe (Schwellung bei Entzündung),
- Beweglichkeit (vermindert bei chronischen Entzündungen),
- Beläge oder Stippchen in den Krypten,
- Narben (als Zeichen früherer Geschwüre),
- Druckschmerz beim Berühren mit dem Spatel,
- Umgebung (Schwellung und Rötung der Gaumenbogen usw.).

## 6.4 Nase und Nasennebenhöhlen

### Ü641 Form der Nase beschreiben

Die Form der Nase beeinflußt das Bild eines Menschen bei anderen sehr stark. In Ü616 hatten wir die anatomischen Merkmale des Gesichts eingeteilt in solche mit und solche ohne Bezug zur Psyche. Die vom knöchernen und knorpeligen Skelett geprägte Nasenform wird nicht von Gefühlen und Stimmungen verändert. Trotzdem wird im Volke von einem Menschen mit markanter Hakennase eher Willensstärke und Tatendrang erwartet als von jemandem mit einer kleinen Stupsnase.

Der Ausdruckswert der Nase kommt in einer Fülle von Redewendungen zum Vorschein, wie z.B.
- auf der Nase liegen,
- die Nase hoch tragen,
- die Nase in alles hineinstecken,
- die Nase über etwas rümpfen,
- die Nase vorn haben,
- die Nase zu tief ins Glas stecken,
- eine Nase für etwas haben,
- es juckt etwas in der Nase,
- es muß immer nach seiner Nase gehen,
- etwas sticht einem schon lange in die Nase,
- jemandem die Würmer aus der Nase ziehen,
- jemandem eine lange Nase machen,
- jemandem eine Nase drehen,
- jemandem etwas an der Nase ansehen,
- jemandem etwas auf die Nase binden,
- jemandem etwas unter die Nase reiben,
- jemandem gefällt jemands Nase nicht,
- jemandem jemand vor die Nase setzen,
- jemanden an der Nase herumführen,
- jemanden mit der Nase auf etwas stoßen,
- nicht nach jemands Nase sein,
- sich an die eigene Nase fassen,
- von jemand die Nase voll haben,
- nicht über die eigene Nase hinaussehen können usw.

Für den Arzt wird die Nasenform zum Thema, wenn z.B.
- der Verdacht auf einen Nasenbeinbruch besteht,
- die Nasenatmung bei einem Patienten behindert ist,
- einem Patienten seine Nase nicht gefällt und er eine Korrekturoperation wünscht.

Ungewöhnliche Formen der Nase kann man ganz grob als Breitnase, Schmalnase, Sattelnase, Stupsnase, Höckernase, Hakennase, Schiefnase usw. kennzeichnen. Eine differenziertere Betrachtung setzt Messungen voraus. Wir wollen uns hierbei auf die relative Breite der Nase beschränken. Wir messen dabei:
- *Nasenflügelbreite*: den Abstand der am weitesten seitlich ausladenden Stellen der Nasenflügel bei ruhiger Atmung (mit Schieblehre, zur Not mit vorgehaltenem Lineal),

▪ *Nasenhöhe*: vom "Subnasale" (Grenze zwischen Nasenscheidewand und Oberlippe) zum "Nasion" (dem tiefsten Punkt der Einzichung zwischen Nase und Stirn).

Aus dem Verhältnis von Breite zu Höhe (Breiten-Höhen-Index) kann man erkennen, ob die Nase ungewöhnlich breit oder schmal ist. Mitunter kann man einen Patienten dann beruhigen, wenn man ihm versichert, daß seine Nase im Normbereich liege.

Protokoll 641. Form der Nase

| | |
|---|---|
| A Nasenflügelbreite (cm) | |
| B Nasenhöhe (cm) | |
| C Breiten-Höhen-Index der Nase (%) (C = 100A/B) | |
| Bewertung: | |
| schmalnasig (leptorrhin) | <70 |
| mittelnasig (mesorrhin) | 70-85 |
| breitnasig (chamärrhin) | >85 |

## Ü642 Luftdurchgängigkeit der Nasenhöhlen prüfen, vordere Nasenspiegelung

Die Nasenhöhle (Cavitas nasi) ist ein schmaler hoher Raum. Er wird durch die balkonartig von der Seitenwand in ihn hereinragenden 3 Nasenmuscheln (Concha nasalis superior/media/inferior) in 4 Stockwerke gegliedert: die 3 Nasengänge (Meatus nasi superior/medius/inferior) und den darüber gelegenen Riechspalt (Recessus sphenoethmoidalis). Der Raum zwischen Nasenloch und Muscheln ist zum Nasenvorhof (Vestibulum nasi) erweitert.

**Luftdurchgängigkeit**: Ein sehr einfacher Vergleich der beiden Nasenhöhlen ist möglich, wenn man einen Spiegel unter die Nasenlöcher hält. Er beschlägt sich in der Atemluft. Sind die beiden Niederschlagsbereiche gleich groß, so sind die beiden Nasenhöhlen gleich gut luftdurchgängig. Eine stärkere Asymmetrie kann auf einer einseitigen Schwellung der Nasenschleimhaut, auf einer Verbiegung der Nasenscheidewand, auf einseitigen Polypen usw. beruhen. Sie erfordert in jedem Fall eine eingehendere Untersuchung.

**Besichtigen ohne Hilfsmittel**: Wenn der Proband den Kopf zurückneigt und man seine Nasenspitze anhebt, kann man bei guter Beleuchtung den Nasenvorhof überblicken, sofern die Nasenhaare (Vibrissae) nicht daran hindern. Ein weiterer Einblick ist nur durch die vordere und hintere Nasenspiegelung zu erreichen.

**Instrumente**: Für die Nasenspiegelung benötigt man

▪ Nasenspiegel (Nasenspekulum): Es handelt sich um keinen Spiegel im üblichen Sinn, sondern um ein zangenartiges Instrument, mit dem man die Nasenlöcher auseinanderspreizt.

▪ Stirnspiegel + Lampe oder Stirnlampe: als Beleuchtungsquelle.

▪ Alternativen: Steht kein Nasenspiegel zur Verfügung, so kann man sich mit einem weiten Ohrtrichter behelfen. Man darf ihn jedoch nicht zu weit einschieben, damit man die vorderen Enden der Nasenmuscheln nicht verletzt. Man kann auch gleich das elektrische Otoskop mit aufgesetztem Trichter verwenden. Auch das Ophthalmoskop ist zum Ausleuchten des Naseneingangs geeignet.

**Vordere Nasenspiegelung** (Rhinoscopia anterior): Proband und Untersucher sitzen sich nahe gegenüber (Proband mit geschlossenen Knien, die von den geöffneten Knien des Untersuchers umfaßt werden). Der Untersucher stützt mit einer Hand (der Rechtshänder meist mit der rechten) den Nacken und Hinterkopf des Probanden. Mit der anderen Hand faßt er den Nasenspiegel. Er führt ihn im geschlossenen Zustand in ein Nasenloch ein. Er dreht ihn mit der Spitze etwas zur Seite, damit beim Öffnen kein Druck auf die Nasenscheidewand ausgeübt wird. Dann spreizt er mit ihm den Nasenflügel ab, so daß der Nasenvorhof weit wird. Man besichtigt die Nasenhöhle in 3 Kopfhaltungen des Probanden:

▪ Stellung 1: Der Kopf wird gerade gehalten. Der Blick des Untersuchers geht zur unteren Nasenmuschel und in den unteren Nasengang.

▪ Stellung 2: Der Kopf wird leicht nach rückwärts geneigt. Der Blick des Untersuchers geht zur mittleren Nasenmuschel und in den mittleren Nasengang.

▪ Stellung 3: Der Kopf wird stärker nach hinten geneigt. Der Blick des Untersuchers geht zur oberen Nasenmuschel, in den oberen Nasengang und in die Riechspalte.

Achtung: Am Schluß der Nasenspiegelung

muß der Nasenspiegel in leicht geöffneter Stellung aus der Nase geführt werden. Klappt man ihn vollständig zusammen, so klemmt man Nasenhaare ein und reißt diese beim Herausziehen aus!

**Befunde**: Man achte bei der vorderen Nasenspiegelung auf

- Nasenschleimhaut: glatt, geschwollen, blaß, gerötet, feucht, trocken usw.
- Nasensekret: Farbe (klar, eitrig, blutig), Menge (Schnupfen), Beschaffenheit (dünnflüssig, schleimig, zäh, Borkenbildung).
- Stellung der Nasenscheidewand: Verbiegungen können den Luftweg stark behindern.
- Schwellkörper der Nasenscheidewand: Er ist der häufigste Sitz von Nasenbluten.
- Nasenmuscheln: Schwellung, Polypen.
- Weite der Nasengänge.

## Ü643 Hintere Nasenspiegelung

**Instrumente**: Man benötigt

- Zungenspatel: zum Herabdrücken der Zunge.
- kleinen gestielten Spiegel: Der runde Spiegel von etwa 1-1,5 cm Durchmesser steht im Winkel von 45° an einem Stiel, dessen Länge dem Abstand vom Mund zum Rachen entspricht. Dieser auch zum Besichtigen der dem Betrachter abgewandten Seiten der Zähne verwendbare Spiegel ist kleiner als der Kehlkopfspiegel.
- Stirnspiegel + Lampe oder Stirnlampe: als Beleuchtungsquelle.

**Prinzip**: Die hintere Nasenspiegelung (Rhinoscopia posterior) ist vom Prinzip her einfach: Die Zunge des Probanden wird mit dem Zungenspatel sanft nach unten gedrückt. Der gestielte Spiegel wird in den Rachen eingeführt und mit der Spiegelfläche nach oben gedreht. Mit dem Stirnspiegel lenkt man das Licht auf den Spiegel im Rachen und beleuchtet so den Nasenrachenraum und die Choanen.

**Schwierigkeiten**: Leider ist die Praxis nicht gleichermaßen einfach wie die Theorie:

- Das Hauptproblem bildet der weiche Gaumen. Er verwehrt oft den Einblick in die Nasenhöhle von hinten. Man fordert den Probanden auf, durch die Nase zu atmen, zun schnüffeln oder "A" zu sagen. Dabei wird das Gaumensegel nach unten gezogen. Gelingt der Einblick noch immer nicht, so wird man in Übungen am Lebenden die Untersuchung abbrechen. Der Facharzt greift dann zur "Velotraktion": Er drängt das Gaumensegel (Velum palatinum) mit einem Haken vorsichtig nach vorn. Beliebt ist auch die Verwendung eines Gummischlauchs, der durch den unteren Nasengang in den Rachen geschoben und durch die Mundhöhle wieder herausgeführt wird. Mit dieser Gummischlinge kann man das Gaumensegel weich nach vorn ziehen.
- Berührt man mit dem Zungenspatel oder dem Spiegel die Rachenwand, so wird ein Würgereflex ausgelöst. Man muß also lernen, den Spiegel so zu halten, daß man die Rachenwand nicht berührt. Bei sehr empfindlichen Patienten wird jedoch auch der Facharzt die Rachenwand anästhesieren, z.B. mit Lidocainspray. Wegen der Gefahr allergischer Reaktionen wird man in Übungen damit sehr zurückhaltend sein.
- Da man wegen des engen Nasenrachenraums nur einen kleinen Spiegel verwenden kann, ist auch das Spiegelbild sehr klein. Man kann nie den gesamten hinteren Nasenbereich übersehen, sondern muß sich mit kleinen Ausschnitten begnügen. Man setzt diese dann im Geiste zum Gesamtbild zusammen. Eine wichtige Orientierungshilfe ist dabei die vertikal stehende Nasenscheidewand.
- Der kalte Spiegel beschlägt rasch in der Atemluft. Man muß ihn daher auf Körpertemperatur anwärmen. Dies geschieht gewöhnlich über einer kleinen Flamme. Bevor man den angewärmten Spiegel in den Mund einführt, muß man unbedingt seine Temperatur prüfen, indem der Untersucher seinen Handrücken damit berührt. Einen ängstlichen Probanden sollte man beruhigen, indem man auch auf seinem Handrücken oder Unterarm die Temperatur des Spiegels prüft.

**Besichtigungsprogamm**: Man achte bei der hinteren Nasenspiegelung auf

- Nasenscheidewand: gerade oder verbogen.
- hintere Enden der Nasenmuscheln: Bei verengten Nasengängen bilden sich hier gern Polypen.
- Weite der Choanen.
- Rachenmandel (Tonsilla pharyngealis = Tonsilla adenoidea): Sie ist bei Kindern oft vergrößert (oft als "adenoide Wucherungen" bezeichnet).

- rachenseitige Mündung der Ohrtrompete (Ostium pharyngeum tubae auditoriae).
- Ohrtrompetenwulst (Torus tubarius): hinter der Mündung der Ohrtrompete.
- Rachentasche (Recessus pharyngeus): hinter dem Ohrtrompetenwulst.

### Ü644 Riechvermögen getrennt nach Seiten prüfen

**Riechstoffe** kann man in 3 Gruppen einteilen:
- *reine Riechstoffe* (Olfaktoriusreizstoffe) wirken auf die sensorischen Nervenendungen des 1. Hirnnervs in der Riechschleimhaut oberhalb der oberen Nasenmuschel: z.B. Kaffee, Lavendelöl, Terpentinöl, Vanille, Wachs, Zimt.
- *Riechstoffe mit Trigeminuskomponente* (Trigeminusreizstoffe) wirken auf die sensiblen Nervenendungen des 5. Hirnnervs in der gesamten Nasenschleimhaut: z.B. Ammoniak, Essigsäure, Formaldehyd, Kampfer, Menthol, Petroleum.
- *Riechstoffe mit Geschmackskomponente* reizen zusätzlich die Geschmacksrezeptoren der Zunge (7. und 9. Hirnnerv): z.B. Chloroform (süß), Pyridin (bitter).

**Riechprüfung**: Das Riechvermögen kann man auf verschiedenen Stufen der Objektivität prüfen (Olfaktometrie):
- einfache Riechprüfung: Der Proband hält ein Nasenloch zu. Unter das andere werden Flaschen mit Duftstoffen gehalten. Ein Seitenvergleich ist semiquantitativ möglich, wenn man die Riechstoffe erst etwas entfernter hält und sie dann allmählich annähert, bis der Stoff erkannt wird. Man protokolliert für jede Seite die Entfernung, aus welcher der Stoff richtig bezeichnet wurde.
- quantitative Riechprüfung mit Riechstoffen in definierten Konzentrationen.
- Computer-Olfaktometrie mit Ableitung von Hirnströmen (olfaktorisch evozierte Potentiale).

**Übungsaufgaben**:
- kleine Sammlung von Riechstoffen der 3 Gruppen anlegen (in Fläschchen, Reagenzgläsern usw. - da man sehr geringe Mengen benötigt, kann man gut mit Kollegen tauschen).
- einfache Riechprüfung mit Probanden vornehmen.
- In Übungen zur Anatomie am Lebenden findet sich praktisch immer jemand, der gerade einen Schnupfen hat. Dabei schwillt die Nasenschleimhaut an und verlegt den Weg zur Riechspalte. Dann können zwar Trigeminusreizstoffe die Nasenschleimhaut reizen. Reine Riechstoffe gelangen jedoch nicht bis zur Riechschleimhaut und werden daher nicht erkannt. Man träufelt dann einige Tropfen eines der gängigen schleimhautabschwellenden Arzneimittel in die Nase, wartet die Wirkung ab und wiederholt die Riechprüfung. Das Riechvermögen kehrt (zumindest eingeschränkt) zurück.

**Abnorme Befunde**:
- Hyposmie: herabgesetztes Riechvermögen für reine Riechstoffe,
- Anosmie: fehlendes Riechvermögen für reine Riechstoffe.

### Ü645 Stirn- und Kieferhöhlen beurteilen

Bei jedem Schnupfen (Rhinitis) erkrankt die Schleimhaut der Nasennebenhöhlen mit (Sinusitis). Die engen Öffnungen der Nebenhöhlen in die Nasenhöhle schwellen dabei zu. Das Sekret hat keinen Abfluß. Die Entzündung der Nebenhöhle verselbständigt sich. Sie kann oft wochenlang weiterschwelen, wenn die Entzündung der Nasenhöhle längst abgeklungen ist ("ein Schnupfen dauert ohne Behandlung 7 Tage und mit Behandlung eine Woche"). Dumpfe Kopfschmerzen quälen den Patienten. Die Diagnose einer Nebenhöhlenentzündung wird dann am sichersten mit dem Ultraschall- oder Röntgenbild (Verschattung und Spiegelbildung über dem Sekret) gestellt. Wichtige Hinweise geben jedoch schon die Voruntersuchungen:
- Klopfschmerz und/oder Druckschmerz über der Stirn- und/oder der Kieferhöhle,
- Eiterstraße im mittleren Nasengang, wo Stirn- und Kieferhöhle münden,
- Seitenunterschiede beim Durchleuchten mit Taschenlampe:

**Durchleuchten** (Diaphanoskopie) von Stirn- und Kieferhöhle: Man benötigt dazu eine Taschenlampe mit kleinem Kopf. Man setzt diese für die
- Stirnhöhle an das Dach der Augenhöhle an (möglichst tief über dem Oberlid) und leuchtet nach oben,

▪ Kieferhöhle unterhalb des Unterlids und leuchtet nach unten.

In beiden Fällen leuchtet die Haut rot auf, wenn die Nebenhöhle luftgefüllt ist. Trübes Sekret hingegen absorbiert das Licht. Seitenunterschiede können allerdings auch durch asymmetrische Anlage der Nebenhöhlen bedingt sein. Sie ist bei den Stirnhöhlen eher die Regel als die Ausnahme.

Alternative Methode für die Kieferhöhle: Die Lampe wird in den Mund genommen. Dies setzt allerdings eine sterilisierbare Lampe voraus, z.B. auf Leuchtspatel für Intubation. Bei dieser Methode leuchten nicht nur die Kieferhöhlen, sondern auch die Pupillen und die Böden der Augenhöhlen (im Unterlid) rot auf.

## 6.5 Auge

### Ü651 Auge mit Kamera vergleichen, Gemeinsamkeiten und Unterschiede finden

Der Bau des Auges mag zwar das Modell bei der Entwicklung fotografischer Apparate gewesen sein, heute jedoch wissen die meisten zivilisierten Menschen besser über eine Kamera als über das Auge Bescheid. Deshalb sollten die Übungen über das Auge mit dem Vergleich beider beginnen. Dabei werden alle Bauteile des Auges erörtert.

Das Urmodell des fotografischen Apparats ist die Camera obscura. Dieses "dunkle Gewölbe" besteht aus einem Gehäuse, einem feinen Loch für den Lichteinfall und einer Mattscheibe, auf der das Bild zu betrachten ist. Sie war schon um das Jahr 1000 bei den Arabern bekannt. 1550 steigerte Cardano die Schärfe und die Helligkeit des Bildes durch eine Linse. Bereits 1568 verbesserte Barbaro das Bild nochmals durch die Erfindung der Blende. Die Linse wurde dann beweglich, um ihren Abstand von der Mattscheibe den Entfernungen des abzubildenden Objekts anpassen zu können. In dieser Form wurde die Camera obscura von Künstlern des 16.-19. Jahrhunderts benutzt, um Landschaften oder Portraits "wahrheitsgetreu" zu zeichnen.

Anfang des 19. Jahrhunderts bemühten sich die Brüder Niepce, mit Hilfe lichtempfindlicher Silbersalze Bilder zu schaffen. Jahrzehnte kämpften sie mit dem Problem, diese Bilder lichtbeständig zu machen. Dies gelang erst in Zusammenarbeit mit Daguerre 1837 mit der Erfindung der Fixierung. Mit der "Daguerrotypie" begann der Siegeszug der "Photographie". Bereits 1840 wurde in New York das erste Portraitstudio eröffnet. 1841 ließ sich Talbot sein Negativ-Positiv-Verfahren patentieren. Es ermöglichte beliebig viele Abzüge von einer Aufnahme.

**Übungsaufgaben**: Im vorhergehenden historischen Abriß wurden die für den Vergleich wichtigen Bauteile eine Kamera genannt. Man ordne die entsprechenden Bauteile des Auges zu Gehäuse, Lichteinfallsloch, Mattscheibe (bzw. lichtempfindlicher Schicht), Linsensystem, Blende sowie Verschluß zu und diskutiere die Unterschiede. Dann erst lese man weiter.

**Lösungen**:
▪ Gehäuse: Lederhaut (Sclera), im weiteren Sinn auch die knöcherne Augenhöhle (Orbita). Auch das Innere des Auges ist schwarz ausgekleidet: Pigmentepithel der Netzhaut.
▪ Lichteinfallsloch: Sehloch (Pupilla).
▪ lichtempfindliche Schicht: Netzhaut (Retina). Besonders treffend ist der Vergleich mit einer Videokamera: Auch in der Netzhaut wird das Bild auf eine endliche Zahl von Stäbchen und Zapfen aufgerastert. Die Impulse von den einzelnen Rezeptoren werden gebündelt im Sehnerv zum Gehirn geleitet, wie die Videosignale im Kabel zum Monitor bzw. zum Recorder.
▪ Linsensystem: Hornhaut (Cornea) starre Frontlinse, Augenlinse (Lens) als verstellbare Linse. Bei der Kamera wird das Linsensystem zur Scharfstellung vor- und zurückbewegt. Beim menschlichen Auge bleiben beide Linsen ortsfest. Die Augenlinse verändert ihre Brechkraft durch stärkere oder schwächere Krümmung. Bei manchen Tieren ist jedoch das Vorgehen wie beim Fotoapparat verwirklicht: Die Linse wird vor und zurück bewegt.
▪ Blende: Regenbogenhaut (Iris) als Ringblende, Lider (Palpebrae) als Schlitzblende.
▪ Verschluß: Lider.

Grundsätzliche Unterschiede zwischen Auge und Kamera:

- Das Auge ist ein lebendes Organ mit Stoffwechsel. Es bedarf der ständigen Blutversorgung. Die mittlere Schicht der Augenwand ist besonders gefäßreich. Zusätzlich dringen Blutgefäße mit dem Sehnerv in das Auge ein und verzweigen sich an der Innenseite der Netzhaut.
- Eine Kamera ist aus Einzelteilen zusammengebaut, in die man sie auch wieder zerlegen kann. Es ist möglich, jedes Teilstück durch ein gleichartiges zu ersetzen. Das Auge hingegen ist ein organisch gewachsenes funktionelles Ganzes, das sich in gewissem Maße selbst repariert. Ein Austausch von Teilen ist nur bei der Hornhaut möglich (Hornhauttransplantation). Anstelle der bei der Staroperation entfernten Augenlinse kann man eine Kunststofflinse einsetzen.
- Eine Kamera mit Blechwänden, gläsernen Linsen und Elektronik ist sehr stoßempfindlich. Das Auge mit biegsamen Wänden und Linsen ist sehr robust. Bei einem Schlag auf das Auge bricht eher die untere Augenhöhlenwand in die Kieferhöhle ein (Blow-out-Fraktur), als daß das Auge platzt.

## Ü652 Augenlider besichtigen, Lidplatten tasten, Lidschlußreflexe prüfen

Die Untersuchung der einzelnen Abschnitte des Auges kann an sich in beliebiger Reihenfolge vorgenommen werden. Trotzdem sollte man sich an ein selbstgewähltes Schema halten, um nichts zu vergessen. In diesem Übungsprogramm ist der Weg von vorn nach hinten gewählt, weil er zugleich vom Einfacheren zum Schwierigeren führt.

**Lider**: Diese eigenbeweglichen Weichteilfalten sind außen von zarter Haut, innen von Schleimhaut überzogen. An der Lidkante steht eine Reihe von Terminalhaaren (Wimpern = Cilia). Langgestreckte verzweigte Drüsen fetten die Lidkanten ein. Die Lider sind durch die Lidplatten aus verfilztem kollagenen Bindegewebe versteift. An den Lidern achte man auf

a) **Schwellungen**: In der dünnen fettarmen Unterhaut kann sich reichlich Flüssigkeit ansammeln. In der Umgangssprache spricht man vom "geschwollenen Auge", obwohl nicht der Augapfel, sondern nur die Lider betroffen sind. Bei der Schwellung ohne Verfärbung ist die Gewebeflüssigkeit vermehrt (Lidödem).

- Einseitige Lidschwellung: Die Ursache ist meist eine Erkrankung in unmittelbarer Nähe (entzündliche Schwellung).
- Beidseitige Lidschwellung: Sie hat meist die gleichen Ursachen wie Flüssigkeitsansammlungen in den serösen Körperhöhlen (zu geringe Pumpleistung bei Rechtsherzschwäche, verminderte Wasserausscheidung bei Nierenschwäche, mangelnde Rücksaugkraft bei Eiweißmangel im Blut).
- Kleine harte gelbliche Knötchen im sonst unauffälligen Lid sind gewöhnlich Lipidablagerungen (Xanthelasmen). Sie weisen auf eine Lipidstoffwechselstörung hin (Lipidspiegel im Blutserum überprüfen!).

b) **Verfärbungen**:

- Gelbfärbung bei Anstieg der Gallenfarbstoffe im Blut (Gelbsucht = Ikterus).
- dunkelrote bis blaugrünliche Verfärbung bei Blutergüssen in die Augenhöhle ("blaues" Auge), z.B. bei Schädelbasisbrüchen.
- künstliche Anfärbung durch Makeup ("Lidschatten").

c) **Weite der Lidspalte** (Rima palpebrarum): Normalerweise überdecken die Lider den oberen und unteren Hornhautrand, oben etwas ausgedehnter als unten.

- Die Lidspalte ist erweitert, wenn die Lederhaut (das "Weiße" des Auges) oberhalb der Regenbogenhaut sichtbar wird. Ursachen sind entweder eine verstärktes aktives Heben oder ein passives Hochschieben des Oberlids. Das Oberlid wird außer durch den Oberlidheber (M. levator palpebrae superioris) auch noch, wenn auch weniger stark, durch den sympathisch innervierten Lidplattenmuskel (M. tarsalis) angehoben. Bei Sympathikuserregung wird die Lidspalte weiter. Passiv wird das Oberlid hochgeschoben, wenn der Augapfel nach vorn gedrängt wird (Exophthalmus, "Glotzauge"). Ursache kann eine Schwellung oder eine Geschwulst hinter dem Augapfel sein. Doppelseitiger Exophthalmus kommt bei Schilddrüsenüberfunktion (Basedow-Krankheit) und Störungen des Hirnanhangsdrüse vor (Bildung von EPF = exophthalmusproduzierender Faktor).
- Die Lidspalte ist verengt (Ptosis), wenn der größere Teil der Regenbogenhaut oder gar die

Pupille von den Lidern verdeckt ist. Die enge Lidspalte kann gewollt oder ungewollt sein. Menschen mit Brechungsfehlern des Auges neigen ohne Brille dazu, die Lider als zusätzliche, willkürlich zu betätigende Blende einzusetzen. Nach dem Prinzip der Camera obscura benötigt man keine Vorsatzlinsen, um scharf zu sehen, wenn man den Gegenstand durch ein feines Loch betrachtet (Lochbrille), sei man nun kurz-, weit- oder alterssichtig. Ursachen der ungewollt engen Lidspalte können sein: eine Schwellung der Lider, eine Lähmung des vom 3. Hirnnerv innervierten Oberlidhebers, ein verminderter Tonus des Lidplattenmuskels und ein eingesunkener Augapfel (Enophthalmus). Die beiden letztgenannten Ursachen sind zusammen mit der engen Pupille Zeichen einer Sympathikusschwäche oder -lähmung (Horner-Syndrom).

▪ Die Lidspalte kann nicht geschlossen werden, wenn der Augenringmuskel (M. orbicularis oculi) gelähmt ist. Häufigste Ursache ist die periphere Fazialislähmung. Für den Laien ist dabei irritierend, daß beim Versuch des Lidschlusses der Augapfel nach oben gedreht und somit das "Weiße" unterhalb der Regenbogenhaut sichtbar wird (Bell-Phänomen).

d) **Stellung der Lidkanten**: Normalerweise liegen die Lidkanten dem Augapfel flach an.

▪ Ektropion: Die Lidkanten sind nach außen gestülpt. Der Abfluß der Tränenflüssigkeit über die Tränenröhrchen ist dabei behindert. Tränen fließen über die Lidkanten auf die Wangen.

▪ Entropion: Die Lidkanten sind nach innen gestülpt. Die Wimpern können an der Hornhaut scheuern, was sehr schmerzhaft ist.

e) **Umschriebene Schwellungen der Lidkanten**:

▪ Hagelkorn (Chalazion): Eine Sekretstauung in einer Lidplattendrüse (Meibom-Drüse, Glandula tarsalis) führt zu einem schmerzlosen kleinen Knoten im Lid. Das Hagelkorn entsteht allmählich über Tage und Wochen

▪ Gerstenkorn (Hordeolum): Eine Eiterung in einer apokrinen Wimperndrüse (Moll-Drüse, Glandula ciliaris) ist sehr schmerzhaft. Das Lid ist gerötet und schwillt an. Das Gerstenkorn ist eine akute Erkrankung.

f) **Häufigkeit des Lidschlags**:

▪ häufiger Lidschlag: bei Reizung der Bindehaut und der Hornhaut,

▪ seltener Lidschlag: bei der Schilddrüsenüberfunktion (Stellwag-Zeichen).

g) **Lidplatten**: Das "Skelett" der Lider besteht aus Platten verfilzten kollagenen Bindegewebes.

▪ Die Oberlidplatte (Tarsus superior) ist etwa 10 mm hoch. Ihr Oberrand ist bei geschlossenen Lidern leicht zu tasten. Dies ist praktisch wichtig, wenn man das Oberlid umstülpen will (Ü653).

▪ Die Unterlidplatte (Tarsus inferior) ist nur etwa halb so hoch. Deshalb läßt sich das Unterlid leichter abziehen.

Protokoll 652. Lidschlußreflexe

| | | | | | | |
|---|---|---|---|---|---|---|
| Hornhautreflex | R | 0 | (+) | + | ++ | +++ |
| | L | 0 | (+) | + | ++ | +++ |
| Bindehautreflex | R | 0 | (+) | + | ++ | +++ |
| | L | 0 | (+) | + | ++ | +++ |
| Schutzreflex bei Bedrohung | R | 0 | (+) | + | ++ | +++ |
| | L | 0 | (+) | + | ++ | +++ |

h) **Lidschlußreflexe**: Die Schutzaufgabe der Lider wird am deutlichsten in den Reflexen, bei denen sich die Lider schützend vor den Augen schließen. Man unterscheidet 3 Mechanismen der Auslösung:

▪ Hornhautreflex (Kornealreflex): Der Untersucher berührt die Hornhaut seitlich sacht mit einem Watteträger (keinesfalls mit einem spitzen Gegenstand!).

▪ Bindehautreflex (Konjunktivalreflex): Statt der Hornhaut wird die Augenbindehaut berührt. In beiden Fällen läuft die Erregung im Drillingsnerv (N. trigeminus) zentralwärts und im Gesichtsnerv (N. facialis) zurück zur Peripherie.

▪ Schutzreflex bei optischer Bedrohung: Führt man die Hand oder einen Gegenstand rasch gegen ein Auge des Probanden (natürlich ohne dabei das Auge zu berühren), so werden die

Lider geschlossen. Außerdem wird der Kopf abgewendet. Der afferente Schenkel des Reflexes läuft in diesem Fall über den Sehnerv (N. opticus). Beim blinden Auge ist folglich dieser Reflex erloschen, während der Hornhaut- und der Bindehautreflex erhalten sein können. Der efferente Schenkel bezieht außer dem Gesichtsnerv noch Nerven zu den Halsmuskeln ein.

## Ü653 Bindehautsäcke besichtigen, dazu Oberlid umstülpen, Tränenwege studieren

Die **Bindehaut** (Tunica conjunctiva) ist eine Schleimhaut mit mehrschichtigem unverhornten Plattenepithel mit 3 Abschnitten:

- Lidbindehaut (Tunica conjunctiva palpebrarum): Sie bedeckt die Hinterseite der Lider.
- Augenbindehaut (Tunica conjunctiva bulbi): Sie liegt auf der Lederhaut des Auges.
- Umschlag der Lidbindehaut auf die Augenbindehaut (Fornix conjunctivae superior/inferior).

Die Bindehaut hat die Form eines leeren Sacks (zwischen Lid- und Augenbindehaut befindet sich nur eine kapillare Flüssigkeitsschicht). Deshalb spricht man auch vom Bindehautsack (Saccus conjunctivalis).

**Besichtigen der Bindehautsäcke**: Die gesunde Bindehaut ist farblos. Durch die Augenbindehaut kann man die weiße Lederhaut klar sehen. Die Blutgefäße sind einzeln und scharf zu erkennen. Durch die Lidbindehaut schimmert das tiefere Gewebe blaßrosa hindurch. Bei einer Bindehautentzündung (Konjunktivitis) schlägt die Farbe am Lid in leuchtendes Rot um. Auf der Lederhaut sieht man die Blutgefäße stärker hervortreten. Bei der reinen Bindehautentzündung bleibt die nähere Umgebung der Hornhaut hell. Bei einer gleichzeitigen Entzündung der Regenbogenhaut oder des Strahlenkörpers ist der Hornhautrand von einer diffusen Rötung der Lederhaut umgeben (wichtige Differentialdiagnose!). Man besichtigt den

- unteren Bindehautsack, indem man das Unterlid vom Auge abhebt. Dazu setzt man einen Finger auf den unteren Augenhöhlenrand und zieht die Haut einfach nach unten. Wegen des schmalen Lidknorpels stülpt sich das Unterlid leicht nach außen. Auf diesem Weg träufelt man Augentropfen in den Bindehautsack.
- oberen Bindehautsack, indem man das Oberlid kunstgerecht umstülpt. Es läßt sich wegen des hohen Lidknorpels nicht einfach vom Auge abheben. Deshalb sind Fremdkörper aus dem oberen Bindehautsack schwieriger zu entfernen als aus dem unteren.

**Umstülpen des Oberlids** (Ektropionieren):

- Der Proband blickt nach unten.
- Der rechtshändige Untersucher faßt die Wimpern des Oberlids des Probanden zwischen linken Daumen und Zeigefinger und zieht an ihnen das Oberlid nach unten.
- Mit der rechten Hand faßt er ein Glasstäbchen, einen Watteträger oder ähnlichen Gegenstand und geht mit ihm an den Oberrand der Oberlidplatte.
- Er drückt mit dem Glasstäbchen usw. in der rechten Hand die Lidplatte nach unten und hebt gleichzeitig mit der linken Hand das Lid vom Auge ab und zieht es nach oben.
- Ist die Lidplatte umgestülpt, so entfernt man das Glasstäbchen. Das Oberlid bleibt in der umgestülpten Stellung, solange der Proband nach unten sieht, ohne daß man es festhalten muß.
- Am Ende der Untersuchung bittet man den Probanden, nach oben zu sehen. Das Lid stülpt sich von selbst zurück (notfalls muß man es an den Wimpern etwas vom Auge abziehen).
- Hat man kein Glasstäbchen oder Ähnliches zur Hand, so kann man den Lidknorpel zur Not auch mit dem Daumennagel nach unten drücken.

**Farbe der Lederhaut**: Die gesunde Lederhaut scheint weiß durch die durchsichtige Bindehaut durch.

- Gelbfärbung ist ein Zeichen von Gelbsucht (Ikterus) bei Anstieg der Gallenfarbstoffe im Blut.
- Leicht bläuliche Färbung ist bei Kindern in den ersten Lebensmonaten belanglos.
- Blaue Lederhäute kommen bei bestimmten angeborenen Störungen der Binde- und Stützgewebe vor, z.B. Osteogenesis imperfecta.

**Tränenwege**:

- Die etwa 10 Ausführungsgänge (Ductuli excretorii) der Tränendrüse (Glandula lacrimalis) münden am oberen seitlichen Bindehautumschlag in den Bindehautsack.

- Die Tränenflüssigkeit wird durch den Lidschlag über das Auge verteilt. Die ständige Benetzung der Hornhaut ist für deren Durchsichtigkeit nötig. Trocknet die Hornhaut aus, z.B. bei Lähmung des Augenringmuskels (periphere Fazialislähmung), so trübt sie sich. Das Auge erblindet.
- Die Tränenflüssigkeit sammelt sich am inneren Augenwinkel (Angulus oculi medialis) im sog. Tränensee (Lacus lacrimalis). Die von den Lidplattendrüsen eingefetteten Lidkanten stoßen Wasser ab und verhindern das Überlaufen der Tränen.
- Die Tränenröhrchen (Canaliculi lacrimales) beginnen an den inneren Enden der Lidkanten mit den Tränenpunkten (Puncta lacrimalia). Man kann sie mit der Lupe gut studieren.
- Die Tränenröhrchen münden in den Tränensack (Saccus lacrimalis), der die Tränenflüssigkeit über den Tränennasengang (Ductus nasolacrimalis) in den unteren Nasengang ableitet. Dort dient sie noch zum Anfeuchten der Nasenschleimhaut. Der Tränensack liegt zwar medial und unterhalb des inneren Augenwinkels oberflächlich, doch kann man beim Tasten keine Einzelheiten erkennen, sofern er nicht angeschwollen ist.

Tränenfluß über die Wangen kommt vor bei

- vermehrter Erzeugung von Tränenflüssigkeit bei normaler Abflußkapazität, z.B. bei starker Gemütsbewegung oder bei Bindehautreizung.
- normaler Erzeugung von Tränenflüssigkeit bei verminderter Abflußkapazität, z.B. bei Verschluß von Tränenröhrchen bzw. Tränensack und Tränennasengang.
- abstehendem Unterlid (Ektropion): Die Lidkante bildet keinen Damm für den Tränensee.

**Prüfen der Durchgängigkeit der Tränenwege**: Man träufelt einen Tropfen einer Farbstofflösung in den Bindehautsack, wartet einige Minuten und läßt dann den Probanden in ein Papiertaschentuch schneuzen. Das Papier verfärbt sich, wenn die Tränenwege durchgängig sind. Geeignete Farbstoffe sind Fluorescein (z.B. Fluoreszein 0,15 % Thilo®, 10 ml etwa 6 DM) oder die antibiotischen roten Chibro-Rifamycin® Augentropfen (10 ml etwa 10 DM). Beide Lösungen sind nur begrenzt haltbar.

## Ü654 Lichtbrechende Medien des Auges mit Lupe betrachten, Brechungsfehler auf Formabweichungen des Auges zurückführen

Die lichtbrechenden Medien des Auges sind

- die Hornhaut (Cornea),
- das Kammerwasser (Humor aquosus),
- die Augenlinse (Lens),
- der Glaskörper (Corpus vitreum).

**Besichtigen**:

a) Ohne Hilfsmittel: Man geht mit dem Probanden vor ein Fenster und läßt ihn ins Freie sehen. Brillenträger bittet man, die Brille abzunehmen. Beim Gesunden sieht man von den lichtbrechenden Medien nichts. Erst bei einer stärkeren Linsentrübung erscheint die Pupille grau statt schwarz. Auf der Hornhaut spiegelt sich gekrümmt das Fenster. Dieses Hornhautspiegelbild steht im Mittelpunkt der Untersuchung ohne Hilfsmittel (ideal sind dabei altmodische Fenster mit Fensterkreuz, weil sich dieses wie ein Achsenkreuz auf der Hornhaut abbildet). Dabei gilt für normale Augen:

- Beim Blick ins Unendliche liegen die Spiegelbilder an entsprechenden Stellen der Hornhäute (gleich weit vom Rand entfernt). Ist ein Spiegelbild verschoben, so schielt der Proband.
- Die beiden Spiegelbilder haben die gleiche Form und sind gleich groß. Ist dies nicht der Fall, so sind die Hornhäute nicht gleichermaßen gekrümmt, z.B. bei Stabsichtigkeit (s.u.).
- Die Spiegelbilder sind in allen Teilen scharf. Unschärfen sprechen für Schäden des Deckgewebes der Hornhaut.

Um die gesamte Hornhaut auf diese Weise überprüfen zu können, betrachtet der Untersucher die Augen nacheinander von rechts, links, oben und unten. Oder er bittet den Probanden jeweils in die angegebenen Richtungen zu sehen. Dabei muß der Blick immer ins Unendliche gerichtet bleiben, sonst sind die Spiegelbilder nicht mehr vergleichbar.

b) Mit starker Lupe: Man betrachtet nochmals die Spiegelbilder und kann dabei Einzelheiten besser erkennen:

- Umschriebene Verzerrungen des scharfen Spiegelbildes beruhen auf Hornhautnarben.
- Unschärfen sind Epitheldefekten zuzuordnen.

▪ In der Pupille sieht man jetzt evtl. feinere Linsentrübungen, die ohne Lupe nicht zu erkennen waren. Dies gilt besonders bei schrägem Blick auf die Augenlinse. Randständige Trübungen sind bei älteren Menschen sehr häufig.

c) Mit Lupe und seitlicher Beleuchtung: In einem abgedunkelten Raum beleuchtet man die Hornhaut von der Seite mit einer Lampe mit gebündeltem Lichtstrahl (notfalls mit einer einfachen Taschenlampe) und hält eine starke Lupe vor das Auge.

▪ Besonders günstig ist eine Lampe mit spaltförmigem Lichtaustritt (Spaltlampe). Damit kann man gewissermaßen einzelne Scheiben der Hornhaut betrachten und dabei eingespießte Fremdkörper besonders gut erkennen.

▪ Bei seitlicher Beleuchtung läßt sich auch die korrekte Stellung der Regenbogenhaut beurteilen: Beim gesunden Auge ist diese wie die Sehne im Bogen der Hornhaut quer ausgespannt. Sie gibt daher keinen Schatten. Ist sie in die vordere Augenkammer vorgewölbt, so wirft sie einen halbmondförmigen Schatten. Dies ist ein wichtiger Hinweis auf eine Verengung des Kammerwinkels (Angulus iridocornealis). Dort liegt der Abfluß des Kammerwassers in den Schlemm-Kanal (Sinus venosus sclerae). Eine Behinderung des Abflusses kann zum Druckanstieg im Auge führen (Winkelblockglaukom). In diesem Fall darf die Pupille bei der Untersuchung nicht mit Arzneimitteln zum besseren Einblick in das Auge erweitert werden (Ü659)! Der Augeninnendruck (intraokulare Druck) wird vor allem vom Verhältnis von Erzeugung und Abfluß von Kammerwasser bestimmt. Normalerweise werden etwa 2 $\mu$l (= 2 $mm^3$) Kammerwasser pro Minute abgesondert. Der normale Augeninnendruck beträgt 10-21 mmHg. Darüber ist der Sehnerv gefährdet. Ein erhöhter Augeninnendruck ist die häufigste Ursache der Erblindung.

▪ Bei der seitlichen Beleuchtung sind auch die erwähnten seitlichen Linsentrübungen besser zu erkennen.

d) Im Durchlicht (dieser Teil der Untersuchung sollte erst beim Augenspiegeln in Ü659 vorgenommen werden): Bei der Augenspiegeluntersuchung werden zwangsweise auch die lichtbrechenden Medien geprüft, z.B. behindern Linsentrübungen den Durchblick. Man kann einzelne Schichten der lichtbrechenden Medien scharf darstellen, wenn man im Ophthalmoskop entsprechend starke Linsen vorschaltet: etwa +20 dpt für die Hornhaut, +15 dpt für die Augenlinse. Geht man die ganze Linsenreihe des Ophthalmoskops von +20 bis 0 dpt durch, so hat man alle Schichten des Auges durchgemustert. Man kann dabei z.B. Reste der embryonalen Glaskörperschlagader (A. hyaloidea) entdecken.

**Lichtbrechkraft des Auges**: Die stärkste Brechkraft hat die Hornhaut mit etwa 43 dpt. Sie wirkt wegen ihrer starken Krümmung, deren Radius (8 mm) noch kleiner ist als der des übrigen Augapfels (12 mm), als überaus mächtige Sammellinse. Kammerwasser und Glaskörper haben den gleichen Brechungsindex wie das Hornhautgewebe, deshalb tritt keine zusätzliche Lichtbrechung bei ihnen auf. Die Augenlinse hingegen hat einen höheren Brechungsindex als das Kammerwasser und der Glaskörper. Sie wirkt als veränderbare Linse, mit deren Hilfe sich das Auge auf die Entfernung des Objekts "akkommodieren" kann. In der Einstellung auf unendlich beträgt ihre Brechkraft 19 dpt. Dies gibt zusammen mit der Brechkraft der Hornhaut 62 dpt. Durch Abkugeln der Augenlinse bei der Akkommodation wird die Brechkraft weiter gesteigert. Beim 20jährigen sind es (im Mittel) zusätzliche 12 dpt. Im Lauf des Lebens nimmt die Akkommodation ständig ab. Sie beträgt beim 45jährigen nur noch 3 dpt. Mit 60 Jahren ist die Akkommodation nahezu erloschen (Alterssichtigkeit = Presbyopie). Um in 33 cm Entfernung ermüdungsfrei lesen zu können, benötigt der 45jährige eine Lesebrille von 1 dpt, der 50-55jährige von 2 dpt, der 60jährige von 3 dpt (1 dpt = 1/m, 3 dpt = 1/3 m = 33 cm). Bei Weit- oder Kurzsichtigen ist diese Dioptrienzahl für die Lesebrille zu den Dioptrien für die Fernbrille zu addieren. Ein Kurzsichtiger mit einer Fernbrille von -3 dpt benötigt im Alter also keine eigene Lesebrille (-3 + 3 = 0). Er nimmt einfach die Fernbrille ab.

**Brechungsfehler** (Refraktionsanomalien): Beim normalsichtigen (emmetropen) Auge ist die Brechkraft auf die Maße des Auges optimal abgestimmt. Das Bild des Objekts wird vom Linsensystem genau auf die Netzhaut geworfen. Bei vielen Augen ist die optimale Abstimmung nicht erreicht:

▪ *Weitsichtigkeit* (Hypermetropie): Das Auge ist kürzer, als es der Brechkraft entspräche. Das Bild liegt hinter der Netzhaut. Die Akkommodation muß bereits beim Blick in die Ferne eingesetzt werden. Sie reicht dann für die Naheinstellung nicht mehr aus. Durch eine vor das Auge gesetzte Sammellinse (positive Dioptrien) wird das Bild auf die Netzhaut nach vorn gezogen.
▪ *Kurzsichtigkeit* (Myopie): Das Auge ist länger, als es der Brechkraft entspräche. Das Bild liegt vor der Netzhaut. Durch eine Streulinse (negative Dioptrien) kann es auf die Netzhaut nach hinten verlagert werden.
▪ *Stabsichtigkeit* (Astigmatismus): Die Hornhaut ist nicht in allen Richtungen gleichmäßig gekrümmt. Das Bild erscheint auf der Netzhaut verzerrt. Durch ein Zylinderglas kann das Bild entzerrt werden. Die Stabsichtigkeit kann mit Kurz- oder Weitsichtigkeit verbunden sein.

**Brechungsfehler und Schielen**: Beim Blick in die Ferne stehen die optischen Achsen der beiden Augen parallel. Mit zunehmender Annäherung des Objekts müssen die Augachsen immer stärker konvergieren. Akkommodation und Konvergenz sind also miteinander gekoppelt. Dies wird nicht erlernt, sondern ist angeboren. Bei angeborenen Brechungsfehlern wirkt sich dies unglücklich aus:
▪ Das weitsichtige Kleinkind muß bereits beim Blick in die Ferne etwas akkommodieren. Dabei wird automatisch konvergiert. Das Kind schielt nach innen (Strabismus convergens).
▪ Das kurzsichtige Kind muß in allen Entfernungen weniger akkommodieren als das normalsichtige. Damit wird auch weniger konvergiert. Das Kind schielt nach außen (Strabismus divergens).

Leider handelt es sich bei dem angeborenen Schielen nicht nur um einen Schönheitsfehler. Beim Fixieren eines Objekts wird das Bild beim Normalsichtigen in beiden Augen auf die Stelle des schärfsten Sehens geworfen. Beim Schielen ist dies nur bei einem Auge möglich. Damit nicht Doppelbilder entstehen, wird das Bild in einem Auge unterdrückt. Das Neugeborene verfügt nur über etwa 1/20 der Sehschärfe des Erwachsenen. Die volle Sehschärfe wird im Laufe der ersten Lebensjahre durch den Gebrauch des Auges entwickelt. Ein Auge, dessen Bild unterdrückt wird, bleibt schwachsichtig. Das Schielen muß daher schon beim Kleinkind korrigiert werden, wenn man beide Augen zur vollen Sehschärfe entwickeln will. Eine Schieloperation im Erwachsenenalter kann zwar das Aussehen, nicht aber das Sehvermögen verbessern!

**Übungsaufgabe**: Man beurteile Kommilitonen anhand der von ihnen getragenen Brille als kurz- oder weitsichtig. Dabei gehe man von der vergrößernden oder verkleinernden Wirkung der Brillengläser aus. Die Streulinsen der Kurzsichtigenbrille lassen das Auge kleiner erscheinen. Bei leicht seitlichem Blick auf die Brille erscheint der Kopf auf Höhe der Brille eingezogen. Beim Weitsichtigen ist es umgekehrt. Eine Stabsichtigkeit ist auf diese Weise meist nicht zu erfassen. Man muß dann schon den Kollegen bittten, die Brille abzunehmen und über einem Text zu drehen. Die Buchstaben werden bei einer Umdrehung einmal kürzer und breiter und dann wieder länger und schmäler (oder umgekehrt).

### Ü655 Regenbogenhaut und Pupille beschreiben, Spiel ihrer Muskeln beobachten und Pupillenreflexe prüfen

**Augenfarbe**: Sie gehört zu den für viele Laien sehr wesentlichen Merkmalen eines Individuums. Bei manchen Menschen soll sie sogar ein wesentliches Kriterium bei der Partnerwahl sein. Der Arzt sieht dies meist nüchterner als ein belangloses, genetisch festgelegtes Mehr oder Weniger an braunem Pigment in der Regenbogenhaut. Veränderungen der Augenfarbe sollten jedoch den Arzt interessieren. Sie werden durch Entzündungen (Iritis) oder Geschwülste (z.B. Pigmentzellgeschwulst = Melanom) verursacht.

**Struktur**: Mit der Lupe betrachte man die radiäre Faserung der Regenbogenhaut. Die Vielfalt der Formen und Farbschattierungen ist groß. Kein Wunder also, daß man darin auch einen Ausdruck der Individualität des Menschen sah. In der sog. Irisdiagnostik versucht man, bestimmten Strukturen innere Organe zuzuordnen und daran deren Erkrankungen zu erkennen. Es wäre zu schön, wenn man auf Ultraschall, Röntgen und Endoskopie verzichten und lediglich mit einem tiefen Blick in das Auge des Patienten die Diagnose stellen könnte.

**Sehloch** (Pupille): Die Weite wird im Wechselspiel der vegetativen Nerven von 2 Muskeln geregelt:

- Sehlochverengerer (M. sphincter pupillae): Dieser glatte Muskel umkreist den Rand der Pupille und wird vom parasympathischen Teil des 3. Hirnnervs (N. oculomotorius) innerviert.
- Sehlocherweiterer (M. dilator pupillae): Seine radiär angeordneten Fasern werden vom Sympathikus gesteuert. In Aufregung sind die Pupillen weit.

Die Regenbogenhaut ist eine Blende, die dem Regeln des Lichteinfalls und gleichzeitig der Schärfentiefe dient. Bei enger Pupille (Miosis) ist wie bei enger Blende in der Kamera der Schärfenbereich größer, das Bild aber dunkler. Bei weiter Pupille (Mydriasis) ist das Bild hell, aber weniger scharf. Die Pupillenweite wird reflektorisch gesteuert und ist nicht willkürlich beeinflußbar. Allerdings kann man die Pupillenweite durch Arzneimittel verändern (Ü659):

- Miotika: Parasympathikomimetika und Sympathikolytika verengen die Pupille.
- Mydriaka: Parasympathikolytika und Sympathikomimetika erweitern die Pupille.

Bei gesunden Augen sind die beiden Pupillen

- kreisrund,
- genau in der Mitte der Regenbogenhaut,
- gleich groß.

Ungleiche Pupillengröße (Anisokorie) beruht meist auf einseitiger Störung der Innervation der Pupillenmuskeln. Das kranke Auge erkennt man dann daran, daß es weniger gut oder gar nicht auf Licht reagiert. Das kranke Auge ist daher dasjenige, das beim Blick ins Licht die weitere und im Dunkel die engere Pupille hat.

**Horner-Syndrom**: Bei Schädigung des Halssympathikus ist

- die Pupille eng (Miosis): weil der parasympathisch innervierte Sehlochverengerer überwiegt.
- die Lidspalte enger als am gesunden Auge (leichte Ptosis): weil der sympathisch innervierte Lidplattenmuskel (M. tarsalis) ausfällt.
- das Auge eingesunken (Enophthalmus): Möglicherweise entsteht der Eindruck des eingesunkenen Auges auch nur wegen der engen Lidspalte.

Ort der Schädigung kann eines der 3 an der Augeninnervation beteiligten Neuronen des Sympathikus sein. Lage der Zellkörper der 3 Neuronen:

- 1. Neuron: im gleichseitigen hinteren Hypothalamus,
- 2. Neuron: in der Seitensäule des Rückenmarks ($C_8$-$Th_1$),
- 3. Neuron: im oberen Halsganglion.

Welches Neuron betroffen ist, kann man häufig nach dem Ausfall der Schweißsekretion (Anhidrosis) beurteilen (Ü165). Die sympathischen Fasern zu den Schweißdrüsen laufen mit im Grenzstrang, jedoch nicht weiter zum Auge:

- kein Ausfall der Schweißsekretion: Die Schädigung liegt zwischen dem oberen Halsganglion und dem Auge.
- Schweißsekretion am Kopf gestört: oberer Halsgrenzstrang betroffen.
- Schweißsekretion auch am Arm gestört: unteres Halsganglion betroffen.
- Schweißsekretion der gesamten Körperhälfte ausgefallen: 1. Neuron betroffen.

Häufige Ursachen eines Horner-Syndroms sind eine Hirnblutung (1. Neuron), ein großer Kropf oder ein Lungenspitzenkrebs (2. Neuron). Wenn sich die Erkrankung langsam entwickelt, geht dem Horner-Syndrom manchmal ein Reizzustand des Sympathikus mit umgekehrten Zeichen voraus: weite Pupille und weite Lidspalte!

**Pupillenreflexe**:

- **direkte Lichtreaktion**: Der Untersucher geht mit dem Probanden zum Fenster oder vor eine Lampe und läßt ihn in das Licht blicken. Beide Pupillen werden eng. Dann hält der Untersucher mit seinen Händen die beiden Augen des Probanden zu. Er wartet einige Sekunden, um den Augen Zeit zugeben, sich an die Dunkelheit anzupassen. Dann zieht er rasch eine Hand weg und beobachtet die Pupille des Probanden. Sie wird rasch eng. Der afferente Schenkel der Lichtreaktion läuft im Sehnerv zu den prätektalen Kernen (Nuclei pretectales) im Epithalamus des Zwischenhirns. Von dort wird die Erregung zum parasympathischen Nebenkern des 3. Hirnnervs (Nucleus oculomotorius accessorius, Edinger-Westphal-Kern) im Mittelhirn weitergegeben. Den efferenten Schenkel des Reflexes bildet dann der parasympathische Anteil des Augenbewegungsnervs mit Umschaltung im Ganglion ciliare.

▪ **konsensuelle Lichtreaktion**: Im Zwischenhirn springt die Erregung von den prätektalen Kernen der einen Seite auf die der anderen Seite über. Es verengt sich daher nicht nur die Pupille des beleuchteten Auges, sondern auch die des anderen. Bei der eben beschriebenen Untersuchungsmethode kann man dies nicht sehen, weil beim Wegnehmen der zweiten Hand auch das zweite Auge direkt vom Licht getroffen wird. Die konsensuelle Lichtreaktion prüft man daher im Halbdunkel (es muß jedoch so hell sein, daß man die Pupillen ohne zusätzliche Beleuchtung gerade noch klar erkennen kann). Der Untersucher hält seitlich vom Kopf des Probanden eine Taschenlampe und schwenkt den Lichtkegel zweimal kurz auf das der Hand naheliegende Auge des Probanden. Der Lichtkegel darf dabei nicht das andere Auge berühren. Beim ersten Beleuchten sieht der Untersucher auf das beleuchtete Auge und registriert die direkte Lichtreaktion. Bei der zweiten Beleuchtung blickt er auf das andere Auge und prüft die konsensuelle Lichtreaktion. Der Versuch wird anschließend auf der anderen Seite wiederholt.

▪ **Swinging-light-Test**: Der Untersucher hält im halbdunklen Raum eine Taschenlampe unter die Nase des Probanden und läßt den (möglichst schwachen) Lichtkegel mehrmals langsam vom einen in das andere Auge schwingen. Dabei kann man besonders gut die Schnelligkeit der Lichtreaktionen bei den beiden Augen vergleichen.

▪ **Naheinstellungsreaktion**: Vom Fotografieren her werden die meisten wissen, daß die Schärfentiefe mit zunehmender Annäherung des Objekts immer geringer wird. Man muß also die Blende immer kleiner stellen, wenn man den gleichen Bereich scharf abbilden will. Beim Auge geht dies automatisch: Mit der Akkommodation ist eine Pupillenverengerung verbunden. Sie ist, streng genommen, kein Reflex, sondern eine Mitbewegung. Man prüft die Naheinstellungsreaktion am besten ebenfalls im halbdunklen Raum, damit sie nicht von einer Lichtreaktion überlagert wird. Man läßt zunächst den Probanden auf eine möglichst weit entfernte Wand sehen. Die Pupille wird weit. Dann hält man ihm einen Finger vor die Nase und bittet ihn, auf diesen zu sehen. Mit der Konvergenz der Augen wird die Pupille enger. Die Naheinstellungsreaktion läßt sich auch bei Blinden prüfen: Man bittet den Blinden, einen Arm auszustrecken und sich vorzustellen, daß er auf den Zeigefinger sähe. Dann wird er gebeten, den Zeigefinger langsam der Nase zu nähern und ihm mit dem Blick zu folgen.

▪ **reflektorische Pupillenerweiterung** (ziliospinaler Reflex, psychosensorischer Pupillenreflex): Der Untersucher kneift den Probanden schmerzhaft in die Schulter oder den Nacken. Die dadurch herbeigeführte Schmerzreaktion löst eine kurze Pupillenerweiterung aus. Dieser Test gehört schon mehr in den Bereich sadistischer Handlungen und ist zudem unsicher. Man sollte ihn nur prüfen, wenn ein Anhalt für eine Sympathikusstörung besteht.

Protokoll 655. Regenbogenhaut und Pupille

| | R | | | L | | |
|---|---|---|---|---|---|---|
| Farbe der Regenbogenhaut | | | | | | |
| Pupillen kreisrund | j | n | ? | j | n | ? |
| genau zentral | j | n | ? | j | n | ? |
| seitengleich weit | | | | j | n | ? |

| | | | | | | |
|---|---|---|---|---|---|---|
| Direkte Lichtreaktion (am gleichen Auge) | R | 0 | (+) | + | ++ | +++ |
| | L | 0 | (+) | + | ++ | +++ |
| Konsensuelle Lichtreaktion (am anderen Auge) | R | 0 | (+) | + | ++ | +++ |
| | L | 0 | (+) | + | ++ | +++ |
| Naheinstellungsreaktion der Pupille | R | 0 | (+) | + | ++ | +++ |
| | L | 0 | (+) | + | ++ | +++ |

Bewerten abnormer Pupillenreflexe: Wichtig ist dabei die Konstellation ausgefallener und erhaltener Reaktionen:

▪ direkte Lichtreaktion ausgefallen, aber konsensuelle erhalten: Der Schaden liegt in der Netzhaut oder im Sehnerv (das Auge ist wahrscheinlich blind).

▪ beide Lichtreaktionen ausgefallen, aber Naheinstellungsreaktion erhalten: Sofern nicht beide Augen blind sind, liegt der Schaden im Bereich der prätektalen Kerne (z.B. Geschwulst des Zwischenhirns).

▪ Licht- und Naheinstellungsreaktion ausgefallen (Pupillenstarre), Auge sieht, aber ist kaum beweglich, Doppelbilder: Schädigung des 3. Hirnnervs (Okulomotoriuslähmung).

▪ Pupillenstarre, Auge sieht und ist frei beweglich: Ausfall des parasympathischen Okulomotoriuskerns. Da dieser Kern nahe der Mittelebene liegt, ist diese Form der Pupillenstarre meist doppelseitig.

▪ Normale Lichtreaktionen, aber Patient ist blind: Der Schaden liegt im Sehzentrum der Großhirnrinde (Rindenblindheit) oder die Blindheit ist psychogen.

### Ü656 Spiel der äußeren Augenmuskeln kontrollieren

Der Blick wird durch 2 Mechanismen auf ein Objekt gelenkt:

▪ Grobeinstellung: durch Drehen des Kopfes (bzw. des Körperstamms oder des ganzen Körpers),

▪ Feineinstellung: durch Drehen der Augen innerhalb der Augenhöhle mittels der sog. äußeren Augenmuskeln (4 geraden und 2 schrägen).

Die beiden Mechanismen ergänzen sich gegenseitig. Der gesunde Mensch setzt sie ökonomisch ein. Die Harmonie der Bewegungen wird durch Bewegungseinschränkungen gestört. So kann der sorgfältige Beobachter z.B. schon eine Behinderung der Halswirbelsäule erkennen, bevor der Patient noch Beschwerden geäußert hat: Der Patient dreht den ganzen Körper statt des Kopfes allein, wenn er zur Seite blicken will.

**Bewegungsrichtungen**: Für das Verständnis der Bewegungen der äußeren Augenmuskeln ist es wichtig, sich klarzumachen, daß die Längsachse der Augenhöhle nicht in der Pfeilrichtung steht, sondern um etwa 20° nach außen gedreht. Deshalb treten nicht nur die beiden schrägen Augenmuskeln, sondern auch der obere und der untere "gerade" Augenmuskel schräg an das Auge heran. Diese 4 Muskeln sind deshalb keine reinen Heber und Senker, sondern gleichzeitig noch Dreher, Anzieher und Abzieher des Augapfels. Im einzelnen ergeben sich folgende Bewegungsmöglichkeiten:

▪ innerer gerader Augenmuskel (M. rectus medialis): reine Adduktion (Blick nasenwärts).

▪ äußerer gerader Augenmuskel (M. rectus lateralis): reine Abduktion (Blick zur Seite).

▪ oberer gerader Augenmuskel (M. rectus superior): Heben + Adduktion + Innenkreiselung. Am stärksten hebt er in etwa 20° Abduktion.

▪ unterer gerader Augenmuskel (M. rectus inferior): Senken + Adduktion + Außenkreiselung. Am stärksten senkt er in etwa 20° Abduktion.

▪ oberer schräger Augenmuskel (M. obliquus superior): Senken + Abduktion + Innenkreiselung. Am stärksten senkt er bei etwa 50° Adduktion (diese Stellung wird allerdings im Alltag kaum je erreicht).

▪ unterer schräger Augenmuskel (M. obliquus inferior): Heben + Abduktion + Außenkreiselung. Am stärksten hebt er bei etwa 50° Adduktion.

**Prüfen der einzelnen Augenmuskeln**: Proband und Untersucher sitzen sich gegenüber. Der Untersucher bittet den Probanden, mit den Augen der Zeigefingerspitze des Untersuchers zu folgen und anzugeben, falls er doppelt zu sehen begänne. Der Untersucher führt nun seinen Zeigefinger jeweils von der Mitte des Gesichtsfeldes ausgehend in 6 Richtungen, den Maximalbewegungen der 6 Augenmuskeln entsprechend. Vom Untersucher aus gesehen sind dies:

▪ horizontal nach rechts: Dabei werden beim Probanden der linke äußere und der rechte innere gerade Augenmuskel geprüft.

▪ horizontal nach links: rechter äußerer und linker innerer gerader Augenmuskel.

▪ nach rechts oben: linker oberer gerader und rechter unterer schräger Augenmuskel.

▪ nach links oben: rechter oberer gerader und linker unterer schräger Augenmuskel.

▪ nach rechts unten: linker unterer gerader und rechter oberer schräger Augenmuskel.

▪ nach links unten: rechter unterer gerader und linker oberer schräger Augenmuskel.

**Blickrichtungsnystagmus**: In den vom Probanden nur mit Mühe erreichten Endstellungen der Bewegungen treten oft ruckartige Augenbewegungen mit langsamer und schneller

Komponente (Nystagmus) auf. Es ist, als ob der Proband immer wieder einen Anlauf nehmen wollte, die Augen doch noch etwas weiter zu bewegen, aber sie gleiten immer wieder zurück. Tritt der Nystagmus nicht erst in den Endstellungen, sondern schon im mittleren Blickfeld auf, so spricht dies für eine Schädigung des Labyrinths oder der zugehörigen Bereiche des Zentralnervensystems.

**Augenmuskelnerven**: Die Bewegungsprüfung der Augenmuskeln ist zugleich ein Test für die 3 Augenmuskelnerven. Es versorgen:

- 6. Hirnnerv = Augenabziehnerv (N. abducens): den äußeren geraden Augenmuskel,
- 4. Hirnnerv = Augenrollnerv (N. trochlearis): den oberen schrägen Augenmuskel,
- 3. Hirnnerv = Augenbewegungsnerv (N. oculomotorius): alle übrigen äußeren Augenmuskeln und den Oberlidheber (M. levator palpebrae superioris). Die parasympathischen Äste gehen zu den inneren Augenmuskeln (Sehlochverengerer = M. sphincter pupillae und Linsenmuskel = M. ciliaris).

**Symptome bei Lähmungen der Augenmuskelnerven**: Der Patient klagt über:

- N. abducens: Doppelbilder beim Blick zur gelähmten Seite. Der Patient dreht den Kopf zur gelähmten Seite, um die Doppelbilder zu vermeiden. Die Abduzenslähmung ist die häufigste Augenmuskelnervlähmung (etwa 50 %, vor allem bei Schädelbasisbrüchen).
- N. trochlearis: Doppelbilder beim Blick nach innen unten. Den Patienten stört dies besonders beim Lesen und beim Treppenhinabsteigen.
- N. oculomotorius: Das Oberlid hängt herab und verdeckt die Pupille. Damit werden auch die Doppelbilder verdeckt, die der Patient sonst beim Blick in allen Richtungen, ausgenommen zur Seite, hätte. Sind auch die parasympathischen Äste betroffen, so ist die Pupille weit und starr. Die Pupillenreflexe sind erloschen.

## Ü657 Ausdehnung des Gesichtsfeldes grob bestimmen, sich vom Vorhandensein des blinden Flecks überzeugen

In der gleichen Sitzposition wie beim Prüfen der Augenmuskelbewegungen kann man sich einen Überblick über das Gesichtsfeld des Probanden im Vergleich mit dem eigenen Gesichtsfeld verschaffen. Dazu wird der Zeigefinger in den vorher geprüften 6 Hauptrichtungen nicht von innen nach außen, sondern von außen nach innen geführt. Der Proband soll angeben, wann er den Finger erstmals sieht. Wenn der Untersucher und der Proband normale Gesichtsfelder haben, müssen sie den Finger etwa gleichzeitig erkennen. Will man den Test etwas sorgfältiger ausführen, so nimmt man statt des Zeigefingers nacheinander weiße und farbige Marken und prüft statt in 6 in 12 Richtungen entsprechend dem Zifferblatt einer Uhr.

Im Unterschied zu der vorhergehenden Übung wird der Proband aufgefordert

- ein Auge zu schließen,
- mit dem anderen Auge in das gegenüberliegende Auge des Untersuchers zu blicken,
- das Auge nicht zu bewegen,
- "jetzt" zu sagen, sobald er die Marke sieht oder sobald sie wieder aus dem Gesichtsfeld verschwindet.

**Normales Gesichtsfeld**: Der Bereich für weiße Marken reicht bis etwa 85° seitlich, 65° unten, 60° nasal und 45° oben. Die Gesichtsfelder für farbige Marken sind enger als die für weiße. Schwierigkeiten bereitet die seitliche Begrenzung des Gesichtsfelds: Der Arm des Untersuchers ist nicht lang genug. Er neigt dann dazu, den Arm im Bogen statt in einer gleich weit von ihm und dem Probanden entfernten Ebene zu bewegen.

**Blinder Fleck**: Bewegt der Untersucher die Marke in der Horizontalen von außen nach innen, so wird bei etwa 15° der Bereich des Gesichtsfelds durchlaufen, der sich auf den Sehnervenaustritt projiziert. Da dort keine Stäbchen und Zapfen liegen, wird Licht hier nicht wahrgenommen. Die Marke verschwindet und taucht bei weiterer Bewegung wieder auf, wenn der blinde Fleck durchquert ist. Bei der genannten Sitzposition liegen die blinden Flecke bei Proband und Untersucher an der gleichen Stelle.

**Übungsaufgabe**: Vom Vorhandensein des blinden Flecks kann man sich ganz leicht auch in diesem Text überzeugen: Am Anfang und am Ende der folgenden Zeile sieht man ein schwarzes Quadrat:

■ ■

Man schließe das linke Auge und fixiere das linke Quadrat mit dem rechten Auge und nähere sich dem Blatt. Das rechte Quadrat verschwindet bei einem Abstand des Auges vom Blatt von etwa 25 cm und taucht bei etwa 20 cm wieder auf. Anschließend wiederhole man den Versuch, wobei man mit dem linken Auge das rechte Quadrat fixiere. Brillenträger werden mit und ohne Brille verschiedene Abstände ermitteln. Den Abstand mißt man vereinfachend vom Papier zum Seitenrand der knöchernen Augenhöhle. Dieser entspricht etwa der Höhe der Augenlinse. Wem die beiden Quadrate zu klein sind, der kann sie mit einem roten Kugelschreiber etwas größer übermalen.

Protokoll 657. Berechnung der Lage des blinden Flecks

A Abstand (cm) des seitlichen Orbitarandes vom Papier, wenn das zweite Quadrat

| | R | L |
|---|---|---|
| a) verschwindet | | |
| b) wieder auftaucht | | |

B Daraus berechnet man einen Tangens (6/A) von

| | | |
|---|---|---|
| a) | | |
| b) | | |

C Dies entspricht einem Blickwinkel von

| | | |
|---|---|---|
| a) | | |
| b) | | |

Berechnung: Die beiden Quadrate sind etwa 6 cm voneinander entfernt. Bei einem Abstand von 25 cm beträgt der Blickwinkel etwa 14° (Tangens 14° = 0,25), bei 20 cm etwa 17° (tg 17° = 0,30). Das ist der Winkelbereich, in dem der blinde Fleck von der Sehachse abweicht. Mit den individuell gemessenen Abständen kann man auf dem gleichen Weg die individuelle Lage des blinden Flecks berechnen.

**Gesichtsfeldausfälle**: Beim gesunden Auge findet man außer dem blinden Fleck keine weiteren Ausfälle des Gesichtsfelds (Skotome). Kleinere Skotome beruhen meist auf Erkrankungen der Netzhaut, z.B. Blutungen, die man im Augenspiegelbild dann zu klären versuchen sollte. Ausfälle von Gesichtsfeldhälften weisen auf Störungen der Sehbahn hin, z.B.

- Ausfall beider rechter Gesichtsfeldhälften bei Störung des linken Sehstrangs oder des linken Hinterhauptlappens des Großhirns,
- Ausfall beider äußerer Gesichtsfeldhälften (Scheuklappengesichtsfeld, bitemporale Hemianopsie) bei Störung der Sehnervenkreuzung (häufigste Ursache: Geschwulst der Hirnanhangsdrüse).

## Ü658 Sehschärfe und Farbtüchtigkeit der Augen mit entsprechenden Tafeln prüfen

**Sehschärfe**: Sie ist definiert als die Fähigkeit, 2 Objektpunkte getrennt wahrnehmen zu können. Dies bedeutet anatomisch: Zwischen den beiden Photorezeptoren, auf die sich die Objektpunkte projizieren, muß mindestens ein Photorezeptor liegen, auf den der Zwischenraum zwischen den Objektpunkten fällt.

An der Stelle des schärfsten Sehens liegen die Photorezeptoren besonders eng zusammen. Der Abstand der Zapfen beträgt hier etwa 2-3 $\mu$m. Die beiden Bildpunkte müssen auf der Makula daher mindestens 4-6 $\mu$m entfernt sein. Bei einem Abstand der Hinterfläche der Augenlinse von der Makula von etwa 16 mm (Gesamtdurchmesser des Auges in der Sehachse etwa 24-25 mm) berechnet man den Tangens des Einfallswinkels mit etwa 5/16000 = 0,0003. Der zugehörige Winkel beträgt etwa eine Minute (1').

**Sehprobentafeln**: Aufgrund der eben ausgeführten Rechnung kann man Leseproben gestalten, bei der die Strichdicke so gewählt wird, daß sie in einer definierten Entfernung im Winkel von 1' gesehen wird. Das gesamte Zeichen (Buchstaben, Symbole) soll dabei 5-10' groß sein. Die maximale Sehschärfe (1,0) ist erreicht, wenn das Zeichen in der definierten

Entfernung richtig bezeichnet wird. Muß der Proband näher herangehen, um das Zeichen zu erkennen, so beträgt die Sehschärfe nur einen entsprechenden Bruchteil der maximalen. Wird z.B. ein Zeichen, das für eine Entfernung von 5 m berechnet wurde, erst in 1 m Entfernung richtig gelesen, so beträgt die Sehschärfe 1/5 = 0,2.

Damit der Proband im Untersuchungsraum nicht hin- und hergehen muß, enthalten die üblichen Leseprobentafeln Zeichen unterschiedlicher Größe für verschiedene definierte Entfernungen. Sie werden meist aus 5 m Abstand betrachtet. Gehört dann das kleinste erkannte Zeichen zur 10-m-Schrift, so schreibt man die Sehschärfe als 5/10 oder 0,5 auf. In der Augenheilkunde wird meist die Schreibung als Bruch vorgezogen, weil daraus gleich zu entnehmen ist, in welchem Abstand die Leseprobe durchgeführt wurde.

Die Sehschärfe wird gewöhnlich getrennt für das Sehen in die Ferne (Fernvisus, Abstand meist 5 m) und in die Nähe (Nahvisus, Abstand meist 30 cm) geprüft. Der Proband behält dabei die Brille auf (Visus cum correctione). Das natürliche Sehvermögen ohne Brille (Visus sine correctione = Visus naturalis) wird im Unterschied zur Sehschärfe Sehleistung genannt. Für den Alltag genügt eine Sehschärfe von 0,5. Damit kann man dieses Buch mühelos lesen (erst bei 0,3 ermüdet das Lesen dieser Schriftgröße). Es gibt auch Menschen mit Sehschärfen von 1,2-1,6. Bei ihnen müßten die Zapfen enger beisammen stehen als beim Durchschnitt der Bevölkerung, oder der Abstand zwischen Augenlinse und Netzhaut müßte größer sein.

Schon wenig abseits der Makula werden die Abstände der Zapfen wesentlich größer. Bei 10° Abweichung beträgt die Sehschärfe nur noch 1/10. Ein Ausfall der Makula setzt daher die Sehschärfe sehr stark herab.

**Farbtüchtigkeit** (Trichromasie): Nach der Farbtheorie von Young-Helmholtz haben wir Rezeptoren für Rot, Grün und Blau. Das menschliche Auge kann im Hellen etwa 150 Farbtöne unterscheiden. Ihre Wahrnehmung kommt durch unterschiedliche Kombination der Stärke der Erregung in den 3 Arten von Zapfenzellen zustande.

**Farbsinnstörungen**: Bei etwa 8 % der Männer und 0,4 % der Frauen ist das Farbempfinden gestört. In fallender Häufigkeit sind dies folgende Mängel:

- Grünschwäche (Deuteranomalie) bis Grünblindheit (Deuteranopie): 75 %,
- Rotschwäche (Protanomalie) bis Rotblindheit (Protanopie): 25 %,
- Blaugelbschwäche (Tritanomalie) bis Blaugelbblindheit (Tritanopie): 0,1 %.

Die meisten Farbsinnstörungen sind angeboren. Bei Erkrankungen der Netzhaut oder des Sehnervs sowie bei Vergiftungen können vorübergehende oder bleibende Farbsinnstörungen auftreten. Ein Beispiel ist das Rotsehen bei anhaltender Blendung, z.B. bei schönem Wetter im winterlichen Hochgebirge (Schneeblindheit).

**Prüfen des Farbsinns**: Am exaktesten ist dies mit dem Anomaloskop möglich, bei dem der Proband rotes und grünes Licht zu einem vorgegebenen Gelb mischen soll. Ein derartiges Gerät dürfte für Übungen am Lebenden kaum zur Verfügung stehen. Die zweitbeste Möglichkeit ist die Verwendung von Tafeln zur Prüfung des Farbsinns. In einem aus Farbtupfen zusammengesetzten Bild erkennt der Farbtüchtige eine Figur, der Farbenblinde nicht.

**Übungsaufgaben**:

- *Fernvisus*: Man stelle sich selbst eine Leseprobentafel für das Entfernungssehen zusammen, indem man Buchstaben unterschiedlicher Größe aus einer Zeitung ausschneidet und nach der Strichdicke entsprechenden Entfernungen zuordnet (tg 1' = 0,00029). Verfügt man über einen Laserdrucker, so kann man sich auch Buchstaben unterschiedlicher Größe in einer unverschnörkelten Schriftart (z.B. Helvetica, aus der die Überschriften in diesem Buch stammen) ausdrucken. Man kann auch mit Tusche entsprechend große Bildchen für Vorschulkinder zeichnen, wie dies der Verfasser einmal für eine Elternzeitschrift getan hat (Abb. 658).

*Abb. 658 (Seite gegenüber). Sehprobentafel für Kinder. Die Ziffern am rechten Rand geben an, in welcher Entfernung die Bilder bei Sehschärfe 1,0 erkannt werden sollen*

24
12
9
6
4
3

- *Nahvisus*: Schwieriger ist eine Leseprobentafel für das Nahesehen zusammenzubekommen. Man findet in Büchern und Zeitungen kaum eine so kleine Schrift, wie man sie für die Sehschärfe 1,0 benötigt. Die Tabellen in diesem Buch entsprechen etwa der Sehschärfe 0,3.
- *Farbsinn*: Wenn vorhanden, verwendet man die üblichen Tafeln von Ishihara oder Stilling. Sehr aufwendig wäre es, Tafeln für die Farbsinnprüfung selbst erstellen zu wollen. Der Verfasser weiß dies aus eigener Erfahrung. Er hat einmal Tafeln mit kindgemäßen Figuren entworfen. Es war ein langer Weg des ständigen Testens und Verbesserns, der nur durch die Mitarbeit farbenblinder Studenten zu beschreiten war. Leider können die Tafeln hier nicht wiedergegeben werden, weil für das Buch nur Schwarzweißdruck vorgesehen ist.
- *Lochbrille*: Bei schlechter Sehleistung (also ohne Brille) kann man sich gut von der Wirkung einer engen Blende überzeugen. Man steche in ein undurchsichtiges Papier mit einer Stecknadel ein kleines Loch. Das halte man vor das Auge und wiederhole die Sehschärfenprüfung. Liegt nur ein Brechungsfehler vor, so wird die Sehleistung deutlich ansteigen. Auf diese Weise kann sich auch der Brillenträger behelfen, wenn ihm auf der Reise die Brille zerbricht. Mit dem Loch im Papier kann er den kleingedruckten Fahrplan wieder lesen. Am besten führt er schon in der Brieftasche ein kleines Stück schwarzes Papier mit Loch für den Notfall mit sich.

### Ü659 Augenhintergrund mit Augenspiegel besichtigen

**Voraussetzung** der Übung: Verfügbarkeit eines Ophthalmoskops, andernfalls muß man sich mit der Theorie begnügen.

**Prinzip**: Wenn man durch die Pupille aus dem Auge heraussehen kann, muß man auf umgekehrten Wege auch in das Auge hineinsehen können. Diese einfache Umkehrung bereitete bis zur Mitte des 19. Jahrhunderts unüberwindliche Schwierigkeiten: Versucht man ohne Beleuchtung in das Auge zu sehen, so kann man nichts erkennen, weil es im Auge zu dunkel ist. Hält man eine Lampe vor das Auge, so ist diese im Weg, und man kann wieder nichts sehen. Helmholtz hatte dann 1851 die geniale Idee, das Licht über einen Spiegel in das Auge zu werfen und in den Spiegel ein kleines Loch anzubringen, durch das der Untersucher hindurchblicken kann. Nun konnte man gewissermaßen mit dem Lichtstrahl in das Auge sehen. Man mußte nur noch eine Sammellinse vor das Auge halten, um die feinen Einzelheiten besser erkennen zu können. Der Augenspiegel wurde der Ausgangspunkt für die Vielzahl der "Spiegeluntersuchungen", mit denen inzwischen nahezu alle Hohlräume des Körpers der Betrachtung beim Lebenden erschlossen sind.

Bei der modernen "Endoskopie" wird allerdings meist kein Spiegel mehr verwendet, weil man inzwischen sehr kleine Lichtquellen bauen kann, mit denen man direkt oder über ein Ablenkprisma oder über eine Glasfiberoptik in den Körper leuchtet. Auch das Augeninnere wird heute meist mit dem Ophthalmoskop ("elektrischer Augenspiegel") betrachtet (obwohl der Augenarzt gern auch zum einfachen Augenspiegel zurückgreift, der zwar ein kopfstehendes, aber übersichtlicheres Bild bietet als der elektrische).

**Instrument**: Im modernen Ophthalmoskop ist der Spiegel durch ein Umlenkprisma ersetzt. Das Lämpchen und die Batterien befinden sich im Handgriff. Anstelle der einen Vorsatzlinse hat man gleich ein ganze Reihe von Linsen von +20 bis -20 Dioptrien zur Verfügung. Man schaltet sie über ein Rädchen nach Bedarf in die Durchblicköffnung. In einem Fenster unterhalb dieser wird die Dioptrienzahl angezeigt. Meist bedeuten schwarze Ziffern positive Dioptrien (Sammellinsen), rote Ziffern negative (Streulinsen). Bei in Großbritannien hergestellten Instrumenten ist es gewöhnlich umgekehrt. Ferner besteht meist noch eine Schaltmöglichkeit für verschiedene Formen des Lichtstrahls:
- weiter Lichtkegel für die weite Pupille,
- enger Lichtkegel für die enge Pupille,
- Lichtspalt: mit ihm sind Unebenheiten leichter zu erfassen,
- Achsenkreuz und Skala: zum Ausmessen,
- Grünfilter: Im grünen Licht heben sich Blutungen besser ab.

**Pupille erweitern?** Der Sehlochverengerer (M. sphincter pupillae) wird vom Parasympathikus, der Sehlocherweiterer (M. dilator pupillae) wird vom Sympathikus innerviert. Man kann demnach die Pupille erweitern, wenn man entweder ein Parasympathikolytikum (z.B. Homatropin, Tropicamid, Cyclopentolat) oder ein Sympathikomimetikum (z.B. Phenylephrin) in den Bindehautsack träufelt. Der Überblick über den Augenhintergrund wird dadurch wesentlich verbessert. Durch die Parasympathikolytika wird außerdem der Linsenmuskel gelähmt, so daß der Proband nicht akkommodieren kann. Beides erleichtert das Augenspiegeln beträchtlich. Trotzdem empfehle ich, diese Maßnahme dem Augenarzt vorzubehalten und das Augenspiegeln ohne pharmakologische Hilfe zu erlernen. Dafür sprechen:

- Der Proband ist bis zum Abklingen der Wirkung des Arzneimittels nicht voll sehtüchtig und sollte daher nicht am Straßenverkehr teilnehmen. Man sollte auch später in der Praxis dem Patienten nicht noch unnötige Wartezeiten nach der Beratung zumuten.
- Bei erhöhtem Augeninnendruck (grüner Star, Glaukom) kann durch das Erweitern der Pupille ein Druckanstieg mit heftigsten Schmerzen und Gefahr der Netzhautschädigung bis zur Erblindung ausgelöst werden (Glaukomanfall). Bei weiter Pupille ist die Regenbogenhaut am Rand zusammengestaucht. Sie engt dabei den Kammerwinkel (Angulus iridocornealis zwischen Regenbogenhaut und Hornhaut) ein. Dort aber liegt der Abfluß des Kammerwassers in den Schlemm-Kanal (Sinus venosus sclerae). Der grüne Star ist eine häufige Krankheit. Er befällt etwa 1-2 % der über 40 Jahre alten Menschen, kommt aber auch schon bei Kindern vor. Er ist in Mitteleuropa die häufigste Ursache der Erblindung. Will man nicht auf die Pupillenerweiterung verzichten, so muß man zumindest eine Augeninnendruckerhöhung weitgehend ausschließen. Man muß den Probanden nach einschlägigen Symptomen fragen: häufige Kopfschmerzen, Brennen und Rötung der Augen, Nebelsehen, nachts farbige Ringe um Lichter, Lichtscheu. Ferner sollte man eine verdächtige Vorwölbung der Regenbogenhaut erkennen: Dazu leuchtet man mit der Spaltlampe quer durch die vordere Augenkammer. Sofern ein Tonometer vorhanden ist, sollte man unbedingt den Augeninnendruck messen, bevor man die Pupillen erweitert.
- Die Pupillenreflexe sind wichtige Zeichen bei der nervenärztlichen Untersuchung. Deshalb sollte man bei Patienten mit akuten Kopfverletzungen niemals die Pupillen blockieren, weil dadurch die weitere Diagnostik behindert wird.
- Die Erfahrung mit Übungen am Lebenden lehrt, daß man in einem halbdunklen Raum auch ohne Pupillenerweiterung gut augenspiegeln kann.
- Meint man, ohne Pupillenerweiterung nicht auskommen zu können, so sollte man nach Abschluß der Untersuchung die Pupille mit einem Parasympathikomimetikum (z.B. Pilocarpin) wieder verengen.

**Vorbereitung**: Der Untersucher sollte sich zunächst mit dem Ophthalmoskop vertraut machen. Man faßt den Handgriff zwischen Daumen und den Fingern 3-5. Der Zeigefinger wird an das Rädchen zur Linsenschaltung gelegt. Man stellt zunächst auf 0 und betrachtet durch die Durchblicköffnung zunächst z.B. das Leistenmuster der eigenen Hand. Man schaltet Plusdioptrien vor und sieht die zunehmende Vergrößerung. Hat man die Linsenschaltung geübt, sollte man sich der Schaltung der verschiedenen Lichtformen zuwenden. Je nach Gerätemodell ist dafür ein zweites Rädchen zur Bedienung durch den Zeigefinger oder ein Hebel für den Daumen vorgesehen. Zuletzt ist auch die Helligkeitssteuerung zu erlernen, je nach Modell z.B. über einen Drehring am Handgriff. Erst wenn man das Instrument sicher bedienen kann, ohne hinsehen zu müssen, sollte man es am Probanden anwenden, um ihn nicht unnötig zu blenden.

**Untersuchungsstellung**: Am bequemsten ist die Untersuchung, wenn sich Proband und Untersucher gegenübersitzen. Grundsätzlich betrachtet der Untersucher mit seinem rechten Auge das rechte Auge des Probanden, mit seinem linken das linke. Deshalb muß man beim Wechsel des Auges auch die Sitzposition wechseln. Die Stühle stellt man nicht direkt gegenüber, sondern eher nebeneinander, weil man die Augen bis auf etwa 5 cm einander annähern muß. Der Proband wird gebeten, einen vom Untersucher bezeichneten, möglichst weit entfernten Punkt in Augenhöhe zu fixieren. Dies ist sehr wichtig, weil Augenbewegungen des Probanden die Untersuchung erheblich behindern. Der Untersucher blickt in einem Winkel von 15-20° auf das Auge des Probanden. Dies entspricht dem Winkel, in dem der Sehnervenaustritt ("Papille", Discus nervi optici) von der optischen Augenachse abweicht.

Während der gesamten Untersuchung ist darauf zu achten, daß der Blick des Probanden mit dem nichtuntersuchten Auge auf den Fixierungspunkt freibleibt, da der Proband sonst die Augen ungewünscht bewegt.

**Beginn der Untersuchung**: Bei der Untersuchung des rechten Auges des Probanden faßt der Untersucher das Ophthalmoskop mit seiner rechten Hand und hält es vor sein rechtes Auge. Mit der linken Hand faßt er die rechte Schulter des Probanden. Aus dem Abstand von einer Armlänge lenkt er den Lichtkegel des Ophthalmoskops auf das Auge des Probanden. Sobald er die Pupille erreicht hat, leuchtet diese rot auf (ähnlich wie die Augen von Tieren rot aufleuchten, wenn sie nachts vom Scheinwerfer des Autos erfaßt werden). Der Untersucher nähert sich nun mit unverändert vor dem Auge gehaltenen Ophthalmoskop dem Probanden so nahe wie möglich (bis auf etwa 5 cm), immer an der rot leuchtenden Pupille orientiert. Er stützt die das Ophthalmoskop haltende Hand evtl. an der Wange des Probanden ab. Die freie Hand geht von der Schulter zur Stirn des Patienten über. Der Untersucher kann dann mit dem Daumen das Oberlid etwas hochziehen, falls zu häufiger Lidschlag die Untersuchung stört. Nach Möglichkeit sollte man den Lidschlag des Probanden nicht unterbinden, damit die Vorderfläche des Auges gut befeuchtet bleibt.

Sind Proband und Untersucher normalsichtig, so werden mit zunehmender Annäherung bereits Einzelheiten am Augenhintergrund deutlich. Andernfalls sollte der Untersucher rasch am Rädchen der Linsenserie drehen, bis das Bild scharf ist. Der junge Untersucher kann zwar mit seiner eigenen großen Akkommodationsbreite einen großen Spielraum von Brechungsfehlern des Probanden kompensieren, doch sollte man sich das gar nicht erst angewöhnen. Zum einen geht diese Fähigkeit mit zunehmendem Alter verloren, zum anderen kann man den Brechungsfehler des Probanden abschätzen. Außerdem werden Unebenheiten des Augenhintergrundes als Unschärfen deutlich. Deshalb muß man die Linsen rasch schalten, damit man gar nicht erst akkommodiert.

Der brillentragende Untersucher legt die Brille ab und schaltet Linsen im Ophthalmoskop entsprechend der Dioptrienzahl der Brille des eigenen Auges vor. Ist auch der Proband Brillenträger, so legt auch dieser die Brille ab, und man addiert seine Dioptrien zu den eigenen, wobei das Vorzeichen zu berücksichtigen ist, z.B. weitsichtiger (+3 dpt) Untersucher + kurzsichtiger (-5 dpt) Proband = Vorschaltung -2 dpt. Bei stärkerer Stabsichtigkeit (Astigmatismus) des Probanden kann man versuchen, durch die Brille des Probanden hindurch das Auge zu besichtigen. Der Blick des Probanden sollte möglichst in der Ferneinstellung bleiben. Bei jeder Akkommodation ändert sich die Brechkraft des Auges, und der Untersucher muß andere Linsen vorschalten.

**Augenhintergrund** (in der Klinik häufig Fundus genannt): Bei der beschriebenen Stellung trifft man entweder direkt auf den Sehnervenaustritt oder zumindest auf seine Nähe. In jedem Fall wird man Blutgefäße sehen. Macht man sich klar, daß diese sich in Richtung Peripherie verzweigen, wird es nicht schwerfallen, den Weg zur Sehnervenpapille zu finden: Man muß nur in umgekehrter Richtung am Gefäß entlanggehen, also in Richtung der Spitzen der Winkel zwischen Gefäßverzweigungen. Der Untersucher muß dabei erlernen, seinen Kopf und das Ophthalmoskop gemeinsam zu bewegen. Das Auge des Untersuchers muß schließlich immer hinter dem kleinen Durchblicksloch des Instruments bleiben.

Die *Sehnervenpapille* ist eine blaßrosa bis gelbliche Scheibe, die sich deutlich vom Orangerot der Netzhaut abhebt. Ihr Durchmesser beträgt etwa 1,5 mm. Sie füllt damit das Gesichtsfeld bei der Ophthalmoskopie ohne Erweiterung der Pupille nahezu völlig aus. Ihre Mitte erscheint trichterförmig eingezogen (Excavatio disci). Manchmal kann man dort sogar das feine Gitter (Lamina cribrosa sclerae) der Lederhaut erkennen. Durch dieses verlassen etwa 1 Million Sehnervenfasern das Auge. Die Breite der Sehnervenpapille ist eine beliebte Maßeinheit am Augenhintergrund, da direkte Messungen in Millimeter umständlich sind. Man beschreibt z.B. eine Blutung als: Hämatom von 1 Papillenbreite, etwa 3 Papillenbreiten von der Papille entfernt bei 2 Uhr.

Aus der Tiefe des Trichters der Sehnervenpapille kommen die *zentralen Netzhautgefäße* (A. + V. centralis retinae), die sich rasch zu je 4 Ästen aufzweigen (Arteriola/Venula temporalis/nasalis retinae superior/inferior). Die gesunde Gefäßwand ist durchsichtig. Die Farbe des Gefäßes entspricht daher dem Blut: hellrot bei den Arteriolen, bläulichrot bei den Venulen. Die Arteriolen geben einen hellen Reflex von ihrer Oberfläche. Die Venulen sind etwa um die Hälfte breiter als die Arteriolen. Die Venulen (!) pulsieren manchmal entsprechend den blutdrucksynchronen Schwankungen des Augeninnendrucks. Sind keine Pulsationen zu sehen, so kann man sie manchmal auslösen, wenn man sanft auf den Augapfel drückt. Gut sichtbare Pulsationen sprechen gegen einen erhöhten intrakraniellen Druck.

Hat man die Sehnervenpapille genügend studiert, so geht man von dort die Gefäße entlang in die Peripherie und besichtigt möglichst den gesamten zugänglichen Netzhautbereich. Als letztes wendet man sich der Stelle schärfsten Sehens, dem "gelben Fleck" (*Macula*), zu. Sie liegt etwa 2 Papillenbreiten seitlich der Sehnervenpapille. Ihre Mitte ist gering eingezogen (Fovea centralis). Sie ist frei von Netzhautgefäßen und wird von der Aderhaut ernährt. Man findet die Stelle am einfachsten, wenn man den Probanden bittet, den Fixierungspunkt aufzugeben und direkt in das Licht zu sehen. Er dreht dann das Auge automatisch auf die Stelle des schärfsten Sehens. Da der Proband dort besonders lichtempfindlich ist, sollte man vorher (!) die Lichtstärke des Ophthalmoskops herunterschalten. Trotzdem bleibt die Beleuchtung der Makula für den Probanden unangenehm. Man sollte sie daher an den Schluß der Untersuchung legen. Wegen der Änderung der Sitzordnung beim Übergang zum anderen Auge hat der Proband danach eine kleine Erholungspause.

Protokoll 659. Netzhautvenulen

| | R | | | L | | |
|---|---|---|---|---|---|---|
| Pulsfrequenz (1/min) | | | | | | |
| Kreuzungsphänomen | j | n | ? | j | n | ? |

**Besondere Befunde**:

- Der Pigmentreichtum des Pigmentepithels (Stratum pigmentosum) der Netzhaut ist individuell verschieden. Bei geringer Pigmentierung schimmert die Gefäßzeichnung der dahinterliegenden Aderhaut (Choroidea) durch. Bei Albinos liegen die Aderhautgefäße frei sichtbar vor.
- Bei Probanden mit Brechungsfehlern verändert man mit den vorgeschalteten Linsen auch die Größe des Bildes des Augenhintergrundes. Die Sehnervenpapille des Weitsichtigen erscheint daher klein, die des Kurzsichtigen groß im Vergleich mit der Papille eines Normalsichtigen.
- Die blaßrosa-gelbliche Farbe der Sehnervenpapille beruht auf den Markscheiden der Sehnervenfasern. Innerhalb der Netzhaut sind die Sehnervenfasern markscheidenfrei. Sie nehmen sie erst im Sehnerv (N. opticus) an. Gelegentlich beginnt die Myelinisierung bei einigen Fasern schon kurz vor der Papille. Dies sieht im Spiegelbild so aus, als ob weiße Haarbüschel aus der Papille kämen.
- Gehen die Sehnervenfasern zugrunde, so wird die Sehnervenpapille hell weiß (Optikusatrophie). Der Vergleich mit dem Vollmond liegt nahe.
- Bei erhöhtem Augeninnendruck wird der Trichter der Sehnervenpapille ausgeweitet. Nimmt er mehr als 60 % des Durchmessers ein, so liegt der Verdacht auf eine Glaukomerkrankung nahe. Dies kann der erste Hinweis auf die ohne Behandlung zur Erblindung führende Krankheit sein.
- Stauungspapille: Das Auge ist, entwicklungsgeschichtlich betrachtet, ein Teil des Gehirns. Die Hirnhäute laufen als Scheiden des Sehnervs (Vagina externa/interna nervi optici) bis zum Auge weiter. Damit pflanzt sich auch ein erhöhter Druck in der Schädelhöhle auf den Sehnerv fort. Die Sehnervenpapille wird dann in das Augeninnere vorgewölbt. Im Augenspiegelbild erscheint die Papille unscharf. Durch Vorschalten von Plusdioptrien wird sie wieder scharf. Nach der Zahl der benötigten Dioptrien kann man die Stauungspapille bewerten: 1 dpt = schwach, 2 dpt = mittelmäßig, 3 dpt = stark. Die Blutgefäße erscheinen am Rand der Papille leicht geknickt. Dies verstärkt den Eindruck der Vorwölbung. Bei einer Stauungspapille darf man wegen des erhöhten intrakraniellen Drucks nicht lumbalpunktieren (Ü234). Vor jeder Lumbalpunktion ist daher der Augenhintergrund zu besichtigen!
- Veränderungen der Blutgefäßwände findet man vor allem bei der Arteriosklerose, dem häufig mit ihr verbundenem Bluthochdruck

und bei der Zuckerkrankheit. Bei der Arteriosklerose verdicken sich die Wände der Arteriolen. Dies gibt zuerst nur einen breiteren Lichtreflex. Beim Weiterschreiten der Erkrankung nehmen die Arteriolen einen dunkelgoldbraunen Farbton an ("Kupferdrahtarterien"). Mit weiterer Verdickung der Wand wird die Lichtung enger und der Reflex schmal und weiß ("Silberdrahtarterien"). Dort wo die Arteriolen die Venulen überkreuzen, erscheinen die Venulen sanduhrartig eingezogen ("Kreuzungsphänomen"). Bei der Zuckerkrankheit kommt es zu punktförmigen Blutungen aus kleinen Gefäßerweiterungen.

- Um sich ein Bild von der Fülle der diagnostischen Möglichkeiten der Augenspiegelung zu machen, sollte man einmal einen Atlas des Augenhintergrundes durchblättern.

## 6.6 Ohr

### Ü661 Ohrmuschel und Eingang in den äußeren Gehörgang besichtigen

**Ohrmuschel** (Auricula): Sie ist beim Menschen ein weitgehend überflüssiges Relikt ohne nennenswerte Funktion. Wenn sie jedoch fehlt, z.B. bei der angeborenen Anotie, so sucht der Betroffene ihren Verlust sorgfältig zu verbergen, um nicht anders zu sein als die übrigen Menschen. Die Form der Ohrmuschel ist vererbt und spielt beim erbbiologischen Vaterschaftsnachweis eine Rolle. Um Befunde an der Ohrmuschel beschreiben zu können, sollte man folgende Begriffe erlernen:

- Ohrleiste (Helix): der Wulst am Rand der Ohrmuschel,
- Gegenleiste (Anthelix): der konzentrisch zur Ohrleiste gelegene Wulst,
- Ohrhöhlung (Concha auriculae): der Vorhof des äußeren Gehörgangs,
- Ziegenbock (Tragus): der von vorn den Eingang in den äußeren Gehörgang überlappende Höcker,
- Ohrläppchen (Lobulus auriculae): der knorpelfreie Teil am unteren Ende der Ohrmuschel.

Die Ohrleiste ist gelegentlich hinten oben umschrieben verdickt. Dieser Darwin-Höcker (Tuberculum auriculae) ist eine belanglose Spielart. Man sollte sie nur deshalb kennen, damit man sie nicht mit einer Geschwulst verwechselt.

**Öffnung des äußeren Gehörgangs** (Porus acusticus externus): Sie ist seitlich durch den Ziegenbock abgeschirmt. Die Bockshaare (Tragi) erschweren zusätzlich das Eindringen von Insekten usw.

**Übungsaufgaben**:

- Benennen der einzelnen Teile der Ohrmuschel durch Vergleich mit einer Atlasabbildung.
- Beschreiben der individuellen Ohrform nach Vergleich mit den Ohrmuscheln mehrerer Kollegen.
- Verformen des Ohrmuschel: Um sich von der Elastizität des elastischen Knorpels zu überzeugen, verforme man bei sich selbst vor dem Spiegel die Ohrmuschel beliebig. Sie schnellt beim Loslassen sofort wieder in ihre ursprüngliche Form zurück. Dies sollte man sich einprägen, um nicht auf die Idee zu kommen, abstehende Ohren durch Verbände anlegen zu wollen. Hier hilft nur die Keilexzision aus dem Knorpel.
- Ohrläppchen als möglichen Ort für die Entnahme kleiner Blutmengen studieren.

### Ü662 Ohrenspiegelung

Der äußere Gehörgang (Meatus acusticus externus) und das Trommelfell (Membrana tympani) können nach dem gleichen Prinzip besichtigt werden wie das Auge (Ü659). Würden nicht die Bockshaare in der Öffnung des äußeren Gehörgangs den Einblick behindern, könnte man sogar das Ophthalmoskop benutzen. So aber muß man mit einem Ohrtrichter die Haare zur Seite drängen. Ferner ist der knorpelige Teil des äußeren Gehörgangs (Meatus acusticus externus cartilagineus) gegen den knöchernen Teil leicht geknickt. Diesen Knick kann man jedoch ausgleichen, wenn man die Ohrmuschel nach hinten oben zieht.

**Instrumente**:

- ein Satz Ohrtrichter verschiedener Weite in Metall oder Kunststoff,
- Stirnspiegel + Lichtquelle oder Stirnleuchte,
- elektrisches Otoskop: Es ist vom Prinzip her gleich gebaut wie das Ophthalmoskop. Der Durchblick ist jedoch weiter. Anstelle des ge-

stuften Linsensatzes gibt eine vorschaltbare oder feststehende Lupe ein 1,5-2fach vergrößertes Bild. Die Batterien sind wie im Ophthalmoskop im Handgriff untergebracht. Es gibt auch Geräte, bei denen man auf einen Handgriff wechselweise einen Ophthalmo- oder Otoskopaufsatz aufstecken kann.

**Vorgehen**: Je nach verfügbaren Geräten wird die Ohrspiegelung (Otoskopie) in 2 Formen ausgeführt:

- mit Stirnspiegel oder Stirnlampe und frei gehaltenem Ohrtrichter: Dabei kann der Anfänger mit einer Hand die Ohrmuschel nach hinten oben ziehen und mit der anderen Hand den Ohrtrichter sacht unter leichtem Drehen in die Öffnung des äußeren Gehörgangs einführen. Man nimmt den für die individuelle Weite des Gehörgangs größtmöglichen Trichter. Man wird dann schnell merken, daß man eigentlich noch eine dritte Hand haben müßte, um den Stirnspiegel oder die Stirnlampe korrekt einzustellen. Man wird dadurch motiviert zu erlernen, mit einer Hand den Ohrtrichter (Daumen und Zeigefinger) und die Ohrmuschel (Mittel- und Ringfinger) zu fassen. Dann bleibt die andere Hand nicht nur für die Korrektur der Beleuchtungsquelle, sondern auch für kleinere Eingriffe, z.B. das Durchstechen (Parazentese) des Trommelfells bei der Mittelohreiterung, frei. Der Stirnspiegel (Hohlspiegel von 10-20 cm Brennweite, auch Ohrenspiegel genannt) wird gewöhnlich vor das linke Auge gesetzt. Die Lichtquelle muß dann links vom Patienten (also neben dessen rechter Kopfseite) stehen. Das Auge sollte sich möglichst nahe am Loch des Spiegels befinden, damit der Durchblick gut ist. Ist der Stirnspiegel gut eingestellt, so behält der Untersucher möglichst seine Stellung bei und dreht stattdessen den Kopf des Probanden. Er erspart sich damit das ständige Berichtigen der Spiegelstellung.
- mit dem elektrischen Otoskop: Der Ohrtrichter (Plastiktrichter zum Einmalgebrauch) wird hierbei direkt auf das Gerät aufgeschraubt und braucht nicht gesondert gehalten zu werden. Das Otoskop wird nicht am Trichter, sondern am Handgriff gefaßt. Je nach persönlicher Vorliebe wird es mit dem Handgriff nach oben oder nach unten gehalten. Beim Einführen des Trichters in den Gehörgang muß man besonders vorsichtig sein, weil durch den Handgriff eine erhebliche Hebelwirkung entfaltet wird und der Trichter nicht so fein geführt werden kann wie ein isolierter Trichter bei der Stirnleuchtenmethode. Wenn man nicht sehr handgeschickt ist, sollte man erst mit dem isolierten Trichter üben, um etwas "Gefühl" für den Umgang mit dem Gehörgang zu entwickeln. Die Ohrmuschel muß natürlich auch beim Einführen des elektrischen Otoskops mit der anderen Hand nach hinten oben gezogen werden.

Häufige Fehler:

- zu kleiner Trichter: Er dringt unnötig tief in den sehr schmerzempfindlichen knöchernen Gehörgang ein.
- ungenügend tiefes Einführen des Trichters: Die Bockshaare versperren die Sicht.

**Besichtigen**

a) **des äußeren Gehörgangs**: Während man den Trichter einsetzt und vorschiebt, beobachtet man ständig die Gehörgangswand auf Rötungen und Schwellungen. Wird die Sicht durch Ohrschmalz (Cerumen) behindert, so muß man dieses entfernen. Am schonendsten geschieht dies durch eine Gehörgangsspülung. Die Spülflüssigkeit muß körperwarm sein, weil sonst Gleichgewichtsstörungen ausgelöst werden (Ü668). Man verwendet z.B. 3%iges Wasserstoffsuperoxid oder eine der handelsüblichen ohrschmalzlösenden Spülflüssigkeiten. Eine Spülung ist jedoch nur zulässig, wenn man sich überzeugt hat, daß im Trommelfell kein Loch ist. Andernfalls könnte das Ohrschmalz in das Mittelohr geschwemmt werden und dort die Gehörknöchelchen verkleben. Ist eine Spülung nicht möglich, so versuche man, das Ohrschmalz durch einen Watteträger oder ein spezielles Ohrhäkchen herauszuziehen.

b) **des Trommelfells**: Am inneren Ende des äußeren Gehörgangs leuchtet das gesunde Trommelfell als perlmutterartige, gelb- bis bläulichgraue, mäßig durchsichtige, leicht trichterförmig eingezogene Membran auf. Es steht nicht quer, sondern schräg zum Gehörgang: Es ist von hinten-oben-außen nach vorn-unten-innen geneigt (ähnlich wie das vordere Kreuzband im Kniegelenk). Das Trommelfell hat einen Durchmesser von etwa 1 cm. Man achte auf folgende Einzelheiten (Abb. 662):

- einen hellen Lichtreflex vorn unten.
- den Hammerstreifen (Stria mallearis): von vorn oben zur Mitte. Er ist durch den durch-

scheinenden Hammerhandgriff (Manubrium mallei) bedingt.

▪ den Trommelfellnabel (Umbo membranae tympani): in der Mitte, am unteren Ende des Hammerstreifens.

▪ den Hammervorsprung (Prominentia mallearis): am oberen Ende des Hammerstreifens. Das Trommelfell wird hier durch den Seitenfortsatz des Hammers (Processus lateralis) vorgewölbt.

▪ die vordere Hammerfalte (Plica mallearis anterior): vom oberen Ende des Hammerstreifens bogenförmig nach vorn.

▪ die hintere Hammerfalte (Plica mallearis posterior): vom oberen Ende des Hammerstreifens bogenförmig nach hinten.

▪ den schlaffen Teil (Pars flaccida): der kleine Abschnitt oberhalb der beiden Hammerfalten.

▪ den straffen Teil (Pars tensa): der Hauptteil des Trommelfells unterhalb der beiden Hammerfalten.

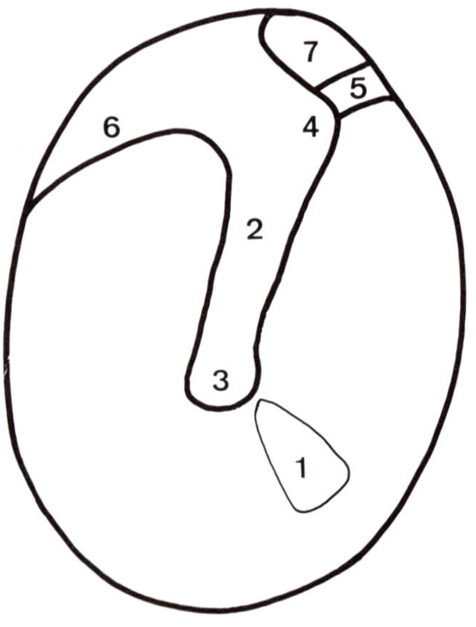


*Abb. 662. Rechtes Trommelfell: 1 Lichtreflex, 2 Hammerstreifen, 3 Trommelfellnabel, 4 Hammervorsprung, 5 vordere Hammerfalte, 6 hintere Hammerfalte, 7 schlaffer Teil*

**Abnorme Befunde**:

▪ Löcher im Trommelfell: Sie sind Zeichen abgelaufener Mittelohreiterungen oder mechanischer Überbeanspruchung (plötzliche Luftdruckerhöhung, z.B. bei heftigem Küssen auf das Ohr) und fehlen beim gesunden Trommelfell völlig. Das Trommelfell ist bei jeder Besichtigung sorgfältig nach Löchern abzusuchen. Dies ist wichtig für die Entscheidung, ob eine Gehörgangsspülung vorgenommen werden darf.

▪ stark eingezogenes Trommelfell: Der Hammervorsprung steht stark vor. Der Lichtreflex ist abgebogen oder fehlt. Ursache ist meist eine verschlossene Ohrtrompete. Die Luft wird dann aus der Paukenhöhle resorbiert. Das Trommelfell wird durch den äußeren Luftdruck in die Paukenhöhle gepreßt und kann deswegen nicht mehr frei schwingen. Der Patient hört auf diesem Ohr schlechter. Ist der Druckausgleich über die Ohrtrompete wiederhergestellt, ist auch die Schwerhörigkeit vorbei.

▪ gerötetes Trommelfell: Wichtigste Veranlassung für eine Ohrspiegelung in der Allgemeinpraxis sind stechende Schmerzen im Ohrbereich mit Verdacht auf eine Mittelohrentzündung. In diesem Fall ist das Trommelfell leuchtend rot gefärbt. Radiäre Blutgefäße zeichnen sich ab. Mit fortschreitender Entzündung wird das Trommelfell vorgewölbt. Die sonst sichtbaren Einzelheiten verschwinden. Um dem spontanen Durchbruch an ungünstiger Stelle zuvorzukommen und um dem Patienten Erleichterung zu verschaffen, wird das Trommelfell im hinteren unteren Bereich durchstochen (Parazentese). Die Schmerzen lassen dann schlagartig nach.

▪ weiße Flecken auf dem Trommelfell: Es handelt sich meist um Gewebeverdichtungen als Reste von Entzündungen.

## Ü663 Durchgängigkeit der Ohrtrompete prüfen

Die Ohrtrompete (Tuba auditiva) ist ein Druckausgleichskanal, der die Paukenhöhle mit dem Rachen verbindet. Bei jedem Schluckakt wird die Ohrtrompete durch die Gaumensegelmuskeln geöffnet, und Luft strömt aus dem Rachen zur Paukenhöhle.

Abgekammerte Luft wird im Körper ständig resorbiert (auf diese Weise heilt z.B. ein Pneumothorax aus). Ohne Luftzufuhr entsteht in der Paukenhöhle ein Unterdruck. Das Trommelfell wird dann durch den äußeren Luftdruck in die Paukenhöhle gepreßt und kann nicht mehr frei schwingen. Die Folge ist eine Schalleitungsschwerhörigkeit und ein Druckgefühl im Ohr. Man kann dies gut beobachten, wenn man mit einer Bergbahn fährt, die große Höhenunterschiede überwindet. Der äußere Luftdruck ändert sich dabei so rasch, daß der natürliche Druckausgleich über das gelegentliche Schlucken nicht ausreicht. Bei der Bergfahrt wird das Trommelfell durch den inneren Luftdruck nach außen gedrängt, bei der Talfahrt durch den äußeren Luftdruck nach innen. Das Druckgefühl im Ohr verschwindet schlagartig, wenn man willkürlich ein paarmal schluckt.

Ein längerdauernder Verschluß der Ohrtrompete entsteht z.B. bei einem Schnupfen oder einer Rachenentzündung. Die Schleimhaut an der rachenseitigen Öffnung der Ohrtrompete schwillt an und verhindert den Druckausgleich. Dann können schleimhautabschwellende Maßnahmen die Ohrtrompete wieder durchgängig machen und die Schwerhörigkeit beseitigen. (Verordnet der Arzt deswegen Nasentropfen einem Patienten mit Ohrenschmerzen, so sollte er ihm den Zusammenhang erklären. Andernfalls könnte es geschehen, daß der Patient die Tropfen in den Gehörgang einträufelt.)

**Übungsaufgaben**:

a) *Toynbee-Versuch*:

- Man beobachtet das Trommelfell des Probanden bei der Ohrenspiegelung und bittet ihn, einmal zu schlucken. Das Trommelfell wird durch den am Beginn des Schluckakts entstehenden Unterdruck in die Paukenhöhle eingezogen und schwingt beim Druckausgleich wieder zurück.
- Man hält das Stethoskop über den äußeren Gehörgang und bittet den Probanden zu schlucken. Der Druckausgleich ist mit einem knackenden Geräusch verbunden.

b) *Valsalva-Versuch*: Er ist eine Art verstärkter Toynbee-Versuch: Zunächst wird tief eingeatmet. Dann werden Mund und Nasenlöcher geschlossen und kräftig ausgeatmet. Der Druck in den Atemwegen steigt stark an und sprengt den Verschluß der Ohrtrompete. Dieser Versuch darf bei Infektionen des Nasen-Rachen-Bereichs nicht durchgeführt werden: Mit der Luft werden auch die Krankheitserreger in die Paukenhöhle gepreßt. Es besteht die Gefahr der Mittelohrinfektion.

## Ü664 Einfache Hörprüfung mit Flüster- und Umgangssprache (Hörweitenprüfung)

Die differenzierte Untersuchung des Hörens (Audiometrie) ist an Apparate gebunden, die in der allgemeinärztlichen Praxis und in Übungen zur Anatomie am Lebenden kaum zur Verfügung stehen. Sie liegt auch schon jenseits des Bereichs der angewandten Anatomie. Ohne Hilfsmittel ist jedoch eine einfache Hörprüfung mit Flüster- und Umgangssprache möglich, um zu entscheiden, ob der Patient zum Hals-Nasen-Ohren-Arzt zu überweisen ist.

**Hörweitenprüfung mit Flüstersprache**: Man benötigt einen ruhigen Raum genügender Größe, der einen Abstand von mindestens 6 m zwischen Untersucher und Proband ermöglicht. Um die beiden Ohren getrennt prüfen zu können, muß jeweils ein Ohr "vertäubt" werden. Meist genügt es, wenn der Proband einen Finger in die Öffnung des äußeren Gehörgangs steckt. Eine bessere Vertäubung erreicht man, wenn ein angefeuchteter Wattebausch in den Gehörgang gepreßt und mit einem Finger hin- und herbewegt wird (Schüttelausschaltung). Der Untersucher flüstert viersilbige Zahlwörter zwischen 21 und 99 und bittet den Probanden, diese nachzusprechen. Hat der Proband Schwierigkeiten mit dem Erkennen der Zahlen, so wird der Versuch aus geringerem Abstand wiederholt. Er wird beendet, sobald der Proband 3 Zahlen hintereinander richtig wiedergegeben hat.

Protokoll 664. Hörweitenprüfung. Abstand (m), in dem viersilbige Zahlwörter richtig nachgesprochen werden

| | R | L |
|---|---|---|
| Flüstersprache | | |
| Umgangssprache | | |

**Hörweitenprüfung mit Umgangssprache**: Statt mit Flüstersprache werden die viersilbigen Zahlwörter mit Umgangssprache in normaler Gesprächslautstärke vorgesprochen. Einfaches Zuhalten des anderen Ohrs genügt nicht.

Schüttelvertäubung (oder eine Lärmtrommel) ist nötig.

**Bewertung**:
- normal: wenn Flüstersprache aus 6-8 m Entfernung verstanden wird,
- geringe Schwerhörigkeit: wenn Umgangssprache noch aus mehr als 4 m Entfernung verstanden wird,
- mittelgradige Schwerhörigkeit: wenn Umgangssprache aus 1-4 m Entfernung verstanden wird,
- hochgradige Schwerhörigkeit: wenn Umgangssprache aus 0,25-1 m Entfernung verstanden wird,
- an Taubheit grenzende Schwerhörigkeit: wenn Umgangssprache nur aus weniger als 25 cm Entfernung verstanden wird.

### Ü665 Luftleitung und Knochenleitung vergleichen

Für die Schalleitung zum Innenohr stehen 2 Wege zur Verfügung:
- Luftleitung: der Weg über den äußeren Gehörgang, das Trommelfell, die 3 Gehörknöchelchen und die Perilymphe zur Endolymphe,
- Knochenleitung: der Weg über die Schädelknochen und die knöcherne Schnecke zur Endolymphe.

Normalerweise ist die Luftleitung über die Verstärkerkette des Mittelohrs der Weg der Schalleitung. Ausgenommen davon ist nur die eigene Sprache, die über Knochenleitung gehört wird. Deshalb kommt einem die eigene Sprache so fremd vor, wenn man sie erstmals vom Tonband hört. Bei Störungen des Mittelohrs kann jedoch die Knochenleitung Bedeutung gewinnen.

**Schwerhörigkeit** kann 2 Hauptursachen haben:
- *Schalleitungsschwerhörigkeit*: bei Schäden der Verstärkerkette im Mittelohr (Mittelohrschwerhörigkeit),
- *Schallempfindungsschwerhörigkeit*: bei Schäden des Innenohrs (Innenohrschwerhörigkeit) oder des Hörnervs (Nervenschwerhörigkeit).

**Stimmgabelversuche**: Man benutzt eine einfache Stimmgabel für den Kammerton $a^1$ (440 Hz):

a) *Rinne-Versuch*: Er dient dem Vergleich von Luft- und Knochenleitung am gleichen Ohr (monauraler Vergleich). Die Stimmgabel wird angeschlagen und auf den Warzenfortsatz aufgesetzt. Der Proband wird gebeten, ein Zeichen zu geben, wenn er die Stimmgabel nicht mehr hört. Sobald dies der Fall ist, wird die Stimmgabel vor die Öffnung des äußeren Gehörgangs gehalten und der Proband gefragt, ob er sie nun wieder höre.
- "Rinne positiv": Der Proband hört die Stimmgabel vor dem Ohr. Die Luftleitung ist besser als die Knochenleitung (Normalfall).
- "Rinne negativ": Der Proband hört die Stimmgabel vor dem Ohr nicht. Die Luftleitung ist nicht besser als die Knochenleitung (bei Schalleitungsschwerhörigkeit).

b) *Weber-Versuch*: Er dient dem Vergleich der Knochenleitung der beiden Ohren (binauraler Vergleich): Die angeschlagene Stimmgabel wird auf die Mitte des Scheitels aufgesetzt und der Proband gefragt, ob er sie in beiden Ohren gleich gut oder in einem Ohr lauter hört.
- Der Ohrgesunde (und der beidseits gleich stark Erkrankte) hört den Ton in der Mitte zwischen den Ohren.
- Der einseitig Innenohrschwerhörige hört den Ton im gesunden Ohr lauter (weil er ihn mit dem kranken Ohr nicht so gut hören kann).
- Der einseitig Mittelohrschwerhörige hört den Ton im kranken Ohr lauter. Dies überrascht zunächst. Nach der Schallabflußtheorie von Mach besitzt das kranke Mittelohr eine geringere Schwingungsfähigkeit und eine größere Massenträgheit. Sie behindern den Schallabfluß. Dadurch entstehen am ovalen Fenster größere Kräfte, die das Innenohr stärker erregen.

Protokoll 665. Stimmgabelversuche

| | R | | L | |
|---|---|---|---|---|
| Rinne-Versuch | + | - | + | - |

| Weber-Versuch<br>Stimmgabel laut gehört<br>(M = Mitte) | L | M | R |
|---|---|---|---|

### Ü666 Kopfstellungen einnehmen, bei denen die Bogengänge in definierten Ebenen liegen

Der Mensch hat auf jeder Seite 3 Bogengänge:
- vorderer Bogengang (Ductus semicircularis anterior),
- hinterer Bogengang (Ductus semicircularis posterior),
- seitlicher Bogengang (Ductus semicircularis lateralis): Er wird in der Klinik meist horizontaler Bogengang genannt.

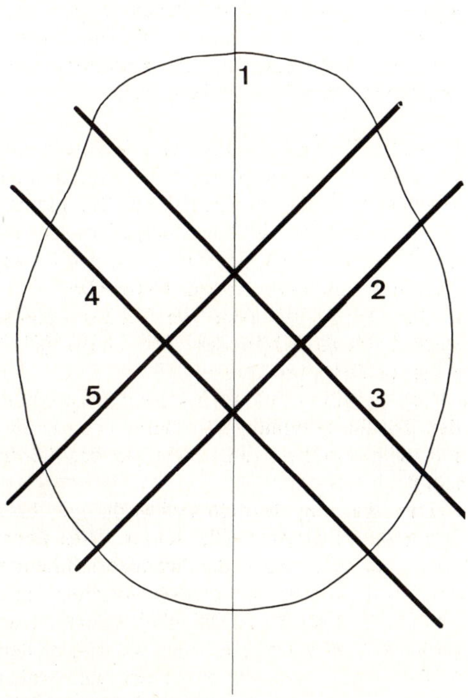


*Abb. 666. Lage der Bogengänge (Projektion auf das Schädeldach): 1 Körpermittelebene, 2 Ebene des rechten vorderen Bogengangs, 3,Ebene des rechten hinteren Bogengangs, 4 Ebene des linken vorderen Bogengangs, 5 Ebene des linken hinteren Bogengangs*

Die 3 Bogengänge jeder Seite stehen annähernd rechtwinklig zueinander, aber nicht in Körperhauptebenen (Abb. 666).
- Der hintere Bogengang steht etwa parallel zur Oberkante des Felsenbeins (der Grenze zwischen mittlerer und hinterer Schädelgrube). Er bildet mit der Körpermittelebene einen nach hinten offenen Winkel von etwa 45°.
- Der vordere Bogengang steht rechtwinklig zum hinteren Bogengang und deshalb auch im Winkel von 45° zur Körpermittelebene. Der Winkel ist aber nach vorn offen.
- Der rechte vordere und der linke hintere Bogengang stehen annähernd parallel (im 1. schräger Durchmesser = Fechterstellung = RAO-Position, Ü337).
- Entsprechend stehen auch der linke vordere und der rechte hintere Bogengang annähernd parallel (im 2. schrägen Durchmesser = Boxerstellung = LAO-Position).
- Die seitlichen Bogengänge sind um etwa 30° nach hinten geneigt, stehen also nicht horizontal!

**Übungsaufgaben**: Für die experimentelle Untersuchung des Gleichgewichtsorgans werden gewöhnlich die seitlichen Bogengänge in definierte Stellungen des Raums gebracht, um optimale Versuchsergebnisse zu erzielen:
- Bei der Drehprüfung (Ü667) sollen die seitlichen Bogengänge horizontal stehen, damit hier die größten Winkelbeschleunigungen auftreten. Der sitzende Proband muß also den Kopf um 30° nach vorn neigen.
- Bei der thermischen Labyrinthprüfung (Ü668) sollen die seitlichen Bogengänge vertikal stehen (um wie bei einer Warmwasserheizung die größte Flüssigkeitsbewegung zu erreichen). Wird der Versuch im Sitzen vorgenommen, muß der Proband den Kopf um 60° zurückneigen. Der liegende Proband muß den Kopf um 30° anheben (was angenehmer ist).

### Ü667 Augenzittern nach raschem Drehen beobachten (rotatorischer Nystagmus)

Blickt man bei der Eisenbahnfahrt aus dem Fenster und sieht dabei etwas Interessantes, so bewegen sich die Augen langsam entgegen der Zugbewegung, bis das Objekt aus dem Blickfeld entschwindet. Dann werden die Augen rasch zurückgestellt, um einem neuen Objekt langsam zu folgen. Es wechseln also langsame und rasche Augenbewegungen ab (Eisenbahnnystagmus). Vergleichbar werden die Augen beim Lesen bewegt: Der Blick gleitet von Wort zu Wort nach rechts und wird dann ruckartig an den Anfang der nächsten Zeile nach links zurückgestellt. Der Blickrichtungsnystagmus (optokinetischer Nystagmus) ist schon in Ü656 behandelt worden.

Ähnlich ist es bei Drehungen um die eigene Achse. Wenn die Augen dabei einen Gegenstand fixieren, drehen sie sich langsam entgegen der Körperdrehung. Dann werden sie wieder rasch zurückgestellt (Drehnystagmus).

Die Drehbewegungen des Körpers und die Augenbewegungen werden durch den sogenannten vestibulookulären Reflex koordiniert. Er läuft über Verbindungen zwischen dem Gleichgewichtsorgan und den Augenmuskelkernen ab. Die rhythmischen Bewegungen beider Augen mit einer langsamen und einer schnellen Komponente nennt man Nystagmus. Die Richtung des Nystagmus wird nach der schnellen Komponente benannt, also Rechtsnystagmus = langsame Bewegung nach links und schnelle Rückstellung nach rechts.

Der vestibulookuläre Reflex wird bei jedem Drehen ausgelöst, auch wenn er bei einer unnatürlich raschen wiederholten Drehung gar nicht sinnvoll ist. So hält der Nystagmus auch noch für 20-40 Sekunden an, wenn man die rasche Drehbewegung plötzlich stoppt.

**Drehversuch**: Der Proband sitzt auf einem üblichen Labordrehstuhl und neigt den Kopf um 30° nach vorn (die seitlichen Bogengänge stehen dann horizontal, Ü666). Er wird innerhalb von 20 Sekunden zehnmal um 360° gedreht und dann abrupt angehalten. Es werden die Dauer und die Richtung des postrotatorischen Nystagmus protokolliert. Der Versuch wird einmal mit Rechtsdrehung und einmal mit Linksdrehung vorgenommen. Vor dem Versuch sollte man sich mit dem Drehstuhl vertraut gemacht haben. Insbesondere muß man prüfen, ob 10 Umdrehungen möglich sind, ohne daß die Spindel aus der Halterung läuft. Der Proband könnte sonst Schaden nehmen.

Protokoll 667. Rotatorischer Nystagmus
Die rasche Komponente des Nystagmus geht nach der

| | | | |
|---|---|---|---|
| Rechtsdrehung nach | R | L | ? |
| Linksdrehung nach | R | L | ? |

In der HNO-Klinik wird für den Drehversuch ein elektronisch gesteuerter Drehstuhl bevorzugt, auf dem man auch den Anlaufnystagmus beobachten kann. Mit der Elektronystagmographie werden die Augenbewegungen aufgezeichnet.

**Bewertung**: Bei gesunden Innenohren folgt einer Rechtsdrehung zunächst ein Linksnystagmus, einer Linksdrehung ein Rechtsnystagmus. In einer zweiten Phase kehrt sich dann manchmal der Nystagmus um (um evtl. sogar noch in einer dritten Phase auszupendeln).

### Ü668 Augenzittern beim Spülen des äußeren Gehörgangs mit kaltem und warmem Wasser beobachten (thermischer Nystagmus)

Der untere Schneckengang und der seitliche Bogengang grenzen eng an die Innenwand (Paries labyrinthicus) der Paukenhöhle bzw. den Eingang in den Vorhof des Warzenfortsatzes (Aditus ad antrum) an. Temperaturänderungen in der Paukenhöhle übertragen sich auf die knöchernen Wände des Labyrinths und weiter auf die Peri- und Endolymphe. Sie führen zu Volumen- und Dichteänderungen und damit zu Flüssigkeitsbewegungen in den Bogengängen mit Ablenkungen der Gallertkuppeln. Über Verbindungen mit den Augenmuskelkernen werden rhythmische Bewegungen beider Augen (vestibulärer Nystagmus) ausgelöst.

**Vorgehen**: In der Voruntersuchung wird geklärt, ob die Trommelfelle des Probanden intakt sind und keine Mittelohrentzündung besteht (Ü662). Nur unter dieser Voraussetzung darf der Versuch durchgeführt werden. Dann wird der Proband in eine Lage gebracht, bei der die lateralen Bogengänge vertikal stehen. Dazu muß bei liegendem Probanden der Kopf um 30° angehoben, bei sitzendem Probanden der Kopf um 60° nach hinten geneigt werden (Ü666). Dann werden die Augen des Probanden beobachtet, während der äußere Gehörgang 30 Sekunden gespült wird:

- Kaltspülung: mit Wasser von 30° C.
- Warmspülung: mit Wasser von 44° C.

**Beurteilung**: Bei gesundem Labyrinth treten Schwindel und Nystagmus für etwa 1-3 Minuten auf. Die raschen Augenbewegungen gehen bei

- Warmspülung zur gespülten Seite,
- Kaltspülung zur Gegenseite.

Protokoll 668. Thermischer Nystagmus
Die rasche Komponente des Nystagmus geht nach

| | Rechtes Ohr | | | Linkes Ohr | | |
|---|---|---|---|---|---|---|
| Warmspülung | R | L | ? | R | L | ? |
| Kaltspülung | R | L | ? | R | L | ? |

## 6.7 Gehirn

### Ü671 Wichtige Furchen und Windungen des Großhirns auf Badehaube aufzeichnen

Für die folgenden 3 Übungen setzt der Proband am besten eine eng anliegende Gummibadehaube auf, da sich die behaarte Kopfhaut schlecht bemalen läßt. Sehr hilfreich für das Verständnis ist es, wenn man einen mazerierten Schädel zur Hand hat. Bei seiner Betrachtung wird unmittelbar einsichtig, was man sonst nur mühsam beschreiben kann.

**Allgemeine Orientierung über die Lage des Gehirns**: Das Gehirn (Encephalon) füllt die Schädelhöhle (Cavitas cranii). Der Boden der Schädelhöhle, die innere Schädelbasis (Basis cranii interna), wird durch die kleinen Keilbeinflügel und die Oberkante des Felsenbeins in 3 Gruben gegliedert, die stufenweise von vorn nach hinten absteigen:

- vordere Schädelgrube (Fossa cranii anterior): In ihr liegt der Stirnlappen (Lobus frontalis) des Großhirns.
- mittlere Schädelgrube (Fossa cranii media): In ihr liegt der Schläfenlappen (Lobus temporalis) des Großhirns.
- hintere Schädelgrube (Fossa cranii posterior): In ihr liegt das Kleinhirn (Cerebellum).

Für die Beziehung zwischen Gehirn und Schädel ist eine Ebene wichtig, die die Oberränder der beiden Jochbogen (Arcus zygomatici) mit dem Oberrand des äußeren Hinterhauptvorsprungs (Protuberantia occipitalis externa) verbindet. Sie liegt einige Millimeter oberhalb der Verbindungslinie von Unterrand der Augenhöhle und Oberrand des äußeren Gehörgangs ("deutsche Horizontale"), an der wir in früheren Übungen die Normalhaltung des Kopfes definiert haben. Die Jochbogen-Hinterhauptvorsprung-Ebene (vereinfachend Jochbogenebene genannt) gibt die Basis des Großhirns an (Abb. 671):

- Ihr Abschnitt im Bereich der Jochbogen entspricht den mittleren Schädelgruben und damit den Unterrändern der Schläfenlappen.
- Ihr Abschnitt vom Hinterhauptvorsprung zu den äußeren Gehörgängen entspricht den queren Hirnblutleitern (Sinus transversi) und damit dem Ursprung des Kleinhirnzelts (Tentorium cerebelli), das den Hinterhauptlappen (Lobus occipitalis) des Großhirns vom Kleinhirn trennt. Allerdings liegt das Kleinhirnzelt selbst nicht in der Jochbogenebene: Wie schon der Name besagt, steigt es zeltartig zur Mitte an.
- Die vordere Schädelgrube steht nicht parallel zu Jochbogenebene, sondern ist von vorn nach hinten flach geneigt. Man kann sie durch eine Ebene kennzeichnen, die vom Oberrand der Augenbrauenwülste des Stirnbeins zum äußeren Hinterhauptvorsprung verläuft. Sie bezeichnet die Unterfläche des Stirnlappens des Großhirns.
- Hinter dem Hinterende der vorderen Schädelgrube und über der Mitte des Jochbogens findet man den Türkensattel (Sella turcica) mit der Hirnanhangsdrüse (Hypophyse).

**Gliederung des Großhirns**: Für die Projektion der einzelnen Furchen und Windungen des Großhirns auf den Schädel wurden verschiedene Systeme angegeben. Ihr Wert ist sehr beschränkt, weil die interindividuelle Variabilität groß ist. Die folgenden Angaben können daher nur der groben Orientierung dienen. Exakten Aufschluß über die individuelle Gestaltung des Gehirns geben die Computertomographie (CT) und das Kernspinresonanzbild (NMR).

- Das vordere Ende der mittleren Schläfengrube und damit des Schläfenlappens des Großhirns liegt etwa fingerbreit hinter dem Stirnfortsatz des Jochbeins.
- Die Stelle der Aufzweigung der seitlichen Hirnfurche (Sylvius-Furche, Sulcus lateralis) in ihre 3 Äste (R. anterior/ascendens/posterior) wird Sylvius-Punkt genannt. Der Sylvius-Punkt liegt etwa 2 Fingerbreit (4 cm) über der Mitte des Oberrandes des Jochbogens.

▪ Vom Sylvius-Punkt steigt der lange hintere Ast der seitlichen Hirnfurche nur langsam nach hinten an. Er bildet die Grenze zwischen Schläfen- und Stirn- bzw. Scheitellappen des Großhirns.

▪ Die Zentralfurche (Sulcus centralis) grenzt Stirn- und Scheitellappen voneinander ab. Ihr unteres Ende liegt etwa 5 cm oberhalb des hinteren Ende des Jochbogens (knapp oberhalb der seitlichen Hirnfurche).

▪ Das obere Ende der Zentralfurche findet man etwa fingerbreit hinter der Mitte der median über den Kopf gezogenen Verbindung von Nasenwurzel und Hinterhauptvorsprung.

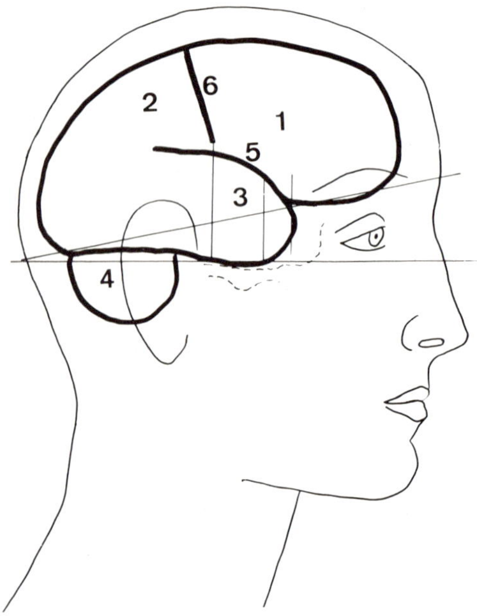


*Abb. 671. Projektion des Gehirns auf die Oberfläche des Kopfes: 1 Stirnlappen, 2 Scheitellappen, 3 Schläfenlappen, 4 Kleinhirn, 5 seitliche Hirnfurche, 6 Zentralfurche*

## Ü672 Projektion der seitlichen Hirnkammern auf das Schädeldach angeben

An den U-förmig gebogenen seitlichen Hirnkammern (Ventriculi laterales) unterscheidet man 4 Abschnitte:

- Vorderhorn (Cornu frontale = anterius),
- Mittelteil (Pars centralis),
- Hinterhorn (Cornu occipitale = posterius),
- Unterhorn (Cornu temporale = inferius).

Die Mittelteile berühren sich nahezu in ihren vorderen Viertelpunkten, wo sie über das Zwischenkammerloch (Foramen interventriculare) mit der dritten Hirnkammer (Ventriculus tertius) verbunden sind. Dann divergieren sie nach hinten und unten. Für die Zeichnung orientiere man sich an Abb. 672.

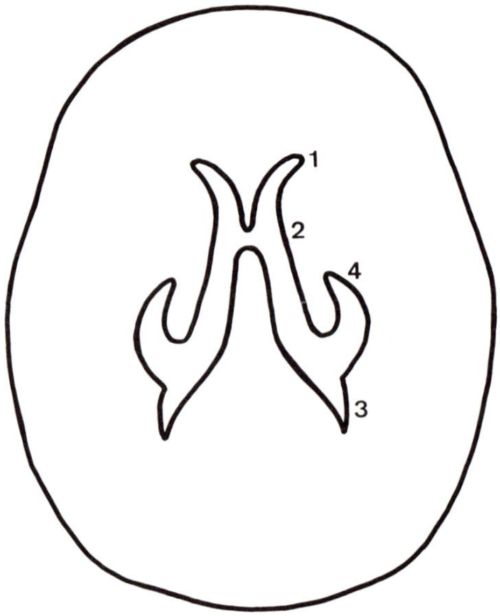


*Abb. 672. Projektion der seitlichen Hirnkammern auf das Schädeldach: 1 Vorderhorn, 2 Mittelteil, 3 Hinterhorn, 4 Unterhorn*

## Ü673 Verlauf der mittleren Hirnhautschlagadern aufmalen, unterschiedliche Symptomatik von Hirnhautblutungen erörtern

Das Gehirn ist von 3 Hirnhäuten (Meninges) umhüllt:

▪ weiche Hirnhaut (Pia mater encephali): Sie liegt dem Gehirn unmittelbar an.

▪ harte Hirnhaut (Dura mater encephali): Sie kleidet die Schädelhöhle aus und ist zugleich innere Knochenhaut der die Schädelhöhle begrenzenden Knochen. In gefäßähnlichen Höhlen der harten Hirnhaut (Blutleitern = Sinus durae matris) fließt das Blut vom Gehirn zur inneren Halsvene ab.

▪ Spinnwebenhaut (Arachnoidea mater encephali): Sie liegt der harten Hirnhaut innen an. Der Raum zwischen ihr und der weichen Hirnhaut (Subarachnoidealraum = Cavitas subarachnoidea) ist mit Hirnwasser (Liquor cerebrospinalis) gefüllt.

**Hirnhautschlagadern**: Es gibt 3 auf jeder Seite:

▪ vordere Hirnhautschlagader (R. meningeus anterior): Sie ist ein Ast der Augenhöhlenschlagader (A. ophthalmica).

▪ mittlere Hirnhautschlagader (A. meningea media): Sie ist ein Ast der Oberkieferschlagader (A. maxillaris). Sie ist die weitaus stärkste der 3 Schlagadern und versorgt mit 2 Hauptästen (Stirnast = R. frontalis und Scheitelast = R. parietalis) den größten Teil der harten Hirnhaut.

▪ hintere Hirnhautschlagader (A. meningea posterior): Sie ist ein Ast der aufsteigenden Rachenschlagader (A. pharyngea ascendens).

**Übungsaufgabe**: Um den Verlauf der mittleren Hirnhautschlagader aufzuzeichnen, orientiert man sich am besten an den Gefäßrinnen eines mazerierten Schädels.

**Hirnhautblutungen**: Sie können in die 3 vorgegebenen Spalträume erfolgen:

▪ epidurale Blutung: Sie geht in den Epiduralraum (Cavitas epiduralis), der entsteht, wenn sich die harte Hirnhaut vom Knochen des Schädeldachs löst. Die Blutung entsteht meist bei einem Schädelbruch, bei dem eine mittlere Hirnhautschlagader zerrissen wurde.

▪ subdurale Blutung: Sie erfolgt in den Subduralraum zwischen harter Hirnhaut und Spinnwebenhaut. Das Blut kommt meist aus einer Großhirnvene (sog. Brückenvene), die vor ihrer Mündung in den oberen sagittalen Blutleiter (Sinus sagittalis superior) abgerissen wurde.

▪ subarachnoideale Blutung: Das Blut ergießt sich in den Subarachnoidealraum, also in das Hirnwasser. Es verteilt sich in diesem, während die subdurale und die epidurale Blutung örtlich beschränkt bleiben.

*Beschwerden*: Für die epi- und die subdurale Blutung ist der zweiphasige Verlauf kennzeichnend: Nach einem Schädeltrauma mit Bewußtlosigkeit erholt sich der Patient zunächst, verliert aber nach einigen Stunden (epidural) oder Tagen bis Wochen (subdural) erneut das Bewußtsein. Die Blutungen schreiten langsam voran, weil die epidurale Blutung die harte Hirnhaut vom Knochen ablösen muß und die subdurale Blutung aus einer Vene unter geringem Druck erfolgt. Erst wenn der Bluterguß so groß ist, daß er Raumnot in der Schädelhöhle und damit Druck auf das Gehirn erzeugt, treten die Beschwerden der zweiten Phase auf. Das chronische subdurale Hämatom kann sich manchmal auch in psychischen Veränderungen bemerkbar machen ("Opa hat sich vor 3 Monaten den Kopf angestoßen und wird jetzt wunderlich"). Nach Druckentlastung verschwinden die psychischen Veränderungen meist wieder.

## Ü674 Überblick über die Untersuchung der Hirnnerven geben, Ausfallserscheinungen bei Lähmungen beschreiben

**Übungsaufgabe**: Die einzelnen Hirnnerven werden in verschiedenen Übungen mehr oder weniger ausführlich behandelt. Man lege eine Liste der 12 Hirnnerven an und stelle stichwortartig die wichtigsten Untersuchungen und Ausfallserscheinungen zusammen, bevor man weiterliest.

**Überblick über die Untersuchung der Hirnnerven**:

▪ 1. Riechnerv (Nn. olfactorii): Riechprüfung (Ü644),

▪ 2. Sehnerv (N. opticus): Sehen, z.B. Gesichtsfeld (Ü657), Sehschärfe (Ü658), Sehnervenpapille besichtigen (Ü659),

▪ 3. Augenbewegungsnerv (N. oculomotorius): Pupillenreflexe (Ü655), Oberlidheben, fast alle Augenbewegungen (Ü656),

▪ 4. Augenrollnerv (N. trochlearis): Bewegen des Auges nach innen unten (Ü656),

▪ 5. Drillingsnerv (N. trigeminus): Kieferbewegungen (Ü624), Sensibilität im Gesicht (Ü627) sowie von Nasen- (Ü643) und Mundhöhle (Ü635),

▪ 6. Augenabziehnerv (N. abducens): Bewegen des Auges nach außen (Abduktion, Ü656),

▪ 7. Gesichtsnerv (N. facialis = N. intermediofacialis): Mimik (Ü622, Ü628), Lidschlußreflexe (Ü652), Platysma (Ü714), Geschmacksprüfung im vorderen Zungenbereich (Ü638),

▪ 8. Hör- und Gleichgewichtsnerv (N. vestibulocochlearis): Hörweitenprüfung (Ü664), Stimmgabelversuche (Ü665), experimenteller Nystagmus (Ü667, Ü668), Koordinationsprüfung (Ü675),

▪ 9. Zungen-Rachen-Nerv (N. glossopharyngeus): Sensibilität und Motorik des oberen Rachenbereichs (Schluckakt, Würgereflex), Geschmacksprüfung im hinteren Zungenbereich (Ü638),

▪ 10. Vagus (N. vagus): Kehlkopfmuskeln (Ü742), Darmbewegungen (Abhören: Ü412),

▪ 11. Beinerv (N. accessorius): Hals-, Kopf- und Armbewegungen mit dem Kopfwender und dem Trapezmuskel (Ü713, Ü814),

▪ 12. Unterzungennerv (N. hypoglossus): Zungenbewegungen (Ü637).

**Ausfallserscheinungen** bei einseitiger vollständiger Lähmung eines Hirnnervs: Auf der gelähmten Seite ist:

▪ 1. Hirnnerv: das Riechvermögen für reine Riechstoffe erloschen (Anosmie),

▪ 2. Hirnnerv: das Auge blind (Amaurosis),

▪ 3. Hirnnerv: das Auge weitgehend unbeweglich (Doppelbilder höhenverschoben und gedreht), das Oberlid hängt herab (Ptosis), die Pupille ist weit (Mydriasis),

▪ 4. Hirnnerv: das Auge nicht nach innen unten zu bewegen (Doppelbilder höhenverschoben und gedreht),

▪ 5. Hirnnerv: die Sensibilität im Gesicht sowie in Nasen- und Mundhöhle erloschen, die Kaumuskeln sind gelähmt,

▪ 6. Hirnnerv: das Auge nicht weit nach außen zu bewegen (Doppelbilder auf gleicher Höhe),

▪ 7. Hirnnerv: die Mimik erloschen (insbesondere können Lid- und Mundspalte nicht geschlossen werden), wird überlaut gehört (Hyperakusis), ist die Geschmackempfindung der vorderen zwei Drittel der Zunge aufgehoben,

▪ 8. Hirnnerv: das Ohr taub, Gleichgewichtsstörungen mit Fallneigung zur gelähmten Seite,

▪ 9. Hirnnerv: die Geschmacksempfindung im hinteren Zungendrittel erloschen, treten Sprech- und Schluckstörungen auf, das Gaumenzäpfchen ist nach der gesunden Seite verzogen,

▪ 10. Hirnnerv: die Stimme heiser (Rekurrenslähmung), treten Schluckstörungen auf,

▪ 11. Hirnnerv: der Arm nicht über die Horizontale zu heben (Trapezmuskelausfall),

▪ 12. Hirnnerv: weicht die Zungenspitze beim Herausstrecken zur gelähmten Seite ab.

## Ü675 Koordination der Körperbewegungen prüfen

An der Koordination der Körperbewegungen sind zahlreiche Hirnbereiche beteiligt. Eine zentrale Stellung dabei hat das Kleinhirn. Es empfängt Informationen hauptsächlich vom Gleichgewichtsorgan im Innenohr und den Rezeptoren der Tiefensensibilität und verarbeitet sie in einem Regelkreis mit dem Großhirn. Die meisten der folgenden Tests werden vom Neurologen als "Kleinhirntests", vom HNO-Arzt als "Gleichgewichtsprüfung" ausgeführt.

**Blindstand** (Romberg-Test): Der Proband steht ohne Stütze mit geschlossenen Füßen und schließt die Augen. Er soll diese Stellung 2 Minuten bewahren. Der Untersucher steht hinter ihm, um ihn notfalls zu stützen, falls er schwanken sollte.

▪ Dem Gesunden bereitet der Blindstand auf 2 Beinen keine Schwierigkeiten.

▪ Der Innenohrgestörte droht in Richtung des geschädigten Gleichgewichtsorgans zu stürzen.

▪ Der Kleinhirngestörte schwankt ungerichtet (Standataxie).

▪ Zur Unterscheidung von Innenohr- und Kleinhirnschäden kann der Versuch mit gedrehtem Kopf wiederholt werden: Beim Innenohrgeschädigten ändert sich die Fallrichtung entsprechend der Drehung des Kopfes. Hatte er beim Geradeausblick eine Fallneigung nach rechts, so besteht nach Rechtsdrehung des Kopfes eine Fallneigung nach hinten. Beim Kleinhirngeschädigten ist kein Unterschied zu erkennen.

▪ Eine verschärfte Form des Versuchs ist der einbeinige Blindstand.

**Blindgang**: Dem Probanden wird ein Ziel bezeichnet. Dann soll er die Augen schließen und das Ziel zu erreichen suchen. Man kann auch auf den Boden mit Kreide eine Linie zum Ziel zeichnen, um Abweichungen besser erkennen zu können (Strichgang).

▪ Der Gesunde erreicht das Ziel mit nur geringer Abweichung.

▪ Der Innenohrgestörte weicht in Richtung des geschädigten Gleichgewichtsorgans weit vom Ziel ab.

▪ Der Kleinhirngestörte schwankt während des Gehens ungerichtet hin und her (Gangataxie).

▪ Eine Verschärfung des Versuchs ist der Seiltänzergang (Fuß-vor-Fuß-Gang): Der Proband soll beim Gehen jeweils einen Fuß dicht vor den anderen setzen.

▪ Eine andere verschärfte Form des Versuchs ist das einbeinige Hüpfen zum Ziel. Es wird zwar in der ärztlichen Praxis nicht getestet, bereitet aber Studenten in Übungen am Lebenden mehr Spaß als das zweibeinige Gehen.

**Tretversuch** (Unterberger-Versuch): Der Proband soll etwa 2 Minuten auf der Stelle treten und dabei die Augen geschlossen halten. Im Raum muß es ruhig sein, damit sich der Proband nicht an Geräuschquellen orientieren kann.

▪ Der Gesunde behält die Körperrichtung im wesentlichen bei.

▪ Der Innenohrgestörte dreht den Körper in Richtung des geschädigten Gleichgewichtsorgans um mehr als 40°.

▪ Der Kleinhirngestörte dreht den Körper während des Tretens ungerichtet hin und her.

▪ Eine verschärfte Form des Versuchs ist das einbeinige Hüpfen am Ort. Im Seitenvergleich eignet sich dieses Hüpfen auch zum Erkennen einer einseitigen Muskelschwäche: Das kranke Bein ermüdet rascher, und der Sprung ist plumper (lauteres Aufsprunggeräusch).

▪ Eine andere verschärfte Form des Versuchs mit Drehung des Kopfes werden wir in Ü723 zur Prüfung der Wirbelschlagader kennen lernen.

**Sterngang**: Der Proband soll 15-20mal mit geschlossenen Augen 6 Schritte vor und wieder zurück gehen. Bewertung wie beim Tretversuch.

**Armvorhalteversuche**: Zusätzliche Informationen kann man beim Blindstand und bei Tretversuch gewinnen, wenn man den Probanden auffordert, die Arme supiniert horizontal nach vorn zu strecken. Beim geschwächten Patienten wird der Armvorhalteversuch im Sitzen vorgenommen.

▪ Der Gesunde hält die Arme ohne größere Anstrengung 2 Minuten horizontal.

▪ Beim Innenohrgestörten weichen beide Arme in Richtung des geschädigten Gleichgewichtsorgans von der Pfeilrichtung ab (spontane Abweichreaktion). Ferner sinkt der Arm auf der Seite des geschädigten Gleichgewichtsorgans ab (spontane Armtonusreaktion).

▪ Beim Kleinhirngeschädigten steigt der Arm auf der erkrankten Seite manchmal an.

▪ Bei Muskelschwäche eines Arms sinkt dieser ab, wobei der Arm meist proniert wird.

Protokoll 675a. Koordinationsprüfung I
Stärkeres Schwanken/Abweichen bei

| | | | |
|---|---|---|---|
| Zweibeinigem Blindstand | j | n | ? |
| Einbeinigem Blindstand | j | n | ? |
| Blindgang | j | n | ? |
| Seiltänzergang | j | n | ? |
| Einbeinigem Zielhüpfen | j | n | ? |
| Tretversuch | j | n | ? |
| Einbeinigem Standhüpfen | j | n | ? |
| Sterngang | j | n | ? |

Wurde eine der Fragen mit ja beantwortet, so ist eine genauere Beschreibung zu geben

**Beinhalteversuche**:

a) In Bauchlage werden beide Unterschenkel schräg angewinkelt und sollen mit geschlossenen Augen 2 Minuten so gehalten werden, ohne sich zu berühren.

b) In Rückenlage werden die leicht gespreizten Beine im Hüft- und im Kniegelenk gebeugt. Die Unterschenkel sollen mit geschlossenen Augen 2 Minuten horizontal gehalten werden (anstrengendere Version des Versuchs).

▪ Bewertung der Versuche sinngemäß wie bei den Armvorhalteversuchen.

**Nachahmversuche**: Der Proband liegt, sitzt oder steht mit geschlossenen Augen und streckt die Arme vor. Der Untersucher bringt einen Arm des Probanden in eine bestimmte Stellung und fordert ihn auf, den anderen Arm in die gleiche Stellung zu bringen. Dem Gesunden gelingt dies ohne weiteres. Der Koordinationsgestörte weicht stärker ab. Der Versuch kann im Liegen auch mit den Beinen ausgeführt werden.

**Zeigeversuche**:
a) Finger-Nasen-Versuch: Der Proband wird aufgefordert, bei gestrecktem Arm mit dem Zeigefinger eine große 8 in die Luft zu schreiben und dann den Zeigefinger an die eigene Nase zu führen. Der Versuch wird zuerst mit offenen, dann mit geschlossenen Augen ausgeführt.

b) Finger-Finger-Versuch: Der Versuch entspricht dem vorhergehenden, doch soll anstelle der Nase der vorgehaltene Zeigefinger des Untersuchers berührt werden.

c) Knie-Hacken-Versuch: Der Proband liegt auf dem Rücken. Er soll mit der Ferse das Knie des anderen Beins berühren und dann mit der Ferse am Schienbein entlang nach unten gleiten. Der Versuch wird erst mit offenen, dann mit geschlossenen Augen ausgeführt.

d) Zehen-Finger-Versuch: Der Proband soll mit der Großzehe eine große 8 in die Luft schreiben und dann den vorgehaltenen Zeigefinger des Untersuchers berühren (erst mit offenen, dann mit geschlossenen Augen).

*Bewertung:*
- Der Gesunde schreibt mit den Gliedmaßen harmonisch gerundete Figuren in die Luft und trifft das Ziel, ohne zu schwanken.
- Bei Koordinationsstörungen werden die Bewegungen eckig. Mit zunehmender Annäherung an das Ziel werden beim Kleinhirngeschädigten die Schwankungen stärker (Zielzittern = Intentionstremor). Bei Störungen des extrapyramidalmotorischen Systems bleibt das Zittern gleich (Ruhetremor), und der Muskeltonus ist erhöht.

**Wechselbewegungen**: Ein besonders hohes Maß an Koordination erfordern rhythmische gegensinnige Bewegungen der Gliedmaßen, z.B.
- "Glühbirnen einschrauben": Die beiden Hände führen gleichsinnige oder gegensinnige Umwendbewegungen aus.
- "Geldzählen": Der Daumen reibt am Zeigefinger wie beim Zählen von Münzen.
- "Klavierspielen": Die Finger klopfen in vorgegebenen Rhythmen rasch auf den Tisch.
- Auf- und Abbewegen der Zehen.
- Steppschritte auf dem Boden in vorgegebenen Rhythmen.
- Hin- und Herbewegen der Zunge.

Dies sollten nur einige Beispiele sein für Bewegungsspiele, die in bestimmten Rhythmen und Kombinationen zu einer unendlichen Vielfalt ausgestaltet werden können. Sie können damit von der reinen Koordinationsprüfung bis zum Erfassen einer Art motorischen Intelligenz reichen. Bewertung:
- Der Gesunde kann je nach Übung und Begabung vorgezeigte Wechselbewegungen mehr oder weniger schnell ausführen (Eudiadochokinese).
- Der Koordinationsgestörte ist hierbei langsam und macht zahlreiche Fehler (Dysdiadochokinese).

Protokoll 675b. Koordinationsprüfung II
Stärkeres Schwanken/Abweichen bei

| | R | | | L | | |
|---|---|---|---|---|---|---|
| Armvorhalten | j | n | ? | j | n | ? |
| Beinhalten | j | n | ? | j | n | ? |
| Nachahmversuch | j | n | ? | j | n | ? |
| Finger-Nasen-Versuch | j | n | ? | j | n | ? |
| Finger-Finger-Versuch | j | n | ? | j | n | ? |
| Knie-Hacken-Versuch | j | n | ? | j | n | ? |
| Zehen-Finger-Versuch | j | n | ? | j | n | ? |
| Wechselbewegungen | j | n | ? | j | n | ? |

Wurde eine der Fragen mit ja beantwortet, so ist eine genauere Beschreibung zu geben

# 7 Hals

## 7.1 Gliederung und Bewegungsapparat

### Ü711 Grenzen des Halses markieren

Die Grenzen des Halses sind nicht selbstverständlich. Dies wird besonders deutlich, wenn man umgekehrt fragt, wie weit die Nachbarregionen reichen:

- Kopf: Endet er vorn am Unterrand des Unterkiefers oder am Zungenbein?
- Rücken: Endet er an der Grenze zwischen Brust- und Halswirbelsäule, oder gehört der Nacken mit zum Rücken?
- Schultern: Rechnet man das äußere Schlüsselbeingelenk zur Schulter, wo soll man dann am Schlüsselbein die Grenze ziehen?
- vordere Brustwand: Die Schlüsselbeine sind zweifellos natürliche Grenzen, aber soll man den Oberrand, die Mitte oder den Unterrand wählen?

Als Grundlage für die folgenden Übungen könnte man folgende Grenzen mit Fettstift am Probanden markieren (Bereich des Haupthaares nicht mit Fettstift bemalen):

- Obergrenze: Unterrand des Unterkiefers vom Kinn bis zum Unterkieferwinkel - Warzenfortsatz - Ansatz des Trapezmuskels - Hinterhauptvorsprung (Protuberantia occipitalis externa).
- Untergrenze: Oberrand von Brustbein und Schlüsselbein - vom lateralen Ende des Schlüsselbeins in freiem Bogen zum Dornfortsatz des 7. Halswirbels (Vertebra prominens).

Kritik:

- Der Mundboden wird bei manchen Aufgaben (z.B. Speicheldrüsen) auch beim Kopf behandelt.
- Der Nacken wird vor allem durch die Wirbelsäule und ihre Muskeln bestimmt und ist daher schon bei der Rumpfwand erörtert worden.
- Die seitliche Abgrenzung gegenüber der oberen Extremität ist problematisch, wo immer man sie versucht.
- Die exakte Definition von Regionengrenzen sollte man nicht überbewerten. Der Körper ist ein funktionelles Ganzes.

### Ü712 Zungenbein und Kehlkopfskelett tasten und auf der Haut angeben

Für die Untergliederung des Halses sind tastbare Knochen und Muskeln wichtig. Rechnet man das Kehlkopfskelett in diesem Fall ausnahmsweise zum "Skelett", so kann man im vorderen Halsbereich 3 Skelettelemente tasten. Der Proband neigt dazu den Kopf nach rückwärts. In gleichbleibender Stellung (bei Stellungsänderung verschieben sich die Hautmarkierungen!) markiere man mit Fettstift folgende Knochen bzw. Knorpel (Abb. 712):

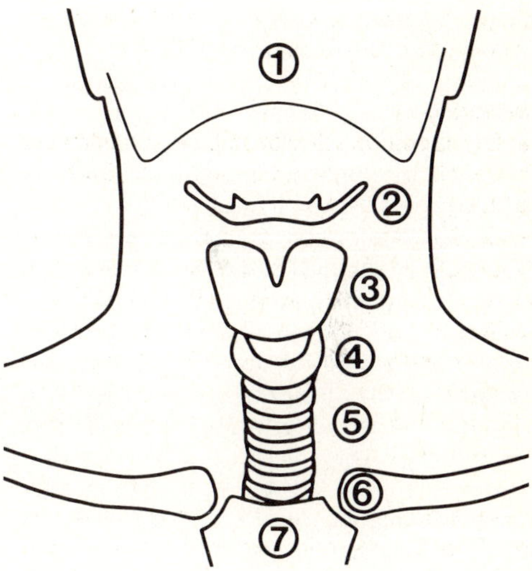


*Abb.712. Tastbare "Skelett"-Teile im Halsbereich: 1 Unterkiefer, 2 Zungenbein, 3 Schildknorpel, 4 Ringknorpel, 5 Luftröhre, 6 Schlüsselbein, 7 Brustbein*

a) **Zungenbein** (Os hyoideum): Im Knick zwischen Mundboden und freiem Hals tastet man die hufeisenförmige Spange des Zungenbeins in ganzer Länge. Am besten umgreift man dazu den Hals mit Daumen und Zeigefinger. Dann kann man jeweils mit dem Daumen auf einer Seite das große Zungenbeinhorn abstützen und auf der anderen Seite mit dem Zeigefinger tasten. Andernfalls muß man zwei Hände nehmen, da sonst das nur in Muskeln und Bändern aufgehängte Zungenbein dem tastenden Finger ausweicht. Vorsicht: Nicht zu fest drücken! Das große Zungenbeinhorn bricht bei einem kräftigen Würgegriff ab!

- Der in der Mitte stehende Zungenbeinkörper ist von kräftigen Muskeln besetzt und nur auf der Vorderfläche zugänglich.
- Am grazilen großen Horn kann man den Knochen oben und unten umgreifen.
- An der Grenze zwischen Körper und großem Horn ist am Oberrand das kleine Horn nur undeutlich zu fühlen.

b) **Schildknorpel** (Cartilago thyroidea): An Einzelheiten sind zu tasten:

- Adamsapfel (Prominentia laryngea): Er tritt beim Mann stärker hervor als bei der Frau. Wegen des größeren Schildknorpels und des damit längeren Stimmbandes ist die Stimme des Mannes tiefer als die der Frau.
- oberer Einschnitt (Incisura thyroidea superior): vom Adamsapfel V-förmig nach oben.
- rechte und linke Platte (Lamina dextra/ sinistra): Der vordere Abschnitt ist frei von Muskeln und sehr gut zugänglich. Lateral fühlt man den Vorderrand des M. sternohyoideus. Noch weiter lateral wird die Muskelschicht mit dem Ansatz bzw. Ursprung des M. sternothyroideus und M. thyrohyoideus dicker. Den Hinterrand der Schildknorpelplatte kann man umgreifen, wenn man den gesamten Kehlkopf aus der Mittelstellung sacht (!) zur Seite drängt. Dann kann man auch das obere Horn (Cornu superius) abgrenzen. Den Unterrand der Schildknorpelplatte tastet man gemeinsam mit dem Ringknorpel.

c) **Ringknorpel** (Cartilago cricoidea): Der kräftige Wulst der Ringknorpelspange bildet den unteren Abschluß des tastbaren Kehlkopfskeletts. Oben fühlt man den schmalen Spalt zum Unterrand des Schildknorpels. Unterhalb des Ringknorpels ist nur das Anfangsstück der Luftröhre zu tasten. Sie verliert sich bald in der Tiefe. Von der Ringknorpelplatte ist nur der seitliche Unterrand zugänglich. Die Seitenfläche wird großteils vom Schildknorpel überlagert.

## Ü713 Muskelrelief des Halses studieren und Grenzen der oberflächlichen Muskeln bezeichnen

Ordnet man die Muskeln des Halses nach ihrer Bedeutung für die Oberflächengestaltung, so bietet sich folgende Rangreihe an (Abb. 713a und 713b):

- Kopfwender (M. sternocleidomastoideus),
- Halbdornmuskel des Kopfes (M. semispinalis capitis),
- Trapezmuskel (M. trapezius),
- Schulterblattheber (M. levator scapulae),
- Unterzungenbeinmuskeln (Mm. infrahyoidei),
- Treppenmuskeln (Mm. scaleni),
- Oberzungenbeinmuskeln (Mm. suprahyoidei).

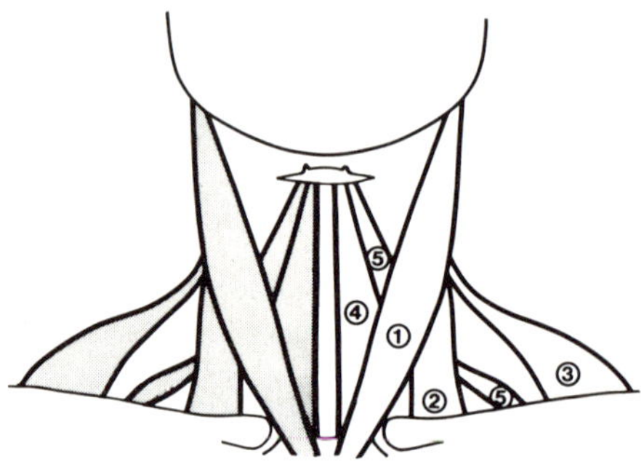


*Abb. 713a. Halsmuskeln von vorn: 1 M. sternocleidomastoideus, 2 Fossa supraclavicularis minor, 3 M. trapezius, 4 M. sternohyoideus, 5 M. omohyoideus*

a) **Kopfwender**: Er gestaltet die Körperoberfläche wie wohl kaum ein anderer Muskel. Selbst Picasso hat in seiner kubistischen Schaffensperiode nicht auf die Gliederung des Halses durch den Kopfwender verzichtet. Schon in Ruhe wölbt der schräg vom Brustbein zum Warzenfortsatz ziehende Muskel die Haut vor, wenn das Unterhautfettgewebe nicht zu stark ist. Man kann ihn noch stärker hervortreten lassen, wenn man mit der Hand der gleichen Seite gegen die Schläfen drückt. Da die Kopfgelenke zusammen die Bewegungsmöglichkeiten eines Kugelgelenks haben, müssen wir auch beim Kopfwender 3 Achsen prüfen:

- sagittale Achse: Er neigt den Kopf zur Seite.
- transversale Achse: Er beugt den Kopf nach rückwärts.
- longitudinale Achse: Er dreht den Kopf zur Gegenseite.

Sinngemäß wirkt er auf die Bewegungssegmente der Halswirbelsäule. Außerdem hebt er das Schlüsselbein (schwach, da der Hebelarm kurz ist). Zumindest beim Anspannen sinkt zwischen den Ursprüngen am Brust- und am Schlüsselbein eine Grube in der Haut ein (kleine Oberschlüsselbeingrube, Fossa supraclavicularis minor).

b) **Halbdornmuskel des Kopfes**: Über den Dornfortsätzen der oberen Halswirbel sinkt eine Rinne ein, neben der sich zwei mächtige Wülste vorwölben. Diese sind keineswegs durch den Trapezmuskel bedingt. Dieser ist im oberen Nackenbereich meist recht dünn. Es handelt sich vielmehr um das obere Ende der autochthonen Rückenmuskeln. Das Schrägsystem (transversospinale Muskeln von den Quer- zu den Dornfortsätzen) befestigt sich auch am Hinterhauptbein. Da dieser "Dornfortsatz" sehr breit ist, können auch die Schrägzüge breit auffächern und bis in die Längsrichtung umschwenken. Dabei geht die Drehkomponente weitgehend verloren. Dafür wird die Rückneigekraft um so stärker. Die Halbdornmuskeln spannen sich daher besonders stark an, wenn man den Kopf gegen Widerstand nach rückwärts neigt (rekliniert), z.B. Kopfheben aus Bauchlage. Zwischen den Wülsten des M. semispinalis capitis kann man den Dornfortsatz des zweiten Halswirbels (Axis) tasten (der Atlas hat keinen!). An ihm endet der M. semispinalis cervicis (Halbdornmuskel des Halses). In günstigen Fällen kann man den Muskel am Innenrand des M. semispinalis capitis fühlen.

c) **Trapezmuskel**: Konturbildend ist im Halsbereich nur der vordere Rand des absteigenden Teils. Er setzt am lateralen Drittel des Schlüsselbeins an. Er tritt hervor, wenn der Proband die Schulter gegen Widerstand hebt: Der Untersucher drückt dagegen, oder der Proband trägt in der Hand eine schwere Tasche usw. Der Hinterrand des Kopfwenders und der Vorderrand des Trapezmuskels konvergieren in Richtung Schädel. Manchmal grenzen die Ansätze aneinander. Am Schlüsselbein bleiben sie jedoch immer getrennt. Damit sinkt eine dreieckige Grube zwischen ihnen ein: hinteres Halsdreieck (Trigonum colli posterius). Die Grube ist über dem Schlüsselbein am tiefsten: große Oberschlüsselbeingrube (Fossa supraclavicularis major).

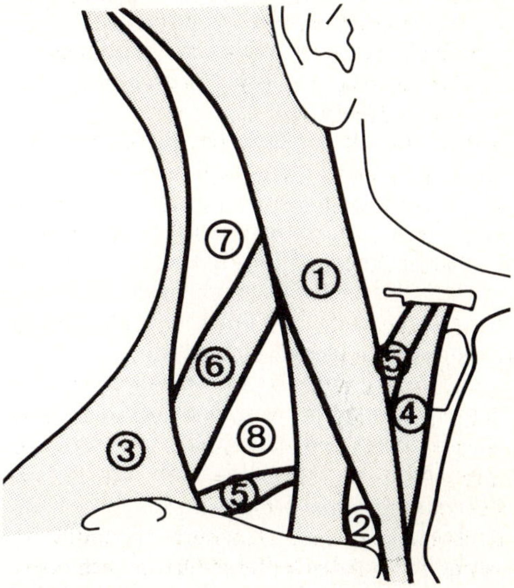


*Abb. 713b. Halsmuskeln seitlich: 1 M. sternocleidomastoideus, 2 Fossa supraclavicularis minor, 3 M. trapezius, 4 M. sternohyoideus, 5 M. omohyoideus, 6 M. levator scapulae, 7 Mm. splenii, 8 Mm. scaleni*

d) **Schulterblattheber**: Beim Heben der Schulter gegen Widerstand treten nicht nur die Ränder des Kopfwenders und des Trapezmuskels hervor: Im mittleren bis oberen Teil des hinteren Halsdreiecks wird ein Muskelwulst deutlich, der etwa einen halben rechten Winkel mit dem Vorderrand des Trapezmuskels bildet. Es ist der obere Teil des Schulterblatthebers, der die Querfortsätze der oberen Halswirbel mit dem oberen Eck des Schulterblatts verbindet. Die flache Grube im hinteren Halsdreieck oberhalb des Schulterblatthebers wird von den Riemenmuskeln (Mm. splenii) eingenommen.

e) **Unterzungenbeinmuskeln**: In Ruhe ist von den Zungenbeinmuskeln kaum etwas zu sehen. Bei dünnem Unterhautfettgewebe kann die oberflächliche Schicht jedoch schon beim Sprechen die Haut vorwölben:

- Brustbein-Zungenbein-Muskel (M. sternohyoideus): unmittelbar neben der Körpermittellinie zwischen Brustbein und Zungenbein,
- Schulterblatt-Zungenbein-Muskel (M. omohyoideus): vom Zungenbein zum Schulterblatt, den M. sternocleidomastoideus unterkreuzend. Der Muskel ist an zwei Stellen konturbildend: Im vorderen Halsbereich bildet er den lateralen Rand der vom mittleren Blatt der Halsfaszie umhüllten Unterzungenbeinmuskeln. Er steigt dabei vom Zungenbein leicht nach lateral divergierend zum Vorderrand des Kopfwenders ab, unter dem er verschwindet. Er wird im hinteren Halsdreieck zwischen dem Hinterrand des Kopfwenders und dem Schlüsselbein erneut sichtbar. Beim Sprechen und Schlucken begrenzt er als kleiner Wulst die große Oberschlüsselbeingrube nach oben. Deshalb kann man die Fossa supraclavicularis major auch Trigonum omoclaviculare nennen. Man beachte, daß der M. omohyoideus nicht geradlinig vom Ursprung zum Ansatz verläuft, sondern unter dem Kopfwender an einer Zwischensehne abgeknickt ist. Der obere Kopf steht eher vertikal, der untere eher horizontal.

f) **Treppenmuskeln** (Rippenheber): In der großen Oberschlüsselbeingrube kann man bei tiefer Einatmung die Mm. scaleni anterior und medius und den zwischen ihnen klaffenden Spalt (Skalenuslücke) tasten. Die Skalenuslücke ist als Durchtrittstelle der A. subclavia und des Armnervengeflechts ärztlich wichtig (Ü732).

g) **Oberzungenbeinmuskeln**: Oberflächlich liegen im Mundboden

- Unterkiefer-Zungenbein-Muskel (M. mylohyoideus): Er bildet das "Zwerchfell des Mundbodens", indem er als breite quergefaserte Platte zwischen dem Unterkiefer und dem Zungenbein ausgespannt ist. Er trennt die Mundhöhle von der Oberflächenregion des Mundbodens ähnlich wie der Afterheber die Beckenorgane von der Dammregion.
- zweibäuchiger Muskel (M. digastricus): Er entspringt auf der Rückseite des Kinns und setzt am Warzenfortsatz an. Seine beiden Bäuche werden durch eine Zwischensehne getrennt, die mit einer Schlaufe am kleinen Zungenbeinhorn gezügelt wird. Sein vorderer Bauch (Venter anterior) liegt oberflächlich zum Unterkiefer-Zungenbein-Muskel.

## Ü714 Individuelle Form des Hautmuskels des Halses bestimmen

Das Platysma ist der größte Hautmuskel des Menschen. Die Hautmuskeln sind beim Menschen im Vergleich zu den Säugetieren stark eingeschränkt. Entsprechend dieser Rückbildungsneigung der Hautmuskeln ist das Platysma sehr variabel. Es kann als handbreite geschlossene Muskelplatte von der Brusthaut zur Gesichtshaut aufsteigen oder nur aus einigen spärlichen Muskelfaserbündeln bestehen. Es kann mehr oder weniger weit von der Körpermittellinie enden oder sich mit dem Platysma der Gegenseite in der Mittellinie durchflechten.

**Vorgehen**: Das Platysma studiert man am besten an sich selbst vor einem genügend großen Spiegel. Es spannt sich beim "Zähnefletschen" stark an, wenn man die Mundwinkel nach außen-unten zieht. Man achte darauf, daß die Muskelfasern das Schlüsselbein überqueren.

**Irrtumsmöglichkeiten**: Die Muskelfasern des Platysmas haben etwa die gleiche Verlaufsrichtung wie die äußere Drosselvene (V. jugularis externa) und die Überschlüsselbeinnerven (Nn. supraclaviculares) aus dem Halsnervengeflecht. Will man in die äußere Drosselvene injizieren, z.B. bei Kindern, so wird die Prozedur recht mühsam, wenn man statt in die Vene immer wieder in Muskelfaserbündel einsticht (Ü725).

## Ü715 Grenzen der Halsregionen aufzeichnen

Nachdem in den vorhergehenden Übungen alle Gliederungselemente des Halses erarbeitet wurden, ist der Überblick über die Halsregionen mehr oder weniger nur eine Wiederholung. Die internationale anatomische Nomenklatur nennt 4 Hauptregionen (Abb. 715a):

- vordere Halsgegend (Regio cervicalis anterior) = vorderes Halsdreieck (Trigonum cervicale anterius): zwischen den beiden Kopfwendern bis zum Unterrand des Unterkiefers,
- Kopfwendergegend (Regio sternocleidomastoidea): der vom Kopfwender eingenommene Bereich,
- seitliche Halsgegend (Regio cervicalis lateralis) = hinteres Halsdreieck (Trigonum cervi-

cale posterius): zwischen Hinterrand des Kopfwenders, Vorderrand des Trapezmuskels und Schlüsselbein,

- hintere Halsgegend (Regio cervicalis posterior) = Nackengegend (Regio nuchalis): der vom Trapezmuskel eingenommene Bereich.

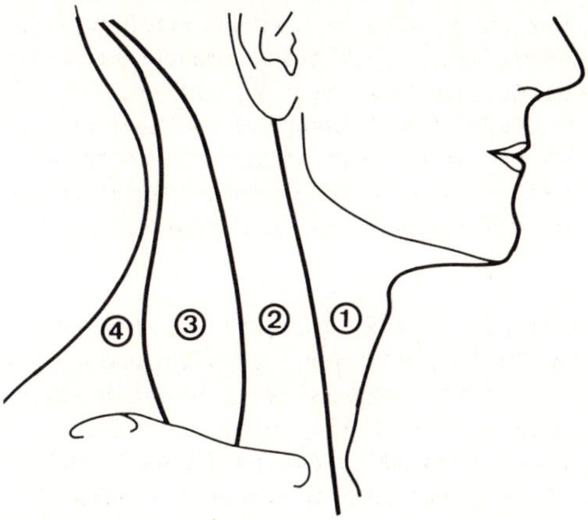


*Abb. 715a. Halsregionen von der Seite: 1 Regio cervicalis anterior, 2 Regio sternocleidomastoidea, 3 Regio cervicalis lateralis, 4 Regio cervicalis posterior*

Die vordere Halsgegend wird zunächst durch das Zungenbein und die von ihm zur Schädelbasis aufsteigenden Muskeln, z.B. den hinteren Kopf des M. digastricus zweigeteilt. Den vorderen Bereich = Mundboden kann man entlang dem vorderen Kopf des M. digastricus, den hinteren unteren Bereich entlang dem M. omohyoideus weiter teilen. So ergeben sich 4 Teilregionen (Abb. 715b):

- Unterunterkieferdreieck (Trigonum submandibulare): zwischen dem vorderen Kopf des zweibäuchigen Muskels und dem Unterkieferunterrand (rückwärts etwa bis zum Unterkieferwinkel reichend),
- Unterkinnregion (Regio submentalis): zwischen den beiden Unterunterkieferdreiecken, rückwärts bis zum Zungenbein,
- Kopfschlagaderdreieck (Trigonum caroticum) zwischen M. omohyoideus, Vorderbauch des M. digastricus und Vorderrand des Kopfwenders,
- Muskeldreieck (Trigonum musculare = omotracheale): zwischen den beiden Mm. omohyoidei oben seitlich und den beiden Kopfwendervorderrändern unten seitlich.

**Ärztliche Bedeutung** der einzelnen Halsgegenden:

- Unterunterkieferdreieck: Es enthält oberflächlich die Lymphknoten für die Mundhöhle und den vorderen Gesichtsbereich, die Unterkieferdrüse (Glandula submandibularis) und die Gesichtsgefäße (A. und V. facialis).
- Kopfschlagaderdreieck: In ihm verzweigen sich die A. carotis communis und die A. carotis externa. Ferner findet man hier den N. vagus und den oberen Halssympathikus sowie den Zugang zum Hinterrachenraum.
- Muskeldreieck: Hier wird wegen des Zugangs zu Schilddrüse, Nebenschilddrüsen, Kehlkopf und Luftröhre besonders häufig operiert.

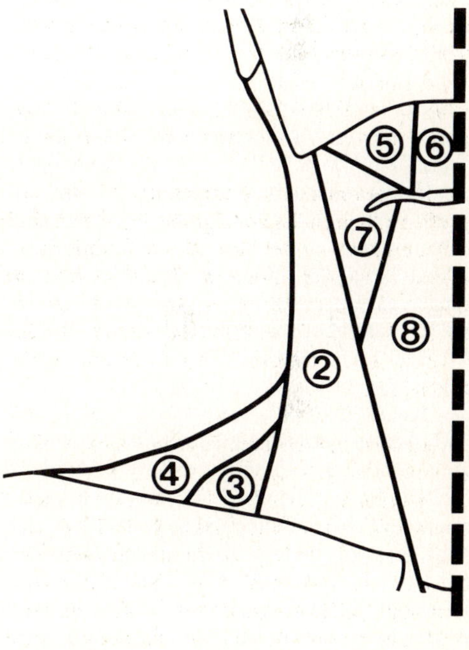


*Abb. 715b. Halsregionen von vorn: 2 Regio sternocleidomastoidea, 3 Regio cervicalis lateralis, 4 Regio cervicalis posterior, 5 Trigonum submandibulare, 6 Regio submentalis, 7 Trigonum caroticum, 8 Trigonum omotracheale*

- Kopfwendergegend: Sie ist ein Gedankengebilde der Anatomen ohne ärztliche Eigenständigkeit. Von wenigen Operationen am Kopfwender selbst (z.B. bei Schiefhals) abgesehen, ist der Kopfwender dem Chirurgen häufig im Weg: Er zieht ihn nach rückwärts, wenn er die vordere Halsgegend erweitern will, um besser zur Schilddrüse oder zum Halsteil der Speiseröhre vordringen zu können. Oder er entfernt ihn mit, wenn er die Halslymphknoten radikal ausräumt (neck dissection).

- seitliche Halsgegend: Das Armnervengeflecht ist hier zur Leitungsanästhesie gut zugänglich. Man denke dabei immer an die Nähe der Lungenspitze! Das Abtasten der seitlichen Halsgegend nach Lymphknoten (Ü726) sollte zu jeder ärztlichen Routineuntersuchung gehören.

## 7.2 Gefäße

### Ü721 Puls der gemeinsamen Kopfschlagader tasten, Verlauf und Teilung auf die Haut aufmalen

**Tasten**: Den Puls der Halsschlagader = gemeinsamen Kopfschlagader (A. carotis communis) kann man mühelos gleichzeitg an beiden Seiten tasten, wenn man mit Daumen und Zeigefinger den Kehlkopf am Oberrand des Schildknorpels zangenartig umfaßt. Man drückt dabei die beiden Schlagadern mit den Fingerspitzen gegen die Querfortsätze des 4. bis 5. Halswirbels. Die Untersuchung wird erleichtert, wenn der Proband dabei den Kopf entspannt nach rückwärts neigt. Dabei wird der Kopfwender (M. sternocleidomastoideus) nach hinten gezogen und dadurch das Trigonum caroticum nach hinten erweitert. In dieser Stellung kann man den Puls beinahe bis zum sternalen Schlüsselbeinende nach unten verfolgen. Den Kopfwender drängt man dabei zur Seite (weshalb er nicht angespannt sein darf). Ebensoleicht kann man den Puls bis zum Kieferwinkel nach oben fühlen. Er gehört dann allerdings nicht mehr zur gemeinsamen, sondern zur äußeren Kopfschlagader (A. carotis externa).

**Abdrücken**: Die gemeinsame Kopfschlagader kann man zur ersten Hilfe bei einseitigen Blutungen im Kopfbereich mühelos abdrücken. Dazu umgreift man die entsprechende Halshälfte zangenartig derart, daß der Daumen vorn am Puls der Schlagader und die übrigen Finger am Nacken liegen. Dann drückt man die Schlagader etwa gegen den 6. Halswirbelquerfortsatz ab (also unterhalb des Kehlkopfs!). Keinesfalls darf man die Teilungsstelle in die äußere und die innere Kopfschlagader dabei drücken (auf Höhe des Schildknorpel-Oberrandes), obwohl hier der Puls besonders leicht zu tasten ist. Es besteht dann die Gefahr heftiger Kreislaufreaktionen (Karotissinusreflex, Ü722). Außerdem würde hier der Kollateralkreislauf zwischen äußerer und innerer Kopfschlagader gestört.

Protokoll 721. Pulsfrequenz (1/min)

| | R | L |
|---|---|---|
| A. carotis communis (oder externa) | | |

Beim Abdrücken der gemeinsamen Kopfschlagader wird der Blutstrom in ihren Ästen nicht völlig unterbunden. Die beiden äußeren Kopfschlagadern haben zahlreiche Querverbindungen über die Mittellinie. Bei Ausfall einer Seite strömt Blut von der Gegenseite rückläufig in die äußere Kopfschlagader und über die Teilungsstelle auch in die innere Kopfschlagader. Dies ist aus folgendem Grund wichtig: Der Arterienring des Gehirns (Circulus arteriosus cerebri) ist nicht immer typisch geschlossen. Bei Ausfall einer inneren Kopfschlagader kann dann ein Hirnbereich nicht ausreichend mit Blut versorgt werden (Folge: Hirnschlaganfall). Ein minimaler Blutstrom in der inneren Kopfschlagader kann den Patienten davor bewahren. Deshalb sollte man nie die innere oder die Teilungsstelle der gemeinsamen Kopfschlagader blockieren!

Behinderung der Blutströmung in der inneren Kopfschlagader, z.B. durch Veränderungen der Gefäßwand (Arteriosklerose), ist eine häufige Ursache von Durchblutungsstörungen des Gehirns ("Schlaganfall"). Sie beginnen häufig als kurzzeitige Bewußtseinsausfälle (transiente ischämische Attacken = TIA). Im nächsten Stadium halten Muskelschwächen, Empfindungsstörungen, Behinderungen beim Sprechen und Schlucken, unsichere Bewegungen, Sehstörungen und/oder Bewußtlosigkeit länger als 24 Stunden an, verschwinden aber innerhalb einer Woche (prolongiertes reversibles ischämisches neurologisches Defizit = PRIND). Im letzten Stadium bleiben die Beschwerden bestehen (postapoplektisches Syndrom).

Erhängen: Das Abklemmen der Halsschlagadern durch die Schlinge führt in wenigen Sekunden zur Bewußtlosigkeit.

**Einzeichnen**: Der Proband dreht den Kopf zur Gegenseite und neigt ihn leicht zurück. Die Verlaufsrichtung der gemeinsamen Kopfschlagader und ihrer beiden Äste entspricht dann einer Verbindungslinie zwischen dem sternalen Ende des Schlüsselbeins und der Hauteinsenkung zwischen dem aufsteigenden Ast des Unterkiefers und dem Warzenfortsatz (Abb. 721). Die untere Hälfte der Schlagader ist bedeckt vom Kopfwender, die obere Hälfte ist frei. Die beiden Äste liegen eng aneinander: die äußere Kopfschlagader etwas lateral und vor der inneren. Die Teilungsstelle liegt etwa auf Höhe des Oberrands des Schildknorpels. Wegen der allmählichen Senkung des Kehlkopfs im Laufe des Lebens steigt die Teilung scheinbar auf, liegt also beim alten Menschen oberhalb des Schildknorpels. Mit fortschreitender Schlagaderverkalkung (Arteriosklerose) wird aus dem gestreckten ein geschlängelter Verlauf.

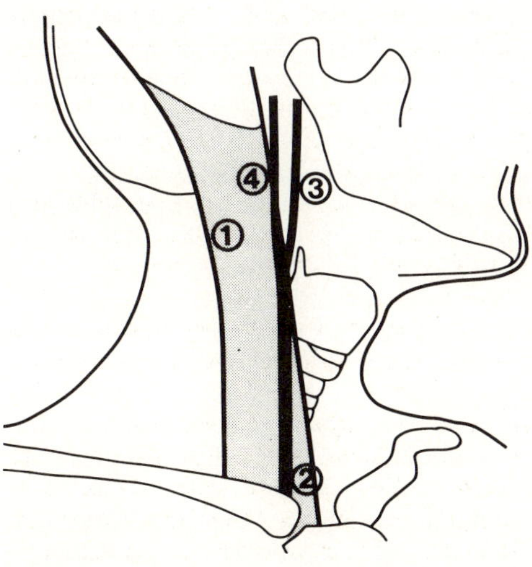


*Abb. 721. Kopfschlagadern: 1 M. sternocleidomastoideus, 2 A. carotis communis, 3 A. carotis externa, 4 A. carotis interna*

## Ü722 Karotissinus-Druckversuch

Die Teilungsstelle der Halsschlagader = gemeinsamen Kopfschlagader (A. carotis communis) in die äußere und innere Kopfschlagader (A. carotis externa und interna) bezeichnet man als Karotissinus (Sinus caroticus). Dort liegen druckempfindliche Nervenendungen (Pressorezeptoren), die normalerweise durch Blutdrucksteigerung erregt werden und dann Kreislaufreflexe auslösen:

- kardioinhibitorische Reaktion: Abfall der Herzfrequenz (Erregung des Parasympathikus),
- vasodepressorische Reaktion: Abfall des Blutdrucks (Gefäßerweiterung durch Hemmung des Sympathikus).

Der afferente Schenkel des Karotissinus-Reflexes verläuft im neunten Hirnnerv (N. glossopharyngeus) zu den Kreislaufzentren im verlängerten Mark.

Bei abnorm niedriger Reizschwelle der Pressorezeptoren ("hyperreaktiver Karotissinus-Reflex", "Karotissinus-Syndrom") kann schon ein leichter Druck auf den Karotissinus von außen, z.B. durch ein zu enges Hemd, rasche Kopfbewegung, Pressen beim Stuhlgang usw. heftige Kreislaufreaktionen mit Schwindel, Herzklopfen, sogar Bewußtlosigkeit auslösen. Bei diesen Patienten kann man die gleichen Symptome durch den Karotissinus-Druckversuch hervorrufen.

**Technik**: Der Patient liegt auf dem Rücken und blickt gerade nach oben (eine Seitwendung des Kopfes kann beim überempfindlichen Patienten bereits den Reflex auslösen!). Der Untersucher tastet mit einer Hand den Puls der oberflächlichen Schläfenschlagader (A. temporalis superficialis) und mit der anderen den Puls im Bereich des Karotissinus (auf Höhe des Oberrandes des Schildknorpels) der gleichen Seite. Dann drückt er sanft 20 Sekunden gegen den Karotissinus, wobei der Puls in der Schläfenschlagader tastbar bleiben muß. Eine Hilfsperson mißt vor und während des Druckversuchs den Blutdruck.

**Bewertung**: Bei gesunden Versuchspersonen reagieren Herzfrequenz und Blutdruck nur gering. Einen hyperreaktiven Karotissinus-Reflex nimmt man erst dann an, wenn ein Herzstillstand (Asystolie) mindestens für 3 Sekunden besteht und der Blutdruck auf 6,7 kPa (50 mmHg) oder darunter abfällt.

Therapeutischer Aspekt: Bei Anfällen von Herzjagen (Tachykardie) läßt sich manchmal durch Druck auf den Karotissinus die Herzfrequenz herabsetzen. (Noch einfacher kann man allerdings bisweilen durch einen Schluck kalten Wassers einen Vagusreflex auslösen.)

Protokoll 722. Karotissinus-Druckversuch

| | Vor | Nach |
|---|---|---|
| a) Pulsfrequenz an A. temporalis superficialis (1/min) | | |
| b) Blutdruck (am Arm) (mmHg) | | |

## Ü723 Durchgängigkeit der Wirbelschlagadern prüfen

Die Wirbelschlagader (A. vertebralis) entspringt aus der A. subclavia und zieht in den Querfortsatzlöchern der Halswirbel (meist $C_6$ bis $C_1$) kopfwärts. Durch das große Loch (Foramen magnum) tritt sie in das Schädelinnere und vereinigt sich vor dem Rautenhirn mit der Wirbelschlagader der Gegenseite zur A. basilaris. Aus den Wirbelschlagadern werden vor allem die in der hinteren Schädelgrube liegenden Hirnteile (Brücke, Kleinhirn, verlängertes Mark) versorgt. Durchblutungsminderung der Wirbelschlagadern führt meist erst zu Beschwerden, wenn beide Wirbelschlagadern verengt oder verschlossen sind. Bei Verschluß oder Verengung einer Wirbelschlagader kann man Kleinhirnstörungen auslösen, wenn man die andere, gesunde Wirbelschlagader abklemmt.

Kritisch ist der Bereich der Wirbelschlagader oberhalb und unterhalb des ersten Halswirbels (Atlas). Das Querfortsatzloch des Atlas liegt weiter lateral als das des zweiten Halswirbels (Axis). Die in den Halswirbeln sechs bis zwei einigermaßen gerade aufsteigende Wirbelschlagader wendet sich zum ersten Halswirbel seitwärts und über diesem scharf nach medial zum großen Schädelloch. In dem Bereich zwischen Hinterhaupt und Axis laufen die großen Kopfbewegungen ab. Beim Drehen des Kopfes nach rechts wird das rechte Querfortsatzloch des Atlas nach hinten, das linke nach vorn bewegt. Entsprechend wird die Wirbelschlagader zwischen Axis und Atlas rechts nach hinten, links nach vorn gezogen. Wird nun gleichzeitig der Kopf stark nach hinten geneigt (rekliniert), so werden die Zwischenräume zwischen den Wirbeln bzw. Atlas und Hinterhaupt hinten verengt und vorn erweitert. Dabei wird offenbar die Wirbelschlagader stark gedehnt, gegen die innere Begrenzung des Querfortsatzlochs des Atlas gepreßt und dabei abgeklemmt. Bei maximaler Reklination und Rotation nach rechts wird die linke, nach links die rechte Wirbelschlagader abgeknickt. Sind beide Wirbelschlagadern gesund, so bleibt dies ohne Folgen. Ist die Wirbelschlagader auf der Gegenseite undurchgängig, so treten Kleinhirnsymptome auf.

- **Hängeprobe im Liegen** (nach de Kleyn): Der Proband liegt flach auf dem Rücken, wobei der Kopf über den Rand der Liege hängt. Der Untersucher beugt den Kopf sacht nach rückwärts und dreht ihn dann bis in die Endstellung nach rechts bzw. nach links. Die Endstellung soll mindestens 30 s eingehalten werden. Der Gesunde empfindet die Lage lediglich unbequem. Abnorm sind Übelkeit, Schwindel und ruckartige Augenbewegungen (Nystagmus). Treten diese sofort auf, so weisen sie auf eine Wirbelblockierung hin. Kommen sie erst nach 15 bis 30 s, so ist eine Störung der Wirbelschlagader wahrscheinlich.
- **Reklinationsprobe im Sitzen:** Der Untersucher rekliniert und rotiert den Kopf des sitzenden Probanden. Sonst wie bei der vorhergehend beschriebenen Hängeprobe.
- **Tretversuch** (nach Unterberger): Der Proband steht mit horizontal nach vorn gehaltenen Armen (Hände supiniert) und schließt die Augen. Dann tritt er 2 min auf der Stelle, wobei die Füße jeweils den Boden verlassen müssen. Während des Tretens neigt der Proband den Kopf langsam zurück und dreht ihn dann bis in die Endstellung nach rechts bzw. links. Der Gesunde erhält dabei mühelos das Gleichgewicht. Bei Durchblutungsstörungen der Wirbelschlagader beginnt der Patient zu taumeln. Der Untersucher muß daher vorsorglich hinter dem Probanden stehen, um ihn gegebenenfalls auffangen zu können.

Protokoll 723. Wirbelschlagader

A Hängeprobe: 30 s Drehung nach rechts/links

| | R | | | L | | |
|---|---|---|---|---|---|---|
| Beschwerdefrei | j | n | ? | j | n | ? |
| Übelkeit | j | n | ? | j | n | ? |
| Schwindel | j | n | ? | j | n | ? |
| Nystagmus | j | n | ? | j | n | ? |

B Reklinationsprobe: 30 s Drehung nach rechts/links

| | R | | | L | | |
|---|---|---|---|---|---|---|
| Beschwerdefrei | j | n | ? | j | n | ? |
| Übelkeit | j | n | ? | j | n | ? |
| Schwindel | j | n | ? | j | n | ? |
| Nystagmus | j | n | ? | j | n | ? |

C Tretversuch: 2 min Drehung nach rechts/links

| | R | | | L | | |
|---|---|---|---|---|---|---|
| Beschwerdefrei | j | n | ? | j | n | ? |
| Taumeln | j | n | ? | j | n | ? |

### Ü724 Füllungszustand der äußeren Drosselvene im Liegen und beim Aufrichten beobachten und Druck im rechten Vorhof schätzen

Die äußere Drosselvene (V. jugularis externa) ist normalerweise die stärkste Hautvene des Halses. Sie steigt aus dem Bereich des Kieferwinkels schräg über den Kopfwender in die große Oberschlüsselbeingrube ab. In deren Tiefe vereinigt sie sich mit der inneren Drosselvene (V. jugularis interna) und der Schlüsselbeinvene (V. subclavia) im Venenwinkel zur V. brachiocephalica.

Beim flach auf dem Rücken liegenden Probanden ist die äußere Drosselvene stark gefüllt. Bei nicht zu dickem Unterhautfett zeichnet sie sich daher an der Oberfläche des Halses über dem Kopfwender meist deutlich ab. Beim aufgerichteten Patienten hingegen ist sie kaum zu sehen. Das prinzipiell gleiche Phänomen kann man bei sich selbst bequem an den Venen des Handrückens beobachten. Läßt man die Hand herabhängen, so füllen sich die Venen stark. Hebt man die Hand über die Höhe des Brustkorbs, dann entleeren sich die Handrückenvenen. Zugrunde liegt diesem Vorgang der Druck im rechten Vorhof. Er beträgt normalerweise nur wenige Millimeter Quecksilbersäule bzw. Zentimeter Wassersäule. Bis zur Höhe dieses Drucks sind die Venen stark gefüllt. Die Venenfüllung läßt daher einen (groben) Schluß auf den Druck im rechten Vorhof und damit auf die Leistungsfähigkeit des rechten Herzens zu. Bei einer Schwäche des rechten Herzens steigt der Druck im rechten Vorhof und damit auch in den herznahen Venen (zentraler Venendruck = ZVD) an.

Bei der Blutdruckmessung mit dem Quecksilbermanometer zeigt der Höhenstand der Quecksilbersäule im Glasrohr den arteriellen Blutdruck an. Am Höhenstand der Blutsäule in der äußeren Drosselvene kann man ähnlich wie beim Quecksilbermanometer den venösen Blutdruck ablesen. Statt eine Manschette aufzublasen, verändert man hierbei den Neigungswinkel des Halses des Patienten: In horizontaler Lage befindet sich die Vene etwa auf Höhe des rechten Vorhofs und ist daher voll gefüllt. Richtet man nun den Oberkörper des Probanden mit Hals und Kopf allmählich auf, so beginnt sich die Vene von oben her entsprechend zu entleeren. Man kann dann den Druck im rechten Vorhof nahezu ausmessen. Als Höhe des rechten Vorhofs setzt man den vorderen Drittelpunkt des sagittalen Brustkorbdurchmessers an. Ein vereinfachtes Verfahren geht von der Beobachtung aus, daß der rechte Vorhof unabhängig von der Aufrichtung des Oberkörpers etwa 5 cm unter dem Brustbeinwinkel (Verbindung zwischen Handgriff und Körper des Brustbeins) steht. Man mißt die Höhendifferenz zum Brustbeinwinkel, addiert 5 und erhält so den Druck im rechten Vorhof in Zentimeter Wassersäule, den man bei Bedarf in mmHg oder Pascal umrechnen kann.

**Vorgehen**: Der Proband liegt entspannt auf dem Rücken, bis die äußere Drosselvene gut sichtbar ist. Er hebt das Kinn an und dreht den Kopf zur anderen Seite. Günstig ist eine von der Seite tangential den Kopfwender treffende Beleuchtung, möglichst mit Tageslicht. Hat die

Untersuchungsliege ein verstellbares Kopfteil, so richtet man dieses zunächst um 20° auf. Bei Gesunden genügt es meist schon, um eine Obergrenze der Prallfüllung der Vene am Hals gut sichtbar zu machen. Wenn die Grenze nach einer Minute noch nicht zu erkennen ist, hebt man das Kopfende um weitere 10° bis 20° an. Dann bestimmt man die Höhendifferenz zum Brustbeinwinkel: Man stellt dazu ein Lineal lotrecht auf den Brustbeinwinkel und peilt mit einem genau horizontal gehaltenen Blatt Papier den Höhenstand von der Vene zum Lineal an. Die horizontale Haltung des Papiers kontrolliert eine Hilfsperson aus größerem Abstand. Noch besser ist natürlich eine Wasserwaage.

Kontrollmessung: Bei unveränderter Lage des Probanden drückt der Untersucher sanft auf das untere Ende der äußeren Drosselvene unmittelbar oberhalb des Schlüsselbeins. Das Blut staut sich in die Vene zurück und füllt diese prall an. Nimmt man den Finger weg, so sinkt die Blutsäule allmählich ab. Man mißt den Höhenstand nach 30 s.

| Protokoll 724. Zentraler Venendruck | |
|---|---|
| A Neigungswinkel des Oberkörpers (°) | |
| B Blutsäule in der äußeren Drosselvene über dem Brustbeinwinkel (cm) | |
| C Druck im rechten Vorhof | |
| a) in cm Wassersäule: B + 5 | |
| b) in Pa: 98(B + 5) | |
| c) in mmHg: 0,75(B + 5) | |

**Bewertung**: Beim Gesunden steht die Blutsäule in der äußeren Drosselvene auf beiden Seiten gleich hoch und weniger als 3 cm über dem Brustbeinwinkel.

a) Über 4 cm ist der Höhenstand sicher pathologisch. Mögliche Ursachen sind
- Rechtsherzinsuffizienz,
- Herzbeutelerguß bzw. Herzbeutelentzündung,
- Strömungsbehinderung in der oberen Hohlvene, z.B. Thrombose,
- Überfüllung des Kreislaufs (Hypervolämie), z.B. durch zu reichliche Infusionen.

b) Bleiben die Drosselvenen auch in horizontaler Lage ungefüllt und sind örtliche Hindernisse unwahrscheinlich, so ist das Blutvolumen des Patienten herabgesetzt (Hypovolämie).

c) Die Messungen mit unterschiedlichem Vorgehen und verschiedenen Neigungswinkeln müssen auf beiden Seiten etwa übereinstimmende Meßwerte geben. Seitenunterschiede weisen auf ein örtliches Strömungshindernis hin.

Hinweis: Der erfahrene Kliniker bevorzugt bisweilen zum Abschätzen des zentralen Venendrucks anstelle der Blutsäule in der äußeren Drosselvene die Pulsationen in der inneren Drosselvene. Dies ist für den Anfänger schwieriger und wird daher hier nicht behandelt.

### Ü725 Methode der Injektion in die äußere Drosselvene veranschaulichen

Kommen die Venen am Unterarm oder an der Hand aus irgendwelchen Gründen für eine dringliche intravenöse Injektion nicht in Frage, so ist als Alternative in erster Linie an die äußere Drosselvene zu denken. Sie ist, wie in Ü724 gezeigt, leicht anzustauen und durch die dünne Haut des Halses gut anzustechen. Trotz der technischen Einfachheit sollte man jedoch aus psychologischen Gründen nur im Notfall auf die äußere Drosselvene zurückgreifen. Eingriffe am Hals und am Kopf werden vom Patienten bedrohlicher erlebt als Eingriffe an den Gliedmaßen.

Bei Kleinkindern muß man allerdings häufig Hals oder Kopfvenen für die Injektion wählen, da die Armvenen meist sehr kleinkalibrig sind. Während der fetalen Entwicklung eilen das Gehirn und damit Kopf und Hals im Wachstum voraus, während Arm und Bein verzögert wachsen. Die Körperproportionen des Kleinkindes unterscheiden sich sehr wesentlich von denen des Erwachsenen: Die Körperlänge beträgt beim Neugeborenen etwa 4 Kopfhöhen, beim Erwachsenen hingegen 7 bis 10. Beim Säugling haben Hals und Kopf demgemäß die weitesten Hautvenen. Um das Anstauen der äußeren Halsvene muß man sich beim Kleinkind nicht sonderlich bemühen: Es ängstigt sich schon bei den Vorbereitungen zur Injektion und beginnt daher aus Leibeskräften zu schreien. Dadurch steigt der Druck im Brustkorb und mit ihm der Druck in den herznahen Venen. Dementsprechend füllt sich auch die äußere Drosselvene prall an.

**Übungsaufgabe**: Probanden in für die Injektion geeignete Lage bringen und die äußere Drosselvene durch Fingerdruck oberhalb des Schlüsselbeins anstauen (Ü724). Einstichrichtung herzwärts veranschaulichen.

### Ü726 Gesamten Hals sorgfältig nach verhärteten Lymphknoten abtasten, die wichtigsten Lymphknotenregionen an der Haut umkreisen und Zuflußgebiete durch Pfeile veranschaulichen

Die Halslymphknoten gehören zu den 3 wichtigen tastbaren Lymphknotenstationen. Sie werden nach den in Ü125 erläuterten Grundsätzen untersucht.

**Einzugsgebiete** der Halslymphknoten sind

- der Hals selbst,
- der gesamte Kopf,
- Teile der Brustwand und des Rückens,
- der Arm (supraklavikuläre Lymphknoten als letzte Station vor der Mündung in den Venenwinkel).
- Gelegentlich scheint auch Lymphe aus anderen Körperteilen in die Halslymphknoten zu gelangen. So ist dem großen Pathologen Virchow aufgefallen, daß beim Magenkrebs bisweilen ein vergrößerter Lymphknoten im linken hinteren Halsdreieck zu tasten ist (Virchow-Lymphknoten). Dies dürfte über die gemeinsame Mündung des Ductus thoracicus mit den Hals-, Arm- und Brustlymphstämmen in den linken Venenwinkel zu erklären sein. Bei einer Abflußbehinderung könnte Lymphe vom Bauchraum rückläufig in den Halslymphstamm und weiter in Halslymphknoten gelangen, sofern die zahlreichen Klappen in den Lymphgefäßen insuffizient sind.

**Anordnung** der Halslymphknoten: Die Fülle der einzelnen benannten Lymphknotengruppen kann man unter praktisch ärztlichem Aspekt in zwei Gruppen gliedern (Abb. 726):

- gut zugänglich für die Betastung ("oberflächlich"): Lymphknoten entlang der gesamten Grenze vom Hals zum Kopf (Nodi lymphatici occipitales, mastoidei, parotidei, submandibulares und submentales) und Lymphknoten im hinteren Halsdreieck (Nodi lymphatici cervicales laterales superficiales und supraclaviculares),
- schlecht zugänglich ("tief"): Lymphknoten entlang der inneren Drosselvene (Nodi lymphatici jugulares) bedeckt vom Kopfwender. Lediglich am Vorderrand des Kopfwenders sind einzelne dieser Lymphknoten zu tasten. Zu ihnen gehört der besonders wichtige Nodus lymphaticus jugulodigastricus (an der Kreuzung von innerer Drosselvene und zweibäuchigem Muskel), der die Lymphe aus der Gaumenmandel aufnimmt und daher bei der Angina catarrhalis stark anschwillt.

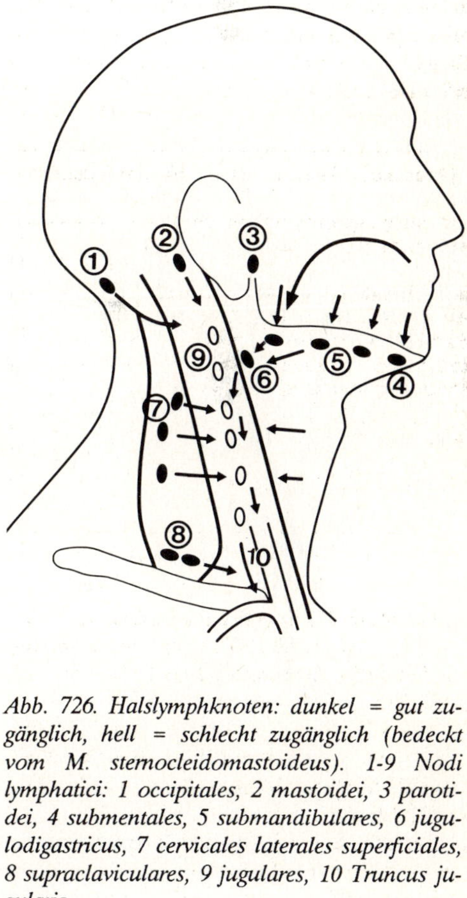


*Abb. 726. Halslymphknoten: dunkel = gut zugänglich, hell = schlecht zugänglich (bedeckt vom M. sternocleidomastoideus). 1-9 Nodi lymphatici: 1 occipitales, 2 mastoidei, 3 parotidei, 4 submentales, 5 submandibulares, 6 jugulodigastricus, 7 cervicales laterales superficiales, 8 supraclaviculares, 9 jugulares, 10 Truncus jugularis*

Das Abtasten des Halses nach Lymphknoten darf bei keiner eingehenden ärztlichen Untersuchung übergangen werden. Hat man einen Lymphknoten gefunden, so sollte man unbedingt sorgfältig protokollieren und Form, Größe, Beschaffenheit, Verschieblichkeit und Lage des Lymphknotens genau beschreiben (Ü125).

## 7.3 Nerven

### Ü731 Hautäste des Plexus cervicalis schematisch auf die Haut aufzeichnen, dann einzelne Nerven zu tasten versuchen

Die Hautäste des Halsnervengeflechts gelangen um den Hinterrand des Kopfwenders (M. sternocleidomastoideus) an die Oberfläche des Halses. Man markiere die Mitte des Hinterrandes des Kopfwenders auf der Haut. Dann zeichne man Pfeile (Abb. 731)

- horizontal nach vorn: N. transversus colli,
- vertikal nach unten über das Schlüsselbein: Nn. supraclaviculares,
- zum Ohr nach oben: N. auricularis magnus,
- dem Hinterrand des Kopfwenders folgend zum Hinterhaupt: N. occipitalis minor.

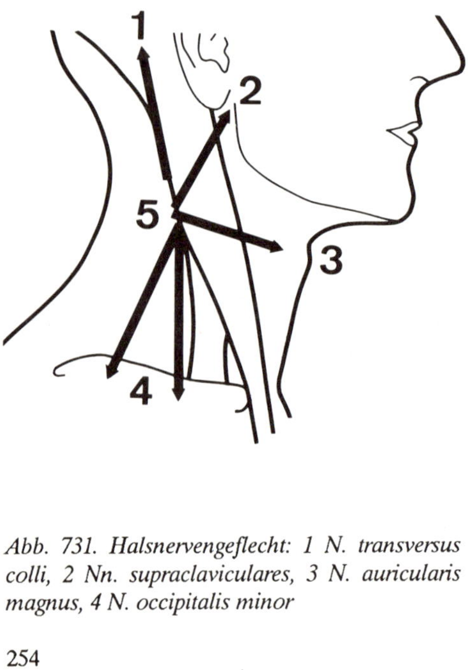


*Abb. 731. Halsnervengeflecht: 1 N. transversus colli, 2 Nn. supraclaviculares, 3 N. auricularis magnus, 4 N. occipitalis minor*

Diese grobschematische Zeichnung läßt sich konkretisieren, wenn man einzelne Nerven tastet. Dies gelingt allerdings nur, wenn das Unterhautfettgewebe nicht zu mächtig ist:

- Man streiche mit einem Finger unter sanftem Druck das Schlüsselbein entlang horizontal hin und her. Dabei wird man merken, wie an einzelnen Stellen dünne Stränge das Schlüsselbein überqueren. Man kann sie bei kräftigerem Druck zur Seite rollen lassen. Das Schlüsselbein wird nur von kleineren Hautvenen und den Nn. supraclaviculares überquert. Die nicht zusammendrückbaren, sich wie stärkere Bindfäden anfühlenden Gebilde sind die Überschlüsselbeinnerven.
- Die übrigen Hautäste des Halsnervengeflechts sind nicht so leicht zu tasten, weil sie keine Knochenkante überqueren. Man kann eine Ersatzkante schaffen, wenn man den Kopfwender stark anspannt. Man drückt mit einer Hand seitlich gegen den Kopf des Probanden und läßt diesen dagegendrücken. Mit der freien Hand tastet man die Mitte des Kopfwenders ab. Bei guter Anspannung des Muskels und dünnem Unterhautfettgewebe findet man dann mühelos den N. transversus colli, der den Kopfwender annähernd horizontal überquert. Ein bis zwei Fingerbreit weiter oben zieht der N. auricularis magnus schräg über die Seitenfläche des Kopfwenders zum Ohr. Der N. occipitalis minor ist meist auf diese Weise nicht zu tasten, da er den Kopfwender gewöhnlich nicht überquert, sondern parallel zu seinem Hinterrand aufsteigt.

**Praktische Bedeutung**: Leitungsanästhesie. Mit einem einzigen Einstich an der Mitte des Hinterrandes des Kopfwenders (Erb-Punkt) lassen sich alle 4 Hautäste des Halsnervengeflechts ausschalten. Damit ist praktisch die gesamte Haut der vorderen und seitlichen Halsgegenden gefühllos. Die Nackengegend wird damit nicht betäubt, weil sie von den dorsalen Ästen der Halsnerven versorgt wird (nur die ventralen Äste von $C_1$ bis $C_4$ bilden das Halsnervengeflecht). Da die 4 Hautnerven nicht genau an einem Punkt, sondern über mehrere Zentimeter verteilt in die Unterhaut eintreten, schiebt man die Hohlnadel von dem einen Einstich aus unter laufender Injektion jeweils einige Zentimeter nach oben und unten. Die Blockade des Plexus cervicalis wird vor allem bei Schilddrüsenoperationen ausgeführt.

### Ü732 Plexus brachialis dorsal vom Puls der A. subclavia tasten

A. subclavia und Plexus brachialis (Abb. 732) durchqueren die "Skalenuslücke" zwischen M. scalenus anterior und M. scalenus medius. Man orientiere sich daher zunächst über die Treppenmuskeln:

▪ vorderer Treppenmuskel (M. scalenus anterior): Man spannt den Kopfwender an und umgreift seinen lateralen Rand in der Nähe des Schlüsselbeins. Man kann dabei die Haut einige Zentimeter in die Tiefe einstülpen. Der tastende Finger liegt im Raum zwischen dem Kopfwender und dem vorderen Treppenmuskel. Diese Lücke benutzt die V. subclavia (nicht zu tasten) tief hinter dem Schlüsselbein auf ihrem Weg zum Arm. Man kann nun mühelos große Teile der Vorderfläche des vorderen Treppenmuskels abtasten. Mit etwas Glück findet man auch den Zwerchfellnerv (N. phrenicus), der auf dem vorderen Treppenmuskel in den Mittelfellraum absteigt.

▪ mittlerer Treppenmuskel (M. scalenus medius): Im oberen Halsbereich kann man den vorderen Treppenmuskel kaum vom mittleren abgrenzen. Je weiter man jedoch nach unten kommt, desto deutlicher wird zuerst ein Spalt, dann eine Lücke. Vom mittleren Treppenmuskel ist die gesamte Seitenfläche zugänglich. Ihn trennt rückwärts eine seichte Rinne vom hinteren Treppenmuskel (M. scalenus posterior).

▪ Skalenuslücke (Hiatus scalenorum): Tastet man am Seitenrand des vorderen Treppenmuskels nach unten in die Tiefe, so gelangt man zur ersten Rippe. Dort fühlt man meist eine Verdickung des Rippenknochens am Ansatz des Muskels (Tuberculum musculi scaleni anterioris). Unmittelbar dahinter pulsiert die Schlüsselbeinschlagader (A. subclavia). Anschließend tastet man die dicken Stränge des Armnervengeflechts, die den größten Teil der Skalenuslücke ausfüllen. Wenn man längere Zeit intensiv tastet, wird man durch den allmählich aufkommenden Schmerz in der Diagnose bestärkt, daß es sich um Nerven handelt. Man kann die Nervenstämme einige Zentimeter nach lateral verfolgen, bis sie unter dem Schlüsselbein verschwinden.

**Praktische Bedeutung**:

▪ Abdrücken der A. subclavia (Ü815): In der Skalenuslücke kann man die Schlüsselbeinschlagader zur ersten Hilfe mit dem Daumen gegen die erste Rippe abdrücken. Man prüfe den Erfolg am Verschwinden des Pulses der Speichenschlagader. Eine alternative Methode ist es, den Arm kräftig nach hinten unten zu ziehen. Dann wird die Schlagader zwischen Schlüsselbein und erster Rippe eingeklemmt.

▪ Anästhesie des Plexus brachialis: Da man das Armnervengeflecht tasten kann, ist eine zielsichere Ausschaltung zur Leitungsbetäubung des größten Teils des Armes möglich. Man sticht die Hohlnadel etwa über dem medialen Drittelpunkt des Schlüsselbeins in Richtung auf den 3. Brustwirbeldornfortsatz (Verbindungslinie der beiden Schulterblattgräten) ein. Unter ständigem Einspritzen von Anästhetikum dringt man vor, bis man auf die erste Rippe trifft. Unter dem Druck der Injektionslösung weichen die Nerven der Nadelspitze aus und werden nicht verletzt. Hauptgefahr: Pneumothorax, wenn die Nadel medial der ersten Rippe in die Pleurakuppel oder gar in die Lungenspitze gerät.

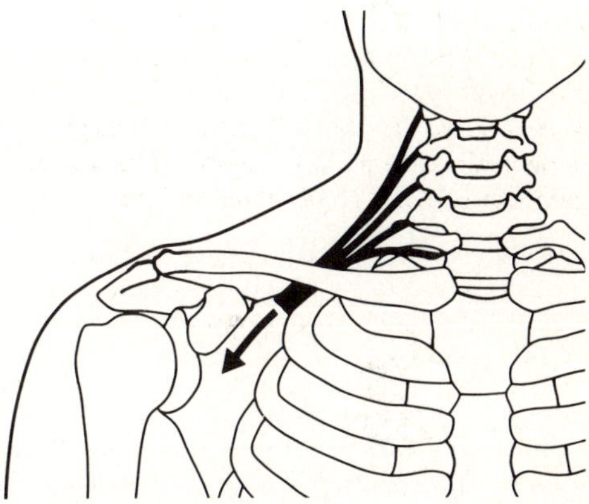

*Abb. 732. Armnervengeflecht*

### Ü733 Verlauf des N. vagus und des N. accessorius sowie wahrscheinliche Lage der Halsganglien des Sympathikus an der Haut bezeichnen

**N. vagus**: Der zehnte Hirnnerv liegt innerhalb der Gefäß-Nerven-Scheide (Vagina carotica) der großen Kopfgefäße. Sein Verlauf entspricht damit dem der in Ü721 gezeichneten gemeinsamen bzw. inneren Kopfschlagader: von der Mitte zwischen Warzenfortsatz und Unterkieferast zum sternalen Ende des Schlüsselbeins (Abb. 733).

**N. accessorius** (Beinerv): Der elfte Hirnnerv versorgt mit seinem Halsteil große Teile des Kopfwenders und des Trapezmuskels (weitere Teile dieser Muskeln werden von Nerven des Halsnervengeflechts innerviert). Der elfte Hirnnerv verläuft am Hals etwa in der Verbindungslinie vom Warzenfortsatz zum Schultereck. Er wird vom Kopfwender und vom Trapezmuskel bedeckt, liegt aber in der Lücke zwischen den beiden (hinteres Halsdreieck) oberflächlich. Dort ist er bei Operationen, vor allem bei der Lymphknotenausräumung (neck dissection) gefährdet. Bei seinem Ausfall kann der Arm nicht mehr über die Horizontale gehoben werden.

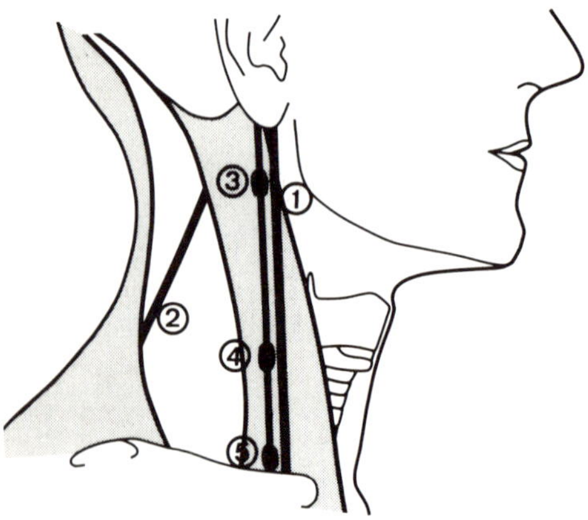


*Abb. 733. Nerven am Hals: 1 N. vagus, 2 N. accessorius, 3 Ganglion cervicale superius, 4 Ganglion cervicale medium, 5 Ganglion stellatum*

**Grenzstrang** (Truncus sympathicus): Der Halsteil des Sympathikus liegt hinter dem Gefäß-Nerven-Strang im tiefen Blatt der Halsfaszie. Sein Verlauf entspricht also dem des N. vagus, dem er stellenweise, nur getrennt durch die beiden Faszien (Vagina carotica + Lamina prevertebralis), anliegt. In seinen Verlauf sind 2 bis 3 Ganglien eingeschaltet:

- oberes Halsganglion (Ganglion cervicale superius): etwa auf Höhe des 3. bis 4. Halswirbelkörpers, also etwa dem Kieferwinkel entsprechend,
- mittleres Halsganglion (Ganglion cervicale medium, kann fehlen): etwa auf Höhe des 6. Halswirbels, also etwa dem Ringknorpel entsprechend,
- unteres Halsganglion, oft mit dem 1. Brustganglion zum Ganglion cervicothoracicum = Ganglion stellatum verschmolzen: etwa auf Höhe des 1. Brustwirbels bzw. des Hinterendes der 1. Rippe, also knapp oberhalb des Schlüsselbeins.

## 7.4 Eingeweide

### Ü741 Kehlkopfskelett tasten, Konturen auf die Haut aufmalen und Projektion auf die Halswirbelsäule ermitteln

Zungenbein und Kehlkopfknorpel waren bereits in Ü712 getastet worden. Auf die dortige Beschreibung sei verwiesen. Wir ergänzen die Zeichnung durch

- Membrana thyrohyoidea: Sie nimmt den gesamten Raum hinter den Unterzungenbeinmuskeln zwischen Unterrand des Zungenbeins und Oberrand des Schildknorpels ein. Etwa 1 cm von ihrem Hinterrand markieren wir auf halber Höhe der Membran ein Loch, durch welches der obere Kehlkopfnerv (Ast des N. vagus) und die obere Kehlkopfschlagader (Ast der oberen Schilddrüsenschlagader) in den Kehlkopf eintreten.
- M. cricothyroideus: Der äußere Stimmbandspanner ist der einzige vom oberen Kehlkopfnerv innervierte Kehlkopfmuskel. Er gewinnt besondere Bedeutung, wenn der N. laryngeus recurrens ausfällt, der alle übrigen Kehlkopfmuskeln versorgt (Rekurrenslähmung, z.B. nach Schilddrüsenoperationen). Der Muskel steigt von der Ringknorpelspange schräg nach hinten oben zum Schildknorpel auf.

Hauptaufgabe dieser Übung ist es, Beziehungen zwischen der Höhenlage der einzelnen Teile des Kehlkopfskeletts und der Wirbelsäule herzustellen. Als Faustregel kann für die junge Frau gelten:

- Zungenbein: 4. Halswirbelkörper,
- Schildknorpel: 5. Halswirbelkörper,
- Ringknorpel: 6. Halswirbelkörper.

Der Höhenstand ändert sich

- beim Schlucken: Der Kehlkopf wird um etwa ein halbes Wirbelsegment gehoben.
- beim Singen: Bei hohen Tönen steigt der Kehlkopf auf, bei tiefen ab. Die Verschiebung beträgt bis zu einem halben Wirbelsegment.

- bei Bewegungen der Halswirbelsäule: Bei Reklination wird der Abstand zwischen Zungenbein und Schildknorpel größer, bei Inklination kleiner.
- mit dem Geschlecht: Beim Mann steht der Kehlkopf etwa ein halbes Segment tiefer als bei der Frau, also Zungenbein Zwischenwirbelscheibe $C_{4/5}$, Schildknorpel $C_{5/6}$, Ringknorpel $C_{6/7}$.
- mit dem Alter: Beim Säugling steht das Kehlkopfskelett etwa ein Wirbelsegment höher als beim jungen Erwachsenen, beim Greis ein halbes Segment tiefer.

**Übungsaufgaben**:
1. Kehlkopfskelett, Membrana thyrohyoidea und M. cricothyroideus in normaler Kopfhaltung wie oben beschrieben auf die Haut des Halses aufmalen.
2. Dornfortsätze der Halswirbel tasten und in der gleichen Haltung wie beim Aufzeichnen des Kehlkopfskeletts an der Haut markieren (Ü215).
3. Kehlkopfskelett und Dornfortsätze einander zuordnen.
4. Verschiebung beim Schlucken und beim Singen tiefer und hoher Töne tasten und erneut den Höhenstand prüfen.

Protokoll 741. Höhenstände des Kehlkopfskeletts (Projektion auf die Halswirbeldornfortsätze)

| | Ruhe | Schlukken | Singen hoch | Singen tief |
|---|---|---|---|---|
| Hyoid | | | | |
| Thyro | | | | |
| Crico | | | | |

Hyoid = Zungenbeinkörper
Thyro = Schildknorpelvorsprung
Crico = Ringknorpelspange

## Ü742 Kehlkopfspiegelung

Nicht ein Arzt, sondern ein Gesangslehrer (Garcia) warf 1854 über einen kleinen Spiegel den ersten Blick auf die Stimmbänder eines lebenden Menschen. Kurz vorher (1851) hatte Helmholtz den Augenspiegel erfunden. 1857/58 wurde dann die Kehlkopfspiegelung von Türck und Czermak in die praktische Medizin eingeführt. Heute unterscheiden wir 2 Formen der Kehlkopfspiegelung:
- indirekte Laryngoskopie: Der Kehlkopf wird über einen in den Rachen gehaltenen kleinen Spiegel besichtigt (Abb. 742a und b).
- direkte Laryngoskopie: Bei stark zurückgeneigtem Kopf werden Zunge und Kehldeckel (wie bei der Intubation, Ü743) mit einem Leuchtspatel nach vorn gedrückt. Damit wird der unmittelbare Einblick in den Kehlkopf möglich. Der Name Kehlkopfspiegelung wurde beibehalten, obwohl heute gar kein Spiegel mehr nötig ist (wie bei den meisten "Spiegelungen" = Endoskopien).

Für Übungen am Gesunden kommt nur die indirekte Kehlkopfspiegelung in Frage. Die direkte Laryngoskopie wird wegen der Verletzungsgefahr am Modell trainiert (Ü743).

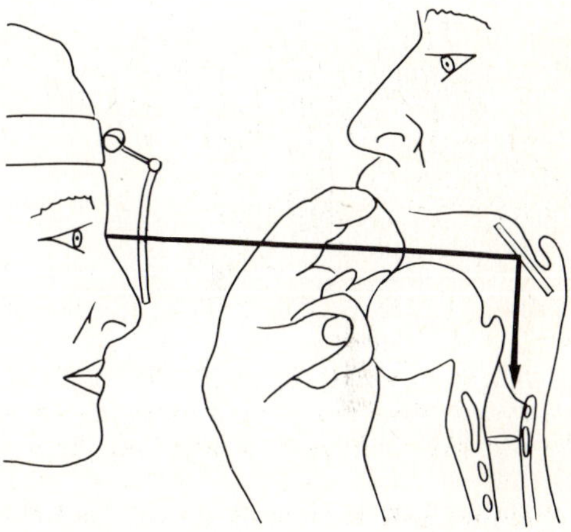

*Abb. 742a. Indirekte Kehlkopfspiegelung (nach Boenninghaus)*

**Nötige Instrumente**:
- Kehlkopfspiegel: mittelgroßer Rundspiegel mit langem Griff,
- Stirnspiegel und Lichtquelle auf Kopfhöhe des Probanden,
- sauberes Gazeläppchen oder Taschentuch usw. zum Festhalten der Zunge,
- Wärmequelle: um den Kehlkopfspiegel auf Körperwärme anzuwärmen, damit er nicht beschlägt.

**Prinzip** aller Spiegeluntersuchungen: Die Lichtstrahlen der Beleuchtungsquelle müssen den gleichen Weg nehmen wie der Blick des Untersuchers. Sie müssen gewissermaßen vom Auge des Untersuchers kommen: daher der "Trick" mit dem vor das Auge gehaltenen Hohlspiegel, in welchem ein Loch den Durchblick gestattet.

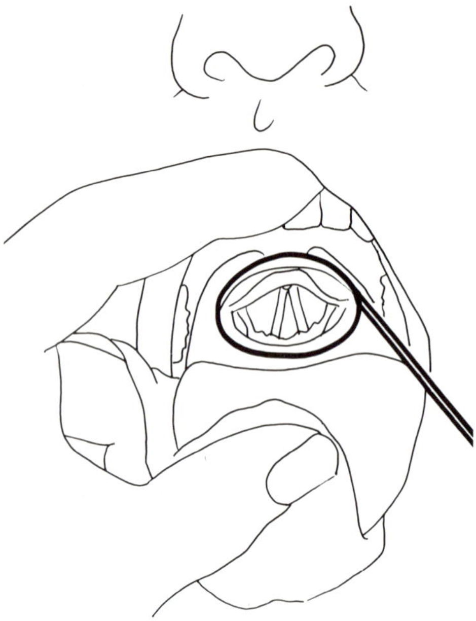

*Abb. 742b. Indirekte Kehlkopfspiegelung (nach Boenninghaus)*

**Vorgehen**:

- Proband und Untersucher sitzen einander gegenüber.
- Der Kehlkopfspiegel wird auf Körperwärme gebracht. Der Untersucher testet am eigenen Handrücken, ob der Spiegel nicht zu heiß ist.
- Der Proband öffnet den Mund weit und steckt die Zunge heraus. Die Zunge wird vom Untersucher (beim Rechtshänder mit der linken Hand) mit dem Tuch gefaßt und nach vorn gezogen.
- Mit der freien Hand wird der Stirnspiegel so eingestellt, daß die Rachenhinterwand aufleuchtet. Dann wird der Kehlkopfspiegel in den Rachen eingeführt (Abb. 742a und b).
- Das Zäpfchen wird mit der Rückseite des Spiegels sanft nach oben gedrückt. Der Spiegel soll die Rachenrückwand möglichst nicht berühren. Der Einblick in den Rachen wird verbessert, wenn der Proband wiederholt "A" sagt.

- Orientierung: Was man im Spiegelbild oben sieht, liegt vorn, was man unten sieht, liegt rückwärts (also umgekehrt wie bei der direkten Kehlkopfbesichtigung!).
- Will man das Blickfeld nach vorn erweitern, so neigt der Proband den Kopf leicht zurück. Der Untersucher blickt von schräg oben auf den Spiegel und steht dazu evtl. auf.
- Um das Blickfeld nach hinten zu erweitern, neigt der Proband den Kopf nach vorn. Der Untersucher blickt schräg von unten auf den Spiegel. Notfalls muß der Proband aufstehen, um einen günstigen Blickwinkel zu ermöglichen.

**Vorsicht**:

- Mundhöhle und Rachen auch scheinbar gesunder Probanden können gefährliche Krankheitserreger enthalten. Deshalb ist es nicht zulässig, daß mit einem Kehlkopfspiegel nacheinander mehrere Probanden untersucht werden. Der Kehlkopfspiegel muß nach der Benützung bei einem Probanden erst sterilisiert werden, bevor er bei einem anderen Probanden verwendet werden darf. Da das Reinigen und Sterilisieren geraume Zeit beansprucht, kann man in einer Übungsstunde nur so viele Probanden untersuchen, wie man frisch sterilisierte Kehlkopfspiegel mitbringt.
- Beim Berühren der Rachenwand wird der Schluckreflex ausgelöst. Bei sehr empfindlichen Patienten muß man die Rachenhinterwand betäuben, um in Ruhe untersuchen zu können. In Übungen am gesunden Probanden wird man in solchen Fällen die Untersuchung abbrechen, um die ärztlich nicht indizierte Anwendung von Lokalanästhetika zu vermeiden.

## Ü743 Intubation am Modell üben

In tiefer Bewußtlosigkeit erschlaffen die Zungen- und Rachenmuskeln. In Rückenlage sinkt dann die Zunge zurück und behindert den Atemweg. Zur ersten Hilfe, z.B. bei Unfällen, wird man

- den Kopf des Bewußtlosen nach rückwärts neigen (überstrecken),

▪ den Unterkiefer nach vorn ziehen (sog. Esmarch-Handgriff).

Sicherer ist es, ein Atemrohr (Endotrachealtubus) über Mund oder Nase in die Luftröhre einzuführen (Intubation). Damit wird nicht nur der Atemweg sicher freigehalten. Gleichzeitig wird die Aspiration von Erbrochenem usw. verhindert, die künstliche Beatmung erleichtert, der Totraum der Atemwege verkleinert, das Absaugen von Schleim aus den Atemwegen vereinfacht usw.

**Anzeigen**:
▪ Narkose, besonders bei Eingriffen im Kopf-, Hals- und Brustbereich,
▪ Reanimation ("Wiederbelebung"),
▪ schwerwiegende Behinderung des Luftwegs oberhalb der Luftröhre.

Die Intubation ist aus der modernen Medizin nicht mehr wegzudenken. Jeder Arzt sollte sie beherrschen. Wegen der Verletzungsgefahr des Patienten sollte man die Intubation am Modell immer wieder üben, um sie im Notfall schnell und sicher ausführen zu können.

**Nötige Instrumente**:
▪ Endotrachealtubus,
▪ Leuchtspatel (Laryngoskop): mit geradem oder gebogenem Spatel,
▪ Intubationsmodell.

**Vorgehen**:
▪ Kopf überstrecken (rechte Hand an der Stirn), Nackenpolster unterschieben,
▪ Mund des Patienten bzw. Modells mit der rechten Hand öffnen,
▪ Spatel mit der linken Hand in den rechten Mundwinkel einführen, ohne Lippen oder Zunge zwischen Spatel und Zähnen einzuklemmen,
▪ Spatel in der Mittellinie nach rückwärts schieben, bis das Zäpfchen und anschließend der Kehldeckel sichtbar werden,
▪ falls gerader Spatel: die Spatelspitze durch eine kleine Kippbewegung auf die Hinterfläche des Kehldeckels bringen und den Kehldeckel nach vorn ziehen,
▪ falls gebogener Spatel: die Spatelspitze vor dem Kehldeckel in die Grube zwischen Kehldeckel und Zungengrund einführen und nach vorn ziehen (der Kehldeckel wird dann über den Zug am Zungengrund aufgerichtet),
▪ Endotrachealtubus über Mund oder Nase in den Kehlkopf und weiter in die Luftröhre vorschieben, notfalls mit Magill-Zange den Tubus im Rachen leiten, damit er nicht in die Speiseröhre gerät,
▪ Tubus höchstens 3 bis 4 cm in die Luftröhre vorschieben (bis Blockmanschette unter den Stimmbändern verschwunden ist),
▪ Lage des Tubus überprüfen: Beide Lungen müssen beatmet sein (abhören!).

**Gefahren**:
▪ Ausbrechen von Zähnen mit dem Spatel: Gute Intubationsmodelle geben daher ein Warnsignal, wenn der Druck auf die Zähne zu stark wird!
▪ Verletzung von Lippen oder Zunge durch den Spatel.
▪ Verletzung von Mund bzw. Nase, Rachen und Kehlkopf durch den Tubus: Eine Reizung der Luftwege nach Intubation ist fast die Regel, klingt aber nach 2 bis 3 Tagen ab. In schweren Fällen können Entzündungen über Wochen anhalten.
▪ Schädigung der Luftröhre mit nachfolgender Verengung (Trachealstenose).
▪ Tubus wurde zu weit vorgeschoben, so daß die Spitze in einem Hauptbronchus (meist dem rechten) liegt. Eine Lunge wird dann nicht beatmet. Die Folge ist ein Abfall der Sauerstoffsättigung des Blutes, da die Hälfte des Blutes aus den Lungen ohne Arterialisierung zum linken Herzen zurückgelangt. Der große Kreislauf wird mit Mischblut versorgt!

### Ü744 Größe der Schilddrüse beurteilen, Isthmus tasten und an der Haut markieren

Die Schilddrüse ist mit einem Gewicht von etwa 50 g beim Gesunden die größte Hormondrüse des Menschen. (Es folgen die Nebennieren mit zusammen etwa 20 g. In der Bauchspeicheldrüse beträgt der Anteil der Inseln nur etwa 2 bis 3 g. Die Hirnanhangsdrüse erreicht kaum 1 g.)

Beim Kropf (Struma) kann die Schilddrüse auf mehrere hundert Gramm anwachsen. Sie kann dann die Luftröhre und die Speiseröhre beengen und bei Über- oder Unterfunktion den gesamten Stoffwechsel beeinträchtigen. Dabei muß sich nicht die gesamte Drüse harmonisch vergrößern. Es können auch nur einzelne Bereiche schnell wachsen: Knotenkropf. "Heiße" Knoten bilden vermehrt Hormone. Sie sind im Szintigramm an der intensiven Speicherung radioaktiven Jods zu erkennen. "Kalte" Knoten speichern kein Jod und dürften daher auch keine Hormone erzeugen. Störungen an der Schilddrüse sind in Süddeutschland häufiger als im Norden (Jodmangel des Trinkwassers).

Die Beurteilung der Größe der Schilddrüse gehört zu jeder ärztlichen Routineuntersuchung. Allerdings bemerkt der Patient ein Wachsen der Drüse meist früher als sein Arzt: Blusen bzw. Hemden werden am Kragen zu eng. Allerdings ist nicht jede Halsumfangvermehrung durch einen Kropf bedingt. Bei der Fettsucht wird natürlich auch vermehrt Fett in die Unterhaut des Halses eingelagert (Doppelkinn). Bei einer Schwäche des rechten Herzens sind die Halsvenen gestaut. Tastbare Knoten im Halsbereich können auch vergrößerte Lymphknoten sein.

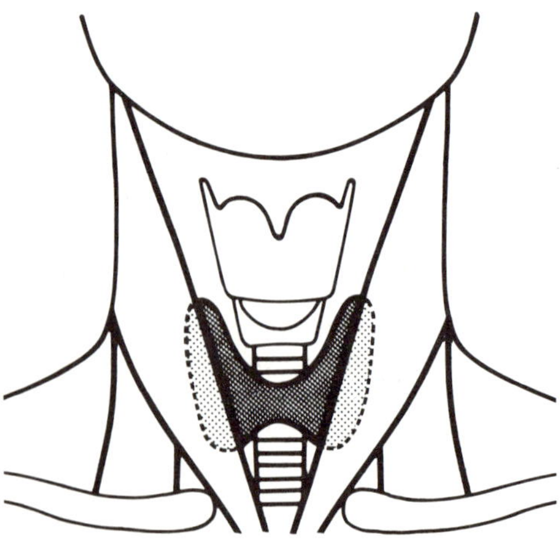

*Abb. 744. Projektion der Schilddrüse auf die Haut des Halses*

**Besichtigen**: Die gesunde Schilddrüse ist nicht zu "sehen". Sie füllt die sonst ungenutzten Räume zwischen Luftröhre, Kopfwendern und Gefäß-Nerven-Strängen. Die vergrößerte Schilddrüse hingegen drängt die Kopfwender zur Seite. Deren Vorderkante läuft dann nicht mehr nahezu gerade vom Brustbein zum Warzenfortsatz, sondern wird schon kurz oberhalb des Brustbeins vorgewölbt. Eine Vergrößerung der Schilddrüse ist für den Geübten früher zu sehen als zu tasten ("Blickdiagnose").

**Tasten**: Die Schilddrüse ist weich und wird zum größten Teil von den beiden Kopfwendern bedeckt (Abb. 744). Der Untersucher tastet die Schilddrüse leichter, wenn er hinter dem Patienten steht.

- Gut zugänglich ist nur ihr mittlerer Abschnitt (Isthmus) in der "Drosselgrube" oberhalb des Brustbeinhandgriffs. Man tastet zunächst den Ringknorpel (Ü712) und geht dann an der Luftröhre ein bis zwei Fingerbreit nach unten. Man fühlt einen queren Wulst. Er wird sehr viel deutlicher, wenn man den Probanden bittet zu schlucken. Mit dem Kehlkopf wird auch der Isthmus der Schilddrüse kranialwärts gezogen. Er gleitet unter dem Finger des Untersuchers nach oben und wieder zurück. Dabei kann man den Durchmesser des Isthmus (normal etwa bleistiftdick) gut beurteilen.
- Die Seitenlappen der Schilddrüse werden mit leicht kreisenden Bewegungen der flach aufgelegten Finger bei entspannten Kopfwendern zu umgrenzen versucht. Dies gelingt bei der gesunden Schilddrüse kaum. Erst wenn derbere Knoten vermehrten Widerstand bieten oder ein allgemein vergrößerter Lappen den Kopfwender zur Seite drängt, wird die Tastuntersuchung erfolgreich sein.

Eine Vergrößerung der Schilddrüse sollte man zu quantifizieren versuchen, um einen Vergleich bei Kontrolluntersuchungen zu ermöglichen. Am einfachsten läßt sich eine diffuse Größenzunahme über den Halsumfang (entsprechend dem Hemdkragen) erfassen. Einzelne Knoten beschreibt man anschaulich als kirsch-, pflaumen-, mandarinengroß usw. Schließlich kann man auch versuchen, das Gewicht zu schätzen. Man stellt sich zum Vergleich einen vertrauten Gegenstand des täglichen Lebens ähnlicher Dichte und bekanntem Gewicht vor, z.B. eine Käseecke von 62,5 g.

### Ü745 Gefäßversorgung der Schilddrüse: wahrscheinlichen Verlauf der Arterien aufzeichnen, venöse Abflußwege mit Pfeilen andeuten

**Arterien**: Die Schilddrüse ist, wie alle Hormondrüsen, ausgezeichnet mit Blutgefäßen versorgt. Auf jeder Seite wird sie von 2 großen Arterien erreicht (Abb. 745a):

- obere Schilddrüsenschlagader (A. thyroidea superior) aus der A. carotis externa,
- untere Schilddrüsenschlagader (A. thyroidea inferior) aus dem Truncus thyrocervicalis der A. subclavia.

Die beiden Arterien anastomosieren untereinander und mit den Arterien der Gegenseite so intensiv, daß bei Ausfall einzelner oder mehrerer Schlagadern keine Durchblutungsstörungen auftreten. Selbst nach Unterbindung aller 4 Schilddrüsenschlagadern bleibt meist noch ein Teil der Drüse funktionsfähig, da sich am Gefäßnetz auch noch Äste von Arterien des Kehlkopfs, der Luftröhre, der Speiseröhre und der Unterzungenbeinmuskeln beteiligen. Deshalb wurden Versuche, durch Unterbindung von 3 Schilddrüsenschlagadern eine Überfunktion der Schilddrüse zu normalisieren, als erfolglos aufgegeben.

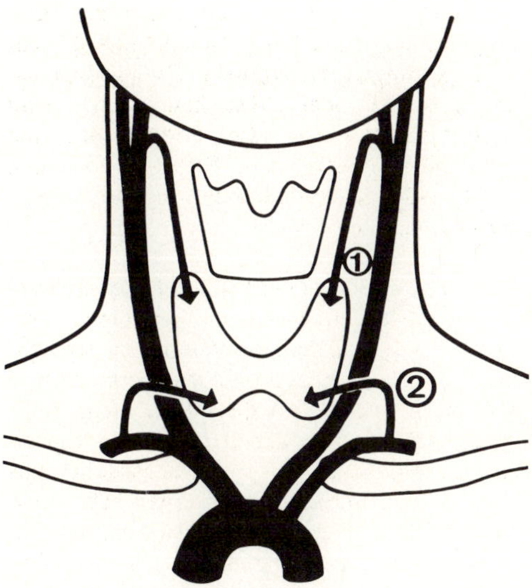


*Abb. 745a. Schilddrüsenarterien: 1 A. thyroidea superior, 2 A. thyroidea inferior*

**Aufgabe**: Man taste die Pulse der A. carotis externa (Ü721) und der A. subclavia (Ü732) und male dann den wahrscheinlichen Verlauf der Schilddrüsenschlagadern auf.

**Venen**: Die Schilddrüsenvenen folgen nur z.T. den Arterien (Abb. 745b):

- obere Schilddrüsenvene (V. thyroidea superior): etwa parallel zur A. thyroidea superior zur inneren Drosselvene (V. jugularis interna),
- mittlere Schilddrüsenvenen (Vv. thyroideae mediae): zur inneren Drosselvene, ein Nebenweg führt zur V. subclavia parallel zur A. thyroidea inferior,
- untere Schilddrüsenvene (V. thyroidea inferior): zur linken V. brachiocephalica. Als Varietät kommt bei etwa 1 % der Menschen parallel hierzu eine A. thyroidea ima aus dem Truncus brachiocephalicus oder direkt aus dem Aortenbogen vor.

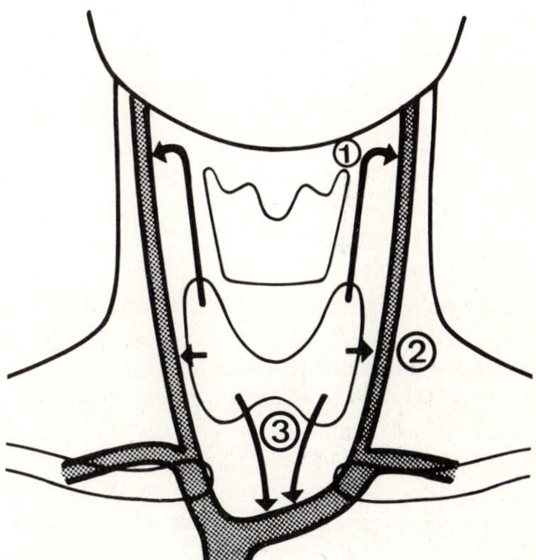


*Abb. 745b. Schilddrüsenvenen: 1 V. thyroidea superior, 2 Vv. thyroideae mediae, 3 V. thyroidea inferior*

## Ü746 Wahrscheinliche Lage der Nebenschilddrüsen an der Haut markieren

Die 4 Nebenschilddrüsen (Epithelkörperchen, Glandulae parathyroideae) sind Hormondrüsen. Ihr Parathormon (PTH) erhöht den Calciumspiegel im Blut auf drei Wegen:

- vermehrte Calciumresorption aus dem Darm,
- erhöhte Calciumrückresorption aus dem Primärharn in den Nierenkanälchen,
- gesteigerter Calciumabbau im Knochen (Osteoklasten!).

**Funktionsstörungen**:
- Parathormonmangel (Hypoparathyreoidismus): Der Calciumspiegel im Blut sinkt. Es kommt zu Muskelkrämpfen (Tetanie). Häufige Ursache: versehentliche Entfernung aller Nebenschilddrüsen bei Kropfoperationen.
- Parathormonüberschuß (Hyperparathyreoidismus): Der Calciumspiegel im Blut steigt. Die Knochen verarmen an Calcium und werden brüchig. In den inneren Organen wird Calcium abgelagert. Der Patient verliert den Antrieb. In der hyperkalzämischen Krise kommt es zu Gemüts- und Bewußtseinsstörungen und zuletzt zum Herzstillstand. Häufigste Ursache: eine hormonbildende Geschwulst (Adenom) einer Nebenschilddrüse.

**Lage**: Die 4 Nebenschilddrüsen liegen normalerweise der Schilddrüse hinten an: die unteren den unteren Polen der Seitenlappen, die oberen etwa auf mittlerer Höhe (Abb. 746). Die Lage ist sehr variabel. Die Suche nach erkrankten Nebenschilddrüsen kann sehr mühsam werden. Nach einer chirurgischen Statistik findet man Geschwülste der Nebenschilddrüsen
- an den unteren Schilddrüsenpolen: 55 %,
- an den oberen Schilddrüsenpolen: 25 %,
- im Mittelfellraum: 10 %,
- innerhalb der Schilddrüse: 4 %,
- den Rest entlang der Kopfschlagader, im Kehlkopf, in der Speiseröhre usw.

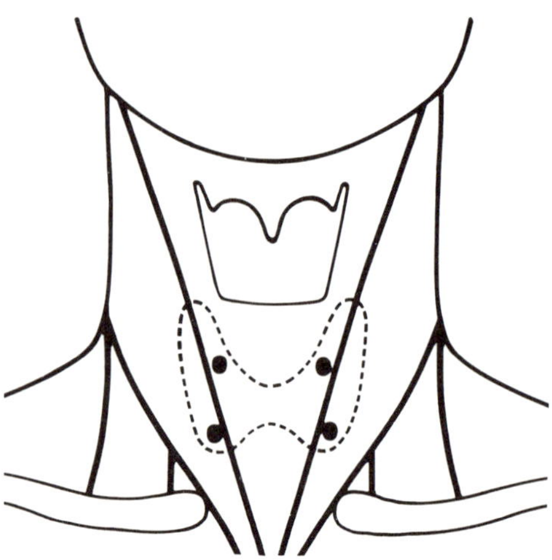

*Abb. 746. Typische Lage der Nebenschilddrüsen*

Vorausgesetzt, daß atypisch liegende Nebenschilddrüsen nicht gehäuft an Geschwülsten erkranken, gibt diese Statistik einen Anhalt für die Verteilung auch der gesunden Nebenschilddrüsen.

**Übungsaufgabe**: Man zeichne die wahrscheinliche Lage der 4 Nebenschilddrüsen auf die Haut des Halses auf:
- die beiden oberen vor den Vorderrändern der beiden Kopfwender etwas unterhalb des Ringknorpels,
- die beiden unteren seitlich der Vorderränder der Kopfwender auf Höhe des Unterrandes des Isthmus der Schilddrüse.

## Ü747 Schnittführung für Koniotomie und Tracheotomie an der Haut angeben

Bei Verlegung des Luftwegs oberhalb des Kehlkopfs oder in diesem muß ein künstlicher Zugang zu den unteren Atemwegen geschaffen werden. Gelingt es nicht, den natürlichen Weg über die Intubation freizubekommen, so muß man den Luftweg durch die Haut hindurch eröffnen. Dafür gibt es 4 typische Schnitte (Abb. 747):

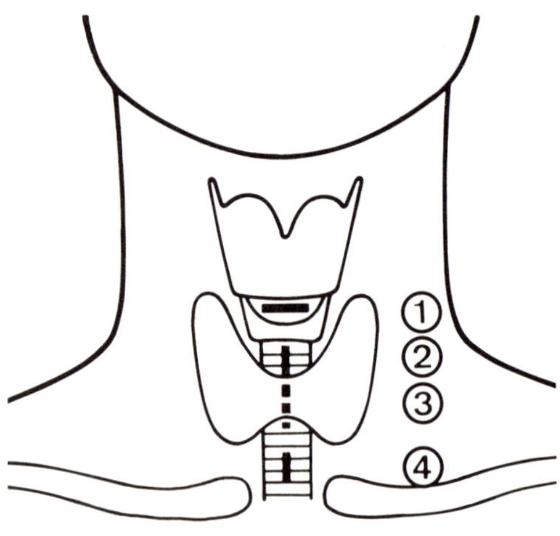


*Abb. 747. Zugänge zu den unteren Luftwegen: 1 Koniotomie, 2 obere, 3 mittlere, 4 untere Tracheotomie*

- Koniotomie: Querschnitt zwischen Schildknorpel und Ringknorpel,
- obere Tracheotomie: Längsschnitt zwischen

Ringknorpel und Isthmus der Schilddrüse (2. + 3. Luftröhrenknorpel),

- mittlere Tracheotomie: durch den Isthmus der Schilddrüse (3. + 4. Luftröhrenknorpel),
- untere Tracheotomie: zwischen Isthmus der Schilddrüse und Brustbeinhandgriff (5. + 6. Luftröhrenknorpel).

Beim **Konusschnitt** werden die Haut und in der Tiefe der Conus elasticus quer durchgetrennt. Dieser Eingriff eignet sich wegen seiner Einfachheit besonders für Notfälle, in denen der Patient unmittelbar zu ersticken droht. Sonst überwiegen die Nachteile: Die Stimmbänder verlieren die elastische Aufhängung, und eine Atemkanüle ist schlecht einzusetzen.

Wenn die Zeit es zuläßt, ist immer ein **Luftröhrenschnitt** vorzuziehen. Die Luftröhre entfernt sich vom Kehlkopf absteigend immer weiter von der Haut. Der obere Luftröhrenschnitt hat deshalb die kürzeste Strecke zur Luftröhre zurückzulegen. Dies ist jedoch kein uneingeschränkter Vorteil: Die einzusetzende Atemkanüle (gebogenes Atemrohr) hat auf der kurzen Gewebeauflage schlechten Halt. Die Kanüle liegt sehr viel besser in dem 5 bis 7 cm langen Kanal durch die Weichgewebe des Halses beim unteren Luftröhrenschnitt. Hier ist allerdings die Operation wieder schwieriger, weil man sich mit den starken unteren Schilddrüsenvenen auseinandersetzen muß. Der mittlere Luftröhrenschnitt ist ein Kompromiß. Keinesfalls sollte man den 1. Luftröhrenknorpel durchtrennen, weil erfahrungsgemäß dann oft Engstellen in der Luftröhre nach Verschluß des Tracheostomas entstehen.

Der Luftröhrenschnitt ist kein harmloser Eingriff. Man muß mit 1 bis 2 % Todesfällen und etwa 6 % starken Blutungen rechnen. Bei etwa 5 % der Patienten verengt sich nach Verschluß des Luftröhrenschnitts die Luftröhre so stark, daß die Enge operativ beseitigt werden muß.

Die Mehrzahl aller Luftröhrenschnitte wird heute nicht mehr wegen akuter Atemnot vorgenommen, sondern bei Patienten auf Intensivstationen, die maschinell beatmet werden. Die Tracheotomie schafft dann eine kürzere Verbindung zwischen Atemgerät und Lunge und verkleinert damit den Totraum der Atmung und senkt den Atemwegwiderstand. Gleichzeitig können die Atemwege sicher von Schleim, Blut und Eiter freigehalten werden. Erbrochenes kann nicht aspiriert werden.

# 8 Arm

## 8.1 Schultergürtel

### Ü811 Konturen der Schlüsselbeine an der Haut markieren

Das Schlüsselbein (Clavicula) dient kräftigen Muskeln zum Ursprung, wird aber nicht von Muskeln umhüllt (wie die langen Extremitätenknochen). Es ist daher in ganzer Länge durch die Haut zu tasten. Bei schlanken Menschen sind seine Konturen durch die Haut zu sehen, beim Fettleibigen sind sie zumindest zu fühlen. Es bildet die natürliche Grenze zwischen Hals und vorderer Rumpfwand. Beim Tasten achte man auf folgende Einzelheiten (Abb. 811):

▪ **inneres Ende** (Extremitas sternalis): Das Schlüsselbein überragt das Brustbein um etwa 1 cm. Die Kontaktfläche mit dem Handgriff des Brustbeins (Manubrium sterni) ist relativ klein. Das Brustbein-Schlüsselbein-Gelenk (Articulatio sternoclavicularis) muß daher durch kräftige Bänder gegen Verrenkungen gesichert werden. Zwischen den beiden Schlüsselbeinen sinkt die Haut zu einer etwa daumenbreiten Grube ein ("Drosselgrube"). In ihrer Tiefe fühlt man unschwer die Luftröhre.

Protokoll 811. Schlüsselbeine

| | R | L |
|---|---|---|
| Größte Länge (cm) | | |
| Größter Durchmesser (in der Mitte, cm) | | |
| Schulterbreite (cm) | | |
| Relative Schulterbreite (%) | | |

| "Schultrigkeit" | Eng | Mittel | Weit |
|---|---|---|---|

▪ **äußeres Ende** (Extremitas acromialis): Auch hier überragt das Schlüsselbein den angrenzenden Knochen, das Schultereck (Acromion). Die Höhendifferenz ist jedoch geringer als gegenüber dem Brustbein und beträgt etwa ½ cm. Da der höchste Punkt der Schulter das Schlüsselbein und nicht das Acromion ist, sollte man das Acromion auch nicht als "Schulterhöhe" (wie es leider häufig irreführend geschieht), sondern als "Schultereck" (weil es am weitesten lateral liegt) bezeichnen. Beim Verdacht auf Verrenkung des Schultereck-Schlüsselbein-Gelenks (Articulatio acromioclavicularis) sollte man sich dieser natürlichen Höhendifferenz immer bewußt sein.

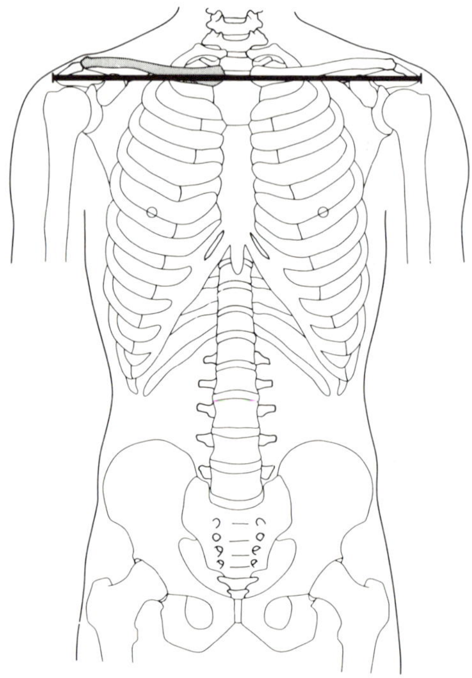

*Abb. 811. Schlüsselbein und Schulterbreite*

▪ **S-förmige Krümmung**: Anfänger in der "Anatomie am Lebenden" zeichnen das Schlüsselbein häufig geradlinig auf die Haut. Sie ignorieren dabei die ausgeprägte S-förmige Krümmung. Das Schlüsselbein paßt sich der Rundung des Brustkorbs an. Es ist daher in der medialen Hälfte nach vorn konvex, in der lateralen nach hinten.

▪ **größte Länge**: Da man den Krümmungen schlecht folgen kann, bestimmt man den geradlinigen Abstand der beiden am weitesten voneinander entfernten Punkte des inneren und äußeren Endes des Schlüsselbeins mit dem Beckenzirkel oder notfalls mit dem Bandmaß. Das Schlüsselbein ist bei der Frau im Durchschnitt 14 cm, beim Mann 15 cm lang. Die Länge der Schlüsselbeine entscheidet über die "Schulterbreite" eines Menschen.

▪ **Dicke**: Das Schlüsselbein ist im Querschnitt etwa oval. Das äußere Ende ist flacher, das innere annähernd rund. Der größere Durchmesser liegt etwa parallel zur Körperoberfläche. Wenn man das Schlüsselbein durch die Haut faßt, so kann man den größten Durchmesser bestimmen. Das Schlüsselbein ist nach der Speiche der am häufigsten brechende Knochen des menschlichen Körpers. Vor allem beim Sturz auf die schützend vorgestreckte Hand treten nicht nur im handgelenknahen Teil der Speiche, sondern auch in der medialen Hälfte des Schlüsselbeins hohe Spannungen auf. Da man das Schlüsselbein schlecht eingipsen kann, begnügt man sich beim Schlüsselbeinbruch meist mit einem "Rucksackverband" (Ruhigstellung für 4 Wochen), sofern man nicht operativ stabilisiert.

▪ **Schulterbreite** (Akromialbreite): Man mißt sie zwischen den lateralen Kanten der beiden Schulterecken mit dem Beckenzirkel. Sie ist etwa 4 cm größer als die Länge der beiden Schlüsselbeine zusammen und wird am einfachsten anhand der Körperlänge beurteilt (Tab. 811). Man beachte, daß die relative Schulterbreite der Frau im Durchschnitt etwas kleiner ist als die des Mannes.

Tab. 811. Relative Schulterbreite

$$\text{Relative Schulterbreite (\%)} = \frac{100 \cdot \text{Schulterbreite (cm)}}{\text{Körperlänge (cm)}}$$

| Bewertung | Frau | Mann |
|---|---|---|
| Engschultrig | < 21,5 | < 22 |
| Mittelschultrig | 21,5-22,5 | 22-23 |
| Weitschultrig | > 22,5 | > 23 |

## Ü812 Konturen der Schulterblätter an der Haut markieren und Höhenlage zu den Dornfortsätzen prüfen

Das Schulterblatt (Scapula) ist das zweite Glied in der Knochenkette der oberen Gliedmaße. Der vom Schulterblatt zu überbrückende Abstand zwischen Schlüsselbein und Oberarmkopf ist klein. Trotzdem ist das Schulterblatt einer der größten Knochen des Menschen: Es breitet sich flach am Rücken aus, um starken Muskeln Befestigungsmöglichkeiten zu bieten. Diese sind nötig, um

▪ die Lage der Schulterpfanne zu stabilisieren. Von deren Stellung hängt der Bewegungsspielraum des Arms entscheidend ab. Ausfall der Schulterblattbewegungen, z.B. bei entzündlichen Erkrankungen des Gleitlagers des Schulterblatts am Rumpf (Periarthritis humeroscapularis), engt den Bewegungsumfang des Oberarms stark ein.

▪ den Oberarm zu bewegen. Sie wirken dabei mit Muskeln zusammen, die das Schulterblatt überspringen und vom Rumpf direkt zum Oberarm ziehen (großer Brustmuskel, breiter Rückenmuskel).

**Tasten**:

a) Alle **Ränder** des Schulterblatts werden von Muskeln überlagert. Je nach deren Dicke sind die Ränder schlechter oder besser zu tasten:

▪ innerer Rand (Margo medialis): bedeckt vom Trapezmuskel. Dessen aufsteigender Teil ist meist dünn. Daher ist der untere Teil des medialen Randes recht gut zugänglich. Der Querteil des Trapezmuskels ist meist dick. Deshalb ist der obere Teil des medialen Randes schlechter fühlbar.

▪ unterer Schulterblattwinkel (Angulus inferior): Er wird nur vom Oberrand des breiten Rückenmuskels überquert. Dieser ist sehr dünn. Der untere Schulterblattwinkel wölbt daher häufig die Haut etwas vor. Man sieht ihn schon, bevor man ihn tastet.

▪ äußerer Rand (Margo lateralis): Er wird von zwei kräftigen Muskeln überlagert: unten dem Untergrätenmuskel, oben dem Obergrätenmuskel. Der äußere Rand ist daher meist nur unbestimmt unter den Muskelwülsten zu fühlen. Lediglich der unterste Abschnitt ist gut zu tasten. Von der Gelenkpfanne kann man bisweilen in der Tiefe der Achselgrube den unteren Rand erreichen.

▪ oberer Rand (Margo superior): Er liegt tief unter der Haut und dem starken Querteil des Trapezmuskels und ist schwer zu beurteilen. Das gleiche gilt für den oberen Schulterblattwinkel.

b) Gut zugänglich sind die **Fortsätze** des

Schulterblatts, die der Oberflächenvergrößerung dienen, um Muskeln weitere Befestigungsmöglichkeiten zu verschaffen:

- Schulterblattgräte (Spina scapulae): Sie ist zwar Ansatz und Ursprung von Muskeln, wird aber selbst nicht von Muskeln überquert. Daher ist sie in ganzer Länge bis zum Schultereck (Acromion) durch die Haut zu tasten. Beim Schultereck achte man darauf, daß es etwas tiefer steht als das angrenzende seitliche (akromiale) Ende des Schlüsselbeins.
- Rabenschnabelfortsatz (Processus coracoideus): Er ist nach vorn gerichtet und demgemäß an der vorderen Brustwand zu tasten. Man findet seine Spitze etwa 3 Fingerbreit kaudal des Schlüsselbeins bedeckt vom Vorderrand des Deltamuskels als rundlichen knöchernen Widerstand in der Tiefe. Bei Bewegungen im Schultergelenk ändert er seine Lage.

Protokoll 812. Höhenstand der Schulterblätter: horizontale Projektion auf die Dornfortsatzspitzen

A Bei entspannt herabhängenden Armen

| | R | L |
|---|---|---|
| a) Schulterblattgräte | | |
| b) unterer Schulterblattwinkel | | |

B Bei hochgezogenen Schultern

| | R | L |
|---|---|---|
| a) Schulterblattgräte | | |
| b) unterer Schulterblattwinkel | | |

**Übungsaufgaben**:

- Man markiere die 3 Ränder des Schulterblatts, die Schulterblattgräte mit Schultereck und die Spitze des Rabenschnabelfortsatzes an der Haut (Abb. 812).
- Man bestimme den Höhenstand der Schulterblattgräten und der unteren Schulterblattwinkel bei entspannt herabhängenden Armen und bei hochgezogenen Schultern. Man protokolliere die horizontale Projektion auf die Wirbelsäule, z.B. die Spitze des Dornfortsatzes Th3.

**Bewertung**:

- Bei entspannt herabhängenden Armen läuft die Verbindungslinie der medialen Enden der beiden Schulterblattgräten etwa über den 3. Brustwirbeldornfortsatz (Th3). Wegen der steilen Abwärtsrichtung des Dornfortsatzes liegt dieser auf Höhe des 4. Brustwirbelkörpers. Die unteren Schulterblattwinkel entsprechen etwa dem 7. Brustwirbeldornfortsatz (Th7).
- Normalerweise stehen die beiden Schulterblätter gleich hoch. Ein Höhenunterschied ist verdächtig auf seitliche Verkrümmung der Wirbelsäule und sollte zu deren Untersuchung veranlassen (Ü211 f.). Bei gerader Wirbelsäule ist ein Höhenunterschied meist auf einseitige Belastungen, z.B. Tragen schwerer Taschen mit immer dem gleichen Arm, zurückzuführen. Selten dürfte eine echte körperliche Asymmetrie in den Muskellängen vorliegen, z.B. beim Schiefhals.

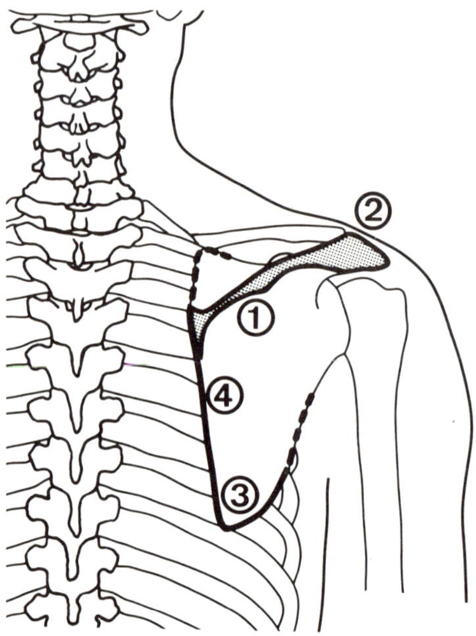


*Abb. 812. Tastbare Teile des Schulterblatts: 1 Schulterblattgräte, 2 Schultereck, 3 unterer Schulterblattwinkel, 4 innerer Rand*

## Ü813 Bewegungsspiel der Schlüsselbeingelenke messen

**Freiheitsgrade**: Die Schlüsselbeingelenke sind dem Bau nach Kugelgelenke. Es können jedoch nicht alle Freiheitsgrade isoliert genutzt werden:

■ Brustbein-Schlüsselbein-Gelenk (Articulatio sternoclavicularis): Das Schlüsselbein kann gehoben und gesenkt sowie vor- und rückwärts bewegt werden. Als Kombination der beiden Bewegungen ist eine Kreisbewegung (Zirkumduktion) der Schulter möglich. Kreiselungen erfolgen zwangsweise bei den übrigen Bewegungen. Es kann nicht isoliert gekreiselt werden.

■ Schultereck-Schlüsselbein-Gelenk (Articulatio acromioclavicularis): Das Schulterblatt wird um das akromiale Ende des Schlüsselbeins geschwenkt. Es kann sich nicht vom Brustkorb abheben. Deshalb führen alle Bewegungen des Schlüsselbeins im Brustbein-Schlüsselbein-Gelenk zwangsweise zu Bewegungen im Schultereck-Schlüsselbein-Gelenk. So wird z.B. beim Heben des Schlüsselbeins das Schulterblatt adduziert. Diese Bewegungen sind nur im Röntgenbild zu messen.

Protokoll 813a. Schlüsselbeingelenke
Bewegungsumfang (°, Neutralnullmethode)

Brustbein-Schlüsselbein-Gelenk

| | | | | |
|---|---|---|---|---|
| Heben - Senken | R | | | |
| | L | | | |
| Vorführen - Rückführen | R | | | |
| | L | | | |

Schultereck-Schlüsselbein-Gelenk

| | | | | |
|---|---|---|---|---|
| Auswärts- - Einwärts-schwenken | R | | | |
| | L | | | |

**Neutralnullmethode**: Nullstellung ist für beide Gelenke die Stellung von Schlüsselbein und Schulterblatt bei locker herabhängendem Arm (Erläuterung der Neutralnullmethode in Ü122c).

■ Brustbein-Schlüsselbein-Gelenk: Man mißt das Heben und Senken der Schultern (Winkel in der Frontalebene von vorn anpeilen) sowie das Vor- und Rückführen (Winkel in der Horizontalebene bei sitzendem Probanden von oben anpeilen).

■ Schultereck-Schlüsselbein-Gelenk: Man bestimmt den Winkel des medialen Schulterblattrandes mit der Körperlängsachse bzw. der Wirbelsäule. Der Einfachheit halber setzt man die Nullstellung mit dem parallel zur Wirbelsäule gehaltenen medialen Schulterblattrand an, auch wenn dieser davon etwas abweichen sollte. Man bestimmt die Extremstellungen bei vertikal nach oben (Auswärtsschwenken) und bei rückwärts verschränkten Armen (Einwärtsschwenken).

Alternative Meßmethode für das Schultereck-Schlüsselbein-Gelenk: Anstelle des Winkels des medialen Schulterblattrandes mit der Körperlängsachse bestimmt man den senkrechten Abstand des unteren Schulterblattwinkels von der Dornfortsatzreihe.

**Zusammenwirken von Schultergelenk und Schlüsselbeingelenken**: Durch die Bewegungen in den Schlüsselbeingelenken wird die Schulterpfanne und damit die Ausgangsbasis des Schultergelenks eingestellt. Alle großen Bewegungen des Armes sind an Bewegungen des Schulterblatts geknüpft. Dabei wird nicht zunächst der Spielraum eines Gelenks voll ausgenutzt, bis das andere betätigt wird. Vielmehr laufen alle größeren Bewegungen gleichzeitig in den Schlüsselbeingelenken und im Schultergelenk ab. Man überzeuge sich davon, indem man den Abstand des unteren Schulterblattwinkels von der Körpermittellinie bei verschiedenen Stellungen des Arms mißt.

Protokoll 813b. Zusammenwirken von Schultergelenk und Schlüsselbein-Schultereck-Gelenk: Abstand (cm) des unteren Schulterblattwinkels von der Medianlinie (Dornfortsatzreihe) bei

| | R | L |
|---|---|---|
| A rückwärts verschränkten Armen | | |
| B schlaff herabhängenden Armen | | |
| C Abspreizen des Arms um 45° | | |
| D Abspreizen des Arms um 90° | | |
| E Abspreizen des Arms um 135° | | |
| F Abspreizen des Arms um 180° | | |

### Ü814 Schultergürtelmuskeln anspannen und deren Felder an der Haut umranden

Im Bereich des Schultergürtels findet man 3 Gruppen von Muskeln:
- Muskeln vom Körperstamm zum Schultergürtel,
- Muskeln vom Schultergürtel zu Ober- und Unterarm,
- Muskeln vom Körperstamm zum Oberarm ohne Befestigung am Schultergürtel.

Die beiden letztgenannten Muskelgruppen werden in Ü823, Ü824 und Ü841 behandelt. Auch aus der ersten Gruppe = Schultergürtelmuskeln wurden einzelne schon beim Hals studiert (Ü713):
- Kopfwender (M. sternocleidomastoideus),
- Schulterblattheber (M. levator scapulae),
- Schulterblatt-Zungenbein-Muskel (M. omohyoideus).

Damit bleiben 4 Muskeln für diesen Abschnitt übrig:
- Trapezmuskel (M. trapezius),
- Rautenmuskel (M. rhomboideus major/minor),
- vorderer Sägemuskel (M. serratus anterior).
- kleiner Brustmuskel (M. pectoralis minor).

a) **Trapezmuskel**: Er wird (ohne scharfe Grenzen) in 3 Teile gegliedert:
- absteigender Teil: vom Hinterhauptbein und den oberen Halswirbeldornfortsätzen (bzw. dem Nackenband) zum lateralen Drittel des Schlüsselbeins. Er hebt die Schulter. Er ist daher besonders gut zu sehen, wenn der Proband die Schultern gegen Widerstand nach oben zieht, z.B. indem der Untersucher die Schulter nach unten drückt oder indem der Proband eine schwere Tasche hebt usw. Sein Vorderrand bildet die hintere Begrenzung des hinteren Halsdreiecks. In diesem tritt beim Schulterheben gegen Widerstand der Wulst des Schulterblatthebers etwa im Winkel von 45° zum Trapezmuskel hervor. Der absteigende Teil ist relativ dünn.
- querer Teil: von den unteren Hals- und den oberen Brustwirbeldornfortsätzen zum Oberrand der Schulterblattgräte einschließlich Schultereck. Dieser stärkste Teil des Trapezmuskels zieht die Schultern zurück. Bei nicht zu dickem Unterhautfettgewebe sieht man bei seinem Anspannen die Haut im Bereich der Ursprungsdornfortsätze über seinem sehnigen Teil ("Lindenblattsehne") eingesunken.
- aufsteigender Teil: von den mittleren und unteren Brustwirbeldornfortsätzen zum medialen Ende der Schulterblattgräte. Er zieht den Schultergürtel nach unten. Wird das Schlüsselbein jedoch festgehalten, z.B. durch den absteigenden Teil, dann wird das Schulterblatt nach vorn geschwenkt. Dadurch wird die Schulterpfanne nach oben gedreht und so der Bewegungsspielraum des Oberarms nach oben erweitert. Der aufsteigende Teil wird am besten sichtbar, wenn der Proband den seitlich abgespreizten Arm gegen Widerstand in die Vertikale zu heben sucht (der Untersucher oder eine Hilfsperson zieht nach unten). Oder der Proband soll sich mit leicht über die Horizontale nach vorn gehobenen Armen an einer Wand abstützen. Der aufsteigende Teil hat am Ursprung vom 12. Brustwirbeldornfortsatz und am Ansatz an der Schulterblattgräte kleine Sehnenspiegel, die sich bei dünnem Unterhautfettpolster gut an der Haut abzeichnen.

Absteigender und aufsteigender Teil scheinen auf den ersten Blick Gegenspieler zu sein, weil der eine die Schulter hebt, der andere senkt. Trotzdem arbeiten sie meist zusammen beim Heben des Arms: Der absteigende Teil hebt das Schlüsselbein an, der aufsteigende schwenkt das Schulterblatt nach vorn. Die Bezeichnungen "absteigend" und "aufsteigend" orientieren sich am Verlauf vom Ursprung (Körperstamm) zum Ansatz (Schultergürtel). Der Anfänger neigt dazu, dies zu verwechseln.

Der Trapezmuskel wird vom 11. Hirnnerv (N. accessorius) und von Halsnerven innerviert. Bei Akzessoriuslähmung kann der Arm nicht mehr über die Horizontale gehoben werden. Der Trapezmuskel ist demnach für diese Bewegung entscheidend nötig. Häufigste Ursache einer Akzessoriuslähmung sind ärztliche Eingriffe am Hals, z.B. die radikale Lymphknotenausräumung (neck dissection).

b) **Rautenmuskel**: von den Dornfortsätzen der unteren Hals- und der oberen Brustwirbel (meist $C_6$-$Th_4$) zum medialen Rand des Schulterblatts. Durch eine stärkere Vene mit umgebendem Bindegewebe wird der Muskel häufig in zwei Abschnitte gegliedert:
- kleiner Rautenmuskel: von den Halswirbeln,

- großer Rautenmuskel: von den Brustwirbeln.

Diese Gliederung hat weder funktionelle noch ärztliche Bedeutung. Der Muskel zieht den Schultergürtel zurück und hebt ihn an. Er schwenkt den unteren Schulterblattwinkel nach hinten bzw. medial. Er ist damit ein Gegenspieler des aufsteigenden Teils des Trapezmuskels. Dessen Muskelfasern verlaufen auch teilweise etwa rechtwinklig zu ihm.

Der Rautenmuskel wird zum größten Teil vom Trapezmuskel überlagert. Lediglich das laterale untere Ende des Rautenmuskels in Nähe des unteren Schulterblattwinkels liegt oberflächlich. Dieser Anteil wird größer, wenn das Schulterblatt nach vorn geschwenkt wird. Der Rautenmuskel spannt sich stark an, wenn der Proband den gehobenen Arm gegen Widerstand senkt, z.B. indem er die Schulter einer Hilfsperson mit ausgestreckten Arm herabzudrücken sucht.

c) **Vorderer Sägemuskel**: von der vorderen seitlichen Brustwand (1.-9. Rippe) zum medialen Schulterblattrand. Rautenmuskel und vorderer Sägemuskel bilden damit eine durchgehende Muskelplatte, in die der mediale Schulterblattrand eingelassen ist. Der Rautenmuskel schwenkt das Schulterblatt nach hinten, der vordere Sägemuskel nach vorn. Insofern sind die beiden Gegenspieler. Sie wirken jedoch auch zusammen, indem sie den medialen Schulterblattrand an den Rumpf anpressen. Bei Lähmung eines der beiden Muskeln fällt diese Funktion aus, und das Schulterblatt steht flügelartig vom Rumpf ab (Scapula alata).

Der größte Teil des vorderen Sägemuskels liegt versteckt unter dem Schulterblatt bzw. den Brustmuskeln. Lediglich kaudal des Unterrandes des großen Brustmuskels liegen einige Ursprungszacken des vorderen Sägemuskels oberflächlich. Sie wechseln an den Rippen mit den Ursprüngen des äußeren schrägen Bauchmuskels ab. Beim Anspannen dieser Muskeln tritt eine Zickzacklinie (Sägelinie) an der seitlichen Brustwand hervor, die zum Namen des Muskels führte. Den großen Sägemuskel spannt man am einfachsten an, indem man den Probanden den Arm gegen Widerstand über die Horizontale heben läßt. Er wirkt dabei mit dem aufsteigenden Teil des Trapezmuskels zusammen.

d) **Kleiner Brustmuskel**: von der Knorpel-Knochen-Grenze der dritten bis fünften Rippe zum Rabenschnabelfortsatz. Der kleine Brustmuskel wird vollständig vom großen Brustmuskel bedeckt. Sein Seitenrand und ein kleiner Teil seiner Rückfläche sind in der vorderen Achselfalte zu tasten. Dazu stützt sich der stehende Proband mit dem gestreckten Arm auf einem Tisch derartig ab, daß ein möglichst großer Teil des Körpergewichts auf diesem Arm lastet. Durch das Abstützen wird der Schultergürtel nach oben gedrückt. Der kleine Brustmuskel und die unteren Anteile des großen Brustmuskels halten den Schultergürtel fest und spannen sich daher kräftig an. Man tastet in der vorderen Achselfalte vom Rand zur Tiefe hin 3 Bereiche: zuerst die Haut mit der Unterhaut, dann den dicken Rand des großen Brustmuskels und am weitesten medial den Rand des kleinen Brustmuskels.

**Übungsaufgaben**: Man umrande an der Haut

- Trapezmuskel: Er liegt in ganzer Ausdehnung oberflächlich. Man gliedere ihn in die 3 Teile und markiere die 3 Sehnenspiegel.
- Rautenmuskel: Oberflächlich ist nur ein Dreieck zwischen Trapezmuskel und medialem Schulterblattrand.
- vorderen Sägemuskel: Die Sägelinie an der Brustwand tritt beim Heben des Arms hervor.
- Schulterblattheber: Er hat ein oberflächliches Feld im hinteren Halsdreieck (Ü713).
- kleinen Brustmuskel: Man taste den Rabenschnabelfortsatz und in der Tiefe der Achselgrube den Seitenrand des Muskels und zeichne danach die Projektion auf die vordere Brustwand.

## Ü815 Schlüsselbeinschlagader tasten und abdrücken

Die Schlüsselbeinschlagader (A. subclavia) überquert auf ihrem Weg zum Arm die erste Rippe hinter dem M. scalenus anterior in der sog. Skalenuslücke (Abb. 815). Man kann die Arterie hier mit zwei Methoden abdrücken:

- **direkter Druck**: Man umgreift mit der Hand die betreffende Halsseite des Probanden, so daß der Daumen auf dem Schlüsselbein, die übrigen Finger auf dem Nacken ruhen. Dann zieht man den Daumen hinter das Schlüsselbein zurück und fühlt etwa fingerbreit neben dem lateralen Rand des Kopfwenders (M. sternocleidomastoideus) den Puls der Schlagader. Hat man ihn gefunden, so drückt man mit dem Daumen in die Tiefe in Richtung auf die erste Rippe. Vom korrekten Abdrücken überzeugt man sich am einfachsten, indem man mit der anderen Hand den Radialispuls tastet. Dieser muß bei Unterbrechung des Blutstroms in der Schlüsselbeinschlagader verschwinden.

▪ **Abklemmen zwischen Schlüsselbein und erster Rippe**: Man zieht den Arm des Probanden langsam, jedoch fest nach hinten unten. Dabei werden der Schultergürtel gesenkt und die Arterie zwischen Schlüsselbein und erster Rippe eingeklemmt. Bei korrekter Ausführung muß der Radialispuls ausbleiben.

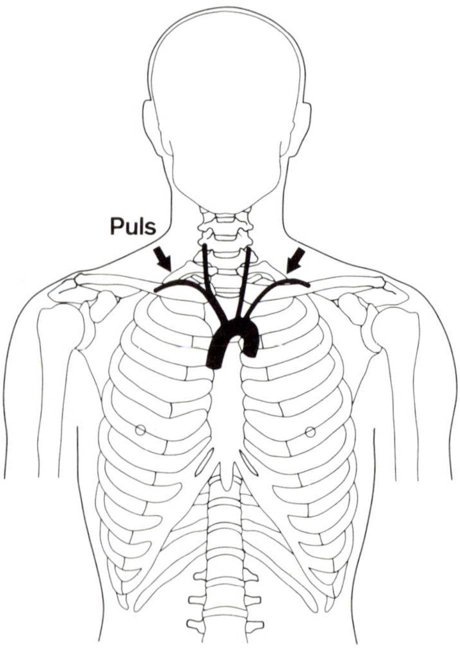


*Abb. 815. Tasten des Pulses der Schlüsselbeinschlagader hinter dem Schlüsselbein*

**Engpaßsyndrome**: Bei Raumnot in der Skalenuslücke, z.B. durch eine Halsrippe, kann bei bestimmten Kopf- oder Armbewegungen die Blutströmung in der Schlüsselbeinschlagader behindert oder sogar unterbrochen werden. Dies ist eine mögliche Ursache von unklaren Schulter- und Armschmerzen. Beim Verdacht auf ein Skalenussyndrom läßt man den Patienten bestimmte Bewegungen ausführen, die erfahrungsgemäß die Schlüsselbeinschlagader einengen, und tastet gleichzeitig den Radialispuls. Man kann statt dessen auch das Stethoskop über der Mitte des Schlüsselbeins aufsetzen und hört dann bei Einengung des Gefäßes Strömungsgeräusche ähnlich wie beim Blutdruckmessen.

▪ **Adson-Test**: Der Patient sitzt entspannt, atmet tief ein, neigt den Kopf so weit wie möglich zurück und dreht ihn zur untersuchten Seite.

▪ **Modifizierter Adson-Test**: Der Patient sitzt entspannt, spreizt den Arm im Schultergelenk 90° ab, beugt im Ellbogengelenk rechtwinklig, dreht den Kopf zur untersuchten Seite, atmet tief ein und hustet.

Protokoll 815. Schlüsselbeinschlagader

| | R | L |
|---|---|---|
| Pulsfrequenz (1/min) | | |

## 8.2 Schultergelenk und Achselgegend

### Ü821 Am Schultergelenk beteiligte Knochen tasten, Stellung des Oberarmkopfes bei Verrenkungen bedenken

Das Schultergelenk (Articulatio humeri) wird von der Schulterpfanne (Cavitas glenoidalis) des Schulterblatts und dem Oberarmkopf (Caput humeri) des Oberarmbeins gebildet. Rund um das Gelenk ordnen sich kräftige Muskeln an ("Rotatorenmanschette"), so daß die Gelenkkörper schlecht zu tasten sind:

▪ Durch den entspannten Deltamuskel hindurch fühlt man seitlich unterhalb des Schulterecks die Rundung des proximalen Teils des Oberarmbeins. Bewegt man den Arm des Probanden, ohne daß dieser die Muskeln aktiv anspannt, so kann man recht gut die Form des großen und des kleinen Höckers (Tuberculum majus/minus) und die Rinne zwischen den beiden (Sulcus intertubercularis) unterscheiden. Die unteren Abschnitte des Oberarmkopfes sind durch die Achselhöhle hindurch zugänglich. Man tastet am besten zunächst bei sich selbst, da ein ungeschicktes Vorgehen des Untersuchers für den Probanden sehr schmerzhaft sein kann. Dazu umgreift die rechte Hand die linke vordere Achselfalte (großer Brustmuskel) zangenartig, wobei der Daumen außen in der Nähe des Schlüsselbeins, die Kuppe des dritten Fingers tief in der Achselhöhle am Oberarmkopf liegen. Man beginnt bei etwa 45° Abspreizung des Oberarms. Man fühlt die Rundung des Unterrandes der überknorpelten Gelenkfläche. Hebt man nun den Oberarm immer stärker an, so wird ein immer größerer Teil der Gelenkfläche aus der Pfanne gedreht und damit tastbar.

- Von der Schulterpfanne ist ein kleines Stück des unteren vorderen Randes zugänglich. Man muß dazu aus der vorgenannten Stellung bei abduziertem Arm mit dem in der Tiefe der Achselhöhle liegenden Mittelfinger die Lücke zwischen dem Untergrätenmuskel (M. infraspinatus) und dem Unterschulterblattmuskel (M. subscapularis) in der Rotatorenmanschette suchen. Man tastet dann zunächst die überknorpelte Gelenkfläche des Oberarmkopfes, dann eine Einsenkung und darauf den Pfannenrand. Man braucht etwas Geduld, bis man die richtige Stelle gefunden hat. Dann kann man auch noch ein Stück des äußeren Schulterblattrandes kaudal der Gelenkpfanne verfolgen.

**Verrenkungen**: Wegen des schützenden "Daches" durch das Schultereck (Acromion) und das starke Schultereck-Rabenschnabelfortsatz-Band (Lig. coracoacromiale) ist eine Verrenkung des Oberarmkopfes nach oben nicht möglich. Eine Verrenkung kann daher nur nach

- vorn: unter den Rabenschnabelfortsatz (Luxatio subcoracoidea),
- unten: in die Achselhöhle (Luxatio axillaris),
- hinten: unter die Schulterblattgräte (Luxatio infraspinata)

erfolgen. Der Arm ist dann zwangsweise abduziert. Die Rundung der Schulter ist verloren. Eine Delle sinkt seitlich des Schulterecks ein. Die Gelenkkapsel reißt meist. Nach der Wiedereinrenkung bleibt oft eine Schwäche der Kapsel zurück, die eine neuerliche Verrenkung begünstigt. Nach mehreren Verrenkungen (habituelle Luxation) ist die operative Stabilisierung des Gelenks nötig.

## Ü822 Bewegungsumfänge der Schultergelenke messen

Das Schultergelenk ist ein Kugelgelenk und hat demgemäß 3 Hauptachsen:

- sagittale Achse: Abspreizen (Abduktion) - Anziehen = Anführen (Adduktion),
- transversale Achse: Vorführen (Anteversion) - Rückführen (Retroversion),
- longitudinale Achse: Außenkreiseln (Außenrotation) - Innenkreiseln (Innenrotation).

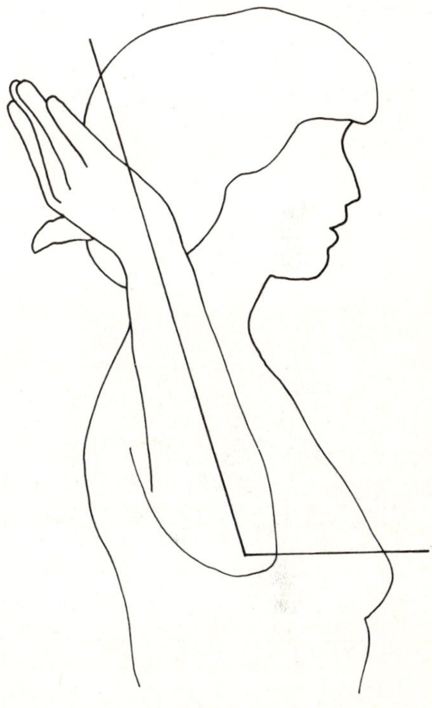

*Abb. 822. Außenkreiseln des Arms bei 90° Abspreizung*

Schultergelenk und Schlüsselbeingelenke wirken eng zusammen (Ü813). Es ist nur begrenzt möglich, das Schultergelenk isoliert zu untersuchen. Dazu faßt der Untersucher den unteren Schulterblattwinkel des Probanden durch die Haut hindurch mit der Hand und hält ihn fest. Beim Abspreizen ist dies möglich, bis der Arm etwa die Horizontale erreicht hat. Dann wird die Kraft der schulterblattschwenkenden Muskeln des Probanden meist größer als die Kraft, mit der der Untersucher den Schulterblattwinkel fassen kann.

Protokoll 822. Schultergelenke Bewegungsumfang (°, Neutralnullmethode)

A Ohne Festhalten des Schulterblatts

| | | | | |
|---|---|---|---|---|
| Abspreizen - Anziehen | R | | | |
| | L | | | |
| Vorführen - Rückführen | R | | | |
| | L | | | |
| Horizontal nach hinten - nach vorn | R | | | |
| | L | | | |
| Außen- - Innenkreiseln a) adduziert | R | | | |
| | L | | | |
| b) 90° abduziert | R | | | |
| | L | | | |

B Mit Festhalten des Schulterblatts

| | | | | |
|---|---|---|---|---|
| Abspreizen - Anziehen | R | | | |
| | L | | | |
| Vorführen - Rückführen | R | | | |
| | L | | | |
| Horizontal nach hinten - nach vorn | R | | | |
| | L | | | |
| Außen- - Innenkreiseln a) adduziert | R | | | |
| | L | | | |
| b) 90° abduziert | R | | | |
| | L | | | |

Das Ausmaß der einzelnen Hauptbewegungen ist nicht unabhängig voneinander. Es ist im allgemeinen etwa in Mittelstellung der anderen Hauptbewegungen am größten. Deshalb prüft man z.B. die Kreiselungen aus zwei Ausgangsstellungen: bei adduziertem und bei 90° abduziertem Arm (Abb. 822). In beiden Fällen wird im Ellbogengelenk rechtwinklig gebeugt. Dann kann der Unterarm als Zeiger für das Winkelmaß dienen. Die in den Protokollen aufgeführte Horizontalbewegung ist eine Kombination von zwei Hauptbewegungen: Sie beginnt bei abduzierter Retroversion und endet bei adduzierter Anteversion.

## Ü823 Rumpf-Arm-Muskeln anspannen, deren Felder an der Haut umranden und Wände der Achselgegend studieren

Als Rumpf-Arm-Muskeln bezeichnet man Muskeln, die vom Rumpf zum Oberarm ziehen und dabei den Schultergürtel überspringen. Es gibt nur 2:

- breiter Rückenmuskel (M. latissimus dorsi),
- großer Brustmuskel (M. pectoralis major), für diesen gilt die Definition nur für seinen mittleren und unteren Teil, da der obere Teil vom Schlüsselbein entspringt.

a) **Breiter Rückenmuskel**: Er setzt gewissermaßen den vorderen Sägemuskel kaudal fort: Der vordere Sägemuskel entspringt an den Rippen 1 bis 9, der breite Rückenmuskel daran anschließend von den Rippen 10 bis 12. Dies reichte ihm offenbar nicht aus. In Ermangelung weiterer Rippen dehnte er sich nach unten bis an den Darmbeinkamm und weiter an die Dornfortsätze bis zur mittleren Brustwirbelsäule herauf aus. Von diesem riesigen Ursprung aus konvergieren die Muskelfasern zu einem dafür winzigen Ansatz an der Leiste des kleinen Höckers (Crista tuberculi minoris). Er verläuft vor dem Ansatz medial (!) vom Schaft des Oberarmbeins. Angesichts der starken Konvergenz der Fasern kann der Muskel in Ursprungsnähe nur sehr dünn sein. Von den Dornfortsätzen entspringt er mit einer flachen Sehne, die zugleich einen Teil der Hülle der tiefen Rückenmuskeln bildet (Fascia thoracolumbalis). Erst etwa handbreit lateral der Dornfortsätze beginnen die Muskelfasern.

Da man den Beckenkamm schon zur unteren Gliedmaße rechnen kann, reicht der breite Rückenmuskel gewissermaßen vom Bein zum Arm. Er überspringt dabei eine Vielzahl von Gelenken und ist deswegen an einer Vielfalt von Bewegungen beteiligt. Die wichtigsten sind

- im Schultergelenk: Anziehen, Rückbewegen (in der barocken Anatomie recht drastisch "Arschkratzmuskel" genannt), Innenkreiseln (!),
- in den Schlüsselbeingelenken: Herabziehen des Schultergürtels bzw. Heben des Rumpfes,

z.B. beim Hang am Reck,
- an der Wirbelsäule: Seitneigen,
- an den Wirbel-Rippen-Gelenken: Heben der Rippen.

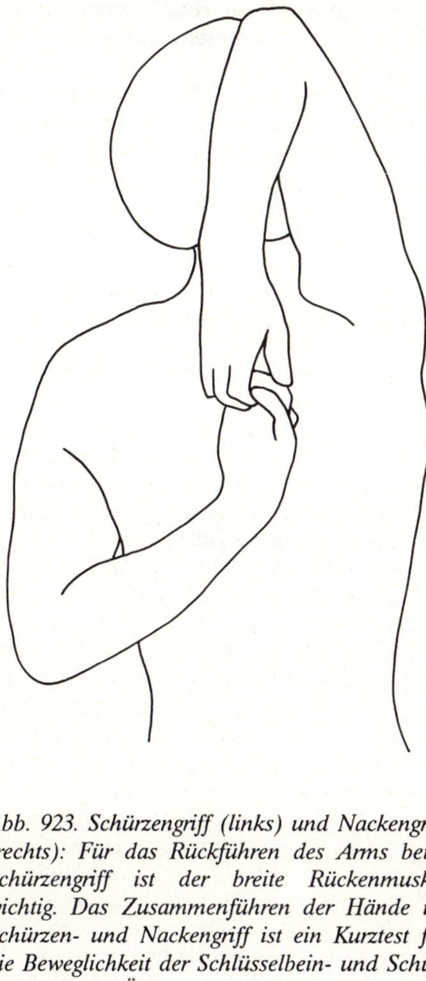

*Abb. 923. Schürzengriff (links) und Nackengriff (rechts): Für das Rückführen des Arms beim Schürzengriff ist der breite Rückenmuskel wichtig. Das Zusammenführen der Hände im Schürzen- und Nackengriff ist ein Kurztest für die Beweglichkeit der Schlüsselbein- und Schultergelenke. In Übungen am Lebenden zeigte sich eine interessante Asymmetrie: Praktisch alle Studenten können die Hände am Rücken zusammenführen, wenn (wie auf der Abbildung) die linke Hand im Schürzengriff und die rechte Hand im Nackengriff geführt wird. Erstaunlicherweise gelingt dies einer ganzen Reihe von Studenten nicht, wenn die Hände vertausch werden (geringerer Bewegungsspielraum der linken Schulter beim Rechtshänder?)*

Der breite Rückenmuskel liegt in ganzer Ausdehnung oberflächlich. Bei maximaler Anspannung, z.B. bei Klimmzügen am Reck, tritt sein Feld sehr deutlich hervor. Der Oberrand überkreuzt annähernd horizontal den unteren Schulterblattwinkel. Von den Rippenursprüngen steigt er fast vertikal zum Oberarm auf. Er bildet (zusammen mit dem großen runden Muskel) den Muskelkern der hinteren Achselfalte. Umfaßt man die hintere Achselfalte zangenartig zwischen Daumen und den übrigen Fingern, dann kann man den gesamten Muskel umgreifen und vom großen runden Muskel abgrenzen. Vermutlich werden Sie erstaunt sein, daß von dem so ausgedehnten Muskel nur ein recht bescheidener Wulst in der Achselfalte zustande kommt.

Den Vorderrand des breiten Rückenmuskels kann man besonders leicht tasten, wenn man die Hand flach auf den Brustkorb kaudal der hinteren Achselfalte auflegt und dann hustet. Bei jedem Hustenstoß spannt sich der Vorderrand des Muskels ruckartig an (und nur dieser, weil nur die vorderen Muskelfasern von Rippen entspringen). Beim Husten wird stoßartig ausgeatmet. Dazu wird der Brustkorb zusammengepreßt. Die unteren Rippen werden dabei gehoben (Ziehharmonikabewegung des Brustkorbs). Bei chronischen Hustenerkrankungen ist demgemäß der Vorderrand des breiten Rückenmuskels verdickt ("Hustenmuskel").

b) **Großer Brustmuskel**: Er entspringt breitflächig an der vorderen Brustwand. Seine Muskelfasern konvergieren zum Ansatz an der Leiste des großen Höckers (Crista tuberculi majoris) am Oberarmbein. Er bildet den Muskelkern der vorderen Achselfalte. Nach seinen Ursprüngen wird er in 3 Teile gegliedert:
- Schlüsselbeinteil: von den medialen zwei Dritteln der Schlüsselbeine,
- Brustbein-Rippen-Teil: vom Brustbein und den daran ansetzenden Rippenknorpeln,
- Bauchteil: vom vorderen Blatt der Rektusscheide an deren oberstem Abschnitt.

Der große Brustmuskel überspringt die Schlüsselbeingelenke und das Schultergelenk. Seine Aufgaben sind
- im Schultergelenk: Anziehen, Vorführen, Innenkreiseln. Die Anteversion reicht am weitesten im Schlüsselbeinteil, sie ist gering im Bauchteil.
- in den Schlüsselbeingelenken: Senken des

Schultergürtels durch Herabziehen des Oberarms mit dem Bauchteil. Indirekt schwenkt er das Schulterblatt nach rückwärts, wenn er den abgespreizten Arm adduziert.

▪ Atemhilfsmuskel: Bei festgestellten Armen hebt er mit seinen unteren Abschnitten den Brustkorb. Das Festhalten am Rednerpult ist zwar in erster Linie psychologisch als Suche nach Halt zu deuten, dient aber nebenbei auch dem Einsatz des großen Brustmuskels bei der Einatmung. Beim Hang an den Armen ist die Ausatmung erschwert, weil durch den großen Brustmuskel der Brustkorb in die Einatmungsstellung gezogen wird (der Tod bei der Kreuzigung als Folge der behinderten Atmung?).

Der große Brustmuskel liegt in ganzer Ausdehnung oberflächlich. Man spannt ihn am stärksten an, wenn man den Arm gegen Widerstand adduzieren läßt. Bei sich selbst kann man ihn nahezu völlig umgreifen, wenn man z.B. mit der rechten Hand zangenartig die linke vordere Achselfalte faßt (Daumen vorn, die übrigen Finger innen) und die linke Hand in die Seite einstützt oder mit dem linken Unterarm im Sitzen gegen die Tischplatte drückt. Man fühlt dann sogar die Überkreuzung der Sehnenfasern kurz vor dem Ansatz: Die vom Bauchteil kommenden setzen hinter und proximal der Fasern des Brustbein-Rippen-Teils an. Zwischen dem Schlüsselbeinteil und dem Brustbein-Rippen-Teil klafft manchmal ein Spalt, über dem die Haut zu einer Grube einsinkt.

Der große Brustmuskel beeinflußt entscheidend den Gesamteindruck der vorderen Brustwand. Beim muskelstarken Mann wölbt er die Brust vor. Bei der Frau wird der mediale Teil des Unterrands des großen Brustmuskels in aufrechter Körperhaltung häufig durch die nach unten hängende Brustdrüse überlagert. Lateral geht dann die Rundung der Kontur der Brust in die gerade Kontur des Unterrands des großen Brustmuskels über. Bei der radikalen Mastektomie werden Brustdrüse und großer Brustmuskel gemeinsam weggenommen, um einen fortgeschrittenen Brustkrebs vielleicht noch vollständig zu entfernen. Dann ist das Aussehen des Oberkörpers schwer beeinträchtigt. Deshalb zieht man heute nach Möglichkeit eingeschränkt radikale Operationsverfahren mit Verbleiben des großen Brustmuskels oder gar brusterhaltende Operationen vor.

**Wände der Achselhöhle**: Die Achselgegend wird gewöhnlich mit einer vierseitigen Pyramide (Tetraeder) verglichen. Es bilden die

▪ Vorderwand: großer und kleiner Brustmuskel. Greift man an der vorderen Achselfalte weit in die Tiefe, so fühlt man unter dem großen Brustmuskel auch den Vorderrand des kleinen Brustmuskels (Verlaufsrichtung zum Rabenschnabelfortsatz).

▪ Hinterwand: breiter Rückenmuskel, großer runder Muskel, Schulterblatt mit angelagerten Muskeln (in dieser Reihenfolge in der hinteren Achselfalte zu tasten).

▪ Medialwand: Brustkorb mit aufgelagertem vorderen Sägemuskel.

▪ Die lateral-untere Wand fehlt. Hier liegt eben die Achsel-"Höhle". Man könnte evtl. die Haut der Achselgrube als 4. Wand bezeichnen.

## Ü824 Schultermuskeln anspannen und deren Felder an der Haut umranden

Als Schultermuskeln bezeichnet man Muskeln, die am Schultergürtel entspringen und am Ober- oder Unterarm ansetzen. Man kann sie zu 3 Gruppen zusammenfassen:

a) Deltamuskel (M. deltoideus),

b) "Rotatorenmanschette":

▪ Unterschulterblattmuskel (M. subscapularis),

▪ Obergrätenmuskel (M. supraspinatus),

▪ Untergrätenmuskel (M. infraspinatus),

▪ kleiner Rundmuskel (M. teres minor),

▪ großer Rundmuskel (M. teres major),

c) Oberarmmuskeln (in Ü841 näher behandelt):

▪ Rabenschnabelfortsatz-Oberarm-Muskel (M. coracobrachialis),

▪ zweiköpfiger Oberarmmuskel (M. biceps brachii),

▪ dreiköpfiger Oberarmmuskel (M. triceps brachii)

a) **Deltamuskel**: Er entspringt in 3 Teilen

▪ vom seitlichen Drittel des Schlüsselbeins,

▪ vom Schultereck,

▪ von der Schulterblattgräte in deren ganzer Länge.

Er setzt seitlich am Oberarmbeinschaft etwas oberhalb dessen Mitte an. Die 3 Teile sind manchmal durch deutliche Spalten getrennt, die sich bei dünnem Unterhautfettgewebe auch an der Haut abzeichnen. Zwischen dem Deltamuskel und dem großen Brustmuskel klafft meist ein breiterer Spalt. Durch ihn tritt die V. cephalica in die Tiefe, um in die Achselvene einzumünden. Die Haut sinkt über ihm zur Unterschlüsselbeingrube (Mohrenheim-Grube, Fossa infraclavicularis) ein. Von oben betrachtet ist der Ursprung des Deltamuskels V-förmig.

Die 3 Teile unterscheiden sich in den Aufgaben beträchtlich:
- Schlüsselbeinteil: Vorführen, Innenkreiseln,
- Schultereckteil: Abspreizen,
- Schultergrätenteil: Rückführen, Außenkreiseln.

Der Deltamuskel ist der wichtigste Abspreizer des Schultergelenks. Er kann den Arm jedoch nur dann seitlich heben, wenn das Schulterblatt und damit die Schulterpfanne durch die Rumpf-Schultergürtel-Muskeln (Trapezmuskel, Rautenmuskel, vorderer Sägemuskel, kleiner Brustmuskel) festgestellt ist (Ü814). Die Abspreizwirkung ist in den am weitesten seitlich gelegenen Muskelfasern am größten und wird nach medial schwächer. Die medialen Randfasern des Schlüsselbein- und Schultergrätenteils liegen bereits diesseits der Abspreiz-Anzieh-Achse und adduzieren daher.

Der Deltamuskel bestimmt die Kontur der Schulter weniger, als man beim flüchtigen Blick auf eine anatomische Abbildung vermuten würde: Entscheidend für die Rundung der Schulter ist der Oberarmkopf. Dies wird bei Schulterverrenkungen deutlich. Steht der Schulterkopf nicht mehr in der Schulterpfanne, so sinkt die Haut unterhalb des Schulterecks tief ein. Die Rundung der Schulter ist dann verloren.

Den Deltamuskel spannt man am stärksten an, wenn man einen schweren Gegenstand mit seitlich abgespreiztem gestreckten Arm hält.

b) **Rotatorenmanschette**: Für die Gruppe der kleinen Muskeln, die das Schultergelenk rundherum umgeben, hat sich in der Klinik der Sammelbegriff Rotatorenmanschette eingebürgert. Die Bezeichnung ist nicht sehr glücklich, da einerseits ein Teil dieser Muskeln (z.B. der Obergrätenmuskel) nur geringe Kreiselwirkung besitzt, andererseits die Rumpf-Oberarm-Muskeln (großer Brustmuskel, breiter Rückenmuskel) mit ihren starken Innenkreiselkräften nicht mit einbezogen sind.

Von den Muskeln der Rotatorenmanschette sind 2 in der Tiefe verborgen: Der Obergrätenmuskel wird vollständig vom Trapezmuskel und vom Deltamuskel überlagert. Der Unterschulterblattmuskel entspringt von der Rippenfläche des Schulterblatts und bildet damit die Vorderseite der Hinterwand der Achselpyramide. Man kann kleine Teile tasten, wenn man aus der Tiefe der Achselgrube gegen das Schulterblatt drückt. Die 3 restlichen Muskeln hingegen sind gut zugänglich:
- Die beiden **Rundmuskeln** liegen in der hinteren Achselfalte medial vom breiten Rückenmuskel. Man kann sie von diesem gut abgrenzen, wenn man den Arm gegen Widerstand adduziert. Dazu stemmt man den abgespreizten und im Ellbogengelenk gebeugten Arm mit der Hand gegen die Hüfte oder stützt sich im Sitzen mit dem Ellbogen auf einem Tisch ab. Dabei spannen sich die Rundmuskeln und der breite Rückenmuskel an. Man kann sie am schnellsten trennen, wenn man mit der tastenden Hand zum unteren Schulterblattwinkel geht. Die Rundmuskeln entspringen dort, der breite Rückenmuskel hingegen zieht mit seiner Hauptmasse kaudal vom Schulterblatt vorbei. Demgemäß ist ein Spalt zwischen den beiden Muskelgruppen zu tasten. Die beiden Rundmuskeln sind zusammen dicker als der breite Rückenmuskel. Die beiden Rundmuskeln sind gegeneinander schlechter abgrenzbar als gegen den breiten Rückenmuskel. Der große Rundmuskel setzt an der Vorderseite, der kleine an der Hinterseite des Oberarmbeinschaftes an. In diesem Bereich werden sie jedoch vom Deltamuskel überlagert.
- Der **Untergrätenmuskel** füllt das dreieckige Feld zwischen Deltamuskel (oben), Rundmuskeln (seitlich) und Rautenmuskel + Trapezmuskel bzw. Innenrand des Schulterblatts (medial). Bei muskelkräftigen Personen ist das Feld des Untergrätenmuskels an der Haut meist eingezogen, weil sich die Nachbarmuskeln stärker vorwölben. Der Untergrätenmuskel kreiselt im Schultergelenk nach außen. Man kann sein Anspannen beim Außenkreiseln gegen Widerstand gut tasten.

### Ü825 Achselschlagader tasten und Verlauf wichtiger Seitenäste auf die Haut aufmalen

Die Hauptschlagader der oberen Gliedmaße ändert zweimal ihren Namen. Sie beginnt als Schlüsselbeinschlagader (A. subclavia). Sobald sie das Schlüsselbein unterkreuzt hat, nimmt sie den Namen Achselschlagader (A. axillaris) an. Vom Rand der hinteren Achselfalte ab heißt sie Oberarmschlagader (A. brachialis). An der Achselschlagader unterscheidet man 3 Verlaufsstrecken:

- 1. zwischen Schlüsselbein und kleinem Brustmuskel,
- 2. bedeckt vom kleinen Brustmuskel,
- 3. zwischen kleinem Brustmuskel und Oberarm.

**Tasten**: Die Achselschlagader ist nur in ihrer dritten Verlaufsstrecke gut zugänglich. Sie bildet dort mit den Achselvenen und den langen Nerven des Armnervengeflechts (Plexus brachialis) den Gefäß-Nerven-Strang. Dieser läuft zwar relativ frei durch den Achselraum, doch ist die Orientierung nicht leicht. Am schnellsten findet man die Achselschlagader vor der hinteren Achselfalte am Unterrand des M. coracobrachialis. Man kann auch noch weiter distal beginnen, wo die Oberarmschlagader in ganzer Länge des Oberarms in der medialen Bizepsrinne zu tasten ist. Man arbeitet sich dann allmählich am Puls der Schlagader proximal bis in die Achselhöhle vor.

Protokoll 825. Achselschlagader

| | R | L |
|---|---|---|
| Pulsfrequenz (1/min) | | |

**Aufzeichnen**: Man taste zunächst das Schlüsselbein, den Rabenschnabelfortsatz und den Schlagaderpuls auf dem Rabenschnabelfortsatz-Oberarm-Muskel. Dann zeichne man die Achselschlagader von der Mitte des Unterrandes des Schlüsselbeins in einem oben konvexen Bogen zur Pulsstelle. Der Bogen muß unterhalb des Rabenschnabelfortsatzes verlaufen.

**Hauptäste**:

- Brustkorb-Schultereck-Schlagader (A. thoracoacromialis): Sie geht in der ersten Verlaufsstrecke von der Achselschlagader ab, also zwischen Schlüsselbein und Rabenschnabelfortsatz. Ihre Äste ziehen zum Schultereck, zum Schlüsselbein, zum Deltamuskel und zu den Brustmuskeln.
- seitliche Brustkorbschlagader (A. thoracica lateralis): Sie läuft am Seitenrand des kleinen Brustmuskels entlang und gibt Äste zur Brustdrüse ab.
- Unterschulterblattschlagader (A. subscapularis): Der kurze Stamm teilt sich in 2 Hauptäste, von denen einer um das Schulterblatt herumbiegt (A. circumflexa scapulae), der andere sich der hinteren Achselfalte zuwendet (A. thoracodorsalis).
- vordere umbiegende Oberarmschlagader (A. circumflexa anterior humeri): vorn zum chirurgischen Hals (Collum chirurgicum) des Oberarmbeins.
- hintere umbiegende Oberarmschlagader (A. circumflexa posterior humeri): rückwärts zum chirurgischen Hals. Sie anastomosiert mit der vorderen Schlagader.

**Engpaßsyndrom der A. axillaris** ("Pectoralis-minor-Syndrom"): In ihrer mittleren Verlaufsstrecke liegt die Achselschlagader in einem engen Raum zwischen dem kleinen Brustmuskel vorn, dem Schulterblatt mit dem davon entspringenden M. subscapularis hinten, dem Rabenschnabelfortsatz oben und dem Brustkorb unten. Bei herabhängendem Arm ist die Achselschlagader entspannt. Beim Abspreizen des Arms wird sie zunehmend gespannt. Wird der Arm über die Horizontale abduziert, kann dabei die Achselschlagader am Rabenschnabelfortsatz abgeknickt werden. Dies führt zu Schmerzen und rascher Ermüdung bei Arbeiten mit erhobenen Armen. Zum Nachweis eines solchen "Hyperabduktionssyndroms" bedient man sich folgender Tests:

a) Der Patient sitzt entspannt. Der Arzt tastet den Radialispuls und hebt den gestreckten Arm seitlich bis zur Vertikalen an. Bei einem ausgeprägten Hyperabduktionssyndrom verschwindet dabei der Radialispuls. Leichtere Formen des Syndroms diagnostiziert man mit dem Stethoskop: Man setzt es im Bereich der hinteren Achselfalte über der Achselschlagader auf und hört dann bei Einengung der Gefäßlichtung ein Strömungsgeräusch wie bei der Blutdruckmessung.

b) Adams-Test: Ausgangsstellung wie vorher, der Arm wird jedoch nur bis etwa 135° abduziert. Gleichzeitig werden der Arm nach außen und der Kopf zur Gegenseite gedreht.

### Ü826 Achselhöhle auf Lymphknoten austasten, verhärtete Lymphknoten genau beschreiben

Die Achsellymphknoten gehören zu den 3 wichtigen tastbaren Lymphknotenstationen. Sie werden nach den in Ü125 erläuterten Grundsätzen untersucht. Das Austasten der Achselhöhle gehört auch zu dem Selbstuntersuchungsprogramm der Brustdrüse, das jede erwachsene Frau wenigstens einmal monatlich bei sich ausführen sollte (Ü251).

| Protokoll 826. Achsellymphknoten | | | |
|---|---|---|---|
| Lymphknoten tastbar | j | n | ? |
| Wenn ja: Größe, Form, Beschaffenheit, Verschieblichkeit und Lage beschreiben | | | |

**Einzugsgebiete**:
- gesamter Arm,
- vordere und seitliche Rumpfwand bis etwa zur Höhe des Nabels herab (Ü283),
- Rücken oberhalb der Gesäßgegend.

**Vorgehen**: Die Fingerkuppen der Finger 2-4 der flach an den Brustkorb angelegten Hand dringen unter leicht kreisenden Bewegungen immer tiefer in die Achselgrube ein. Dazu ist es nötig, die Haut des Probanden zu entspannen. Der Arm darf also nicht stark abgespreizt werden, sondern soll eher locker herabhängen. Man tastet zunächst an der Brustwand entlang nach oben, dann an der vorderen und der hinteren Achselfalte und schließlich am Oberarm. Die Achselhöhle soll also rundherum ausgetastet werden. Dies ist für den Patienten nicht sehr angenehm. Man sollte ihn vor der Untersuchung darauf hinweisen, daß es etwas schmerzen könne, daß die Untersuchung aber wichtig sei. Trotz dieser Ankündigung ist mit Feingefühl vorzugehen!

Das Austasten der Achselhöhle nach Lymphknoten ist eine meist recht frustrierende Übung: Bei jungen Erwachsenen sind gewöhnlich keine Achsellymphknoten zu tasten. In der ärztlichen Praxis geht es meist ebenso. Trotzdem darf das Austasten der Achselhöhle bei keiner eingehenden ärztlichen Untersuchung übergangen werden. Hat man einen Lymphknoten gefunden, so sollte man unbedingt sorgfältig protokollieren und Form, Größe, Beschaffenheit, Verschieblichkeit und Lage des Lymphknotens genau beschreiben (Ü125).

## 8.3 Ellbogengelenk

### Ü831 Konturen der im Ellbogenbereich tastbaren Knochen an der Haut markieren

Am Ellbogengelenk beteiligen sich 3 Knochen:
- Oberarmbein (Humerus),
- Elle (Ulna),
- Speiche (Radius).

Von allen 3 Knochen kann man wichtige Teile tasten, wenn man die Rückseite des Ellbogenbereichs faßt (Abb. 831). Bei rechtwinklig gebeugtem Gelenk sind 3 Knochenpunkte in einem gleichschenkligen Dreieck angeordnet:
- **innerer Obergelenkknorren** (Epicondylus medialis) des Oberarmbeins: Er tritt auf der medialen Kante des Ellbogenbereichs stark hervor. Er dient dem Ursprung der Muskeln der Beugergruppe des Unterarms. Bei gestrecktem Arm liegt er an der Spitze des Armwinkels (der Unterarm ist gegen den Oberarm um etwa 10-20° nach außen abgebogen).
- **äußerer Obergelenkknorren** (Epicondylus lateralis) des Oberarmbeins: Er ist breiter als der innere und tritt weniger stark hervor. An ihm entspringen einige Muskeln der Streckergruppe des Unterarms. In Streckstellung des Ellbogengelenks wölben sich der Oberarm-Speichen-Muskel (M. brachioradialis) und der lange speichenseitige Handstrecker (M. extensor carpi radialis longus) über ihn nach außen.

- **Ellbogen** (Olecranon): Die Elle umgreift mit diesem mächtigen Haken die Rolle des Oberarmbeins. Er bildet das rumpfseitige Ende der Hinterkante der Elle, die man in ganzer Ausdehnung durch die Haut tasten kann. Seine Spitze wird jedoch undeutlich, da hier der mächtige Armstrecker (dreiköpfige Oberarmmuskel, M. triceps brachii) ansetzt.

Die 3 genannten Knochenpunkte bilden nur bei rechtwinkliger Beugung ein Dreieck. In Streckstellung ordnen sie sich in einer Geraden an (Abb. 831). Diese Lagebeziehung ist bei Verrenkungen und Knochenbrüchen gestört.

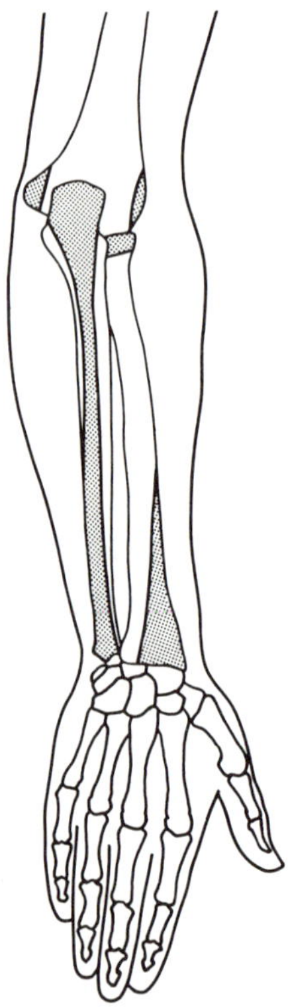

*Abb. 831. Tastbare Knochenabschnitte im Ellbogenbereich und am Unterarm*

Auch der **Speichenkopf** (Caput radii) ist zu tasten: Man geht am besten vom äußeren Obergelenkknorren handwärts. Man fühlt zuerst die durch das Oberarm-Speichen-Gelenk bedingte Einsenkung. Dann folgt der runde Speichenkopf, der sich anschließend zum Speichenhals (Collum radii) verjüngt. Beim Speichenhals wird der Knochen undeutlich, da sich hier das Speichenringband (Lig. annulare radii) um ihn schmiegt.

## Ü832 Bänder des Ellbogengelenks auf die Haut aufmalen und Bedeutung für die Beweglichkeit bedenken

Die Bänder des Ellbogengelenks müssen den unterschiedlichen Bewegungsmöglichkeiten der 3 Teilgelenke Rechnung tragen:

- Oberarmbein-Ellen-Gelenk (Articulatio humero-ulnaris): Scharniergelenk (1 Freiheitsgrad),
- oberes Speichen-Ellen-Gelenk (Articulatio radio-ulnaris proximalis): Radgelenk (1 Freiheitsgrad),
- Oberarmbein-Speichen-Gelenk (Articulatio humeroradialis): Drehwinkelgelenk (2 Freiheitsgrade).

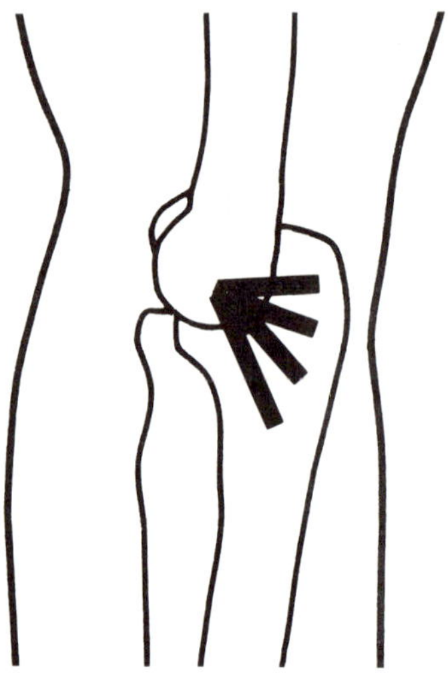

*Abb. 832a. Inneres Seitenband des Ellbogengelenks*

Scharniergelenke werden am besten durch straffe Seitenbänder gefestigt. Das "Rad" des Radgelenks kann durch eine Schlaufe festgehalten werden. Die Bänder eines Drehwinkelgelenks sind immer ein Kompromiß (z.B. Kniegelenk). Dementsprechend finden wir am Ellbogengelenk 3 kräftige Bänder:

- **inneres Seitenband** (Lig. collaterale ulnare): Es strahlt vom inneren Obergelenkknorren des Oberarmbeins fächerförmig zur Hinterkante der Elle aus (Abb. 832a).

▪ **Speichenringband** (Lig. annulare radii): Es umfaßt den Speichenhals und ist vorn und hinten an der Elle befestigt.

▪ **äußeres Seitenband** (Lig. collaterale radiale): Es entspringt am äußeren Obergelenkknorren des Oberarmbeins und strahlt in das Speichenringband ein (Abb. 832b). Über dieses setzt es vorn und hinten an der Elle (!) an.

Man beachte: Keines der 3 Bänder ist an der Speiche befestigt. Die Speiche muß frei sein für die Scharnierbewegung gegenüber dem Oberarmbein und die Radbewegung gegenüber der Elle.

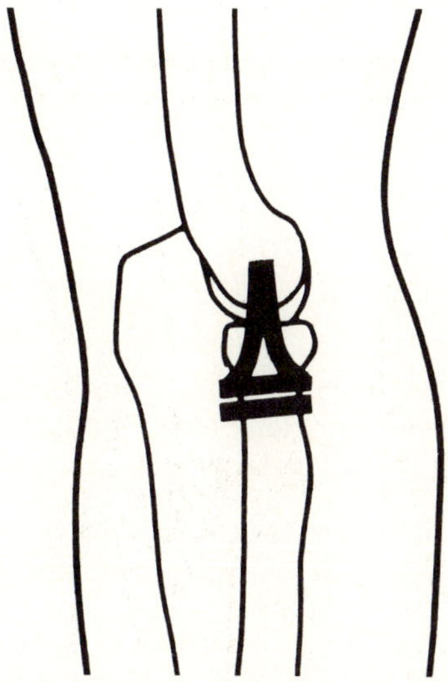

*Abb. 832b. Das äußere Seitenband des Ellbogengelenks strahlt in das Speichenringband ein*

**Speichenkopfverrenkung**: Die Speiche wird durch das Speichenringband und durch den Schrägzug (Chorda obliqua) der Zwischenknochenmembran im Ellbogengelenk festgehalten. Ist das Ringband schlaff, so kann die Speiche durch einen kräftigen Zug an der Hand aus der Schlaufe gezogen werden. Diese Gefahr besteht vor allem beim Kleinkind.

Ein typischer Unfall läuft folgendermaßen ab: Das Kind wird beim Spazierengehen von einem Erwachsenen, z.B. einem Kindermädchen (engl. nurse), an der Hand geführt. Das Kind stolpert und droht zu stürzen. Der Erwachsene zieht ruckartig die Hand des Kindes hoch, um den Sturz zu verhindern. Die Speiche des kindlichen Arms ist durch kräftige Bänder sicher mit der Hand verbunden. Das Körpergewicht des Kindes hingegen lastet nun auf der Elle und dem an ihr befestigtem Speichenringband. Der Speichenkopf gleitet durch die schlaffe Schlaufe. In der englischen Literatur wird die Speichenkopfverrenkung nach diesem Unfallhergang oft "nurse luxation" genannt.

## Ü833 Bewegungsumfänge der Ellbogengelenke und der Speichen-Ellen-Gelenke bestimmen

Das Ellbogengelenk als funktionelle Einheit verfügt über 2 Freiheitsgrade (2 Hauptachsen) mit 4 Teilbewegungen, die zu messen sind:

▪ Strecken - Beugen (Extension - Flexion),

▪ Auswärtsdrehen - Einwärtsdrehen (Supination - Pronation).

Die Neutralnullstellung des Ellbogengelenks ist der gestreckte Arm mit der Hand in Mittelstellung zwischen Aus- und Einwärtsdrehen (bei an den Rumpf angelegtem Arm weist der Daumen nach vorn).

Die Scharnierbewegung wird gewöhnlich in Auswärtsdrehung der Hand geprüft. Aus der bequemen Streckstellung ist häufig ein Überstecken von etwa 10° möglich. Das Ausmaß der Beugung hängt sehr von der Dicke der Muskeln ab. Ein mächtiger Bizeps hemmt die Bewegung früher als ein schmächtiger.

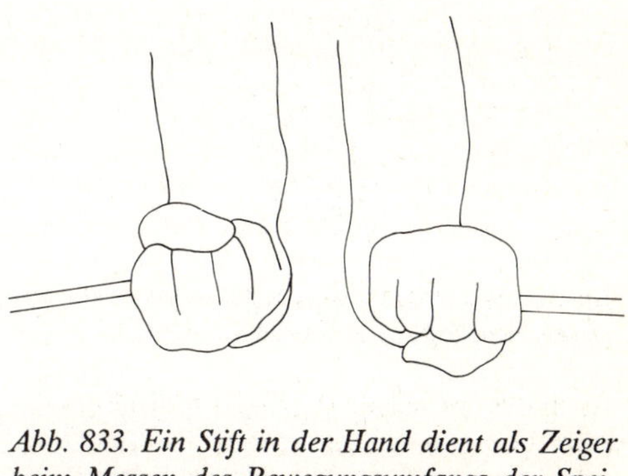

*Abb. 833. Ein Stift in der Hand dient als Zeiger beim Messen des Bewegungsumfangs der Speichen-Ellen-Gelenke: links Supination, rechts Pronation*

Wegen der Koppelung der beiden Speichen-Ellen-Gelenke wird bei der Drehbewegung nicht nur das Ellbogengelenk, sondern auch das untere Speichen-Ellen-Gelenk geprüft. Man untersucht am bequemsten bei rechtwinkliger Beugung (dabei wird auch die Mitbewegung im Schultergelenk verhindert, Ü834). Gibt man dem Probanden ein Lineal oder einen ähnlichen Gegenstand in die Hand, so kann man das Bewegungsausmaß an diesem Zeiger direkt ablesen (Abb. 833). In der Nullstellung weisen der Daumen bzw. das Lineal nach oben. Meist kann etwas weiter nach außen als nach innen gedreht werden. Der Gesamtspielraum beträgt beim jungen Erwachsenen gewöhnlich mehr als 180°.

**Bewertung**: Typische Protokolle sind:
- Strecken - Beugen 10° - 0° - 150°,
- Auswärts- - Einwärtsdrehen 100° - 0° - 80°.

Protokoll 833. Ellbogengelenke Bewegungsumfang (°, Neutralnullmethode)

| | | | | |
|---|---|---|---|---|
| Strecken - Beugen | R | | | |
| | L | | | |
| Auswärts- - Einwärtsdrehen | R | | | |
| | L | | | |

## Ü834 Gesamtkreiselung des Arms messen

Bei gestrecktem Arm können sich die Kreiselungen im Schultergelenk in den Speichen-Ellen-Gelenken addieren. Dadurch wird der Bewegungsspielraum der Hand beachtlich erweitert. Man prüft ähnlich wie in Ü833 für die Speichen-Ellen-Gelenke allein mit einem Lineal in der geschlossenen Faust. Im Unterschied zu Ü833 ist das Ellbogengelenk gestreckt. In der Nullstellung weisen der Daumen bzw. das Lineal nach oben.

Der Bewegungsumfang hängt von der Ausgangsstellung des Schultergelenks ab. Er ist geringer in Extremstellungen, z.B. wenn man den Arm vertikal hebt oder stark zurückführt. Er ist groß bei lose herabhängendem oder horizontal nach vorn gehaltenem Arm (mit Daumen nach oben) und beträgt dann mehr als 270°. Ein typisches Protokoll lautet: Auswärtsdrehen - Einwärtsdrehen 110° - 0° - 190°.

**Kreiseln des Arms, ohne Schulter und Hand zu bewegen:** Kreiselt man im Schultergelenk nach außen und in den Speichen-Ellen-Gelenken nach innen (bzw. umgekehrt), so heben sich die Kreiselungen auf, und die Hand bleibt ruhig. Man halte sich dazu bei gestrecktem Arm mit der Hand an einem geeigneten Gegenstand fest und schwenke dann den Ellbogen nach außen und nach innen. Je nach Stellung des Schultergelenks beträgt der Bewegungsumfang bis zu 120° und mehr.

Protokoll 834. Gesamtkreiselung der Hand (°, Neutralnullmethode)

| | | | | |
|---|---|---|---|---|
| Auswärts- - Einwärtsdrehen | R | | | |
| | L | | | |

## Ü835 Optimale Stellung von Schulter- und Ellbogengelenk bei Ruhigstellung (Gipsverband) einnehmen

Wird ein Gelenk nicht bewegt, so schrumpft die Gelenkkapsel. Jede Ruhigstellung schränkt daher die Beweglichkeit eines Gelenks vorübergehend (bei Komplikationen u. U. auch dauernd) ein. Deshalb sollte man Gelenke nach Möglichkeit in einer Position ruhigstellen, in welcher der Patient durch die Bewegungseinschränkung im Alltag am wenigsten beeinträchtigt ist. Bei allen Armgelenken kommt es letztlich auf die Gebrauchsfähigkeit der Hand an. Die Hand sollte noch zum Mund geführt werden können. Für den zivilisierten Menschen ist auch die Schreibstellung der Hand besonders wichtig.

Die Bewegungen des **Schultergelenks** werden durch die Schlüsselbeingelenke entscheidend erweitert. Auch bei versteiftem Schultergelenk kann dem Arm noch ein großer Bewegungsspielraum erhalten bleiben, wenn das Schultergelenk in etwa 45-60° Abspreizung feststeht. Dann kann der Arm noch an den Rumpf angelegt werden, wenn das Schulterblatt zur Wirbelsäule geschwenkt wird. Der Arm kann auch noch bis zur Horizontalen gehoben werden, wenn man das Schulterblatt nach vorn schwenkt. Um die Bewegung nach vorn zu erleichtern, sollte der Oberarm um mindestens 20° vorgeführt (antevertiert) sein (Abduktionsschiene mit 20° Vorhalte).

Das **Ellbogengelenk** ist möglichst in etwa rechtwinkliger Beugung und leichter Einwärtsdrehung (Schreibstellung der Hand) ruhigzustellen. Mit einem in Streckstellung versteiften Arm kann der Patient zwar noch eine Tasche tragen, ist aber bei bei fast allen übrigen Aufgaben des Alltags (ankleiden, essen, schreiben) hilflos.

## 8.4 Oberarm und Ellbogen

### Ü841 Oberarmmuskeln anspannen und deren Felder an der Haut umranden

Die Oberarmmuskeln werden durch 2 bindegewebige Scheidewände (Septum intermusculare brachii mediale/laterale) in 2 Gruppen zerlegt:
a) Streckergruppe: Armstrecker = dreiköpfiger Oberarmmuskel (M. triceps brachii),
b) Beugergruppe:

- Rabenschnabelfortsatz-Oberarm-Muskel (M. coracobrachialis),
- zweiköpfiger Oberarmmuskel (M. biceps brachii),
- Oberarmmuskel (M. brachialis).

a) Der **Armstrecker** ist der einzige Strecker des Ellbogengelenks. Seine 3 Köpfe spannen sich stark an, wenn man das gebeugte Ellbogengelenk gegen Widerstand zu strecken sucht (z.B. im Sitzen Unterarm und Hand mit der Rückseite flach auf den Tisch legen und gegen den Tisch drücken). Der lange Kopf verschwindet oben zwischen dem großen und dem kleinen Rundmuskel. Zwischen ihn und den Deltamuskel schiebt sich der seitliche Kopf. Sein schräger Wulst verwirrt den Anfänger leicht, da die Längsrichtung des Wulstes zur Ellenbeuge und nicht zum Ellbogen weist. Die Längsrichtung des Wulstes entspricht jedoch nicht der Richtung der Muskelfasern. Der seitliche Kopf ist breiter, als die unter dem Deltamuskel hervorkommenden Muskelfasern lang sind. Der mediale Kopf liegt am weitesten distal. Er füllt den Raum zwischen dem langen Kopf einerseits und dem Bizeps und dem Oberarmmuskel andererseits. Er reicht unmittelbar oberhalb des Ellbogens auch auf die Außenseite, ist dort aber nicht vom seitlichen Kopf durch Tasten abzugrenzen. Bei muskelkräftigen Menschen sinkt die Haut über der Trizepssehne zu einer flachen Mulde ein.

b) Die Gruppe der **Beuger** wird von 3 Muskeln gebildet:

- Der **Rabenschnabelfortsatz-Oberarm-Muskel** entspringt gemeinsam mit dem kurzen Bizepskopf vom Rabenschnabelfortsatz. Diesen kann man ohne Schwierigkeit durch den Schlüsselbeinteil des Deltamuskels hindurch tasten. Die beiden Muskeln ziehen im Schultergelenk den Arm an den Rumpf und heben ihn nach vorn. Man kann sie gut anspannen, wenn man die Hand gegen die Hüfte stützt und kräftig gegen den Rumpf preßt. Man kann die beiden Muskeln dann auch noch unter dem ebenfalls angespannten Schlüsselbeinteil des Deltamuskels bis zum Rabenschnabelfortsatz nach oben verfolgen. Wegen des anliegenden Gefäß-Nerven-Strangs ist der Druck in der Tiefe der Achselhöhle jedoch schmerzhaft.
- Der zweiköpfige Oberarmmuskel (auch vom gebildeten Laien gewöhnlich **Bizeps** genannt) ist gut zu umgreifen, wenn man mit der Hand zangenartig die Vorderseite des Oberarms umfaßt. Die tastenden Finger gleiten dann ganz zwanglos in der inneren und äußeren Bizepsrinne (Sulcus bicipitalis medialis/lateralis) auf und ab. Noch deutlicher wird der Muskel, wenn man im Ellbogengelenk gegen Widerstand beugt (z.B. im Sitzen unter die Tischplatte greifen und den Tisch anzuheben versuchen). Im oberen Bereich ist dann die Grenze zwischen dem kurzen (medial) und dem langen Kopf zu fühlen. Distal vereinigen sich die beiden und laufen in der Ellenbeuge spitz zur Bizepssehne zusammen. Die Hauptsehne setzt an der Rauhigkeit der Speiche an. Die flache Nebensehne (Bizepsaponeurose) strahlt medial in die Unterarmfaszie aus. Ihre scharfe Oberkante ist beim Anspannen des Muskels in leichter Beugung mühelos zu tasten. Die Hauptsehne kann man bei etwa rechtwinkliger Beugung in entspanntem Zustand mit Daumen und Zeigefinger nahezu umgreifen. Der Bizeps ist wie kein anderer Muskel beim Laien Ausdruck von Körperkraft. Zum Imponiergehabe von Kraftprotzen gehört daher das demonstrative Anspannen des Bizeps.

▪ Der **Oberarmmuskel** ist demgegenüber größtenteils verborgen. Der an sich große Muskel wird vom Bizeps bedeckt. Nur in der Ellenbeuge tritt der Oberarmmuskel zwischen dem sich verjüngenden Bizeps und den Muskeln der Beuger- und der Streckergruppe des Unterarms in 2 kleinen Feldern an die Oberfläche. Im Gegensatz zum Bizeps, der auch auswärtsdreht, ist der Oberarmmuskel ein reiner Beuger.

## Ü842 Armumfänge messen

Die Gliedmaßenumfänge hängen ab
▪ vom Trainingszustand und damit der Mächtigkeit der Muskeln,
▪ von der Dicke des Unterhautfettgewebes,
▪ vom Wassergehalt des Gewebes,
▪ am geringsten von der Dicke der Knochen (ausgenommen die Umfänge im Gelenkbereich).

Ein Arm oder Bein kann demgemäß "dick" sein, weil der Proband
▪ körperlich gearbeitet oder viel Sport betrieben hat. Muskeln werden durch regelmäßiges Training dicker.
▪ mehr gegessen hat, als er Energie verbraucht hat. Die überschüssige Energie wird in Form von Fettgewebe gespeichert.
▪ zuviel Wasser eingelagert hat. Mögliche Ursachen sind eine Ausscheidungsschwäche der Nieren (Niereninsuffizienz), eine nachlassende Pumpleistung des Herzens (Rechtsherzinsuffizienz), ein verzögerter venöser Rückstrom (Krampfadern, Venenklappeninsuffizienz), ein behinderter Lymphabfluß (z.B. nach dem Entfernen der Achsellymphknoten bei der Brustkrebsoperation) u. a. Alle Entzündungen gehen mit örtlichen Schwellungen einher.

Die 3 genannten Ursachen des dicken Arms oder Beins sind, wenn sie isoliert vorliegen, leicht durch Tasten zu unterscheiden:
▪ Kräftige Muskeln fühlt man als prallen Widerstand von wechselnder Form, wenn der Proband die Muskeln an- und entspannt. Das Muskelrelief zeichnet sich an der Haut ab.
▪ Die Dicke des Fettgewebes läßt sich beurteilen, indem man Hautfalten abhebt.
▪ Vermehrte Flüssigkeitseinlagerung ohne Entzündung führt zu einer "teigigen" Schwellung. Drückt man mit dem Finger eine Delle ein, so verstreicht sie nach dem Wegziehen des Fingers nur langsam. Entzündliche Schwellungen hingegen sind prall. Die 5 klassischen Zeichen einer Entzündung sind: rubor, tumor, calor, dolor, functio laesa (Rötung, Schwellung, Wärme, Schmerz und gestörte Funktion).

Ein einzelner Umfangsmeßwert ist ärztlich wertlos. Interessant ist immer nur der Vergleich
▪ von rechts und links,
▪ in der zeitlichen Abfolge.

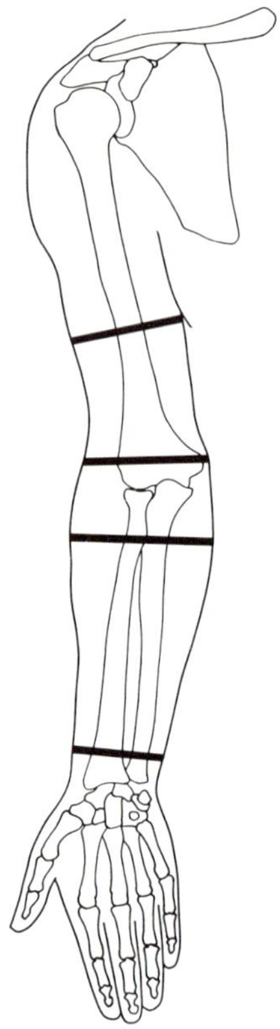

*Abb. 842. Empfehlenswerte Höhen zum Messen der Armumfänge*

**Seitenunterschiede**: Beim gesunden Menschen sind die Gliedmaßen auf gleichen Höhen nahezu gleich dick. Unterschiede sollte man sorgfältig analysieren:

a) **Seitigkeit**: An Stellen, an denen vor allem die Muskeln den Querschnitt bestimmen, gibt es geringe Unterschiede aufgrund der Händigkeit bzw. Beinigkeit. Beim Rechtshänder sind die Muskeln des rechten Arms etwas dicker. Der Unterschied in der Muskelquerschnittfläche beträgt beim Trainierten etwa 5-10 %. Demgemäß ist der Umfang rechts etwa 2-4 % größer. Der Unterschied ist weitaus geringer, als der Laie gewöhnlich annimmt. Der linke Arm ist schließlich nicht untätig. Er muß oft das schwere Werkstück halten, das die rechte Hand mit einem leichten Werkzeug bearbeitet. Händigkeit bedeutet Geschicklichkeit, nicht Kraft.

b) **Unterschiedliches Muskeltraining**: Der Arzt wird selten dem Problem gegenüberstehen, daß eine Seite sportlich übermäßig trainiert wird, z.B. bei den "asymmetrischen" Kraftsportarten, wie Speerwerfen, Kugelstoßen usw. Beim Patienten ist meist ein Gliedmaßenumfang kleiner, weil die Muskeln dieser Seite unternormal betätigt werden. Dabei sind 2 Fälle zu unterscheiden:

- Der Patient kann die Muskeln nicht anspannen, weil die Innervation gestört ist (Nervenlähmung) oder (seltener) weil die Muskeln selbst erkrankt sind (z.B. Muskelschwächekrankheit).
- Der Patient will die Muskeln nicht anspannen, weil dies Schmerzen verursacht. Die Schmerzen entstehen meist nicht im Muskel, sondern im von ihm bewegten Gelenk. Entzündungen (Arthritiden) und Abnützungskrankheiten (Arthrosen) von Gelenken verleiten den Patienten zum "Schonen" des betroffenen Gelenks. Dies führt schon nach wenigen Wochen zu meßbaren Seitenunterschieden der Gliedmaßenumfänge. Häufig ist dem Patienten dabei das Ausmaß seiner "Schonung" gar nicht klar geworden. In der ärztlichen Praxis sind chronische Gelenkerkrankungen die häufigste Ursache von Seitenunterschieden der Gliedmaßenumfänge.

c) **Einseitige Schwellung**: Beim jungen Erwachsenen steht die entzündliche Schwellung nach einem Unfall im Vordergrund. Beim älteren herrschen Venenerkrankungen vor, besonders an den Beinen. Am Arm kann es zu einer Venenentzündung (Phlebitis) z.B. nach einer unsauberen intravenösen Injektion kommen. Bei fast allen radikal Brustkrebsoperierten schwillt der Arm auf der operierten Seite wegen der Zerstörung der Lymphabflußwege für 3-4 Wochen leicht an. Bei 10-20 % (bei Nachbestrahlung bis 40 %) bleibt die Schwellung über mehrere Monate bestehen, bis sich neue Lymphbahnen ausgebildet haben.

**Beurteilen des Krankheitsverlaufs**: Bei allen Erkrankungen, die zu einer Zu- oder Abnahme von Gliedmaßenumfängen führen, hat man ein einfaches Kriterium für die Annahme einer Besserung oder des Fortschreitens der Erkrankung, wenn man regelmäßig die entsprechenden Gliedmaßenumfänge bestimmt und vergleicht. Deshalb sollte der Arzt bei einschlägigen Krankheiten schon bei der Erstuntersuchung vor Beginn der Behandlung die Gliedmaßenumfänge messen.

**Meßpunkte**: Voraussetzung für einen sinnvollen Vergleich in größeren Zeitabständen ist eine eindeutige Definition der Meßmethode (Abb. 842). In der Klinik ist der Bezug auf das Gelenk beliebt, z.B. 10 und 20 cm oberhalb des Ellbogen- oder Kniegelenkspalts (Ü958). Bei den meist gesunden und sportlichen Studenten liegt das Messen der Muskeln an der dicksten Stelle näher.

Protokoll 842. Armumfänge (cm)

| | R | L |
|---|---|---|
| Oberarm: größter Umfang bei | | |
| a) schlaffem Arm | | |
| b) gespanntem Bizeps | | |
| Ellbogen: Umfang in Streckstellung | | |
| Unterarm (schlaff): | | |
| a) größter Umfang | | |
| b) kleinster Umfang | | |

## Ü843 Puls der Armschlagader am gesamten Oberarm tasten, Blutdruck messen

Die Armschlagader (A. brachialis) läuft am gesamten Oberarm unbedeckt von Muskeln und ist deshalb in ganzer Länge zu tasten (Abb. 843). Erst im Bereich der Ellenbeuge wird sie von der Bizepsaponeurose (Aponeurosis musculi bicipitis brachii) überquert. Dann teilt sie sich in die Speichenschlagader (A. radialis) und die Ellenschlagader (A. ulnaris), die beide zunächst von Muskeln bedeckt und daher nicht zu tasten sind.

**Puls tasten**: Die Armschlagader liegt in der inneren Bizepsrinne (Sulcus bicipitalis medialis). Leitmuskel im oberen Bereich ist der Rabenschnabelfortsatz-Oberarm-Muskel (M. coracobrachialis), der mit dem kurzen Bizepskopf vom Rabenschnabelfortsatz zum Oberarm zieht. Stützt man die Hände in die Hüften, so spannen sich die beiden Muskeln als Anzieher im Schultergelenk an. An ihrem hinteren Rand findet man dann leicht den Gefäß-Nerven-Strang. Der Puls der Armschlagader wird deutlicher, wenn man die Hand aus der Hüfte löst und nach oben dreht (Abspreizen und Außenkreiseln im Schultergelenk). Der tastende Finger muß das Gefäß gegen das Oberarmbein drücken.

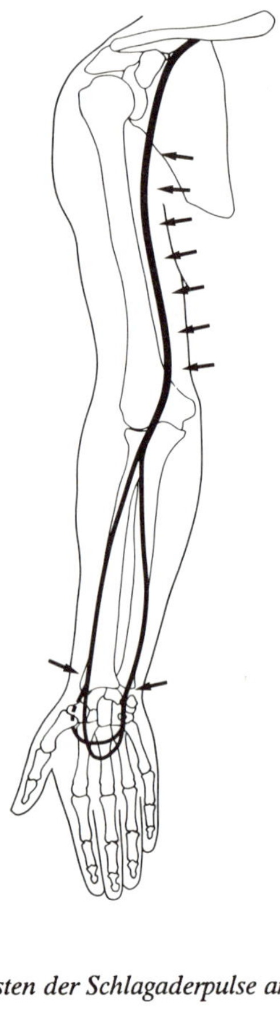

*Abb. 843. Tasten der Schlagaderpulse am Arm*

**Erste Hilfe**: Bei starken Blutungen am Unterarm oder an der Hand kann der Blutzufluß am Oberarm leicht unterbrochen werden. Man umfaßt dazu den Oberarm zangenartig mit der Hand und drückt die Armschlagader mit dem Daumen gegen den Knochen ab. Auf längere Sicht ist es bequemer, den Oberarm mit einem Tuch zu umschlingen und den Knoten mit einem Stab sanft zuzudrehen, bis der Blutdurchfluß unterbrochen ist. Keinesfalls sollte man den Knoten fester als nötig anziehen, da der Druck die am Oberarm recht ungeschützt verlaufenden großen Armnerven schädigen könnte. Ideales Gerät zum Abbinden ist die Manschette des Blutdruckmeßgeräts. Man bläst sie bis knapp über den systolischen Blutdruck auf. So wird ein unnötig hoher Druck am einfachsten vermieden. Außerdem wird der Druck durch die Manschette breit verteilt.

**Theorie der Blutdruckmessung**: Den Druck in der Schlagader kann man auf 2 Wegen bestimmen:

- direkte ("blutige") Messung: Man führt ein Manometer direkt in das Blutgefäß ein. Damit sind der Blutdruck sehr genau und kontinuierlich zu messen und die Blutdruckkurve bei Operationen oder zur Intensivüberwachung auf einem Monitor sichtbar zu machen. Der Aufwand ist beträchtlich. Auch ist an Komplikationen (Blutgerinnselbildung mit Gefäßverschluß, Nachblutung) zu denken.
- indirekte ("unblutige") Messung: Man bestimmt den Druck, der nötig ist, um das Blutgefäß durch die Haut hindurch zuzudrücken. Diese Methode ist sehr viel ungenauer als die blutige. Sie ist jedoch einfach und gefahrlos auszuführen. Sie reicht für die Praxis meist völlig aus. Das Prinzip wurde von dem italienischen Kinderarzt Scipione Riva-Rocci 1896 entwickelt. Ihm zu Ehren wird in Befunden der unblutig gemessene Blutdruck mit RR abgekürzt. Das Manometer ist dabei an die aufblasbare Manschette angeschlossen. Man bläst zunächst die Manschette auf, bis die Schlagader völlig verschlossen ist. Dann läßt man den Druck langsam sinken und mißt den Druck in der Manschette, wenn sich das Gefäß durch den Blutdruck gerade zu öffnen beginnt (systolischer Blutdruck) und wenn das Gefäß völlig geöffnet ist (diastolischer Blutdruck). Der Zwischenbereich ist gekennzeichnet durch ein über der Ellenbeuge zu hörendes Strömungsgeräusch (Korotkow-Ton). Es tritt auf, solange

die Blutströmung nur während der Systole möglich ist. Es fehlt, wenn die Schlagader kontinuierlich verschlossen oder geöffnet ist.

**Praxis der Blutdruckmessung**: Die "Deutsche Liga zur Bekämpfung des hohen Blutdrucks" empfiehlt:

- Beim Anlegen der luftleeren Manschette ist darauf zu achten, daß der aufblasbare Gummiteil mindestens den gesamten inneren Halbumfang des Oberarms bedeckt.
- Die Manschette muß fest anliegen, ohne abzuschnüren, und soll ungefähr 2,5 cm oberhalb der Ellenbeuge enden. Die Kleidung darf oberhalb der Manschette nicht einschnüren.
- Die Messung kann am sitzenden oder liegenden Menschen erfolgen.
- Unabhängig von der Körperstellung sollen sich die Ellenbeuge und der ganz leicht im Ellbogengelenk gebeugte Unterarm in Herzhöhe befinden.
- Bei der Erstuntersuchung ist an beiden Armen zu messen. Ergeben sich dabei größere Unterschiede, soll später stets an dem Arm mit dem höheren Blutdruck gemessen werden. Auch ist bei Kontrollmessungen immer der gleiche Arm zu verwenden. Bei Verdacht auf orthostatischen Blutdruckabfall sowie bei Hochdruckkranken vor und besonders während der Behandlung muß der Blutdruck stets auch im Stehen gemessen werden.
- Der Manschettendruck wird unter Tasten des Radialispulses rasch auf einen Wert aufgepumpt, der etwa 30 mmHg oberhalb desjenigen Manometerdruckes liegt, bei dem der Radialispuls verschwindet. Anschließend wird der Manschettendruck allmählich verringert und gleichzeitig die Schlagader in der Ellenbeuge abgehört.
- Beim ersten hörbaren Geräusch wird am Manometer der systolische Blutdruck abgelesen.
- Der diastolische Blutdruck wird abgelesen, wenn die Geräusche völlig verschwinden. Ausnahme: Bei Schwangeren sowie bei Kindern wird der diastolische Blutdruck bereits abgelesen, wenn die Geräusche deutlich leiser ("gedämpfter") werden. Dämpfung und Verschwinden der Geräusche können zusammenfallen.
- Der Manschettendruck darf im Meßbereich des systolischen und diastolischen Blutdrucks höchstens um 2-3 mm/s vermindert werden.
- Zwischen aufeinanderfolgenden Messungen soll wenigstens eine Minute verstreichen. Dabei muß die Manschette völlig druckentlastet werden, um eine venöse Stauung zu vermeiden.
- Die Druckwerte sollen - ungeachtet der bekannten Fehlerbreite der Methode - möglichst genau abgelesen und nicht auf- oder abgerundet werden.
- Der Blutdruck kann durch vielfältige Faktoren beeinflußt werden, z.B. Erregung und Spannung, bei Kindern durch Schreien. Nur wiederholte Messungen an verschiedenen Tagen und zu verschiedenen Tageszeiten erlauben ein Urteil über den Blutdruck eines Menschen (Tag-Nacht-Rhythmus des Blutdrucks: Nachts ist der Blutdruck meist deutlich niedriger als bei Tag, deshalb Uhrzeit der Blutdruckmessung notieren!). Die WHO empfiehlt mindestens 3 Messungen bei wenigstens 2 verschiedenen Gelegenheiten.
- Eine Berücksichtigung der Weichteildicke durch Korrektur der abgelesenen Drücke soll nicht erfolgen. Bei Oberarmumfängen von mehr als 40 cm lassen sich die oft erheblichen Fehler durch Verwendung einer besonders breiten Manschette verringern, im Einzelfall aber nicht sicher ausgleichen. In diesen Fällen benutzt man ebenso wie zur Messung am Oberschenkel eine 16-20 cm breite, 60-80 cm lange Stoffmanschette mit entsprechend größerem Gummiteil.
- Bei Kindern werden schmalere Manschetten (2,5 cm, 5 cm oder 8 cm breit) benutzt, wobei diejenige gewählt wird, die etwa 2/3 der Oberarmlänge bedeckt.
- Seitendifferenzen des Blutdrucks an den Armen sind bei Erwachsenen diagnostisch erst verwertbar, wenn sie 20 mmHg systolisch oder 15 mmHg diastolisch überschreiten.
- Im Schock ergibt die indirekte Messung häufig falsche (meist zu niedrige) Werte.

Protokoll 843. Oberarmschlagader

| | R | L |
|---|---|---|
| Pulsfrequenz (1/min) | | |
| Blutdruck (mmHg) a) systolisch | | |
| b) diastolisch | | |

**Ü844 Große Armnerven tasten und ihren Verlauf auf die Haut aufmalen, Ausfallserscheinungen bei Lähmungen bedenken**

Die ungestörte Funktion der Hand als Greiforgan ist im wesentlichen von 3 Nerven (Ästen des Armnervengeflechts) abhängig:

- Mittelarmnerv (N. medianus),
- Ellennerv (N. ulnaris),
- Speichennerv (N. radialis).

Sie teilen sich die motorische Innervation aller Muskeln des Unterarms und der Hand und die sensible Innervation der Finger (Ü881). Man kann sie an Ober- und Unterarm an mehreren Stellen tasten (an der Hand Ü882):

a) **Mittelarmnerv**: Aus der Achselhöhle kommend liegt er in der oberen Hälfte des Oberarms gewöhnlich der Armschlagader lateral an. Im unteren Teil des Oberarms überkreuzt er die Armschlagader und gelangt auf deren mediale Seite. Am gesamten Oberarm liegt er oberflächlich (zwar unter der Oberarmfaszie, aber nicht von Muskeln bedeckt).

Der Mittelarmnerv ist über die ganze Oberarmlänge zu tasten, besonders gut aber in der unteren Hälfte, wo er über die Armschlagader hinwegzieht. Führt man den tastenden Finger über dem Nerv mit leichtem Druck hin und her, so springt der Nerv jeweils zu Seite. Auf Höhe der Obergelenkknorren entzieht sich der Nerv weiterer Betastung, indem er in den runden Einwärtsdreher (M. pronator teres) eintritt.

Im unteren Teil des Unterarms kommt der Mittelarmnerv wieder näher an die Oberfläche. Er wird dann nur von der Sehne des langen Hohlhandsehnenspanners (M. palmaris longus) bedeckt. Fehlt dieser Muskel, so liegt der Mittelarmnerv ungeschützt da und kann getastet werden. Er ist hier für eine Leitungsanästhesie besonders gut zugänglich.

b) **Ellennerv**: In der Achselhöhle liegt der Ellennerv der Achselschlagader medial an. Am Oberarm entfernt er sich allmählich immer weiter von ihr und läuft dann rückwärts vom inneren Obergelenkknorren, bevor er in die Muskeln der Beugergruppe des Unterarms eintritt. Der Ellennerv ist der wohl am leichtesten zu tastende stärkere Nerv, wenn man ihn in der Ellennervrinne (Sulcus nervi ulnaris) zwischen dem Ellbogen und dem inneren Obergelenkknorren aufsucht. Selbst bei Fettsüchtigen ist er hier gut zu finden. Die Leitungsbetäubung des Nervs ist an dieser Stelle einfach.

Im unteren Drittel des Unterarms schließt sich der Ellennerv der Ellenschlagader an. Er liegt ellenseitig von ihr, meist vom Rand des ellenseitigen Handbeugers (M. flexor carpi ulnaris) bedeckt. Erst an der Hand ist er wieder zu tasten (Ü882).

c) **Speichennerv**: In der Achselhöhle liegt er hinter der Achselschlagader. Er zieht dann schraubenförmig rückwärts um das Oberarmbein und trennt dabei den seitlichen und den inneren Kopf des Armstreckers. Zwischen dem Oberarmmuskel (M. brachialis) und dem Oberarm-Speichen-Muskel (M. brachioradialis) gelangt er in die Ellenbeuge. Dort teilt er sich in seinen oberflächlichen (sensiblen) und tiefen (motorischen) Ast. Der oberflächliche Ast zieht am Rand der Oberarm-Speichen-Muskels zur Hand. Der tiefe Ast tritt in den Außendreher (M. supinator) ein.

Der Speichennerv ist nicht so leicht zu tasten wie der Mittelarmnerv und der Ellennerv. Man findet jedoch zumindest einen Druckpunkt an der Außenseite des Oberarms zwischen den Ursprüngen des Oberarmmuskels und des Oberarm-Speichen-Muskels, wo der Speichennerv die äußere Muskeltrennwand (Septum intermusculare brachii laterale) durchbohrt. Ein leichter Druckschmerz weist auch beim Gesunden darauf hin, daß man an der richtigen Stelle ist. An der Hand sind Hautäste des Speichennervs leicht zu finden (Ü882).

**Ausfallserscheinungen**:

- Mittelarmnerv: Er versorgt den größten Teil der Muskeln der Beugergruppe des Unterarms und des Daumenballens. Bei seinem Ausfall sind der Faustschluß und die Gegenüberstellung des Daumens stark behindert. Sie sind aber nicht aufgehoben, da der Ellennerv einen Teil der an diesen Bewegungen beteiligten Muskeln versorgt. Leitsymptom der Lähmung des Mittelarmnervs ist die "Schwurhand": Die Finger 1-3 können in den Mittel- und Endgelenken nicht mehr gebeugt werden, wohl aber die Finger 4 + 5 (über den vom Ellennerv versorgten Anteil des tiefen Fingerbeugers).

■ Ellennerv: Faustschluß und Gegenüberstellen des Daumens sind ebenfalls beeinträchtigt. Am schwersten wiegt jedoch der Ausfall der Zwischenknochenmuskeln: Die Finger 2-5 können in den Grundgelenken nicht mehr kräftig gebeugt werden. Durch das Überwiegen der Strecker an diesen Gelenken gerät die Hand in eine Stellung wie beim Kratzen ("Krallenhand"): Die Fingergrundgelenke sind gestreckt. Mittel- und Endgelenke sind gebeugt. Der Daumen ist abgespreizt.

■ Speichennerv: Er versorgt alle Strecker an Ober- und Unterarm. Ellbogengelenk und Handgelenke können nicht mehr gestreckt werden. Die einwärtsgedrehte (mit dem Handrücken nach oben gehaltene) Hand fällt schlaff herab ("Fallhand").

Der Anfänger wird vielleicht überrascht sein, daß beim Ausfall des Speichennervs auch der Faustschluß beeinträchtigt ist: Gezielte Bewegungen setzen immer auch die Intaktheit der Gegenspieler voraus. Für den Faustschluß gilt dies in besonderem Maß: Nur wenn die Hand in den Handgelenken rückwärtsgestreckt wird, kann die Faust fest geschlossen werden. Andernfalls reicht die Verkürzungsmöglichkeit der Fingerbeuger für einen festen Faustschluß nicht aus. Sie werden "aktiv insuffizient", da sich jeder Muskel nur etwa auf die Hälfte seiner Ruhemuskelfaserlänge zusammenziehen kann. Die Fingerbeuger haben aber 4-5 Gelenklinien zu überqueren (2 Handgelenke, 2-3 Fingergelenke): Sie beugen in den Handgelenken, wenn die Fingergelenke gestreckt sind, und beugen an den Fingergelenken, wenn die Handgelenke rückwärtsgestreckt sind. Beides gleichzeitig geht nicht mit voller Kraft.

Die Sensibilitätsstörungen bei Ausfall der großen Armnerven werden in Ü881 und Ü893 erörtert.

## 8.5 Unterarm und Hand A (Knochen)

### Ü851 Handwurzelknochen und distale Abschnitte der Unterarmknochen tasten und auf der Haut markieren

Die diagnostische Bedeutung des Tastens aller Handwurzelknochen für den praktischen Arzt dürfte nicht allzu hoch einzuschätzen sein. Trotzdem sollte man diese etwas zeitaufwendige Übung nicht überschlagen: Man kann sich dabei im kritischen Tasten kleinerer Strukturen üben. Dabei hat man immer die Kontrolle: Am Schluß muß das Muster vollständig sein.

Ein Weg vom Leichteren zum Schwierigeren beginnt bei den Unterarmknochen, geht zum Erbsenbein und den ellenseitigen Handwurzelknochen über, tastet dann die daumenseitigen Knochen und endet bei den in der Mitte gelegenen (Abb. 851). Dies ist günstiger, als in der Reihenfolge des alten Merkspruchs vorzugehen ("Es fuhr ein Kahn im Mondenschein im Dreieck um das Erbsenbein, Vieleckchen groß, Vieleckchen klein, der Kopf, der muß am Haken sein").

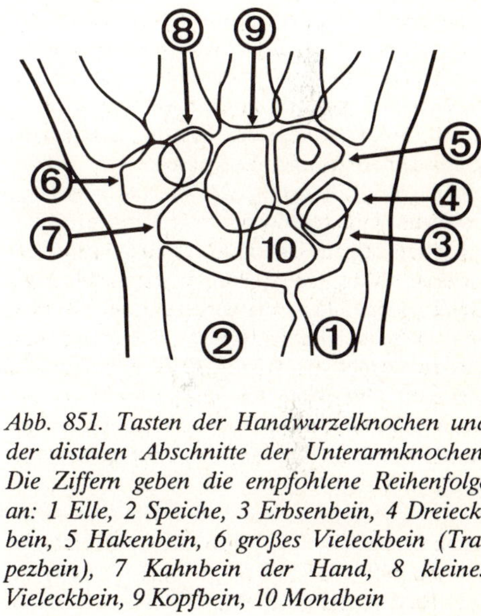


*Abb. 851. Tasten der Handwurzelknochen und der distalen Abschnitte der Unterarmknochen. Die Ziffern geben die empfohlene Reihenfolge an: 1 Elle, 2 Speiche, 3 Erbsenbein, 4 Dreieckbein, 5 Hakenbein, 6 großes Vieleckbein (Trapezbein), 7 Kahnbein der Hand, 8 kleines Vieleckbein, 9 Kopfbein, 10 Mondbein*

■ **Elle** (Ulna): Die Hinterkante der Elle (Margo posterior) liegt in ganzer Ausdehnung vom Ellbogen bis zum Ellenkopf oberflächlich. Sie bildet die scharfe Grenze zwischen den "Streckern" und den "Beugern" des Unterarms und wird von keinem Muskel überquert. Der runde Ellenkopf (Caput ulnae) tritt am distalen Unterarmrücken stark hervor. Zum kleinfingerseitigen Rand hin tastet man einen Einschnitt und dann den einige Millimeter fingerwärts vorspringenden Griffelfortsatz (Processus styloideus). Wegen der klaren Abgrenzbarkeit der beiden Enden wurde die Elle früher als Längenmaß verwendet. Die Schwierigkeit bildete dabei die individuell unterschiedliche Länge (Ü144).

▪ **Speiche** (Radius): Der Speichenschaft (Corpus radii) ist großteils von Muskeln umhüllt. Nur wenige Zentimeter vor dem distalen Ende wird die Speiche oberflächlich, tritt jedoch nicht so markant hervor wie der Ellenkopf. Der Griffelfortsatz der Speiche ist viel klobiger als der der Elle. Zeichnet man die Grenze zwischen den Unterarm- und den Handwurzelknochen auf die Haut, so achte man darauf, daß diese Grenze nicht quer, sondern bogenförmig (nach distal konkav) verläuft. Sie ist handrückenseitig viel besser als hohlhandseitig zu tasten, weil die Beugesehnen kräftiger und viel näher zusammengedrängt sind.

▪ **Erbsenbein** (Os pisiforme): Es ist am leichtesten von allen Handwurzelknochen zu finden. Streicht man vom Kleinfinger ausgehend über die Hohlhand in Richtung Unterarm, so fühlt man auf Höhe der distalsten der 3-4 Beugefalten der Handgelenke einen rundlichen Knochenvorsprung. Man kann ihn zwischen Daumen und Zeigefinger mit einem Schlüsselgriff fassen. Beugt man die Hand zur Hohlhandseite, so kann man den Knochen etwa ½-1 cm in Querrichtung hin- und herschieben. Man prüft so die Beweglichkeit des Erbsenbeingelenks (Articulatio ossis pisiformis) zwischen Erbsenbein und Dreieckbein. Das Erbsenbein wird vom Anfänger meist zu weit distal gesucht. Es liegt jedoch an der Grenze zwischen der Leistenhaut der Hohlhand und der Felderhaut der Unterarmbeugeseite.

▪ **Dreieckbein** (Os triquetrum): Es liegt rückwärts vom Erbsenbein und ist daher nicht zu verwechseln.

▪ **Hakenbein** (Os hamatum): Geht man an der ulnaren Handkante von der Elle zum fünften Mittelhandknochen, so fühlt man 4 Vorwölbungen, die durch 3 Einschnitte getrennt werden: Die Vorwölbungen sind der Ellenkopf, das Dreieckbein, das Hakenbein und die Basis des Mittelhandknochens. Die Einschnitte entsprechen dem oberen und unteren Handgelenk sowie dem Handwurzel-Mittelhand-Gelenk. Das Hakenbein verdankt seinen Namen dem auf der Hohlhandseite vorspringenden Haken (Hamulus ossis hamati). Man tastet ihn etwa 2 Fingerbreit vom Erbsenbein entfernt. Der Untersucher legt dazu den Ringfinger auf die Haut über dem Erbsenbein des Probanden und stellt den Mittelfinger und den Zeigefinger unmittelbar anschließend in einer Linie in Richtung auf den Mittelfinger des Probanden auf. Dringt nun die Kuppe des Zeigefingers unter leicht kreisenden Bewegungen in die Tiefe der Hohlhand, so fühlt man bald einen knöchernen Widerstand. Häufig gibt es einen leichten Druckschmerz, und unter dem tastenden Finger springt ein Strang zur Seite. Es handelt sich um den Ellennerv (N. ulnaris, Ü882).

▪ **Großes Vieleckbein** (Trapezbein, Os trapezium): Stellt man den Daumen dem Kleinfinger gegenüber, so kann man die 3 Knochen des Daumens (Endglied, Mittelglied und Mittelhandknochen) besonders leicht abgrenzen. Dann tastet man ohne Schwierigkeit den Gelenkspalt des Daumensattelgelenks (evtl. den Daumen etwas hin- und herbewegen). In Richtung Unterarm folgt nun die Rundung des großen Vieleckbeins.

▪ **Kahnbein der Hand** (Os scaphoideum): Der Knochen ist in Normalnullstellung in der Tiefe der Tabatiere (zwischen den Sehnen des kurzen und des langen Daumenstreckers) verborgen. Erst wenn man die Hand zur Ellenseite abspreizt (ulnarabduziert), wird das Kahnbein an die Oberfläche gedreht. Es ist nun zwischen dem Griffelfortsatz der Speiche und dem großen Vieleckbein zu tasten.

▪ **Kleines Vieleckbein** (Trapezoidbein, Os trapezoideum): Geht man am Handrücken zwischen Daumen und Zeigefinger unterarmwärts, so fühlt man zunächst den kräftigen Muskelwulst des ersten hinteren Zwischenknochenmuskels. Dann trifft man auf den Spalt zwischen 2 Knochen: In Fortsetzung des Daumens liegt das große Vieleckbein, in Fortsetzung des Zeigefingers das kleine. Allerdings ist die Basis des zweiten Mittelhandknochens gegenüber dessen Schaft stark verbreitert und könnte mit dem kleinen Vieleckbein verwechselt werden. Man muß sich also bemühen, den Gelenkspalt zwischen beiden zu finden. Rumpfwärts schließt an das kleine Vieleckbein das Kahnbein an.

▪ **Kopfbein** (Os capitatum): Ist man in der geschilderten Reihenfolge vorgegangen, so bleiben nur noch die in der Fortsetzung des Mittelfingers liegenden beiden Handwurzelknochen übrig. Das Kopfbein ist der größte der Handwurzelknochen und ragt zwischen Kahnbein und Dreieckbein weit nach proximal. Die Gelenklinie des distalen Handgelenks erscheint daher so eigenartig verzahnt (Ü852). Hat man Schwierigkeiten, den Gelenkspalt des dritten Handwurzel-Mittelhand-Gelenks zu finden, so sollte man sich erinnern, daß die Handwurzel-Mittelhand-Gelenke etwa in einer Geraden liegen und man das 1., 2. und 5. bereits getastet hat. Bei hohlhandseitigem Beugen (Palmarflexion) der Hand wölbt der Kopf des Kopfbeins häufig die Haut am Handrücken vor. Bei abwechselndem speichen- und ellenseitigen Abspreizen der Hand bewegt sich die vorspringende Rundung jeweils in der Gegenrichtung.

- **Mondbein** (Os lunatum): Für das Mondbein bleibt nur noch der freie Raum zwischen dem Kopfbein und der Speiche übrig. Bei manchen Menschen tritt bei hohlhandseitigem Beugen statt des Kopfbeins das Mondbein stärker hervor.

## Ü852 Wichtige Gelenklinien der Handwurzel hervorheben, Verlauf der Bänder und Bewegungsmöglichkeiten bedenken

Hat man in Ü851 die einzelnen Handwurzelknochen auf den Handrücken aufgemalt, so ist es nicht schwer, die 3 großen Gelenklinien hervorzuheben.

a) **Oberes** (proximales) **Handgelenk** (Articulatio radiocarpalis): distalkonkave Projektionslinie vom Griffelfortsatz der Speiche zum Griffelfortsatz der Elle (Abb. 852). Die proximale Reihe der Handwurzelknochen bildet einen eiförmigen Gelenkkopf, der sich in der flachen Pfanne aus Speiche und Gelenkscheibe (distal der Elle) bewegt. Die von der Speiche und der Elle zur Handwurzel ziehenden Bänder (Lig. radiocarpale palmare/dorsale, Lig. ulnocarpale palmare) verlaufen so schräg, daß 4 Hauptbewegungen möglich bleiben:

- hohlhandwärts beugen (palmarflektieren),
- handrückenwärts strecken (dorsalextendieren = dorsalflektieren),
- ellenwärts abspreizen (ulnarabduzieren),
- speichenwärts abspreizen (radialabduzieren).

b) **Unteres** (distales) **Handgelenk** (Articulatio mediocarpalis): Schlangenlinie zwischen den beiden Reihen der Handwurzelknochen. Das Kopfbein springt weit in die proximale Reihe der Handwurzelknochen vor. Kräftige Bänder laufen auf der Hohlhandseite strahlenförmig auf den Kopf des Kopfbeins zu (Lig. carpi radiatum). Auf der Rückseite verbinden die Bänder jeweils Nachbarknochen (Ligg. intercarpalia dorsalia). Wegen der Verzahnung der beiden Reihen der Handwurzelknochen sind nur 2 Hauptbewegungen möglich:

- hohlhandwärts beugen (palmarflektieren),
- handrückenwärts strecken (dorsalextendieren, dorsalflektieren).

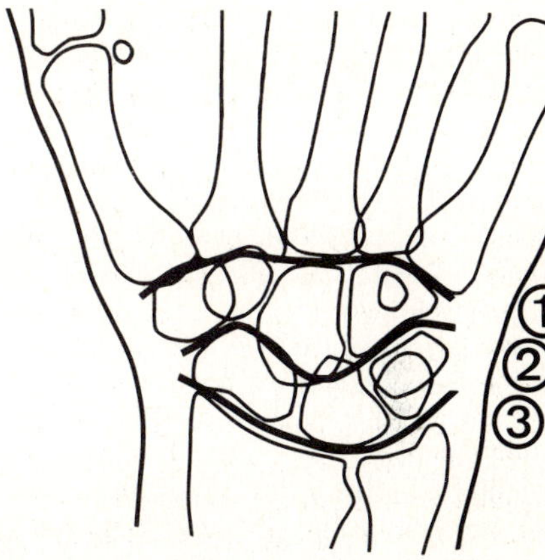


*Abb. 852. Gelenklinien der Handwurzel: 1 Handwurzel-Mittelhand-Gelenke, 2 unteres Handgelenk, 3 oberes Handgelenk*

c) **Handwurzel-Mittelhand-Gelenke** (Articulationes carpometacarpales): sanft distalkonvexer Bogen zwischen der distalen Reihe der Handwurzelknochen und den Basen der Mittelhandknochen. An den Strahlen 2-5 werden die Gelenke von sehr straffen Bändern (Ligg. carpometacarpalia palmaria/dorsalia) überspannt. Deshalb ist die Beweglichkeit gering. Der Kleinfinger kann jedoch dem Daumen etwas gegenübergestellt (opponiert) werden. Auch kann die Hohlhand zu einer Mulde verformt werden.

Eine Sonderstellung nimmt das Handwurzel-Mittelhand-Gelenk des Daumens (Articulatio carpometacarpalis pollicis) ein. Die Gelenkflächen zwischen dem kleinen Vieleckbein und dem Mittelhandknochen des Daumens sind sattelförmig. Deshalb wird es gewöhnlich **Daumensattelgelenk** genannt. Die Bänder sind sehr kräftig: Bei einer Verrenkung reißt gewöhnlich nicht das Band, sondern bricht der Ansatz aus dem Mittelhandknochen aus ("Bennet-Fraktur"). Trotzdem bleibt ein erheblicher Bewegungsspielraum in 4 Hauptrichtungen:

- abspreizen (abduzieren),
- anführen = anziehen (adduzieren),
- gegenüberstellen (opponieren),
- rückstellen (reponieren).

## Ü853 Bewegungsumfänge der Handgelenke und der Daumensattelgelenke messen

In der vorhergehenden Übung (Ü852) sind die Gelenke bereits beschrieben worden. Es bleiben technische Probleme zu erörtern:

- Die Nullstellung ist die in Fortsetzung der Hauptrichtung des Unterarms gehaltene Hand. Die Längsachse des Mittelfingers setzt jene der Speiche fort (Abb. 853). Der Daumen ist an den Zeigefinger angelegt.
- Die beiden Handgelenke werden für die Beuge-Streck-Bewegung als funktionelle Einheit behandelt. Ein getrenntes Bestimmen der Bewegungsumfänge ist nur mit Hilfe des Röntgenbildes möglich. Man orientiert sich dann an der markanten Silhouette des Mondbeins im queren Strahlengang.
- Die Abspreizbewegung im Daumensattelgelenk ist nicht einheitlich definiert: Der Daumen liegt nicht in der Reihe der übrigen Finger, sondern ist um etwa einen halben rechten Winkel aus der Querrichtung der Hand gedreht. Dies wird an den Beuge-Streck-Achsen der Fingerendgelenke besonders deutlich: Der Daumen bewegt sich dabei nicht parallel zu den übrigen Fingern, sondern um den halben rechten Winkel gedreht. Da die Abspreizbewegung rechtwinklig zur Beuge-Streck-Bewegung erfolgt, sollte im Daumensattelgelenk die Abspreizrichtung nicht parallel zu der der Handgelenke, sondern um 45° hohlhandseitig gedreht definiert sein. Diesen Überlegungen folgen jedoch nicht alle Autoren. Manche messen die Abspreizbewegung des Daumens in der gleichen Ebene wie die Radialabduktion der Hand. Damit werden aber Abspreizen und Rückstellen praktisch identisch.
- Die Bewegungen im Daumensattelgelenk sind an den Richtungsänderungen des Mittelhandknochens und nicht am Grund- oder Endglied des Daumens zu bestimmen. Es ist schwierig, sie genau zu messen. Man wird sich mit recht groben Schätzungen begnügen müssen.

**Übungsaufgaben**:
1. Schnelltests: Abb. 853a und b.
2. Bewegungsmessung mit Winkelmesser.

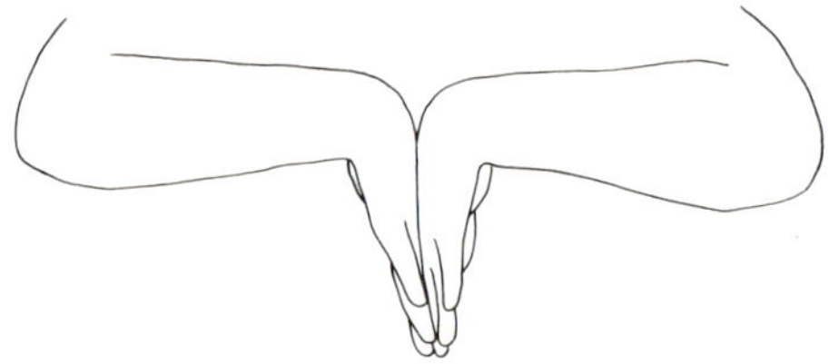

*Abb. 853a. Schnelltest für die Beweglichkeit der Handgelenke: Palmarflexion*

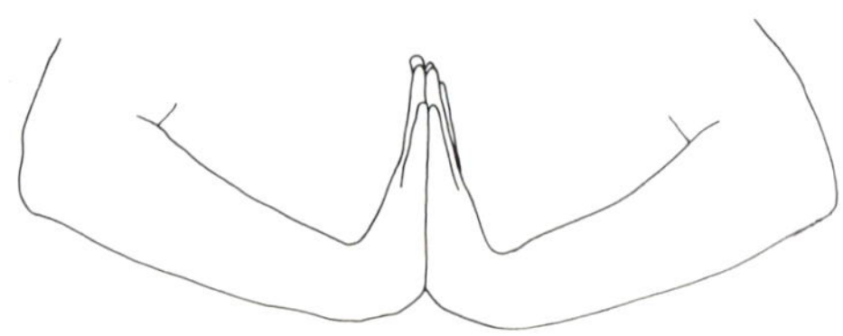

*Abb. 853a. Schnelltest für die Beweglichkeit der Handgelenke: Dorsalextension*

Protokoll 853a. Handgelenke
Bewegungsumfang (°, Neutralnullmethode)

| | | | | |
|---|---|---|---|---|
| Rückwärts- strecken - Beugen | R | | | |
| | L | | | |
| Speichen- - ellenseitig Abspreizen | R | | | |
| | L | | | |

Protokoll 853b. Daumensattelgelenk
Bewegungsumfang (°, Neutralnullmethode)

| | | | | |
|---|---|---|---|---|
| Abspreizen - Anziehen | R | | | |
| | L | | | |
| Gegenüber- - Rückstellen | R | | | |
| | L | | | |

### Ü854 Mittelhand- und Fingerknochen tasten, Gelenklinien markieren, Fingerlängen messen

Mittelhand- und Fingerknochen sind auf der Rückseite in ganzer Länge zu tasten. Lediglich an den Fingerendgliedern wird ein Teil durch den Nagel verdeckt. Auf der Hohlhandseite sind die Fingerknochen durch die derben Sehnentunnel der Beugesehnen verdeckt. Zu den Mittelhandknochen kann man in der Hohlhand wegen deren Matratzenkonstruktion, der Beugesehnen und der Muskeln des Daumen- und Kleinfingerballens nicht vordringen. Seitlich kann man alle Fingerknochen tasten. Der Mittelhandknochen des Daumens ist außen und innen, der des Zeigefingers nur auf der Speichenseite und der des Kleinfingers nur auf der Ellenseite zugänglich.

Beim Beugen in den Fingergrundgelenken 2-5 treten die Köpfe der Mittelhandknochen stark hervor. Etwa 1-1½ cm distal der Rundung tastet man auf der Rückseite den Gelenkspalt des Fingergrundgelenks. Dann folgen in Richtung Fingermittelgelenk die breite Basis, der schlankere Schaft und die wieder breitere Rolle (Kopf) des Fingergrundglieds.

Protokoll 854. Fingerlängen (cm)

| | R | L |
|---|---|---|
| Daumen | | |
| Zeigefinger | | |
| Mittelfinger | | |
| Ringfinger | | |
| Kleinfinger | | |

Bei starker Beugung im Fingermittelgelenk kann man den Einschnitt in der Rolle des Fingergrundglieds leicht fühlen. Der Gelenkspalt des Fingermittelgelenks liegt viel näher (etwa ½ cm) an der Rundung als beim Fingergrundgelenk. Es folgen dann Basis, Schaft und Rolle des Mittelglieds ähnlich wie beim Grundglied, nur etwas kleiner. Das Endglied ist wegen des Nagels und der prallen Haut des Fingerballens schlecht zu beurteilen. Der Gelenkspalt des Fingerendgelenks liegt nur etwa 1/4 cm distal der Rundung der Mittelgliedrolle.

Die Fingerlängen vom Gelenkspalt des Fingergrundgelenks zur Fingerspitze sind leicht zu messen. Vermutlich wird es den meisten erst dabei auffallen, daß der Ringfinger bei der Mehrzahl der Probanden länger als der Zeigefinger ist.

### Ü855 Bewegungsumfänge der Fingergelenke messen

Die Fingergrundgelenke der Finger 2-5 sind ihrem Bau nach Kugelgelenke. Demgemäß können Bewegungen um 3 Hauptachsen ausgeführt werden:

- handrückenwärts strecken - hohlhandwärts beugen,
- abspreizen - anziehen.
- außenkreiseln - innenkreiseln.

In vielen Lehrbüchern wird geschrieben, daß isolierte Bewegungen um die Kreiselachse nicht möglich wären, weil entsprechende Muskeln fehlten. Dies ist nicht ganz richtig. Zwar können die meisten Menschen spontan überhaupt nicht kreiseln, die Muskeln sind jedoch vorhanden: Die Zwischenknochenmuskeln und die Spulmuskeln strahlen auf beiden Seiten des Fingergrundglieds in die Strecksehne des Fingerrückens ein. In Beugestellung des Fingergrundgelenks haben sie damit eine starke Kreiselwirkung. Wir sind lediglich nicht gewohnt, diese Muskeln einzeln zu betätigen. Mit etwas Konzentration wird es sicher jedem gelingen, den gebeugten Zeigefinger ein wenig zu kreiseln. Dabei kann man sehr gut das Anspannen des ersten hinteren Zwischenknochenmuskels zwischen Daumen und Zeigefinger tasten. Bei entsprechendem Training müßte es möglich sein, in allen Fingergrundgelenken 2-5 aktiv zu kreiseln. Die Frage ist allerdings, wofür das gut sein sollte (eine reizvolle Betätigung könnte das Nasenbohren mit dem rotierenden Kleinfinger sein).

Beim Messen der Bewegungsumfänge spielt die Frage der aktiven Kreiselung keine Rolle, da alle Bewegungen für die Messung passiv auszuführen sind. Man hält den Finger fest und dreht die Hand um den Finger. Dabei kann man leicht Außen- und Innenkreiseln

Protokoll 855a. Fingergrundgelenke
Bewegungsumfang (°, Neutralnullmethode)

Strecken - Beugen

| | | | | |
|---|---|---|---|---|
| I | R | | | |
| | L | | | |
| II | R | | | |
| | L | | | |
| III | R | | | |
| | L | | | |
| IV | R | | | |
| | L | | | |
| V | R | | | |
| | L | | | |

Abspreizen - Anziehen

| | | | | |
|---|---|---|---|---|
| II | R | | | |
| | L | | | |
| III (radial-ulnar abspreizen) | R | | | |
| | L | | | |
| IV | R | | | |
| | L | | | |
| V | R | | | |
| | L | | | |

Außenkreiseln - Innenkreiseln

| | | | | |
|---|---|---|---|---|
| II | R | | | |
| | L | | | |
| III | R | | | |
| | L | | | |
| IV | R | | | |
| | L | | | |
| V | R | | | |
| | L | | | |

Protokoll 855b. Fingermittelgelenke
Bewegungsumfang (°, Neutralnullmethode)

Strecken - Beugen

| | | | | |
|---|---|---|---|---|
| II | R | | | |
| | L | | | |
| III | R | | | |
| | L | | | |
| IV | R | | | |
| | L | | | |
| V | R | | | |
| | L | | | |

Protokoll 855c. Fingerendgelenke
Bewegungsumfang (°, Neutralnullmethode)

Strecken - Beugen

| | | | | |
|---|---|---|---|---|
| I | R | | | |
| | L | | | |
| II | R | | | |
| | L | | | |
| III | R | | | |
| | L | | | |
| IV | R | | | |
| | L | | | |
| V | R | | | |
| | L | | | |

verwechseln. Sie sind definiert wie die entsprechenden Bewegungen in den Speichen-Ellen-Gelenken. Hält man den Finger fest und dreht die Hand, so führt die Auswärtsdrehung (Supination) der Hand zu einem Einwärtskreiseln des Fingers.

Abspreizen und Anziehen der Finger sind definiert als vom Mittelfinger weg bzw. auf ihn zu. Für den Mittelfinger selbst ist diese Definition nicht zu gebrauchen. Er ist speichenseitig und ellenseitig abzuspreizen. Das Protokoll ist für ihn sinngemäß auszufüllen. Wegen des besonderen Verlaufs der Seitenbänder wird die Abspreizbewegung mit zunehmender Beugung gehemmt. Das Abspreizen ist daher aus der Nullstellung (Finger in der Ebene der Hand) zu prüfen.

Die Rückwärtsbewegung in den Fingergrundgelenken wird erleichtert, wenn dabei Mittel- und Endgelenke leicht gebeugt werden (Entspannen der Beugesehnen).

Die Fingermittel- und -endgelenke sowie das Daumengrundgelenk sind reine Scharniergelenke. Um die eine Achse kann man nur beugen und strecken.

### Ü856 Bewegungsumfänge der Fingergelenke durch Streckenmaße charakterisieren

Protokoll 856. Streckenmaße bei Fingerbewegungen: kleinste Abstände (cm) zwischen Fingerspitze II-V und

| | R | L |
|---|---|---|
| a) Daumenspitze II | | |
| III | | |
| IV | | |
| V | | |
| b) Hohlhand II | | |
| III | | |
| IV | | |
| V | | |
| c) Haut über Grundgelenk II | | |
| III | | |
| IV | | |
| V | | |

Der Gesunde kann mit dem Daumenendglied die Fingerspitzen 2-5 berühren. Beim Faustschluß liegen die Fingerspitzen 2-5 der Hohlhand an. Selbst bei gestreckten Fingergrundgelenken können die Fingerspitzen noch die Hohlhand auf Höhe der Grundgelenke berühren. Bei stärkeren Bewegungseinschränkungen ist all dieses nicht mehr möglich. In diesem Fall ist es einfacher, die kleinsten möglichen Abstände zwischen den Fingerspitzen 2-5 und dem Daumen bzw. der Hohlhand als die entsprechenden Winkel an den Gelenken zu messen. Beim Gesunden muß im Protokoll 856 in allen Zeilen eine Null stehen.

## 8.6 Unterarm und Hand B (Muskeln)

### Ü861 Anspannen der Unterarmmuskeln bei Handbewegungen beobachten, Felder an der Haut umranden, Sehnen markieren

Die Unterarmmuskeln sind nach Lage und Innervation in die Gruppen der Beuger und der Strecker zu teilen. Die Bezeichnung Beuger und Strecker bezieht sich auf ihre Wirkung an den Handgelenken. Hingegen beugen die Strecker im Ellbogengelenk, soweit sie dieses überspringen. Die Beuger entspringen vom inneren Obergelenkknorren (Epicondylus medialis) des Oberarmbeins und den hohlhandseitigen Flächen von Elle und Speiche. Die Strecker kommen vom äußeren Obergelenkknorren (Epicondylus lateralis) des Oberarmbeins und den rückwärtigen Flächen von Elle und Speiche. Die Hinterkante (Margo posterior) der Elle bildet eine scharfe Grenze zwischen den Beugern und Streckern auf der Rückseite des Unterarms. Die Beuger werden vom Mittelarmnerv (N. medianus) und vom Ellennerv (N. ulnaris), die Strecker vom Speichennerv (N. radialis) versorgt.

a) **Beuger**: Man beobachte das Anspannen der Muskeln der oberflächlichen Schicht bei Hand- und Fingerbewegungen und umgrenze danach ihre Hautfelder. Von der Speichen- zur Ellenseite fächern sich auf

- runder Einwärtsdreher (M. pronator teres),
- speichenseitiger Handbeuger (M. flexor carpi radialis),

▪ langer Hohlhandsehnenspanner (M. palmaris longus, nicht bei allen Menschen vorhanden, Abb. 861),
▪ oberflächlicher Fingerbeuger (M. flexor digitorum superficialis),
▪ ellenseitiger Handbeuger (M. flexor carpi ulnaris).

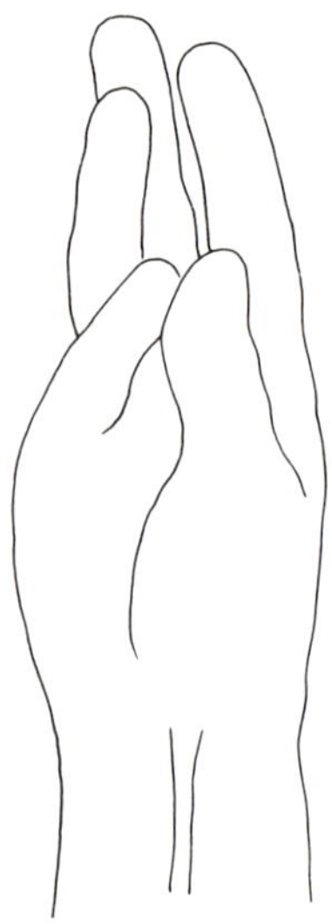

*Abb. 861. Starkes Hervortreten der Sehne des langen Hohlhandsehnenspanners beim Gegenüberstellen von Daumen und Zeigefinger*

Die Zuordnung der Muskeln wird sehr erleichtert, wenn man von den 3 markanten **Beugersehnen** ausgeht.
▪ Schon bei entspannt herabhängendem Arm sieht man bei nicht zu dickem Unterhautfett im unteren Unterarmbereich unmittelbar an die Hohlhand angrenzend 1-2 Sehnen hervortreten. Sie werden noch deutlicher, wenn man die Hand gegen Widerstand beugt. Es sind dies die Sehnen des speichenseitigen Handbeugers (daumenseitig) und des langen Hohlhandsehnenspanners (kleinfingerseitig). Ist nur eine Sehne deutlich zu sehen, so ist es die des speichenseitigen Handbeugers. Dann fehlt der lange Hohlhandsehnenspanner. Ist dieser vorhanden, so kann man die Sehne besonders stark vorspringen lassen, wenn man in Mittelstellung des Handgelenks die Spitzen von Kleinfinger und Daumen aneinanderlegt. Bei dieser Bewegung wird die Hohlhandsehne (Aponeurosis palmaris) gestrafft.
▪ Die Sehne des ellenseitigen Handbeugers setzt am Erbsenbein an. Man findet sie leicht, wenn man vom Erbsenbein ausgeht. Man kann sie dann über die gesamte untere Hälfte des Unterarms nach oben verfolgen.

In der tiefen Schicht der Beuger liegen
▪ tiefer Fingerbeuger (M. flexor digitorum profundus),
▪ langer Daumenbeuger (M. flexor pollicis longus),
▪ viereckiger Einwärtsdreher (M. pronator quadratus).

Von diesen Muskeln kann man nur das Bewegungsspiel des langen Daumenbeugers unter der Haut beobachten. Man sieht es etwas oberhalb der Radialispulsgrube bei abwechselnden Beuge- und Streckbewegungen des Daumenendglieds.

b) **Strecker**: 2 Muskeln dieser Gruppe entspringen vom Oberarmschaft und sind kräftige Beuger des Ellbogengelenks. Man spannt sie an, wenn man im Ellbogengelenk gegen Widerstand beugt:
▪ Oberarm-Speichen-Muskel (M. brachioradialis): Er ist der Grenzmuskel zur Beugergruppe auf der Hohlhandseite des Unterarms. Sein Wulst bestimmt die Kontur der oberen zwei Drittel des Unterarms, wenn man gegen Widerstand beugt. Er wird nur wegen der Lage und der Innervation zur Streckergruppe gerechnet: Da er an der Speiche ansetzt und die Hand gar nicht erreicht, kann er auch nicht strecken. Er wirkt lediglich auf das Ellbogengelenk (beugend) und die Speichen-Ellen-Gelenke (je nach Ausgangsstellung ein- oder auswärtsdrehend).
▪ langer speichenseitiger Handstrecker (M. extensor carpi radialis longus): Er liegt im Ellbogenbereich dem Oberarm-Speichen-Muskel speichenseitig an. Sein Muskelbauch ist viel kürzer als der des Oberarm-Speichen-Muskels. Der Name bezieht sich auf die lange Sehne.

Die an die beiden vorgenannten Muskeln anschließende Hauptgruppe der Strecker besteht (von der Speichen- zur Ellenseite) aus
▪ kurzem speichenseitigen Handstrecker (M. extensor carpi radialis brevis),
▪ Fingerstrecker (M. extensor digitorum),

- Kleinfingerstrecker (M. extensor digiti minimi),
- ellenseitigem Handstrecker (M. extensor carpi ulnaris, Randmuskel der Streckergruppe an der Hinterkante der Elle).

Knapp oberhalb des Handrückens tritt eine schräg verlaufende Gruppe von 4 Muskeln an die Oberfläche und überkreuzt die Sehnen der speichenseitigen Handstrecker:
- langer Daumenabspreizer (M. abductor pollicis longus),
- kurzer Daumenstrecker (M. extensor pollicis brevis),
- langer Daumenstrecker (M. extensor pollicis longus),
- Zeigefingerstrecker (M. extensor indicis).

Die Sehnen aller bisher genannten Muskeln (**Strecksehnen**) sind am Übergang vom Unterarm zum Handrücken zu tasten. Einige wölben sogar die Haut vor und sind leicht zu sehen:
- Die Sehnen der Daumenstrecker umschließen an der Handwurzel eine Hauteinsenkung. Sie wird daumenseitig von den Sehnen des langen Daumenabspreizers und des kurzen Daumenstreckers, kleinfingerseitig von der Sehne des langen Daumenstreckers begrenzt. Besonders deutlich zu sehen ist sie, wenn man den Daumen rückstellt. Die Grube wird seit altersher Tabatiere ("Schnupftabakdose") genannt, weil man hier eine kleine Prise Schnupftabak auftragen kann (für größere Mengen empfiehlt sich die kleinfingerseitig anschließende größere, wenn auch flachere Delle zwischen den Sehnen des langen Daumenstreckers und des Fingerstreckers).
- Die Sehnen des Fingerstreckers strahlen von der Mitte der Handwurzelrückseite fächerförmig zu den Fingern 2-5 aus. Zum Kleinfinger zieht zusätzlich die Sehne des Kleinfingerstreckers. Manchmal tastet man sogar noch eine dritte Sehne. Dann ist entweder die Sehne des Kleinfingerstreckers oder die Kleinfingersehne des Fingerstreckers zweigeteilt. Auch zum Zeigefinger laufen 2 Sehnen: die Zeigefingersehne des Fingerstreckers und die Sehne des Zeigefingerstreckers. Zwischen den einzelnen Sehnen des Fingerstreckers spannen sich z.T. sehnige Verbindungen aus (Connexus intertendineus, Plural Connexus intertendinei). Man tastet sie besonders häufig zwischen der Ringfinger- und der Kleinfingersehne auf Höhe der Mittelhandknochenköpfe. Beim Beugen in den Fingergrundgelenken gleiten sie fingerwärts, beim Strecken unterarmwärts.
- An der ulnaren Kante der Hand fühlt man unmittelbar distal des Ellenkopfes die Sehne des ellenseitigen Handstreckers. Für sie gibt es einen zunächst überraschenden Test: Man legt die Hand mit der Hohlhand flach auf den Tisch und tastet mit der anderen Hand die Sehne des ellenseitigen Handstreckers. Spreizt man nun mehrmals ruckartig den Daumen ab, so fühlt man jedesmal ein Anspannen der Sehne des ellenseitigen Handstreckers. Die Erklärung ist recht einfach: Der Daumen wird abgespreizt, wenn man einen Gegenstand greifen will. Dazu wird in der Regel die übrige Hand ellenwärts abgespreizt, um den Gegenstand zangenartig zu umfassen. Daumenabspreizen und gleichzeitiges ellenseitiges Handabspreizen sind also ein eingefahrenes Bewegungsmuster.
- Beim Faustschluß wird die Hand rückwärtsgestreckt, damit die Fingerbeuger ihre volle Kraft entfalten können. Es spannen sich daher die Sehnen der speichenseitigen Handstrecker an. Die Sehne des kurzen speichenseitigen Handstreckers tritt in der Grube ellenseitig neben der Tabatiere deutlich hervor. Die Sehne des radial neben ihm liegenden langen speichenseitigen Handstreckers wird von der Sehne des langen Daumenstreckers verdeckt. Zieht man diese zur Seite, indem man den Daumen dem Kleinfinger gegenüberstellt (opponiert), so ist sie gut zu tasten.
- Die Sehne des Oberarm-Speichen-Muskels setzt am Griffelfortsatz der Speiche an, überschreitet also nicht den Spalt des oberen Handgelenks. Beugt man im Ellbogengelenk gegen Widerstand, so kann man die Sehne in der unteren Hälfte des Unterarms unmittelbar neben der Speiche tasten.

Aus der Streckergruppe bleiben dann noch 2 Muskeln übrig:
- Auswärtsdreher (M. supinator): Er ist in der Tiefe verborgen.
- Ellbogenmuskel (M. anconeus): Er füllt ein dreieckiges Feld zwischen der Hinterkante der Elle, dem oberen Ende des ellenseitigen Handstreckers und der Verbindungslinie zwischen Ellbogen und dem äußeren Obergelenkknorren des Oberarmbeins. Man kann ihn auch als eine Fortsetzung des inneren Kopfes des Armstreckers ansehen und ihn gewissermaßen als vierten Kopf zum dreiköpfigen

Oberarmmuskel (Armstrecker) rechnen. Seine oberen Randfasern strecken, seine unteren beugen im Ellbogengelenk.

### Ü862 Haltebänder der Sehnen und Sehnenscheiden aufzeichnen, Karpaltunnel klarmachen

Sehnen müssen durch Haltebänder gezügelt werden, wenn die Gefahr besteht, daß sie sich bei bestimmten Gelenkstellungen zu weit von der Unterlage abhöben. Dies ist an der Hand der Fall bei den

- Beugesehnen an den Handgelenken, allen Fingergelenken und am Daumensattelgelenk: Das Halteband der Beugesehnen (Retinaculum flexorum) verbindet die beiden hohlhandseitigen Enden der leicht U-förmig angeordneten Handwurzelknochen (kleinfingerseitig Erbsenbein und Haken des Hakenbeins, daumenseitig die Vorsprünge des Kahnbeins und des großen Vieleckbeins). Vom Halteband und den Handwurzelknochen wird dadurch ein Ring gebildet, der den Hohlhandkanal (Canalis carpi, Karpaltunnel) umschließt.
- Beugesehnen an allen Fingergelenken und am Daumensattelgelenk: Straffe Faserscheiden (Vaginae fibrosae digitorum manus) mit Ringzügen (Pars annularis vaginae fibrosae) und Kreuzzügen (Pars cruciformis vaginae fibrosae) bilden zusammen mit den Fingerknochen und den Gelenkkapseln der Fingergelenke "osteofibröse" Sehnentunnel.
- Strecksehnen an den Handgelenken: Das Halteband der Strecksehnen (Retinaculum extensorum) grenzt unmittelbar distal des Ellenkopfes den Handrücken gegen den Unterarm ab.

Haltebänder verlaufen überwiegend rechtwinklig zu den festgehaltenen Sehnen. Bei allen Muskelbewegungen würden die Sehnen an den Haltebändern und umgekehrt scheuern, wären nicht Vorrichtungen zur Reibungsminderung angebracht. Es sind dies die **Sehnenscheiden** (Vaginae synoviales), flüssigkeitsgefüllte Lamellensysteme, die sich teleskopartig verschieben und dabei lange Bewegungen in kurze Teilbewegungen mit geringer Reibung zerlegen. Sehnenscheiden findet man an der Hand

- im Hohlhandtunnel,
- an allen Fingern um die Beugesehnen,
- am Handrücken nur unter dem Halteband der Strecksehnen.

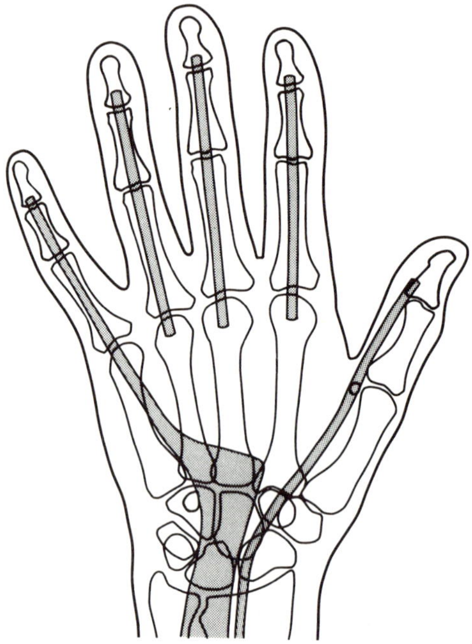

*Abb. 862a. Hohlhandseitige Sehnenscheiden*

An den hohlhandseitigen Sehnenscheiden (Abb. 862a) ist für das Verständnis der Ausbreitung von Sehnenscheideneiterungen wichtig zu wissen:

- Im Hohlhandkanal umhüllt eine große gemeinsame Sehnenscheide (Vagina communis musculorum flexorum) alle Fingerbeugersehnen. Nur die Sehnenscheide des langen Daumenbeugers ist selbständig.
- Nicht im Hohlhandkanal, sondern oberflächlich zu ihm liegt die Sehne des speichenseitigen Handstreckers mit ihrer Sehnenscheide.
- An den Fingern 2-4 sind die Sehnenscheiden der Finger meist getrennt von der gemeinsamen Sehnenscheide im Hohlhandkanal (weil die Handwurzel-Mittelhand-Gelenke dieser Strahlen nur gering beweglich sind).
- Die Sehnenscheide des langen Daumenbeugers (Vagina tendinis musculi flexoris pollicis longi) läuft vom Hohlhandtunnel bis zum Daumenendglied durch (weil alle 5 Gelenke des ersten Strahls gut beweglich sind).
- Am Kleinfinger läuft die Sehnenscheide aus dem Hohlhandtunnel meist bis zum Endglied

durch (der Kleinfinger kann dem Daumen gegenübergestellt werden).

▪ Eiterungen der Sehnenscheiden bleiben folglich an den Fingern 2-4 meist auf den Finger beschränkt, vom Daumen und vom Kleinfinger breiten sie sich hingegen zum Hohlhandkanal aus. Dort können sie u.U. auf die Nachbarsehnenscheide überspringen und in dieser wieder fingerwärts vorlaufen. Dies erklärt die zunächst überraschende Tatsache, daß Sehnenscheideneiterungen vom Daumen auf den Kleinfinger und umgekehrt übergreifen (V-Phlegmone), nicht aber auf die übrigen Finger (ausgenommen bei Varietäten der Sehnenscheiden).

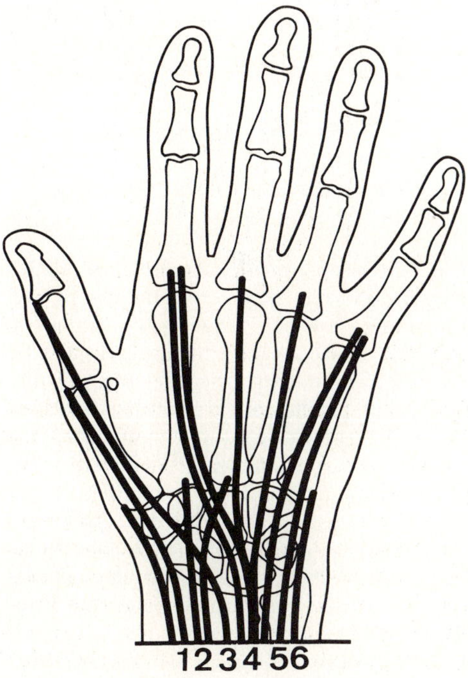


*Abb. 862b. Sehnen im Bereich des Haltebands der Strecker: 1 langer Daumenabspreizer und kurzer Daumenstrecker, 2 langer und kurzer speichenseitiger Handstrecker, 3 langer Daumenstrecker, 4 Fingerstrecker und Zeigefingerstrecker, 5 Kleinfingerstrecker, 6 ellenseitiger Handstrecker*

▪ Der Hohlhandkanal ist straff umgrenzt. Er kann sich kaum erweitern. Jede Schwellung (z.B. Sehnenscheidenentzündung) führt zum Druckanstieg und zum Zusammenpressen der Nachbarstrukturen. Besonders betroffen ist davon der Mittelarmnerv (N. medianus), der mit den Sehnen durch den Hohlhandkanal zieht. Bei Einengung des Hohlhandkanals wird häufig die Leitung im Mittelarmnerv unterbrochen (Medianuslähmung beim Karpaltunnelsyndrom).

Der Raum unter dem Halteband der Strecksehnen ist in 6 Fächer geteilt (Abb. 862b). Ihre Kenntnis gibt kaum tiefere Einsichten. Sie seien nur der Vollständigkeit wegen erwähnt, da bei dieser Gelegenheit gleich die Sehnen aufgezählt werden können, die unter dem Halteband hindurchziehen:

- 1. langer Daumenabspreizer und kurzer Daumenstrecker,
- 2. langer und kurzer speichenseitiger Handstrecker,
- 3. langer Daumenstrecker,
- 4. Fingerstrecker und Zeigefingerstrecker,
- 5. Kleinfingerstrecker,
- 6. ellenseitiger Handstrecker.

## Ü863 Verlauf der Daumenballen-, Kleinfingerballen- und Zwischenknochenmuskeln aufmalen und deren Bedeutung für Fingerbewegungen klarmachen

Die an der Hand selbst entspringenden Muskeln ("kleine Handmuskeln") lassen sich in 4 Gruppen gliedern:

- Daumenballenmuskeln,
- Kleinfingerballenmuskeln,
- Zwischenknochenmuskeln,
- Spulmuskeln.

Einige Daumenballen- und Spulmuskeln werden vom Mittelarmnerv innerviert, alle übrigen vom Ellennerv.

a) **Daumenballen** (Thenar): In ihm liegen 4 Muskeln:

- kleiner Daumenabspreizer (M. abductor pollicis brevis),
- kleiner Daumenbeuger (M. flexor pollicis brevis),
- Daumengegenübersteller (M. opponens pollicis),
- Daumenanzieher (M. adductor pollicis).

Die Namen der Muskeln können leicht irreführen: Sie geben nur die Hauptbewegung an. Der kleine Daumenbeuger beugt im Daumengrundgelenk. Daneben wirkt er auch bei der Adduktion und Opposition des Daumens mit.

- Den größten Teil der Oberfläche des Daumenballens nimmt der kleine Daumenabspreizer ein. Man kann den angespannten Muskelbauch gut tasten, wenn man den Daumen kräftig abspreizt (45°-Stellung zur Handfläche, er entspannt sich, wenn man rückstellt!). Er wölbt sich stark vor, wenn man vom Abspreizen allmählich zum Gegenüberstellen fortschreitet. Dann sinkt eine seichte Rinne zwischen dem Muskel und dem Mittelhandknochen des Daumens ein, in der man den Daumengegenübersteller mehr erahnt als sicher fühlt. Er wird nahezu vollständig vom kleinen Daumenabspreizer überlagert.
- Den Daumenanzieher tastet man in der Hautfalte zwischen Daumen und Zeigefinger, wenn man den Daumen gegen Widerstand anzieht (einen geeigneten Gegenstand zangenartig mit Daumen und Zeigefinger fassen). In dem Raum zwischen Daumen und Zeigefinger liegt auch noch der erste hintere Zwischenknochenmuskel. Auch er ist ein kräftiger Anzieher des Daumens und spannt sich daher bei der Adduktion mit an. Die beiden Muskeln kann man in Rückstellung des Daumens gut abgrenzen: Die Haut sinkt zwischen den beiden Muskelbäuchen zu einer Rinne ein. Rückwärts liegt der Zwischenknochenmuskel, hohlhandseitig der Daumenanzieher.
- Der kleine Daumenbeuger nimmt das Feld zwischen dem kleinen Daumenabspreizer und dem Daumenanzieher ein.

b) **Zwischenknochenmuskeln**: Sie sind neben den Daumenballenmuskeln die wichtigsten kleinen Handmuskeln, da sie die Hauptbeuger in der Fingergrundgelenken sind. Daneben strecken sie in den Fingermittel- und -endgelenken. Sind sie gelähmt, so gerät die Hand durch das Überwiegen der Gegenspieler in eine Stellung wie beim Kratzen: Die Fingergrundgelenke sind gestreckt, die Fingermittel- und -endgelenke sind gebeugt ("Krallenhand" bei Ulnarislähmung). Die Zwischenknochenmuskeln füllen die Räume zwischen den Mittelhandknochen in 2 Schichten:

- rückwärtige Zwischenknochenmuskeln (Mm. interossei dorsales),
- hohlhandseitige Zwischenknochenmuskeln (Mm. interossei palmares).

Die Sehnen der rückwärtigen Muskeln strahlen jeweils an der dem näheren Rand der Hand zugewandten Seite in die Strecksehnen des Fingerrückens ein. Sie spreizen daher die Finger. Die hohlhandseitigen Muskeln strahlen auf der dem Mittelfinger zugewandten Seite ein. Sie schließen daher die Finger. Man erinnere sich, daß die Finger nur in Streckstellung gespreizt werden können. In Beugestellung kommt die volle Kraft aller Zwischenknochenmuskeln der Beugung im Grundgelenk zugute. Die rückwärtigen Zwischenknochenmuskeln sind am Handrücken zwischen den Mittelhandknochen zu tasten. Man kann ihr Anspannen beim Beugen in den Fingergrundgelenken gegen Widerstand spüren.

c) **Kleinfingerballen** (Hypothenar): Er enthält 3 Muskeln, deren Namen ähnlich wie bei den Daumenballenmuskeln die Hauptbewegung kennzeichnen:

- Kleinfingerabspreizer (M. abductor digiti minimi),
- kurzer Kleinfingerbeuger (M. flexor digiti minimi brevis),
- Kleinfingergegenübersteller (M. opponens digiti minimi).

Die 3 Muskeln des Kleinfingerballens könnte man wegen der geringeren Bedeutung des Kleinfingers zunächst für unwichtig halten. Tastet man sie jedoch, so ist man wohl zunächst über ihre Dicke überrascht. Der Muskelbauch des Kleinfingerabspreizers ist beim Abspreizen des Kleinfingers (auch ohne zusätzlichen Widerstand) als spindelförmiger Wulst an der ellenseitigen Handkante zu umgreifen. Dabei berücksichtige man aber, daß der Kleinfingerabspreizer der einzige Abspreizer des Kleinfingers ist, während die Arbeit des entsprechenden Muskels am Daumenballen durch die des langen Daumenabspreizers und des kurzen Daumenstreckers mehr als nur ergänzt wird. Der Kleinfingerabspreizer ist seinen Aufgaben nach gewissermaßen ein rückwärtiger Zwischenknochenmuskel, der bloß nicht zwischen 2 Mittelhandknochen liegt, weil (normalerweise) kein 6. Mittelhandknochen vorhanden ist.

d) **Spulmuskeln** (Regenwurmmuskeln, Mm. lumbricales): Sie entspringen nicht an Knochen, sondern an den Sehnen des tiefen Fingerbeugers und strahlen ähnlich wie die Sehnen der Zwischenknochenmuskeln in die Strecksehne des Fingerrückens (Radialseite) ein. Sie ergänzen die Arbeit der Zwischenknochenmuskeln. Durch die straffe Haut der Hohlhand hindurch sind sie nicht zu tasten.

### Ü864 Muskelfunktionsprüfung diagnostisch wichtiger Muskeln

Die Kraft jedes einzelnen der vielen Muskeln an Unterarm und Hand zu bestimmen, wäre eine reizvolle, aber sehr zeitaufwendige Aufgabe. Sie kann sinnvoll sein, wenn es darum geht, das genaue Ausmaß der Schäden bei Nervenerkrankungen zu ermitteln und durch gezieltes Training der erhaltenen Muskeln die Leistungsfähigkeit zu verbessern. Entsprechende Untersuchungsprogramme wurden ausgearbeitet (Kendall). Für die nervenärztliche Routineuntersuchung genügt es jedoch, für jeden der großen Nerven eine typische Bewegung zu prüfen, die nur von einem Muskel ausgeführt wird. An der Hand gibt es eine Reihe derartiger Bewegungen, die für einen Nerv kennzeichnend sind:

- **Fingerendgelenke beugen**: Bei den Fingern 2-5 beugt ausschließlich der tiefe Fingerbeuger (M. flexor digitorum profundus) das Endgelenk. Für die Finger 2 + 3 wird er vom Mittelarmnerv (N. medianus), für die Finger 4 + 5 vom Ellennerv (N. ulnaris) gesteuert. Der Untersucher hält das Mittelglied des jeweiligen Fingers des Probanden mit der einen Hand fest. Mit einem Finger der anderen Hand drückt er gegen die Fingerkuppe des Probanden, um gegen die Beugebewegung Widerstand zu leisten. Die Kraft ist am leichtesten zu dosieren, wenn der Untersucher mit dem jeweils gleichen Finger Widerstand leistet, der beim Probanden geprüft wird.
- **Daumenendgelenk beugen**: langer Daumenbeuger (M. flexor pollicis longus), Mittelarmnerv.
- **Daumenendgelenk strecken**: langer Daumenstrecker (M. extensor pollicis longus), Speichennerv (N. radialis).
- **Finger spreizen**: hintere Zwischenknochenmuskeln (Mm. interossei dorsales), Ellennerv. Der Untersucher umfaßt die aneinandergelegten Finger 2-5 des Probanden zangenförmig mit einer Hand und gibt bei der Spreizbewegung des Probanden allmählich nach.

Die Muskelkraft wird nach den in Ü123 ausgeführten Grundsätzen bewertet. Dies ist zweifellos sehr subjektiv, reicht aber für die ärztliche Praxis aus. Der Zeitaufwand für ein objektives Messen in Newton wäre nicht gerechtfertigt. Die folgenden Prozentangaben sind daher mehr symbolisch zu verstehen:

- 100 %: Die Bewegung kann gegen starken Gegendruck ausgeführt werden.
- 75 %: Die Bewegung kann gegen mäßigen Gegendruck ausgeführt werden.
- 50 %: Die Bewegung kann gegen die Schwerkraft ausgeführt werden.
- 25 %: Das Anspannen des Muskels kann getastet werden, die Kraft reicht jedoch für eine Bewegung gegen die Schwerkraft nicht aus.
- 0 %: Der Muskel ist gelähmt. Es ist keine Zuckung im Muskel zu tasten.

Protokoll 864. Muskelkraft (%)

| | | | | | | |
|---|---|---|---|---|---|---|
| Fingerendgelenke beugen II | R | 0 | 25 | 50 | 75 | 100 |
| | L | 0 | 25 | 50 | 75 | 100 |
| III | R | 0 | 25 | 50 | 75 | 100 |
| | L | 0 | 25 | 50 | 75 | 100 |
| IV | R | 0 | 25 | 50 | 75 | 100 |
| | L | 0 | 25 | 50 | 75 | 100 |
| V | R | 0 | 25 | 50 | 75 | 100 |
| | L | 0 | 25 | 50 | 75 | 100 |
| Daumenendgelenk beugen | R | 0 | 25 | 50 | 75 | 100 |
| | L | 0 | 25 | 50 | 75 | 100 |
| strecken | R | 0 | 25 | 50 | 75 | 100 |
| | L | 0 | 25 | 50 | 75 | 100 |
| Finger spreizen | R | 0 | 25 | 50 | 75 | 100 |
| | L | 0 | 25 | 50 | 75 | 100 |

### Ü865 Griffproben

Die beste Muskelkraft nutzt dem Patienten wenig, wenn er die Muskeln nicht zu sinnvollen Bewegungen koordinieren kann. Dabei wirken fast immer mehrere Nerven zusammen, weil gesteuerte Bewegungen auch das Mitwirken der Gegenspieler erfordern. Da die Hand als "Greiforgan" zu kennzeichnen ist, muß die Funktionsprüfung Griffproben einschließen. Gewöhnlich werden 2 Hauptgruppen von Griffarten unterschieden:

- Kraftgriffe: z.B. Grobgriff (Halten eines Hammers) und Hakengriff (Fassen des Henkels eines Eimers),
- Präzisionsgriffe: z.B. Feingriff (Führen einer Nadel) und Schlüsselgriff.

Protokoll 865. Griffproben (% Kraft)

| | | | | | | |
|---|---|---|---|---|---|---|
| A Kraftgriffe<br>a) Grobgriff (Hammer) | R | 0 | 25 | 50 | 75 | 100 |
| | L | 0 | 25 | 50 | 75 | 100 |
| b) Hakengriff (Eimer) | R | 0 | 25 | 50 | 75 | 100 |
| | L | 0 | 25 | 50 | 75 | 100 |
| B Präzisionsgriffe<br>a) Feingriff (Nadel) | R | 0 | 25 | 50 | 75 | 100 |
| | L | 0 | 25 | 50 | 75 | 100 |
| b) Schlüsselgriff | R | 0 | 25 | 50 | 75 | 100 |
| | L | 0 | 25 | 50 | 75 | 100 |
| C Papierstreifen festhalten<br>a) Finger 1+2 | R | 0 | 25 | 50 | 75 | 100 |
| | L | 0 | 25 | 50 | 75 | 100 |
| b) Finger 2+3 | R | 0 | 25 | 50 | 75 | 100 |
| | L | 0 | 25 | 50 | 75 | 100 |
| c) Finger 3+4 | R | 0 | 25 | 50 | 75 | 100 |
| | L | 0 | 25 | 50 | 75 | 100 |
| d) Finger 4+5 | R | 0 | 25 | 50 | 75 | 100 |
| | L | 0 | 25 | 50 | 75 | 100 |
| D Ball mit einer Hand fassen | R | 0 | 25 | 50 | 75 | 100 |
| | L | 0 | 25 | 50 | 75 | 100 |

Zur Untersuchung gibt man dem Probanden einen entsprechenden Gegenstand in die Hand. Der Arzt versucht, den Gegenstand aus der Hand des Probanden zu ziehen. Bewertet wird wieder in 5 Stufen sinngemäß wie bei der vorhergehenden Übung:

- 100 %: Der Gegenstand kann gegen starken Zug festgehalten werden.
- 75 %: Der Gegenstand kann gegen mäßigen Zug festgehalten werden.
- 50 %: Der Gegenstand kann gegen die Schwerkraft festgehalten werden.
- 25 %: Der Gegenstand kann nicht festgehalten werden. Es kommt jedoch eine Greifbewegung zustande.
- 0 %: Keine Greifbewegung.

Von der unterschiedlichen Kraft vergleichbarer Muskeln kann man sich im Selbstversuch leicht überzeugen, wenn man ein Blatt Papier zwischen 2 Finger klemmt und es mit der anderen Hand herauszuziehen versucht. Nimmt man dabei das gleiche Fingerpaar, so kann man sehr einfach Seitenunterschiede bestimmen.

Eine sehr komplexe Bewegung ist das Fassen eines mittelgroßen Balls mit einer Hand.

### Ü866 Händigkeit mit Nadel und Faden bestimmen

Die ungleiche Geschicklichkeit der beiden Hände ist nicht nur ein Ergebnis der ungleichen Übung. Man ist von Natur aus entweder Rechts- oder Linkshänder, je nachdem welche Großhirnhälfte die Führung übernimmt. Wegen der Überkreuzung der Nervenbahnen führt beim Rechtshänder die linke, beim Linkshänder die rechte Großhirnhälfte. Diese "Seitigkeit" hat noch weitere Folgerungen: So ist z.B. das motorische Sprachzentrum meist nur in der führenden Großhirnhälfte aktiv. Ein linksseitiger Hirnschlag führt daher beim Rechtshänder häufig zu Sprachstörungen, ein rechtsseitiger nicht.

Die Mehrzahl der Menschen ist rechtshändig. Bei den Menschenaffen hingegen soll die Linkshändigkeit überwiegen. Etwa 4-5 % der erwachsenen Männer und 2-3 % der erwachsenen Frauen sind Linkshänder. Bei den Neugeborenen ist der Anteil der Linkshänder noch größer. Die nicht so sehr ausgeprägten Fälle werden vor allem in der Schulzeit meist so weit im Gebrauch der rechten Hand geübt, daß sie nicht mehr als Linkshänder erscheinen. Unsere Zivilisation begünstigt zweifellos den Rechtshänder. Schreibt man mit der linken Hand, so verdeckt man, was man gerade geschrieben hat. Die meisten Werkzeuge sind der rechten Hand angepaßt. Der Linkshänder braucht eine spezielle Linkshänderschere usw.

Viele Linkshänder bemühen sich, möglichst viel mit der rechten Hand zu arbeiten, um nicht "linkisch" zu wirken. Der Linkshändigkeit haftet immer noch das Manko an, nicht so zu sein, wie "man" zu sein hat. Dabei kann Linkshändigkeit in manchen Arbeitssituationen durchaus von Vorteil sein. Bei Präparierübungen an der Leiche stören sich 2 nebeneinander arbeitende Kollegen weniger, wenn ein Linkshänder links, ein Rechtshänder rechts steht. Sie haben dann beide optimalen Verkehrsraum für den führenden Arm. Für manche Berufe ist es günstig beidhändig (ambidexter) zu sein: Der Zahnarzt kommt an manche Kavitäten besser heran, wenn er den Bohrer mit der rechten Hand führt, an andere, wenn er ihn in der linken Hand hält.

Eine objektive Bestimmung der Händigkeit durch den Arzt hat Bedeutung in der Arbeitsmedizin, wenn es darum geht, den Arbeitsplatz bestmöglich zu gestalten. Dabei kann man im allgemeinen der Mitarbeit des Probanden sicher sein. Schwieriger ist es bei Begutachtungen nach Unfällen. Die Beeinträchtigung der führenden Hand wird häufig mit einer um 10 % höheren Minderung der Erwerbsfähigkeit (MdE) angesetzt. Es genügt dann nicht, den Patienten zu fragen, mit welcher Hand er schreibe. Man muß ihn bei Tätigkeiten beobachten, bei denen der Gebrauch der Hände nicht durch Konventionen festgelegt ist. Ein Beispiel ist das Einführen eines Fadens in ein Nadelöhr.

Als ich diesen Test in die Übungen am Lebenden aufnahm, war ich davon ausgegangen, daß der Rechtshänder den Faden mit der rechten Hand und die Nadel mit der linken Hand faßt und man so die Händigkeit auf einen Blick erkennen könne. Die Mehrzahl der Probanden verhält sich auch so. Sie bemüht sich, die Nadel mit der linken Hand ganz ruhig zu halten und durch aktives Bewegen der rechten Hand den Faden in das Nadelöhr einzuführen. Es gibt jedoch auch Ausnahmen: Diese Probanden halten den Faden ganz ruhig in der linken Hand und stülpen das Nadelöhr mit der rechten Hand über den Faden. Man kommt also um eine sorgfältige Beobachtung nicht herum. Die gemessene Zeit spielt demgegenüber eine geringere Rolle. Sie hängt zudem sehr von dem Größenverhältnis von Nadelöhr und Fadendicke sowie von der Übung des Probanden ab.

Protokoll 866. Händigkeit: Faden in Nadelöhr einführen

| | | | |
|---|---|---|---|
| Faden in rechter Hand<br>Einfädelungszeit (s) | | | |
| aktive Hand war | R | L | ? |
| Faden in linker Hand<br>Einfädelungszeit (s) | | | |
| aktive Hand war | R | L | ? |
| Händigkeit nach Test | R | L | ? |
| Diagnose stimmt mit Erfahrung überein | j | n | ? |

## 8.7 Unterarm und Hand C (Blutgefäße)

### Ü871 Arterienpulse am Unterarm tasten, Speichenschlagader bis zum ersten Zwischenknochenraum verfolgen, Hohlhandbogen aufzeichnen

Aus der Armschlagader gehen in der Ellenbeuge 3 große Arterien zum Unterarm und der Hand hervor:
- Speichenschlagader (A. radialis),
- Ellenschlagader (A. ulnaris),
- gemeinsame Zwischenknochenschlagader (A. interossea communis).

Speichen- und Ellenschlagader vereinigen sich in der Hohlhand im oberflächlichen und im tiefen Hohlhandbogen (Arcus palmaris superficialis/profundus). Die gemeinsame Zwischenknochenschlagader teilt sich sogleich in die vordere und die hintere Zwischenknochenschlagader (A. interossea anterior/posterior), die auf der Vorder- bzw. Rückseite der Zwischenknochenmembran des Unterarms (Membrana interossea antebrachii) handwärts ziehen. Die Zwischenknochenschlagadern werden hier nicht weiter besprochen, da sie nicht zu tasten sind (der Puls eines sich regelmäßig an der Blutversorgung des Handrückens beteiligenden Astes ist zwischen den Strecksehnen kaum zu finden).

a) **Speichenschlagader**: Sie verläuft am handflächenseitigen Rand des Oberarm-Speichen-Muskels (M. brachioradialis). Ihr Verlauf ist leicht auf die Haut aufzumalen, wenn man den Muskel anspannt (im Ellbogengelenk gegen Widerstand beugen): Der Untersucher drückt den im Ellbogengelenk rechtwinklig gebeugten Unterarm nach unten, der Proband hält dagegen. Im oberen Bereich des Unterarms überlappt der Rand des Muskels das Gefäß. Im unteren Teil liegt die Speichenschlagader unbedeckt. Im Handgelenkbereich wendet sie sich unter den Sehnen der Daumenstrecker hindurch zum Handrücken. Zwischen dem ersten und zweiten Mittelhandknochen tritt sie in die Hohlhand über.

Der Puls der Speichenschlagader ist an 3 Stellen leicht zu tasten:

- "Radialispulsgrube": Die Speichenschlagader liegt am unteren Unterarm auf eine Strecke von 5-10 cm oberflächlich. Am leichtesten tastet man den Puls, wo man die Schlagader gegen das untere Ende der Speiche drücken kann. Die Radialispulsgrube wird lateral von der Speiche und medial von der Sehne des speichenseitigen Handbeugers (M. flexor carpi radialis) begrenzt.
- Tabatiere: Zwischen den Sehnen des kurzen und des langen Daumenstreckers (M. extensor pollicis brevis/longus) kann man die Speichenschlagader gegen das Kahnbein drücken und dabei den Puls fühlen. Dies gelingt bei opponiertem Daumen leichter als bei reponiertem.
- erster Zwischenknochenraum: Aus der Tabatiere zieht die Speichenschlagader an der Grenze zwischen großem und kleinem Vieleckbein distalwärts. Mit etwas Geduld findet man den Puls zwischen den Basen der ersten beiden Mittelhandknochen, wo das Gefäß in die Hohlhand umbiegt.

b) **Ellenschlagader**: Sie zieht aus der Ellenbeuge unter den Muskeln der Beugergruppe handwärts und wird im unteren Unterarmbereich zwischen den Sehnen des ellenseitigen Handbeugers (M. flexor carpi ulnaris) und der Fingerbeuger oberflächlich. Eine "Ulnarispulsgrube" entsprechend der Radialispulsgrube gibt es jedoch nicht: Obwohl beide Schlagadern etwa gleich oberflächlich liegen, ist die Speichenschlagader viel leichter zu tasten, weil man sie gegen den Knochen drücken kann. Zwischen die Ellenschlagader und die Elle schieben sich hingegen Muskeln, die zu wenig Widerstand bieten. So kann man die Ellenschlagader erst im Handwurzelbereich leicht tasten, und zwar unmittelbar daumenseitig vom Erbsenbein. Hat man hier erst einmal den Puls gefunden, dann kann man ihn meist auch noch ein Stück auf den Unterarm zurückverfolgen.

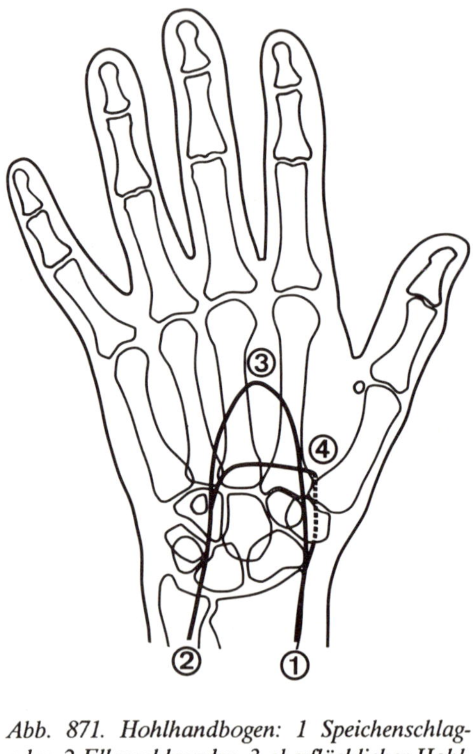


*Abb. 871. Hohlhandbogen: 1 Speichenschlagader, 2 Ellenschlagader, 3 oberflächlicher Hohlhandbogen, 4 tiefer Hohlhandbogen*

c) **Hohlhandbogen**: Die beiden Hohlhandbogen werden in Übungen häufig zu weit fingerwärts angegeben. Sie liegen näher zum Unterarm, als gewöhnlich angenommen wird (Abb. 871):

- oberflächlicher Hohlhandbogen: Er verbindet etwa auf Höhe der Hautfalte zwischen Daumen und Zeigefinger Ellen- und Speichenschlagader.
- tiefer Hohlhandbogen: Man findet ihn etwa fingerbreit weiter proximal am distalen Ende des Hohlhandkanals (Karpaltunnels).

d) **Atypische Gefäßverläufe**: Tastet man in der Radialispulsgrube keinen Puls, so bedeutet dies nicht unbedingt, daß der Blutstrom in der Speichenschlagader unterbrochen (Ü872) oder der Blutdruck stark abgesunken ist. Wenn auch selten, so gibt es doch abnorme Verläufe der Speichenschlagader. So kann sich z.B. ihr Hauptstamm nicht erst in der Tabatiere, sondern schon am Unterarm auf die Rückseite begeben. Recht häufig hingegen (10 %) ist eine zusätzliche Schlagader, die den Mittelarmnerv (N. medianus) zur Hand begleitet (A. mediana). Fehlt der lange Hohlhandsehnenspanner, so kann man mitunter ihren Puls neben der Sehne des speichenseitigen Handbeugers fühlen.

Protokoll 871. Unterarmschlagadern: Pulsfrequenz (1/min)

| | R | L |
|---|---|---|
| Speichenschlagader in Radialispulsgrube | | |
| Tabatiere | | |
| Zwischenknochenraum | | |
| Ellenschlagader neben Erbsenbein | | |

## Ü872 Blutströmung in der Speichen- und in der Ellenschlagader prüfen

Die Hand wird zum weitaus überwiegenden Teil von der A. radialis und der A. ulnaris mit Blut versorgt (es beteiligen sich ferner Äste der A. interossea posterior oder anterior sowie als Varietät eine A. mediana). Speichen- und Ellenschlagader vereinigen sich im oberflächlichen und im tiefen Hohlhandbogen. Wegen dieses ausgezeichneten Kollateralkreislaufs werden Durchblutungsstörungen eines der beiden Gefäße meist nicht bemerkt. Man muß das intakte Gefäß abdrücken, um die Mangeldurchblutung aufzudecken.

- **Überprüfen der A. ulnaris**: Man tastet mit dem Daumen den Puls der Speichenschlagader in der Radialispulsgrube. Dann läßt man den Probanden die Faust fest schließen. Nun drückt man mit dem Daumen die Speichenschlagader gegen die Speiche ab. Anschließend fordert man den Probanden auf, die Faust rasch zu öffnen und die Finger zu strecken. Die zunächst bleiche Handfläche rötet sich bei intakter Blutströmung in der Ellenschlagader innerhalb weniger Sekunden. Bei Verschluß der Ellenschlagader bleibt die Blässe bestehen.
- **Überprüfen der A. radialis**: Man geht wie eben beschrieben vor, drückt jedoch statt der Speichenschlagader die Ellenschlagader (neben dem Erbsenbein) ab.

## Ü873 Palmare Fingerschlagadern tasten und Puls zählen

Die hohlhandseitigen Fingerschlagadern (Aa. digitales palmares propriae) sind, gemessen am kleinen Versorgungsgebiet, sehr stark. Dies hängt mit der großen Oberfläche der Finger und entsprechenden Wärmeverlusten zusammen. Die Finger enthalten auch wenig Weichgewebe. Man kann also die Fingerschlagadern gegen die Fingerknochen drücken und dabei ihren Puls fühlen.

Protokoll 873. Fingerschlagadern: Pulsfrequenz (1/min)

| | R | L |
|---|---|---|
| Daumen | | |
| Mittelfinger | | |
| Ringfinger | | |

Die Gefäß-Nerven-Straßen ziehen an den Fingern etwa in 45°-Position (also in der Mitte zwischen den Beuge-Streck-Achsen und den Abspreiz-Anführ-Achsen) distalwärts. Die hohlhandseitigen Gefäße und Nerven liegen damit beidseits der Fingerbeugesehnen. Faßt man mit Daumen und Zeigefinger zangenartig die Hohlhandseite eines Fingergrundglieds, so wird man (mit etwas Geduld) den Puls finden. Am leichtesten gelingt dies meist am Mittel- oder Ringfinger. Am Zeigefinger ist die Haut derber. Auch am Daumen ist an der Grenze zu der zum Zeigefinger führenden Hautfalte der Puls oft zu fühlen.

### Ü874 Hautvenen am Unterarm studieren, Stellen der Venenklappen sichtbar machen, Hautvenenmuster der Hände vergleichen

Am Unterarm oder zumindest am Handrücken scheinen bei den meisten Menschen die Venen durch die Haut durch. Sie füllen sich stark an, wenn man den Arm herabhängen läßt. Sollten dabei die Venen nicht hinreichend zu sehen sein, so staue man den venösen Abstrom am Oberarm an. Man sollte nur leicht komprimieren, damit der arterielle Zufluß erhalten bleibt. Am einfachsten geht dies mit der Manschette des Blutdruckmeßgeräts, die man auf etwa 50 mmHg aufbläst.

**Venenklappen**: Man streiche auf der Haut über sichtbaren Unterarmvenen mit sanftem Druck distalwärts. Man sieht dann, wie die Vene an einzelnen Stellen knopfartig vorspringt, so als ob dem zurückmassierten Blut hier eine Barriere entgegenstünde. Die Barriere ist die Venenklappe, die den Blutstrom nur herzwärts zuläßt. Wiederholt man den Versuch bei immer anderen Venen, so kann man eine Karte der Venenklappen anlegen.

Von der Gleichrichterwirkung der Venenklappen kann man sich durch folgenden Versuch überzeugen: Man suche zunächst einen längeren Venenabschnitt, in den keine anderen Venen einmünden, der jedoch eine Venenklappe enthält. Nun drückt man mit einem Finger das distale Ende dieses Venenabschnitts ab, streicht mit einem anderen Finger die Venen rumpfwärts aus und drückt am proximalen Ende ab. Hat man richtig abgedrückt, muß die Vene leer bleiben. Hebt man den distalen Finger ab, so schießt das Blut in den gesamten Venenabschnitt ein. Wiederholt man den Versuch und hebt den proximalen Finger ab, so läuft das Blut nur bis zur Venenklappe zurück, der distal davon gelegene Abschnitt der Vene bleibt leer.

**Handrücken-Venennetz**: Wegen des starken Blutzustroms zu den Fingern (Ü873) muß auch der Abstrom durch weite oder zahlreiche Venen gesichert sein. Auf der Hohlhandseite kann sich ein entsprechendes Venennetz wegen der Matratzenkonstruktion im Bereich der Leistenhaut nicht ausbilden. Der Blutrückstrom aus der Hand nimmt daher den Weg hauptsächlich über den Handrücken. Wir finden folglich dort ein reiches Venennetz (Rete venosum dorsale manus). Die Venennetze der beiden Handrücken sind nicht symmetrisch. Oft erscheint das Netz der einen Hand reicher gegliedert. Manchmal ist dann die ganze Körperhälfte beim venösen Abfluß begünstigt (z.B. der Blutabfluß aus dem Schädelinnern stärker über die innere Drosselvene der gleichen Seite). Man hat daher in Analogie zur Händigkeit auch den Begriff "Venigkeit" geprägt. Wieweit man jedoch aus einer Rechts- oder Linksvenigkeit des Handrückens auf andere Körperbereiche schließen kann, ist umstritten.

| Protokoll 874. Hautvenen der Handrücken | | | |
|---|---|---|---|
| Verzweigungsmuster stimmen überein | j | n | ? |

### Ü875 Venendruck in den Handvenen schätzen

Ausgangspunkt ist eine schlichte Beobachtung: Bei herabhängendem Arm tritt auch ohne besondere Staumaßnahmen das Venennetz des Handrückens deutlich hervor. Hebt man den Arm über die Horizontale, so entleeren sich die Venen, und das Venennetz ist nur noch angedeutet zu sehen. Wiederholt man diesen Versuch sehr langsam, so kann man ziemlich genau die Höhe bestimmen, bei der sich die Handvenen entleeren. In aufrechter Stellung ist dies etwa auf Höhe der Schultern der Fall. Dann wird der Druck in den herznahen Venen überschritten, und das Blut fließt aufgrund der Schwerkraft zum Herzen zurück. Die Differenz zur Höhe des rechten Vorhofs (etwa dem Ansatz der rechten dritten Rippe am Brustbein entsprechend) ist folglich ein Maß für den Druck in den herznahen Venen. Die Höhendifferenz in cm gibt den Druck in cm Wassersäule an. Will man in mmHg umrechnen, so muß man durch 13,6 teilen (10 cm Wassersäule ≈ 7 mmHg ≈ 1 kPa). Irrtumsmöglichkeit: Bei Behinderung des venösen Rückflusses im Arm, z.B. durch Krampfadern oder Venenentzündungen, entleeren sich die Handvenen langsamer als normal! Auch nach Wärmeanwendung ist der Abfluß verzögert.

Senkt man die erhobene Hand, so füllt sich das Venennetz des Handrückens innerhalb weniger Sekunden. Eine verzögerte Füllung weist auf einen behinderten arteriellen Zustrom hin, z.B. bei Embolie, aber auch schon bei Kälte.

### Ü876 Blutentnahme aus einer Unterarmvene und intravenöse Injektion veranschaulichen, mögliche Komplikationen bedenken

Nachdem in den beiden vorhergehenden Übungen das Hautvenensystem von Unterarm und Hand eingehend studiert wurde, sollten nunmehr die beiden häufigsten ärztlichen Eingriffe an den Venen veranschaulicht und eventuell auch geübt werden. Voraussetzung für das praktische Üben sind sterile Spritzen und Kanülen (am besten originalverpackte Einmalspritzen, die auch dem Probanden das Gefühl von Sicherheit geben), Stauriemen, Hautdesinfektionsmittel und Tupfer.

**Blutentnahme**: Reihenfolge der Schritte:
1. Anstauen der Venen (Ü874): Dabei sei noch einmal darauf hingewiesen, daß der Stauriemen nicht zu straff angezogen werden darf. Keinesfalls sollte der arterielle Zustrom unterbunden werden, falls man Blut entnehmen will. Ist der Stauriemen optimal angelegt, so sind weitere in der Praxis beliebte Maßnahmen (Beklopfen der Venen, den Patienten "pumpen" lassen = abwechselndes Schließen und Öffnen der Faust) überflüssig.
2. Lagern des Arms: Für ein den Patienten schonendes und zugleich sicheres Vorgehen ist eine stabile Lage des Arms (in der Regel in Auswärtsdrehung, damit die Ellenbeuge nach oben gekehrt ist) wichtig. Es ist auch im Interesse des Patienten, wenn der Arzt einen bequemen Zugang hat.
3. Wahl der Einstichstelle: Grundsätzlich sollte man dort einstechen, wo man hofft, schon beim ersten Versuch erfolgreich zu sein. Nach Möglichkeit sollte man dabei die Stellen von Venenklappen (Ü874) und die ellenseitige Vene der Ellenbeuge (V. basilica) wegen der unter ihr liegenden Armschlagader vermeiden. Der Einstich am Handrücken ist zwar für den Arzt oft bequem, für den Patienten aber schmerzhafter als am Unterarm und sollte deshalb nur erwogen werden, wenn am Unterarm keine geeignete Vene zu finden ist. Streng verboten ist der Einstich in pulsierende Gefäße. Es handelt sich meist um atypisch verlaufende oberflächliche Schlagadern.
4. Hautdesinfektion: Das Einstichgebiet ist großflächig mit einem in Desinfektionsmittel getränkten Tupfer zu reinigen. Dann muß man entweder das natürliche Trocknen der Haut durch Verdunsten des Desinfektionsmittels abwarten oder die Einstichstelle mit einem sterilen Tupfer trocknen. Dabei darf der Tupfer nur innerhalb des desinfizierten Bereichs bewegt werden.
5. Einstich: Spritze und Kanüle werden der sterilen Verpackung entnommen und stabil miteinander verbunden (sofern getrennt verpackt). Dabei darf der dünne Teil der Kanüle nicht berührt werden. Die Spritze mit Kanüle wird nun mit der geschickteren Hand so über der Vene auf die Haut aufgesetzt, daß die Längsrichtung der Vene und der Kanüle übereinstimmen. Mit der anderen Hand wird die Haut gestrafft. Mit einem Ruck wird die Haut schräg durchstoßen, bis die Spitze der Kanüle in die Vene gelangt ist. Dann muß die Spritze vor dem weiteren Vorschieben gesenkt werden, damit nicht auch die gegenüberliegende Venenwand durchstochen wird.
6. Ansaugen: Die richtige Lage der Kanüle in der Vene erkennt man daran, daß schon bei leichtem Zurückziehen des Spritzenstempels Blut in die Spritze läuft. Man zieht so viel Blut in die Spritze auf, wie man zur Untersuchung benötigt. Bei lediglichem Üben wird man sich mit einem halben Milliliter begnügen.
7. Lösen des Stauriemens: Bevor die Kanüle aus der Vene gezogen wird, muß der Blutstau beendet werden, damit es aus der Vene nicht nachblutet und ein Bluterguß (Hämatom) unter der Haut entsteht.
8. Herausziehen der Kanüle: Die Einstichstelle über der noch in der Vene liegenden Kanüle wird mit einem sterilen Tupfer bedeckt. Dann wird die Kanüle zurückgezogen und der Tupfer sofort aufgepreßt. Anschließend bittet man den Patienten, den Tup-

fer mit seiner freien Hand noch einige Minuten an die Einstichstelle anzudrücken.

**Intravenöse Injektion**: Das Vorgehen ist grundsätzlich das gleiche wie bei der Blutentnahme. Lediglich zwischen den vorher genannten Schritten 7 und 8 erfolgt die Injektion. Sie sollte langsam vonstatten gehen, damit das injizierte Mittel im Blutstrom gut verdünnt wird. Schnell injiziert werden nur Stoffe, die kurzzeitig in hoher Konzentration im Blut erscheinen sollen, z.B. bestimmte Röntgenkontrastmittel.

Bei Einspritzungen über lange Zeit (Infusionen) ist die Kanüle mit Heftpflasterstreifen an der Haut zu befestigen. Zu leicht besteht sonst die Gefahr, daß die Kanüle aus der Vene gleitet. Für Infusionen ist auch der Einstich in Gelenknähe, z.B. in der Ellenbeuge, ungünstig: Unwillkürliche Bewegungen des Patienten sind nicht zu vermeiden. Dabei könnte die Kanüle aus der Vene geschoben werden. Läßt sich die Infusion in Gelenknähe nicht vermeiden, so sollte das Gelenk durch eine Schiene ruhiggestellt werden. Für Infusionen sind lange flexible Kanülen (z.B. Braunülen) zweckmäßig.

**Mögliche Fehler**:

- Injektion, bevor der Stauriemen gelöst wurde: Der injizierte Stoff wird nicht durch den Blutstrom verdünnt, trifft in hoher Konzentration auf die Venenwand und kann diese schädigen.
- zu rasche Injektion: Die Wirkung des Mittels kann zu vehement einsetzen.
- Einspritzung eines nicht venenverträglichen Mittels. Auf ordnungsgemäß beschrifteten Ampullen oder Flaschen für Injektionslösungen ist vermerkt, für welche Injektionsart das Mittel freigegeben ist (i.v., i.m., s.c.). Insofern müßte ein Irrtum ausgeschlossen sein. Die Gefahr geht von der Vertauschung von Spritzen aus. Häufig werden im Stationszimmer ganze Tabletts von Spritzen aufgezogen und dann in den einzelnen Krankenzimmern "serviert". In diesem Fall ist es nötig, daß jede Spritze einwandfrei zu identifizieren ist. Am einfachsten gelingt dies, wenn die leere Ampulle über die Kanülenspitze gestülpt wird.
- Einspritzung neben statt in die Vene (paravenöse Injektion): Es wurde versäumt, die richtige Lage der Kanüle vor der Injektion zu überprüfen (nicht angesaugt), oder die Spritze wurde während der Injektion so unglücklich bewegt, daß die Spitze der Kanüle aus der Vene glitt oder die gegenüberliegende Venenwand durchstach und nun der restliche Inhalt der Spritze neben die Vene gelangte.
- Injektion in eine Schlagader statt in eine Vene. Besonders gefährdet sind Patienten mit atypisch verlaufenden oberflächlichen Schlagadern. Deshalb sei hier noch einmal vor pulsierenden Gefäßen gewarnt! In der Ellenbeuge kann man bei zu steilem Einstich auch die oberflächlich liegende Vene durchstoßen und in die darunter liegende Armschlagader gelangen.
- mangelhafte Anamnese: Vor Überempfindlichkeitsreaktionen kann man sich nicht hundertprozentig sichern. Trotzdem ist es dem Arzt schwer anzulasten, wenn er vor der ersten Injektion den Patienten nicht nach irgendwelchen Arzneiunverträglichkeiten oder Zwischenfällen bei früheren Injektionen befragt hat.

**Gefahren fehlerhafter Injektionen:**

- Kollaps des Patienten: Wird ein gefäßerweiterndes oder zentralnervös wirksames Mittel zu rasch injiziert, kann der Blutdruck des Patienten plötzlich abfallen.
- Blutergüsse (Hämatome): bei mehrfachem Durchstechen der Vene. Die Unterarme und Handrücken der Patienten ungeschickter Ärzte sind grün und blau verfärbt.
- Venenentzündung (Phlebitis) mit Thrombose und vorübergehender oder bleibender Unwegsamkeit der Vene: wenn der injizierte Stoff die Venenwand stark reizt oder die Kanüle nicht keimfrei war.
- Spritzenabszeß: meist durch bakterielle Verunreinigung. Begünstigt wird die Abszeßbildung durch Gewebenekrosen bei paravenöser Injektion und durch Blutergüsse.
- Sensibilitätsstörungen am Unterarm: Durch die Ellenbeuge ziehen der ellenseitige und der speichenseitige Unterarmhautnerv (N. cutaneus antebrachii ulnaris/radialis). Bei paravenöser Injektion können sie geschädigt werden.
- Durchblutungsstörung der Hand: Bei versehentlicher intraarterieller Injektion wird das Mittel nicht mit dem Blutstrom immer stärker verdünnt (laufend einmündende Venen), sondern gelangt in voller Konzentration in die Endstrombahn des Unterarms und der Hand. Die empfindlichen Arteriolen reagieren darauf häufig mit einer Verkrampfung ihrer Wand-

muskeln. Die Hand wird leichenblaß. Erste Hilfe ist ein warmes Handbad, durch das der Gefäßkrampf meist gelöst werden kann. Im ungünstigsten Fall ist auch durch weitergehende Eingriffe (Stellatumblockade) die Durchblutung nicht wiederherzustellen, und die Hand muß amputiert werden. Beim Ansaugen vor der Injektion sollte man daher immer auf die Farbe des angesaugten Blutes achten.

▪ Überempfindlichkeitsreaktion: In leichten Fällen kommt es zu Übelkeit, Brechreiz, Hitzewallung, begrenztem Hautausschlag, Juckreiz, Husten, Niesen, Armschmerzen, metallischem Geschmack im Mund, Stuhl- und Harndrang. Mittelschwere Reaktionen sind durch heftiges Erbrechen, Atemstörung, Erstickungsanfall, Schüttelfrost, ausgedehnten Hautausschlag, Gesichtsschwellung, Kopf-, Brust- und Bauchschmerzen und Ohnmacht gekennzeichnet. Schwere Reaktionen können über Lungenödem, Bewußtlosigkeit, Herzrhythmusstörungen und Herzinfarkt zum Tode führen. Besonders gefährlich in dieser Hinsicht sind jodhaltige Röntgenkontrastmittel (1 leichte Reaktion auf etwa 20 Injektionen, 1 Todesfall auf etwa 50 000 Injektionen).

**Schlußfolgerung**: Die intravenöse Injektion ist eine verantwortliche ärztliche Tätigkeit. Auch bei vielhundertfacher Erfahrung ist jeder Injektion große Aufmerksamkeit zu widmen. Selbst wenn man im Nachtdienst aus tiefem Schlaf geweckt wird, darf man nicht wie im Traum injizieren!

Die Gefahren intravenöser Injektionen wurden hier etwas ausführlicher erörtert, weil Medizinstudenten bei der Famulatur häufig mit Injektionen betraut werden, ohne daß man sich vorher versichert, daß sie auch entsprechende theoretische Kenntnisse mitbringen.

## 8.8 Unterarm und Hand D (Nerven)

### Ü881 Hautinnervation der Hand diskutieren, Autonomgebiete umranden

Nach der üblichen Beschreibung der Lehrbücher teilen sich 3 Nerven die sensible Versorgung der Hand:

▪ Mittelarmnerv (N. medianus): vom Daumen ausgehend bis zur Mitte des Ringfingers auf der Hohlhandseite (3½ Finger palmar),

▪ Speichennerv (N. radialis): auf der Rückseite vom Daumen ausgehend bis zur Mitte des Mittelfingers (2½ Finger dorsal),

▪ Ellennerv (N. ulnaris): den Rest der Hand auf der Kleinfingerseite (1½ Finger palmar, 2½ Finger dorsal).

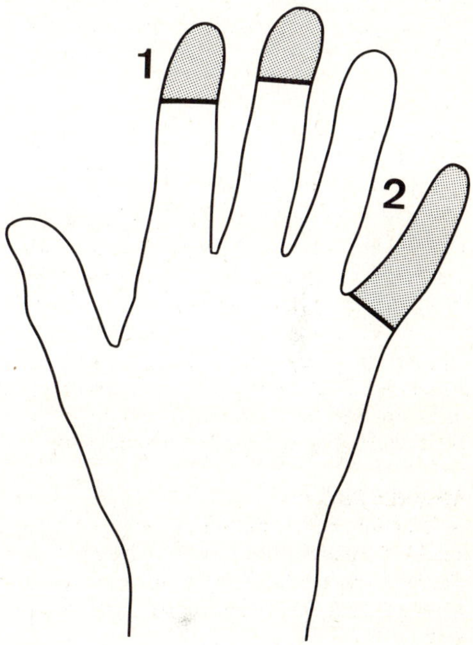


*Abb. 881. Autonomgebiete: 1 Mittelarmnerv, 2 Ellennerv*

Dieses Schema muß man verfeinern, wenn man sinnvolle nervenärztliche Diagnostik betreiben will:

▪ Die Versorgungsgebiete der einzelnen Nerven sind nicht scharf gegeneinander abgegrenzt, sondern überlappen sich weit.

▪ Der ellenseitige (N. cutaneus antebrachii medialis) und der speichenseitige Unterarmhautnerv (N. cutaneus antebrachii lateralis aus dem N. musculocutaneus) strahlen mit ihren Endästen in die Hohlhand aus.

▪ Die hohlhandseitigen Fingernerven (Nn. digitales palmares proprii) sind sehr viel stärker als die rückseitigen (Nn. digitales dorsales). Etwa vom Fingermittelgelenk ab versorgen sie auch vollständig den Fingerrücken.

**Autonomgebiete**: An der Hand gibt es 3 überlappungsfreie Gebiete, die ausschließlich von einem Hautnerv versorgt werden (Abb. 881):

- Die Fingerendglieder des 2. und 3. Fingers werden nur vom Mittelarmnerv innerviert.
- Die gesamte Haut des Kleinfingers gehört dem Ellennerv.

Praktische Bedeutung der Autonomgebiete:

- diagnostisch: Sensible Störungen des Mittelarm- oder Ellennervs werden vom Patienten zuerst an den Autonomgebieten bemerkt, weil Ausfälle in anderen Bereichen von den überlappenden Nerven teilweise kompensiert werden können. Die Autonomgebiete liegen zudem an den Fingerspitzen, die für die Tastempfindung besonders wichtig sind. Sensibilitätsstörungen an diesen Stellen fallen dem Patienten daher besonders frühzeitig auf.
- chirurgisch: Um im Bereich der Autonomgebiete schmerzfrei operieren zu können, genügt die Betäubung eines einzigen Nervs. Die Leitungsanästhesie des Ellennervs führt man am bequemsten neben dem Ellbogen in der Ellennervrinne oder an der Handwurzel radial neben dem Erbsenbein durch. Der Mittelarmnerv liegt im distalen Unterarmbereich ulnar der Sehne des langen speichenseitigen Handbeugers (M. flexor carpi radialis) oberflächlich und kann hier leicht ausgeschaltet werden.

### Ü882 Nerven an der Hand tasten

Am Handrücken ist die Haut zart und das Unterhautfettgewebe meist dünn. So wie man die durch die Haut durchscheinenden Venen des Handrückens leicht tasten kann, ist dies auch mit den Hautnerven möglich: Man muß sich nur Stellen aussuchen, an denen die Nerven durch darunter liegende Strukturen gegen die Haut gedrängt werden und sich dem tastenden Finger nicht entziehen können:

- oberflächlicher Ast (R. superficialis) des Speichennervs (N. radialis) auf der Sehne des langen Daumenstreckers: Streicht man auf der kleinfingerseitigen Randsehne der Tabatiere mit dem Finger in Längsrichtung der Sehne hin und her, so fühlt man an mehreren Stellen stecknadel- bis stopfnadeldicke Stränge die Sehne überqueren. Drückt man mit dem Finger auf die stärkeren Stränge etwas heftiger, so kann man die Stränge unter der Haut zur Seite schnellen sehen. Das Tasten wird erleichtert, wenn man den Daumen maximal abspreizt und rückstellt, weil dadurch die Sehne besonders gespannt wird und ein gutes Widerlager bildet.
- rückseitiger Ast des Ellennervs (R. dorsalis nervi ulnaris): Seine Äste tastet man auf der Sehne des Kleinfingerstreckers (M. extensor digiti minimi) ähnlich wie die des Speichennervs am langen Daumenstrecker. Zum Anspannen der Sehne soll der Kleinfinger maximal rückwärtsgestreckt werden.

Die Matratzenkonstruktion der Haut der Hohlhand verhindert ein feineres Tasten. Lediglich an einer Stelle kann man fühlen, wie ein Nerv dem Druck des Fingers ausweicht (Abb. 882):

- oberflächlicher Ast (R. superficialis) des Ellennervs (N. ulnaris): Er zieht über den Haken des Hakenbeins hinweg, dessen Wölbung man bei starkem Druck in die Tiefe etwa 2 Fingerbreit distal-radial des Erbsenbeins wahrnimmt (Ü851). Bei querem Hinundherbewegen des tastenden Fingers gleitet der Nerv zur Seite.

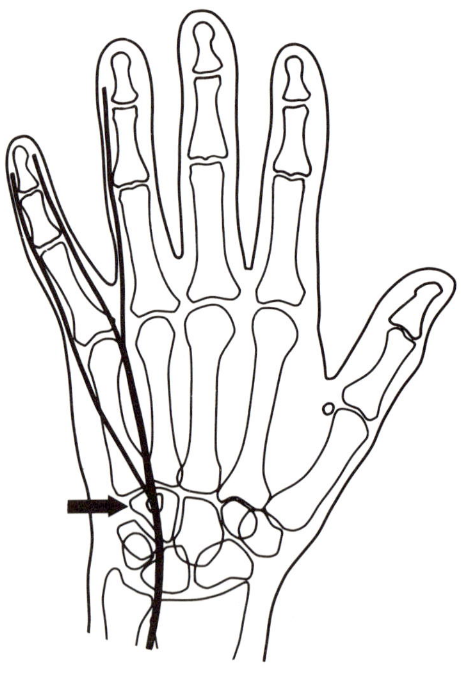

*Abb. 882. Tasten des Ellennervs auf dem Haken des Hakenbeins*

An den Fingern wurde in Ü873 bereits der Puls der hohlhandseitigen Fingerschlagadern getastet. Unmittelbar neben diesen liegen die gleichnamigen Hautnerven:

- hohlhandseitige Fingernerven (Nn. digitales palmares proprii): Sie sind relativ stark, weil sie etwa ab dem Fingermittelgelenk auch die Fingerrückseite versorgen und die Fingerspitzen besonders viele Nervenendorgane enthalten. Wegen der z.T. derben Haut gelingt das Tasten nicht an allen Fingern gleich gut. Auch muß man ziemlich kräftig drücken. Am besten beginnt man am Ringfinger auf Höhe des Grundgliedkopfes mit Querbewegungen neben den Beugesehnen. Hat man die richtige Stelle, so springt der Nerv zur Seite, und man spürt auch bei längerem Bemühen einen leichten Schmerz.

Protokoll 882. Nerven an der Hand tasten

| Getastet: | R | | | L | | |
|---|---|---|---|---|---|---|
| a) N. radialis R. superf. | j | n | ? | j | n | ? |
| b) N. ulnaris R. dorsalis | j | n | ? | j | n | ? |
| c) N. ulnaris R. superf. | j | n | ? | j | n | ? |
| d) Nn. digitales palmares proprii | j | n | ? | j | n | ? |

## Ü883 Stereognosie mit Münzen prüfen

Unter *Stereognosie* versteht man die Fähigkeit, einen Gegenstand allein aufgrund von Betasten erkennen zu können. Die Stereognosie ist eine Großhirnleistung (Scheitellappen), die eine intakte *Stereoästhesie* in der Peripherie voraussetzt. Die Stereoästhesie wiederum ist eine komplexe Qualität der Sensibilität, an der sowohl die epikritische als auch die Tiefensensibilität beteiligt sind.

**Münztest**: Der Proband schließt die Augen. Der Untersucher reicht ihm einzeln verschiedene gültige Münzen. Der Proband soll die Münzen identifizieren. Die beiden Hände werden getrennt geprüft. Die Münzen dürfen nicht nach steigendem oder fallendem Wert geordnet, sondern müssen gemischt und mit Wiederholungen angeboten werden. Auch dürfen nicht mehrere Münzen gleichzeitig gereicht werden, weil sie der Proband sonst beim Aneinanderlegen leicht nach der Größe sortieren kann. Die Münzen sollten abwechselnd in die rechte und in die linke Hand gelegt werden. Wird der Test zuerst nur mit der einen und danach mit der anderen Hand ausgeführt, so kann die zweite Hand ein besseres Ergebnis aufgrund des Übungseffekts bieten. Besteht die Gefahr, daß der Proband mogelt, so läßt man ihn die Hände hinter den Rücken nehmen, damit sie aus dem Blickfeld sind.

Man kann den Test in 2 Schwierigkeitsstufen ausführen:

- leichtere Version: Der Untersucher berichtigt jede falsche Antwort des Probanden sofort.
- schwierigere Version: Der Proband erhält keine Rückkoppelung. Der Untersucher protokolliert ohne Kommentar.

Protokoll 883. Stereognosie: Münztest

| Strichliste | R | L |
|---|---|---|
| richtig | | |
| falsch | | |

**Bewertung**: Gesunde intelligente Probanden erkennen die meisten Münzen richtig. Verwechselt werden häufiger die Münzen ähnlicher Größe, z.B. das 10- und das 50-Pfennig-Stück. Die beiden Hände sind etwa gleichwertig in der Leistung.

**Pathologischer Ausfall**:

- Eine Hand schneidet wesentlich besser als die andere ab: Die Stereohypästhesie der schwächeren Hand beruht meist auf einer peripheren Sensibilitätsstörung.
- Mit beiden Händen können die Münzen nicht erkannt werden: Ursachen könnten mangelnde Erfahrung im Umgang mit Münzen (z.B. Kinder, Ausländer), mangelnde Intelligenz, beidseitige Sensibilitätsstörung oder eine Stereoagnosie (taktile Agnosie, bei Störungen des Scheitellappens) sein. Man wird zunächst einen einfacheren Stereognosietest vornehmen, z.B. größere Gegenstände des Alltags (Schlüssel, Besteck usw.) reichen. Erst wenn auch diese nicht erkannt werden und keine pe-

riphere Sensibilitätsstörung nachzuweisen ist, wird man eine Stereoagnosie annehmen.

### Ü884 Sympathikus mit Cold-pressure-Test überprüfen

Der Sympathikus innerviert die Gefäßwandmuskeln. Ein intensiver Kältereiz wird mit einer Gefäßverengung und einem Blutdruckanstieg beantwortet.

**Vorgehen**: Der Proband liegt auf der Untersuchungsliege. Nachdem er zur Ruhe gekommen ist, wird über 5 Minuten wiederholt der Blutdruck gemessen. Anschließend wird eine Hand für 60 Sekunden in Eiswasser getaucht. Dann wird wieder der Blutdruck über 10 Minuten wiederholt gemessen.

**Beurteilung**: Bei intaktem Sympathikus steigt der systolische Blutdruck um 15-20 mmHg und der diastolische um 10-15 mmHg. Ein fehlender Blutdruckanstieg weist auf eine Sympathikusstörung hin.

## 8.9 Arm als Ganzes

### Ü891 Armlängen messen

Längenmessungen am Arm spielen in der ärztlichen Praxis eine Rolle, wenn es um den Nachweis von Wachstumsstörungen beim Kind geht. Erkrankungen der Wachstumsfugen, Knochenbrüche oder hormonelle Störungen können die Ursache sein. Beim Erwachsenen kann ein Knochenbruch einen Gliedmaßenabschnitt verkürzen. Dies ist nicht nur ein Schönheitsfehler. Ist der Knochen verkürzt, so sind die zugehörigen Muskeln relativ zu lang und können nicht mehr optimal arbeiten. Längenunterschiede am Bein führen darüber hinaus zu Fehlhaltungen der Wirbelsäule mit vorzeitigem Verschleiß (Ü952, Ü214).

Gesamtlänge und Längen der einzelnen Abschnitte des Arms kann man unterschiedlich definieren, je nachdem, ob man theoretische oder praktische Aspekte in den Vordergrund stellt. Setzt man Arm mit oberer Gliedmaße gleich, so müßte man auch den Schultergürtel einbeziehen. Meist wird unter Arm jedoch nur der freie Teil der oberen Gliedmaße verstanden. Der Arm beginnt damit am Schultergelenk mit dem Schulterkopf. Dieser ist jedoch beim Lebenden schlecht zugänglich und kommt daher für die praktische Messung nicht in Frage. Hingegen ist das Schultereck leicht zu tasten und als Meßpunkt besonders geeignet. Der Gelenkspalt des Ellbogengelenks ist zwar für den Geübten speichenseitig leicht zu finden. Bequemer ist das Meßinstrument jedoch an die Obergelenkknorren anzulegen. Im Handgelenkbereich sind die Griffelfortsätze geeignete Meßpunkte.

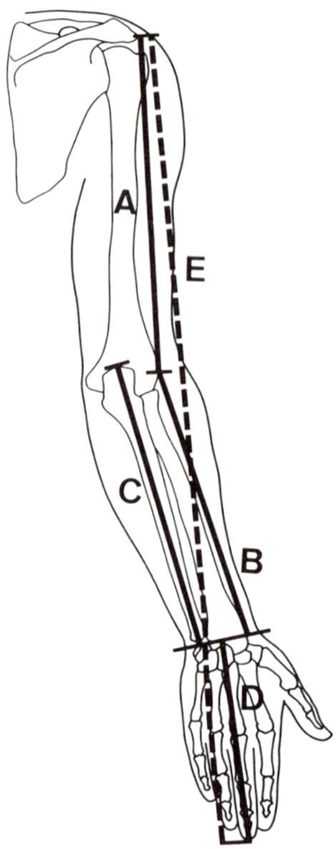


*Abb. 891a. Armlängen: A Oberarmlänge, B Unterarmlänge, C Ellenlänge, D Handlänge, E Armlänge*

Unter dem praktischen Gesichtspunkt werden die Armlängen meist folgendermaßen definiert (Abb. 891a):

- **Oberarmlänge**: vom Schultereck (Acromion) zum äußeren Obergelenkknorren (Epicondylus lateralis) des Oberarmbeins bei angeführtem (adduziertem) Arm (beim Abspreizen wird die Strecke kürzer!),

- **Unterarmlänge**: vom äußeren Obergelenkknorren des Oberarmbeins zum Griffelfortsatz der Speiche (Processus styloideus radii),
- **Ellenlänge**: vom Ellbogen (Olecranon) zum Griffelfortsatz der Elle (Processus styloideus ulnae),
- **Handlänge**: von der Verbindungslinie der Griffelfortsätze von Speiche und Elle zur Spitze des Mittelfingers,
- **Armlänge**: vom Schultereck zur Spitze des Mittelfingers bei gestrecktem, angeführtem Arm.

Protokoll 891a. Armlängen (cm): Definitionen im Text

| | R | | L | |
|---|---|---|---|---|
| A Oberarmlänge | | | | |
| B Unterarmlänge | | | | |
| C Ellenlänge | | | | |
| D Handlänge | | | | |
| E Armlänge | | | | |
| Kontrolle A + B + D ≈ E? | j | n | j | n |
| F Relative Längen (in % der Armlänge) | | | | |
| a) Oberarm | | | | |
| b) Unterarm | | | | |
| c) Hand | | | | |
| G Unterarm-Oberarm-Index (F = 100B/A) (%) | | | | |

**Bewertung**: Die mittleren relativen Längen von Oberarm, Unterarm und Hand machen etwa 42 %, 33 % und 25 % der Armlänge aus. Das Längenverhältnis von Unterarm zu Oberarm (Unterarm-Oberarm-Index) beträgt im Mittel etwa 78 %.

**Form der Hand** (Abb. 891b): Mit Hilfe der in Ü144 gemessenen Handbreite (ohne Daumen) und der jetzt bestimmten Handlänge kann man einen Breiten-Längen-Index der Hand berechnen und danach die Form der Hand als schmal bis breit kennzeichnen.

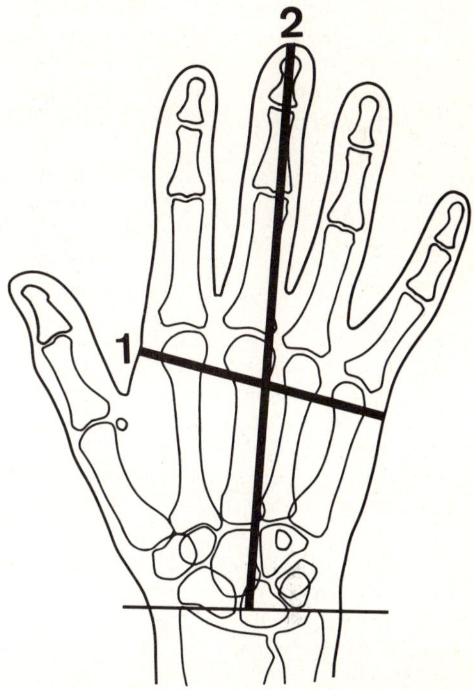


*Abb. 891b. Handbreite (1) und Handlänge (2)*

Protokoll 891b. Breiten-Längen-Index der Hand (%)

| | R | L |
|---|---|---|
| A Handbreite ohne Daumen (aus Ü144) | | |
| B Handlänge (Protokoll 891a D) | | |
| C Breiten-Längen-Index (100A/B) | | |

Bewertung:

| | |
|---|---|
| schmalhändig (dolichocheir) | <44 |
| mittelhändig (mesocheir) | 44-47 |
| breithändig (brachycheir) | >47 |

## Ü892 Segmentale Innervation des Arms auf die Haut aufzeichnen

In Ü284 waren die Grundsätze der segmentalen Innervation erörtert und die Innervation der Rumpfwand studiert worden. Dabei war auch der "Segmentsprung" an der vorderen

Brustwand beachtet worden: An das Segment $C_4$ schließt gleich das Segment $Th_2$ an. Die Segmente $C_5$ bis $Th_1$ werden in den Arm verlagert. Sie entsprechen dem Bereich des Armnervengeflechts (Plexus brachialis, Ü732).

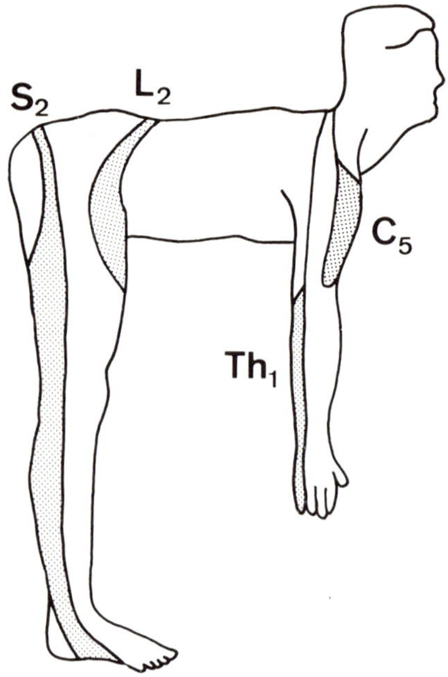


*Abb. 892a. Die Anordnung der Hautsegmente ist am besten aus der Vierfüßerstellung verständlich*

Die Nervenverteilung an den Gliedmaßen wird am besten verständlich, wenn man sich zunächst die Entwicklungsgeschichte vergegenwärtigt. Beim Vierfüßer entspringen die Beine aus der unteren Leibeswand. Mit der Aufrichtung des Menschen wachsen sie beim Embryo aus der vorderen Rumpfwand aus. Sie werden daher ausschließlich von den vorderen Ästen der Rückenmarknerven versorgt. Streckt man die Arme horizontal nach vorn (Daumen nach oben), so entspricht dies etwa der Stellung der Vorderbeine zum Rumpf beim Vierfüßer (Abb. 892a). In dieser Stellung kann man die unmittelbare Aufeinanderfolge der in den Arm verlagerten Segmente $C_5$ bis $Th_1$ sehr einfach beobachten. Hier gibt es keinen Segmentsprung (Abb. 892b):

$C_4$: Schulter (durch die aus dem Halsnervengeflecht kommenden Nn. supraclaviculares),
$C_5$: Außenseite des Oberarms,
$C_6$: Außenseite des Unterarms,
$C_7$: Daumen, Zeigefinger und angrenzende Teile der Hand,
$C_8$: Mittelfinger, Ringfinger und angrenzende Teile der Hand,
$Th_1$: Kleinfinger und Innenseite des Unterarms,
$Th_2$: Innenseite des Oberarms (durch die aus den Zwischenrippennerven entspringenden Nn. intercostobrachiales).

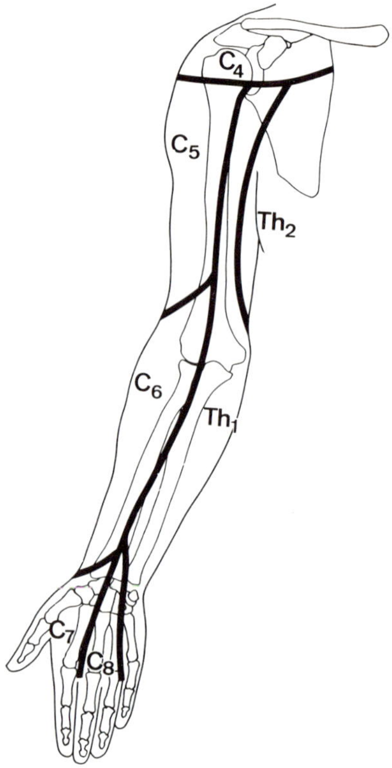


*Abb. 892b. Segmentale Innervation des Arms*

Die Kenntnis der segmentalen Innervation ist wichtig für das Verständnis der Sensibilitätsstörungen bei Erkrankungen des Rückenmarks. So kann man z.B. bei Verdacht auf eine Geschwulst des Rückenmarks aus der Ausdehnung der sensiblen und motorischen Ausfälle schon sehr genau deren Lage voraussagen und eine gezielte Röntgendiagnostik (Computertomographie) veranlassen.

Man beachte:

- Segmentale und periphere Innervation stimmen an den Gliedmaßen nicht überein: Während am Rumpf ein Zwischenrippennerv jeweils einem Rückenmarksegment entspricht, führte die Nervengeflechtbildung zu einer Durchmischung der Segmente in den großen Gliedmaßennerven. Speichennerv und Mittelarmnerv enthalten z.B. Anteile aller Segmente von $C_5$ bis $Th_1$.

- Sensibilitätsstörungen, die Segmentbereichen (Dermatomen) entsprechen, weisen auf Erkrankungen des Rückenmarks hin.
- Sensibilitätsstörungen, die den Versorgungsgebieten von Gliedmaßennerven entsprechen, weisen auf deren Erkrankung hin.
- Daneben beobachtet man in der ärztlichen Praxis auch Sensibilitätsausfälle, die nicht eindeutig zuzuordnen sind, weil nur Teile eines Segments oder eines Nervs erkrankt sind.
- Ein besonderer Fall sind Sensibilitätsstörungen, die vollständige Gliedmaßenabschnitte betreffen, z.B. die Hand quer abgegrenzt zum Unterarm. Sie sind meist psychogen: Das Unbewußte arbeitet mit einem viel einfacheren Körperschema als die Anatomie.
- Die bestimmten Segmenten oder Nerven zuzuordnenden Hautgebiete sind bei verschiedenen Menschen nicht völlig identisch. Deshalb unterscheiden sich auch die in verschiedenen Lehrbüchern angegebenen Schemata. An der Hand macht dies Verschiebungen der Grenzen um etwa einen Finger aus.

## Ü893 Innervationsgebiete der Hautnerven umranden, Autonomgebiete diskutieren

Bei der Zuordnung von Hautgebieten zu bestimmten Hautnerven sollte man 3 Begriffe auseinanderhalten:

- anatomisches Gebiet: der Bereich, in welchem Äste des Nervs an der Leiche gut zu demonstrieren sind,
- Maximalgebiet: Bereich der äußersten Ausdehnung der feinen Zweige des Nervs. Sie reichen meist weit in die anatomischen Gebiete der Nachbarnerven. Das Maximalgebiet wird erst umgrenzbar, wenn die Nachbarnerven ausfallen und dann überraschenderweise in Teilen deren anatomischer Gebiete noch Sensibilität erhalten ist.
- Autonomgebiet: der Teil des anatomischen Gebiets, in das keine Zweige von Nachbarnerven reichen. Hier ist ein Nerv allein für die Hautinnervation verantwortlich. Die diagnostische und chirurgische Bedeutung der Autonomgebiete ist bereits in Ü881 erläutert worden.

In dieser Übung soll eine Landkarte der anatomischen Gebiete auf den Arm aufgezeichnet werden (Abb. 893). Da die Verteilungsmuster der Hautnerven der einzelnen Menschen sehr verschieden sind, kann diese Karte nur der groben Orientierung dienen. Es hat also keinen Zweck, die Grenzen der einzelnen Felder genau zu definieren. In diesem Sinne kann man die Hautfelder folgendermaßen kennzeichnen:

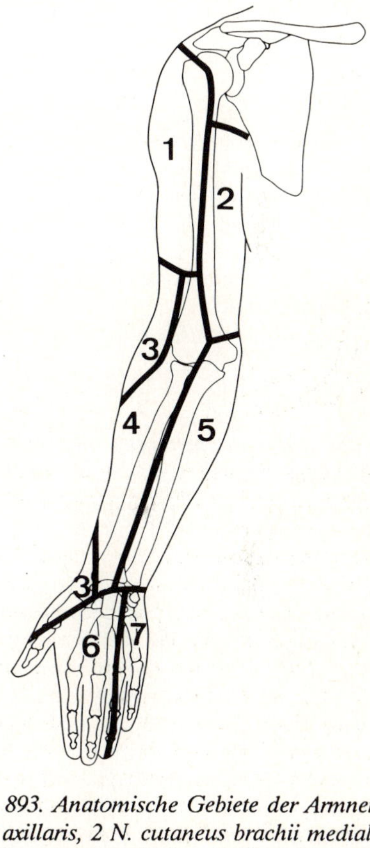


*Abb. 893. Anatomische Gebiete der Armnerven. 1 N. axillaris, 2 N. cutaneus brachii medialis + Nn. intercostobrachiales, 3 N. radialis, 4 N. musculocutaneus, 5 N. cutaneus antebrachii medialis, 6 N. medianus, 7 N. ulnaris*

- Achselnerv (N. axillaris): etwa Hautbereich über dem Deltamuskel,
- innerer Oberarmhautnerv (N. cutaneus brachii medialis) und Zwischenrippen-Oberarm-Nerven (Nn. intercostobrachiales): Achselgrube und Innenseite des Oberarms,

- Speichennerv (N. radialis): Rückseite von Oberarm, Unterarm und der radialen Hälfte der Hand (Zeige- und Mittelfinger nur Grundglied),
- Muskel-Haut-Nerv (N. musculocutaneus): Speichenseite des Unterarms,
- innerer Unterarmhautnerv (N. cutaneus antebrachii medialis): Ellenseite des Unterarms,
- Mittelarmnerv (N. medianus): 3½ Finger vom Daumen aus und entsprechender Anteil der Hohlhand, an Zeige-, Mittel- und Ringfinger ab dem Fingermittelgelenk auch auf der Rückseite,.
- Ellennerv (N. ulnaris): 1½ Finger hohlhandseitig und 2½ rückseitig an die Hautgebiete des Mittelarm- und Speichennervs anschließend.

**Autonomgebiete**:
- Achselnerv: über dem Deltamuskel,
- Muskel-Haut-Nerv: kleines Gebiet in der Ellenbeuge speichenseitig der Bizepssehne,
- großes Gebiet an der Ellenseite des Unterarms,
- Mittelarmnerv: Fingerendglieder des Zeige- und Mittelfingers,
- Ellennerv: gesamter Kleinfinger.

## Ü894 Entlastungs- und Dehnungsstellungen der großen Armnerven veranschaulichen

In der deutschen Sprache gibt es die Redewendung: "sich vor Schmerzen krümmen". Der Schmerzpatient versucht, die Körperstellung zu finden, in welcher die Schmerzen geringer werden. In der Regel sind dies Stellungen, in denen das schmerzende Organ entspannt ist. Bei Schmerzen im Bauchraum krümmen wir uns nach vorn. Sinngemäß gilt dies auch für Nervenentzündungen (Neuritiden): Auch hier findet der Patient durch ständiges Probieren die Haltung des Arms oder Beins, in welcher der entzündete Nerv am stärksten entspannt ist. Der erfahrene Arzt kann aus dieser typischen Haltung die Diagnose schon stellen, bevor er noch mit dem Patienten gesprochen hat.

**Entlastungsstellungen**: Zu ihrem Verständnis sollte man sich die Lage der großen Nerven an den von ihnen überquerten Gelenken klarmachen (Abb. 894a):
- Halswirbelsäule und Schlüsselbeingelenke: Alle Äste des Armnervengeflechts steigen von der Halswirbelsäule zum Arm hin ab. Sie werden daher entspannt, wenn man den Kopf mit der Halswirbelsäule zur gleichen Seite neigt und den Schultergürtel hebt.
- Schultergelenk: Alle großen Armnerven ziehen durch die Achselhöhle, also medial der Abspreiz-Anführ-Achse. Sie werden daher entspannt, wenn der Oberarm an den Rumpf gepreßt wird.

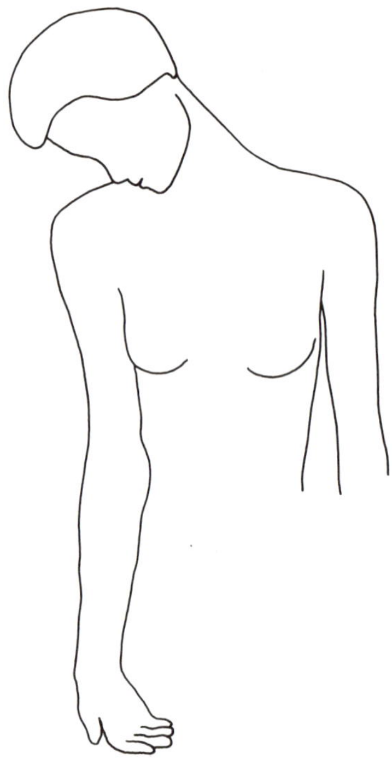

*Abb. 894a. Entlastung des Ellennervs*

- Ellbogengelenk: Hier verhalten sich die großen Armnerven verschieden: Mittelarmnerv und Speichennerv nehmen ihren Weg vor der Beuge-Streck-Achse, der Ellennerv hinter ihr. Deshalb beugen Patienten mit Entzündungen des Mittelarm- oder Speichennervs das Ellbogengelenk, Patienten mit Entzündung des Ellennervs strecken es.
- Handgelenke: Mittelarmnerv und der Hauptteil des Ellennervs liegen auf der Hohlhandseite, der Speichennerv auf der Rückseite. Dementsprechend beugen Patienten mit Erkrankungen der beiden erstgenannten Nerven die Hand zur Hohlhandseite, Speichennervpatienten strecken sie rückwärts.
- Fingergrundgelenke: Die Fingernerven des

Mittelarmnervs verlaufen auf der Beugeseite, die des Speichennervs auf der Rückseite, die des Ellennervs sowohl als auch. Deshalb werden die Finger zur Entspannung des Mittelarmnervs gekrümmt, zur Entspannung des Speichennervs gestreckt und zur Entspannung des Ellennervs in einer Mittelstellung gehalten.

▪ Bei sorgfältiger Beobachtung des Patienten wird auch noch die Kreiselung des Oberarms auffallen: Der Speichennerv umrundet schraubenförmig den Oberarm. Die Schraube wird durch Außenkreiseln gelockert.

**Dehnungsstellungen**: Die Schmerzempfindlichkeit von Nerven prüft man, indem man sie spannt. Die Dehnungsstellungen der großen Armnerven lassen sich als Gegenbewegung aus den soeben erörterten Entlastungsstellungen leicht ableiten (Abb. 894b:

▪ Mittelarmnerv: Kopf zur Gegenseite neigen, Schultern senken, Arm abspreizen, Ellbogengelenk strecken, Hand und Finger rückwärtsstrecken.

▪ Ellennerv: Kopf zur Gegenseite neigen, Schultern senken, Arm abspreizen, Ellbogengelenk beugen, Hand rückwärtsstrecken, Finger abwechselnd beugen und strecken.

▪ Speichennerv: Kopf zur Gegenseite neigen, Schultern senken, Arm abspreizen, Ellbogengelenk strecken, Hand und Finger zur Hohlhandseite beugen, Arm im Schultergelenk innenkreiseln.

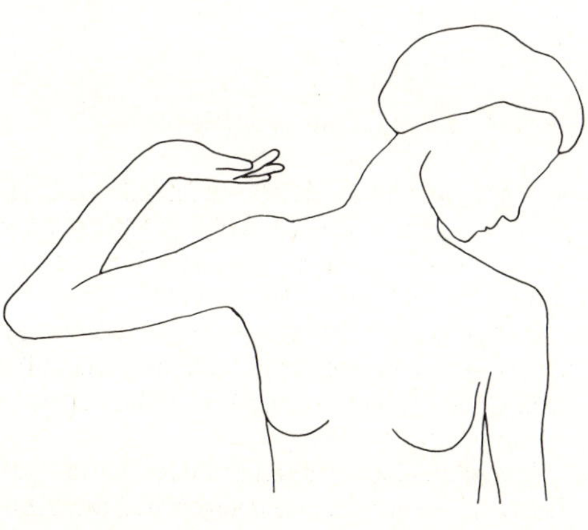

*Abb. 894b. Dehnung des Ellennervs*

**Übungsaufgaben**:

▪ Die 3 Entlastungsstellungen mit dem rechten und dem linken Arm einnehmen.

▪ Die 3 Dehnungsstellungen mit dem rechten und dem linken Arm einnehmen. Bei extremer Ausführung verspürt auch der Gesunde ein leichtes Ziehen in den Nerven.

## Ü895 Armreflexe beurteilen

Am Arm lassen sich folgende Reflexe recht einfach prüfen:

▪ **Bizepsreflex**: Der sitzende Proband legt den leicht gebeugten Arm mit der Handfläche nach unten locker auf den Oberschenkel. Der Arzt tastet die Bizepshauptsehne und schlägt mit dem Reflexhammmer auf den tastenden Finger. Er spürt das Anspringen der Sehne unter dem Finger und sieht die Muskelzuckung. Der Bizepsreflex läuft über den Muskel-Haut-Nerv (N. musculocutaneus) und die Segmente $C_5$ und $C_6$ des Rückenmarks.

▪ **Brachioradialisreflex** ($C_5$ + $C_6$, Speichennerv): Bei gleicher Armstellung des Probanden wie beim Bizepsreflex schlägt man nicht auf die Bizepssehne, sondern auf die Speiche in Handgelenknähe (deshalb auch Radiusperiostreflex genannt). Man beobachtet die Anspannung des Oberarm-Speichen-Muskels. Gleichzeitig zuckt auch der Bizeps, weil er auf diese Weise auch gedehnt wird.

▪ **Pronatorreflex** ($C_6$, Mittelarmnerv): Bei gleicher Ausgangsstellung dreht der Patient die Hand nach außen, so daß die Hohlhand schräg nach oben weist. Der Unterarm ist leicht supiniert. Der Arzt schlägt so gegen das Speichenende, daß der Arm durch den Schlag ruckartig nach außen gedreht wird. Man beobachtet das Anspannen des runden Einwärtsdrehers (M. pronator teres) in der Ellenbeuge und eine leichte Einwärtsdrehung (Pronation) der Hand.

▪ **Trizepsreflex** ($C_7$ + $C_8$, Speichennerv): Der sitzende Proband legt bei leicht gebeugtem Arm die Hand locker auf die Leistengegend der Gegenseite. Der Arzt schlägt mit dem Reflexhammer auf die Trizepssehne unmittelbar oberhalb des Ellbogens. Er beobachtet das Anspannen des Armstreckers (M. triceps brachii) und eine leichte Streckbewegung des Arms. Den seitengleichen (oder -ungleichen) Ausfall kann man bei diesem Reflex besonders gut beurteilen, wenn man den stehenden Probanden die Arme locker in die Hüften stützen läßt und dann den Reflex abwechselnd an den beiden Armen auslöst.

■ **Daumenreflex** ($C_6$-$C_8$, Mittelarmnerv): Bei gleicher Armhaltung des Probanden wie beim Pronatorreflex (oder voll nach außen gedreht) läßt man den Probanden zunächst mehrmals den Daumen beugen und strecken. Man verfolgt dabei das abwechselnde Einziehen und Vorwölben der Haut zwischen der Speiche und der Sehne des speichenseitigen Handbeugers am unteren Unterarm. Dann schlägt man mit dem Reflexhammer auf den Bereich der stärksten Hautbewegung. Man beobachtet eine kurze Beugung des Daumenendglieds.

■ **Fingerbeugerreflex** ($C_7$-$Th_1$, Mittelarmnerv + Ellennerv): Der Arzt faßt mit einer Hand die locker supiniert in leichter Beugung der Finger gehaltene Hand des Probanden. Dann schlägt er mit den Fingerkuppen der anderen Hand schnell gegen die Fingerkuppen des Probanden. Er achtet auf die Beugebewegung der Finger. Der Reflex kann auch isoliert an einzelnen Fingern geprüft werden: Der Proband proniert die Hand und schließt locker die Faust. Der Arzt zieht jeweils einen Finger des Probanden aus der Faust und hält ihn zwischen Daumen und Zeigefinger fest. Dann führt er mit der anderen Hand einen kurzen Schlag gegen die Fingerkuppe dieses Fingers. Die Beugebewegung im Endgelenk wird an den Fingern 2 + 3 vom Mittelarmnerv, an den Fingern 4 + 5 vom Ellennerv gesteuert. Der Fingerbeugerreflex wird in der Klinik auch **Trömner-Reflex** genannt. Als **Knipsreflex** bezeichnet man ihn, wenn er auf folgende Weise geprüft wird: Der Arzt faßt ein Fingerendglied des Probanden kräftig zwischen Daumen und Mittelfinger (oder Zeigefinger), beugt es und zieht dann plötzlich den Daumen weg. Dabei wird das Endglied gestreckt und damit der tiefe Fingerbeuger gedehnt. Er reagiert darauf mit seiner Anspannung. Der Fingerbeugerreflex kann auf beiden Seiten fehlen, ohne daß dies pathologisch ist. Kann man ihn nur auf einer Seite auslösen, so spricht dies für eine Reflexsteigerung dieser Seite.

Die Bewertung der Reflexe mit 0 bis + + + erfolgt nach dem in Ü124 beschriebenen Schema.

Protokoll 895. Armreflexe

| | | | | | | |
|---|---|---|---|---|---|---|
| Bizepssehnenreflex | R | 0 | (+) | + | ++ | +++ |
| | L | 0 | (+) | + | ++ | +++ |
| Brachioradialisreflex | R | 0 | (+) | + | ++ | +++ |
| | L | 0 | (+) | + | ++ | +++ |
| Pronatorreflex | R | 0 | (+) | + | ++ | +++ |
| | L | 0 | (+) | + | ++ | +++ |
| Trizepssehnenreflex | R | 0 | (+) | + | ++ | +++ |
| | L | 0 | (+) | + | ++ | +++ |
| Daumenreflex | R | 0 | (+) | + | ++ | +++ |
| | L | 0 | (+) | + | ++ | +++ |
| Fingerbeugerreflex a) Zeigefinger | R | 0 | (+) | + | ++ | +++ |
| | L | 0 | (+) | + | ++ | +++ |
| b) Mittelfinger | R | 0 | (+) | + | ++ | +++ |
| | L | 0 | (+) | + | ++ | +++ |
| c) Ringfinger | R | 0 | (+) | + | ++ | +++ |
| | L | 0 | (+) | + | ++ | +++ |
| d) Kleinfinger | R | 0 | (+) | + | ++ | +++ |
| | L | 0 | (+) | + | ++ | +++ |

# 9 Bein

## 9.1 Hüftgelenk

### Ü911 Am Hüftgelenk beteiligte Knochen tasten, Stellung der großen Rollhügel beurteilen

Das Hüftgelenk (Articulatio coxae) wird von der Hüftpfanne (Acetabulum) des Hüftbeins (Os coxae) und dem Hüftkopf = Schenkelkopf (Caput femoris) des Oberschenkelbeins (Femur = Os femoris) gebildet. In der Hüftpfanne treffen sich die 3 zum Hüftbein verschmolzenen Knochen: Darmbein (Os ilium), Schambein (Os pubis) und Sitzbein (Os ischii). Das Hüftgelenk ist rundherum von mächtigen Muskeln bedeckt. Deshalb sind Hüftpfanne und Hüftkopf nicht zu tasten. Man muß sich zur Beurteilung der Gelenkstellung mit recht weit vom Gelenk entfernten Abschnitten der beteiligten Knochen begnügen:

- Darmbeinkamm mit vorderem oberen Darmbeinstachel (bereits in Ü261 eingehend erörtert),
- großer Rollhügel (Trochanter major) des Oberschenkelbeins.

Der **große Rollhügel** ist der einzige Teil der oberen Hälfte des Oberschenkelbeins, den man gut durch die Haut tasten kann. Man muß nur die breiteste Stelle der unteren Körperhälfte aufsuchen. Auf beiden Seiten wölbt sich dann der große Rollhügel vor. Er wird durch den beim Menschen so langen Schenkelhals (Collum ossis femoris) vom Hüftkopf zur Seite gedrängt (im Unterschied zum Oberarmbein, bei welchem der große Höcker fast unmittelbar an den Schulterkopf angrenzt).

Der große Rollhügel wird von einem Verstärkungszug der Oberschenkelbinde (Fascia lata) überquert. In diese Darmbein-Schienbein-Sehne (Tractus iliotibialis) strahlen der Schenkelbindenspanner (M. tensor fasciae latae) und der große Gesäßmuskel (M. gluteus maximus) ein. Ein großer Teil der Rundung des großen Rollhügels ist trotzdem sehr gut zu tasten. An der Spitze des großen Rollhügels setzen der mittlere und der kleine Gesäßmuskel (M. gluteus medius und minimus) an, so daß diese verdeckt ist. Wenn im folgenden von "Rollhügelspitze" die Rede ist, so ist der am weitesten kopfwärts gelegene Teil des großen Rollhügels gemeint, der noch gut zu tasten ist.

Der große Rollhügel ist ein wichtiger Meßpunkt bei der Bestimmung der Beinlänge (Ü952), bei der Beckenmessung (Ü264) und bei der Ermittlung von Konstitutionsindizes (Ü151). Als einzigem tastbaren hüftgelenknahen Knochenpunkt des Oberschenkelbeins kommt ihm eine besondere Bedeutung bei der Diagnose von Hüftgelenkverrenkungen vor der Röntgenuntersuchung zu.

Bei der **angeborenen Hüftgelenkverrenkung** ist das Pfannendach schlecht ausgebildet. Der Hüftkopf findet kein angemessenes Widerlager und gleitet über den Pfannenrand nach oben. Etwa 0,5 % aller Neugeborenen sind davon betroffen. Durch eine Abspreizstellung des Oberschenkels kann die Entwicklung des Pfannendachs gefördert und bleibender Schaden verhütet werden. Es kommt daher darauf an, die Diagnose so früh wie möglich zu stellen. Beweisend ist nur das Röntgenbild. Wegen der Strahlenbelastung der Keimdrüsen bei Hüftgelenkaufnahmen wird man eine Röntgenuntersuchung nur bei ernstem Verdacht auf eine Verrenkung vornehmen. Deshalb muß man vorher alle Möglichkeiten zur Beurteilung des Standes des Hüftkopfes ausschöpfen. Dabei geht man davon aus, daß der Hüftkopf immer über den Pfannenrand nach oben gleitet. Mit ihm bewegt sich auch der große Rollhügel kopfwärts. Dies wirkt sich auch auf seine Lagebeziehungen zu anderen tastbaren Knochenpunkten aus:

- Abstand vom großen Rollhügel zum Darmbeinkamm: Er ist auf der verrenkten Seite verkürzt (bei doppelseitiger Verrenkung aber seitengleich!).
- Verbindungslinie vom Sitzbeinhöcker zum vorderen oberen Darmbeinstachel (Roser-Nelaton-Linie): Sie läuft normalerweise bei halber Beugung im Hüftgelenk über die Spitze des großen Rollhügels. Bei Verrenkung schneidet sie den Oberschenkel distal davon.
- Verbindungslinie von der Spitze des großen

Rollhügels zum vorderen oberen Darmbeinstachel (Shoemaker-Linie, Abb. 911): Fortgesetzt auf die Bauchwand zieht sie normalerweise oberhalb des Nabels weiter. Bei Verrenkung schneidet sie die Körpermittellinie unterhalb des Nabels.

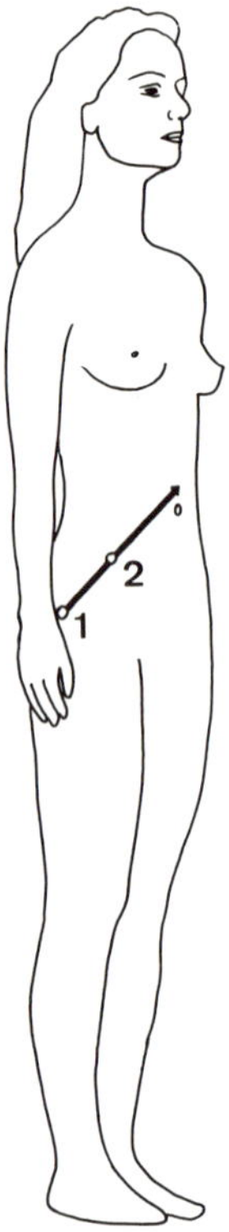


*Abb. 911. Shoemaker-Linie: 1 großer Rollhügel, 2 vorderer oberer Darmbeinstachel*

▪ rechtwinkliges Dreieck (Bryant-Dreieck) aus a) einer Horizontalen durch den vorderen oberen Darmbeinstachel, b) einer Vertikalen durch die Spitze des großen Rollhügels, c) der Verbindungslinie von vorderem oberen Darmbeinstachel und der Spitze des großen Rollhügels: Die beiden Katheten sind normalerweise gleich lang (gleichschenkliges Dreieck). Bei Verrenkung ist die vertikale Kathete verkürzt.

▪ Hautfalten am Oberschenkel: Das reife Neugeborene hat ein dickes Fettpolster in der Unterhaut. An den Gliedmaßen schneiden einige Furchen tief ein. Am Oberschenkel sind es gewöhnlich 1-3. Sie sind häufig symmetrisch an den beiden Beinen. Eine Asymmetrie kann einen ersten Verdacht auf eine angeborene Hüftgelenkverrenkung wecken und sollte zu eingehenderen Untersuchungen veranlassen.

Beim Erwachsenen können die angegebenen Hilfslinien auf einen abnormen Schenkelhalswinkel, auf eine nicht erfolgreich behandelte angeborene Hüftgelenkverrenkung und nach Unfällen auf einen Schenkelhalsbruch oder eine Verrenkung hinweisen. Beim Jugendlichen kommt die Abscherung des Hüftkopfes bei Lockerung der Wachstumsfuge hinzu.

So klar die Definitionen der Hilfslinien auch zunächst erscheinen mögen, die praktische Arbeit wird schnell die Schwierigkeiten zeigen: Die Körperoberfläche ist nicht eben, sondern kompliziert gekrümmt. Je nachdem wie man den Bogen über die Krümmung zieht, wird z.B. die Shoemaker-Linie näher oder weiter entfernt vom Nabel verlaufen!

Protokoll 911. Großer Rollhügel

| | | | | |
|---|---|---|---|---|
| Abstand Rollhügelspitze - Darmbeinkamm (cm) | R | | | |
| | L | | | |
| Roser-Nelaton-Linie a) trifft Rollhügelspitze | R | j | n | ? |
| | L | j | n | ? |
| b) schneidet Rollhügel distal | R | j | n | ? |
| | L | j | n | ? |
| Shoemaker-Linie oberhalb des Nabels | R | j | n | ? |
| | L | j | n | ? |
| Bryant-Dreieck gleichschenklig | R | j | n | ? |
| | L | j | n | ? |

**Ü912 Verlauf der Bänder des Hüftgelenks sich veranschaulichen, Bedeutung für Bewegungsmöglichkeiten und für Zwangsstellungen bei Hüftgelenkverrenkungen bedenken**

Der Bewegungsspielraum des Hüftgelenks wird nur dann so recht verständlich, wenn man sich seine Stellung beim Vierfüßer vergegenwärtigt. Bei ihm sind die Bewegungen nach vorn und nach hinten etwa gleich groß. Die Aufrichtung des Menschen zum zweibeinigen Stand wurde teils in der Lendenwirbelsäule (Lendenlordose, Promontorium), teils in den Hüftgelenken vollzogen. Die Nullstellung liegt schon nahe dem Endpunkt der Streckbewegung. Der Spielraum für die Beugebewegung ist entsprechend größer geworden.

Wir können also eine Anordnung der Bänder erwarten, die dem Beugen freien Raum gibt, aber das Strecken hemmt. Die Bänder laufen also nicht strahlig von der Umgebung der Hüftpfanne zum Schenkelhals, sondern schraubig verdreht:

- Beim rechten Hüftgelenk handelt es sich (von der Seite betrachtet) um eine Rechtsschraube (Drehung im Uhrzeigersinn).
- Beim linken Hüftgelenk handelt es sich (von der Seite betrachtet) um eine Linksschraube (Drehung gegen den Uhrzeigersinn).

In der Hüftpfanne treffen sich die 3 Teilknochen des Hüftbeins. Wenn die Verstärkungsbänder des Hüftgelenks rundherum um die Hüftpfanne entspringen, so müssen sie von diesen 3 Knochen kommen. Dementsprechend unterscheidet man 3 Bänder:

- Darmbein-Oberschenkel-Band (Lig. iliofemorale),
- Schambein-Oberschenkel-Band (Lig. pubofemorale),
- Sitzbein-Oberschenkel-Band (Lig. ischiofemorale).

Die 3 Bänder werden durch die Ringzone (Zona orbicularis) um den Schenkelhals ergänzt.

Das Darmbein-Oberschenkel-Band ist das stärkste Band des Köpers. Es reißt so gut wie nie. Bei Überbeanspruchung bricht eher sein Ursprung am Darmbein aus, als daß es selbst reißt. Bei Verrenkungen des Hüftgelenks bleibt es in der Regel intakt und bestimmt damit die federnde Zwangsstellung des Oberschenkels:

- Bei der Verrenkung des Hüftkopfs nach hinten (häufigster Fall, z.B. bei Verkehrsunfällen mit Anprall des Knies an das Armaturenbrett des Autos) ist das Bein stark adduziert und nach innen gekreiselt.
- Bei der Verrenkung des Hüftkopfs nach vorn ist der Oberschenkel abduziert und nach außen gekreiselt.

Der erfahrene Unfallchirurg kann schon aus der zwanghaften Beinhaltung die Diagnose stellen.

## Ü913 Bewegungsumfänge der Hüftgelenke messen

Das Hüftgelenk ist ein Kugelgelenk. Deshalb hat man Bewegungen um 3 Hauptachsen zu prüfen:

- Querachse: beugen - strecken (flektieren - extendieren),
- Pfeilachse: abspreizen - anführen = anziehen (abduzieren - adduzieren),
- Längsachse: außenkreiseln - innenkreiseln (außenrotieren - innenrotieren).

Bei mehrachsigen Gelenken sind die Bewegungen um die einzelnen Achsen nicht unabhängig voneinander. Meist ist der größte Bewegungsumfang um eine Achse in Mittelstellung der Bewegung um die anderen Achsen zu erzielen. Für das Hüftgelenk ist diese Überlegung besonders wichtig, weil die Nullstellung schon nahezu die Endstellung in Richtung Strecken darstellt. Deshalb prüft man das Spreizen und das Kreiseln aus 2 Ausgangsstellungen der Beugung: 0° (liegend) und 90° (sitzend).

**Irrtumsmöglichkeiten:**

- Die Bewegungen des Hüftgelenks werden durch Beckenbewegungen erweitert (ähnlich wie die Bewegungen des Schultergelenks durch die der Schlüsselbeingelenke ergänzt werden). So wird die Beugung größer, wenn das Becken weniger steil steht (indem die Lendenlordose abgeflacht wird). Um die Mitbewegung des Beckens zu mindern, drückt der Untersucher den linken Oberschenkel nach unten, wenn der Proband (in Rückenlage) den rechten Oberschenkel hebt. Dann bleibt die Beckenmitbewegung auf den Betrag der Streckmöglichkeit im Hüftgelenk beschränkt.
- Beim Abspreizen erkennt man Mitbewegungen des Beckens am einfachsten an der veränderten Lage der Verbindungslinie der beiden vorderen oberen Darmbeinstachel. Man schaltet sie beim Messen aus, indem man den Winkel des abgespreizten Beins nicht zur Körper-

mittelebene, sondern zu einer Senkrechten zur Verbindungslinie der Darmbeinstachel bestimmt.

▪ Man kann viel weniger weit strecken als abspreizen. Deshalb wird der Proband beim Strecken aus Bauchlage das Becken auf der zu prüfenden Seite anheben (in der Wirbelsäule kreiseln) und damit in eine Mischbewegung aus Strecken und Abspreizen geraten. Dies muß der Untersucher verhindern, indem er die Gesäßgegend der untersuchten Seite des Probanden nach unten drückt.

▪ Außen- und Innenkreiseln sind beim gestreckten Bein definiert als Bewegung der Fußspitze nach außen bzw. innen. Um Mitbewegungen in den Fußgelenken auszuschalten, prüft man das Kreiseln bei gebeugtem Kniegelenk und benutzt dabei gleichzeitig den Unterschenkel als Zeiger für die Bewegung. Beim Kreiseln in 0° Beugung liegt der Proband auf dem Bauch mit aneinandergelegten Oberschenkeln. Dann wird jeweils ein Bein im Kniegelenk gebeugt und der Unterschenkel vom Untersucher nach außen und nach innen geführt. Häufig verwechselt der Anfänger dann Außen- und Innenkreiseln: Denn wenn der Unterschenkel nach innen geführt wird, kreiselt man im Hüftgelenk nach außen und umgekehrt.

▪ Beim Anführen stört das andere Bein. Dann wird gewöhnlich das zu untersuchende Bein über das andere hinweggeführt. Dies ist eigentlich nicht ganz korrekt, weil dabei die Nullstellung der Beugung verlassen wird. Korrekter wäre es, das andere Bein anzuheben und damit aus dem Verkehrsraum des zu untersuchenden Beins zu bringen. Hingegen gibt es keine Bedenken, beim Außenkreiseln im Sitzen den Unterschenkel des zu untersuchenden Beins vor dem anderen Knie vorbeizuführen, weil diese Ausgleichsbewegung nur den "Zeiger" im Kniegelenk, nicht jedoch das Hüftgelenk betrifft.

▪ Beim Prüfen der Kreiselungen spreizt der Proband meist zunehmend die Beine. Der Untersucher hat daher darauf zu achten, daß die Oberschenkel immer in Kontakt bleiben.

▪ Hauptproblem aller Winkelmessungen ist letztlich das korrekte Anlegen des Winkelmessers. Die freihändig nach Augenmaß gehaltene Horizontale bzw. Vertikale ist recht unsicher. Häufig kann man sich an "objektiven" Horizontalen (Untersuchungsliege, Tisch) orientieren. Dann hilft es vor allem dem Anfänger, wenn er sich mit Latten (wie schon bei der Wirbelsäule, Ü222) die Winkelarme verlängert. Er kann dann die Achsen besser anpeilen.

Protokoll 913. Hüftgelenk
Bewegungsumfang (°, Neutralnullmethode)

| | | | | |
|---|---|---|---|---|
| Strecken - Beugen | R | | | |
| | L | | | |
| Abspreizen - Anführen a) Rückenlage | R | | | |
| | L | | | |
| b) sitzend | R | | | |
| | L | | | |
| Außen- - Innenkreiseln a) Bauchlage | R | | | |
| | L | | | |
| b) sitzend | R | | | |
| | L | | | |

## 9.2 Gesäßgegend

### Ü921 Felder der oberflächlichen Gesäßmuskeln auf die Gesäßhaut aufmalen, Tractus iliotibialis bis zum Unterschenkel verfolgen

Die Muskeln der Gesäßgegend sind in 3 Schichten angeordnet:

▪ oberflächliche Schicht: großer Gesäßmuskel (M. gluteus maximus) und Schenkelbindenspanner (M. tensor fasciae latae),

▪ mittlere Schicht: mittlerer Gesäßmuskel (M. gluteus medius),

▪ tiefe Schicht: kleiner Gesäßmuskel (M. gluteus minimus), Birnmuskel (M. piriformis), innerer Hüftlochmuskel (M. obturator internus), oberer und unterer Zwillingsmuskel (M. gemellus superior und inferior).

Das Relief der Gesäßgegend wird im wesentlichen von 3 Muskeln bestimmt:

▪ **großer Gesäßmuskel**: Er nimmt den größten Teil der Oberfläche der Gesäßgegend ein.

Seine Ursprungslinie reicht vom hinteren Teil des Darmbeinkamms (Crista iliaca) über das Kreuzbein (Os sacrum) bis zum Kreuzbein-Sitzbeinhöcker-Band (Lig. sacrotuberale). Sie bildet die seitliche Begrenzung der unteren Hälfte der Lendenraute. Damit grenzt der große Gesäßmuskel oben-innen an den Wirbelsäulenaufrichter (M. erector spinae) an. Anschließend nähern sich die Ursprünge der beiden Seiten einander an. Zwischen ihnen sinkt die Afterfurche ein. Die Muskelfasern laufen schräg abwärts zu ihren Ansätzen: Der Hauptteil befestigt sich am Oberschenkelbein (an der Tuberositas glutea). Der oberste Abschnitt strahlt in die Darmbein-Schienbein-Sehne (Tractus iliotibialis) ein.

▪ **Schenkelbindenspanner**: Er ist der Grenzmuskel zur vorderen Oberschenkelgegend. Er entspringt am vorderen oberen Darmbeinstachel (Spina iliaca anterior superior) und setzt an der Darmbein-Schienbein-Sehne an. Seine Muskelfasern laufen schräg nach hinten-unten.

▪ **mittlerer Gesäßmuskel**: Das annähernd dreieckige Feld zwischen den beiden vorgenannten Muskeln und dem Darmbeinkamm wird vom mittleren Gesäßmuskel eingenommen. Er entspringt breitflächig vom Darmbeinkamm und den an ihn grenzenden Teilen der Darmbeinschaufel (Ala ossis ilii) und setzt am großen Rollhügel (Trochanter major) an.

Die **Darmbein-Schienbein-Sehne** ist ein Verstärkungszug der Schenkelbinde (Fascia lata), der, wie der Name besagt, vom Darmbeinkamm bis zum Schienbein reicht und sich an dessen oberem Ende wadenbeinseitig befestigt. Er überspringt das Hüft- und das Kniegelenk. Durch ihn werden die beiden oben einstrahlenden Muskeln zweigelenkig. Die angespannte Sehne ist oberhalb des Kniegelenks gut zu tasten (Ü941). Auf der Außenseite des Oberschenkels verursacht sie bei strammer Haltung eine flache Rinne auf der Rundung des äußeren Kopfes (M. vastus lateralis) des vierköpfigen Oberschenkelmuskels (M. quadriceps femoris).

**Übungsaufgaben**:

▪ Umranden der Gesäßgegend: obere Grenze = Darmbeinkamm, untere Grenze = Gesäßfurche (Sulcus glutealis), vordere Grenze = Vorderrand des Schenkelbindenspanners, hintere Grenze = Ursprungslinie des großen Gesäßmuskels.

▪ Abgrenzen der 3 Muskelfelder: Dazu Muskeln anspannen: stramme Haltung für den großen Gesäßmuskel, Hüftgelenk gegen Widerstand beugen für den Schenkelbindenspanner, Bein abspreizen für den mittleren Gesäßmuskel.

**Irrtumsmöglichkeit**: Verwechseln des Unterrandes des großen Gesäßmuskels mit der Gesäßfurche. Die Gesäßfurche ist eine Stauchungsfurche der Haut beim Strecken. Sie wird begünstigt durch Querzüge der Gesäßfaszie. Dieser sog. Sitzhalfter hilft mit, daß beim Hinsetzen der große Gesäßmuskel zur Seite gleitet und nicht vom Sitzbeinhöcker gedrückt wird (andernfalls drohten Durchblutungsstörungen im Muskel). Der Unterrand des großen Gesäßmuskels kreuzt die Gesäßfurche!

### Ü922 Muskelspiel beim Stehen und Gehen beobachten, Insuffizienz der Abduktoren imitieren

Mit der Aufrichtung des Menschen in den labilen zweibeinigen Stand haben die Hüftgelenkmuskeln eine zentrale Bedeutung für das Erhalten des Gleichgewichts gewonnen. Die mächtige Entfaltung des großen Gesäßmuskels ist eines der besonderen Kennzeichen des menschlichen Körperbaus. Zusammen mit einem dicken Fettpolster bestimmt er die Rundung der menschlichen Gesäßgegend.

Auch der mittlere und der kleine Gesäßmuskel sind nicht "mittelmäßig" oder gar "klein". Sie gehören zu den kräftigsten Muskeln des menschlichen Körpers. Sie spreizen das Bein im Hüftgelenk ab. Diese Bewegung erscheint auf den ersten Blick für den Menschen gar nicht wichtig. Trotzdem ist sie für das normale Gehen unerläßlich: Beim Gehen wird abwechselnd ein Bein belastet (Standbein), während das andere durchschwingt (Spielbein). Das Spielbein braucht Spielraum, damit es nicht am Boden schleift. Dieser wird dadurch gewonnen, daß das Becken (und damit das Hüftgelenk) auf der Spielbeinseite angehoben wird. Diese Bewegung kann nicht aktiv auf der Spielbeinseite bewirkt werden (weil man sich nicht selbst gegen die Schwerkraft aus dem Sumpf ziehen kann). Sie muß vielmehr auf der Standbeinseite ablaufen, indem das Becken vom Oberschenkel abgespreizt wird. Das Anspannen der Hüftabspreizer auf der Standbeinseite führt also zum Heben bzw. Halten des Beckens auf der Spielbeinseite.

**Trendelenburg-Zeichen**: Bei einer Lähmung des mittleren und kleinen Gesäßmuskels kann das Becken nicht mehr im Gleichgewicht gehalten werden. Beim einbeinigen Stehen auf der kranken Seite sinkt die gesunde (!) Gesäßhälfte ab (Friedrich Trendelenburg, deutscher Chirurg, 1844-1924). Beim Gehen schleift das gesunde Bein am Boden. Der Patient versucht dies zu verhindern, indem er den Oberkörper nach der kranken Seite neigt und auf diese Weise das Becken hebt. Bei doppelseitiger Schwäche der Hüftabspreizer wird beim Gehen der Oberkörper abwechselnd nach rechts und links bewegt ("Watschelgang"). Dieses Phänomen kann man auch bei Gesunden bei starker Ermüdung der Hüftabspreizer, z.B. nach einer durchgetanzten Nacht, beobachten.

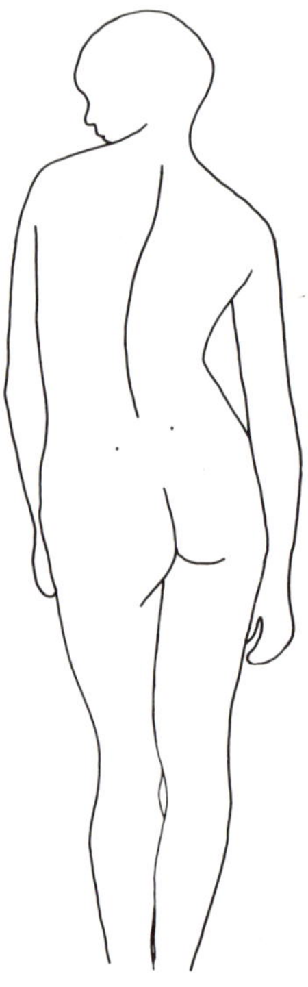

*Abb. 922. Kontrapost*

**Kontrapost**: Im Stehen kann man entweder beide Beine gleichmäßig belasten oder das Körpergewicht überwiegend auf ein Bein verlagern und das andere entlasten. Bei der lockeren einbeinigen Haltung werden auch die Hüftabspreizer auf der Standbeinseite entspannt. Folglich sinkt das Becken auf der Spielbeinseite ab, wie beim Trendelenburg-Zeichen (Abb. 922). Über dem schrägstehenden Becken muß sich die Wirbelsäule dann skoliotisch verkrümmen: zunächst zur Spielbeinseite konvex, dann eine Gegenschwingung zur Standbeinseite (Ü214). Diese Stellung des Körpers ("Kontrapost") finden wir bei vielen Werken der bildenden Kunst schon in der Blütezeit der antiken Plastik. Ein anmutig geschwungener Körper wirkt "menschlicher" als die manchmal recht steifen symmetrischen Gottesbilder der frühen Kulturen und unseres Mittelalters (die freilich oft eine größere Erhabenheit ausstrahlen).

**Übungsaufgaben**:
- Beobachten der Änderung der Form der Gesäßgegend im ruhigen Stehen, bei strammer Haltung und bei Verlagerung des Körpergewichts auf ein Bein mit Entspannung des anderen Beins.
- Anspannen der Hüftbeuger, der Hüftabspreizer und des großen Gesäßmuskels beim Gehen auf ebener Erde und beim Treppensteigen beobachten.
- Trendelenburg-Zeichen und Watschelgang imitieren.

## Ü923 Kraft der Hüftmuskeln prüfen

Auf die allgemeine Erörterung der Muskelfunktionsprüfung und die Erläuterung des Bewertungsschemas in Ü123 sei vorweg verwiesen. Die Teststellung ist so zu wählen, daß der Muskel gegen die Schwerkraft arbeitet:
- **großer Gesäßmuskel**: Der Proband liegt auf dem Bauch. Das Knie des zu untersuchenden Beins ist gebeugt, um die Streckwirkung der ischiokruralen Muskeln herabzusetzen. Der Proband hebt das Bein rückwärts. Der Untersucher drückt im unteren Oberschenkelbereich dagegen. Andere Stellung: Der Proband steht vor einem Tisch, legt den Oberkörper auf den Tisch und hebt ein Bein rückwärts an.
- **Hüftabspreizer** (mittlerer und kleiner Gesäßmuskel): Der Proband liegt beim Untersuchen der rechten Seite auf der linken Seite. Er spreizt den Oberschenkel nach oben ab. Der Untersucher drückt im Kniebereich dagegen.

▪ **Hüftbeuger** (Lenden-Darmbein-Muskel, Schenkelbindenspanner, gerader Oberschenkelmuskel): Der Proband hebt in Rückenlage ein Bein. Der Untersucher drückt im Kniebereich dagegen. Im Gegensatz zum Bauchmuskeltest (Ü273) wird jeweils nur ein Bein gehoben!

▪ **Hüftanführer** (Adduktoren): Der Proband liegt auf der zu untersuchenden Seite. Das abgespreizte andere Bein wird vom Untersucher gehalten. Dann hebt der Proband das untenliegende Bein an. Der Untersucher drückt im Kniebereich dagegen.

Bewertet wird wie in Ü123 in 5 Stufen:

▪ 100 %: Die Bewegung kann gegen starken Gegendruck ausgeführt werden.

▪ 75 %: Die Bewegung kann gegen mäßigen Gegendruck ausgeführt werden.

▪ 50 %: Die Bewegung kann gegen die Schwerkraft, jedoch nicht gegen zusätzlichen Gegendruck ausgeführt werden.

▪ 25 %: Die Bewegung kann nur mit Unterstützung ausgeführt werden.

▪ 0 %: Keine Bewegung, nicht einmal ein Zucken der Muskeln ist zu sehen.

Protokoll 923. Kraft der Hüftmuskeln (%)

| | | | | | | |
|---|---|---|---|---|---|---|
| Großer Gesäßmuskel | R | 0 | 25 | 50 | 75 | 100 |
| | L | 0 | 25 | 50 | 75 | 100 |
| Hüftabspreizer | R | 0 | 25 | 50 | 75 | 100 |
| | L | 0 | 25 | 50 | 75 | 100 |
| Hüftbeuger | R | 0 | 25 | 50 | 75 | 100 |
| | L | 0 | 25 | 50 | 75 | 100 |
| Hüftanführer | R | 0 | 25 | 50 | 75 | 100 |
| | L | 0 | 25 | 50 | 75 | 100 |

## Ü924 Durchtrittstellen und Verlauf der großen Nerven der Gesäßgegend an der Haut markieren

Die Muskeln der Gesäßgegend sind Muskeln der unteren Gliedmaße. Diese entstehen als vordere Auswüchse aus dem Rumpf. Daher werden sie von vorderen Ästen der Rückenmarknerven (Beinnervengeflecht) innerviert. Die Nerven kommen also nicht aus den hinteren Kreuzbeinlöchern zur Gesäßgegend, sondern treten aus den vorderen Kreuzbeinlöchern in das kleine Becken ein und ziehen dann durch 2 Lücken der hinteren Beckenwand zur Gesäßgegend. Diese Lücken kommen so zustande: Das Hüftbein ist nicht in ganzer Länge mit dem Kreuzbein verbunden. Zwischen den beiden klafft unten ein breiter Spalt, der durch 2 kräftige Bänder in das große und das kleine Sitzbeinloch (Foramen ischiadicum majus/minus) geteilt wird. Die Bänder sind das

▪ Kreuzbein-Sitzbeinstachel-Band (Lig. sacrospinale),

▪ Kreuzbein-Sitzbeinhöcker-Band (Lig. sacrotuberale).

Das große Sitzbeinloch wird mithin begrenzt vom großen Sitzbeineinschnitt (Incisura ischiadica major) des Hüftbeins vorn, dem Kreuzbein hinten und dem Kreuzbein-Sitzbeinstachel-Band unten. Durch dieses große Loch zieht der Birnmuskel (M. piriformis) aus dem kleinen Becken zur Spitze des großen Rollhügels. Zwischen dem Muskel und dem Rand des großen Sitzbeinlochs bleiben oben und unten 2 Lücken offen, die von Gefäßen und Nerven durchsetzt werden:

▪ Lücke oberhalb des Birnmuskels (suprapiriforme Abteilung des großen Sitzbeinlochs): obere Gesäßschlagader (A. glutea superior) mit den gleichnamigen Begleitvenen und oberer Gesäßnerv (N. gluteus superior).

▪ Lücke unterhalb des Birnmuskels (infrapiriforme Abteilung des großen Sitzbeinlochs): untere Gesäßschlagader (A. glutea inferior) mit den gleichnamigen Begleitvenen, unterer Gesäßnerv (N. gluteus inferior), rückwärtiger Oberschenkelhautnerv (N. cutaneus femoris posterior) und Ischiasnerv (N. ischiadicus).

Die Projektion dieser Lücken auf die Oberfläche der Gesäßgegend sollte man beim Patienten lokalisieren können, um sich sicher zu sein, wo man keinesfalls injizieren darf! Man benutzt hierzu 2 **Hilfslinien**:

▪ Verbindungslinie von hinterem oberen Darmbeinstachel und großem Rollhügel: Die Lücke oberhalb des Birnmuskels findet man im Bereich des inneren Drittelpunktes dieser Linie.

▪ Verbindungslinie von hinterem oberen Darmbeinstachel und Sitzbeinhöcker: Die Lücke unterhalb des Birnmuskels liegt im Bereich des Halbierungspunktes dieser Linie. Bei dieser Linie darf man allerdings nicht über die Haut messen: Wegen der manchmal sehr starken Unterhautfettschicht würde der Halbierungspunkt zu weit nach unten gelangen. Man tastet die beiden Knochenpunkte und wählt dann die projektivische Mitte zwischen beiden.

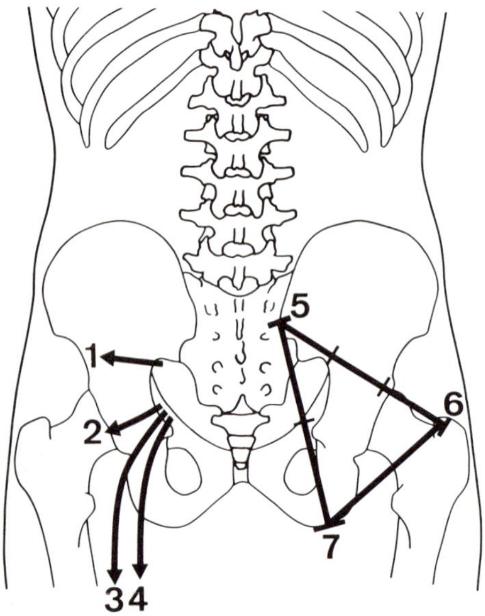


*Abb. 924. Nerven der Gesäßgegend: 1 N. gluteus superior, 2 N. gluteus inferior, 3 N. ischiadicus, 4 N. cutaneus femoris posterior, 5 Spina ischiadica posterior superior, 6 Trochanter major, 7 Tuber ischiadicum*

**Verlauf der Nerven**:

▪ oberer Gesäßnerv: von der suprapiriformen Lücke etwa horizontal nach vorn bis zum Schenkelbindenspanner,

▪ Ischiasnerv: von der infrapririformen Lücke im Bogen nach außen-unten. Man zieht am besten noch eine dritte Hilfslinie vom Sitzbeinhöcker zum großen Rollhügel: Der Ischiasnerv unterkreuzt diese Linie in deren innerem Drittelpunkt. Man kann dies am entspannt auf dem Bauch liegenden Probanden leicht überprüfen. Drückt man die Gesäßgegend an verschiedenen Stellen mit den Fingerspitzen tief ein, so verspürt der Proband einen leichten Schmerz, wenn der Ischiasnerv dabei getroffen wird.

## Ü925 Bevorzugte Felder für die intragluteale Injektion umranden

Die Gesäßgegend ist die beliebteste Gegend für intramuskuläre Injektionen (andere Möglichkeiten: vordere Oberschenkelgegend, seitlicher Oberarmbereich). Leider denken nur wenige Ärzte an die **Gefahren**, die eine unsachgemäße Einspritzung in die Gesäßgegend für die dort liegenden großen Gefäße und Nerven mit sich bringt:

▪ Die Injektion in eine Schlagader statt in das Muskelgewebe kann einen Gefäßkrampf auslösen und die Schlagader für Stunden verschließen. Dann stirbt unter Umständen das von der Schlagader versorgte Gewebe ab. Das tote Gewebe wird vom Körper abgestoßen. An das mitunter mehrwöchige Krankenlager erinnert später eine tiefe Narbe.

▪ Die Injektion in die Umgebung eines Nervs kann diesen vorübergehend oder dauernd schädigen. Bei Störung des oberen Gesäßnervs fallen die Hüftabspreizer aus (Trendelenburg-Zeichen, Ü922). Wird der Bereich des Ischiasnervs getroffen, so kann das Bein vom Knie ab gelähmt sein.

Verglichen damit sind die "Spritzenabszesse" eher harmlos: Sie kommen zustande, wenn Eiterbakterien in den Stichkanal verschleppt werden. Begünstigt werden sie durch Gewebeschädigungen, wie sie z.B. nach nicht genügend tiefer Injektion häufig sind. Der Anfänger neigt dazu, die Dicke der Unterhautfettschicht in der Gesäßgegend zu unterschätzen. Spritzt er dann ein für den Muskel bestimmtes Arzneimittel in das Fettgewebe, so kann dies dort zu Gewebeschäden führen. Totes Gewebe ist ein guter Nährboden für Bakterien.

Angesichts der Gefahren für Blutgefäße und Nerven muß man eine Stelle der Gesäßgegend für die Injektion wählen, die frei von größeren Blutgefäßen und Nerven ist. 3 Gebiete werden dafür empfohlen:

a) **äußerer oberer Quadrant**: Man denke sich die Gesäßgegend durch ein Achsenkreuz in 4 gleich große Viertel zerlegt. In den beiden inneren Vierteln liegen die großen Blutgefäße und Nerven. Daher kommen diese für eine Injektion nicht in Frage. Das äußere untere Viertel wird zum Teil vom großen Rollhügel eingenommen und scheidet deswegen aus. Somit bleibt nur das äußere obere Viertel übrig. Die Problematik dieser Methode liegt in der richtigen Lage des Achsenkreuzes. Die Gesäßgegend reicht bis zum Vorderrand des Schenkelbindenspanners, also bis zum vorderen oberen Darmbeinstachel nach vorn. Die Vertikale muß also etwa durch die Mitte des Darmbeinkamms verlaufen.

*Gefahr*: Erfahrungsgemäß wird das Achsenkreuz zu weit medial angelegt, weil man die projektivische Mitte der von hinten gesehenen Gesäßgegend wählt, ohne die Rundung zu berücksichtigen. Sticht man dann noch nahe beim Nullpunkt des Achsenkreuzes ein, gelangt man in die Nähe des Ischiasnervs.

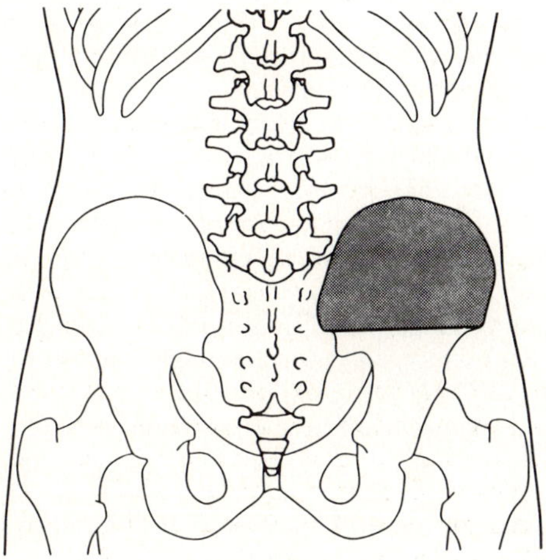

*Abb. 925a. Injektionsfeld nach von Lanz u. Wachsmuth*

b) **oberes Injektionsfeld** nach von Lanz u. Wachsmuth: Es liegt zwischen dem Darmbeinkamm und der Verbindungslinie des vorderen und hinteren oberen Darmbeinstachels (Abb. 925a).

*Vorteil*: Es ist weit vom Ischiasnerv entfernt und hält einen ausreichenden Abstand von der oberen Gesäßschlagader und dem oberen Gesäßnerv.

*Nachteil*: Die Muskelschicht ist in diesem Bereich wesentlich dünner als weiter unten. Es ist nicht leicht, die optimale Einstichtiefe zu finden. Sticht man zu tief, so trifft man auf die sehr schmerzempfindliche Knochenhaut oder dringt gar in den Knochen ein. Sticht man zu zaghaft, so geht die Injektion in das Fettgewebe statt in den Muskel. Man muß also sehr sorgfältig die Dicke der Fettschicht abschätzen, um die Nadel sicher in den Muskel zu bringen.

c) **vorderes Injektionsfeld** nach von Hochstetter: Das dreieckige Feld liegt zwischen dem vorderen oberen Darmbeinstachel, dem Darmbeinhöcker (Tuberculum iliacum, Ü261) und der Spitze des großen Rollhügels. Man kann sich das Injektionsfeld mit einem einfachen Handgriff veranschaulichen: Bei Injektion auf der rechten Seite des Patienten legt der Arzt seine linke Hand mit der Hohlhand auf den großen Rollhügel, geht mit der Zeigefingerkuppe an den vorderen oberen Darmbeinstachel und spreizt den Mittelfinger so weit wie möglich ab. Injiziert wird in den Spalt zwischen Zeigefinger und Mittelfinger (Abb. 925b).

*Vorteile*:

- Die Muskelschicht ist in diesem Feld besonders dick, weil hier der mittlere und der kleine Gesäßmuskel übereinanderliegen. Man darf also tief einstechen.
- Die Injektion ist auch in Rückenlage des Patienten möglich.
- Der bettlägerige Patient drückt tagsüber, wenn er meist auf dem Rücken liegt, nicht auf die Injektionsstelle und hat daher weniger Beschwerden damit.
- Das Injektionsfeld ist weit von den Durchtrittsstellen der großen Gefäße und Nerven entfernt. Es zieht nur der Ast des oberen Gesäßnervs zum Schenkelbindenspanner durch das Gebiet. Sollte er zufällig getroffen und geschädigt werden, so dürfte dies von den meisten Patienten überhaupt nicht bemerkt werden. Lediglich bei Hochleistungssportlern muß man an diese Gefahr denken. Man wird dann auf das obere Injektionsfeld ausweichen.

*Nachteile*: Sie liegen im wesentlichen auf psychologischem Gebiet. Obwohl die Methode schon 30 Jahre alt ist, hat sie sich noch nicht allgemein eingeführt. Das ältere Krankenpflegepersonal und auch so manche Ärzte sind skeptisch, weil sie die Quadrantenmethode in ihrer Jugend erlernt haben und es dann "doch immer so gemacht haben und noch nie etwas passiert ist". Auch der Patient wundert sich mitunter, wenn man vorn statt hinten injizieren will!

**Vorgehen** bei der intraglutealen Injektion:

- Als erstes prüfen, ob eine intramuskuläre Injektion wirklich nötig ist. Es wird viel zu viel injiziert. Die meisten Arzneimittel können vom Patienten auch über den Verdauungstrakt eingenommen werden. Wenn schon die parenterale Gabe (parenteral = unter Umgehung des Darms) unerläßlich ist, sollte man zuerst an die intravenöse Injektion denken (Ü876). Bei ihr wird das Arzneimittel rasch im Blutstrom verdünnt, während es bei der intramuskulären Injektion in voller Konzentration auf das Gewebe trifft. Die intravenöse Injektion ermöglicht auch beliebige Mengen, während man intramuskulär möglichst nicht mehr als 1 ml geben sollte.

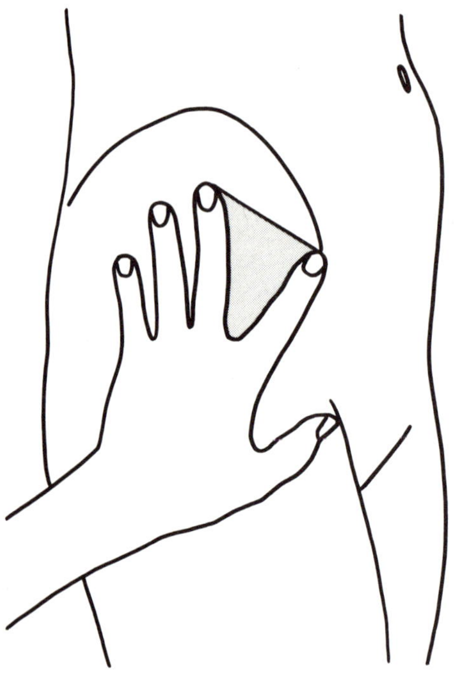

*Abb. 925b. Ventrogluteale Injektion nach von Hochstetter*

- Spritze steril aufziehen, lange, nicht zu dünne Hohlnadel (Kanüle) wählen.
- Injektionsstelle genau festlegen, dabei möglichst das vordere Injektionsfeld wählen.
- Haut desinfizieren und warten, bis das Desinfektionsmittel verdunstet ist.
- Mit Schwung rechtwinklig zur Haut einstechen, so daß die Nadelspitze möglichst bis zum Zielpunkt vordringt. Völlig abwegig ist es, die Hohlnadel gewissermaßen einzuschrauben. Da die Schmerzpunkte an der Gesäßgegend weit auseinanderliegen (Raumschwelle, Ü164), ist bei richtiger Technik der Einstich für den Patienten in der Regel nicht oder kaum schmerzhaft. Lenkt man den Patienten durch ein Gespräch ab, so kann der Einstich völlig unbemerkt bleiben.
- Mit dem Spritzenstempel ansaugen. Gelangt Blut in die Spritze, so liegt die Nadelspitze in einem Blutgefäß und man muß die Lage der Nadelspitze ändern (z.B. etwas zurückziehen) und erneut ansaugen.
- Langsam injizieren: Man injiziert schließlich nicht in einen Hohlraum. Deshalb muß dem Gewebe Zeit gelassen werden, um auseinanderzuweichen, andernfalls kommt es zu Zerreißungen.
- Nadel schnell zurückziehen. Einstichstelle mit Heftpflaster abdecken, um Verschmutzen des Stichkanals zu verhindern. Bei häufigen Injektionen muß man allerdings die mögliche Reizwirkung des Heftpflasters auf die Haut bedenken und Klebstoffreste der alten Heftpflaster jeweils sorgfältig entfernen.

**Übungsaufgaben**: Die 3 Injektionsfelder auf die Gesäßgegend aufmalen (möglichst in unmittelbarem Anschluß an Ü924 mit der Zeichnung der großen Schlagadern und Nerven).

## Ü926 Hautinnervation der Gesäßgegend mit Pfeilen verdeutlichen

Die Hautnerven der Gesäßgegend kommen nicht aus deren Tiefe zur Oberfläche, sondern treten über deren Ränder in die Region ein (Abb. 926):

- obere Gesäßhautnerven (Nn. clunium superiores): Diese hinteren Äste der Lendennerven (Nn. lumbales) gelangen über den Darmbeinkamm in den oberen Teil der Gesäßgegend.
- mittlere Gesäßhautnerven (Nn. clunium medii): Sie sind hintere Äste der Kreuzbeinnerven (Nn. sacrales) und kommen aus den hinteren Kreuzbeinlöchern zu den angrenzenden Teilen der Gesäßgegend.
- untere Gesäßhautnerven (Nn. clunium inferiores): Sie zweigen vom rückwärtigen Oberschenkelhautnerv (N. cutaneus femoris posterior) ab und biegen um den Unterrand des großen Gesäßmuskels in die Gesäßgegend ein.
- seitlicher Ast des Weichen-Unterbauch-

Nervs (N. iliohypogastricus): Er überquert in der Nähe des vorderen oberen Darmbeinstachels den Darmbeinkamm und versorgt den Hautbereich über dem Schenkelbindenspanner.

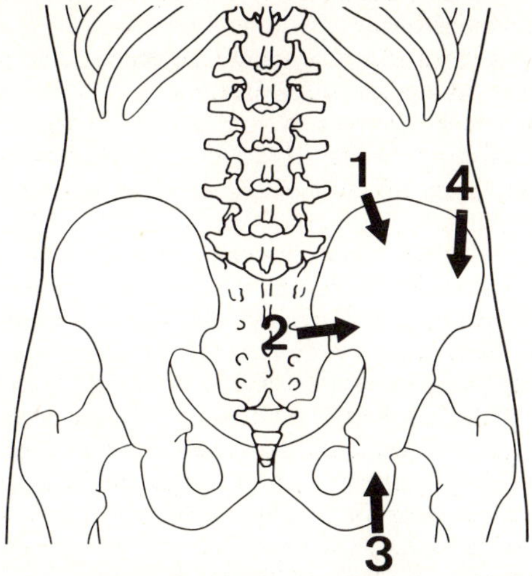


*Abb. 926. Hautinnervation der Gesäßgegend: 1 Nn. clunium superiores, 2 Nn. clunium medii, 3 Nn. clunium inferiores, 4 R. cutaneus lateralis des N. iliohypogastricus*

Man beachte: Die Nn. glutei sind rein motorisch, die Nn. clunium rein sensibel. Bei einer Spritzenschädigung der Nn. glutei kommt es daher nur zu Muskellähmungen, nicht zu Sensibilitätsstörungen. Diese sind allerdings möglich, wenn der Ischiasnerv oder der rückwärtige Oberschenkelhautnerv getroffen werden.

## 9.3 Kniegelenk

### Ü931 Form der Beine bei voll gestreckten Kniegelenken und geschlossenen Füßen beurteilen

Eine gängige Definition für die Längsachse des Beines in der Projektion von vorn ist die Verbindungslinie von

- Mitte des Leistenbandes (Mitte der Strecke zwischen vorderem oberen Darmbeinstachel und Schambeinhöckerchen),
- Mitte der Kniescheibe,
- Mitte der Knöchelgabel.

Da die Oberschenkel breiter sind als die Unterschenkel und Füße, steht die Längsachse des Beins beim Stand mit geschlossenen Füßen nicht vertikal, sondern leicht schräg. Am Oberschenkel entspricht die Längsachse des Beins der Verbindungslinie von Hüftkopf und Zwischenknorrengrube, nicht jedoch der Femurschaftachse. Diese ist noch stärker nach außen geneigt als die Längsachse. Da bei der Frau das knöcherne Becken im Durchschnitt breiter ist als beim Mann, weicht die Femurschaftachse bei der Frau im allgemeinen stärker von der Vertikalen ab als beim Mann.

Beim geraden Bein liegen die drei genannten Punkte auf einer Geraden ("Traglinie"). Man prüfe dies mit einer entsprechend langen Latte nach. Liegt die Mitte der Kniescheibe nicht in der Verbindungslinie der beiden anderen Punkte, so spricht man von

- O-Bein (Genu varum), wenn die Kniescheibe lateral liegt,
- X-Bein (Genu valgum), wenn die Kniescheibe medial liegt.

Für die ärztliche Untersuchung genügt ein einfacheres Verfahren: Man läßt den Patienten mit geschlossenen Füßen "stramm" stehen. Bei geraden Beinen berühren sich sowohl die medialen Epikondylen der Oberschenkel als auch die Innenknöchel. Das Ausmaß von O- oder X-Bein kann man dann als Abstand der Knie bzw. der Knöchel angeben.

| Protokoll 931. O- und X-Bein | |
|---|---|
| Epikondylen und Innenknöchel berühren sich...... | j \| n \| ? |
| Wenn nicht: | |
| O-Bein: Abstand der Epikondylen (cm) | |
| X-Bein: Abstand der Innenknöchel (cm) | |

### Ü932 Im Kniebereich tastbare Knochen markieren

- Kniescheibe (Patella, Abb. 932): Die gesamte Vorderfläche und alle Ränder der Kniescheibe sind bequem zugänglich. Manchmal ist die nach unten gerichtete Spitze (Apex patellae) vom Kniescheibenband (Lig. patellae) verdeckt. Von der Hinterfläche (Facies articularis) können das laterale und das mediale Drittel abgetastet werden, wenn man bei gestrecktem Knie und entspanntem M. quadriceps femoris die Kniescheibe aus ihrer Führungsrinne im Oberschenkel nach lateral und nach medial zur Seite verschiebt.

▪ Gelenkspalt: Er liegt etwa 0-1 cm distal des Unterrandes der Kniescheibe und ist bei gebeugtem Knie unschwer in den Gruben beidseits des Kniescheibenbandes zu fühlen.

▪ Gelenkknorren (Condylus medialis und lateralis) des Oberschenkels: Mit zunehmender Beugung werden immer größere Abschnitte der überknorpelten Gelenkflächen zugänglich.

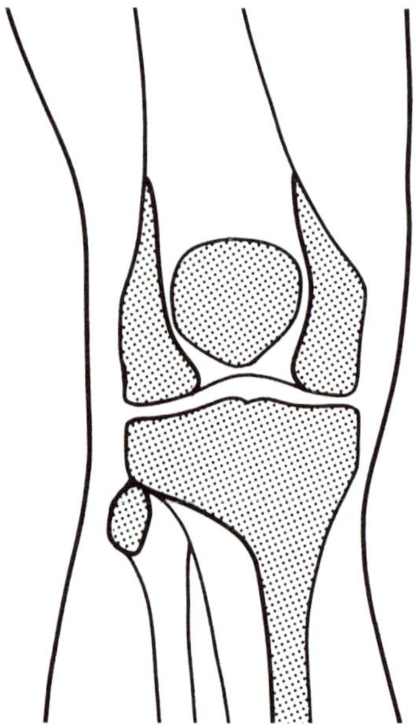

*Abb. 932. Im Kniebereich tastbare Knochen*

▪ Kniescheibenfläche (Facies patellaris) des Oberschenkels: Die Kniescheibe hält infolge des Kniescheibenbandes einen konstanten Abstand zum Schienbein, während der Gelenkkörper des Oberschenkels an ihr vorbeigleitet. Bei starker Beugung gelangt die Kniescheibe zwischen den beiden Gelenkknorren vor die Zwischenknorrengrube (Fossa intercondylaris). Die überknorpelte Kniescheibenfläche liegt dann nahezu vollständig proximal der Kniescheibe und kann durch die Quadrizepssehne hindurch getastet werden. Man fühlt die Führungsrinne für die Kniescheibe und das stärkere Hervorragen der lateralen Fläche.

▪ Obergelenkknorren (Epicondylus medialis und lateralis) des Oberschenkels: die am weitesten nach medial und nach lateral vorspringenden Knochenpunkte mit den Ursprüngen der Seitenbänder. Am Oberrand des inneren Obergelenkknorrens fühlt man den Ansatz (Tuberculum adductorium) des großen Anziehers (M. adductor magnus).

▪ Schienbeinhöcker (Tuberositas tibiae): das verbreiterte obere Ende der vorderen Schienbeinkante, an dem das Kniescheibenband ansetzt.

▪ Gelenkknorren (Condylus medialis und lateralis) des Schienbeins: Man kann nur ihre Ränder vorn und seitlich, dagegen nicht die Gelenkflächen (im Gegensatz zum Oberschenkel) abtasten.

▪ Wadenbeinkopf (Caput fibulae): Man mache sich klar, daß der Wadenbeinkopf nicht genau lateral vom Schienbein, sondern etwas nach rückwärts verschoben steht.

## Ü933 Bewegungsumfänge der Kniegelenke messen

Man untersucht am bequemsten in Rückenlage des Probanden:

▪ **Strecken**: Der Proband liegt entspannt mit in Hüft- und Kniegelenk gestreckten Beinen. Der Untersucher hebt die Ferse des zu untersuchenden Beines an. Das Gewicht des nunmehr durchhängenden Beines zwingt das Kniegelenk in maximale Streckstellung. Durch Druck auf das Knie von oben kann sich der Untersucher vom hart federnden Widerstand überzeugen. Eine Hilfsperson liest den Winkel ab. Bezugspunkte sind daher am Knie der Epicondylus lateralis, proximal die Hauteinsenkung über dem Trochanter major, distal der Außenknöchel. Steht keine Hilfsperson bereit, so kann der Untersucher die den Fuß anhebende Hand freimachen, indem er den Fuß des Probanden auf einen Stapel Bücher usw. ablegt.

▪ **Beugen**: Der Proband zieht das Bein zum Rumpf (beugt im Hüftgelenk auf etwa 90°) und entspannt die Muskeln wieder. Der Untersuchende faßt mit einer Hand den Unterschenkel knapp oberhalb der Knöchel, mit der anderen stützt er das Knie von vorn ab. Dann preßt er den Unterschenkel gegen den Oberschenkel. Das Endgefühl ist diesmal weich: Die Beugebewegung wird beim Gesunden nicht durch Bänder usw., sondern durch den Anschlag der Weichteile der Waden an die Weichteile des Oberschenkels begrenzt. Bezugspunkte für die Messung sind die gleichen wie vorher. Will man bei einer Beugehemmung den fortschreitenden Behandlungserfolg möglichst einfach protokollieren, so bietet sich anstelle der Neutralnullmethode das Messen des minimalen Fersen-Gesäß-Abstands beim Patienten an (1 cm entspricht etwa 1,5°).

▪ **Kreiseln**: Drehbewegungen sind am gesunden Knie nur in Beugestellung möglich (Bänderanspannung in Streckstellung!). Untersucht wird üblicherweise in rechtwinkliger Beugung des Kniegelenks. Des bequemeren Zugangs wegen beugt der Patient das Hüftgelenk auf 60 bis 90°. Der Untersucher faßt mit einer Hand den Vorfuß des Patienten und bringt ihn in maximale Dorsalflexion. Dadurch wird das Sprungbein in der Knöchelgabel eingekeilt. Seitbewegungen des Fußes werden damit minimiert. Der Fuß dient nunmehr als Zeiger für das Ausmaß der Drehbewegungen. Als "Nullstellung" sind die "geschlossenen" Füße (Medialseiten aneinandergelegt) definiert. Dies ist eigentlich unphysiologisch, weil die Fußspitzen im bequemen Stand etwa 25° nach außen gedreht sind. Wegen dieser unphysiologischen Nullstellung erscheint die Innenrotation (etwa 10°) wesentlich schwächer als die Außenrotation (etwa 40°). Ginge man von der physiologischen Stellung aus, wäre die Kreiselung nach innen stärker als die nach außen. Die Kreiselung läßt sich auch gut in Bauchlage des Probanden (Hüftgelenk gestreckt, Kniegelenke rechtwinklig gebeugt) oder bei auf dem Tisch sitzenden Patienten mit über die Tischkante hängenden Unterschenkeln (der Untersucher sitzt auf einem Hocker vor dem Patienten) prüfen.

Protokoll 933. Kniegelenk
Bewegungsumfang (°, Neutralnullmethode)

| | | | | |
|---|---|---|---|---|
| Strecken - Beugen | R | | | |
| | L | | | |
| Außen- - Innenkreiseln (90° gebeugt) | R | | | |
| | L | | | |

**Ü934 Seitenbänder einzeichnen, Verlaufsrichtung der Kreuzbänder mit Unterarmen veranschaulichen und Folgerungen für die Kreiselung im Kniegelenk ziehen**

▪ **Außenband** (Lig. collaterale fibulare): Es ist von allen Bändern des menschlichen Körpers am leichtesten zu tasten. Eine günstige Stellung des Probanden hierfür ist die "4": Um das rechte Außenband zu spannen, läßt man die rechte Ferse auf den linken Oberschenkel legen. Das linke Bein bildet dann den Längsstrich, der rechte Unterschenkel den Querstrich, der rechte Oberschenkel den Schrägstrich der "4" (Abb. 934). Das Außenband springt zwischen Wadenbeinkopf und lateralem Epikondylus als etwa strohhalm- bis bleistiftdicker Strang vor. Beim Tasten des linken Außenbandes ist die Stellung eine "umgekehrte 4". Bei gestrecktem Kniegelenk könnte man bei flüchtigem Hinfassen das Außenband mit der Bizepssehne oder dem Tractus iliotibialis verwechseln (Ü941).

▪ **Innenband** (Lig. collaterale tibiale): Im Gegensatz zum Außenband ist das Innenband nur undeutlich zu fühlen. Dies liegt daran, daß es der Gelenkkapsel unmittelbar aufliegt, während das Außenband abgehoben ist. Man kann die Breite des Innenbandes einigermaßen abschätzen, wenn man den Gelenkspalt von vorn nach medial und von hinten nach medial verfolgt. Das Innenband entspricht dem Bereich, in welchem der Gelenkspalt nicht so deutlich wahrzunehmen ist. Bei sehr sorgfältigem Tasten fühlt man die vordere und die hintere Begrenzung des Innenbandes als Stufen. Das Innenband ist etwa 2-3 cm breit.

▪ **Kreuzbänder** (Ligg. cruciata): Die in der Tiefe zwischen den beiden Teilgelenken (Gelenke der medialen und der lateralen Kondylen) verborgenen Kreuzbänder sind nicht zu tasten. Das vordere Kreuzband verläuft von außen-hinten-oben nach innen-vorn-unten. Es entspricht in etwa der Verlaufsrichtung des Leistenbandes oder der seitlichen Fasern des äußeren schrägen Bauchmuskels oder der äußeren Zwischenrippenmuskeln. Das hintere Kreuzband liegt medial und kreuzförmig zu ihm. Für das rechte Kniegelenk bringe man den rechten Unterarm in die Verlaufsrichtung des vorderen Kreuzbandes und entsprechend den linken Unterarm in die des hinteren. Man drehe nun die Unterarme entsprechend der Außen- und Innenkreiselung des Unterschenkels. Man wird merken, daß sich die Kreuzbänder bei der Innenkreiselung umeinanderwickeln (diese also hemmen), hingegen die Außenkreiselung freigeben.

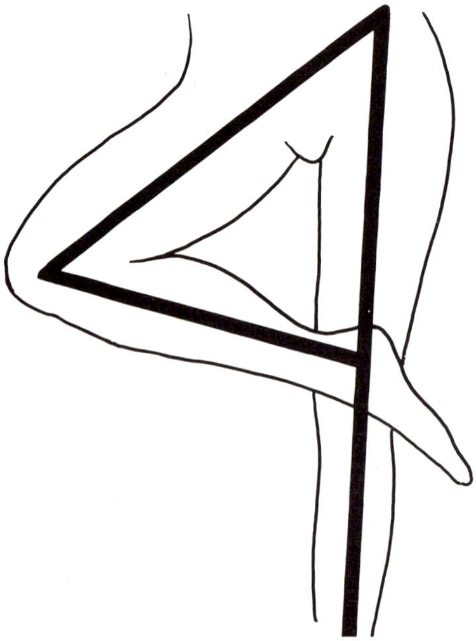

*Abb. 934. Spannen des Außenbandes (Stellung "4")*

### Ü935 Innenmeniskus tasten

Der Vorderrand des Innenmeniskus (Meniscus medialis) ist bei leichter Innenkreiselung des Unterschenkels im Gelenkspalt medial des Kniescheibenbandes zu tasten. Am besten beginnt man bei Außenkreiselung des Unterschenkels. Der Innenmeniskus wird dabei vom medialen Kondylus des Oberschenkels zurückgezogen. Im Gelenkspalt tastet man eine tiefe Einsenkung. Dreht man jetzt den Unterschenkel nach innen, so wird der Innenmeniskus vorgeschoben. Man fühlt, wie sich die Einsenkung zwischen den Kondylen von Oberschenkel und Schienbein füllt. Besonders deutlich wird dies bei rasch wechselndem Außen- und Innenkreiseln des Unterschenkels.

### Ü936 Wahrscheinliche Ausdehnung der Bursa suprapatellaris aufzeichnen, Gelenkpunktion erörtern

Der Schleimbeutel oberhalb der Kniescheibe ist ein Reservebereich der Gelenkkapsel und eigentlich kein selbständiger Schleimbeutel. Bei starker Beugung des Kniegelenks wird die überknorpelte Kniescheibenfläche (Facies patellaris) des Femurs nach oben aus dem Gelenk gedreht. Die Kniescheibe wird durch das Kniescheibenband an das Schienbein fixiert. Die Bursa suprapatellaris bildet dann den Gelenkraum vor der Facies patellaris.

Die Bursa suprapatellaris ist ein Teil des Gelenkraums. Deshalb erstrecken sich Flüssigkeitsansammlungen im Gelenk (Ergüsse, Blutungen) immer auch auf sie. Da zwischen den Gelenkkörpern wenig Platz bleibt, ist der Hauptteil größerer Ergüsse in der Bursa suprapatellaris anzutreffen. Es liegt deshalb nahe, den Gelenkraum unmittelbar oberhalb der Kniescheibe von medial oder lateral her zu punktieren. Bei unzureichender Flüssigkeitsfüllung der Bursa suprapatellaris kommt auch die Punktion auf Höhe des Gelenkspalts beidseits des Kniescheibenbandes in Frage. Bei gestrecktem Kniegelenk reicht die Bursa suprapatellaris etwa 5 cm über den Oberrand der Kniescheibe (Basis patellae) nach oben.

Durch einen Kniegelenkerguß wird die Kniescheibe aus ihrer Führungsrinne am Oberschenkelbein gehoben. Sie verliert dann den seitlichen Halt. Sie vibriert, wenn man sie anstößt ("tanzende Patella"). Dadurch kann man einen Gelenkerguß leicht von einer Schwellung vor dem Gelenk (z.B. Schleimbeutelentzündung) unterscheiden.

### Ü937 Kniegelenk auf abnorme Beweglichkeit prüfen

Das gesunde Kniegelenk ist stabil: Außer Beugen, Strecken und Kreiseln sind keine weiteren Bewegungen möglich. Bei Schlaffheit oder Riß von Bändern wird das Kniegelenk instabil. Dann werden "Aufklappbewegungen" nach medial oder lateral sowie schubladenartige Bewegungen des Schienbeins gegen den Oberschenkel möglich. Bei der orthopädischen Untersuchung werden diese systematisch geprüft.

Nach meiner Erfahrung findet man in Übungen zur Anatomie am Lebenden fast immer einige Studenten, die nach Sportunfällen Instabilitäten am Kniegelenk aufweisen.

a) **Abduktionsprüfung** (Valgustest): Der Proband liegt auf dem Rücken mit gestreckten Beinen. Der Untersucher tritt zur Untersuchung des rechten Knies auf die rechte Seite des Probanden. Er stützt mit der linken Hand den Oberschenkel ab und versucht, mit der rechten Hand den Unterschenkel zu abduzieren. Zur Untersuchung des linken Beins geht der Untersucher auf die linke Seite des Probanden. Der Untersucher kann auch den Fuß des Probanden in seiner Achsel einklemmen und mit seiner freien Hand am distalen Oberschenkel gegendrücken. Eine Abduktion ist möglich bei Schlaffheit oder Riß des Innenbandes.

b) **Adduktionsprüfung** (Varustest): Der Untersucher steht auf der rechten Seite des Probanden, wenn er das linke Knie prüft. Der Proband spreizt die Beine in den Hüftgelenken leicht auseinander. Der Untersucher stützt mit der linken Hand den linken Oberschenkel ab und versucht, mit der rechten Hand den linken Unterschenkel zu adduzieren. Eine Adduktion ist bei einem Schaden des Außenbandes möglich. Bei einem nicht zu alten Riß treten dabei auch Schmerzen auf der Außenseite des Knies auf. Schmerzen auf der Innenseite weisen auf einen Innenmeniskusschaden hin, da beim Adduktionsversuch der Innenmeniskus (Meniscus medialis) zusammengepreßt wird. Entsprechend wird beim Abduktionsversuch der Außenmeniskus belastet.

c) **Schubladenphänomen**: Bei Schlaffheit oder Riß von Kreuzbändern läßt sich das Schienbein bei gebeugtem Kniegelenk schubladenartig gegen den Oberschenkel nach vorn und hinten schieben. Der Proband liegt auf einer Liege und zieht ein Bein an (beugt in Hüft- und Kniegelenk). Der Untersucher setzt sich so auf den Rand der Liege, daß er dabei den Vorfuß des Patienten mit seinem Oberschenkel fixiert. Dann umfaßt er den Unterschenkel des Patienten mit beiden Händen derartig, daß seine Daumen beidseits des Kniescheibenbandes auf dem Gelenkspalt ruhen. Dann zieht er kräftig nach vorn. Dabei tastet er mit beiden Daumen eine etwaige Verschiebung des Schienbeins. Eine Verschiebbarkeit nach vorn kommt bei Schlaffheit oder Riß des vorderen Kreuzbandes, eine Verschiebbarkeit nach hinten bei Schlaffheit oder Riß des hinteren Kreuzbandes vor. Bewertung:

- schwaches Schubladenphänomen "+": Verschiebung 3-5 mm,
- mittleres Schubladenphänomen "++": Verschiebung 6-10 mm,
- starkes Schubladenphänomen "+++": Verschiebung über 10 mm.

Protokoll 937. Kniegelenk: abnorme Bewegungen

| A Bei gestrecktem Knie | R | L |
|---|---|---|
| Abduktion (°) | | |
| Adduktion (°) | | |

| B Bei gebeugtem Knie: Schubladenphänomen | R | L |
|---|---|---|
| a) nach vorn (mm) | | |
| b) nach hinten (mm) | | |

Das Schubladenphänomen wird gewöhnlich außer bei 0°-Drehung des Unterschenkel auch bei 15° Innen- bzw. Außenrotation geprüft. Eine "Rotationsschublade" weist zusätzlich auf Schäden der Gelenkkapsel und der Kapselbänder hin.

## 9.4 Oberschenkel und Kniekehle

### Ü941 Die Haut vorwölbende Sehnen identifizieren

- **Schneidermuskel** (M. sartorius): Hebt man im Stehen ein Bein nach vorn bei gleichzeitigem Außenkreiseln, so wölbt die Ursprungssehne des Schneidermuskels die Haut unmittelbar unterhalb des vorderen oberen Darmbeinstachels vor. Der Strang läuft schräg über den Oberschenkel in Richtung auf das innere obere Schienbeinende weiter.
- **Gerader Oberschenkelmuskel** (M. rectus fe-

moris): Der Proband steht auf einem Bein und beugt das andere im Hüftgelenk. Das Gewicht des Beins genügt meist schon, um einige Zentimeter unterhalb des vorderen oberen Darmbeinstachels zwischen den Ursprüngen des Schneidermuskels und des Schenkelbindenspanners die Sehne des geraden Oberschenkelmuskels deutlich hervortreten zu lassen. Notfalls muß der Untersucher den gehobenen Oberschenkel nach unten drücken, um die Anspannung des Muskels zu verstärken.

▪ **Langer Anzieher** (M. adductor longus) und **schlanker Muskel** (M. gracilis): Der Proband steht mit weit gegrätschten Beinen. Die Adduktoren spannen sich an, um eine Überspreizung zu verhindern. Andere Positionen: Der Proband liegt auf dem Rücken und spreizt die im Hüftgelenk rechtwinklig gebeugten Beine. Das Gewicht der Beine reicht meist für eine starke Anspannung der Adduktoren aus. Notfalls drückt der Untersucher die Beine auseinander. Meist springen am oberen inneren Ende des Oberschenkels 2 Sehnen kielartig vor: Die vordere Sehne gehört zum langen Anzieher. Dahinter folgt die Sehne des schlanken Muskels. Zwischen beiden sinkt die Haut bei nicht zu dickem Unterhautfettpolster zu einer flachen Rinne ein. Bei gestrecktem Kniegelenk tritt die Sehne des schlanken Muskels, bei gebeugtem Knie die des langen Anziehers stärker hervor. Die übrigen Adduktoren tastet man als einen eher rundlichen Wulst.

▪ **Zweiköpfiger Oberschenkelmuskel** (M. biceps femoris): Die Sehne bildet die laterale proximale Begrenzung der Kniekehlenraute. Sie tritt besonders stark hervor, wenn der Proband auf dem Bauch liegt und das Knie gegen Widerstand beugt. Die Bizepssehne endet am Wadenbeinkopf.

▪ **Halbsehniger** und **halbmembranöser Muskel** (M. semitendinosus und M. semimembranosus): Die Sehnen bilden die mediale proximale Begrenzung der Kniekehlenraute. Sie spannen sich gemeinsam mit der Bizepssehne beim Beugen des Knies gegen Widerstand an. Die rundliche Semitendinosussehne liegt oberflächlich. Unter und medial von ihr fühlt man die breitere Sehne des Semimembranosus.

▪ **Darmbein-Schienbein-Sehne** (Tractus iliotibialis): Versucht man im Sitzen bei rechtwinklig gebeugtem Kniegelenk gegen Widerstand nach außen zu kreiseln, so spannen sich auf der Außenseite des Knies 2 Sehnen an: hinten die Bizepssehne (zum Wadenbeinkopf), davor die Darmbein-Schienbein-Sehne (wie der Name besagt zum Schienbein). Zwischen den beiden Sehnen sinkt die Haut zu einer tiefen Kuhle ein. Die Darmbein-Schienbein-Sehne ist breiter als die Bizepssehne. Ihr Hinterrand ist schärfer begrenzt als ihr Vorderrand. Im Stehen liegen die beiden Sehnen näher aneinander und sind schlechter zu trennen. Hebt man jedoch das im Kniegelenk gestreckte Bein an, so springt das distale Endstück der Darmbein-Schienbein-Sehne lateral und etwas oberhalb der Kniescheibe deutlich vor.

▪ **Kniestrecker** (vierköpfiger Oberschenkelmuskel, M. quadriceps femoris): Die mächtige Sehne spannt sich unmittelbar oberhalb der Kniescheibe an, wenn man das im Kniegelenk gestreckte Bein hebt (dann muß der Muskel gegen die Schwerkraft arbeiten). Funktionell betrachtet ist die Sehne auch unterhalb der Kniescheibe zu tasten. Die Kniescheibe ist als Sesambein in die Sehne eingelassen. Das Kniescheibenband (Lig. patellae) ist damit ein Teil der Quadrizepssehne.

### Ü942 Felder der oberflächlichen Oberschenkelmuskeln auf der Haut umranden, Muskelfunktion bedenken

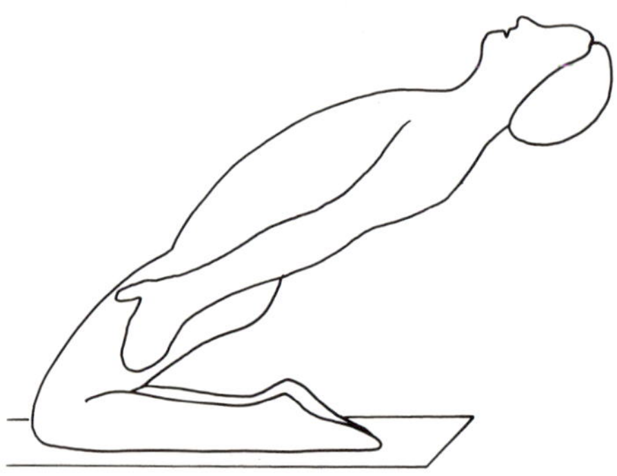

*Abb. 942a. Beim Rückneigen im Knien bremst der Kniestrecker die Bewegung des Körpers nach hinten*

Sieht man von den in Ü921 behandelten Gesäßmuskeln ab, so kann man die Oberschenkelmuskeln mit 2 Ausnahmen zu 3 Gruppen ordnen:

▪ Kniestrecker (vierköpfiger Oberschenkelmuskel, M. quadriceps femoris),

- Hüftanzieher (Adduktoren): langer, kurzer und großer Anzieher (M. adductor longus, brevis, magnus), schlanker Muskel (M. gracilis), Kammuskel (M. pectineus),
- Sitzbein-Unterschenkel-Muskeln (ischiokrurale Muskeln): halbsehniger Muskel (M. semitendinosus), halbmembranöser Muskel (M. semimembranosus), zweiköpfiger Oberschenkelmuskel (M. biceps femoris).

Nicht in die 3 Gruppen einzuordnen sind
- Schneidermuskel (M. sartorius),
- Lenden-Darmbein-Muskel (M. iliopsoas).

In der vorhergehenden Übung (Ü941) sind bereits alle wichtigen Muskelsehnen getastet worden. Die Abgrenzung der Muskelfelder ist nun einfach.

- Man beginnt am besten mit dem **Schneidermuskel**: Man spannt ihn (im Sitzen oder Stehen, nicht so gut im Liegen) an, indem man im Hüftgelenk leicht beugt und abspreizt, kräftig nach außen kreiselt und das vom Boden abgehobene Bein in der Schwebe hält. Dann wölbt der in seiner ganzen Länge gleichmäßig etwa 3 cm breite Muskel die Haut vom vorderen oberen Darmbeinstachel bis zum inneren oberen Ende des Schienbeins vor. Dieses "Band" zieht schräg über den Oberschenkel.
- Die **Hüftanzieher** nehmen das dreieckige Feld zwischen dem Schneidermuskel und dem Hinterrand des schlanken Muskels ein (Oberschenkeldreieck, Trigonum femorale). Der schlanke Muskel zieht als schmales Band bis zur Innenseite des Schienbeins. Der lange Anzieher schließt vorn an und verschwindet unter dem Schneidermuskel. Man taste nun den Schambeinkamm (Pecten ossis pubis). Von ihm entspringt der Kammuskel. Weiter seitlich wird der Kochen von einem Muskel überquert. Es handelt sich um den Lenden-Darmbein-Muskel, der die äußere Spitze des Oberschenkeldreiecks füllt. Der große Anzieher ist nur in einem schmalen Streifen hinter dem schlanken Muskel und vor den Sitzbein-Unterschenkel-Muskeln oberflächlich.
- Den vierköpfigen Oberschenkelmuskel kann man auch kurz als **Kniestrecker** bezeichnen, da er der Hauptmuskel für diese Bewegung ist. Über die Darmbein-Schienbein-Sehne strecken zwar auch noch der große Gesäßmuskel und der Schenkelbindenspanner, doch ist der Hebelarm am Kniegelenk gering. Das Feld des Kniestreckers liegt zwischen dem Schneidermuskel medial und dem zweiköpfigen Oberschenkelmuskel außen-hinten. Kniegelenknah fällt die äußere Grenze mit dem Hinterrand der Darmbein-Schienbein-Sehne zusammen. Weiter oben greift der M. vastus lateralis weiter nach hinten. Die 3 oberflächlich liegenden Köpfe des Kniestreckers zeichnen sich deutlich ab, wenn man das gestreckte Bein nach vorn hebt. In der Mitte liegt das Feld des geraden Oberschenkelmuskels (M. rectus femoris). Es erstreckt sich bis nahe zum vorderen oberen Darmbeinstachel nach oben. Medial von ihm reicht der M. vastus medialis bis nahe an die Kniescheibe nach unten. Der M. vastus lateralis endet hingegen schon 2-3 Fingerbreit weiter oben. Er dehnt sich dafür weit zur Seite aus und nimmt den größten Teil des Kniestreckerfeldes ein. Beim Rückneigen im Knien muß der Kniestrecker den Körper im Gleichgewicht halten (Abb. 942a).

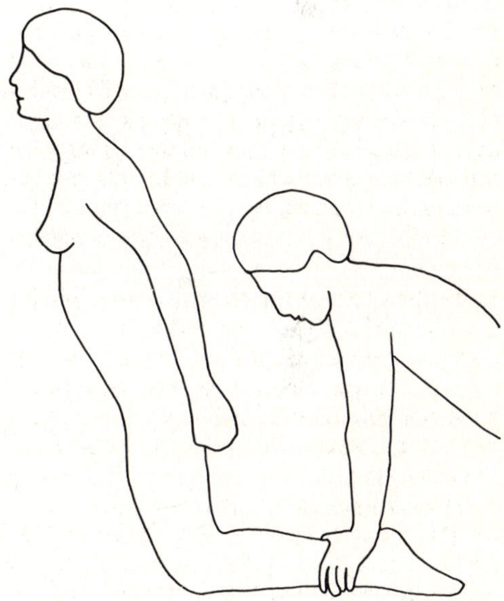

*Abb. 942b. Beim Vorneigen im Knien bremsen die Sitzbein-Unterschenkel-Muskeln die Bewegung des Körpers nach vorn*

- Das restliche Gebiet gehört den Sitzbein-Unterschenkel-Muskeln. Sie entspringen gemeinsam am Sitzbeinhöcker und seiner Umgebung und gabeln sich oberhalb des Kniegelenks in einen inneren (halbsehniger und halbmembranöser Muskel) und einen äußeren Zug (zweiköpfiger Oberschenkelmuskel) auf. Die Ansatzsehnen wurden bereits in Ü941 beschrieben. Beim Vorneigen im Knien müssen die Sitzbein-Unterschenkel-Muskeln den Sturz nach vorn verhindern (Abb. 942b).

## Ü943 Schlagaderpulse am Oberschenkel und in der Kniekehle tasten

Das Tasten der Schlagaderpulse am Oberschenkel und in der Kniekehle hat große praktische Bedeutung. Durchblutungsstörungen der Beine sind (besonders bei Rauchern) häufig. Wird die Schlagader allmählich enger, so treten Schmerzen bei Muskelarbeit auf, wenn die Lichtung auf etwa die Hälfte bis zwei Drittel eingeengt ist. Bei 90prozentiger Einengung bestehen die Schmerzen auch schon in Ruhe. Bei der arteriellen Verschlußkrankheit (oft abgekürzt AVK) der Beine unterscheidet man nach der Lage der obersten Engstelle

- Unterschenkeltyp: Die Schmerzen sind hauptsächlich im Fuß.
- Oberschenkeltyp: Es schmerzt vor allem der Unterschenkel.
- Beckentyp: Das Schmerzmaximum liegt im Oberschenkel.

Kann man an einer Schlagader einen kräftigen Puls tasten, so ist eine Gefäßenge oberhalb dieser Stelle wenig wahrscheinlich (sie müßte dann schon durch einen starken Kollateralkreislauf voll kompensiert sein). Durch sorgfältiges Tasten der Pulse kann man daher dem Patienten mitunter apparative Untersuchungen, z.B. die Flußmessung mit Ultraschall oder gar die nicht risikolose Röntgenuntersuchung mit Kontrastmittel, ersparen.

Entsprechend den 3 Typen der Durchblutungsstörung sollte man die Schlagaderpulse jeweils an der Grenzen der 3 Regionen tasten (Abb. 943):

- zwischen Becken und Oberschenkel an der Oberschenkelschlagader unterhalb des Leistenbandes,
- zwischen Oberschenkel und Unterschenkel an der Kniekehlenschlagader,
- zwischen Unterschenkel und Fuß an der vorderen und hinteren Schienbeinschlagader am Fußrücken bzw. hinter dem Schienbeinknöchel (Ü973).

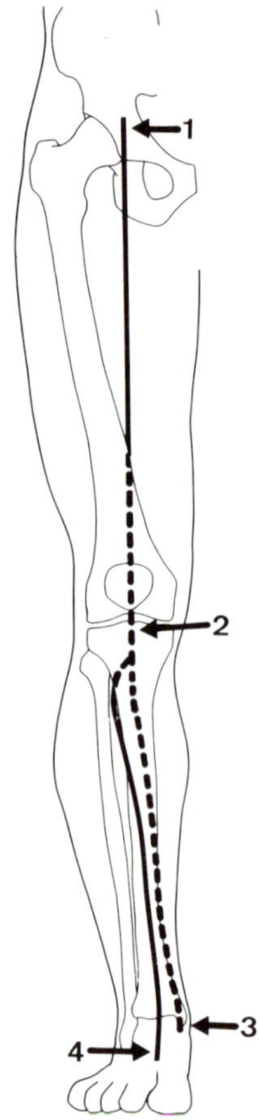


*Abb. 943. Tasten der Schlagaderpulse am Bein: 1 Oberschenkelschlagader, 2 Kniekehlenschlagader, 3 hintere Schienbeinschlagader, 4 Fußrückenschlagader*

a) **Oberschenkelschlagader** (A. femoralis): Der Puls ist 1-2 cm distal der Mitte des Leistenbandes (Verbindungslinie vorderer oberer Darmbeinstachel zum Schambeinhöckerchen) ganz leicht zu fühlen. Hier läßt sich auch die Schlagader gegen das in der Tiefe liegende Hüftbein abdrücken.

b) **Kniekehlenschlagader** (A. poplitea): Der Puls ist nur bei gebeugtem Knie zu tasten. Beim Strecken wird der Fettkörper der Kniekehle rückwärts herausgepreßt und dadurch die Kniekehlenfaszie gespannt. Die Schlagader liegt ganz tief an der Gelenkkapsel. Man muß also die Haut tief eindrücken. Der Proband soll dabei die Muskeln der Kniekehle völlig entspannen. Man tastet zunächst in Rückenlage des Probanden mit angezogenem Bein. Der Untersucher umfaßt das Knie mit einer Hand so, daß der Daumen vorn, die übrigen Finger in der Kniekehle liegen. Dann dringt er mit den Fingern 2 bis 4 in die Tiefe. Das sichere Tasten des Kniekehlenpulses erfordert längeres Üben. Gelingt es in Rückenlage des Probanden nicht, so versuche man es in Bauchlage. Die Kniemuskeln sind dann meist besser zu entspannen, und man kann mit mehr Kraft in der Tiefe tasten. Das Knie des Probanden wird vom Untersucher gebeugt, um eine aktive Spannung der Muskeln zu vermeiden.

Protokoll 943. Pulsfrequenz (1/min)

| | R | L |
|---|---|---|
| A. femoralis | | |
| A. poplitea | | |

## Ü944 Lagerungsprobe nach Ratschow

Hebt man die Beine, so wird der venöse Abfluß erleichtert. Man merkt dies an an der Entleerung der im Stehen oder Sitzen gestauten Fußrückenvenen. Der Fuß wird allmählich blasser, besonders wenn man den Blutbedarf durch Arbeit der Fußmuskeln erhöht. Setzt man sich dann rasch auf, so rötet sich der Fuß beim Gesunden rasch wieder, und die Hautvenen treten wieder hervor. Ratschow hat diesen Versuch bei seiner sog. Lagerungsprobe standardisiert:

- Der Proband legt sich auf den Rücken und hebt die leicht gespreizten Beine im Winkel von 45°. Dies ist anstrengender als rechtwinkliges (vertikales) Heben (Ü273). Reicht die Kraft der Bauchmuskeln nicht aus, so kann man zur Erleichterung die Beine auch rechtwinklig heben lassen.
- Der Proband führt nun mit den Fußspitzen 1-2 Minuten lang leicht kreisende Bewegungen aus. Der Untersucher beobachtet die Füße sorgfältig und notiert die Zeit bis zum deutlichen Abblassen. Zeitungleichheit der beiden Füße spricht für eine Durchblutungsstörung des früher blaß werdenden Beins.
- Dann soll sich der Proband rasch aufsetzen und die Beine locker nach unten hängen lassen. Beim Gesunden röten sich die Füße innerhalb von 5 Sekunden. Die Fußrückenvenen sind bei ihm spätestens nach 12 Sekunden wieder gefüllt. Eine schwere Durchblutungsstörung liegt vor, wenn sich ein Fuß erst nach mehr als 30 Sekunden wieder rötet.

Protokoll 944. Lagerungsprobe nach Ratschow

| | R | L |
|---|---|---|
| A Abblassen von Fußsohle und Zehen (s) | | |
| B Rötung von Fußrücken und Zehen (s) | | |
| Füllung der Vorderfußvenen (s) | | |

## Ü945 Leistenlymphknoten tasten

Die Leistenlymphknoten gehören zu den 3 wichtigen tastbaren Lymphknotenstationen. Sie werden nach den in Ü125 erläuterten Grundsätzen untersucht.

**Lage**: Die Leistenlymphknoten liegen in 3 Gruppen beisammen:

- Längszug der oberflächlichen Gruppe (Nodi lymphatici inguinales superficiales inferiores): Sie liegen um die große Saphenusvene (V. saphena magna), kurz bevor diese die Schenkelbinde am Hiatus saphenus durchbricht und in die Oberschenkelvene (V. femoralis) einmündet.
- Schrägzug der oberflächlichen Gruppe (Nodi lymphatici inguinales superficiales superomediales und superolaterales): Sie liegen oberflächlich zur Schenkelbinde 1-3 Fingerbreit unterhalb des Leistenbandes etwa parallel zu diesem.
- tiefe Leistenlymphknoten (Nodi lymphatici inguinales profundi): Sie liegen unter der Schenkelbinde um die Oberschenkelvene und setzen sich durch das Gefäßfach (Lacuna vasorum) unter dem Leistenband in die äußeren Beckenlymphknoten (Nodi lymphatici iliaci externi) fort. Ein Lymphknoten im Gefäßfach (Nodus lacunaris medialis) wird gewöhnlich Rosenmüller- oder Cloquet-Lymphknoten genannt.

**Einzugsgebiete**:
- Längszug: gesamtes Bein,
- Schrägzug: Bauchwand bis etwa Nabelhöhe, Gesäßgegend, äußere Geschlechtsorgane, Aftergegend, Gebärmutterkörper (über Lymphgefäße im runden Mutterband).

Das Abtasten der Gegend unterhalb des Leistenbandes hat hohe praktische Bedeutung, weil die Leistenlymphknoten die regionären Lymphknoten für die äußeren und einen Teil der inneren Geschlechtsorgane sind. Sie sind daher häufig bei Erkrankungen der Geschlechtsorgane mitbefallen. Beim Gebärmutterkörperkrebs und beim Hodenkrebs treten hier gewöhnlich die ersten Tochtergeschwülste (Metastasen) auf. Dann wäre es für die Planung der Behandlung sehr wichtig zu wissen, ob ein tastbarer Lymphknoten schon seit vielen Jahren verhärtet (= harmlos) ist oder erst in letzter Zeit hart wurde (verdächtig auf Metastase).

Protokoll 945. Leistenlymphknoten

| Lymphknoten tastbar | j | n | ? |
|---|---|---|---|

Wenn ja: Größe, Form, Beschaffenheit, Verschieblichkeit und Lage beschreiben

Das Abtasten der Leistenlymphknoten darf daher bei keiner eingehenden ärztlichen Untersuchung übergangen werden. Auch beim jungen Erwachsenen sind meist mehrere Leistenlymphknoten verhärtet. Deshalb kann man sich an ihnen besonders gut im Tasten von Lymphknoten und an deren Beschreibung üben.

**Übungsaufgabe**: Leistenlymphknoten tasten und eine Lageskizze anlegen. Für jeden Lymphknoten unbedingt Form, Größe, Beschaffenheit, Verschieblichkeit und Lage genau beschreiben (Ü125).

## Ü946 Verlauf der großen Nerven am Oberschenkel und in der Kniekehle auf die Haut aufzeichnen, Ausfallserscheinungen bei Nervenlähmungen erörtern

Die motorische Innervation der Beinmuskeln unterhalb der Gesäßgegend teilen sich nur 3 Nerven:
- Oberschenkelnerv (N. femoralis): Hüftbeuger und Kniestrecker,
- Hüftlochnerv (N. obturatorius): Hüftanzieher,
- Ischiasnerv (N. ischiadicus): Sitzbein-Unterschenkelmuskeln und alle Muskeln unterhalb des Kniegelenks.

a) Der **Oberschenkelnerv** tritt unter dem Leistenband seitlich der Oberschenkelschlagader in den Oberschenkel ein. Er liegt unter der Schenkelbinde (Fascia lata) auf dem Darmbein-Lenden-Muskel (M. iliopsoas) und ist gewöhnlich nicht zu tasten. Man kann trotzdem seinen Verlauf sehr genau bezeichnen, wenn man vom Puls der Oberschenkelschlagader ausgeht: Der Nerv befindet sich unmittelbar seitlich davon. Schon wenige Zentimeter unterhalb des Leistenbandes fächert er sich zu zahlreichen Muskel- und Hautästen auf. Ein langer Ast (N. saphenus) begleitet die Oberschenkelschlagader in den Adduktorenkanal (Canalis adductorius), durchbricht dann aber dessen Vorderwand (den Sehnenzug vom großen Anzieher zum M. vastus medialis) und schließt sich der großen Saphenusvene zum Unterschenkel und zur Innenseite des Fußes an. Im Kniebereich kann man seinen Unterkniescheibenast (R. infrapatellaris) auf dem inneren Obergelenkknorren (Epicondylus medialis) des Oberschenkelbeins tasten: ein etwa bleistiftminendicker Strang, der den Obergelenkknorren schräg von hinten-oben nach vorn-unten überquert und unter dem kräftig drückenden Finger zur Seite gleitet.

b) Der **Hüftlochnerv** gelangt durch den Hüftlochkanal (Canalis obturatorius) in den Oberschenkel und zweigt sich dann zwischen den Hüftanziehern auf. Seine Projektion auf die Haut entspricht etwa dem Verlauf des schlanken Muskels (Ü941, Ü942). Sein Hautast durchbricht am Vorderrand des schlanken Muskels etwa in der Mitte des Oberschenkels die Schenkelbinde. Sein Hautgebiet erstreckt sich von hier bis etwa zum Knie. Die Kenntnis dieses Hautgebietes ist diagnostisch wichtig: An der Beckenwand zieht der Hüftlochnerv am Eierstock vorbei. Bei Erkrankungen des Eierstocks kann er gereizt werden. Bei nicht örtlich zu erklärenden Schmerzen im Hautgebiet des Hüftlochnervs sollte man bei Frauen immer an Erkrankungen des Eierstocks denken!

*Abb. 946. Nervendruckpunkte: 1 Ischiasnerv, 2 gemeinsamer Wadenbeinnerv*

c) Der **Ischiasnerv** ist der stärkste und längste Nerv des Körpers. Sein Verlauf in der Gesäßgegend wurde bereits in Ü924 aufgezeichnet. Er tritt am medialen Drittelpunkt einer Verbindungslinie vom Sitzbeinhöcker zum großen Rollhügel in den Oberschenkel ein. Von da zieht er, bedeckt von den Sitzbein-Unterschenkel-Muskeln, gerade zur Mitte der Kniekehle weiter. Auf unterschiedlicher Höhe teilt er sich in seine beiden Hauptäste auf:

- Der Schienbeinnerv (N. tibialis) setzt den geraden Verlauf zum Fuß fort (Zielpunkt für das Aufzeichnen: Mitte der Verbindungslinie von Innenknöchel und Fersenbeinhöcker).
- Der gemeinsame Wadenbeinnerv (N. fibularis communis = N. peroneus communis) zweigt in der oberen Spitze der Kniekehlenraute vom Schienbeinnerv ab und folgt dann dem Innenrand des zweiköpfigen Oberschenkelmuskels. Je mehr sich dieser Muskel zu seiner Ansatzsehne verjüngt, desto ungeschützter liegt der Nerv hinter ihm. Spannt man die Bizepssehne bei gebeugtem Kniegelenk kräftig an (z.B. indem man mit der Ferse dieses Beins gegen einen Widerstand nach rückwärts drückt), so kann man den gemeinsamen Nerv unmittelbar hinter der Sehne leicht tasten. Er fühlt sich fast wie eine zweite Sehne an. Er endet jedoch nicht am Wadenbeinkopf (Caput fibulae) wie die Bizepssehne, sondern umrundet den Wadenbeinhals (Collum fibulae), bevor er sich in den oberflächlichen und den tiefen Wadenbeinnerv (N. fibularis superficialis und profundus) aufzweigt. Hier ist der Nerv besonders gefährdet. Ein typischer Unfall ist das Anfahren eines Fußgängers durch ein Auto beim Überqueren der Straße. Die Stoßstangen der Pkw liegen etwa auf Höhe des Wadenbeinhalses. Beim seitlichen Aufprall wird der gemeinsame Wadenbeinnerv zwischen Stoßstange und Knochen zerquetscht.

**Druckpunkte**: Die Druckschmerzhaftigkeit der großen Nerven prüft man an folgenden Stellen:

- beim Oberschenkelnerv unterhalb des Leistenbandes unmittelbar lateral vom Puls der Oberschenkelschlagader,
- beim Ischiasnerv in der Gesäßgegend etwas seitlich-unterhalb der Lücke unter dem Birnmuskel (Mitte der Verbindungslinie von Sitzbeinhöcker und hinterem oberen Darmbeinstachel, Ü924),
- beim gemeinsamen Wadenbeinnerv am Wadenbeinhals (Abb. 946).

**Ausfallserscheinungen:**

- Oberschenkelnerv: Das Knie kann nicht

mehr aktiv gestreckt werden. Das Beugen im Hüftgelenk ist schwer beeinträchtigt, aber nicht völlig aufgehoben. Ausgedehnte Sensibilitätsstörung an der Vorderseite des Oberschenkels und über der Schienbeininnenfläche.

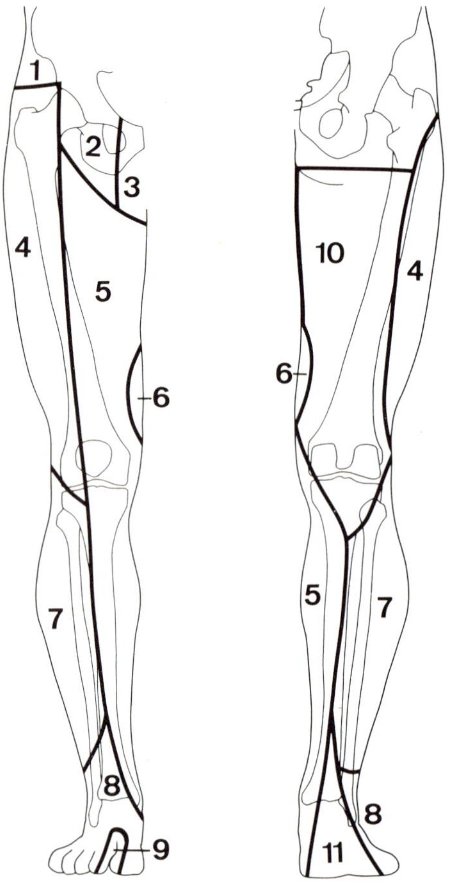


*Abb. 947. Hautgebiete der Nerven am Bein: 1 N. iliohypogastricus, 2. N. genitofemoralis, 3 N. ilio-inguinalis, 4 N. cutaneus femoris lateralis, 5 N. femoralis, 6 N. obturatorius, 7 N. cutaneus surae lateralis, 8 N. fibularis = peroneus superficialis, 9 N. fibularis = peroneus profundus, 10 N. cutaneus femoris posterior, 11 N. suralis*

▪ Hüftlochnerv: Wegen des Ausfalls der Hüftanzieher überwiegen die Hüftabspreizer. Der Gang wird breitbeinig ("Seemannsgang"). Das kranke Bein kann nicht mehr aktiv über das gesunde geschlagen werden. Die Haltung des Beckens wird unsicher, weil das Gegenspiel von Abspreizen und Anziehen gestört ist. Kleine gefühllose Zone an der unteren Innenseite des Oberschenkels.

▪ **Ischiasnerv**: Das Kniegelenk kann nicht mehr aktiv gebeugt und gekreiselt werden. Das Bein ist unterhalb des Knies gelähmt. Ausgedehnte Sensibilitätsstörungen an der Außenseite des Unterschenkels und des Fußes sowie an der Fußsohle. (Isolierte Ausfälle der Hauptäste s. Ü972.)

## Ü947 Hautgebiete der Nerven am Oberschenkel umranden

Die Innervation der Oberschenkelhaut (Abb. 947) teilen sich folgende Nerven (Gesäßgegend s. Ü926):

▪ N. genitofemoralis: ein etwa handbreiter Streifen unterhalb des Leistenbandes,

▪ N. femoralis: daran anschließend die Vorderseite des Oberschenkels (und weiter bis zum inneren Fußrand),

▪ N. cutaneus femoris lateralis: Außenseite des Oberschenkels,

▪ N. cutaneus femoris posterior: Hinterfläche des Oberschenkels,

▪ N. obturatorius: untere Innenseite des Oberschenkels.

▪ N. ilio-inguinalis: von den äußeren Geschlechtsorganen auf die angrenzenden Bereiche des Oberschenkels übergreifend.

## Ü948 Segmentale Innervation (Dermatome) des Beins aufzeichnen

Probleme der segmentalen Innervation sind bereits beim Rumpf (Ü284) und beim Arm (Ü892) erörtert worden. Das Bein wird ähnlich wie der Arm von vorderen Ästen der Rückenmarknerven versorgt. Sie durchflechten sich im Lenden-Kreuzbein-Nervengeflecht (Plexus lumbosacralis). Auch hier gibt es einen "Segmentsprung": Die Segmente $L_4$ bis $S_1$ sind völlig in das Bein hinausverlagert (Abb. 948a). Die Anordnung der Segmente ist am besten aus der Vierfüßerstellung verständlich (Abb. 948b): Die Segmente folgen dann in der Richtung vom Kopf zum Steiß in der korrekten Reihenfolge:

▪ $L_1$: Umgebung des Leistenbandes,

▪ $L_2$: vorderer oberer Oberschenkelbereich,

▪ $L_3$: vorderer unterer Oberschenkelbereich mit Knie,

- $L_4$: vorderer innerer Unterschenkelbereich,
- $L_5$: Zehen 1-3 mit angrenzenden Teilen des Fußrückens und der Fußsohle,
- $S_1$: Zehen 4 + 5 mit angrenzenden Teilen des Fußrückens und der Fußsohle,
- $S_2$: vom Außenrand des Fußes über die Außenseite von Unter- und Oberschenkel bis zur Gesäßgegend,
- $S_3$: etwa innerer unterer Quadrant der Gesäßgegend.

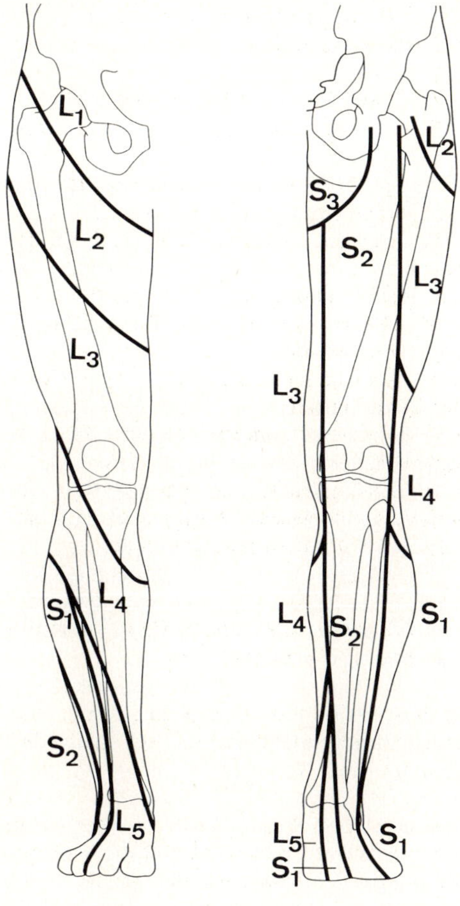


*Abb. 948a. Segmentale Innervation des Beins*

Der innere obere Quadrant der Gesäßgegend wird von hinteren Ästen der Rückenmarknerven $L_2$-$S_3$ versorgt.

Entsprechend der interindividuellen Variabilität sind die in verschiedenen Lehrbüchern angegebenen Innervationsschemata nicht ganz identisch.

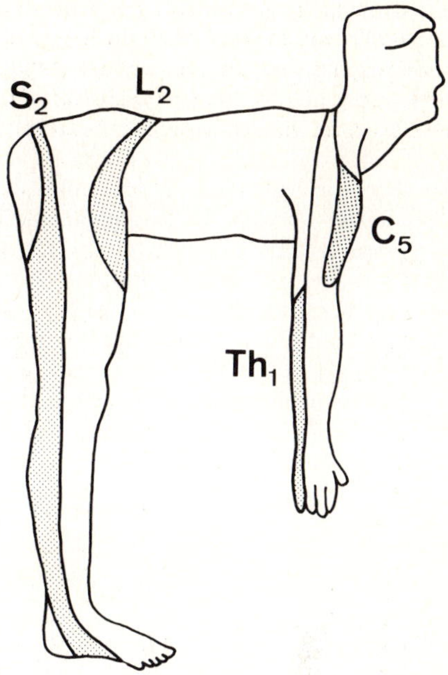


*Abb. 948b. Die Anordnung der Segmente ist am besten aus der Vierfüßerstellung verständlich*

## 9.5 Unterschenkel und Sprunggelenke

### Ü951 Tastbare Abschnitte der Unterschenkelknochen an der Haut markieren

a) **Schienbein** (Tibia): Ähnlich wie die Elle am Unterarm ist das Schienbein am Unterschenkel in ganzer Länge zu tasten. Man muß sich bloß den Arm um 180° gedreht vorstellen: Die Hauptbewegungsrichtung des Ellbogengelenks geht nach vorn, die des Kniegelenks nach hinten. Bei der Elle liegt die Hinterkante frei, beim Schienbein die Vorderkante. Man markiere an der Haut, vom Kniegelenkspalt absteigend (Abb. 951),

- inneren und äußeren Gelenkknorren (Condylus medialis/lateralis): Ü932,
- Schienbeinhöcker (Tuberositas tibiae): Ü932,
- Vorderkante (Margo anterior), Innenfläche (Facies medialis) und Innenkante (Margo medialis): Sie liegen in ganzer Länge ungepolstert

durch Muskeln unter der Haut. Die Knochenhaut ist dicht sensibel innerviert. Schläge gegen das Schienbein sind daher sehr schmerzhaft. Ein heftiger Fußtritt gegen einen Angreifer kann diesen für einige Zeit außer Gefecht setzen. Ärztlich wichtiger ist die Tatsache, daß Haut über Knochen meist schlechter durchblutet ist als über Muskeln. Bei Krampfadern und Venenentzündungen am Bein treten die gefürchteten Unterschenkelgeschwüre (Ulcera cruris) bevorzugt über der Innenfläche des Schienbeins auf. Diese "offenen Beine" schließen sich außerordentlich schlecht und quälen den Patienten über Monate und Jahre.

- Innenknöchel (Malleolus medialis): das verdickte untere Ende der Innenfläche.

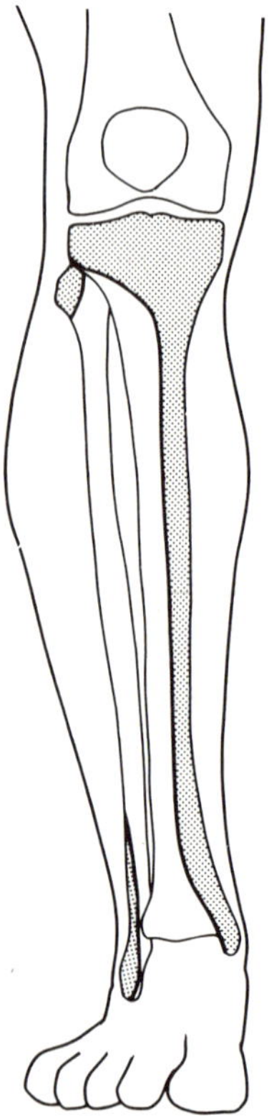

*Abb. 951. Tastbare Knochenabschnitte am Unterschenkel*

b) **Wadenbein** (Fibula): Das Wadenbein in viel schlanker als das Schienbein. Es ist rundherum von Muskeln besetzt. Lediglich die beiden Enden sind gut zu tasten:

- Wadenbeinkopf (Caput fibulae): Ü932,
- Wadenbeinhals (Collum fibulae): Unterhalb des Wadenbeinkopfes verjüngt sich der Knochen. Dort wird er vom gemeinsamen Wadenbeinnerv umrundet (Ü946).
- Außenknöchel (Malleolus lateralis): Er ragt deutlich weiter nach unten als der Innenknöchel.

## Ü952 Beinlängen messen

Beinlängenunterschiede bedingen eine Schrägstellung des Beckens und damit eine schräge Ausgangsbasis für die Lendenwirbelsäule. Diese wiederum führt zu seitlichen Verkrümmungen der Wirbelsäule (Skoliosen) mit vorzeitigem Verschleiß (und Beschwerden für den Rest des Lebens). Die Beurteilung der Beinlänge ist daher praktisch wichtig. Den Einfluß der Beckenstellung auf die Krümmungen der Wirbelsäule wurde bereits in Ü214 studiert. Eine mittlere Länge der beiden Beine wurde als Symphysenhöhe in Ü141 bestimmt.

Das Hauptproblem der Beinlängenmessung liegt darin, daß man das eigentliche obere Ende des Beins, den Hüftkopf, nicht exakt tasten kann. Man muß also auf andere Knochenpunkte ausweichen. Es bieten sich an (Abb. 952)

- der höchste Punkt des Darmbeinkamms (Crista iliaca): Die entsprechende Beinlänge vom Boden her wird oft zur Unterscheidung Kristahöhe genannt.
- der vordere obere Darmbeinstachel (Spina iliaca anterior superior): Spinahöhe.
- der Oberrand des großen Rollhügels (Trochanter major): Trochanterhöhe.

Kristahöhe und Spinahöhe sind größer als die wahre Beinlänge zum Hüftkopf, die Trochanterhöhe ist kleiner. Deshalb wurde z.B. vorgeschlagen, die Beinlänge als Spinahöhe minus 4 cm zu definieren. Ein weiterer Unsicherheitsfaktor ist die Fußhöhe, die in die Beinlänge eingeht. Der belastete Fuß wird länger (in Ü144 gemessen) und dafür niedriger. Daher unterscheiden sich die im Stehen und im Liegen bestimmten Beinlängen (Ü142). Deshalb empfehlen manche Autoren, den Fuß beim Messen der Beinlänge ganz wegzulassen und erst von den Knöcheln ab zu messen. Man sieht also: Man darf niemals eine Beinlänge angeben, ohne zu definieren, wie man sie bestimmt hat.

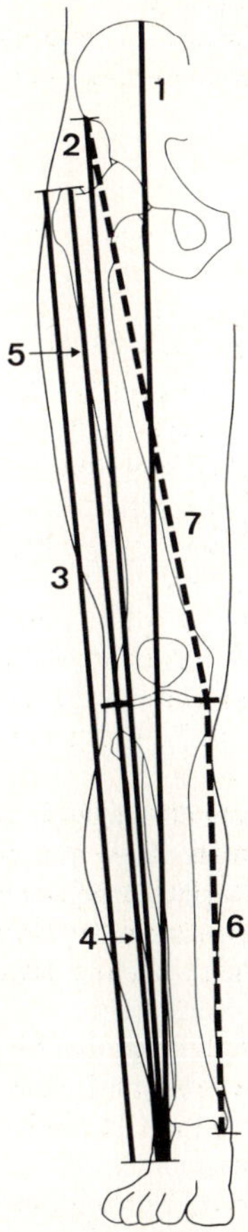


*Abb. 952. Längenmessungen am Bein: 1 Außenknöchel - Darmbeinkamm, 2 Außenknöchel - vorderer oberer Darmbeinstachel, 3 Außenknöchel - großer Rollhügel, 4 Außenknöchel - Kniegelenkspalt, 5 Kniegelenkspalt - großer Rollhügel, 6 Innenknöchel - Kniegelenkspalt, 7 Kniegelenkspalt - vorderer oberer Darmbeinstachel*

Bei einem größeren Längenunterschied der Beine wird man im Hinblick auf die Spätfolgen immer prüfen, ob eine Längenausgleichsoperation in Frage kommt. Dazu muß man wissen, ob ein Bein in allen Abschnitten kürzer ist als das andere (z.B. nach einer frühkindlichen Nervenlähmung) oder ob nur ein Abschnitt betroffen ist (z.B. nach einer Erkrankung einer Wachstumsfuge). Für das Messen der einzelnen Abschnitte ergeben sich beim Oberschenkel die gleichen Probleme wie beim Messen des ganzen Beins. Aber auch beim Unterschenkel gibt es 2 Maße, weil der Außenknöchel weiter nach unten ragt als der Innenknöchel.

Protokoll 952. Beinlängen (cm)

| | R | L |
|---|---|---|
| Spitze Außenknöchel - Darmbeinkamm | | |
| Spitze Außenknöchel - vo.ob.Darmbeinstachel | | |
| Spitze Außenknöchel - Rollhügelspitze | | |
| Spitze Außenknöchel - äuß. Kniegelenkspalt | | |
| Rollhügelspitze - äuß. Kniegelenkspalt | | |
| Spitze Innenknöchel - inn. Kniegelenkspalt | | |
| Vo.ob.Darmbeinstachel - inn. Kniegelenkspalt | | |

Ein grober Vergleich der Längen von Ober- und Unterschenkel ist auch auf einfachere Weise möglich. Der Proband liegt auf dem Rücken:

- Er beugt beide Beine im Hüftgelenk rechtwinklig und im Kniegelenk maximal. Bei gleich langen Oberschenkeln stehen die Kniescheiben (als höchste Punkte in dieser Stellung) auf gleicher Höhe (evtl. Wasserwaage auflegen). Irrtumsmöglichkeit: Der Proband rotiert das Becken.
- Er mindert die Beugung im Hüftgelenk, bis beide Füße nebeneinander voll auf dem Boden ruhen (bei weiterhin stark gebeugten Kniegelenken). Bei gleich langen Unterschenkeln stehen die Kniescheiben auf gleicher Höhe. Irrtumsmöglichkeit: ungleiche Fußhöhen, z.B. durch einen einseitigen Plattfuß.

## Ü953 Bewegungsumfänge der Sprunggelenke messen

Das **obere Sprunggelenk** (Articulatio talocruralis) wird von der Knöchelgabel der Unterschenkelknochen und der Sprungbeinrolle (Trochlea tali) gebildet. Es ist zunächst ein Scharniergelenk mit 2 Bewegungsrichtungen:

- fußrückenwärts strecken (Dorsalextension = Dorsalflexion),
- fußsohlenwärts beugen (Plantarflexion).

Zu diesen Hauptbewegungen kommen Nebenbewegungen je nach Ausgangsstellung: Die Sprungbeinrolle ist vorn breiter als hinten. Ist der Fußrücken gehoben, so ist die Sprungbeinrolle fest in der Knöchelgabel verkeilt. Mit zunehmender Beugung zur Fußsohle wird die Sprungbeinrolle zwischen der Knöchelgabel immer schmäler. Damit werden Seitbewegungen des Vorfußes möglich:
- abspreizen (Abduktion): Fußspitze nach außen,
- anziehen (Adduktion): Fußspitze nach innen.

Das **untere Sprunggelenk** hat 2 durch das Zwischenknochenband getrennte Gelenkkammern:
- vorderes Teilgelenk (Articulatio talocalcaneonavicularis): zwischen dem Sprungbeinkopf, der vorderen und der mittleren Gelenkfläche des Fersenbeins, dem Kahnbein und dem überknorpelten Pfannenband,
- hinteres Teilgelenk (Articulatio subtalaris): zwischen den hinteren Gelenkflächen von Sprungbein und Fersenbein.

Das vordere Teilgelenk ist nach der Art der Gelenkflächen ein Kugelgelenk, das hintere Teilgelenk ein Scharniergelenk. Bei der zwangsweisen Koppelung zweier Gelenke ist immer die Zahl der Freiheitsgrade des schwächer beweglichen Gelenks maßgebend. Deshalb bleibt für das untere Sprunggelenk nur eine Achse übrig. (Eine ähnliche Situation besteht bei den Wirbel-Rippen-Gelenken: Das Rippenkopfgelenk wäre ein Kugelgelenk, wegen der Koppelung an das Rippenhöcker-Querfortsatz-Gelenk bleibt nur ein Freiheitsgrad übrig.)

Die Achse des unteren Sprunggelenks läuft schräg durch die Fußwurzel: Sie tritt auf der Innenseite des Sprungbeinhalses ein und auf der Außenseite des Fersenbeinhöckers aus. Um diese Achse sind 2 Bewegungsrichtungen möglich:
- Senken des Vorfußes mit Anheben des Innenrandes. Die Fußspitze weist nach innen. Der Fersenbeinhöcker wird nach innen verkantet.
- Heben des Vorfußes mit Senken des Innenrandes. Die Fußspitze weist nach außen. Der Fersenbeinhöcker wird nach außen verkantet.

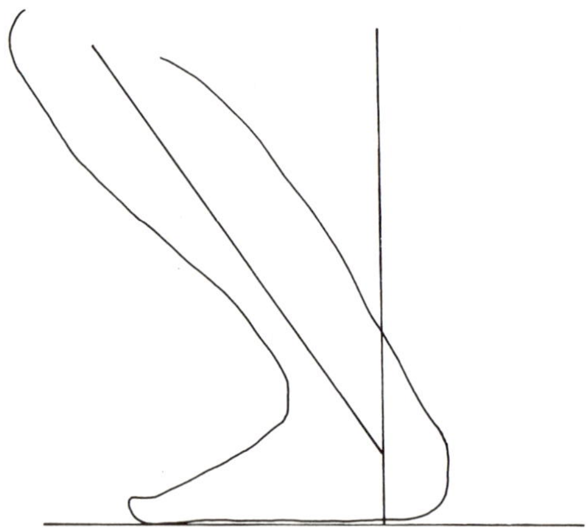

*Abb. 953. Dorsalextension im oberen Sprunggelenk als Bewegung des Unterschenkels über dem feststehenden Fuß*

Nachdem es schon nicht ganz einfach ist, sich die Bewegungen vorzustellen, wäre es hilfreich, wenn wenigstens einheitliche Bezeichnungen dafür vorlägen. Dies ist leider nicht der Fall. Eindeutig sind die deutschen Bezeichnungen Einwärts- und Auswärtsdrehen nur, wenn man sich an der Fußspitze orientiert. In der Anatomie sind dafür die lateinischen Bezeichnungen Supination und Pronation üblich, die man sinngemäß von der Umwendbewegung der Hand überträgt (Heben und Senken des 1. Strahls). Keinesfalls darf man jedoch die deutschen und lateinischen Wörter aneinander binden: An der Hand bedeutet Supination Auswärtsdrehen, am Fuß Einwärtsdrehen. Bei der Pronation ist es entsprechend umgekehrt. Vielleicht zieht deswegen der Kliniker am Fuß wie im englischen Sprachgebrauch die Begriffe Inversion (Einwärtsdrehen) und Eversion (Auswärtsdrehen) vor, weil sie nicht durch den Vergleich mit der Hand belastet sind. Allerdings besteht auch darin keine Einheitlichkeit: Manche Autoren verwenden Inversion und Eversion nur für die Bewegung des Fersenbeins gegenüber dem Unterschenkel und Supination und Pronation nur für den Vorfuß. Die Trennung der beiden Teilbewegungen hat an sich Sinn, weil in die Bewegung des Vorfußes außer den Bewegungen der beiden

Sprunggelenke auch noch die kleineren Bewegungen in den übrigen Fußgelenken eingehen.

**Praktisches Vorgehen**: Wegen der schwierigen Abgrenzung der Bewegungen in den beiden Sprunggelenken, den übrigen Fußwurzelgelenken und den Fußwurzel-Mittelfuß-Gelenken bestimmt man 4 Bewegungen (mit je 2 Bewegungsrichtungen), an denen jeweils mehrere Gelenke beteiligt sind:

- Rückwärtsstrecken - Fußsohlenwärtsbeugen: Man hält den Unterschenkel fest und bewegt den Vorfuß auf und ab. Man kann auch umgekehrt den Fuß feststellen und den Unterschenkel darüber bewegen: Der Proband bewegt über dem stehenden Fuß den Unterschenkel vor und zurück (Abb. 953). Bei jüngeren Menschen werden nach der letztgenannten Methode größere Bewegungsumfänge gemessen als nach der erstgenannten, weil meist ausgedehnte Mitbewegungen in den Nebengelenken zustande kommen. Junge Frauen können manchmal den Unterschenkel weit zurücklehnen und dabei den Fuß hohlfußartig krümmen. Man muß also darauf achten, daß der äußere Fußrand am Boden bleibt! Ein typisches Protokoll lautet: Dorsalextension - Plantarflexion 30° - 0° - 50°.
- Drehen des Fersenbeins gegen den Unterschenkel: Man hält den Unterschenkel fest und verkantet das Fersenbein. Die Bewegung kommt hauptsächlich im unteren Sprunggelenk (zusätzliche Nebenbewegung aus dem oberen Sprunggelenk in Mittelstellung) zustande. Man mißt den Winkel der Fersenbeinhöcker-Längsachse mit dem Unterschenkel. Ein typisches Protokoll lautet: Eversion - Inversion 20° - 0° - 20°.
- Drehen des Vorfußes gegen das Fersenbein: Man hält den Fersenbeinhöcker fest und dreht den Vorfuß um seine Längsachse. Diese Bewegung erfolgt in den Gelenken vor dem Fersenbein (also nicht in den Sprunggelenken!). Ein typisches Protokoll lautet Pronation - Supination 20° - 0° - 40°.
- Drehbewegung des Vorfußes gegenüber dem Unterschenkel: Diese Bewegung ist die Summe der beiden vorhergehenden Bewegungen. Bei direktem Messen (Unterschenkel festhalten und Vorfuß drehen) sollte das Meßergebnis der Summe der Ergebnisse der beiden vorhergehenden Teilmessungen entsprechen. Ein typisches Protokoll lautet Auswärtsdrehen - Einwärtsdrehen 40° - 0° - 60°.

Protokoll 953. Sprunggelenke
Bewegungsumfang (°, Neutralnullmethode)

A Rückwärtsstrecken - Fußsohlenwärtsbeugen

| | | | |
|---|---|---|---|
| R | | | |
| L | | | |

B Auswärtsdrehen - Einwärtsdrehen

| | | | | |
|---|---|---|---|---|
| a) Fersenbein gegen Unterschenkel | R | | | |
| | L | | | |
| b) Vorfuß gegen Fersenbein | R | | | |
| | L | | | |
| c) Gesamtbewegung | R | | | |
| | L | | | |

## Ü954 Bänder der Sprunggelenke auf die Haut aufzeichnen

Während an den Handgelenken die einzelnen Bänder ärztlich recht wenig interessieren, kommt den Bändern der Sprunggelenke hohe ärztliche Bedeutung zu. Auf die Handgelenke wirken nur ausnahmsweise höhere Kräfte ein. Hingegen müssen beim Gehen die beiden Füße abwechselnd das ganze Körpergewicht tragen. Die Belastung kann bei manchen Sportarten mit hohen Beschleunigungen und Verzögerungen ein Mehrfaches des Körpergewichts erreichen. Verletzungen der Bänder der Sprunggelenke sind aber auch schon bei einem "Fehltritt" möglich.

Am Übergang vom Unterschenkel zum Fuß bilden 3 Gelenke eine funktionelle Einheit:

- unteres Schienbein-Wadenbein-Gelenk (Syndesmosis tibiofibularis, weil es sich mehr um eine Bandverbindung als um ein synoviales Gelenk handelt),
- oberes Sprunggelenk,
- unteres Sprunggelenk.

Wegen dieser funktionellen Einheit sollen auch die Bänder gemeinsam erörtert werden. Man kann sie in 4 Gruppen einteilen:

a) Bänder zwischen Schienbein und Wadenbein: Sie werden in der Unfallchirurgie meist Syndesmosenbänder genannt:

- vorderes Syndesmosenband = vorderes Schienbein-Wadenbein-Band (Lig. tibiofibulare anterius),
- hinteres Syndesmosenband = hinteres Schienbein-Wadenbein-Band (Lig. tibiofibulare posterius).

b) Bänder vom Außenknöchel (Abb. 954): 3 getrennte Züge gehen nach

- vorn: vorderes Wadenbein-Sprungbein-Band (Lig. talofibulare anterius),
- unten: Wadenbein-Fersenbein-Band (Lig. calcaneofibulare),
- hinten: hinteres Wadenbein-Sprungbein-Band (Lig. talofibulare posterius).

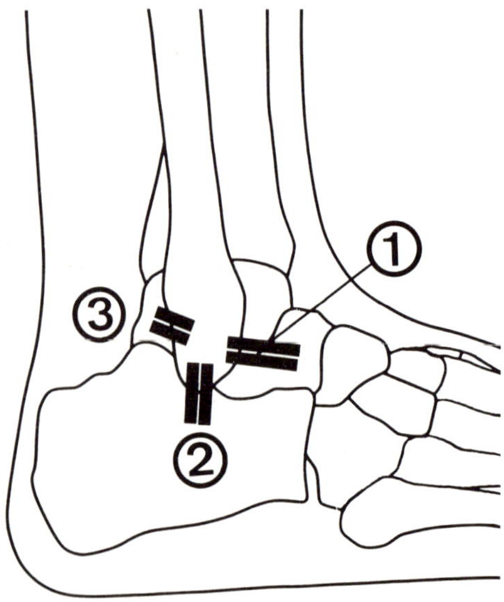


*Abb. 954. Bänder vom Außenknöchel: 1 vorderes Wadenbein-Sprungbein-Band, 2 Wadenbein-Fersenbein-Band, 3 hinteres Wadenbein-Sprungbein-Band*

c) Bänder vom Innenknöchel: Die 4 Teile werden unter dem Oberbegriff Deltaband (Lig. mediale = deltoideum) zusammengefaßt:

- vorderes Schienbein-Sprungbein-Band (Pars tibiotalaris anterior),
- Schienbein-Kahnbein-Band (Pars tibionavicularis),
- Schienbein-Fersenbein-Band (Pars tibiocalcanearis),
- hinteres Schienbein-Sprungbein-Band (Pars tibiotalaris posterior).

d) Bänder zwischen Sprungbein und Fersenbein:

- inneres Sprungbein-Fersenbein-Band (Lig. talocalcaneare mediale),
- äußeres Sprungbein-Fersenbein-Band (Lig. talocalcaneare laterale),
- Zwischenknochenband (Lig. talocalcaneare interosseum).

e) Band zur Ergänzung der Gelenkpfanne des vorderen Teils des unteren Sprunggelenks:

- Pfannenband (Lig. calcaneonaviculare plantare).

Von den genannten Bändern reißt am häufigsten das vordere Wadenbein-Sprungbein-Band. Schon ein unglücklicher Tritt mit Umkippen des Fußes über die Außenkante (Supinationstrauma) kann dazu führen. Bei stärkeren Gewalteinwirkungen kommt es meist zu Knöchelbrüchen. Sie sind neben den Schlüsselbeinbrüchen die häufigsten Knochenbrüche. Für die einzuschlagende Behandlung und die Prognose ist die Höhe des Bruches entscheidend. Dabei geht es vor allem darum, ob die Syndesmosenbänder intakt oder beschädigt sind. Man teilt deshalb die Knöchelbrüche gewöhnlich (nach Weber) in 3 Typen ein:

- Typ A: Bruch des Wadenbeins unterhalb der Syndesmosenbänder mit erhaltener Syndesmose.
- Typ B: Bruch des Wadenbeins auf Höhe der Syndesmose mit Teilzerreißung der Syndesmosenbänder.
- Typ C: Bruch des Wadenbeins oberhalb der Syndesmose. Die Syndesmosenbänder sind regelmäßig zerrissen.

Bei diesen 3 Typen werden zahlreiche Untertypen unterschieden, je nachdem ob zusätzlich der Innenknöchel oder ein anderes Stück des Schienbeins abgebrochen oder der Wadenbeinschaft mehrfach gebrochen ist usw.

Diese nur kurz umrissene klinische Bedeutung sollte Grund genug sein, sich mit den Bändern der Sprunggelenke eingehend zu befassen und sie sorgfältig auf die Haut aufzumalen.

**Ü955 Felder der oberflächlichen Unterschenkelmuskeln auf der Haut umranden, Muskelfunktion bedenken**

Die Muskeln des Unterschenkels werden durch recht derbe bindegewebige Hüllen zu 4 Muskelgruppen zusammengefaßt (Abb. 955):

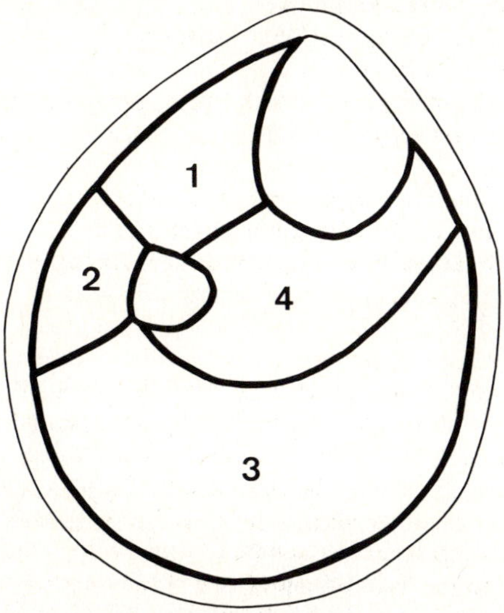


*Abb. 955. Muskelkammern des Unterschenkels: 1 Strecker, 2 Wadenbeinmuskeln, 3 oberflächliche Beuger, 4 tiefe Beuger*

a) **Strecker**: Sie werden durch die Zwischenknochenmembran (Membrana interossea cruris) und die vordere Muskelscheidewand (Septum intermusculare cruris anterius) von den übrigen Unterschenkelmuskeln getrennt. Ihre Sehnen gelangen vor der Knöchelgabel zum Fuß. Deshalb strecken sie den Fuß rückwärts (Dorsalextension). Sie werden vom tiefen Wadenbeinnerv (N. fibularis = peroneus profundus) innerviert.

- Vorderer Schienbeinmuskel (M. tibialis anterior),
- langer Großzehenstrecker (M. extensor hallucis longus),
- langer Zehenstrecker (M. extensor digitorum longus),
- dritter Wadenbeinmuskel (M. peroneus = fibularis tertius, nur bei einem Teil der Menschen vorhanden).

b) **Wadenbeinmuskeln**: Sie entspringen am Wadenbein und sind durch die vordere und die hintere Muskelscheidewand von den übrigen Unterschenkelmuskeln getrennt. Ihre Sehnen gelangen hinter dem Außenknöchel zum Fuß. Sie beugen daher fußsohlenwärts und drehen den Vorfuß nach außen (Eversion, Supination). Sie werden vom oberflächlichen Wadenbeinnerv (N. fibularis = peroneus superficialis) innerviert.

- Langer Wadenbeinmuskel (M. peroneus = fibularis longus),
- kurzer Wadenbeinmuskel (M. peroneus = fibularis brevis).

c) **Oberflächliche Beuger**: Es handelt sich um die drei Köpfe des dreiköpfigen Wadenmuskels (M. triceps surae), die mit der Achillessehne (Tendo calcaneus) am Fersenbein ansetzen. Sie sind die stärksten Beuger und Einwärtsdreher des Fußes. Der Wadenmuskel beugt auch im Kniegelenk. Sie werden vom Schienbeinnerv (N. tibialis) innerviert.

- Wadenmuskel (M. gastrocnemius), innerer Kopf (Caput mediale),
- Wadenmuskel (M. gastrocnemius), äußerer Kopf (Caput laterale),
- Schollenmuskel (M. soleus).

d) **Tiefe Beuger**: Sie werden fast vollständig von den oberflächlichen Beugern bedeckt und haben nur beidseits der Achillessehne kleine Oberflächenbezirke. Sie beugen den Fuß und drehen ihn nach innen. Sie werden vom Schienbeinnerv innerviert.

- Hinterer Schienbeinmuskel (M. tibialis posterior),
- langer Zehenbeuger (M. flexor digitorum longus),
- langer Großzehenbeuger (M. flexor hallucis longus).

**Muskelkammersyndrom** (Kompartmentsyndrom): Die Abkammerung der Unterschenkelmuskeln durch Bindegewebe hat große Vorteile für den venösen Rückstrom: Die Muskelpumpe kann voll eingesetzt werden (Ü957). Sie hat aber auch Nachteile: Schwellungen innerhalb einer Muskelkammer können den Innendruck derartig steigern, daß der Blutabfluß abgeklemmt wird. Damit kann auch kein frisches Blut mehr einströmen, und das Gewebe leidet unter Sauerstoffmangel. Es droht das Absterben des Gewebes, was zu ausgedehnten Muskelnarben und Fehlstellungen führt. Im schlimmsten Fall kann eine Infektion der Nekrose die Amputation des Beins erfordern. Nach Verletzungen des Unterschenkels (z.B. Knochenbrüchen mit massiven Blutungen in die Muskelkammern) muß man daher immer auf ein beginnendes Muskelkammersyndrom achten: zunehmender Schmerz, Bewegungseinschränkung, Sensibilitätsstörungen ("Ameisenlaufen"). Zur Druckentlastung schneidet man die oberflächliche Faszie der befallenen Muskelkammer 10-15 cm lang ein.

### Ü956 Wichtige Sehnen im Knöchelbereich markieren, Haltebänder und Sehnenscheiden bedenken

Die Sehnen fast aller Unterschenkelmuskeln sind auf Knöchelhöhe zu tasten. Man spanne sie einzeln an und markiere sie an der Haut.

a) **Vor den beiden Knöcheln** liegen die Sehnen der Strecker (von innen nach außen):
- vorderer Schienbeinmuskel: inneren Fußrand vorn heben,
- langer Großzehenstrecker: Großzehe rückwärtsstrecken,
- langer Zehenstrecker: Zehen 2-5 rückwärtsstrecken,
- dritter Wadenbeinmuskel: Wenn vorhanden, spannt sich seine Sehne beim Heben des äußeren Fußrandes in Richtung zum 5. Mittelfußknochen an (Abb. 956).

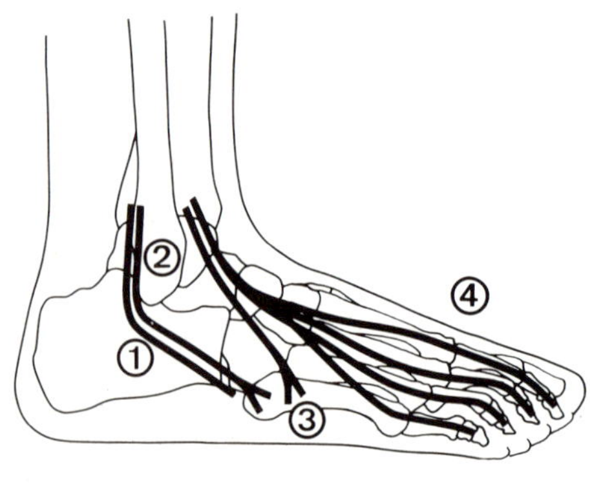


*Abb. 956. Tastbare Sehnen auf der Außenseite des Fußes: 1 langer Wadenbeinmuskel, 2 kurzer Wadenbeinmuskel, 3 dritter Wadenbeinmuskel, 4 langer Zehenstrecker*

b) **Hinter dem Außenknöchel** liegen die Sehnen der beiden Wadenbeinmuskeln eng beisammen. Unterhalb des Knöchels trennen sie sich. Zum Anspannen hebt man den äußeren Fußrand (Auswärtsdrehen = Pronation):
- kurzer Wadenbeinmuskel: schräg nach vorn zur verdickten Basis des 5. Mittelfußknochens (Tuberositas ossis metatarsalis quinti),
- langer Wadenbeinmuskel: steiler abwärts zum Würfelbein (und in der Fußsohle nicht tastbar zum inneren Fußrand).

c) **Hinter dem Innenknöchel** liegen die Sehnen der tiefen Beuger. Sie sind ungleich gut zu sehen:
- hinterer Schienbeinmuskel: Man hebe den inneren Fußrand einschließlich Fersenbein an. Die Sehne wölbt dann unter der Spitze des Innenknöchels die Haut schräg nach vorn-unten vor.
- langer Zehenbeuger: Seine Sehne liegt unmittelbar hinter der des hinteren Schienbeinmuskels und ist auch bei abwechselndem Beugen und Strecken der Zehen nur schwer abzugrenzen. Oberhalb des Innenknöchels überkreuzt sie die Sehne des hinteren Schienbeinmuskels.
- langer Großzehenbeuger: Die Sehne liegt weiter hinten als die der beiden vorgenannten Muskeln. Man kann ihr Bewegungsspiel hinter der Sprungbeinstütze (Sustentaculum tali) des Fersenbeins fühlen.

d) **Achillessehne**: Sie muß wohl nicht eigens beschrieben werden.

**Haltebänder** sind für die Sehnen der 3 erstgenannten Muskelgruppen nötig, damit sich die Sehnen nicht abheben (Strecker) oder vor die Knöchel springen (Wadenbeinmuskeln, Beuger):
- oberes und unteres Halteband der Strecker (Retinaculum musculorum extensorum superius/inferius),
- oberes und unteres Halteband der Wadenbeinmuskeln (Retinaculum musculorum peroneorum superius/inferius),
- Halteband der Beuger (Retinaculum musculorum flexorum).

**Sehnenscheiden** mindern die Reibung. Man findet sie immer dort, wo Sehnen von Haltebändern festgehalten werden, also an allen Sehnen im Knöchelbereich, ausgenommen an der Achillessehne.

### Ü957 Hautvenen verfolgen, auf Krampfadern achten, Höhe von Tiefenverbindungen anzeichnen

Am Bein leiten das Blut aus Haut und Unterhaut zwei große Venen (mit zahlreichen Seitenästen) ab. Sie gehen beide aus dem Venennetz des Fußrückens (Rete venosum dorsale pedis) hervor:

a) **Große Saphenusvene** (V. saphena magna): Sie bildet sich am inneren Fußrand und steigt vor dem Innenknöchel und immer weiter auf der Innenseite des Beins bis kurz vor dem Leistenband auf. Dort durchbricht sie die Schenkelbinde in der Saphenuslücke (Hiatus saphenus) und mündet in die Oberschenkelvene (V. femoralis) ein. Vor der Mündung nimmt sie noch einige kleinere Hautvenen auf, die sternförmig auf die Saphenuslücke zulaufen (manchmal münden diese auch direkt in die Oberschenkelvene):

- äußere Schamvenen (Vv. pudendae externae): von den äußeren Geschlechtsorganen,
- untere Bauchhautvene (V. epigastrica superficialis): vom Unterbauch,
- äußere umbiegende Weichenvene (V. circumflexa superficialis ilium): etwa vom vorderen oberen Darmbeinstachel kommend.

b) **Kleine Saphenusvene** (V. saphena parva): Sie entsteht am äußeren Fußrand und steigt hinter dem Außenknöchel und weiter auf der Rückseite des Unterschenkels bis zur Kniekehle auf. Dort tritt sie in die Tiefe und mündet in die Kniekehlenvene (V. poplitea) ein. Vorher gibt sie noch einen oberflächlichen Verbindungsast von wechselnder Stärke zur großen Saphenusvene ab (V. saphena accessoria).

**Tiefenverbindungen**: Zwischen der großen Saphenusvene und den tiefen Venen bestehen zahlreiche Verbindungen (in der Klinik gewöhnlich als Perforansvenen bezeichnet), denen in letzter Zeit große Aufmerksamkeit gewidmet wurde. Sie sind vor allem in 3 Gruppen angeordnet, die meist nach ihren Beschreibern benannt werden:

- Cockett-Venen: in der unteren Hälfte des Unterschenkels,
- Boyd-Venen: auf Kniehöhe,
- Dodd-Venen: in der unteren Hälfte des Oberschenkels.

**Venenklappen**: Der Blutdruck in den Beinvenen ist im Stehen niedriger als der hydrostatische Druck einer ununterbrochenen Blutsäule bis zum rechten Herzen. Die Natur mußte also Hilfsmittel entwickeln, um das Blut trotzdem zum Herzen zurückbefördern zu können. Entscheidend hierfür sind die Venenklappen. Sie gliedern die Blutsäule in kleine Abschnitte, aus denen das Blut jeweils nur herzwärts weiterfließen kann. Dann können äußere auf die Venen wirkende Kräfte das Blut jeweils um ein Segment anheben und statt des großen hydrostatischen Drucks viele kleine Drücke überwinden. In den tiefen Venen wird dadurch der Blutrückfluß bestens gesichert, weil z.B. durch Muskelarbeit beim Gehen die Venen in den engen Muskelkammern rhythmisch zusammengepreßt werden ("Muskelpumpe"). Ähnlich wirken die "Fußsohlenpumpe" bei jedem Auftreten, der Schlagaderpuls usw. Die Hautvenen haben hingegen nur die Elastizität der Haut als äußere Hilfe.

Die Venenklappen sind sehr einfach gebaut: Es handelt sich um dünne Membranen, die derart in die Lichtung der Vene ragen, daß sie sich bei herzwärts gerichtetem Blutstrom der Venenwand anlegen, bei einer Stromumkehr aber aufblähen und die Lichtung verschließen. Leider gibt die Venenwand im Laufe des Lebens oder bei andauernder Stauung (z.B. in der Spätschwangerschaft) allmählich nach. Die Lichtung der Vene wird größer. Die Klappensegel wachsen nicht mit. Ist eine kritische Weite der Vene überschritten, so reicht die Länge der Klappensegel nicht mehr aus, um bei der Stromumkehr den Blutrückfluß zu verhindern.

Bei Insuffizienz einer Venenklappe lastet nun eine doppelt so hohe Blutsäule über der tiefer gelegenen Nachbarklappe, so daß auch diese bald überlastet wird. Die Venenklappeninsuffizienz breitet sich also rasch aus, wenn sie erst einmal begonnen hat. Dann staut sich das Blut in den Venen an, und die Hautvenen treten stark hervor (**Krampfadern** = Varizen). Der verzögerte Blutabfluß behindert einen geregelten arteriellen Zufluß. Es drohen Ernährungsstörungen des Gewebes und die schon erwähnten (Ü951) Beingeschwüre (Ulcera cruris).

Eine wichtige Rolle hierbei kommt den Perforansvenen zu. In ihnen sind die Klappen so angeordnet, daß der Blutstrom nur von außen nach innen möglich ist. Werden diese Klappen undicht, dann strömt Blut von der Tiefe an die Oberfläche und belastet das Hautvenensystem zusätzlich. Blut pendelt dann zwischen oberflächlichen und tiefen Venen hin und her, ohne herzwärts weiterzukommen. Der Patient bekommt im Stehen rasch Schmerzen in den Unterschenkeln und muß die Beine hochlagern, damit das Blut wieder abfließen kann. Hilfreich ist es dann, die Beine von außen zusammenzupressen, um eine stärkere Füllung der Hautvenen zu verhindern (Stützstrümpfe, Verbände). Als letztes Mittel kann man die großen Hautvenen operativ entfernen (Venenstripping), sofern die tiefen Venen intakt sind.

Tests zur Prüfung der Venenklappen:

- **Brodie-Trendelenburg-Test**: Der Patient liegt auf dem Rücken und hebt die Beine, bis die Hautvenen entleert erscheinen (evtl. streicht der Arzt die Beine rumpfwärts aus). Dann wird unterhalb der Mündung der großen Saphenusvene am oberen Oberschenkel (oder der kleinen am Unterschenkel) eine Staubinde angelegt. Diese darf nur die Venen, nicht aber die Schlagadern abklemmen. Dann läßt man den Patienten aufstehen. Bei intakten Klappen in den Perforansvenen dauert es etwa 30 Sekunden, bis sich die Hautvenen wieder deutlich zu füllen beginnen. Bei undichten Klappen schießt das Blut schon früher ein. Löst man die Staubinde und füllt sich die Vene von oben, so ist die Klappe an der Mündung undicht.
- **Perthes-Gehtest**: Bei gefüllten Hautvenen wird beim stehenden Patienten eine Staubinde unterhalb des Knies angelegt. Dann wird der Patient gebeten, einige Zeit auf und ab zu gehen. Bei intakten Klappen in den Perforansvenen entleeren sich die Hautvenen über die Muskelpumpe der Wadenmuskeln. Bei undichten Klappen bleiben die Hautvenen gefüllt.

**Übungsaufgaben**:

- Große und kleine Saphenusvene an einem Bein auf die Haut aufzeichnen, notfalls anstauen, falls sie nicht sichtbar sind.
- Bereiche der Perforansvenen markieren.
- Am anderen Bein die beiden Tests zur Klappensuffizienz ausführen.

## Ü958 Beinumfänge messen

Die Einflußfaktoren auf Gliedmaßenumfänge, die Ursachen von Seitenunterschieden und ihre Erkennung sowie die Bedeutung der Umfangsmessung für die Verlaufsbeurteilung von Krankheiten wurden beim Arm (Ü842) eingehend beschrieben. Es sei daher auf diesen Abschnitt verwiesen.

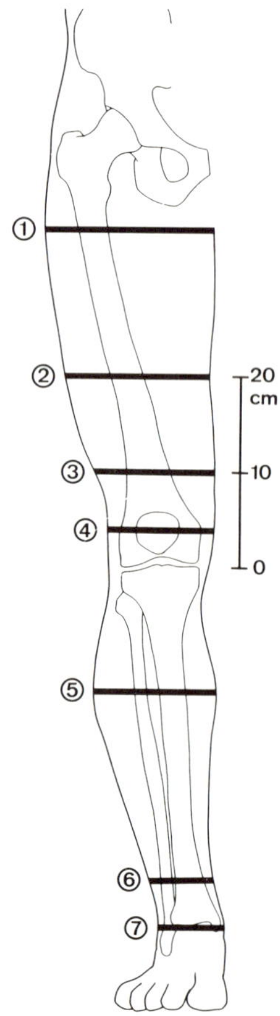


*Abb. 958. Empfehlenswerte Höhen für die Umfangsmessung am Bein: 1 oberes Ende, 2 20 cm oberhalb des Kniegelenkspalts, 3 10 cm oberhalb des Kniegelenkspalts, 4 Kniescheibenmitte, 5 dickste Stelle des Unterschenkels, 6 dünnste Stelle des Unterschenkels, 7 Knöchelgabel*

Hier sei lediglich daran erinnert, daß beim Bein die Umfangsmessung (Abb. 958) noch wichtiger als beim Arm ist, weil

- wegen der höheren statischen Belastung Abnützungserkrankungen der Gelenke (Arthrosen) am Bein weitaus häufiger sind als am Arm und die Mehrzahl der älteren Menschen befallen,
- der hohe hydrostatische Druck den Blutrückstrom aus den Beinen behindert und daher vom Fuß aufsteigende Schwellungen (Knöchelödeme) bei der Rechtsherzschwäche und bei Venenklappeninsuffizienz verbreitet sind. In diesem Fall sind vergleichende Messungen morgens und abends besonders interessant.

Protokoll 958. Beinumfänge (cm)

| | R | L |
|---|---|---|
| A Oberschenkel | | |
| a) Proximales Ende | | |
| b) 20 cm oberhalb Kniegelenkspalt | | |
| c) 10 cm oberhalb Kniegelenkspalt | | |
| B Knie: Höhe Kniescheibenmitte | | |
| C Unterschenkel | | |
| a) Größter Umfang | | |
| b) Kleinster Umfang | | |
| c) Knöchelhöhe | | |

## Ü959 Sehnenreflexe am Bein prüfen

Am Bein kann man 2 Sehnenreflexe auslösen, die in besonderem Maße geeignet sind, um an ihnen die Reflexprüfung zu üben. Die Sehnen sind so breit und so gut zugänglich, daß man sie mit dem Reflexhammer kaum verfehlen kann.

a) **Kniesehnenreflex** (Quadrizepsreflex, Patellarsehnenreflex, häufig abgekürzt PSR): Das Kniescheibenband (Lig. patellae) ist das Endstück der Ansatzsehne des vierköpfigen Oberschenkelmuskels (M. quadriceps femoris, Kniestrecker) zwischen der Kniescheibe und dem Schienbeinhöcker. Die Kniescheibe ist als Sesambein in die Sehne eingeschaltet. Durch einen Schlag auf das Kniescheibenband wird der Muskel ruckartig gedehnt und damit die Muskelkontraktion ausgelöst. Der gleiche Mechanismus wird wirksam, wenn man von oben auf die Oberkante der Kniescheibe klopft oder auf die Sehne oberhalb der Kniescheibe schlägt, doch ist dies für den Patienten weniger angenehm. Der Reflex läuft über den Oberschenkelnerv (N. femoralis) und umfaßt die Segmente $L_2$-$L_4$. Da beim Reflexablauf das Bein eine Streckbewegung ausführt, muß es frei nach vorn schwingen können. Bewährte Teststellungen:

- Der auf einem Stuhl sitzende Proband schlägt das zu untersuchende Bein über das andere (Abb. 959).
- Der Seitenvergleich wird erleichtert, wenn beide Beine auf gleicher Höhe sind und frei schwingen können. In Übungen am Lebenden setzt sich der Proband am besten auf einen Tisch und läßt die Unterschenkel über die Tischkante nach unten baumeln.

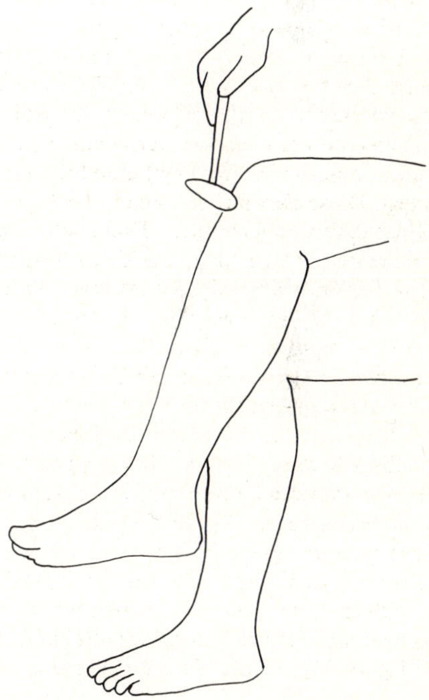

*Abb. 959. Kniesehnenreflex*

- Bei auf dem Rücken liegendem Patienten faßt der Arzt mit einem Arm unter den Beinen des Patienten durch und hebt beide Kniekehlen an.

▪ Bei schwergewichtigen Patienten muß man sich auf das Anheben eines Beins beschränken. Der Untersucher stützt dann den hebenden Arm auf dem anderen Knie des Patienten ab.

b) **Achillessehnenreflex** (Triceps-surae-Reflex, meist abgekürzt ASR): Ein Schlag auf die Achillessehne wird mit einer Plantarflexion des Fußes beantwortet. Der Reflex läuft über den Schienbeinnerv (N. tibialis) und umfaßt die Segmente $S_1$ und $S_2$. Günstige Teststellungen:

▪ Der Proband kniet auf einem Stuhl und hält sich an der Lehne fest. Er läßt die Füße locker über den Rand des Stuhles hängen. In dieser Stellung ist der Seitenvergleich besonders einfach.

▪ In Bauchlage rutscht der Proband auf der Untersuchungsliege soweit nach unten, bis die Füße über den Rand der Liege hängen.

▪ In Rückenlage des Patienten spreizt der Arzt ein Bein des Patienten ab und dreht es nach außen, bis die Achillessehne zugänglich wird. Evtl. wird dieses Bein bei gebeugtem Kniegelenk über das andere Bein des Patienten geschlagen. Die Fuß muß in jedem Fall so liegen, daß die Plantarflexion nicht behindert wird.

▪ In Rückenlage des Patienten steht der Arzt zur Untersuchung des rechten Beins auf der rechten Seite der Liege mit Blick zum Fußende. Er faßt den Vorfuß des Patienten mit der linken Hand, hebt ihn an und klemmt das gebeugte Knie des Patienten mit seinem Ellbogen an seinen Brustkorb. Mit der rechten Hand führt er dann den Reflexhammer von unten gegen die Achillessehne.

Knie- und Achillessehnenreflex sind bei jedem gesunden Probanden auszulösen. Gelingt es nicht sofort, so versuche man es mit der Reflexbahnung, z.B. durch den Jendrassik-Handgriff (Ü124). Auch ist es günstig, den Probanden durch ein Gespräch abzulenken (zu gespannte Aufmerksamkeit des Probanden hemmt die Reflexe). Sind mehrere Anläufe vergeblich geblieben, so sollte man eine Pause einlegen und den Probanden sich entspannen lassen.

c) **Weitere Sehnenreflexe**: Nicht ganz so sicher wie die beiden vorgenannten Reflexe sind die übrigen Sehnenreflexe am Bein auszulösen:

▪ Adduktorenreflex (Hüftlochnerv, $L_2$-$L_4$): Bei leicht gespreizten Beinen schlägt man mit dem Reflexhammer gegen den inneren Obergelenkknorren (Epicondylus medialis) des Oberschenkelbeins oder etwas oberhalb davon auf die Sehne des großen Anziehers (M. adductor magnus). Das Bein wird leicht adduziert.

▪ Semitendinosus- und Semimembranosusreflex (Ischiasnerv, $S_1$): Der Patient liegt auf dem Bauch. Die Knie sind leicht gebeugt. Man schlägt auf die Sehnen der Muskeln am inneren Rand der Kniekehlenraute und beobachtet ihre Zuckung.

▪ Biceps-femoris-Reflex (Ischiasnerv, $S_1$ + $S_2$): wie vorher, jedoch Schlag auf die Bizepssehne oberhalb des Wadenbeinkopfs.

▪ Extensorenreflex (tiefer Wadenbeinnerv, $L_5$ + $S_1$): Schlag auf den Fußrücken im Bereich des 1. oder 2. Mittelfußknochens führt zu einer Anspannung der Strecker.

▪ Zehenbeugerreflex (Rossolimo-Reflex, Schienbeinnerv, $L_5$-$S_2$): Der Reflex entspricht dem Fingerbeugerreflex an der Hand (Ü895). Der Untersucher schlägt mit seinen Fingerkuppen gegen die Plantarseite der Zehenendglieder des Probanden und beobachtet die Zehenbeugung.

Protokoll 959. Sehnenreflexe am Bein

| | | | | | | |
|---|---|---|---|---|---|---|
| Kniesehnenreflex | R | 0 | (+) | + | ++ | +++ |
| | L | 0 | (+) | + | ++ | +++ |
| Achillessehnenreflex | R | 0 | (+) | + | ++ | +++ |
| | L | 0 | (+) | + | ++ | +++ |
| Adduktorenreflex | R | 0 | (+) | + | ++ | +++ |
| | L | 0 | (+) | + | ++ | +++ |
| Semitendinosus-Semimembranosus-Reflex | R | 0 | (+) | + | ++ | +++ |
| | L | 0 | (+) | + | ++ | +++ |
| Biceps-femoris-Reflex | R | 0 | (+) | + | ++ | +++ |
| | L | 0 | (+) | + | ++ | +++ |
| Extensorenreflex | R | 0 | (+) | + | ++ | +++ |
| | L | 0 | (+) | + | ++ | +++ |
| Zehenbeugerreflex | R | 0 | (+) | + | ++ | +++ |
| | L | 0 | (+) | + | ++ | +++ |

## 9.6 Fuß A (Skelett)

### Ü961 Fußform und Fußabdruck beurteilen

Der Vierbeiner kann auf 4 Unterstützungspunkten ein recht stabiles Gleichgewicht halten. Deshalb schlafen manche Vierbeiner sogar im Stehen (dabei kommt ihnen allerdings auch zustatten, daß die Stabilität ihrer Beine überwiegend durch Bänder gesichert wird, während das menschliche Bein ohne Muskelanspannung einknickt). Über 2 Unterstützungspunkten ist das Gleichgewicht sehr labil. Mit der Aufrichtung des Menschen zum zweibeinigen Stand mußte der Fuß so umgestaltet werden, daß jeder Fuß 2 Unterstützungspunkte bietet, damit insgesamt wieder 4 Unterstützungspunkte gegeben sind. Der Fuß wurde dazu bogenförmig gekrümmt. Die Last des Körpers wird unter dem Sprungbein zweigeteilt: Ein Teil wird nach hinten zum Fersenbeinhöcker, der andere Teil nach vorn zu den Köpfen der Mittelfußknochen (vor allem des ersten) abgeleitet. Im seitlichen Röntgenbild des Fußes läßt sich dies an der Anordnung der Knochenbälkchen deutlich erkennen.

Die **Längswölbung** des Fußes hat auch noch den Vorteil der Federung. Unter Belastung sinkt die Wölbung etwas ein, und der Fuß wird länger (Ü144). Zur Verbesserung der Federung ist auch gleich noch eine **Querwölbung** in den Vorfuß eingebaut.

Die Umgestaltung des Fußes hat sich in wenigen zehntausend Jahren vollzogen und ist bei weitem noch nicht völlig ausgereift. Man muß dabei in Generationen und nicht in absoluten Zeitmaßen denken: Bakterien teilen sich unter günstigen Ernährungsbedingungen 2-3mal pro Stunde. Dies gibt rund 50 Generationen pro Tag. Setzt man für den Menschen 20-30 Jahre als Abstand der Generationen an, dann sind für ihn "tausend Jahre wie ein Tag" für das Bakterium. Bakterien benötigen jeweils einige Jahre, um gegen neue Antibiotika gewappnet zu sein. 3 Bakterienjahre entsprechen einer Million Menschenjahren. Zum Verständnis von Kulturgeschichte sollte man sich auch klarmachen, daß seit der Blütezeit der Antike nicht viel mehr als 100 Generationen vergangen sind!

Der Fuß gehört daher (mit der unteren Wirbelsäule) zu den besonders anfälligen Teilen des Bewegungsapparats. Kaum ein Mensch hat im höheren Alter noch gesunde Füße. In Kursen der Anatomie am Lebenden findet man immer reichliches Anschauungsgut für Fußfehlformen bei Studenten. Aber selbst viele Neugeborene kommen schon mit Fußfehlformen auf die Welt, weil die Raumnot in der Gebärmutter u.U. die Füße in eine abnorme Stellung zwingt.

**Systematik der Fußfehlformen**: Versucht man die häufigen Fußfehlformen nach funktionellen Gesichtspunkten zu ordnen, so kann man 2 Hauptgruppen bilden (und als dritte Gruppe die Kombinationen hinzugesellen):

a) Veränderungen der Fußwölbungen:

- Plattfuß (Pes planus): Die Längswölbung ist vermindert (Senkfuß) bis nahezu aufgehoben. Der Sprungbeinkopf tritt zwischen dem Fersenbein und dem Kahnbein nach unten. Der Vorfuß wird dadurch nach außen abgebogen. Die Federung bei Belastung des Fußes ist stark eingeschränkt. Der Gang wird unelastisch.
- Hohlfuß (Pes excavatus): Die Längswölbung ist vermehrt. Der Fuß kann nicht über den äußeren Fußrand abgerollt werden. Der Fuß klappt beim Gehen von der hinteren zur vorderen Unterstützungsfläche um.
- Spreizfuß (Pes transversus): Die Querwölbung ist eingebrochen. Die Köpfe der Mittelfußknochen bilden nicht mehr einen Bogen, sondern liegen auf gleicher Höhe. Der Vorfuß wird dadurch breiter. An sich müßten dann auch die Zehen stärker divergieren. Dies lassen die Schuhe nicht zu. Die Großzehe wird in Richtung auf die zweite Zehe umgebogen (Hallux valgus). Der Kopf des ersten Mittelfußknochens tritt am medialen Fußrand stark hervor. Die zweite Zehe wird von der abgebogenen Großzehe nach oben gedrängt (Hammerzehe). Kennzeichnend für den Spreizfuß ist eine Schwiele unter den Köpfen des zweiten und dritten Mittelfußknochens: Die hier sonst unbelastete Haut wird nach unten gedrückt und scheuert am Schuh. Bei ungewohnten langen Märschen kann es zu Ermüdungsbrüchen des zweiten und dritten Mittelfußknochens kommen (Marschfraktur).

b) Extreme Fußstellungen: Die Ruhestellung des Fußes ist in eine der 4 Hauptbewegungsrichtungen der Sprunggelenke verschoben. Wichtigste Ursache ist die Schwäche von Muskeln (Ü972).

- Spitzfuß (Pes equinus = "Pferdefuß"): Plantarflexionsstellung. Der Fuß wird nur mit der Fußspitze aufgesetzt.
- Hackenfuß (Pes calcaneus): Dorsalextensionsstellung. Der Fuß wird nur mit der Ferse aufgesetzt.
- Knickfuß (Pes valgus): Pronationsstellung. Die Ferse ist nach außen abgeknickt (Valgusstellung = X-Stellung der Fersen zu den Unterschenkeln).
- Klumpfuß (Pes varus): Supinationsstellung. Die Ferse ist nach innen abgeknickt (Varusstellung = O-Stellung der Fersen zu den Unterschenkeln). Die Hauptlast ruht auf dem äußeren Fußrand.

c) Kombinationen: Besonders häufig sind zwei:

- Plattknickfuß (Pes planovalgus),
- Spitzklumpfuß (Pes equinovarus).

Protokoll 961. Fußfehlformen

| | R | | | L | | |
|---|---|---|---|---|---|---|
| Plattfuß | j | n | ? | j | n | ? |
| Hohlfuß | j | n | ? | j | n | ? |
| Spreizfuß | j | n | ? | j | n | ? |
| Knickfuß | j | n | ? | j | n | ? |
| Plattknickfuß | j | n | ? | j | n | ? |
| Klumpfuß | j | n | ? | j | n | ? |
| Spitzfuß | j | n | ? | j | n | ? |
| Spitzklumpfuß | j | n | ? | j | n | ? |
| Hackenfuß | j | n | ? | j | n | ? |

**Fußabdruck**: Man fette die Fußsohle leicht ein (mit Hautcreme, Babyöl, Abschminke oder was gerade verfügbar) und stelle dann den Fuß auf ein Blatt Papier. Das Papier saugt das Fett an, und man erhält ein Abbild der belasteten Teile des Fußes (Abb. 961):

- gesunder Fuß: Der innere Fußrand ist ausgespart. Von der Ferse zieht eine schmale Brücke am äußeren Fußrand zur breiten Belastung im Bereich der Mittelfußköpfe. Getrennt davon sind 5 Tupfen unter den Zehenkuppen.
- Plattfuß: Die Aussparung am inneren Fußrand fehlt. Bei ausgeprägtem Plattfuß ist der Vorfuß nach außen abgespreizt.
- Hohlfuß: Die Verbindung zwischen Ferse und Vorfuß fehlt.
- Spreizfuß: Der Vorfuß ist verbreitert. Der Abdruck der Großzehe ist nach lateral verschoben. Der Kopf des ersten Mittelfußknochens tritt stark hervor.
- Hackenfuß: Nur die Ferse wird abgedrückt.
- Spitzfuß: Nur der Vorfuß und die Zehen erscheinen im Fußabdruck.
- Knickfuß: Der innere Fußrand ist stärker belastet, daher ist die Aussparung vermindert (wie beim beginnenden Plattfuß).
- Klumpfuß: Der äußere Fußrand ist stärker belastet. Die Aussparung ist schmäler, aber länger.

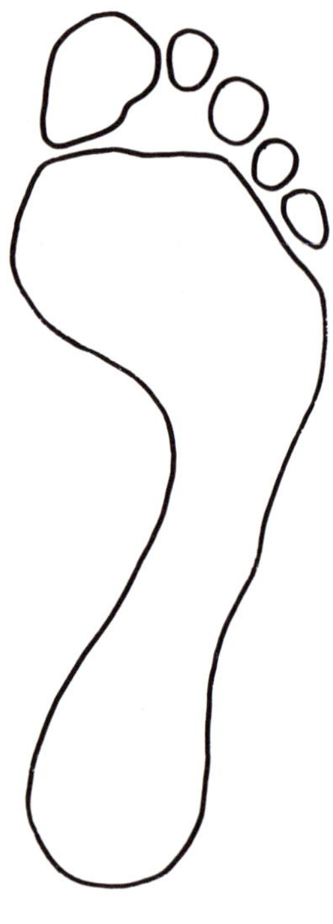

*Abb. 961. Normaler Fußabdruck*

### Ü962 Fußumfänge messen

Für die Fußumfänge (Abb. 962) gilt das gleiche wie für die Beinumfänge in Ü958. Bei einem Anschwellen der Füße im Laufe des Tages muß man in erster Linie an eine Störung des venösen Abflusses oder an eine beginnende Schwäche des rechten Herzens denken (weitere Krankheitsbilder in Ü842).

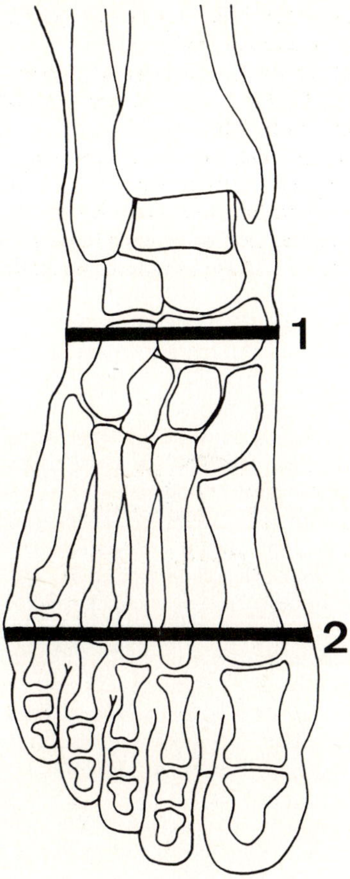


*Abb. 962. Fußumfänge: 1 Rist über Kahnbein, 2 Vorfußballen*

Protokoll 962. Fußumfänge (cm)

| | R | L |
|---|---|---|
| Rist über Kahnbein | | |
| Vorfußballen | | |

Wichtig sind dann vergleichende Messungen am Morgen und am Abend, um ein Fortschreiten der Erkrankung oder eine Besserung zu objektivieren. Auch bei sonst Gesunden können die Füße anschwellen, wenn sie ungewohnten Anstrengungen (z.B. längere Wanderungen ohne vorheriges Training) ausgesetzt sind.

### Ü963 Einzelne Knochen des Fußes tasten und ihre Umrisse auf die Haut aufzeichnen

Das Fußskelett besteht aus
- 7 Fußwurzelknochen (Ossa tarsi),
- 5 Mittelfußknochen (Ossa metatarsi),
- 14 Zehenknochen (Ossa digitorum = Phalanges).

Zu diesen 26 regelmäßig vorhandenen größeren Knochen kommt noch eine wechselnde Zahl von Sesambeinen und evtl. überzähligen Fußwurzelknochen. Regelmäßig vorhanden sind 2 Sesambeine am Grundgelenk der Großzehe.

Alle 26 größeren Knochen des Fußes sind zu tasten. Die Zehenknochen sind wegen der 3 Zehengelenke (Großzehe nur 2) an jeder Zehe ohne Schwierigkeit abzugrenzen. Schwieriger ist dies z.T. bei den Mittelfuß- und Fußwurzelknochen. Nur bei sehr sorgfältigem Tasten wird es gelingen, ein korrektes Muster dieser Knochen auf die Haut des Fußes aufzumalen. Diese Übung ist daher in besonderem Maße geeignet, das kritische Tasten zu schulen. Damit wird die Übung z.B. auch für den späteren Internisten sinnvoll, der in seiner Praxis wohl kaum je die einzelnen Fußknochen wird unterscheiden müssen. Besondere Vorteile dieser Übung sind, daß man bei sich selbst tasten kann und auch ohne Unterweisung eine gewisse Kontrolle hat, weil am Schluß das Muster vollständig sein muß (deswegen sollte man unbedingt die Knochengrenzen auf die Haut aufzeichnen). Zudem kann man gut mit Atlasabbildungen vergleichen.

Im Grunde kann man an jeder beliebigen Stelle des Fußes mit dem Tasten beginnen und beliebig weitergehen. Die im folgenden beschriebene Reihenfolge hat sich in den Übungen bewährt (Abb. 963):

- Beginn am Großzehengrundgelenk, von da am inneren Fußrand zur Ferse,
- am äußerer Fußrand vom Kleinzehengrundgelenk zur Ferse,
- zuletzt die nicht randbildenden Knochen am Fußrücken.

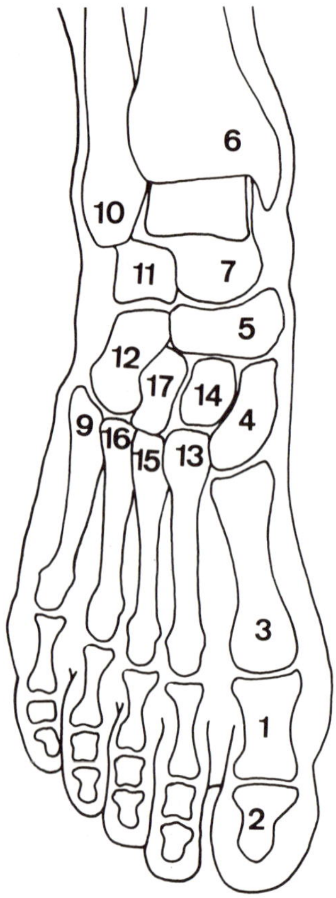


*Abb. 963. Tasten der Fußknochen: 1 Großzehengrundglied, 2 Großzehenendglied, 3 erster Mittelfußknochen, 4 inneres Keilbein, 5 Kahnbein, 6 Innenknöchel, 7 Sprungbein, 9 fünfter Mittelfußknochen, 10 Außenknöchel, 11 Fersenbein, 12 Würfelbein, 13 zweiter Mittelfußknochen, 14 mittleres Keilbein, 15 dritter Mittelfußknochen, 16 vierter Mittelfußknochen, 17 äußeres Keilbein*

a) **Innerer Fußrand**:

- **erster Mittelfußknochen**: Der stärkste Vorsprung am Innenrand des Vorfußes ist durch den Kopf (Caput metatarsale) des 1. Mittelfußknochens bedingt. Bewegt man die Großzehe auf und ab, so tastet man 1-2 cm distal den Spalt des Großzehengrundgelenks. Er ist bei starker Beugung am Zehenrücken besonders gut zu fühlen. Von hier gehe man nun in Richtung auf den Innenknöchel am Knochen entlang. Er verjüngt sich zum Schaft (Corpus metatarsale) und verdickt sich wieder am proximalen Ende (Basis metatarsalis).
- **inneres Keilbein** (Os cuneiforme mediale): Der Spalt des ersten Fußwurzel-Mittelfuß-Gelenks ist am Innenrand des Fußes eindeutig zu tasten und kann von hier auf den Fußrücken verfolgt werden. Auf die Rundung des Keilbeins folgt ein zweiter, häufig nicht so tiefer Einschnitt, das Gelenk zwischen Keilbein und Kahnbein (Articulatio cuneonavicularis).
- **Kahnbein** (Os naviculare): Es tritt mit dem Ansatz des hinteren Schienbeinmuskels (Tuberositas ossis navicularis) etwas stärker hervor als das Keilbein. Es liegt etwa in der Mitte zwischen dem Großzehengrundgelenk und dem Fersenbeinhöcker.
- **Sprungbein** (Talus): Der Sprungbeinkopf (Caput tali) ist durch die vordere Kammer des unteren Sprunggelenks vom Kahnbein getrennt. Je nach Stellung dieses Gelenks ist er mehr oder weniger ausgedehnt am inneren Fußrand zu fühlen: Bei auswärtsgedrehtem Fuß liegen etwa 3 Fingerbreit an der Oberfläche (Kopf + Hals des Sprungbeins). Bei einwärtsgedrehtem Fuß sinkt eine etwa fingerbreite Grube zwischen Kahnbein und Innenknöchel über dem Sprungbeinkopf ein. Unterhalb des Innenknöchels tastet man den Körper des Sprungbeins (Corpus tali). Er endet hinten mit dem hinteren Sprungbeinfortsatz (Processus posterior tali), dessen inneres Höckerchen (Tuberculum mediale) einen markanten Endpunkt beim Tasten in Richtung auf die Achillessehne bildet.
- **Fersenbein** (Calcaneus): Man kehre zunächst zum Sprungbeinkopf zurück und umgreife seine Rundung bei auswärtsgedrehtem Fuß. Man fühlt dann etwas hinter und unterhalb des Kopfes einen Knochenvorsprung, der vom Sprungbeinkopf durch einen deutlichen Spalt getrennt ist. Es handelt sich um die Sprungbeinstütze (Sustentaculum tali) des Fersenbeins. Man findet sie auch, wenn man von der Mitte des Innenknöchels senkrecht zur Fußsohle nach unten geht: Zuerst kommt der Sprungbeinkörper, dann als letztes Knochenstück vor den auf Höhe der Längswölbung mächtigen Weichteilen der Fußsohle die Sprungbeinstütze. Weitere Teile der Innenseite

des Fersenbeins und der Fersenbeinhöcker (Tuber calcanei) sind dann in Richtung auf die Ferse ohne Mühe zu tasten.

b) **Äußerer Fußrand**:

▪ **fünfter Mittelfußknochen**: Dieser ist am leichtesten von allen Mittelfußknochen zu begrenzen, weil beide Enden am äußeren Fußrand stark vorspringen: vorn der Mittelfußkopf, hinten die Ansatzstelle (Tuberositas ossis metatarsalis quinti) des kurzen Wadenbeinmuskels. Vorn tastet man beim Auf- und Abbewegen der Kleinzehe den Gelenkspalt des Kleinzehengrundgelenks etwa 1 cm distal der stärksten Vorwölbung des 5. Mittelfußkopfes.

▪ **Würfelbein** (Os cuboideum): Fersenwärts vom 5. Mittelfußknochen sinkt der äußere Fußrand ein: Das Würfelbein setzt mehr die Richtung des vierten Mittelfußknochens fort, und der fünfte ist nur am Rand angelagert. Hat man sich darauf eingestellt, so bietet das Würfelbein keine Schwierigkeiten. Der Gelenkspalt des Fersenbein-Würfelbein-Gelenks ist eindeutig zu bestimmen.

▪ **Fersenbein**: Die ganze Außenseite ist bis zum Fersenbeinhöcker gut zu tasten.

▪ **Sprungbein**: Es nimmt den Raum zwischen Außenknöchel und Fersenbein ein. Die Grenze zwischen Fersenbein und Sprungbein wird deutlicher, wenn man den Fuß abwechselnd aus- und einwärtsdreht. Dann wird auch der äußere Sprungbeinfortsatz (Processus lateralis tali) etwas vor und unterhalb des Außenknöchels gut abgrenzbar. Das äußere Höckerchen (Tuberculum laterale) des hinteren Sprungbeinfortsatzes tritt auf der Außenseite weniger stark hervor als das innere auf der Innenseite.

c) **Fußrücken**:

▪ **Mittelfußknochen 2-4**: Die vorderen Grenzen sind anhand der Zehengrundgelenke bei Zehenbewegungen leicht zu bestimmen. Hingegen muß man bei den proximalen Grenzen an den Fußwurzel-Mittelfuß-Gelenken sich sehr viel mehr Mühe geben. Diese liegen nicht in einer Reihe: Der zweite Mittelfußknochen reicht weiter nach proximal als der erste und dritte. Mit etwas Geduld lassen sich jedoch alle Fußwurzel-Mittelfuß-Gelenke am Fußrücken tasten. Zur Kontrolle des exakten Aufzeichnens messe man anschließend die Längen der 5 Knochen anhand der Hautmarkierungen aus. Bei Mitteleuropäern müßte sich folgende Reihe nach fallender Größe ergeben: 2, 3, 4, 5, 1. Der erste Mittelfußknochen ist der kürzeste, aber der dickste.

▪ **mittleres und äußeres Keilbein** (Os cuneiforme intermedium/laterale): Die 3 Keilbeine füllen den Raum zwischen den Basen der Mittelfußknochen 1-3 und dem Kahnbein. Das mittlere Keilbein ist kürzer als die anderen, weil der zweite Mittelfußknochen weiter nach proximal reicht als der erste und der dritte.

▪ **Kahnbein**: Die Grenze zum Sprungbein ist am Fußrücken schlecht zugänglich, weil die Sehnen der Strecker über sie hinwegziehen.

Protokoll 963. Mittelfußknochen: Länge (cm)

| | R | L |
|---|---|---|
| I | | |
| II | | |
| III | | |
| IV | | |
| V | | |

## Ü964 Wichtige Gelenklinien hervorheben

In der vorhergehenden Übung wurden bereits die Grenzen aller wichtigen Fußknochen auf die Haut aufgezeichnet. Es ist nun einfach, die Hauptgelenklinien stärker zu markieren (Abb. 964):

▪ oberes Sprunggelenk: unter der Knöchelgabel,

▪ unteres Sprunggelenk: zwischen Sprungbein und Fersenbein und zwischen Sprungbein und Kahnbein,

▪ queres Fußwurzelgelenk (Chopart-Gelenk, Articulatio tarsi transversa): zwischen Fersenbein und Würfelbein und zwischen Sprungbein und Kahnbein (die vordere Kammer des unteren Sprunggelenks ist auch Teil des queren Fußwurzelgelenks),

▪ Fußwurzel-Mittelfuß-Gelenke (Lisfranc-Gelenk, Articulationes tarsometatarsales): zwischen den Keilbeinen und dem Würfelbein proximal und den Mittelfußknochen distal,

▪ Zehengrundgelenke (Articulationes metatarsophalangeales): zwischen den Mittelfußköpfen und den Zehengrundgliedern,

- Zehenmittel- und -endgelenke (Articulationes interphalangeales pedis, die Nomina anatomica unterscheiden nicht zwischen Mittel- und Endgelenken): zwischen den Zehengliedern.

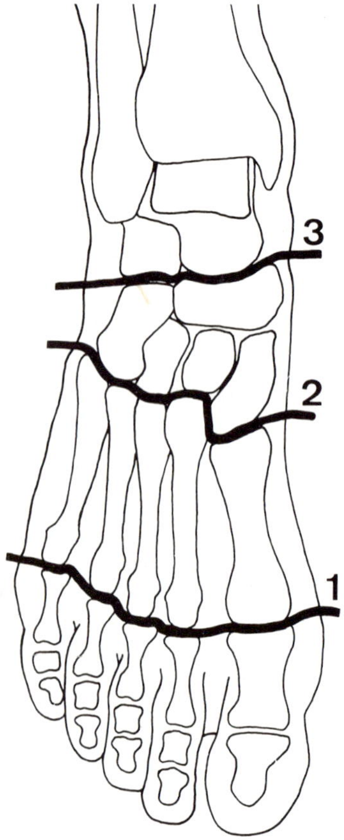


*Abb. 964. Wichtige Gelenklinien am Fuß: 1 Zehengrundgelenke, 2 Fußwurzel-Mittelfuß-Gelenke ("Lisfranc"), 3 queres Fußwurzelgelenk ("Chopart")*

### Ü965 Bewegungsumfänge der Zehengrundgelenke und des Großzehenendgelenks messen

Von den Zehengelenken werden üblicherweise nur die Bewegungsumfänge der Grundgelenke und bei der Großzehe auch des Endgelenks gemessen. Angesichts der sehr kurzen Mittel- und Endglieder der übrigen Zehen wäre ein Anlegen des Winkelmessers schwierig und unsicher. Zudem beeinträchtigen Bewegungseinschränkungen an den Mittel- und Endgelenken der Zehen 2-5 den Patienten nicht sehr.

Das **Großzehengrundgelenk** ist ein Kugelgelenk, dessen Kreiselmöglichkeiten allerdings kaum genutzt werden. Wir prüfen daher nur Bewegungen um 2 Achsen:

- Rückwärtsstrecken - Fußsohlenwärtsbeugen (Dorsalextension - Plantarflexion): Ein typisches Protokoll lautet 70° - 0° - 40°.
- Abspreizen - Anziehen (Abduktion - Adduktion, Varusstellung - Valgusstellung): Hier ist die Neutralnullstellung problematisch. Soll man die Ruhestellung der durch Schuhe verbogenen Großzehe nehmen oder die natürliche Stellung in Fortsetzung der Richtung des 1. Mittelfußknochens, wie man sie bei barfußgehenden Stämmen, nicht aber bei Mitteleuropäern antrifft? Gegen die Ruhestellung spricht, daß sie beim verbreiteten Spreizfuß bereits eine abnorme Valgusstellung ist. Nach der 2. Definition lautet ein typisches Protokoll 10° - 0° - 40°.

Das **Großzehenendgelenk** ist ein Scharniergelenk. Wir prüfen daher nur

- Rückwärtsstrecken - Fußsohlenwärtsbeugen (Dorsalextension - Plantarflexion): Ein typisches Protokoll lautet 30° - 0° - 60°.

Protokoll 965a. Großzehengelenke
Bewegungsumfang (°, Neutralnullmethode)

| | | | | |
|---|---|---|---|---|
| A Rückwärtsstrecken - Fußsohlenwärtsbeugen | | | | |
| a) Grundgelenk | R | | | |
| | L | | | |
| b) Endgelenk | R | | | |
| | L | | | |
| B Abspreizen - Anziehen (Varus - Valgus) | R | | | |
| | L | | | |

Auch die **Zehengrundgelenke** der Zehen 2-5 sind dem Bau nach Kugelgelenke. Bei ihnen interessieren ärztlich jedoch nur die Beuge-

Streck-Bewegungen. Beim Messen beachte man, daß die Zehen in Ruhe wegen der Raumnot im Schuh bereits etwas rückwärtsgestreckt sind, die Nullstellung aber als Parallele zum Boden verstanden wird. Ein typisches Protokoll lautet dann:

- Rückwärtsstrecken - Fußsohlenwärtsbeugen (Dorsalextension - Plantarflexion): 80° - 0° - 30°.

Protokoll 965b. Zehengrundgelenke 2-5
Bewegungsumfang (°, Neutralnullmethode)

Rückwärtsstrecken - Fußsohlenwärts-
beugen

| | | | | |
|---|---|---|---|---|
| II | R | | | |
| | L | | | |
| III | R | | | |
| | L | | | |
| IV | R | | | |
| | L | | | |
| V | R | | | |
| | L | | | |

## 9.7 Fuß B (Weichteile)

### Ü971 Anspannen der Muskeln bei Zehenbewegungen tasten

An den Bewegungen der Zehen beteiligen sich

a) Muskeln des Unterschenkels: langer Zehen- und Großzehenstrecker, langer Zehen- und Großzehenbeuger (in Ü955 und Ü956 behandelt),

b) **Muskeln des Fußrückens**:

- kurzer Großzehenstrecker (M. extensor hallucis brevis): Bei abwechselnden Beuge- und Streckbewegungen kann man sein Anspannen unmittelbar seitlich der Sehne des langen Großzehenstreckers über dem Kahnbein und dem mittleren Keilbein tasten und auch an der Hautbewegung sehen.
- kurzer Zehenstrecker (M. extensor digitorum brevis): Seine 4 flacheren Muskelbäuche reichen weiter zehenwärts als der des kurzen Großzehenstreckers. Ihr Anspannen ist unter den Sehnen des langen Zehenstreckers nicht sehr deutlich zu fühlen.

c) **Muskeln der Fußsohle**: Am besten sind die Muskeln der Fußränder zugänglich, während die Muskeln der mittleren Fußsohle schlecht abzugrenzen sind:

- Großzehenabspreizer (M. abductor hallucis): Er bedingt die Rundung der hinteren Hälfte des inneren Fußrandes und verspannt den Bogen der Längswölbung des Fußes.
- kurzer Großzehenbeuger (M. flexor hallucis brevis): Er polstert den inneren Fußrand im Bereich des 1. Mittelfußknochens. Er tritt bei starkem Rückwärtsstrecken der Großzehe deutlich hervor, weil er bei dieser Bewegung gedehnt wird.
- Kleinzehenabspreizer (M. abductor digiti minimi): Er läuft am gesamten äußeren Fußrand entlang. Sein Anspannen fühlt man beim Spreizen der Zehen (die Kleinzehe kann meist nicht isoliert abgespreizt werden).
- kurzer Zehenbeuger (M. flexor digitorum brevis): Sein Muskelspiel tastet man am besten in der Mitte der Längswölbung des Fußes bei Beugen der Zehen 2-5 gegen Widerstand. An seinem Innenrand tritt die Sehne des langen Großzehenbeugers beim Rückwärtsstrecken der Großzehe (Dehnung!) deutlich hervor.
- Die übrigen Muskeln sind kaum durch Tasten abzugrenzen. Man kann sich lediglich durch eine Funktionsprüfung von ihrer Intaktheit überzeugen. So sind z.B. die Zwischenknochenmuskeln und die Spulmuskeln die wichtigsten Beuger der Zehengrundgelenke 2-5. Will man sie am eigenen rechten Fuß überprüfen, so legt man die Fingerspitzen 2-5 der linken Hand an die Fußsohlenseite der Zehengrundglieder und läßt die Zehen gegen die Finger drücken. Dabei sollen die Mittel- und Endglieder der Zehen frei sein, weil sonst der lange und der kurze Zehenbeuger eingesetzt werden.

### Ü972 Nervenlähmungen imitieren und Fußfehlformen zuordnen

Alle Muskeln unterhalb des Kniegelenks werden vom Ischiasnerv (N. ischiadicus) innerviert. Man sollte jene jedoch 3 Hauptästen zuordnen können, weil dies bestimmte Lähmungsbilder besser verständlich macht:

- Schienbeinnerv (N. tibialis): alle Muskeln der oberflächlichen und der tiefen Beugergruppe am Unterschenkel, alle Muskeln der Fußsohle,
- tiefer Wadenbeinnerv (N. fibularis = peroneus profundus): alle Muskeln der Streckergruppe am Unterschenkel, alle Muskeln des Fußrückens,
- oberflächlicher Wadenbeinnerv (N. fibularis = peroneus superficialis): die beiden Wadenbeinmuskeln am Unterschenkel.

**Lähmungstypen**:

- Schienbeinnerv: Hackenfuß. Bei Ausfall aller wichtigen Beuger (vor allem der Muskeln der Achillessehne) haben die Strecker nur noch die schwächeren Wadenbeinmuskeln als Gegenspieler. Der Fuß gerät zunehmend in Rückwärtsstreckung (Dorsalextension). Auch die Zehen sind wegen der Lähmung aller Zehenbeuger rückwärtsgestreckt.
- tiefer Wadenbeinnerv: Spitzfuß. Wegen des Ausfalls aller Strecker verharrt der Fuß in extremer Beugung zur Fußsohle (Plantarflexion). Auch die Zehen sind wegen der Lähmung aller Zehenstrecker stark gebeugt.
- oberflächlicher Wadenbeinnerv: Klumpfuß. Die Wadenbeinmuskeln sind die stärksten Auswärtsdreher (Pronatoren). Bei ihrer Lähmung überwiegen die Einwärtsdreher (oberflächliche und tiefe Beuger). Der innere Fußrand wird hochgezogen (Supination, Inversion) und der Fuß daher mit dem äußeren Rand aufgesetzt.
- gemeinsamer Wadenbeinnerv: Spitzklumpfuß (die Kombination der beiden vorhergenannten Lähmungstypen).

### Ü973 Fußpulse tasten und Verlauf wichtiger Arterien an der Haut markieren

Man zeichne den Verlauf folgender Schlagadern auf:

- hintere Schienbeinschlagader (A. tibialis posterior): bogenförmig etwa fingerbreit hinter und unter dem Innenknöchel. Sie teilt sich am inneren Fußrand in die beiden folgenden:
- innere Fußsohlenschlagader (A. plantaris medialis): etwa dem ersten Strahl der Mittelfußknochen folgend, manchmal nur schwach.
- äußere Fußsohlenschlagader (A. plantaris lateralis): Sie ist der stärkere Endast, zieht zum äußeren Fußrand und biegt von dort als tiefer Fußsohlenbogen (Arcus plantaris profundus) nach medial ab. Aus dem Bogen entspringen die fußsohlenseitigen Zehenschlagadern (Aa. digitales plantares communes).
- vordere Schienbeinschlagader (A. tibialis anterior): Sie kommt aus der Streckerloge des Unterschenkels zwischen den Sehnen des vorderen Schienbeinmuskels und des langen Großzehenstreckers. Sie endet als
- Fußrückenschlagader (A. dorsalis pedis): Die Verlaufsrichtung entspricht der Verbindungslinie von der Mitte der Knöchelgabel zur Hauteinsenkung zwischen erster und zweiter Zehe. Aus einem bogenförmig zum äußeren Fußrand ziehenden Ast gehen die fußrückenseitigen Zehenschlagadern (Aa. digitales dorsales) ab. Die A. plantaris profunda verbindet sie mit dem tiefen Fußsohlenbogen.

Im Fußbereich sollte man den Puls an zwei Stellen tasten können (Abb. 943):

- hintere Schienbeinschlagader (A. tibialis posterior): Ihren Puls fühlt man ganz leicht etwa fingerbreit schräg unterhalb und hinter dem Innenknöchel. Sie zieht dort über Sprung- und Fersenbein hinweg und kann daher dem tastenden Finger nicht in die Tiefe ausweichen.
- Fußrückenschlagader (A. dorsalis pedis): Der Endast der vorderen Schienbeinschlagader (A. tibialis anterior) verläuft in der Rinne zwischen dem ersten und zweiten Mittelfußknochen. Er wird von der Sehne des langen Großzehenstreckers überkreuzt. Man tastet den Puls am proximalen Fußrücken daher medial, am mittleren und distalen Fußrücken lateral dieser Sehne. Wie bei der Kniekehlenschlagader bedarf es einiger Übung, bis man die Fußrückenschlagader zuverlässig ermitteln kann.

Protokoll 973. Pulsfrequenz (1/min)

| | R | L |
|---|---|---|
| A. tibialis posterior | | |
| A. dorsalis pedis | | |

### Ü974 Hautinnervationsgebiete am Unterschenkel und am Fuß umranden

Die Hautinnervation von Unterschenkel und Fuß teilen sich im wesentlichen der

- Saphenusnerv (N. saphenus), der Endast des Oberschenkelnervs (N. femoralis): Das Hautfeld beginnt etwa an der Kniescheibe (R. infrapatellaris) und zieht an der Innenseite des Unterschenkels bis zum inneren Fußrand nach unten. Die vordere Grenze bildet etwa die vordere Schienbeinkante und am Fuß etwa der vordere Drittelpunkt des inneren Fußrandes. Die hintere Grenze entspricht etwa der hinteren Mittellinie des Unterschenkels bis zur Ferse.
- hintere Oberschenkelhautnerv (N. cutaneus femoris posterior): Er greift vom Oberschenkel her in wechselndem Ausmaß über die Kniekehle auf den Wadenbereich über.
- Ischiasnerv (N. ischiadicus): Ihm gehört alles Verbleibende. Die Zuordnung zu den einzelnen Hauptästen ist nicht einfach, weil sich ein Verbindungsast (R. communicans fibularis = peroneus) des gemeinsamen Wadenbeinnervs mit dem inneren Wadenhautnerv (N. cutaneus surae medialis) des Schienbeinnervs zum Wadennerv (N. suralis) vereinigt. Dieser versorgt den äußeren Fußrand. Der tiefe Wadenbeinnerv hat ein Hautgebiet zwischen Großzehe und zweiter Zehe. Den Fußrücken innerviert der oberflächliche Wadenbeinnerv. Es bleibt die Unterschenkelaußenseite für den äußeren Wadenhautnerv (N. cutaneus surae lateralis) aus dem gemeinsamen Wadenbeinnerv.

Wenn in Abb. 947 Hautgebiete bezeichnet werden, so sollte man sich darüber im klaren sein, daß die Variabilität sehr groß ist und die Grenzen im Einzelfall ganz anders liegen können.

Hautinnervation des Oberschenkels s. Ü947, segmentale Innervation des Beins s. Ü948.

### Ü975 Fußsohlenreflexe prüfen

Die Haut der Fußsohle ist sehr berührungsempfindlich (kitzeln!). Dies ist wichtig beim Barfußgehen (der Fortbewegungsart des Menschen über Zehntausende von Jahren): Der Fuß muß sich den Unebenheiten des Bodens anpassen und notfalls anklammern und andererseits Gefahren ausweichen können. Dementsprechend werden 2 Arten von Reflexen an der Fußsohle ausgelöst:

- **Fußsohlenhautreflex** (Plantarreflex, Schienbeinnerv, $L_5$-$S_2$): Man streicht mit einem Holzstäbchen (notfalls mit dem Stiel des Reflexhammers) auf der Fußsohle von der Ferse über den lateralen Fußrand zum Kleinzehenballen und von dort quer zum Großzehenballen. Der Proband beugt daraufhin die Zehen. Der Reflex kann auch bei Gesunden beidseitig fehlen ("stumme Sohle"). Einseitiges Fehlen hingegen gilt als pathologisch.
- **Fluchtreflex**: Auf einen plötzlichen Schmerzreiz zieht der Proband den ganzen Fuß hoch. Der Fluchtreflex wird gelegentlich bei ungeschicktem Prüfen des Fußsohlenhautreflexes ausgelöst, sonst aber nicht routinemäßig vom Arzt untersucht.

Bei Patienten mit Störung der Pyramidenbahnen kommt beim Prüfen des Fußsohlenhautreflexes eine abnorme Reaktion zustande:

- **Babinski-Reflex**: Die Großzehe wird nicht fußsohlenseitig, sondern rückwärts bewegt. Manchmal werden die Zehen gespreizt (Fächerphänomen). Diese Reaktionen sind Teile eines angeborenen Bewegungsmusters ("Beugesynergie"), das von der Willkürmotorik gehemmt und bei deren Ausfall wieder aktiviert wird. Es kann manchmal auch auf andere Weise ausgelöst werden, z.B. kräftiges Streichen der Haut mit den Fingerknöcheln über der Schienbeinkante fußwärts (Oppenheim-Reflex) oder Kneten der Waden (Gordon-Reflex). Diese Reflexe werden auch unter dem Begriff "Pyramidenzeichen" zusammengefaßt.

Die Reflexe werden nach den in Ü124 erläuterten Grundsätzen bewertet.

Protokoll 975. Fußsohlenreflexe

| | | | | | | |
|---|---|---|---|---|---|---|
| Fußsohlenhaut-reflex | R | 0 | (+) | + | ++ | +++ |
| | L | 0 | (+) | + | ++ | +++ |
| Babinski-Zeichen | R | 0 | (+) | + | ++ | +++ |
| | L | 0 | (+) | + | ++ | +++ |

# Literatur

## a) "Anatomie am Lebenden"


▪ BACKHOUSE, K. M., R. T. HUTCHINGS: A colour atlas of surface anatomy. Wolfe, London 1986.

▪ BARROWS, H. S., P. R. PATEK, St. ABRAHAMSON: Introduction of the living human body in freshman gross anatomy. Brit. J. med. Educ. 2, 33-35, 1968.

▪ BASMAJIAN, J. V.: Surface anatomy. Williams & Wilkins, Baltimore 1977.

▪ COHN, T.: Die palpablen Gebilde des normalen menschlichen Körpers und deren methodische Palpation. Karger, Berlin 1905 f. Teil 1: obere Extremität (1905), Teil 2: untere Extremität (1908).

▪ HALASZ, N. A.: A clinical core course in gross anatomy: design and experiences. J. med. Educ. 47, 568-572, 1972.

▪ HOEPKE, H., M. KANTNER: Das Muskelspiel des Menschen, 6. Aufl. Fischer, Stuttgart 1971.

▪ KEOGH, B., S. EBBS: Normal surface anatomy. Heinemann, London 1984.

▪ KIESSLING, D., S. STANNAT: Anatomie am Lebenden zum Gegenstandskatalog 1. Jungjohann, Heidelberg 1981.

▪ LEMTIS, H.: Gegenseitige gynäkologische Untersuchungen. Dtsch. Ärztebl. 82, 724-726 (1985).

▪ LIPPERT, H.: Anatomie am Lebenden. Med. Klin. 77, 341 (1982).

▪ LIPPERT, H.: Der koordinierte Unterricht in der makroskopischen Anatomie. Verh. anat. Ges. 77, 279-282, (1983).

▪ LIPPERT, H.: Die Inhumanität der Medizin und die Anatomie. Dtsch. Ärztebl. 81, 2540-2542, 2615-2616, 2700-2702 (1984). Schlußwort: Dtsch. Ärztebl. 82, 148-154 (1985).

▪ LIPPERT, H.: Wie human ist die Humananatomie? Verh. anat. Ges. 79, 21-30 (1985).

▪ LIPPERT, H.: Anatomieunterricht als klinische Propädeutik. Med. Ausbildung 3, 63-65 (1986).

▪ LOCKHART, R. D.: Living anatomy, 5th ed. Faber & Faber, London 1959.

▪ MOLLIER, S.: Plastische Anatomie. Bergmann, München 1924.

▪ OESTREICH, R., O. de la CAMP: Anatomie und physikalische Untersuchungsmethoden. Karger, Berlin 1905.

▪ PABST, R., J. WESTERMANN, H. LIPPERT: Integration of clinical problems in teaching gross anatomy: living anatomy, X-ray anatomy, patient presentations, and films depicting clinical problems. Anat. Rec. 215, 92-94 (1986).


## b) Klinische Untersuchung: allgemein


▪ ANSCHÜTZ, F.: Die körperliche Untersuchung, 4. Aufl. Springer, Berlin-Heidelberg-New York 1985.

▪ BATES, B.: A guide to physical examination, 3rd ed. Lippincott, Philadelphia 1983.

▪ BOUCHIER, I. A. D., J. S. MORRIS: Clinical skills. A system of clinical examination, 2nd ed. Saunders, London-Philadelphia-Toronto 1982.

▪ DAHMER, J.: Anamnese und Befund, 6. Aufl. Thieme, Stuttgart-New York 1988.

▪ DELP, H. M., R. T. MANNING: Major's physical diagnosis. 7th ed. Saunders, Philadelphia-London-Toronto 1968.

▪ FRANKE, P.: Allgemeine und spezielle Auskultation des Herzens. Bergmann, München 1984.

▪ GERCKE, W. (Hrsg.): Begutachtung in der Sozialmedizin. Hippokrates, Stuttgart 1978.

▪ HADORN, W., N. ZÖLLNER (Hrsg.): Vom Symptom zur Diagnose. Lehrbuch der Diagnostik für Studenten, Allgemeinärzte und Fachärzte. Karger, Basel 1979.

▪ HÄUSLER, S. (Hrsg.): Diagnose ohne technische Hilfsmittel. Hippokrates, Stuttgart 1985.

▪ HEGGLIN, J.: Chirurgische Untersuchung, 4. Aufl. Thieme, Stuttgart-New York 1988.

▪ JUDGE, R. D., G. D. ZUIDEMA: Physical diagnosis: A physiologic approach to the clinical examination, 2nd ed. Little, Brown & Co, Boston 1968.

▪ KAROBATH, H., W. BUCHSTALLER: Physikalische Krankenuntersuchung, 2. Aufl. Witzstrock, Baden-Baden-Brüssel 1974.

▪ KLEINSORGE, H., K. RÖSNER,: Taschenbuch der diagnostischen und therapeutischen Technik. VEB Gustav Fischer, Jena 1969.

▪ KONZERT-WENZEL, J.: Schwerpunkte der Diagnostik und Erstversorgung bei Mehrfachverletzten. In: KONZERT-WENZEL, J., G. K. PROKSCHA, W. THEISINGER: Erstversorgung im Notarztdienst. Urban & Schwarzenberg, München-Wien-Baltimore 1985.

▪ LANGE, A.: Anamnese und klinische Untersuchung, 2. Aufl. Springer, Berlin-Heidelberg-New York-Tokyo 1985.

▪ LODEWICK, L.: Die körperliche Untersuchung. Fischer, Stuttgart-New York 1981.

▪ MACLEOD, J. (ed.): Clinical examination. Livingstone, Edinburgh-London 1964.

▪ MORGAN, W. L., G. L. ENGEL: The clinical approach to the patient. Saunders, Philadelphia-London-Toronto 1969.

▪ MÜLLER, F., O. SEIFERT: Taschenbuch der medizinisch-klinischen Diagnostik, 71. Aufl. hrsg. v. G. A. NEUHAUS. Bergmann, München 1985.

▪ NAISH, J. M., A. E. READ, C. J. BURNS-COX: The clinical apprentice, 5th ed. Wright, Bristol 1978.

▪ SHERMAN, J. L., S. R. FIELDS: Guide to patient evaluation. Huber, Bern-Stuttgart-Vienna 1974.

▪ WALKER, H. K., W. D. HALL, J. W. HURST: Clinical methods, 2nd ed. Butterworth, Boston-Lon-

don-Toronto-Durban-Sidney-Singapore 1980.
▪ WIDMER, L. K., L. BILAND: Klinische Untersuchungsmethoden. In: KOLLER, F., F. DUCKERT: Thrombose und Embolie. Schattauer, Stuttgart-New York 1983.
▪ WOLF, G. A.: Collecting data from patients. Univ. Park Press, Baltimore-London-Tokyo 1977.

## c) Untersuchung des Bewegungsapparats

▪ BRÜGGER, A.: Die Erkrankungen des Bewegungsapparates und seines Nervensystems, 2. Aufl. Fischer, Stuttgart-New York 1980.
▪ CHAPCHAL, G.: Untersuchung des Haltungs- und Bewegungssystems. In: WITT, A. N., H. RETTIG, K. F. SCHLEGEL, M. HACKENBROCH, W. HUPFAUER: Orthopädie in Praxis und Klinik, Bd. 2, Tl. 2, 2. Aufl. Thieme, Stuttgart-New York 1981.
▪ DEBRUNNER, H. U.: Orthopädisches Diagnostikum, 3. Aufl. Thieme, Stuttgart 1978.
▪ DEBRUNNER, A. M.: Orthopädie, Huber, Bern-Stuttgart-Wien 1983.
▪ DRERUP, B., W. FROBIN, E. HIERHOLZER (ed.): Moiré fringe topography and spinal deformity. Fischer, Stuttgart-New York 1983.
▪ FRISCH, H.: Programmierte Untersuchung des Bewegungsapparates, 2. Aufl. Springer, Berlin-Heidelberg-New York-Tokyo 1987.
▪ HOPPENFELD, S.: Orthopädische Neurologie. Enke, Stuttgart 1980.
▪ JOSENHANS G.: Funktionsprüfungen und Befunddokumentation des Bewegungsapparates. Thieme, Stuttgart 1978.
▪ KENDALL, F. P., E. KENDALL McCREARY: Muskeln, Funktionen und Test, 2. Aufl. Fischer, Stuttgart-New York 1988.
▪ KLEIN-VOGELBACH, S.: Funktionelle Bewegungslehre, 3. Aufl. Springer, Berlin-Heidelberg-New York-Tokyo 1984.
▪ LEHMKUHL, L. D., L. K. SMITH: Brunnstrom's clinical kinesiology, 4th ed. Davis, Philadelphia 1983.
▪ McRAE, R.: Klinisch-orthopädische Untersuchung. Fischer, Stuttgart 1982.
▪ NEUMANN, H. D.: Manuelle Medizin. Springer, Berlin-Heidelberg-New York-Tokyo 1983.
▪ ROMPE, G., A. ERLENKÄMPER (Hrsg.): Begutachtung der Haltungs- und Bewegungsorgane. Thieme, Stuttgart 1978.
▪ RUSSE, O. A., J. J. GERHARDT: Taschenbuch der Gelenkmessung mit Neutral-Null-Methode, 2. Aufl. Huber, Bern-Stuttgart-Wien 1982.
▪ RUSSE, O., J. J. GERHARDT, Ph.S.KING: An atlas of examination, standard measurements and diagnosis in orthopedics and traumatology, 2nd ed. Huber, Bern-Stuttgart-Vienna 1976.
▪ SACHSE, J.: Manuelle Untersuchung und Mobilisationsbehandlung der Extremitätengelenke, 4. Aufl. Fischer, Stuttgart-New York 1987.
▪ WINKEL, D., A. VLEMING, S. FISCHER, O. G. MEIJER, C. VROEGE: Nichtoperative Orthopädie der Weichteile und des Bewegungsapparats. Fischer, Stuttgart-New York 1985.

## d) Untersuchung des Nervensystems

▪ ALLEN, M. W. van: Pictorial manual of neurologic tests. Year Book Med. Publ., Chicago 1969.
▪ BROSER, F.: Topische und klinische Diagnostik neurologischer Krankheiten. Urban & Schwarzenberg, München-Berlin-Wien 1975.
▪ MUMENTHALER, M.: Neurologischer Untersuchungskurs. Dtsch. Ärztebl. 71, 3392-3397, 3463-3475, 3551-3558 (1974) und 72,79-88, 145-147, 270-273 (1975).
▪ SCHENCK, E.: Neurologische Untersuchungsmethoden, 3. Aufl. Thieme, Stuttgart-New York 1985.
▪ SCHLIACK, H., H. C. HOPF: Diagnostik in der Neurologie. Thieme, Stuttgart-New York 1988.
▪ STÖHR, M., B. RIFFEL: Nerven- und Nervenwurzelläsionen. VCH edition medizin, Weinheim 1988.
▪ SUNDERLAND, S.: Nerves and nerve injuries, 2nd ed. Churchill Livingstone, Edinburg-London-New York 1978.

## e) Untersuchung anderer Teilgebiete des Körpers

▪ BEAVEN, D. W., S. E. BROOKS: Der Nagel in der klinischen Diagnostik. Schattauer, Stuttgart-New York 1985.
▪ BECKER, W., H. H. NAUMANN, C. R. PFALTZ: Hals-Nasen-Ohren-Heilkunde, 3. Aufl. Thieme, Stuttgart-New York 1986.
▪ BENSON, R. (ed.): Current obstetric & gynecologic diagnosis & therapy, 3rd ed. Lange, Los Altos 1980.
▪ BOENNINGHAUS, H.-G.: Hals-Nasen-Ohrenheilkunde, 7. Aufl. Springer, Berlin-Heidelberg-New York-London-Paris-Tokyo 1986.
▪ FESSELER, A.: Die Untersuchung. In: KETTERL, W. (Hrsg.): Grundlagen der Zahn-, Mund- und Kieferheilkunde. Urban & Schwarzenberg, München-Wien-Baltimore 1988, S. 71-109.
▪ LANG, N. P.:Checkliste zahnärztliche Behandlungsplanung, 2. Aufl. Thieme, Stuttgart-New York 1988.

## f) Meßmethoden, Wachstum

▪ BUCKLER, J. H. M.: A reference manual of growth and development. Blackwell, Oxford-London-Edinburgh-Melbourne 1979.
▪ FALKNER, F., J. M. TANNER: Human growth. Plenum Press, New York 1978.
▪ GEHAN, E. A., S. L. GEORGE: Estimation of human body surface area from height and weight. Cancer Chemother. Rep. Part I, 54, 225-235 (1970).
▪ LIPPERT, H.: SI-Einheiten in der Medizin. Einführung in das Internationale Einheitensystem, Umrechnungstabellen, Normalbereiche, 2. Aufl. Urban & Schwarzenberg, München - Wien - Baltimore 1978.
▪ MARTIN, R., K. SALLER: Lehrbuch der An-

thropologie, 3. Aufl. Fischer, Stuttgart 1957 f. (4 Bände).
- PETERSEN, G.: Atlas for somatotyping children. Vangorcum, Assen 1967.
- SCHNELLE, H. H.: Längen-, Umfangs- und Bewegungsmaße des menschlichen Körpers. 2. Aufl. Barth, Leipzig 1957.
- STRATZ, C. H.: Der Körper des Kindes, 12. Aufl. Enke, Stuttgart 1941.
- TANNER, J. M., R. H. WHITEHOUSE: Atlas of children's growth. Acad. Press, London 1979.
- Wissenschaftliche Tabellen Geigy. Teilband Somatometrie und Biochemie, 8. Aufl. Ciba-Geigy, Basel 1982.

## g) Klinisch orientierte Anatomie

- ABRAHAMS, P., P. WEBB: Klinische Anatomie diagnostischer und therapeutischer Eingriffe. Deutsche Übersetzung von H. LOEWENECK. Springer, Berlin-Heidelberg-New York 1978.
- BECKER, F., J. W. WILSON, J. A. GEHWEILER: The anatomical basis of medical practise. Williams & Wilkins, Baltimore 1971.
- BENNINGHOFF, A.: Makroskopische und mikroskopische Anatomie des Menschen, 14. Aufl. hrsg. v. K. FLEISCHHAUER, J. STAUBESAND, W. ZENKER: Urban & Schwarzenberg, München-Wien-Baltimore 1985 (3 Bände).
- HALL-CRAGGS, E. C. B.: Anatomy as a basis for clinical medicine. Urban & Schwarzenberg, Baltimore-Munich 1985.
- HAMILTON, W. J., G. SIMON, S. G. I. HAMILTON: Surface and radiological anatomy for students and general practitioners, 5th ed. Heffer, Cambridge 1975.
- KAPANDJI, I. A.: Funktionelle Anatomie der Gelenke, Bd 2. Untere Extremität. Enke, Stuttgart 1985.
- KAPANDJI, I. A.: Funktionelle Anatomie der Gelenke, Bd. 3. Rumpf und Wirbelsäule. Enke, Stuttgart 1985.
- KRETSCHMANN, H.-J., W. WEINRICH: Neuroanatomie der kraniellen Computertomographie. Thieme, Stuttgart-New York 1984.
- LANZ, T. v., W. WACHSMUTH: Praktische Anatomie. Springer, Berlin 1935 f. Bisher erschienene Bände: 1/1B Gehirn und Augenschädel (1979), 1/2 Hals (1955), 1/3 Arm (2. Aufl. 1959), 1/4 Bein und Statik (2.Aufl. 1974), 2/7 Rücken (1982), 2/8A Becken (1984), 2/8B Becken in der Schwangerschaft und das Neugeborene (1988).
- LIPPERT, H.: Anatomie. Text und Atlas, 4. Aufl. Urban & Schwarzenberg, München-Wien-Baltimore 1983. (5. Aufl. im Druck).
- LIPPERT, H.: Lehrbuch der Anatomie nach dem Gegenstandskatalog. Urban & Schwar-zenberg, München-Wien-Baltimore 1982.
- LIPPERT, H., R. PABST: Arterial variations in man. Classification and frequency. Bergmann, München 1985.
- MARTIN, A. H.: Introduction to human anatomy. Thieme-Stratton, New York 1985.
- MOORE, K. L.: Clinically oriented anatomy. 2nd ed. Williams & Wilkins, Baltimore-London-Los Angeles-Sidney 1985.
- NOVELLINE, R. A., L. F. SQUIRE: Living anatomy. A working atlas using computed tomography, magnetic resonance, and angiography images. Hanley & Belfus, Philadelphia 1987.
- PEGINGTON, J.: Clinical anatomy in action, vol. 1: The vertebral column and limbs. Churchill Livingstone, Edinburgh-London-Melbourne-New York 1985.
- RAUBER/KOPSCH: Anatomie des Menschen, hrsg. v. H. LEONHARDT, B. TILLMANN, G. TÖNDURY, K. ZILLES. Thieme, Stuttgart-New York 1987 (3 Bände).
- SNELL, R. S.: Atlas of clinical anatomy. Little, Brown & Co, Boston 1978.

## h) Sonstiges

- APPELL, H.-J., C. STANG-VOSS: Funktionelle Anatomie. Bergmann, München 1986.
- GABKA, J.: Injektions- und Infusionstechnik, 4. Aufl. Gruyter, Berlin-New-York 1988.
- KAISER, H., W. FISCHER: Techniken der Injektion. Selecta, Planegg 1987.
- LIPPERT, H.: Von Kopf bis Fuß. Nutzen und Risiken von Operationen. Ein kritischer Ratgeber. Kiepenheuer & Witsch, Köln 1986.
- LIPPERT, H. (Hrsg.): Die medizinische Dissertation. Eine Einführung in das wissenschaftliche Arbeiten für Medizinstudenten, 3. Aufl. Urban & Schwarzenberg, München-Wien-Baltimore 1989.
- PONGRATZ, W. (Hrsg.): Therapie chronischer Schmerzzustände in der Praxis. Springer, Berlin-Heidelberg-New York-Tokyo 1985.
- RICHER, P.: Anatomie artistique. Plon, Nourrit, Paris 1890.
- WEINECK, J.: Sportanatomie, 5. Aufl. Perimed, Erlangen 1988.

## Hinweis zu den Abbildungen

Das Buch sollte ursprünglich mit Farbfotos aus den Übungen zur Anatomie am Lebenden an der Medizinischen Hochschule Hannover illustriert werden. Dies hätte jedoch den Preis in eine für Studenten unattraktive Höhe emporschnellen lassen. Deshalb wurden als Kompromiß Strichzeichnungen gewählt. Die Reinzeichnungen wurden von Frau Antje Luhmann ausgeführt. Um das Erscheinen des Buches nicht zu verzögern, wurde ein Teil der Abbildungen ohne Umzeichnung direkt von meinen Entwürfen reproduziert. Die mindere Qualität bitte ich zu entschuldigen. Bei einer evtl. zweiten Auflage sollen die Bilder verbessert werden.

Soweit wie möglich wurden den Zeichnungen Fotos aus den Übungen zugrunde gelegt. In einigen Fällen wurden Werke der bildenden Kunst herangezogen (z.B. Abb. 275 Lehmbruck, Abb. 335b Delvaux). Der Vorteil der Strichzeichnung ist es, die für die Orientierung am Patienten so wichtigen Beziehungen zwischen inneren Organen und dem Skelett besonders klar darstellen zu können. Die Skelettschemata wurden an die noch immer unübertroffenen Darstellungen von Richet (1890) angelehnt. In anderen Zeichnungen wurden Anregungen aus den im Literaturverzeichnis aufgeführten Werken aufgegriffen. Dabei konnte die schon nahezu zwei Jahrzehnte währende Arbeit an meiner "Anatomie" und ihren Quellenwerken nicht ohne Einfluß bleiben. In ihre 5. Auflage (1989) konnten zahlreiche Farbfotos zur Anatomie am Lebenden aufgenommen werden.

# Sachverzeichnis

**B**

## G

## H

# Wie können wir dieses Lehrbuch noch besser machen?

Diese Frage können wir nur mit Ihrer Hilfe beantworten. Zu den unten angesprochenen Themen interessiert uns Ihre Meinung ganz besonders. Natürlich sind wir auch für weitergehende Kommentare und Anregungen dankbar.

Sie erhalten von uns ein kleines Dankeschön, wenn Sie die ausgefüllte Karte an uns zurücksenden.

Abt. Koordination Lehrbuch
Springer-Verlag

Halten Sie „Anatomie am Lebenden" für eine sinnvolle Ergänzung Ihrer Anatomie-Ausbildung?

☐ Ja
☐ Nein

Wird an Ihrer Universität ein Kurs „Anatomie am Lebenden" angeboten? Wenn ja, wer organisiert diesen Kurs?

☐ Ja, organisiert von

______________________________

☐ Nein
☐ Weiß ich nicht

Machen Sie in einer Übungsgruppe „Anatomie am Lebenden" mit?

☐ Ja
☐ Nein – es gibt keine Übungsgruppe
☐ Nein

Sind die Übungen anhand der Anleitungen problemlos durchführbar?

☐ Nein
☐ Ja
☐ Teilweise

Haben Sie die Protokollschemata benutzt?

☐ Ja
☐ Nein
☐ Teilweise

Was halten Sie von diesem Buch?

______________________________

______________________________

______________________________

**Lippert: Anatomie am Lebenden**

Absender:

______________________________

______________________________

______________________________

Ich bin:

- ☐ Medizinstudent/in im ___ Semester
- ☐ Krankenschwester/-pfleger
- ☐ __________________________

An
Anne C. Repnow
Koordination Lehrbuch
Springer-Verlag
Tiergartenstr. 17

D-6900 Heidelberg